염경철 원장님이 알려 주는

2차 실기시험 유의사항

※ 2차 실기시험은 과락이 없으며, 100점 만점에 60점 이상이면 합격입니다.

❶ 시험 문제지의 이상 유무(문제지 총 면수, 문제번호 순서, 인쇄상태 등)를 확인 후 답안을 작성하여야 합니다.

❷ 필기구는 검은색 필기구만 허용됩니다(연필류 불가).
유색 필기구를 사용하거나 2가지 이상의 색을 혼합하여 작성한 경우 그 문항은 0점 처리됩니다.

❸ 인적사항(수험번호, 성명 등)은 장마다 기재하여야 하며, 인적사항 역시 검은색 필기구를 사용하여 작성합니다.

❹ 문제와 관련없는 불필요한 낙서나 특이한 표식이 있는 경우 모든 득점이 0점 처리됩니다.

❺ 답안은 두 줄(═) 을 긋거나 수정테이프를 사용하여 수정할 수 있습니다. ◀ **2020년 변경사항**

❻ 계산문제는 계산과정과 답이 맞아야 점수가 인정됩니다.

❼ 계산문제는 소수점 5자리까지 기재해야 합니다(계산방식의 오차를 고려하여 소수점 3자리까지는 맞아야 정답 인정).
단, 정수가 요구되는 문제가 있는 경우는 정수로 처리해야 합니다. 예 검사개수 = 9.32 → 10개

❽ 단위표시를 해주어야 하는 문제는 단위를 써야 정답으로 인정됩니다. 예 고장률 $= 1.4 \times 10^{-6}$/시간
다만, 문제상에 단위가 주어지면 생략해도 됩니다.

❾ 문제에서 요구한 항목 수 이상을 답안에 기재하면 기재된 순으로 요구한 항목 수까지만 채점됩니다.
예 "샘플링검사 실시조건 4가지를 쓰시오"라는 문제에서 5가지를 써도 4번째 기재된 내용까지만 정답으로 보고 채점합니다.

❿ 한 문제에서 파생되는 문제나 가짓수를 요구하는 문제는 예외적인 경우가 아니면 대부분 소문제에 따른 부분점수를 적용합니다.

⓫ 문제에 주어진 수치를 답안 작성 시 우선 적용하며, 그 다음은 통계수치표상의 값을, 그 다음은 계산값으로 적용합니다.

과목별 점수비중

- 공업통계학 : **25점** 정도
- 관리도 : **15점** 정도
- 샘플링검사 : **15~20점** 정도
- 실험계획법 : **20점** 정도
- 품질경영(서술문제) : **5~10점** 정도
- 신뢰성관리 : **15점** 정도 ◀ **비중이 점차 높아짐**

한번에 합격하기 합격플래너

품질경영기사 실기

[STEP 1. 이론 완전정복]

		1회독	2회독
PART 1 공업통계학	1. 모수	☐ __월 __일	☐ __월 __일
	~ 7. 상관회귀	☐ __월 __일	☐ __월 __일
	* 적중문제	☐ __월 __일	☐ __월 __일
		☐ __월 __일	☐ __월 __일
		☐ __월 __일	☐ __월 __일
PART 2 관리도	1. 계량형 관리도	☐ __월 __일	☐ __월 __일
	~ 8. 두 관리도 평균치 차이의 검정	☐ __월 __일	☐ __월 __일
	* 적중문제	☐ __월 __일	☐ __월 __일
		☐ __월 __일	☐ __월 __일
		☐ __월 __일	☐ __월 __일
PART 3 샘플링검사	1. 검사	☐ __월 __일	☐ __월 __일
	~ 5. 샘플링검사의 형태	☐ __월 __일	☐ __월 __일
	* 적중문제	☐ __월 __일	☐ __월 __일
		☐ __월 __일	☐ __월 __일
		☐ __월 __일	☐ __월 __일
PART 4 실험계획법	1. 실험계획의 기초	☐ __월 __일	☐ __월 __일
	~ 16. 직교배열표에 의한 실험계획	☐ __월 __일	☐ __월 __일
	* 적중문제	☐ __월 __일	☐ __월 __일
		☐ __월 __일	☐ __월 __일
		☐ __월 __일	☐ __월 __일
PART 5 신뢰성관리	1. 신뢰성 척도	☐ __월 __일	☐ __월 __일
	~ 10. 간섭이론과 안전계수	☐ __월 __일	☐ __월 __일
	* 적중문제	☐ __월 __일	☐ __월 __일
		☐ __월 __일	☐ __월 __일
		☐ __월 __일	☐ __월 __일
PART 6 품질경영시스템	* 적중문제	☐ __월 __일	☐ __월 __일
		☐ __월 __일	☐ __월 __일
		☐ __월 __일	☐ __월 __일
중요 출제문제	PART 1. 공업통계학 / PART 2. 관리도	☐ __월 __일	☐ __월 __일
	PART 3. 샘플링검사 / PART 4. 실험계획법	☐ __월 __일	☐ __월 __일
	PART 5. 신뢰성관리 / PART 6. 품질경영시스템	☐ __월 __일	☐ __월 __일

한번에 합격하기 합격플래너

품질경영기사 실기

[STEP 2. 기출 완전정복]

		1회독	2회독
2021년	제1회 품질경영기사 실기	☐ __월 __일	☐ __월 __일
	제2회 품질경영기사 실기	☐ __월 __일	☐ __월 __일
	제4회 품질경영기사 실기	☐ __월 __일	☐ __월 __일
2022년	제1회 품질경영기사 실기	☐ __월 __일	☐ __월 __일
	제2회 품질경영기사 실기	☐ __월 __일	☐ __월 __일
	제4회 품질경영기사 실기	☐ __월 __일	☐ __월 __일
2023년	제1회 품질경영기사 실기	☐ __월 __일	☐ __월 __일
	제2회 품질경영기사 실기	☐ __월 __일	☐ __월 __일
	제4회 품질경영기사 실기	☐ __월 __일	☐ __월 __일
2024년	제1회 품질경영기사 실기	☐ __월 __일	☐ __월 __일
	제2회 품질경영기사 실기	☐ __월 __일	☐ __월 __일
	제3회 품질경영기사 실기	☐ __월 __일	☐ __월 __일
쿠폰 제공 과년도 출제문제	2014년 제1회 기출문제	☐ __월 __일	☐ __월 __일
	2014년 제2회 기출문제	☐ __월 __일	☐ __월 __일
	2014년 제4회 기출문제	☐ __월 __일	☐ __월 __일
	2015년 제1회 기출문제	☐ __월 __일	☐ __월 __일
	2016년 제4회 기출문제	☐ __월 __일	☐ __월 __일
	2017년 제1회 기출문제	☐ __월 __일	☐ __월 __일
	2017년 제2회 기출문제	☐ __월 __일	☐ __월 __일
	2017년 제4회 기출문제	☐ __월 __일	☐ __월 __일
	2018년 제1회 기출문제	☐ __월 __일	☐ __월 __일
	2018년 제2회 기출문제	☐ __월 __일	☐ __월 __일
	2018년 제4회 기출문제	☐ __월 __일	☐ __월 __일
	2019년 제2회 기출문제	☐ __월 __일	☐ __월 __일
	2019년 제4회 기출문제	☐ __월 __일	☐ __월 __일
	2020년 제1·2회 통합 기출문제	☐ __월 __일	☐ __월 __일
	2020년 제3회 기출문제	☐ __월 __일	☐ __월 __일
	2020년 제4회 기출문제	☐ __월 __일	☐ __월 __일

한번에 합격하는 품질경영기사

실기

한번에 합격하는 품질경영기사

실기

염경철 지음

BM (주)도서출판 성안당

■ 도서 A/S 안내

성안당에서 발행하는 모든 도서는 저자와 출판사, 그리고 독자가 함께 만들어 나갑니다.

좋은 책을 펴내기 위해 많은 노력을 기울이고 있습니다. 혹시라도 내용상의 오류나 오탈자 등이 발견되면 **"좋은 책은 나라의 보배"**로서 우리 모두가 함께 만들어 간다는 마음으로 연락주시기 바랍니다. 수정 보완하여 더 나은 책이 되도록 최선을 다하겠습니다.

성안당은 늘 독자 여러분들의 소중한 의견을 기다리고 있습니다. 좋은 의견을 보내주시는 분께는 성안당 쇼핑몰의 포인트(3,000포인트)를 적립해 드립니다.

잘못 만들어진 책이나 부록 등이 파손된 경우에는 교환해 드립니다.

저자 문의 e-mail : clsqc@naver.com(염경철)
본서 기획자 e-mail : coh@cyber.co.kr(최옥현)
홈페이지 : http://www.cyber.co.kr　전화 : 031) 950-6300

머리말

현시대는 "품질관리", "품질경영"이라는 단어가 너무나 친숙한 단어지만, 2차 실기시험이 처음 시행되던 '83년만 해도 일반인에게는 생소한 단어에 불과했으며, 품질경영 실기시험의 추세는 2차 실기시험이 처음 시행된 이후로 많은 변화가 있었다.

그러다 2001년 12월 세계화의 추세에 맞추어 국제표준인 ISO 규격과 동일하게 KS 규격이 대폭 변경되었고, 개정된 이론과 기호가 2007년부터 품질경영기사(산업기사) 시험에 적용되면서 실기시험에도 2007년을 기준으로 출제패턴에 엄청난 변화가 있었으며, 최근 2021년부터는 기사시험과 실무의 현실화 패턴으로 15점 이상의 실무형 문제가 등장하면서 문항수가 13~14문제로 조정되고 있다.

이 책은 품질경영기사 2차 실기시험을 준비하는 수험생을 위하여 2021년 변화된 출제패턴에 따라 기출문제 위주로 개정된 자격증 출제기준을 적용하였고, 과거 기출문제에 현재의 개정된 이론과 기호를 적용하여 저술하였다.

이 책 내용 중 「적중문제」 부분에는 나올 수 있는 문제패턴의 모든 유형을 다 포함시켜 시험출제유형의 기틀을 포괄적으로 완성시켰으며, 「중요 출제문제」 편에는 10년간 출제된 기출문제들을 정리하여 독자들이 기출문제가 어떠한 문제가 출제되었는가를 파악할 수 있게 하였고, 「과년도 출제문제」 편에는 최근 4년간 기출문제를 수록하여 최근의 출제패턴을 숙지할 수 있게 하였다. 따라서 현재의 출제기준에 부합되지 않는 문제는 삭제하고, 현 출제경향과 일치되지 않는 과거의 기출문제는 현재의 출제기준이나 패턴에 일치되도록 재구성하여 변화된 실기시험 패턴에 익숙해질 수 있도록 하였다.

또한 이 책은 저자 평생의 실기시험 강의 노하우를 총동원하여 실기시험에서 작성하여야 하는 모범답안의 형식으로 풀이를 전개 · 기술하며 문제에 대한 전체적인 이해가 될 수 있도록 순차적으로 과정을 기술하였다.

다른 기사시험과는 달리 품질 실기시험은 문제에서 특별한 명시가 없는 한 소수점 5자리까지 기재해야만 점수를 얻을 수 있으며, 계산기 오류나 서술 오류로 답이 틀리는 단순 실수로도 합격은 기대하기 힘들다. 또한 독학하는 수험생들이 제대로 된 수험서가 없어 명확한 개념을 잡지 못하고 2차 시험에 임하는 안타까운 현실도 필자는 누누이 보아왔다. 이 책은 그러한 수험생들을 위해 '문제풀이의 Key point'를 달아 문제의 전체적 개념을 구축하게 하는 동시에, 답안 작성 시 모범답안은 어떻게 작성하여야 하는가에 중점을 두고 집필하였으므로 2차 실기시험의 더할 나위 없는 지침서가 되리라 믿는다.

끝으로 이 책이 발간되기까지 처음부터 옆에서 도와준 동료와 후배, 제자들, 그리고 성안당 관계자 및 그 외에 도움을 주신 지인들께 심심한 감사를 드린다.

저자 염경철

자격 안내

1 자격 기본정보

- 자격명 : 품질경영기사(Engineer Quality Management)
- 관련부처 : 산업통상자원부
- 시행기관 : 한국산업인력공단

(1) 자격 개요

경제, 사회 발전에 따라 고객의 요구가 가격 중심에서 고품질, 다양한 디자인, 충실한 A/S 및 안전성 등으로 급속히 변화하고 있으며, 이에 기업의 경쟁력 창출요인도 변화하여 기업경영의 근본요소로 품질경영체계의 적극적인 도입과 확산이 요구되고 있으며, 이를 수행할 전문 기술인력양성이 요구되어 자격제도를 제정하였다.

(2) 수행직무

일반적인 지식을 갖고 제품의 라이프 사이클에서 품질을 확보하는 단계에서 생산준비, 제조 및 서비스 등 주로 현장에서 품질경영시스템의 업무를 수행하고 각 단계에서 발견된 문제점을 지속적으로 개선하고 혁신하는 업무 등을 수행하는 직무이다.

(3) 진로 및 전망

유·무형 제조물에 관계없이 필요로 하므로 각 분야의 생산현장의 제조·판매 서비스에 이르기까지 수요가 폭넓다.

(4) 연도별 검정현황 및 합격률

연 도	필 기			실 기		
	응시	합격	합격률	응시	합격	합격률
2023년	3,790명	1,526명	40.3%	2,190명	1,020명	46.6%
2022년	3,264명	1,267명	38.8%	1,901명	743명	39.1%
2021년	3,687명	1,753명	47.5%	2,230명	1,154명	51.7%
2020년	3,343명	1,973명	59%	2,815명	1,552명	55.1%
2019년	3,617명	1,644명	45.5%	2,454명	835명	34%
2018년	3,459명	1,506명	43.5%	2,395명	1,139명	47.6%
2017년	4,126명	1,739명	42.1%	2,653명	900명	33.9%
2016년	3,846명	1,534명	39.9%	2,365명	950명	40.2%

품질경영기사 자격시험은 한국산업인력공단에서 시행합니다.
원서접수 및 시험일정 등 기타 자세한 사항은 한국산업인력공단에서 운영하는 사이트인 큐넷(q-net.or.kr)에서 확인하시기 바랍니다.

2 자격증 취득정보

(1) 품질경영기사 응시자격

다음 중 어느 하나에 해당하는 사람은 기사 시험을 응시할 수 있다.

① 산업기사 등급 이상의 자격을 취득한 후 응시하려는 종목이 속하는 동일 및 유사 직무분야에서 1년 이상 실무에 종사한 사람
② 기능사 자격을 취득한 후 응시하려는 종목이 속하는 동일 및 유사 직무분야에서 3년 이상 실무에 종사한 사람
③ 응시하려는 종목이 속하는 동일 및 유사 직무분야의 다른 종목 기사 등급 이상의 자격을 취득한 사람
④ 관련학과의 대학 졸업자 등 또는 그 졸업예정자
⑤ 3년제 전문대학 관련학과 졸업자 등으로서 졸업 후 응시하려는 종목이 속하는 동일 및 유사 직무분야에서 1년 이상 실무에 종사한 사람
⑥ 2년제 전문대학 관련학과 졸업자 등으로서 졸업 후 응시하려는 종목이 속하는 동일 및 유사 직무분야에서 2년 이상 실무에 종사한 사람
⑦ 동일 및 유사 직무분야의 기사 수준 기술훈련과정 이수자 또는 그 이수예정자
⑧ 동일 및 유사 직무분야의 산업기사 수준 기술훈련과정 이수자로서 이수 후 응시하려는 종목이 속하는 동일 및 유사 직무분야에서 2년 이상 실무에 종사한 사람
⑨ 응시하려는 종목이 속하는 동일 및 유사 직무분야에서 4년 이상 실무에 종사한 사람
⑩ 외국에서 동일한 종목에 해당하는 자격을 취득한 사람
※ 품질경영기사 관련학과 : 4년제 대학교 이상의 학교에 개설되어 있는 산업공학, 산업경영공학, 산업기술경영 등 관련학과

(2) 응시자격서류 제출

① 응시자격을 응시 전 또는 응시 회별 별도 지정된 기간 내에 제출하여야 필기시험 합격자로 실기시험에 접수할 수 있으며, 지정된 기간 내에 제출하지 아니할 경우에는 필기시험 합격예정이 무효 처리된다.
② 국가기술시험 응시자격은 국가기술자격법에 따라 등급별 정해진 학력 또는 경력 등 응시자격을 충족하여야 필기 합격이 가능하다.
※ 응시자격서류 심사의 기준일 : 수험자가 응시하는 회별 필기 시험일을 기준으로 요건 충족

자격증 취득과정

1 원서 접수 유의사항

① 원서 접수는 온라인(인터넷, 모바일앱)에서만 가능하다.
스마트폰, 태블릿 PC 사용자는 모바일앱 프로그램을 설치한 후 접수 및 취소/환불 서비스를 이용할 수 있다.

② 원서 접수 확인 및 수험표 출력기간은 접수 당일부터 시험 시행일까지이다.
이외 기간에는 조회가 불가하며, 출력장애 등을 대비하여 사전에 출력하여 보관하여야 한다.

③ 원서 접수 시 반명함 사진 등록이 필요하다.
사진은 6개월 이내 촬영한 3.5cm×4.5cm 컬러사진으로, 상반신 정면, 탈모, 무 배경을 원칙으로 한다.

※ 접수 불가능 사진 : 스냅사진, 스티커사진, 측면사진, 모자 및 선글라스 착용 사진, 혼란한 배경사진, 기타 신분확인이 불가한 사진

STEP 01
필기시험 원서접수

- Q-net(q-net.or.kr) 사이트에서 회원가입 후 접수 가능
- 지역에 상관없이 원하는 시험장 선택 가능
- 품질경영기사 필기시험 응시수수료 : 19,400원

STEP 02
필기시험 응시

- 입실시간 미준수 시 시험 응시 불가
(시험 시작 20분 전까지 입실)
- 수험표, 신분증, 필기구 지참
(공학용 계산기 지참 시 반드시 포맷)

STEP 03
필기시험 합격자 확인

- CBT 시험 종료 후 즉시 점수 확인 가능
- Q-net 사이트에 게시된 공고로 확인 가능

STEP 04
실기시험 원서접수

- Q-net 사이트에서 원서 접수
- 실기시험 시험일자 및 시험장은 접수 시 수험자 본인이 선택
(먼저 접수하는 수험자가 선택의 폭이 넓음)
- 품질경영기사 실기시험 응시수수료 : 22,600원

2 시험문제와 가답안 공개

① 필기

품질경영기사 필기는 CBT(Computer Based Test)로 시행되므로 시험문제와 가답안은 공개되지 않는다.

② 실기

필답형 실기시험 시 특별한 시설과 장비가 필요하지 않고 시험장만 있으면 시험을 치를 수 있기 때문에 전 수험자를 대상으로 토요일 또는 일요일에 검정을 시행하고 있다. 시험 종료 후 본인 문제지를 가지고 갈 수 없으며 별도로 시험문제지 및 가답안은 공개하지 않는다.

STEP 05 실기시험 응시

- 수험표, 신분증, 필기구, 공학용 계산기, 종목별 수험자 준비물 지참 (공학용 계산기는 허용된 종류에 한하여 사용 가능하며, 수험자 지참 준비물은 실기시험 접수 기간에 확인 가능)

STEP 06 실기시험 합격자 확인

- 문자메시지, SNS 메신저를 통해 합격 통보 (합격자만 통보)
- Q-net 사이트 및 ARS (1666-0100)를 통해서 확인 가능

STEP 07 자격증 교부 신청

- Q-net 사이트에서 신청 가능
- 상장형 자격증, 수첩형 자격증 형식 신청 가능

STEP 08 자격증 수령

- 상장형 자격증은 합격자 발표 당일부터 인터넷으로 발급 가능 (직접 출력하여 사용)
- 수첩형 자격증은 인터넷 신청 후 우편 수령만 가능 (수수료 : 3,100원, 배송료 : 3,010원)

검정방법 / 출제기준

- **검정방법/시험시간** : 필답형/3시간
- **합격기준** : 100점을 만점으로 하여 60점 이상
- **직무내용** : 고객만족을 실현하기 위하여 설계, 생산준비, 제조 및 서비스를 산업 전반에서 전문적인 지식을 가지고 제품의 품질을 학보하고 품질경영시스템의 업무를 수행하여 각 단계에서 발견된 문제점을 지속적으로 개선하고 수행하는 직무이다.
- **수행준거**
  1. 통계적 기법을 기초로 품질경영 업무 및 신뢰성 업무를 수행할 수 있다.
  2. 품질 계획 및 설계, 제조, 서비스에 이르는 품질보증시스템 전반에 대해 이해하고 관리도 및 샘플링검사, 실험계획법 등을 활용하여 관리개선 업무를 수행할 수 있다.
  3. 제도적 개선방법에 대해 이해하고 품질시스템 유지 및 개선을 위한 시스템 운영방법을 적용할 수 있다.

[실기 과목명] 품질경영 실무

주요 항목	세부 항목	세세 항목
1. 품질정보 관리	(1) 품질정보체계 정립하기	① 품질전략에 따라 설정된 품질목표의 평가와 품질보증 업무의 개선 필요사항을 도출할 수 있는 품질정보의 분류체계를 정립할 수 있다. ② 정립된 품질정보의 분류체계에 따라 품질정보 운영 절차 및 기준을 작성할 수 있다.
	(2) 품질정보 분석 및 평가하기	① 품질정보 운영절차 및 기준에 따라 항목별 품질 데이터를 산출할 수 있다. ② 품질정보 운영절차 및 기준에 따라 항목별 품질 데이터를 수집할 수 있다. ③ 수집된 품질 데이터를 통계적 기법에 따라 분석할 수 있다. ④ 품질정보의 분석결과에 따라 목표달성 여부와 프로세스 개선 필요 여부를 평가할 수 있다. ⑤ 품질정보의 평가결과에 따라 품질회의의 의사결정을 통해 각 부문의 개선활동계획 수립에 반영할 수 있다.
	(3) 품질정보 활용하기	① 각 부문 품질경영활동 추진을 위한 장단기 계획에 따라 통계적 품질관리 활용계획을 포함하여 수립할 수 있다. ② 각 부문 품질경영활동에 통계적 품질관리기법을 활용할 수 있도록 지원할 수 있다. ③ 각 부문 통계적 품질관리활동 추진결과를 평가하여 사후관리를 할 수 있다.
2. 품질코스트 관리	(1) 품질코스트 체계 정립하기	① 품질코스트 관리절차와 운영기준에 따라 분류체계별 품질코스트 항목을 설정할 수 있다. ② 설정된 품질코스트 항목별 산출기준과 수집방법을 정립하여 사내표준으로 제정할 수 있다.

주요 항목	세부 항목	세세 항목
	(2) 품질코스트 수집하기	① 품질코스트(Q cost) 및 COPQ 항목별 산출기준에 따라 각 부문에서 주기적으로 품질코스트를 산출하고 수집하도록 지원할 수 있다. ② 수집된 품질코스트(Q cost) 및 COPQ를 산출기준에 따라 검증할 수 있다.
	(3) 품질코스트 개선하기	① 품질코스트(Q cost) 및 COPQ 분석결과에 따라 품질 개선이 필요한 항목을 도출할 수 있다. ② 도출된 품질코스트(Q cost) 및 COPQ 개선항목에 따라 개선활동을 수행할 수 있다. ③ 품질코스트(Q cost) 및 COPQ 항목과 산출기준의 정합성을 모니터링하여 품질을 개선할 수 있다.
3. 설계품질 관리	(1) 품질특성 및 설계변수 설정하기	① 최적설계를 구현하기 위한 품질변수를 설정할 수 있다. ② 설정된 품질변수를 통하여 실험설계를 할 수 있다. ③ 실험설계를 위한 실험방법 및 조건을 도출할 수 있다.
	(2) 파라미터 설계하기	① 파라미터 설계를 위한 실험계획을 수립할 수 있다. ② 계획된 실험방법에 따라 실험을 진행할 수 있다. ③ 계획된 실험방법에 따라 진행된 실험결과를 분석할 수 있다. ④ 품질특성에 따라 설계변수의 최적 조합조건을 도출하여 설계변수를 결정할 수 있다.
	(3) 허용차 설계 및 결정하기	① 설계변수의 최적 조합수준하에서 관리허용범위 내 재현성 실험설계를 실시할 수 있다. ② 실험 데이터를 분산분석으로 요인별 기여도를 파악하여 허용차를 설정할 수 있다. ③ 최종 품질특성치에 따라 허용차를 결정하여 표준화를 실시할 수 있다.
4. 공정품질 관리	(1) 중점관리항목 선정하기	① 중점관리항목 선정절차에 따라 필요한 정보를 수집하여 분석할 수 있다. ② 수집 및 분석된 정보를 바탕으로 품질기법을 활용하여 중점관리항목을 선정할 수 있다. ③ 선정된 중점관리항목을 관리계획에 반영하여 문서(관리계획서 또는 QC 공정도)를 작성할 수 있다.
	(2) 관리도 작성하기	① 중점관리항목의 특성에 따라 해당되는 관리도의 종류를 선정할 수 있다. ② 관리계획서 또는 QC 공정도의 관리방법에 따라 데이터를 수집하여 관리도를 작성할 수 있다. ③ 작성된 관리도를 활용하여 공정을 해석할 수 있다. ④ 관리도 해석으로부터 발생한 공정 이상에 대해 조치할 수 있다.

주요 항목	세부 항목	세세 항목
	(3) 공정능력 평가하기	① 데이터의 수집기간과 유형에 따라 공정능력 분석방법을 선정할 수 있다. ② 품질특성의 규격에 따라 공정능력을 평가할 수 있다. ③ 공정능력 평가결과를 활용하여 개선방향을 수립할 수 있다. ④ 수립한 개선방향에 따라 공정능력 향상활동을 수행할 수 있다.
5. 품질검사 관리	(1) 검사체계 정립하기	① 품질 요구사항을 고려하여 이를 충족할 수 있는 검사업무절차와 검사기준을 설정할 수 있다. ② 검사업무절차와 검사기준에 따라 검사 관리요소를 설정할 수 있다. ③ 제품 개발계획과 생산계획에 따라 검사계획을 수립할 수 있다.
	(2) 품질검사 실시하기	① 검사업무절차와 검사기준에 따라 로트별로 품질검사를 실시할 수 있다. ② 검사결과 발생한 불합격 로트에 대해 부적합품 처리절차를 수행할 수 있다. ③ 로트별 검사결과에 따라 검사이력 관리대장을 작성할 수 있다.
	(3) 측정기 관리하기	① 측정기 유효기간을 고려하여 교정계획을 수립할 수 있다. ② 수립한 교정계획에 따라 교정을 실시할 수 있다. ③ 측정기 관리업무절차와 측정시스템 분석계획에 따라 측정시스템 분석을 수행할 수 있다.
6. 품질보증체계 확립	(1) 품질보증체계 정립하기	① 품질보증업무에 대한 프로세스의 요구사항 조사결과에 따라 미비 · 수정 · 보완 사항을 도출할 수 있다. ② 도출된 미비 · 수정 · 보완 사항에 따라 품질보증업무 프로세스를 정립할 수 있다. ③ 정립된 품질보증업무 프로세스를 문서화하여 사내표준을 정비할 수 있다.
	(2) 품질보증체계 운영하기	① 연간 교육계획을 수립하여 품질보증업무에 대한 사내표준의 이해와 실행에 대한 교육을 운영할 수 있다. ② 품질보증업무에 대한 사내표준에 따라 단계별 품질보증활동을 지원할 수 있다. ③ 품질보증업무에 대한 사내표준에 따라 단계별 품질보증활동을 수행할 수 있다. ④ 품질보증업무 운영결과에 따라 사후관리를 할 수 있다.

주요 항목	세부 항목	세세 항목
7. 신뢰성 관리	(1) 신뢰성체계 정립하기	① 신뢰성체계 요구사항에 대한 조사결과에 따라 수정 · 보완 사항을 도출할 수 있다. ② 도출된 수정 · 보완 사항에 따라 신뢰성 업무 프로세스를 정립할 수 있다. ③ 정립된 신뢰성 업무 프로세스를 문서화하여 사내표준을 정비할 수 있다.
	(2) 신뢰성 시험하기	① 고객의 사용환경조건 및 요구사항에 따라 신뢰성 시험 업무절차와 시험방법을 선정할 수 있다. ② 신뢰성 시험 업무절차와 시험방법을 고려하여 신뢰성 시험을 실시할 수 있다. ③ 신뢰성 시험 결과에 근거하여 개선방향을 설정할 수 있다. ④ 신뢰성 개선방향에 근거하여 개선 필요사항을 도출하여 수정할 수 있다.
	(3) 신뢰성 평가하기	① 신뢰성 데이터의 수집기간과 유형에 따라 신뢰성 파라미터 분석방법을 선정할 수 있다. ② 신뢰성 파라미터 분석방법에 따라 신뢰성 수준을 분석하고 평가할 수 있다. ③ 신뢰성 평가결과를 활용하여 개선방향을 설정할 수 있다. ④ 신뢰성 개선방향에 따라 개선 필요사항을 도출하여 수정할 수 있다.
8. 현장품질 관리	(1) 3정 5S 활동하기	① 3정 5S 추진절차에 따라 활동계획을 수립할 수 있다. ② 활동계획에 따라 역할을 분담하여 3정 5S 활동을 실행할 수 있다.
	(2) 눈으로 보는 관리하기	① 품질특성에 영향을 주는 관리대상을 선정하여 활동계획을 수립할 수 있다. ② 활동계획에 따라 관리방법과 기준을 결정할 수 있다.
	(3) 자주보전 활동하기	① 자주보전 추진계획에 따라 활동단계별 세부 추진일정을 수립할 수 있다. ② 활동단계별 진행방법에 따라 활동을 실행할 수 있다.

위 품질경영기사 실기 출제기준의 적용기간은 2023년 1월 1일 ~ 2026년 12월 31일까지입니다.

차 례

PART 1 공업통계학

PART 2 관리도

PART 3

샘플링검사

PART 4

실험계획법

PART 5 신뢰성관리

PART 6 품질경영시스템

부록 1 수험용 수치표

부록 2 중요 출제문제

부록 3 과년도 출제문제

▮ 쿠폰으로 제공되는 기출문제 이용안내 ▮

2014~2020년(7개년) 기출문제는 도서를 구입하신 분에 한하여 PDF파일로 제공하고 있습니다. 기출문제 PDF는 성안당 홈페이지(www.cyber.co.kr)에서 화면 중앙의 "쿠폰등록"을 클릭하여 다운로드 할 수 있습니다.

(※ 자세한 이용방법은 표지 안쪽에 수록되어 있는 "기출문제 다운로드 쿠폰"을 참고하시기 바랍니다.)

품질경영기사 실기

PART 1

공업통계학

품질경영기사 실기

PART 1

공업통계학

PART 01 공업통계학

1 모 수

1. 모집단의 속성(population parameter : θ) → 모수

① 모평균(μ)
② 모분산(σ^2)
③ 모표준편차(σ)
④ 모부적합품률(P)
⑤ 모부적합수(m)
⑥ 모상관계수(ρ)

2. 모평균(μ)

$$\mu = \frac{\sum_{i=1}^{N} x_i}{N}$$

3. 모분산(σ^2)

$$\sigma^2 = \frac{\sum_{i=1}^{N}(x_i - \mu)^2}{N-1} = \frac{\sum_{i=1}^{N}(x_i - \mu)^2}{N} \quad \text{(단, } N = \infty \text{인 경우)}$$

4. 모표준편차(σ)

$$\sigma = \sqrt{\frac{\sum_{i=1}^{N}(x_i - \mu)^2}{N-1}} = \sqrt{\frac{\sum_{i=1}^{N}(x_i - \mu)^2}{N}}$$

5. 모부적합품률

$$P = \frac{NP}{N} = \frac{M}{N}$$

6. 모부적합률

$$U = \frac{m}{n}$$

2 통계량

1. 중심적 경향의 통계량

① 시료평균

$$\overline{x} = \frac{\sum_{i=1}^{n} x_i}{n} = \hat{\mu}$$

② 기하평균

$$G = (x_1, x_2, \cdots, x_n)^{\frac{1}{n}}$$

③ 조화평균

$$H = \frac{n}{\sum_{i=1}^{n} \frac{1}{x_i}} = \frac{\sum_{i=1}^{k} f_i}{\sum_{i=1}^{k} \frac{1}{x_i} f_i}$$

④ 미드랜지

$$M = \frac{x_{\max} + x_{\min}}{2}$$

2. 산포의 경향을 나타내는 통계량

① 제곱합

$$S = \Sigma(x_i - \overline{x})^2 = \Sigma x_i^2 - n\overline{x}^2$$

$$= \Sigma x_i^2 - \frac{(\Sigma x_i)^2}{n}$$

② 시료분산

$$s^2 = \frac{S}{n-1} = \frac{\Sigma(x_i - \overline{x})^2}{n-1} = \frac{S}{\nu} = V$$

③ 시료편차

$$s = \sqrt{\frac{S}{n-1}} = \sqrt{\frac{S}{\nu}} = \sqrt{V}$$

④ 범위

$$R = x_{\max} - x_{\min}$$

⑤ 변동계수

$$CV(V_c) = \frac{s}{\bar{x}} \times 100(\%)$$

⑥ 상대분산

$$CV^2 = \left(\frac{s}{\bar{x}}\right)^2$$

참고 통계량의 추정치 사용에 대한 일반적인 판단 기준은 불편성, 유효성, 일치성, 충분성 등의 성질을 갖추어야 하는데, 이 중 불편성과 유효성을 주로 취급하고 있으며 불편성은 유효성에 우선되는 성질이 있다. 따라서 통계량은 무엇보다도 불편성을 확보해야만 모수 추정치로서 의미가 있다.

3. 수치 변환

① $y_i = \dfrac{x_i - x_0}{h}$ $\qquad \bar{x} = \bar{y} \times h + x_0$

$S_x = S_y \times h^2$ $\qquad V_x = V_y \times h^2$

② $y_i = (x_i + x_0) \times h$ $\qquad \bar{x} = \dfrac{\bar{y}}{h} - x_0$

$S_x = \dfrac{S_y}{h^2}$ $\qquad V_x = \dfrac{V_y}{h^2}$

3 확 률

1. 확률

1) 표본공간(Sample Space ; S)

통계적인 시행을 하였을 때 발생 가능한 서로 다른 모든 결과들의 집합

2) 근원사상

표본공간을 구성하는 기본적인 결과

3) 배반사상

동일시행하에서 동시발생이 불가능한 두 사상을 배반사건이라고 한다.

4) 확률법칙

① $P(S)=1$

② $0 \le P(A) \le 1$

③ $P(A \cup B)=P(A)+P(B)-P(A \cap B)$

④ A와 B가 배반 : $A \cap B=0$ 이므로 $P(A \cap B)=0$

$$P(A \cup B)=P(A)+P(B)$$

⑤ $P(A^C)=P(S-A)=P(S)-P(A)=1-P(A)$

⑥ $P(A^C)+P(A)=1$

⑦ $P(\overline{A \cup B})=1-P(A \cup B)=P(A^C \cap B^C)$

5) 조건부확률

① $P(A|B)=\dfrac{P(A \cap B)}{P(B)}$ → A, B가 독립

$$P(A|B)=\frac{P(A)\cdot P(B)}{P(B)}=P(A)$$

② $P(B|A)=\dfrac{P(A \cap B)}{P(A)}$ → A, B가 독립

$$P(B|A)=\frac{P(A)\cdot P(B)}{P(B)}=P(B)$$

6) 베이즈 정리(사후 확률)

$$P(A_j|B)=\frac{P(A_j)P(B|A_j)}{\Sigma P(A_i)P(B|A_i)}$$

2. 확률변수(Random Variable)

1) 이산형 확률변수의 $p.d.f$

① $0 \le P(X) \le 1$

② $\Sigma P(X)=1$

③ $P(a \le X \le b)=\sum_{x=a}^{b} P(X)$

④ $F(x)=P(-\infty \le X \le x)=P(X \le x)$

2) 연속확률변수의 $p.d.f$

① $0 \le f(X) \le 1$

② $\int f(X)dX=1$

③ $P(a \le X \le b)=\int_a^b f(X)dX$

④ $F(x)=P(X \le x)=\int_{-\infty}^{x} f(X)dX$

3. 기대치(Expectation : $E(X)$)

① $E(X) = \Sigma XP(X)$: 이산형

$= \int Xf(X)dX$: 연속형

② $E(aX \pm b) = aE(X) \pm b$

4. 분산(Variance : $V(X)$)

① $V(X) = E[X - E(X)]^2$

$= \Sigma(X - E(X))^2 P(X)$: 이산형

$= \int (X - E(X))^2 f(X)dX$: 연속형

$= E(X^2) - E(X)^2$

② $V(aX \pm b) = a^2 V(X)$

③ $V(aX \pm bY) = a^2 V(X) + b^2 V(Y) \pm 2abCov(X,\ Y)$

$= a^2 V(X) + b^2 V(Y) \leftarrow X,\ Y$가 독립

5. 공분산(Covariance : $Cov(X \cdot Y)$) → 두 변수와의 관계

$Cov(X,\ Y) = E(X - E(X))(Y - E(Y))$

$= E(X \cdot Y) - \mu_x \mu_y$

참고 $X,\ Y$가 독립이면 $Cov(XY) = 0$이므로 $E(XY) = \mu_x \mu_y$이다.

4 이산확률분포

1. 베르누이 분포

매 시행 때마다 오직 두 가지 결과만 나타나는 이산형 분포의 기본이 되는 분포이다.

1) 확률밀도함수

$P(x) = P^x (1-P)^{1-x}$ (단, $x = 0,\ 1$이다.)

2) 기대치와 분산

① 기대치

$E(x) = P$

② 분산

$V(x) = P(1-P)$

참고 베르누이 과정
① 베르누이 시행이 n회 반복된다.
② 각 시행이 독립이다.
③ 매 시행 때마다 확률값이 변하지 않는다.

2. 이항분포

이항분포는 부적합품률이 P인 베르누이 시행이 n회 반복되는 경우 시료 부적합품수($X=x$)의 분포로서, 서로 독립인 베르누이 시행의 n회 합인 분포가 된다. 이항분포는 모집단의 모수값이 변하지 않는 무한모집단인 경우의 비복원추출 방식 혹은 유한모집단인 경우는 복원추출에 해당된다.

1) 확률밀도함수

$P(X) = {}_nC_x P^x (1-P)^{n-x}$ (단, $x=0, 1, 2, \cdots, n$이다.)

2) 시료 부적합품수(X)의 기대치와 분산

① $E(X) = nP$

② $V(X) = nP(1-P)$

3) 시료 부적합품률(p)의 기대치와 분산

$$p = \frac{X}{n}$$

① $E(p) = P$

② $V(p) = \dfrac{P(1-P)}{n}$

3. 푸아송분포

일정한 영역 내에서 발생하는 희귀사건의 분포로, 이항분포에서 P가 0에 가까워지고 n이 충분히 커질 때 나타나는 이산형 확률분포이다.

1) 확률밀도함수

$P(X) = \dfrac{e^{-m} m^X}{X!}$ (단, $X=0, 1, 2, \cdots, n$이다.)

2) 시료 부적합수(X)의 기대치와 분산

① $E(X) = m$

② $V(X) = m$

4. 초기하분포

베르누이 시행이 n회 반복되기는 하지만 시행 때마다 확률값이 변하는 비복원 추출방식이다. 따라서 서로 독립인 베르누이 시행이 아닌 경우의 분포가 된다.(유한모집단인 경우)

1) 확률밀도함수

$$P(X) = \frac{{}_{NP}C_{X\,N-NP}C_{n-X}}{{}_{N}C_{n}} \quad (\text{단, } X = 0,\ 1,\ 2,\ \cdots,\ n\text{이다.})$$

2) 기대치와 분산

① $E(X) = nP$

② $V(X) = \frac{N-n}{N-1} nP(1-P)$

참고 이산형 분포에서 확률변수 $X=x$의 확률질량함수는 $P(X)=P(x)$이다.

5 연속확률분포

1. 정규분포

좌우 대칭인 연속형 확률분포로 중심값 근처에 대다수가 밀집되는 특징을 띠고 있으며, 품질관리분야에서 가장 폭 넓게 사용되는 대표적인 분포이다.

1) 확률밀도함수

$$f(x) = \frac{1}{\sqrt{2\pi}\,\sigma} e^{-\frac{(x-\mu)^2}{2\sigma^2}} \longrightarrow x \sim N(\mu,\ \sigma^2)$$

2) 기대치와 분산

① $E(x) = \mu$ ② $V(x) = \sigma^2$

3) 표본평균의 분포

$$f(\overline{x}) = \frac{1}{\sqrt{2\pi}\,\sigma/\sqrt{n}} e^{-\frac{(\overline{x}-\mu)^2}{2\sigma^2/n}} \longrightarrow \overline{x} \sim N\left(\mu,\ \frac{\sigma^2}{n}\right)$$

참고 두 집단의 표본 평균차에 대한 합성분포

$$(\overline{x}_1 - \overline{x}_2) \sim N\left(\mu_1 - \mu_2,\ \frac{\sigma_1^2}{n_1} + \frac{\sigma_2^2}{n_2}\right)$$

4) 표준정규분포

$$f(u) = \frac{1}{\sqrt{2\pi}} e^{-\frac{u^2}{2}}$$

① 기대치와 분산

㉠ $E(u)=0$ ㉡ $V(u)=1^2$ ㉢ $D(u)=1$

참고 표준정규분포의 확률변수 u를 z 혹은 k로 표기하기도 한다.

② 표준화(수치 변환)

㉠ $x \sim N(\mu,\ \sigma^2) \xrightarrow{\text{표준화}} u=\dfrac{x-\mu}{\sigma} \sim N(0,\ 1^2)$

㉡ $\bar{x} \sim N\left(\mu,\ \dfrac{\sigma^2}{n}\right) \xrightarrow{\text{표준화}} u=\dfrac{\bar{x}-\mu}{\sigma/\sqrt{n}} \sim N(0,\ 1^2)$

5) 확률면적에 의한 정규분포값

위험률	$u_{1-\alpha/2}$	$u_{1-\alpha}$
0.01	2.576	2.326
0.05	1.96	1.645
0.10	1.645	1.282

2. t 분포

좌우대칭인 평균 $\bar{x}$의 분포로서 σ 가 미지인 경우에 모평균의 검·추정 등에 사용한다.

$$t=\frac{\bar{x}-\mu}{\sigma/\sqrt{n}}=\frac{\bar{x}-\mu}{s/\sqrt{n}}-t(n-1)$$

1) 기대치와 분산

① $E(t)=0$

② $V(t)=\dfrac{\nu}{\nu-2}$ (단, $\nu>2$이다.)

③ $D(t)=\sqrt{\dfrac{\nu}{\nu-2}}$

2) 특징

① t 분포에서 자유도가 커지면 정규분포로 근사하며, 자유도는 분포의 폭에 영향을 미친다.

② 확률변수 t^2의 분포는 $\nu_1=1$인 F의 분포를 따른다. → $t_{1-\alpha/2}(\nu)=\sqrt{F_{1-\alpha}(1,\ \nu)}$

3. χ^2 분포

1) 표준정규분포의 확률변수 u^2의 분포는 자유도 1인 χ^2 분포를 따른다.

2) 자유도는 분포의 중심과 모양을 나타낸다.

3) 좌우 비대칭의 분포이며 자유도가 증가하면 오른쪽으로 꼬리가 길어진다.

4) 모분산의 검·추정이나 적합도검정에 사용한다.

① $\chi^2=\dfrac{S}{\sigma^2}=\dfrac{(n-1)V}{\sigma^2}\sim\ \chi^2(n-1)$

㉠ $E(\chi^2)=\nu$

㉡ $V(\chi^2)=2\nu$

② $[u_{1-\alpha/2}]^2 = \chi^2_{1-\alpha}(1)$

③ $\dfrac{\chi^2_{1-\alpha}(\nu)}{\nu} = F_{1-\alpha}(\nu, \infty)$

4. F 분포

서로 독립인 두 개의 불편분산비가 일으키는 좌우 비대칭의 분포로 모분산비의 검·추정에 사용된다.

1) 확률변수 F는 자유도 ν로 나눈 두 개의 서로 독립인 확률변수 χ^2의 비로 나타내어진다.

$$F = \frac{\dfrac{\chi_1^2}{\nu_1}}{\dfrac{\chi_2^2}{\nu_2}} = \frac{\dfrac{V_1}{\sigma_1^2}}{\dfrac{V_2}{\sigma_2^2}} = \frac{V_1\sigma_2^2}{V_2\sigma_1^2} = \frac{V_1}{V_2} \sim F(\nu_1, \nu_2)$$

2) F 분포의 역수인 분포는 F분포를 따른다.

$$F_{\alpha/2}(\nu_1, \nu_2) = \frac{1}{F_{1-\alpha/2}(\nu_2, \nu_1)}$$

5. 지수분포

푸아송분포가 단위시간당 발생하는 사건의 확률을 정의한 분포라면, 지수분포는 다음 사건이 발생할 때까지 소요되는 시간의 분포로서 고장률이 일정한 CFR의 분포이다.

1) 확률밀도함수

$f(t) = \lambda e^{-\lambda t}$ (단, $t \geq 0$이다.)

2) 신뢰도함수

$R(t) = 1 - F(t) = e^{-\lambda t}$

3) 기대치와 분산

① $E(t) = \dfrac{1}{\lambda}$

② $V(t) = \dfrac{1}{\lambda^2}$

6 검정과 추정

1. 검정과 추정의 기본 개념

응용통계학은 검정과 추정을 떼어서 생각할 수가 없다. 검정은 시료를 통해 모집단의 변화여부를 판단하고, 추정은 모집단의 특성값을 시료에서 구한 통계량을 추정치로 사용하여 모수를 추측하는 통계적 방법론이다.

여기서 검정의 결과가 추정시에 영향을 미치게 되는데, 검정결과가 유의하지 않으면 추정을 행할 수 없다. 또한 검정이 양쪽검정으로 유의하면 연결되는 추정도 신뢰상한값과 하한값을 동시에 추정하는 양쪽추정이 이루어지고, 검정이 한쪽검정으로 유의하다면 이에 따른 추정도 신뢰상한값 혹은 신뢰하한값인 신뢰한계값을 추정하는 한쪽추정이 이루어진다.

검정시 가설이 양쪽가설인 경우는 위험률 α를 양쪽에 $\alpha/2$로 나누어 설정하고, 한쪽가설인 경우는 위험률 α를 사용하여 어느 한쪽에 기각치를 설정한다. 예를 들면 $H_1: \theta > \theta_o$인 경우는 α를 오른쪽에 배치하여 기각치를 설정하고, $H_1: \theta < \theta_o$인 경우는 α를 왼쪽에 배치하여 기각치를 설정한다.

따라서 귀무가설이 어떻게 설정되는가에 따라 모수값의 추정방식도 다르게 나타나게 된다.

2. 가설검정 결과

결 과 / 현 상	H_0	H_1
H_0 채택	신뢰도$(1-\alpha)$	제2종 오류(β)
H_0 기각	제1종 오류(α)	검출력$(1-\beta)$

3. 모분산의 검·추정

(1) 모분산의 검정(정밀도의 검정)

1) 가설 설정

① $H_0: \sigma^2 = \sigma_o^2$ (양쪽검정), $H_0: \sigma^2 \leq \sigma_o^2$ 또는 $H_0: \sigma^2 \geq \sigma_o^2$ (한쪽검정)

② $H_1: \sigma^2 \neq \sigma_o^2$ (양쪽검정), $H_1: \sigma^2 > \sigma_o^2$ 또는 $H_1: \sigma^2 < \sigma_o^2$ (한쪽검정)

2) 유의수준

$\alpha = 0.05$ 또는 0.01

3) 검정통계량

$$\chi_o^2 = \frac{S}{\sigma_o^2} = \frac{(n-1)s^2}{\sigma_o^2}$$

4) 기각치

χ^2분포표에서 가설이 양쪽인 경우는 위험률 α를 양쪽에 $\alpha/2$로 나누어 설정하고, 한쪽가설인 경우는 한쪽에 기각역을 설정한다. 예를 들면 $H_1: \sigma^2 > \sigma_o^2$인 경우는 α를 오른쪽에 배치하여 기각치를 설정하고, $H_1: \sigma^2 < \sigma_o^2$인 경우는 α를 왼쪽에 배치하여 기각치를 설정한다.

5) 판정

① 양쪽검정인 경우

$\chi_o^2 > \chi^2_{1-\alpha/2}(\nu)$ 또는 $\chi_o^2 < \chi^2_{\alpha/2}(\nu)$이면 → H_0 기각

② 한쪽검정인 경우

㉠ $H_1 : \sigma^2 > \sigma_o^2$인 경우

$\chi_o^2 > \chi_{1-\alpha}^2(\nu)$이면 → H_0 기각

㉡ $H_1 : \sigma^2 < \sigma_o^2$ 인 경우

$\chi_o^2 < \chi_{\alpha}^2(\nu)$이면 → H_0 기각

(2) 모분산의 추정(정밀도의 추정)

모분산의 검정시 H_0가 기각되는 경우만 추정에 의미가 있다.

1) 양쪽추정(신뢰구간의 추정)

$$\frac{(n-1)s^2}{\chi_{1-\alpha/2}^2(\nu)} \le \sigma^2 \le \frac{(n-1)s^2}{\chi_{\alpha/2}^2(\nu)}$$

2) 한쪽추정(신뢰한계값의 추정)

① $H_1 : \sigma^2 > \sigma_o^2$ 인 경우(신뢰하한값의 추정)

$$\sigma^2 \ge \frac{(n-1)s^2}{\chi_{1-\alpha}^2(\nu)}$$

② $H_1 : \sigma^2 < \sigma_o^2$ 인 경우(신뢰상한값의 추정)

$$\sigma^2 \le \frac{(n-1)s^2}{\chi_{\alpha}^2(\nu)}$$

4. 모평균의 검·추정

(1) 모평균의 검정(정확도의 검정)

모평균의 검정시 σ 미지와 σ 기지의 구분은 모분산의 검정에 의해 결정된다. 모분산의 검정에서 판정이 H_0 기각이면 모평균의 검정시 σ 미지가 되고, 모분산의 검정에서 H_0 채택이면 σ 기지인 모평균의 검정이 된다.

1) 가설 설정

① $H_0 : \mu = \mu_o$ (양쪽검정), $H_0 : \mu \le \mu_o$ 또는 $H_0 : \mu \ge \mu_o$ (한쪽검정)

② $H_1 : \mu \ne \mu_o$ (양쪽검정), $H_1 : \mu > \mu_o$ 또는 $H_1 : \mu < \mu_o$ (한쪽검정)

2) 유의수준

$\alpha = 0.05$ 또는 0.01

3) 검정통계량

① σ 기지인 경우

$$u_o = \frac{\bar{x} - \mu}{\sigma / \sqrt{n}}$$

② σ 미지인 경우

$$t_o = \frac{\bar{x} - \mu}{s / \sqrt{n}}$$

4) 기각치

분포표에서 가설이 양쪽인 경우는 위험률 α를 양쪽에 $\alpha/2$로 나누어 설정하고, 한쪽가설인 경우는 한쪽에 α를 사용하여 기각치를 설정한다.

5) 판정

① σ 기지인 경우

㉠ 양쪽검정인 경우

$H_1: \mu \neq \mu_o$일 때 $|u_o| > u_{1-\alpha/2}$이면 $\rightarrow H_0$ 기각

㉡ 한쪽검정인 경우

$H_1: \mu > \mu_o$일 때 $u_o > u_{1-\alpha}$이면 $\rightarrow H_0$ 기각

$H_1: \mu < \mu_o$일 때 $u_o < -u_{1-\alpha}$이면 $\rightarrow H_0$ 기각

② σ 미지인 경우

㉠ 양쪽검정인 경우

$H_1: \mu \neq \mu_o$일 때 $|t_o| > t_{1-\alpha/2}(\nu)$이면 $\rightarrow H_0$ 기각

㉡ 한쪽검정인 경우

$H_1: \mu > \mu_o$일 때 $t_o > t_{1-\alpha}(\nu)$이면 $\rightarrow H_0$ 기각

$H_1: \mu < \mu_o$일 때 $t_o < -t_{1-\alpha}(\nu)$이면 $\rightarrow H_0$ 기각

(2) 모평균의 추정(정확도의 추정)

모평균의 추정은 모평균 검정시 H_0 기각인 경우만 의미가 있다.

1) σ 기지인 경우

① 양쪽추정시

$$\mu = \bar{x} \pm u_{1-\alpha/2}\frac{\sigma}{\sqrt{n}}$$

② 한쪽추정시

㉠ $H_1: \mu > \mu_o$일 때(신뢰하한값의 추정)

$$\mu = \bar{x} - u_{1-\alpha}\frac{\sigma}{\sqrt{n}}$$

㉡ $H_1: \mu < \mu_o$일 때(신뢰상한값의 추정)

$$\mu = \bar{x} + u_{1-\alpha}\frac{\sigma}{\sqrt{n}}$$

2) σ 미지인 경우

① 양쪽추정시

$$\mu = \bar{x} \pm t_{1-\alpha/2}(\nu)\frac{s}{\sqrt{n}}$$

② 한쪽추정시

㉠ H_1 : $\mu > \mu_o$일 때(신뢰하한값의 추정)

$$\mu = \bar{x} - t_{1-\alpha}(\nu)\frac{s}{\sqrt{n}}$$

㉡ H_1 : $\mu < \mu_o$일 때(신뢰상한값의 추정)

$$\mu = \bar{x} + t_{1-\alpha}(\nu)\frac{s}{\sqrt{n}}$$

5. 대응있는 차의 검·추정

(1) 대응있는 차의 검정(재현성 검정)

한 개 시료에서 대응성이 있는 한조 데이터가 형성되는 경우로, 예를 들면 동일시료를 측정방법 A와 B로 측정한 데이터 x_A와 x_B의 차이 d_i가 확률변수가 된다.

1) 가설 설정

① $H_0 : \Delta = 0$ (양쪽검정), $H_0 : \Delta \leq 0$ 또는 $H_0 : \Delta \geq 0$ (한쪽검정)

② $H_1 : \Delta \neq 0$ (양쪽검정), $H_1 : \Delta > 0$ 또는 $H_1 : \Delta < 0$ (한쪽검정)

(단, $\Delta = \mu_1 - \mu_2$이다.)

2) 유의수준

$\alpha = 0.05$ 또는 0.01

3) 검정통계량

① σ_d 기지인 경우

$$u_o = \frac{\bar{d} - \Delta}{\sigma_d / \sqrt{n}}$$

② σ_d 미지인 경우

$$t_o = \frac{\bar{d} - \Delta}{s_d / \sqrt{n}}$$

(단, $\bar{d} = \dfrac{\Sigma d_i}{n}$, $s_d = \sqrt{\dfrac{\Sigma d_i^2 - (\Sigma d_i)^2/n}{n-1}}$ 이다.)

4) 기각치

σ_d가 기지이면 정규분포, σ_d가 미지이면 t 분포를 이용한다.

5) 판정

① σ_d 기지인 경우

㉠ 양쪽검정인 경우

$H_1 : \Delta \neq 0$일 때 $|u_o| > u_{1-\alpha/2}$이면 → H_0 기각

㉡ 한쪽검정인 경우

$H_1 : \Delta > 0$일 때 $u_o > u_{1-\alpha}$이면 → H_0 기각

$H_1 : \Delta < 0$일 때 $u_o < -u_{1-\alpha}$이면 → H_0 기각

② σ_d 미지인 경우

㉠ 양쪽검정인 경우

$H_1: \Delta \neq 0$일 때 $|t_o| > t_{1-\alpha/2}(\nu)$이면 → H_0 기각

㉡ 한쪽검정인 경우

$H_1: \Delta > 0$일 때 $t_o > t_{1-\alpha}(\nu)$이면 → H_0 기각

$H_1: \Delta < 0$일 때 $t_o < -t_{1-\alpha}(\nu)$이면 → H_0 기각

(2) 대응있는 차의 추정

1) σ_d 기지인 경우

① 양쪽추정

$$\Delta = \bar{d} \pm u_{1-\alpha/2} \frac{\sigma_d}{\sqrt{n}}$$

② 한쪽추정

$$\Delta_L = \bar{d} - u_{1-\alpha} \frac{\sigma_d}{\sqrt{n}}$$

$$\Delta_U = \bar{d} + u_{1-\alpha} \frac{\sigma_d}{\sqrt{n}}$$

2) σ_d 미지인 경우

① 양쪽추정

$$\Delta = \bar{d} \pm t_{1-\alpha/2}(\nu) \frac{s_d}{\sqrt{n}}$$

② 한쪽추정

$$\Delta_L = \bar{d} - t_{1-\alpha}(\nu) \frac{s_d}{\sqrt{n}}$$

$$\Delta_U = \bar{d} + t_{1-\alpha}(\nu) \frac{s_d}{\sqrt{n}}$$

6. 모분산비의 검·추정

두 집단의 정밀도에 차이가 있는 가에 대한 경우로, 검정결과에 따라 등분산과 이분산이 결정되므로 모평균 차의 검정에 영향을 미치게 된다.

(1) 모분산비의 검정

1) 가설 설정

① $H_0: \sigma_1^2 = \sigma_2^2$ (양쪽검정), $H_0: \sigma_1^2 \leq \sigma_2^2$ 또는 $H_0: \sigma_1^2 \geq \sigma_2^2$ (한쪽검정)

② $H_1: \sigma_1^2 \neq \sigma_2^2$ (양쪽검정), $H_1: \sigma_1^2 > \sigma_2^2$ 또는 $H_1: \sigma_1^2 < \sigma_2^2$ (한쪽검정)

2) 유의수준

$\alpha = 0.05$ 또는 0.01

3) 검정통계량

$$F_o = \frac{V_1}{V_2} = \frac{S_1/\nu_1}{S_2/\nu_2}$$

4) 기각치

F분포표에서 결정

5) 판정

① 양쪽검정인 경우

$F_o > F_{1-\alpha/2}(\nu_1,\ \nu_2)$, $F_o < F_{\alpha/2}(\nu_1,\ \nu_2)$이면 $\rightarrow$ H_0 기각

② 한쪽검정인 경우

$H_1 : \sigma_1^2 > \sigma_2^2$일 때 $F_o > F_{1-\alpha}(\nu_1,\ \nu_2)$이면 $\rightarrow$ H_0 기각

$H_1 : \sigma_1^2 < \sigma_2^2$일 때 $F_o < F_{\alpha}(\nu_1,\ \nu_2)$이면 $\rightarrow$ H_0 기각

(2) 모분산비의 추정

1) 양쪽추정(신뢰구간의 추정)

$$\frac{F_o}{F_{1-\alpha/2}(\nu_1,\ \nu_2)} \le \frac{\sigma_1^2}{\sigma_2^2} \le \frac{F_o}{F_{\alpha/2}(\nu_1,\ \nu_2)}$$

(단, $F_o = \dfrac{V_1}{V_2}$이며, $\dfrac{1}{F_{\alpha/2}(\nu_1,\ \nu_2)} = F_{1-\alpha/2}(\nu_2,\ \nu_1)$이다.)

2) 한쪽추정(신뢰한계값의 추정)

① $H_1 : \sigma_1^2 > \sigma_2^2$인 경우(신뢰하한값의 추정)

$$\left(\frac{\sigma_1^2}{\sigma_2^2}\right)_L \ge \frac{F_o}{F_{1-\alpha}(\nu_1,\ \nu_2)}$$

② $H_1 : \sigma_1^2 < \sigma_2^2$인 경우(신뢰상한값의 추정)

$$\left(\frac{\sigma_1^2}{\sigma_2^2}\right)_U \le \frac{F_o}{F_{\alpha}(\nu_1,\ \nu_2)}$$

(단, $F_o = \dfrac{V_1}{V_2}$이며, $\dfrac{1}{F_{\alpha}(\nu_1,\ \nu_2)} = F_{1-\alpha}(\nu_2,\ \nu_1)$이다.)

7. 모평균차의 검·추정

(1) 모평균차 검정

1) 가설 설정

① $H_0 : \mu_1 = \mu_2$ (양쪽검정), $H_0 : \mu_1 \le \mu_2$ 또는 $H_0 : \mu_1 \ge \mu_2$ (한쪽검정)

② $H_1 : \mu_1 \ne \mu_2$ (양쪽검정), $H_1 : \mu_1 > \mu_2$ 또는 $H_1 : \mu_1 < \mu_2$ (한쪽검정)

2) 유의수준

$\alpha=0.05$ 또는 0.01

3) 검정통계량

① σ_1, σ_2가 기지인 경우

$$u_o=\frac{(\bar{x}_1-\bar{x}_2)-\delta}{\sqrt{\frac{\sigma_1^2}{n_1}+\frac{\sigma_2^2}{n_2}}}$$ (단, $\delta=\mu_1-\mu_2$로 0이다.)

② σ_1, σ_2 가 미지인 경우

㉠ $\sigma_1^2=\sigma_2^2$ 이라고 생각되는 경우

$$t_o=\frac{(\bar{x}_1-\bar{x}_2)-\delta}{\sqrt{V\left(\frac{1}{n_1}+\frac{1}{n_2}\right)}}$$ (단, $V=\frac{S_1+S_2}{\nu_1+\nu_2}$이다.)

㉡ $\sigma_1^2\neq\sigma_2^2$ 이라고 생각되는 경우

$$t_o=\frac{(\bar{x}_1-\bar{x}_2)-\delta}{\sqrt{\frac{V_1}{n_1}+\frac{V_2}{n_2}}}$$

4) 기각치

σ 기지인 경우는 정규분포, σ 미지인 경우는 t 분포를 이용한다.

5) 판정

① σ_1, σ_2 기지인 경우

㉠ 양쪽검정인 경우

$H_1: \mu_1\neq\mu_2$일 때 $|u_o|>u_{1-\alpha/2}$이면 → H_0 기각

㉡ 한쪽검정인 경우

$H_1: \mu_1>\mu_2$일 때 $u_o>u_{1-\alpha}$이면 → H_0 기각

$H_1: \mu_1<\mu_2$일 때 $u_o<-u_{1-\alpha}$이면 → H_0 기각

② σ_1, σ_2 미지인 경우

㉠ $\sigma_1^2=\sigma_2^2$ 이라고 생각되는 경우

ⓐ 양쪽검정인 경우

$H_1: \mu_1\neq\mu_2$일 때 $|t_o|>t_{1-\alpha/2}(\nu^*)$이면 → H_0 기각

ⓑ 한쪽검정인 경우

$H_1: \mu_1>\mu_2$일 때 $t_o>t_{1-\alpha}(\nu^*)$이면 → H_0 기각

$H_1: \mu_1<\mu_2$일 때 $t_o<-t_{1-\alpha}(\nu^*)$이면 → H_0 기각

(단, $\nu^*=\nu_1+\nu_2=n_1+n_2-2$이다.)

㉡ $\sigma_1^2 \neq \sigma_2^2$이라고 생각되는 경우

ⓐ 양쪽검정인 경우

H_1 : $\mu_1 \neq \mu_2$일 때 $|t_o| > t_{1-\alpha/2}(\nu^*)$이면 → H_0 기각

ⓑ 한쪽검정인 경우

H_1 : $\mu_1 > \mu_2$일 때 $t_o > t_{1-\alpha}(\nu^*)$이면 → H_0 기각

H_1 : $\mu_1 < \mu_2$일 때 $t_o < -t_{1-\alpha}(\nu^*)$이면 → H_0 기각

(단, 등가자유도 $\nu^* = \dfrac{(V_1/n_1 + V_2/n_2)^2}{\dfrac{(V_1/n_1)^2}{\nu_1} + \dfrac{(V_2/n_2)^2}{\nu_2}}$이다.)

(2) 모평균차의 추정

1) σ_1, σ_2 기지인 경우(양쪽신뢰구간 추정인 경우)

$$\mu_1 - \mu_2 = (\bar{x}_1 - \bar{x}_2) \pm u_{1-\alpha/2}\sqrt{\frac{\sigma_1^2}{n_1} + \frac{\sigma_2^2}{n_2}}$$

2) σ_1, σ_2 미지인 경우(한쪽추정시 신뢰한계값을 구하는 경우)

① $\sigma_1^2 = \sigma_2^2$이라고 생각되는 경우(한쪽추정시 신뢰상한값)

$$\mu_1 - \mu_2 = (\bar{x}_1 - \bar{x}_2) + t_{1-\alpha}(\nu^*)\sqrt{V\left(\frac{1}{n_1} + \frac{1}{n_2}\right)}$$

(단, $\nu^* = \nu_1 + \nu_2 = n_1 + n_2 - 2$이다.)

② $\sigma_1^2 \neq \sigma_2^2$ 이라고 생각되는 경우(한쪽추정시 신뢰하한값)

$$\mu_1 - \mu_2 = (\bar{x}_1 - \bar{x}_2) - t_{1-\alpha}(\nu^*)\sqrt{\frac{V_1}{n_1} + \frac{V_2}{n_2}}$$

(단, 등가자유도 $\nu^* = \dfrac{(V_1/n_1 + V_2/n_2)^2}{\dfrac{(V_1/n_1)^2}{\nu_1} + \dfrac{(V_2/n_2)^2}{\nu_2}}$이다.)

참고 추정시 양쪽추정은 $\alpha/2$를, 한쪽추정은 α를 사용하여 추정한다.

8. 모부적합품률(모불량률)의 검·추정

(1) 모부적합품률의 검정

1) 가설 설정

① $H_0 : P = P_o$ (양쪽검정) $H_0 : P \leq P_o$ 또는 $H_0 : P \geq P_o$ (한쪽검정)

② $H_1 : P \neq P_o$ (양쪽검정) $H_1 : P > P_o$ 또는 $H_1 : P < P_o$ (한쪽검정)

2) 유의수준

$\alpha=0.05$ 또는 0.01

3) 검정통계량

$$u_o=\frac{\hat{p}-P}{\sqrt{\frac{P(1-P)}{n}}}$$

4) 기각치

정규분포표를 이용

5) 판정

① 양쪽검정인 경우

$H_1: P\neq P_o$일 때 $|u_o|>u_{1-\alpha/2}$이면 → H_0 기각

② 한쪽검정인 경우

$H_1: P>P_o$일 때 $u_o>u_{1-\alpha}$이면 → H_0 기각

$H_1: P<P_o$일 때 $u_o<-u_{1-\alpha}$이면 → H_0 기각

(2) 모부적합품률의 추정

1) 양쪽추정(신뢰구간의 추정)

$$P=\hat{p}\pm u_{1-\alpha/2}\sqrt{\frac{\hat{p}(1-\hat{p})}{n}}$$

2) 한쪽추정(신뢰한계값의 추정)

① 신뢰하한값의 추정

$$P_L=\hat{p}-u_{1-\alpha}\sqrt{\frac{\hat{p}(1-\hat{p})}{n}}$$

② 신뢰상한값의 추정

$$P_U=\hat{p}+u_{1-\alpha}\sqrt{\frac{\hat{p}(1-\hat{p})}{n}}$$

9. 모부적합(모결점)의 검·추정

(1) 모부적합수의 검정

1) 가설 설정

① $H_0: m=m_o$ (양쪽검정) $H_0: m\leq m_o$ 또는 $H_0: m\geq m_o$ (한쪽검정)

② $H_1: m\neq m_o$ (양쪽검정) $H_1: m>m_o$ 또는 $H_1: m<m_o$ (한쪽검정)

2) 유의수준

$\alpha = 0.05$ 또는 0.01

3) 검정통계량

$$u_o = \frac{c-m}{\sqrt{m}}$$

4) 기각치

정규분포를 이용

5) 판정

① 양쪽검정인 경우

$H_1 : m \neq m_o$일 때, $|u_o| > u_{1-\alpha/2}$이면 → H_0 기각

② 한쪽검정인 경우

$H_1 : m > m_o$일 때, $u_o > u_{1-\alpha}$이면 → H_0 기각

$H_1 : m < m_o$일 때, $u_o < -u_{1-\alpha}$이면 → H_0 기각

(2) 모부적합수의 추정

1) 양쪽추정(신뢰구간의 추정)

$$m = c \pm u_{1-\alpha/2}\sqrt{c}$$

2) 한쪽추정(신뢰한계값의 추정)

① 신뢰하한값의 추정

$$m_L = c - u_{1-\alpha}\sqrt{c}$$

② 신뢰상한값의 추정

$$m_U = c + u_{1-\alpha}\sqrt{c}$$

(3) 단위당 모부적합수(부적합품률)의 추정

1) 양쪽추정(신뢰구간의 추정)

$$U = \hat{u} \pm u_{1-\alpha/2}\sqrt{\frac{\hat{u}}{n}}$$

2) 한쪽추정(신뢰한계값의 추정)

① 신뢰하한값의 추정

$$U_U = \hat{u} - u_{1-\alpha}\sqrt{\frac{\hat{u}}{n}}$$

② 신뢰상한값의 추정

$$U_L = \hat{u} + u_{1-\alpha}\sqrt{\frac{\hat{u}}{n}}$$ (단, $\hat{u} = \frac{c}{n}$이다.)

10. 모부적합품률차의 검·추정

(1) 모부적합품률차의 검정

1) 가설 설정

① $H_0: P_1 = P_2$ (양쪽검정), $H_0: P_1 \le P_2$ 또는 $H_0: P_1 \ge P_2$ (한쪽검정)

② $H_1: P_1 \ne P_2$ (양쪽검정), $H_1: P_1 > P_2$ 또는 $H_1: P_1 < P_2$ (한쪽검정)

2) 유의수준

$\alpha = 0.05$ 또는 0.01

3) 검정통계량

$$u_o = \frac{(\hat{p}_1 - \hat{p}_2) - \delta}{\sqrt{\hat{p}(1-\hat{p})\left(\frac{1}{n_1} + \frac{1}{n_2}\right)}}$$

(단, $\delta = P_1 - P_2 = 0$, $\hat{p} = \frac{x_1 + x_2}{n_1 + n_2}$ 이다.)

4) 기각치

5) 판정

① 양쪽검정인 경우

$H_1: P_1 \ne P_2$일 때 $|u_o| > u_{1-\alpha/2}$이면 → H_0 기각

② 한쪽검정인 경우

$H_1: P_1 > P_2$일 때 $u_o > u_{1-\alpha}$이면 → H_0 기각

$H_1: P_1 < P_2$일 때 $u_o < -u_{1-\alpha}$이면 → H_0 기각

(2) 모부적합품률차의 추정

1) 양쪽추정시

$$P_1 - P_2 = (\hat{p}_1 - \hat{p}_2) \pm u_{1-\alpha/2} \sqrt{\frac{\hat{p}_1(1-\hat{p}_1)}{n_1} + \frac{\hat{p}_2(1-\hat{p}_2)}{n_2}}$$

2) 한쪽추정시(신뢰하한값)

$$P_1 - P_2 = (\hat{p}_1 - \hat{p}_2) - u_{1-\alpha} \sqrt{\frac{\hat{p}_1(1-\hat{p}_1)}{n_1} + \frac{\hat{p}_2(1-\hat{p}_2)}{n_2}}$$

3) 한쪽추정시(신뢰상한값)

$$P_1 - P_2 = (\hat{p}_1 - \hat{p}_2) + u_{1-\alpha} \sqrt{\frac{\hat{p}_1(1-\hat{p}_1)}{n_1} + \frac{\hat{p}_2(1-\hat{p}_2)}{n_2}}$$

11. 모부적합수차의 검·추정

(1) 모부적합수차의 검정

1) 가설 설정

① $H_0: m_1 = m_2$ (양쪽검정), $H_0: m_1 \le m_2$ 또는 $H_0: m_1 \ge m_2$ (한쪽검정)

② $H_1: m_1 \ne m_2$ (양쪽검정), $H_1: m_1 > m_2$ 또는 $H_1: m_1 < m_2$ (한쪽검정)

2) 유의수준

$\alpha = 0.05$ 또는 0.01

3) 검정통계량

$u_o = \dfrac{(c_1 - c_2) - \delta}{\sqrt{c_1 + c_2}}$ (단, c는 $\hat{m}$이고, δ는 $m_1 - m_2$이다.)

4) 기각치

5) 판정

① 양쪽검정인 경우

$H_1: m_1 \ne m_2$일 때 $|u_o| > u_{1-\alpha/2}$이면 → H_0 기각

② 한쪽검정인 경우

$H_1: m_1 > m_2$일 때 $u_o > u_{1-\alpha}$이면 → H_0 기각

$H_1: m_1 < m_2$일 때 $u_o < -u_{1-\alpha}$이면 → H_0 기각

(2) 모부적합수차의 추정

1) 양쪽추정

$m_1 - m_2 = (c_1 - c_2) \pm u_{1-\alpha/2}\sqrt{c_1 + c_2}$

2) 한쪽추정(신뢰하한)

$m_1 - m_2 = (c_1 - c_2) - u_{1-\alpha}\sqrt{c_1 + c_2}$

3) 한쪽추정(신뢰상한)

$m_1 - m_2 = (c_1 - c_2) + u_{1-\alpha}\sqrt{c_1 + c_2}$

12. 적합도 검정

1) 가설 설정

① $H_0: P_1 = P_2 = P_3 = \cdots = P_k = P_o$

② $H_1: P_1 \ne P_2 \ne P_3 \ne \cdots \ne P_k \ne P_o$

참고 설계상 양쪽가설 같지만 적합 유무를 따지는 것으로 한쪽가설에 해당된다. 이하 독립성의 검정, 동일성의 검정도 모두 한쪽가설이 된다.

2) 유의수준

$\alpha=0.05$ 또는 0.01

3) 검정통계량

① 모수 P_i 가 일정한 경우

$$\chi_o^2=\frac{\Sigma(X_i-E)^2}{E}$$ (단, $E=nP$ 이다.)

② 모수 P_i 가 일정하지 않은 경우

$$\chi_o^2=\frac{\Sigma(X_i-E_i)^2}{E_i}$$ (단, $E_i=nP_i$ 이다.)

4) 기각치

$\chi^2_{1-\alpha}(k-1)$

5) 판정

① 모수 P_i 가 정해져 있는 경우

$\chi_o^2>\chi^2_{1-\alpha}(k-1)$ 이면 → H_0 기각

② 모수 P_i 가 정해져 있지 않은 경우

$\chi_o^2>\chi^2_{1-\alpha}(k-p-1)$ 이면 → H_0 기각

참고 단, 여기서 p는 추정모수의 개수로서 푸아송분포의 적합성 검정은 추정모수 $\hat{m}$이 1개이고, 정규분포의 적합성 검정시 추정모수는 $\hat{\mu}$, $\hat{\sigma}^2$으로 2개가 된다.

13. 독립성 검정

1) 가설 설정

① H_0 : $P_{ij}=P_{i\cdot}\cdot P_{\cdot j}$

② H_1 : $P_{ij}\neq P_{i\cdot}\cdot P_{\cdot j}$

2) 유의수준

$\alpha=0.05$ 또는 0.01

3) 검정통계량

$$\chi_o^2=\Sigma\Sigma\frac{(X_{ij}-E_{ij})^2}{E_{ij}}$$

(단, $E_{ij}=n\cdot\hat{p}_{ij}=\frac{n_{i\cdot}\cdot n_{\cdot j}}{n}$ 이고, $\hat{p}_{ij}=\hat{p}_{i\cdot}\cdot\hat{p}_{\cdot j}=\frac{n_{i\cdot}}{n}\cdot\frac{n_{\cdot j}}{n}=\frac{n_{i\cdot}\cdot n_{\cdot j}}{n^2}$ 이다.)

4) 기각치

$\chi^2_{1-\alpha}[(m-1)(n-1)]$

5) 판정

$\chi_o^2 > \chi^2_{1-\alpha}[(m-1)(n-1)]$ 이면 → H_0 기각

14. 동일성 검정

1) 가설 설정

① $H_0 : P_{1j} = P_{2j} = P_{3j} = \cdots = P_{ij} = P_j$

② $H_1 : P_{1j} \neq P_{2j} \neq P_{3j} \neq \cdots \neq P_{ij} \neq P_j$

2) 유의수준

$\alpha = 0.05$ 또는 0.01

3) 검정통계량

$$\chi_o^2 = \Sigma\Sigma\frac{(X_{ij}-E_{ij})^2}{E_{ij}}$$

(단, $E_{ij} = n \cdot \hat{p}_{ij} = \frac{n_{i\cdot} \cdot n_{\cdot j}}{n}$ 이다.)

4) 기각치

$\chi^2_{1-\alpha}[(m-1)(n-1)]$

5) 판정

$\chi_o^2 > \chi^2_{1-\alpha}[(m-1)(n-1)]$ 이면 → H_0 기각

15. 2×2 분할표의 적합도 검정

A \ B	A	B	합 계
1	a	c	T_1
2	b	d	T_2
합 계	T_A	T_B	T

1) 가설 설정

$H_0 : P_{ij} = P_i \times P_j$

$H_1 : P_{ij} \neq P_i \times P_j$

2) 유의수준

$\alpha = 0.05$ 또는 0.01

3) 검정통계량

$$\chi_o^2 = \Sigma\Sigma\frac{(X_{ij}-E_{ij})^2}{E_{ij}}$$

$$= \frac{(ad-bc)^2\,T}{T_1 \cdot T_2 \cdot T_A \cdot T_B}$$

참고 Yates의 수정식

앞의 Pearson의 $\chi_o{}^2$ 통계량은 정규분포를 따라야 하므로 $np \geq 5$인 경우만 사용할 수 있는 한계성이 있으나, $np < 5$인 경우에도 사용할 수 있게 방법을 제시한 수정식이다.

$$\chi_o^2 = \frac{\left(|ad-bc|-\frac{T}{2}\right)^2 T}{T_1 . T_2 \cdot T_A \cdot T_B}$$

4) 기각치

$\chi^2_{1-\alpha}(1)$

5) 판정

$\chi_o^2 > \chi^2_{1-\alpha}(1)$이면 → H_0 기각

7 상관회귀

1. 상관계수

$$r = \frac{S_{xy}}{\sqrt{S_{xx} \cdot S_{yy}}}$$

(단, $-1 \leq r \leq +1$이다.)

2. 상관 유무의 검정($\rho=0$인 경우)

1) 가설 설정(양쪽가설인 경우)

$H_0: \rho=0$, $H_1: \rho \neq 0$

2) 유의수준

$\alpha=0.05$ 또는 0.01

3) 검정통계량

① r 표가 주어진 경우($\nu \geq 10$인 경우)

$$r_o = \frac{S_{xy}}{\sqrt{S_{xx} \cdot S_{yy}}}$$

② t 표가 주어진 경우(r 표를 적용할 수 없는 경우 : $\nu < 10$)

$$t_o = \frac{r_o - 0}{\sqrt{\frac{1-{r_o}^2}{n-2}}} = \frac{r_o\sqrt{n-2}}{\sqrt{1-{r_o}^2}}$$

4) 기각치

① r 표가 주어진 경우

$r_{1-\alpha/2}(n-2)$, $r_{1-\alpha/2}(n-2)$

② t 표가 주어진 경우

$t_{1-\alpha/2}(n-2)$, $t_{1-\alpha/2}(n-2)$

5) 판정

① r 표인 경우

$|r_o| > r_{1-\alpha/2}(n-2)$이면 → H_0 기각

② t 표인 경우

$|t_o| > t_{1-\alpha/2}(n-2)$이면 → H_0 기각

3. 상관관계 검·추정($\rho \neq 0$인 경우)

(1) 모상관계수(ρ)의 추정

1) 가설 설정(양쪽가설인 경우)

$H_0 : \rho = \rho_o$, $H_1 : \rho \neq \rho_o$

2) 유의수준

$\alpha = 0.05$ 또는 0.01

3) 검정통계량

$$u_o = \frac{z - E(z)}{\sqrt{V(z)}}$$

① $z = \frac{1}{2}\ln\frac{1+r}{1-r} = \tan h^{-1} r$

② $E(z) = \frac{1}{2}\ln\frac{1+\rho}{1-\rho} = \tan h^{-1} \rho$

③ $V(z)=\dfrac{1}{n-3}$

④ $D(z)=\dfrac{1}{\sqrt{n-3}}$

4) 기각치

$-u_{1-\alpha/2}=u_{0.975}=-1.96$, $u_{1-\alpha/2}=1.96$

5) 판정

$|u_o|>u_{1-\alpha/2}$이면 → H_0 기각

(2) 모상관계수(ρ)의 추정

$E(z)=z\pm\ u_{1-\alpha/2}\sqrt{V(z)}=z\pm\ u_{1-\alpha/2}\dfrac{1}{\sqrt{n-3}}$

$E(z_L)\le E(z)\le E(z_U)$

따라서 $E(z)$을 ρ로 변환하면 다음 식과 같다.

$\tanh E(z_L)\le\ \rho\le\ \tanh E(z_U)$ (단, $\rho=\tanh\,E(z)$이다.)

4. 1차 회귀분석

(1) 1차 회귀분석

1) 가설 설정(양쪽가설인 경우)

$H_0:\ \sigma_R^2\le\ \sigma_{y/x}^2$

$H_1:\ \sigma_R^2>\sigma_{y/x}^2$

2) 유의수준

$\alpha=0.05$ 또는 0.01

3) 검정통계량

$F_o=\dfrac{V_R}{V_{y/x}}=\dfrac{S_R/1}{S_{y/x}/n-2}\sim F(1,\ n-2)$

4) 기각치

$F_{1-\alpha}(\nu_R,\nu_{y/x})=F_{1-a}(1,\ n-2)$

5) 판정

$F_o>F_{1-\alpha}(1,\ n-2)$이면 → H_0 기각

(2) 단순회귀직선 추정

일정 경향선으로부터 점들의 산포가 최소되게 회귀직선을 추정한다.

$$y = \hat{\beta}_0 + \hat{\beta}_1 x$$

① $\hat{\beta}_1 = \dfrac{S_{(xy)}}{S_{(xx)}}$

② $\hat{\beta}_0 = \bar{y} - \hat{\beta}_1 \bar{x}$

5. 결정계수

$$R^2 = \frac{S_R}{S_T} = \left(\frac{S_{xy}}{\sqrt{S_{xx} \cdot S_{yy}}}\right)^2 = r^2$$

6. 1차 방향계수의 검·추정

(1) 1차 방향계수(β_1)의 검정

1) 가설 설정(양쪽가설인 경우)

$H_0 : \beta_1 = \beta_{1_o}$, $H_1 : \beta_1 \neq \beta_{1_o}$

2) 유의수준

$\alpha = 0.05$ 또는 0.01

3) 검정통계량

$$t_o = \frac{\hat{\beta}_1 - E(\hat{\beta}_1)}{D(\hat{\beta}_1)} = \frac{\hat{\beta}_1 - \beta_1}{\sqrt{V_{y/x}/S_{xx}}}$$

4) 기각치

$-t_{1-\alpha/2}(n-2)$, $t_{1-\alpha/2}(n-2)$

5) 판정

$|t_o| > t_{1-\alpha/2}(n-2)$이면 → H_0 기각

(2) 1차 방향계수(β_1)의 추정

$$E(\hat{\beta}_1) = \hat{\beta}_1 \pm t_{1-\alpha/2}(n-2)\sqrt{V(\hat{\beta}_1)}$$

$$= \hat{\beta}_1 \pm t_{1-\alpha/2}(n-2)\sqrt{\frac{V_{y/x}}{S_{xx}}}$$

7. $E(y)$의 검·추정

(1) $E(y)$의 검·추정

1) 가설 설정(양쪽가설인 경우)

H_0 : $E(y) = \eta_o$, H_1 : $E(y) \neq \eta_o$

2) 유의수준

$\alpha = 0.05$ 또는 0.01

3) 검정통계량

$$t_o = \frac{\hat{y} - E(\hat{y})}{\sqrt{V(\hat{y})}} = \frac{(\hat{\beta}_o + \hat{\beta}_1 x_o) - \eta_o}{\sqrt{V_{y/x}\left(\frac{1}{n} + \frac{(x_o - \bar{x})^2}{S_{xx}}\right)}}$$

4) 기각치

$-t_{1-\alpha/2}(n-2)$, $t_{1-\alpha/2}(n-2)$

5) 판정

$|t_o| > t_{1-\alpha/2}(n-2)$이면 → H_0 기각

(2) $E(y)$의 추정

$$E(\hat{y}) = \hat{y} \pm t_{1-\alpha/2}(n-2)\sqrt{V(\hat{y})}$$

$$= (\hat{\beta} + \hat{\beta}_1 x_o) \pm t_{1-\alpha/2}(n-2)\sqrt{V_{y/x}\left(\frac{1}{n} + \frac{(x_o - \bar{x})^2}{S_{xx}}\right)}$$

PART 01 적중문제

1-1 데이터의 정리방법

01 다음 데이터로 부터 산술평균, 중앙값, 기하평균을 구하시오.

[DATA] 5.2, 5.3, 5.4, 5.7, 5.9, 6.0, 5.8

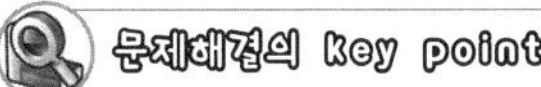

중심적 경향에 관한 기본 공식의 이해를 묻는 문제이다.

해설 ① 산술평균(시료평균)

$$\bar{x} = \frac{x_1 + x_2 + \cdots\cdots + x_n}{n} = \frac{\Sigma x_i}{n} = 5.61429$$

② 중앙값(median)은 홀수인 경우 정중앙에 위치하는 데이터 값이므로 5.7 이다.

③ 기하평균

$$G = (x_1 \times \cdots \times x_n)^{1/n} = (5.2 \times \cdots \times 5.8)^{1/7} = 5.60675$$

02 다음 데이터에 대하여 $\bar{x}$ (시료평균), Me(중앙값), G(기하평균), H(조화평균), R(범위), S(제곱합), s^2 (시료분산), s (시료표준편차), CV(변동계수), 상대분산$(CV)^2$, M(미드레인지)를 구하시오.

[DATA] 35.4, 32.3, 45.5, 35.6, 43.5, 48.5

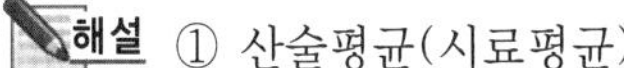

해설 ① $\bar{x} = \dfrac{\Sigma x_i}{n}$

$$= \frac{35.4 + 32.3 + \cdots + 48.5}{6} = 40.13333$$

② $Me = \dfrac{35.6 + 43.5}{2} = 39.55$

③ $G = (x_1 \times \cdots \times x_n)^{1/n} = (35.4 \times \cdots \times 48.5)^{1/6} = 39.68713$

④ $H=\dfrac{n}{\Sigma\dfrac{1}{x}}$

$=\dfrac{6}{\dfrac{1}{35.4}+\cdots+\dfrac{1}{48.5}}=39.24562$

⑤ $R=x_{\max}-x_{\min}$

$=48.5-32.3=16.2$

⑥ $S=\Sigma x_i^2-\dfrac{(\Sigma x_i)^2}{n}$

$=(32.3^2+\cdots+48.5^2)-\dfrac{(32.3+\cdots+48.5)^2}{6}=214.45333$

⑦ $s^2=V=\dfrac{S}{n-1}=42.89067$

⑧ $s=\sqrt{V}$

$=\sqrt{42.89067}=6.54910$

⑨ $CV=\dfrac{s}{\bar{x}}\times 100$

$=\dfrac{6.54910}{40.13333}\times 100=16.31836\%$

⑩ $CV^2=\left(\dfrac{s}{\bar{x}}\right)^2$

$=\left(\dfrac{6.54910}{40.13333}\right)^2=0.02663$

⑪ $M=\dfrac{1}{2}(x_{\max}+x_{\min})$

$=\dfrac{1}{2}(48.5+32.3)=40.4$

03 다음 도수분포표를 보고 조화평균을 계산하시오.

계 급	중앙치	도 수
0~5	2.5	4
5~10	7.5	7
10~15	12.5	8
15~20	17.5	1
합계		20

해설 $H=\dfrac{\Sigma f_i}{\Sigma\dfrac{1}{x_i}f_i}$

$=\dfrac{20}{\dfrac{1}{2.5}\times 4+\dfrac{1}{7.5}\times 7+\dfrac{1}{12.5}\times 8+\dfrac{1}{17.5}\times 1}=6.19104$

04 농촌지도소에서는 지구별 농가의 평균생산량이 다음 표와 같이 조사되었다. 이때 다음 물음에 답하시오.

지 구	농가호수	평균생산량
A	10	10
B	14	8
C	12	10
D	14	12

1) 4군의 합의 평균을 구하여라.
2) 4군의 합의 제곱합을 구하여라.

문제해결의 key point

서브 군의 자료에서 전체자료를 해석할 때 도수표로 문제를 접근하는 것이 수월하며, 이 문제는 시료가 아닌 유한집단의 경우로 해석한다.

해설 먼저 도수표를 작성하면

지 구	n_i	$\overline{x}_i$	$n_i \overline{x}_i$	$n_i \overline{x}_i^{\,2}$
A	10	10	100	1,000
B	14	8	112	896
C	12	10	120	1,200
D	14	12	168	2,016
합계	50		500	5,112

1) $\overline{\overline{x}} = \dfrac{\Sigma \overline{x}_i n_i}{\Sigma n_i}$

$= \dfrac{500}{50}$

$= 10$

2) $S = \Sigma \overline{x}_i^{\,2} n_i - \dfrac{(\Sigma \overline{x}_i n_i)^2}{\Sigma n_i}$

$= 5{,}112 - \dfrac{250{,}000}{50}$

$= 112$

05 다음의 도수표에 대해 물음에 답하시오.

급 구간	도 수
13.5005~13.5055	2
13.5055~13.5105	5
13.5105~13.5155	12
13.5155~13.5205	15
13.5205~13.5255	24
13.5255~13.5305	21
13.5305~13.5355	14
13.5355~13.5405	5
13.5405~13.5455	2

1) 평균값을 구하시오.
2) 불편분산을 구하시오.
3) 급 구간 13.5155~13.5205의 도수분포율을 구하시오.
4) 급 구간 13.5205~13.5255의 누적도수를 구하시오.
5) 급 구간 13.5255~13.5305의 상대누적도수를 구하시오.

문제해결의 Key point

도수표를 작성하는 방법과 용어의 숙지를 요구하는 문제이다.

해설 도수표를 작성하면

급 구간	x_i	f_i	u_i	$f_i u_i$	$f_i u_i^2$
13.5005~13.5055	13.5030	2	−4	−8	32
13.5055~13.5105	13.5080	5	−3	−15	45
13.5105~13.5155	13.5130	12	−2	−24	48
13.5155~13.5205	13.5180	15	−1	−15	15
13.5205~13.5255	13.5230	24	0	0	0
13.5255~13.5305	13.5280	21	1	21	21
13.5305~13.5355	13.5330	14	2	28	56
13.5355~13.5405	13.5380	5	3	15	45
13.5405~13.5455	14.5430	2	4	8	32
합 계		100		10	294

1) $\bar{x} = x_0 + h\dfrac{\Sigma f_i u_i}{\Sigma f_i}$

$= 13.5230 + 0.005 \times \dfrac{10}{100} = 13.5235$

2) $s^2 = \left(\dfrac{\Sigma f_i u_i^2 - (\Sigma f_i u_i)^2 / \Sigma f}{\Sigma f_i - 1} \right) h^2$

$= \left(\dfrac{294 - 10^2/100}{99} \right) \times 0.005^2 = 0.00007$

3) 제4급의 도수분포율 : $\dfrac{15}{100} \times 100 = 15\%$

4) 제5급까지의 누적도수 : $\sum_{i=1}^{5} f_i = 58$

5) 제6급의 상대누적도수 : $\dfrac{79}{100} \times 100 = 79\%$

06

관리상태에 있는 어떤 공정에서 100개 데이터를 취하여 불편분산을 구했더니 10.25^2이었다. 상한규격은 80, 하한규격은 20으로 규격이 주어져 있을 때 공정능력지수 $PCI(C_P)$의 값을 구하시오. 그리고 공정능력지수에 따른 공정 5등급의 분류를 하시오.

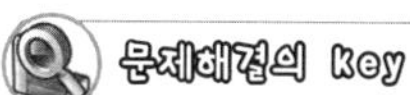

공정능력지수의 평가기준

$C_P \geq 1.67$: 공정능력이 매우 충분하다.(0등급)

$1.33 \leq C_P < 1.67$: 공정능력이 충분하다.(1등급)

$1.00 \leq C_P < 1.33$: 공정능력이 보통이다.(2등급)

$0.67 \leq C_P < 1.00$: 공정능력이 부족하다.(3등급)

$C_P < 0.67$: 공정능력이 매우 부족하다.(4등급)

해설 1) $C_P = \dfrac{S_U - S_L}{6\hat{\sigma}} = \dfrac{S_U - S_L}{6s}$

$= \dfrac{80 - 20}{6 \times 10.25} = 0.97561$

2) $0.67 \leq C_P < 1.00$: 공정능력이 부족하다(3등급).

07

n=100의 데이터에 대한 히스토그램을 그린 결과 정규분포 모양이 되었으며 $\bar{x} = 44.873$ 및 $s = 0.584$가 얻어졌다. 규격이 45.5±2.00이라면 바이어스를 고려한 공정능력지수 C_{PK}는 얼마인가? 그리고 공정능력은 어떻다고 할 수 있겠는가?

문제해결의 key point

최소공정능력이라고 하는 치우침을 고려한 공정능력지수 C_{PK}는 치우침 계수를 구하여 계산할 수도 있고, 치우친 방향쪽으로 한쪽 C_{PKL} 또는 C_{PKU}를 계산하여도 된다.

해설 1) 치우침 계수를 이용하는 경우

$$k = \frac{|\hat{\mu} - M|}{T/2}$$

$$= \frac{\left|44.873 - \frac{1}{2}(47.5 + 43.5)\right|}{\frac{47.5 - 43.5}{2}} = 0.3135$$

$$C_{PK} = (1-k)\frac{S_U - S_L}{6\hat{\sigma}}$$

$$= (1 - 0.3135) \times \frac{4}{6 \times 0.584} = 0.78368$$

2) 한쪽 규격을 이용하는 경우

하한쪽으로 치우쳤으므로

$C_{PK} = \min(C_{PKU},\ C_{PKL}) \rightarrow C_{PKL}$

$$C_{PKL} = \frac{\hat{\mu} - S_L}{3\sigma} = \frac{44.873 - 43.5}{3 \times 0.584} = 0.78368$$

3) 판정

$C_{PK} = 0.78368$이므로 3등급 공정이다. 따라서 현실적 공정능력은 부족하다.

08 다음 규격이 5.00±0.51g인 제품의 치우침을 고려한 공정능력지수 C_{PK}를 구하시오. (단, 치우침 계수 k=0.15이며, 모표준편차 σ=0.12이다.)

해설 $C_{PK} = (1-k)C_P$

$$= (1 - 0.15)\frac{5.51 - 4.49}{6 \times 0.12} = 1.20417$$

09 다음 데이터는 어떤 화학제품의 수분 함량을 측정한 결과를 도수표로 나타낸 것이다. 수분함량에 대한 규격은 5.00±0.20이다. 다음에 답하시오.

계 급	x_i	f_i	u_i	$f_i u_i$	$f_i u_i^2$
4.755~4.825	4.79	2	−3	−6	18
4.825~4.895	4.86	12	−2	−24	48
4.895~4.965	4.93	15	−1	−15	15
4.965~5.035	5.00	30	0	0	0
5.035~5.105	5.07	12	1	12	12
5.105~5.175	5.14	6	2	12	24
5.175~5.245	5.21	2	3	6	18
5.245~5.315	5.28	1	4	4	16
합 계		80		−11	151

1) 평균과 표준편차를 구하시오. ($\bar{x}$, s)
2) 히스토그램을 작성하고, 상한규격과 하한규격을 표기하시오. (단, 풀이는 생략한다.)
3) 규격을 벗어나는 확률은 얼마인가? (단, 도수표는 정규분포를 따른다.)
4) 공정능력지수를 구하고, 공정능력을 평가하시오.
5) 변동계수(CV)를 구하시오.

문제해결의 key point

4) 표준정규분포의 u값의 계산은 수치표가 소수 2자리까지 있으므로 자리수를 소수 2째자리까지 맞추면 된다.

해설 1) $\bar{x} = x_0 + h\dfrac{\Sigma f_i\, u_i}{\Sigma f_i}$

$$= 5.00 + 0.07 \times \frac{-11}{80} = 4.99038 = \hat{\mu}$$

$$s = h\sqrt{\frac{\Sigma f_i\, u_i^2 - \dfrac{(\Sigma f_i\, u_i)^2}{\Sigma f_i}}{\Sigma f_i - 1}}$$

$$= 0.07 \times \sqrt{\frac{151 - (-11)^2/80}{79}} = 0.09629 = \hat{\sigma}$$

2) 히스토그램의 작성

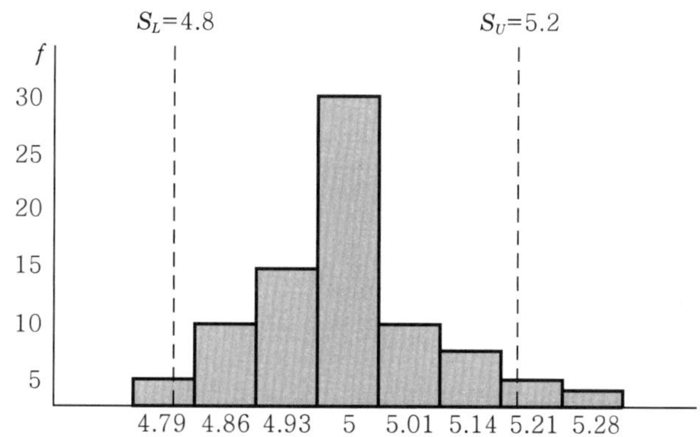

3) 정규분포를 이용한 부적합품률

$$P(\%) = \Pr(x > 5.2) + \Pr(x < 4.8)$$
$$= \Pr\left(u > \frac{5.2 - 4.99038}{0.09629}\right) + \Pr\left(u < \frac{4.8 - 4.99038}{0.09629}\right)$$
$$= \Pr(u > 2.18) + \Pr(u < -1.98)$$
$$= 0.0146 + 0.0239 = 0.0385$$

4) $C_P = \dfrac{S_U - S_L}{6\hat{\sigma}} = \dfrac{S_U - S_L}{6s}$

$$= \frac{5.2 - 4.8}{6 \times 0.09629} = 0.69235$$

$0.67 \leq C_P < 1.00$: 공정능력이 부족하다.(3등급)

5) $CV = \dfrac{s}{\bar{x}} \times 100\%$

$$= \frac{0.09629}{4.99038} \times 100\% = 1.92951\%$$

10 다음 도수표는 어떤 강판 압연공정에서 철판의 두께를 100매 측정한 결과이다. 철판 두께의 규격상한 S_U=32, 규격하한 S_L= 13으로 알려져 있다. 이때 다음 물음에 답하시오.

계급의 번호	계급의 경계치	도 수	계급의 번호	계급의 경계치	도 수
1	10.5~13.5	2	6	25.5~28.5	20
2	13.5~16.5	6	7	28.5~31.5	14
3	16.5~19.5	10	8	31.5~34.5	8
4	19.5~22.5	15	9	34.5~37.5	2
5	22.5~25.5	23			

1) 히스토그램상에서 규격한계를 벗어나는 것은 몇 %나 되겠는가?

2) 적합도 검정결과 정규분포를 따른다고 판명되었다. 프로세스의 부적합품률을 점추정하시오.

3) 공정능력지수를 구하고, 공정능력을 평가하시오.

문제해결의 key point

도수표 자체가 정규성을 따르지 않는다면 정규분포를 이용한 확률계산은 불가하다.

해설 1) 부적합품률 $= \dfrac{\text{규격상한을 벗어난 도수} + \text{규격하한을 벗어난 도수}}{\text{총도수합}} \times 100$

$$= \frac{\left(\frac{2.5}{3} \times 8 + 2\right) + \frac{2.5}{3} \times 2}{100} \times 100 = 10.33333\%$$

2) 도수표를 작성하면

계급 번호	계급경계치	계급평균	도 수	u_i	$f_i\, u_i$	$f_i\, u_i^2$
1	10.5~13.5	12	2	−4	−8	32
2	13.5~16.5	15	6	−3	−18	54
3	16.5~19.5	18	10	−2	−20	40
4	19.5~22.5	21	15	−1	−15	15
5	22.5~25.5	24	23	0	0	0
6	25.5~28.5	27	20	1	20	20
7	28.5~31.5	30	14	2	28	56
8	31.5~34.5	33	8	3	24	72
9	34.5~37.5	36	2	4	8	32
합계			100		19	321

$$\bar{x} = x_0 + h\frac{\Sigma f_i\, u_i}{\Sigma f_i}$$

$$= 24 + 3 \times \frac{19}{100} = 24.57$$

$$s = h\sqrt{\frac{\Sigma f_i\, u_i^2 - \frac{(\Sigma f_i\, u_i)^2}{\Sigma f_i}}{\Sigma f_i - 1}}$$

$$= 3 \times \sqrt{\frac{321 - (19)^2/100}{99}} = 5.37156$$

도수표가 정규분포를 따르므로

$$P(\%) = \Pr(x > 32) + \Pr(x < 13)$$

$$= \Pr\left(u > \frac{32 - 24.57}{5.37156}\right) + \Pr\left(u < \frac{13 - 24.57}{5.37156}\right)$$

$$= \Pr(u > 1.38) + \Pr(u < -2.15)$$

$$= 0.0838 + 0.0158 = 0.0996$$

3) $C_P = \dfrac{S_U - S_L}{6\,\hat{\sigma}} = \dfrac{S_U - S_L}{6\,s}$

$$= \frac{32 - 13}{6 \times 5.37156} = 0.58952$$

$C_P < 0.67$: 공정능력이 매우 부족하다.(4등급)

11 x_i를 $X_i=(x_i-100)\times50$으로 수치변환한 결과 $\overline{X}=90$, $S_X=200$을 얻었다. 이때 $\overline{x}$, S_x는 얼마인가?

문제해결의 key point

수치변환의 경우 원래의 수식기준으로 환산한 후 계산하면 쉽게 계산할 수 있다.
원래의 수식은
$x_i=100+\frac{1}{50}X_i$ 이므로 $E(x)=100+\frac{1}{50}E(X)$, $V(x)=\frac{1}{50^2}V(X)$이다.

해설 ① $\overline{x}=100+\frac{90}{50}=101.8$

② $S_x=\frac{S_X}{h^2}=\frac{200}{50^2}=0.08$

12 다음 표는 어느 조립공정의 매일 매일 분량의 부적합품 데이터의 1주일분을 나타낸 것이며, 이 공정에서 부적합품을 퇴치하려면 어느 항목을 퇴치하면 좋을까를 정하려 한다. 파레토그림을 그려 설명하시오.

부적합 항목 \ 날 짜	7/1	7/2	7/3	7/4	7/5	7/6
로킹 부적합	3		6	14	18	15
토크 부족		3				1
회전 부적합	15	18	14	14	19	13
빈틈 부적합	5	1	4	4	1	3
기판 깨짐	8	11	7	16	6	9
각도 부적합			1		2	
심축 넘어짐	2	1	4	3		

해설

순 위	항 목	데이터수	점유율(%)	누적수	누적점유율(%)
1	회전 부적합	93	38.59	93	38.59
2	기판 깨짐	57	23.65	150	62.24
3	로킹 부적합	56	23.24	206	85.48
4	빈틈 부적합	18	7.47	224	92.95
5	심축 넘어짐	10	4.15	234	97.10
6	토크 부족	4	1.66	238	98.76
7	각도 부적합	3	1.24	241	100.00
	합계	241			

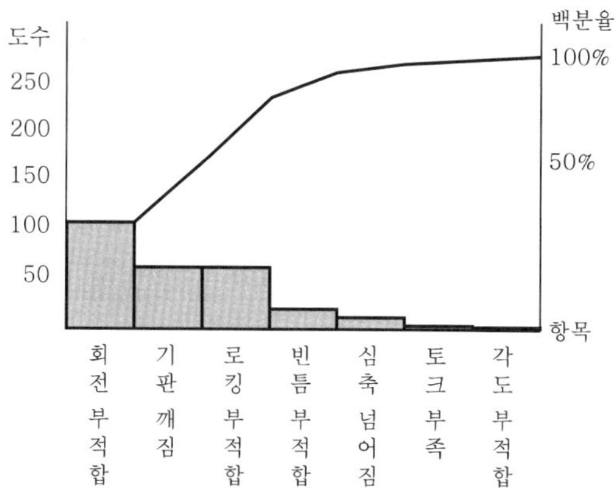

집중적으로 관리해야 할 항목은 누적점유율 80% 정도를 차지하는 1, 2, 3순위의 항목인 회전 부적합, 기판 깨짐, 로킹 부적합이다.

13 금속 가공품을 제조하고 있는 공장에서 QC서클이 활약하고 있다. 꼭 반년 전의 1로트당의 부적합품수와 이번달 가공분의 1로트당의 부적합품수를 구해 이 부적합품으로 인한 손실금액을 조사한 결과 다음 표와 같다. 이번 달의 손실금액에 의한 파레토그림을 그리고, 이 반년간의 QC서클 활동의 성과를 손실절감액으로 평가하시오.

불량 항목	부적합품수(반년 전)	부적합품수(이달)	1개당 손실금액
재료	24	23	700원
치수	35	33	1,500원
거칠음(조잡)	115	54	100원
형상	56	7	300원
기타	10	12	200원

문제해결의 key point

기타는 금액이나 도수가 더 크더라도 항상 마지막에 표기한다.

해설 1) 이번달의 QC 활동성과(손실절감액)

순 위	부적합품 항목	손실금액	백분율(%)	누적손실금액	누적백분율(%)
1	치수	49,500	65.6	49,500	65.6
2	재료	16,100	21.3	65,600	86.9
3	거칠음	5,400	7.1	71,000	94.0
4	형상	2,100	2.8	73,100	96.8
5	기타	2,400	3.2	75,500	100.00

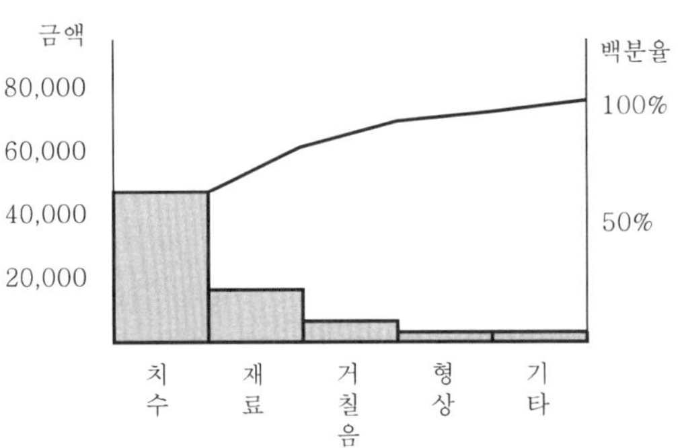

2) 반년간의 QC 활동성과(손실절감액)

부적합품 항목	손실금액		손실절감액
	반년 전(A)	이번달(B)	(A−B)
재료	16,800	16,100	700
치수	52,500	49,500	3,000
거칠음	11,500	5,400	6,100
형상	16,800	2,100	14,700
기타	2,000	2,400	−400
계	99,600	75,500	24,100

1-2 확률변수와 확률분포

01 **한 개의 동전을 두 번 던지는 시행에서 앞면이 나오면 H, 뒷면이면 T라고 한다. 이때 다음 물음에 답하시오.**

1) 표본공간 S를 구하여라.
2) 첫번째 던진 동전의 결과가 앞면이 되는 사상 A를 구하여라.
3) 두번째 던진 동전의 결과가 뒷면이 되는 사상 B를 구하여라.
4) 사상 A와 B는 서로 배반인가?
5) $A\cup B$, $A\cap B$와 A를 구하여라.

해설 1) $S=\{(H, H), (H, T), (T, H), (T, T)\}$
2) $A=\{(H, H), (H, T)\}$
3) $B=\{(H, T), (T, T)\}$
4) A와 B는 동일한 근원사상 (H, T)를 가지고 있으므로 서로 배반이 아니다.
5) $A\cup B=\{(H, H), (H, T), (T, T)\}$
$A\cap B=\{(H, T)\}$
$A^C=\{(T, H), (T, T)\}$

02 어떤 로트의 중간제품의 부적합품률이 3%, 중간제품의 적합품만을 사용해서 가공했을 때 제품의 부적합품률이 5%라고 하면 이 원료의 로트로부터 적합품이 얻어질 확률은?

문제해결의 key point

최종공정의 작업이 적합품만으로 가공하므로 중간제품의 부적합품률이 최종공정의 부적합품률에 영향을 미치지 않게 된다. 그러므로 두 사상은 서로 독립이다.

해설 중간공정의 적합품률$=P(A)=0.97$

최종공정의 적합품률$=P(B)=0.95$

$\therefore\ P(A\cap B)=P(A)\cdot P(B)$

$=0.97\times 0.95=0.9215$

03 어떤 주사위를 차례로 두 번 던져 윗면에 나타나는 눈의 결과를 $(x_1,\ x_2)$로 나타내자. 여기서 x_i 란 i번째 던진 주사위의 결과이다. 이 시행의 근원사상은 같은 확률을 갖는 다음과 같은 2개의 사상에서 $P(B|A)$를 구하면?

$A=[(x_1,\ x_2):x_1+x_2=10]$

$B=[(x_1,\ x_2):x_1>x_2]$

문제해결의 key point

A가 발생한 조건하에서 B가 발생할 확률이므로 조건부 확률에 관한 문제이다.

해설 $A=[(4,6),(5,5),(6,4)]$

$A\cap B=[(6,4)]$이므로

$\therefore\ \Pr(B|A)=\dfrac{\Pr(A\cap B)}{\Pr(A)}=\dfrac{1}{3}$

04 3명의 사무원이 서류를 처리하는데 B_1이 40%, B_2가 35%, B_3은 25%를 처리한다. 그리고 사무원들의 실수율은 B_1이 0.04이고, B_2는 0.06, B_3은 0.030이다. 잘못된 서류들 중에서 1장을 뽑았을 때 이 서류를 B_1이 처리했을 확률은?

문제해결의 key point

사상 $B_1, B_2, \cdots, B_k$를 표본공간 S의 분할이라고 할 때 임의의 사상 A가 나타난 후에 특정 사상 B_j에 속할 확률은 베이스의 정리를 따른다.

해설 잘못된 서류의 사상을 A라 하면

$$P(B_1|A) = \frac{P(B_1)\cdot P(A|B_1)}{P(B_1)\cdot P(A|B_1)+P(B_2)\cdot P(A|B_2)+P(B_3)\cdot P(A|B_3)}$$

$$= \frac{0.4\times 0.04}{0.4\times 0.04+0.35\times 0.06+0.25\times 0.03} = 0.36$$

05 어떤 부품을 만드는 3대의 기계가 있다. 제1호기는 전체 생산량의 35%, 제2호기는 20%, 제3호기는 45%를 생산하고 있다. 과거자료에 의하면 제1호기는 1%, 제2호기는 2%, 제3호기는 1.5%의 부적합품률이 나오고 있다. 만약 하루동안 생산된 전체 부품에서 랜덤하게 1개를 추출하여 실험하였을 때 부적합품이었다면 이 부품이 제2호기에서 생산되었을 확률은 얼마인가?

해설 부적합품에 관한 사상을 A라 하면

$$P(B_2|A) = \frac{P(B_2)\cdot P(A|B_2)}{P(B_1)\cdot P(A|B_1)+P(B_2)\cdot P(A|B_2)+P(B_3)\cdot P(A|B_3)}$$

$$= \frac{0.20\times 0.02}{0.35\times 0.01+0.20\times 0.02+0.45\times 0.015} = 0.28070$$

06 같은 동전을 3번 던져서 앞면(H)과 뒷면(T)이 나타나는 사항을 관찰하는 문제를 생각하여 보자. 앞면과 뒷면이 나타날 확률이 1/2씩 똑같은 경우에 확률변수 X를 $X=$ 앞면의 개수로 정의할 때 다음 물음에 답하여라.

1) X의 $p.d.f.$와 $c.d.f.$를 구하고 이를 그래프로 그려보아라.
2) 기대치와 분산을 구하여라.
3) X의 값이 0이거나 3이면 1,000원을 받고, 그 외의 경우에는 400원을 내어 주는 내기라면 그 기대가는 얼마인가? 유리한 내기인가?

문제해결의 Key point

$p.d.f$ 는 확률밀도함수(Probability density function)를 뜻하며 이산형분포이므로 확률변수 X일 때의 출현 확률을 요구하는 문제이다.
$c.d.f$ 는 누적분포함수(Cumulative distribution function)를 뜻하며 이산형에서는 확률변수 X가 좌측에서 우측으로 변화할 때 값이 증가하는 함수로 나타난다.

해설 1) ① $p.d.f$ 의 값 및 그래프

X	0	1	2	3
$P(X)$	$\frac{1}{8}$	$\frac{3}{8}$	$\frac{3}{8}$	$\frac{1}{8}$

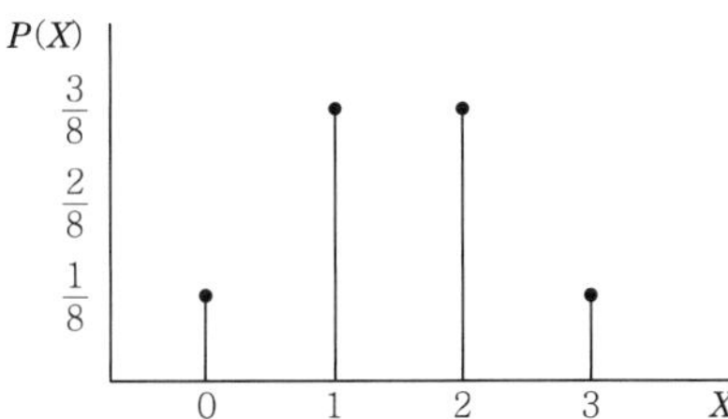

② $c.d.f$ 의 값 및 그래프

X	0	1	2	3
$F(X)$	1/8	4/8	7/8	1

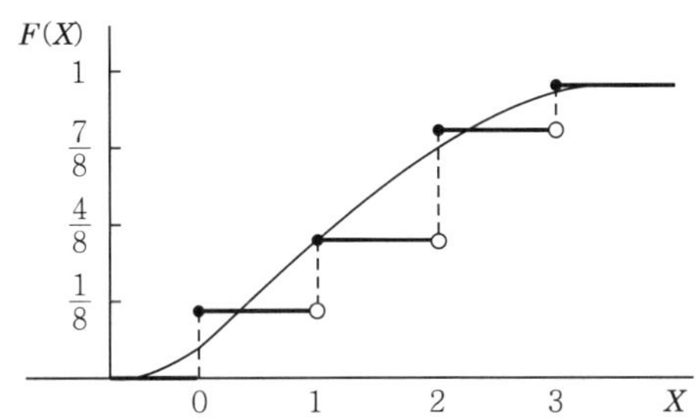

2) $E(X) = \sum_{X=0}^{3} X \cdot P(X)$

$= 0\times\frac{1}{8}+1\times\frac{3}{8}+2\times\frac{3}{8}+3\times\frac{1}{8}=1.5$

$V(X) = E[X-E(X)]^2 = \sum_{X=0}^{3}[X-E(X)]^2 \cdot P(X)$

$=(0-1.5)^2\times\frac{1}{8}+(1-1.5)^2\times\frac{3}{8}+(2-1.5)^2\times\frac{3}{8}+(3-1.5)^2\times\frac{1}{8}$

$=0.75$

3) 소득의 기대가

X	$P(X)$	$g(X)=$ 소득
0	1/8	1,000
1	3/8	−400
2	3/8	−400
3	1/8	1,000

$$E(g(X))=\sum_{X=0}^{3} g(X)\cdot P(X)$$
$$=1{,}000\times\frac{1}{8}-400\times\frac{3}{8}-400\times\frac{3}{8}+1{,}000\times\frac{1}{8}$$
$$=-50\text{ 원}$$

소득의 기대가가 −50원이므로 불리한 게임이다.

07 주사위를 두 개 던져 나온 두 눈을 각각 X_1, X_2라고 할 때 $(X_1+X_2\le 5)$일 확률을 구하시오.

해설 $P(X_1+X_2\le 5)$

$$=P(X_1=1)P(X_2\le 4)+P(X_1=2)P(X_2\le 3)+P(X_1=3)P(X_2\le 2)$$
$$+P(X_1=4)P(X_2=1)$$
$$=\frac{1}{6}\times\frac{4}{6}+\frac{1}{6}\times\frac{3}{6}+\frac{1}{6}\times\frac{2}{6}+\frac{1}{6}\times\frac{1}{6}$$
$$=\frac{10}{36}$$
$$=0.27778$$

08 어느 공휴일 오후 4 시와 9 시 사이에 정비소에서 서비스를 받고 나가는 차의 수 X의 확률분포가 다음과 같다. 이때 $g(X)=2X-1$을 정비소 사장이 종업원에게 지불하는 수당이라고 할 때 이 시간 사이의 종업원의 기대수익은? (단, 단위는 만원)

X	4	5	6	7	8	9
$P(X)$	$\frac{1}{12}$	$\frac{1}{12}$	$\frac{1}{4}$	$\frac{1}{4}$	$\frac{1}{6}$	$\frac{1}{6}$

 문제해결의 key point

$E[g(X)]=E(aX+b)=aE(X)+b$로 정의되므로
$E(X)=\Sigma XP(X)$를 계산하여 $2\times E(X)-1$로도 구할 수 있다.

$$E[g(X)]=E[2X-1]=\sum_{X=4}^{9}(2X-1)P(X)$$
$$=7\times\frac{1}{12}+9\times\frac{1}{12}+11\times\frac{1}{4}+13\times\frac{1}{4}+15\times\frac{1}{6}+17\times\frac{1}{6}$$
$$=12.66667$$

종업원의 기대수입은 126,670원이다.

09 다음과 같은 상금이 걸려 있는 복권을 사려고 한다. 모두 액면가 5,000원씩 2,000매가 발행되었다면 복권 1매당 상금의 기대치를 계산하시오.

구 분	매 수	상 금
특등	1	1,000,000
1등	5	200,000
2등	10	50,000
3등	20	5,000
4등	1,964	1,000

구 분	매 수	상 금	확 률
특등	1	1,000,000	1/2,000
1등	5	200,000	5/2,000
2등	10	50,000	10/2,000
3등	20	5,000	20/2,000
4등	1,964	1,000	1,964/2,000

$$\therefore\ E[g(X)]=\Sigma g(X)P(X)$$
$$=1{,}000{,}000\times\frac{1}{2{,}000}+\cdots\cdots+1{,}000\times\frac{1{,}964}{2{,}000}=2{,}282\text{ 원}$$

10 $\sigma_X^2=2$, $\sigma_Y^2=4$일 때 관계식 $Z=3X-4Y+8$의 분산은 얼마인가? (단, X와 Y는 서로 독립이다.)

문제해결의 Key point

$V(aX \pm bY \pm c) = a^2V(X) + b^2V(Y) \pm 2abCov(X, Y)$로 정의되며,
독립일 경우 $Cov(X, Y) = E(XY) - E(X)E(Y) = 0$이 된다.

해설 $V(Z) = V(3X-4Y+8) = 3^2V(X) + 4^2V(Y)$

$= 9\sigma_X^2 + 16\sigma_Y^2$

$= 9 \times 2 + 16 \times 4 = 82$

11 어떤 제품은 A, B 두 부품을 길게 붙여서 용접하여 만들어진다. A의 길이는 제조실적에 의하여 평균 20cm, 분산 9cm이고 B의 길이는 평균 45cm, 분산 16cm의 분포를 하고 있음을 알고 있다. A, B의 두 로트로부터 각각 랜덤하게 1개씩 취하여 용접을 하여 제품을 만들 때 제조 길이의 평균과 분산을 구하여라.

문제해결의 Key point

A, B 두 로트는 각각 다른 특성이므로 제조과정에 영향을 끼치지 않은 상태 즉 독립으로 만들어진 상태이다. 그러므로 $Cov(X, Y) = 0$인 상태의 합성분포의 평균과 분산을 계산하는 문제이다.

해설 $A: \mu_A = 20, \sigma_A^2 = 9$, $B: \mu_B = 45, \sigma_B^2 = 16$

$E(T) = E(A) + E(B)$

$= \mu_A + \mu_B = 20 + 45 = 65\text{cm}$

$V(T) = V(A) + V(B)$

$= \sigma_A^2 + \sigma_B^2 = 9 + 16 = 25\text{cm}$

12 X와 Y는 확률변수이다. X의 기대치가 13, 분산이 12, Y의 기대치가 12, 분산이 10이고, 공분산이 10이다. XY의 기대치 $E(XY)$와 $V(X-Y)$ 및 상관계수 $Corr(X, Y)$를 계산하시오.

해설 ① $Cov(XY) = E(X-\mu_X)(Y-\mu_Y) = E(XY) - E(X)E(Y)$

$\therefore\ E(XY) = E(X)E(Y) + Cov(XY)$

$= 13 \times 12 + 10 = 166$

② $V(X-Y) = V(X) + V(Y) - 2Cov(XY)$

$= 12 + 10 - 2 \times 10 = 2$

③ $Corr(XY) = \dfrac{Cov(XY)}{\sqrt{V(X)V(Y)}} = \dfrac{10}{\sqrt{12 \times 10}} = 0.91287$

참고 $Cov(XY)$는 $V(XY)$로도 표기된다.

13 3명의 화학자와 5명의 생물학자 중 임의로 5명을 선택하여 위원회를 구성할 때 그 위원회에 포함된 화학자수에서 다음을 구하시오.

1) 확률분포　　　　2) 기대가　　　　3) 분산

문제해결의 key point

화학자의 수를 확률변수 X라 할 때 사상의 확률이 선행사상의 샘플링 결과에 따라 변하고, 로트의 크기 $N<10n$이므로 초기하분포를 따른다.

해설 1) 확률분포

화학자의 수를 확률변수 X라 하면

X	$P(X)$
$X=0$	$P(X=0) = \dfrac{{}_3C_0\,{}_5C_5}{{}_8C_5} = \dfrac{1}{56}$
$X=1$	$P(X=1) = \dfrac{{}_3C_1\,{}_5C_4}{{}_8C_5} = \dfrac{15}{56}$
$X=2$	$P(X=2) = \dfrac{{}_3C_2\,{}_5C_3}{{}_8C_5} = \dfrac{30}{56}$
$X=3$	$P(X=3) = \dfrac{{}_3C_3\,{}_5C_2}{{}_8C_5} = \dfrac{10}{56}$

2) 기대가

화학자의 비율 $P = \dfrac{X}{N} = \dfrac{3}{8}$이므로

$E(X) = nP$

$= 5 \times \dfrac{3}{8} = 1.875$

3) 분산

$V(X) = \dfrac{N-n}{N-1} nP(1-P)$

$= \dfrac{8-5}{8-1} \times 5 \times \dfrac{3}{8} \times \dfrac{5}{8} = 0.5$

14 하나의 로트가 제품 $N=10$개로 구성되어 있고, 이 중에서 2개가 부적합품이라 한다. 이때 다음 물음에 답하시오.

1) 복원추출에 의하여 2개를 랜덤하게 채취할 때 그 중 하나만이 부적합품일 확률은?
2) 비복원추출에 의하여 2개를 랜덤하게 채취할 때 그 중 하나만이 부적합품일 확률은?

 문제해결의 key point

① 복원추출하게 되면 확률값이 매 시행 때마다 변하지 않으므로 이항분포이다.
② 비복원추출하게 되면 확률값이 매 시행 때마다 변하므로 초기하분포이다.

해설 1) $P(X=1) = {}_nC_X\ P^X(1-P)^{n-X}$

$= {}_2C_1\ 0.2^1 \times 0.8^1 = 0.32$

2) $P(X=1) = \dfrac{\binom{M}{X}\binom{N-M}{n-X}}{\binom{N}{n}}$

$= \dfrac{{}_2C_1 \times {}_8C_1}{{}_{10}C_2} = 0.35556$ (단, $M=NP$이다.)

15 A 제약회사는 희귀한 혈액 질환제를 개발하기 위하여 실험용 쥐를 대상으로 초기 실험한 결과 아무런 조치없이 자연적으로 실험용 쥐가 회복할 확률은 0.4라고 한다. A 제약회사의 임상실험에는 15마리 쥐가 앓고 있을 때 다음 확률을 구하시오. (단, 부록에 제시되어 있는 누적이항분포표를 적용하시오.)

1) 적어도 10마리가 회복한다.
2) 3마리에서 8마리가 회복한다.
3) 꼭 5마리가 회복한다.

 문제해결의 key point

누적이항분포표의 c값은 확률변수 X가 0부터 c까지의 누계출현확률이다.

해설 1) $P(X \geq 10) = 1 - P(X \leq 9)$

$= 1 - 0.960 = 0.040$

2) $P(3 \leq X \leq 8) = P(X \leq 8) - P(X \leq 2)$

$= 0.905 - 0.027 = 0.878$

3) $P(X=5) = P(X \leq 5) - P(X \leq 4)$

$= 0.403 - 0.217 = 0.186$

[누적이항분포표]

$$P[X \leqq c] = \sum_{x=0}^{c} \binom{n}{x} p^x (1-p)^{n-x}$$

		p										
	c	0.05	0.10	0.20	0.30	0.40	0.50	0.60	0.70	0.80	0.90	0.95
n=1	0	0.950	0.900	0.800	0.700	0.600	0.500	0.400	0.300	0.200	0.100	0.050
	1	1.000	1.000	1.000	1.000	1.000	1.000	1.000	1.000	1.000	1.000	1.000
n=2	0	0.902	0.810	0.640	0.490	0.360	0.250	0.160	0.090	0.040	0.010	0.002
	1	0.997	0.990	0.960	0.910	0.840	0.750	0.640	0.510	0.360	0.190	0.097
	2	1.000	1.000	1.000	1.000	1.000	1.000	1.000	1.000	1.000	1.000	1.000
n=3	0	0.857	0.729	0.512	0.343	0.216	0.125	0.064	0.027	0.008	0.001	0.000
	1	0.993	0.972	0.896	0.784	0.648	0.500	0.352	0.216	0.104	0.028	0.007
	2	1.000	0.999	0.992	0.973	0.936	0.875	0.784	0.657	0.488	0.271	0.143
	3	1.000	1.000	1.000	1.000	1.000	1.000	1.000	1.000	1.000	1.000	1.000
n=4	0	0.815	0.656	0.410	0.240	0.130	0.063	0.026	0.008	0.002	0.000	0.000
	1	0.986	0.948	0.819	0.652	0.475	0.313	0.179	0.084	0.027	0.004	0.000
	2	1.000	0.996	0.973	0.916	0.821	0.688	0.525	0.348	0.181	0.052	0.014
	3	1.000	1.000	0.998	0.992	0.974	0.938	0.870	0.760	0.590	0.344	0.185
	4	1.000	1.000	1.000	1.000	1.000	1.000	1.000	1.000	1.000	1.000	1.000
n=5	0	0.774	0.590	0.328	0.168	0.078	0.031	0.010	0.002	0.000	0.000	0.000
	1	0.977	0.919	0.737	0.528	0.337	0.188	0.087	0.031	0.007	0.000	0.000
	2	0.999	0.991	0.942	0.837	0.683	0.500	0.317	0.163	0.058	0.000	0.001
	3	1.000	1.000	0.993	0.969	0.913	0.813	0.663	0.472	0.263	0.081	0.023
	4	1.000	1.000	1.000	0.998	0.990	0.969	0.922	0.832	0.672	0.410	0.226
	5	1.000	1.000	1.000	1.000	1.000	1.000	1.000	1.000	1.000	1.000	1.000
n=15	0	0.463	0.206	0.035	0.005	0.000	0.000	0.000	0.000	0.000	0.000	0.000
	1	0.829	0.540	0.167	0.035	0.005	0.000	0.000	0.000	0.000	0.000	0.000
	2	0.964	0.810	0.398	0.127	0.027	0.004	0.000	0.000	0.000	0.000	0.000
	3	0.995	0.944	0.648	0.297	0.091	0.018	0.002	0.000	0.000	0.000	0.000
	4	0.999	0.987	0.836	0.515	0.217	0.059	0.009	0.001	0.000	0.000	0.000
	5	1.000	0.998	0.939	0.722	0.403	0.151	0.034	0.004	0.000	0.000	0.000
	6	1.000	1.000	0.982	0.869	0.610	0.304	0.095	0.015	0.001	0.000	0.000
	7	1.000	1.000	0.996	0.950	0.787	0.500	0.213	0.050	0.004	0.000	0.000
	8	1.000	1.000	0.999	0.985	0.905	0.696	0.390	0.131	0.018	0.000	0.000
	9	1.000	1.000	1.000	0.996	0.960	0.849	0.597	0.278	0.061	0.002	0.000
	10	1.000	1.000	1.000	0.999	0.991	0.941	0.783	0.485	0.164	0.013	0.001
	11	1.000	1.000	1.000	1.000	0.998	0.982	0.909	0.703	0.352	0.056	0.005
	12	1.000	1.000	1.000	1.000	1.000	0.996	0.973	0.873	0.602	0.184	0.036
	13	1.000	1.000	1.000	1.000	1.000	1.000	0.995	0.965	0.833	0.451	0.171
	14	1.000	1.000	1.000	1.000	1.000	1.000	1.000	0.995	0.965	0.794	0.537
	15	1.000	1.000	1.000	1.000	1.000	1.000	1.000	1.000	1.000	1.000	1.000

16 부적합품률이 10%인 공정이 있다. 이 공정에서 시료를 10개 샘플링한다고 할 때 다음 각 경우에 답하시오.

1) 부적합품이 1개 나타날 확률은?
2) 부적합품이 2개 나타날 확률은?
3) 부적합품이 2개 이하로 나타날 확률은?
4) 부적합품이 3개 이상일 확률은?

문제해결의 key point

부적합품률이 10%(부적합품률이 큰 집단)이고 모집단이 명시되어 있지 않은 무한모집단으로 간주된 문제이므로 이항분포를 적용한다.

해설 1) 부적합품이 1개 나타날 확률

$$P(X=1) = {}_nC_X\, P^X(1-P)^{n-X}$$
$$= {}_{10}C_1\, 0.1^1 \times (1-0.1)^{10-1} = 0.38742$$

2) 부적합품이 2개 나타날 확률

$$P(X=2) = {}_nC_X\, P^X(1-P)^{n-X}$$
$$= {}_{10}C_2\, 0.1^2 \times (1-0.1)^{10-2} = 0.19371$$

3) 부적합품이 2개 이하일 확률

$$P(X \le 2) = P(0) + P(1) + P(2)$$
$$= {}_{10}C_0\, 0.1^0 \times (1-0.1)^{10} + {}_{10}C_1\, 0.1^1 \times (1-0.1)^9 + {}_{10}C_2\, 0.1^2 \times (1-0.1)^8$$
$$= 0.34868 + 0.38742 + 0.19371 = 0.92981$$

4) 부적합품이 3개 이상일 확률

$$P(X \ge 3) = 1 - P(X \le 2) = 1 - [P(0) + P(1) + P(2)]$$
$$= 1 - 0.92981 = 0.07019$$

17 어느 사람이 하루에 핸드폰으로 평균 5회의 문자서비스를 받는다고 한다. 이때 다음 물음에 답하시오.

1) 문자서비스를 받는 기대가와 분산을 구하시오.
2) 어느 특정한 날에 그 사람이 4회의 문자서비스를 받을 확률은?

문제해결의 key point

확률변수 X를 문자서비스 건수로 하면 시간(특정한 날)에 대한 (문자서비스) 건수가 되므로 푸아송분포를 따르게 된다.

해설 1) 1일 평균 문자서비스 건수 $m=5$이다.

기대가 $E(X)=m=5$

분산 $V(X)=m=5$

2) $\Pr(X=4)=e^{-m}\dfrac{m^X}{X!}$

$=e^{-5}\times\dfrac{5^4}{4!}=0.17547$

18 어느 공장에서 종업원 1,000명을 선정할 때 다음과 같이 특정일의 생일이 발생할 확률을 추정하여라.

1) 특정일에 아무도 생일이 되지 않을 확률
2) 특정일에 2인 이상이 생일이 될 확률

문제해결의 Key point

확률변수 X를 특정한 날이 생일인 사람의 수로하면 푸아송분포를 따르게 된다.

해설 1) 종업원 1,000명 중 특정일이 생일이 될 기대가

$m=nP$

$=1,000\times\dfrac{1}{365}=2.73973$

특정일날 생일인 사람이 존재하지 않을 확률

$\Pr(X=0)=e^{-m}$

$=e^{-2.73973}=0.06459$

2) 특정일에 2인 이상이 생일이 될 확률

$\Pr(X\geq 2)=1-\Pr(X\leq 1)$

$=1-e^{-m}(1+m)$

$=1-e^{-2.73973}(1+2.73973)=0.75846$

19 정규분포를 따르는 어떤 공정(파이프)의 평균이 25cm이고 공정전체의 표준편차가 0.5cm이다. 이때 규격이 25±1.5cm라면 이 공정에서 부적합품수는 얼마인가? (단, lot 단위 생산량은 10,000 개이다.)

문제해결의 Key point

표준정규분포를 이용하여 부적합품률을 계산한 다음 로트크기에 부적합품률을 곱하여 계산한다.

해설 평균 $\mu = 25\text{cm}$, 편차 $\sigma = 0.5$인 $N \sim (25, 0.5^2)$의 정규분포를 하는 집단이다.

$$P = P(x < 23.5) + P(x > 26.5)$$
$$= P\left(u < \frac{23.5 - \mu}{\sigma}\right) + P\left(u > \frac{26.5 - \mu}{\sigma}\right)$$
$$= P\left(u < \frac{23.5 - 25}{0.5}\right) + P\left(u > \frac{26.5 - 25}{0.5}\right)$$
$$= P(u < -3) + P(u > 3)$$
$$= 1 - P(-3 \le u \le 3) = 0.27\%$$

따라서 부적합품수는 $NP = 10{,}000 \times 0.0027 = 27$개이다.

20

어떠한 제품의 규격은 80.3±0.4kg으로 되어 있다. 이 공정에서 제품을 200개 추출하여 평균과 표준편차를 구하였더니 평균이 80.2kg, 편차는 0.2kg이 나왔다. 이 공정은 평균이 갖는 Bias가 얼마이며 부적합품이 얼마가 되는 공정인가? 또한 평균이 갖는 편기를 없앤다면 부적합품은 몇 % 줄일 수 있는가?

문제해결의 key point

Bias는 규격의 중앙값과 모평균의 차이 즉 치우침을 뜻한다.
또한, 편기를 없앤다 함은 모평균을 규격의 중심에 맞춘다는 뜻이 된다.

해설 1) 치우침

$$M = \frac{1}{2}(80.7 + 79.9) = 80.3$$
$$\text{Bias} = |\hat{\mu} - M|$$
$$= |80.2 - 80.3| = 0.1$$

2) 현 상태의 부적합품률

$$P(\%) = 1 - \Pr(S_L \le x \le S_U) = \Pr(x < S_L) + \Pr(x > S_U)$$
$$= \Pr(x < 79.9) + \Pr(x > 80.7)$$
$$= \Pr\left(u < \frac{79.9 - 80.2}{0.2}\right) + \Pr\left(u > \frac{80.7 - 80.2}{0.2}\right)$$
$$= \Pr(u < -1.5) + \Pr(u > 2.5)$$
$$= 0.0668 + 0.0062 = 0.073$$

3) 편기를 없애고 공정평균을 규격 중심과 일치시킨 경우

$$P(\%) = 1 - \Pr(S_L \le x \le S_U) = \Pr(x < S_L) + \Pr(x > S_U)$$
$$= \Pr(x < 79.9) + \Pr(x > 80.7)$$
$$= \Pr\left(u < \frac{79.9 - 80.3}{0.2}\right) + \Pr\left(u > \frac{80.7 - 80.3}{0.2}\right)$$
$$= \Pr(u < -2.0) + \Pr(u > 2.0) = 0.0456$$

4) 부적합품률 감소

$0.073 - 0.0456 = 0.0274$이므로 즉 2.74%가 감소된다.

참고 표준 정규분포의 확률변수 u를 z으로도 표현한다.

21 선반 기능공에 대한 자질검사로 몇 가지 작업을 연속적으로 얼마나 빨리 작업할 수 있는가를 측정하려고 한다. 이 자질검사의 소요시간은 평균값이 30분, 표준편차가 5분인 정규분포를 따른다고 한다. 이때 물음에 답하시오.

1) 자질검사의 합격상한시간이 38분 이내라고 한다면 지원자의 약 몇 %가 자질검사에 합격하겠는가?

2) 만약 전체 지원자 중 우수한 사람 5%에게만 자격증을 부여한다면 이를 받기 위해서는 얼마나 빨리 자질검사를 끝내야 하겠는가?

문제해결의 key point

자질검사에 참가하는 작업자의 작업시간을 확률변수 x라 하면 38분은 합격의 기준 즉 상한규격이 된다. 또한, 우수한 5%란 시간은 망소특성이므로 하한 5% 이하란 뜻이 된다.

해설 1) 확률변수 x_o : 자질검사에 참여하는 작업자의 작업시간

$$P(\%) = \Pr(x \le 38) = 1 - \Pr(x > 38)$$
$$= 1 - \Pr\left(u > \frac{38-30}{5}\right)$$
$$= 1 - \Pr(u > 1.60)$$
$$= 1 - 0.0548 = 0.9452$$

∴ 즉, 94.52%가 자질검사에 합격된다.

2) 하한 5%를 만족하는 것이므로, $\Pr(x < a) = \Pr(u < -1.645)$이다.

$$\Pr(x < a) = \Pr\left(u < \frac{a-30}{5}\right) = \Pr(u < -1.645)$$

$$\frac{a-30}{5} = -1.645$$

$$\therefore\ a = 30 - 1.645 \times 5 = 21.775(\text{분})$$

참고 혹은 정규분포표를 이용하여 x_o를 구한다.

$$x_o = \mu - u_{1-\alpha}\,\sigma$$
$$= 30 - 1.645 \times 5 = 21.775(\text{분})$$

22 어느 학년의 영어성적은 $N(80\ ,\ 3^2)$을 따르고, 수학성적은 $N(70\ ,\ 4^2)$을 따른다고 할 때, 두 과목 성적의 합이 140점 이하일 확률을 구하시오.

문제해결의 key point

정규분포를 따르는 독립인 두 분포의 결합분포를 구한 후 결합된 합성분포를 이용하는 문제이다.

해설 ① 영어성적 $x \sim N(80,\ 3^2)$, 수학성적 $y \sim N(70,\ 4^2)$을 따르므로

$$\mu_T = \mu_x + \mu_y$$
$$= 80 + 70 = 150\text{점}$$
$$\sigma_T^2 = \sigma_x^2 + \sigma_y^2$$
$$= 3^2 + 4^2 = 5^2\text{점}$$

따라서 합의 성적 $T \sim N(150,\ 5^2)$을 따른다.

② 두 과목의 성적의 합이 140 이하일 확률은

$$\Pr(T < 140) = \Pr\left(z < \frac{140-150}{5}\right)$$
$$= \Pr(z < -2)$$
$$= 0.0228 \rightarrow 2.28\%$$

23 A 식품회사에서는 빵과 우유를 생산하여 가정에 공급하고 있다. 한 사람당 빵에서 섭취할 수 있는 열량은 평균 200칼로리, 표준편차는 16칼로리, 우유 한잔에서 섭취할 수 있는 열량은 평균 80칼로리, 표준편차는 12칼로리로서 대략 정규분포에 따른다. 이때 다음 물음에 답하시오.

1) 한 가정에서 아침식사로 빵과 우유 한잔을 먹을 때 섭취할 수 있는 열량분포의 평균과 표준편차는 얼마인가?
2) 1년(365일 기준)중 아침식사에서 300칼로리 이상의 열량을 섭취할 수 있는 날은 몇 일이 되겠는가? (단, 정수로 답을 구하시오.)

문제해결의 key point

문제 22번과 같은 개념으로 합성분포의 모수를 계산한다.
1년 기준은 확률을 계산한 후 비율을 계산하되 열량의 섭취일자를 묻는 문항이므로 소수점 이하는 버림으로 처리해야 한다.

해설 1) 빵(X)+우유(Y)를 T라고 하면

$$E(T) = 200 + 80 = 280\text{cal}$$
$$V(T) = 16^2 + 12^2 = 20^2\text{cal}$$

∴ 평균 280cal, 표준편차 20cal이다.

2) $$\Pr(T \geq 300) = \Pr\left(z \geq \frac{300-280}{20}\right)$$
$$= \Pr(z \geq 1.0) = 0.1587$$

∴ 365일×0.1587=57.9255 → 57일

24 다음 서로 독립인 베어링(bearing)의 내경을 x, 샤프트(shaft)의 지름을 y라 할 때 $x \sim N(1.060,\ 0.0015^2)$, $y \sim N(1.05,\ 0.002^2)$의 분포를 한다. 이 베어링이 원활히 돌기 위해서는 최소한 0.0175의 틈새(clearance)가 필요하다면, 너무 빡빡해서 제대로 돌지 않는 부적합품률은 얼마나 되겠는가?

해설 ① 기대가와 분산

$$\mu_c = \mu_x - \mu_y$$
$$= 1.06 - 1.05 = 0.01$$
$$\sigma_c = \sqrt{\sigma_x^2 + \sigma_y^2}$$
$$= \sqrt{0.0015^2 + 0.002^2} = 0.0025$$

$c \sim N(0.01, 0.0025^2)$의 정규분포를 한다.

② 부적합품률

$$P = \Pr(c \le 0.0175) = \Pr\left(z \le \frac{0.0175 - 0.01}{0.0025}\right)$$
$$= \Pr(z \le 3)$$
$$= 1 - 0.00135 = 0.99865$$

25 전동기를 조립하는 공장에서 전동기의 축과 베어링을 조립하는 공정이 있다. 베어링의 내경, 축의 외경은 평균값과 표준편차가 각각 μ_B=30.15mm, σ_B=0.03mm, μ_S=30.00mm, σ_S=0.04mm인 정규분포를 한다고 한다. 또한 베어링의 내경과 축의 외경 사이의 간격에 대한 규격한계는 0.050mm, 0.200mm로 설정되고 있다. 이 간격이 하한규격 0.050mm 보다 작은 경우에는 축을 약간 연마하여 사용하고 있다. 이러한 재가공의 부적합품은 1조당 1,000원의 손실비가 발생하며, 이와는 반대로 간격이 상한규격 0.200mm보다 클 경우에는 폐품처리를 해야 하므로 1조당 10,000원의 손실비가 발생한다. 지금 이 회사에서는 납품을 위하여 전동기를 10,000대 생산할 계획을 세우고 있다면, 몇 조의 베어링과 축을 생산하면 되겠는가?

문제해결의 key point

먼저 독립인 두 부품에 대해 합성분포의 평균과 편차를 계산하여 부적합률을 구한다.
규격하한의 경우 재가공을 하여 사용하므로 폐기되지 않기 때문에 생산량에 부적합품률을 고려하지 않아도 되지만, 규격상한을 벗어나는 부적합품은 폐기 처리하므로 내경법에 의해 부적합품률을 고려한 생산계획량을 수립하여야 한다.

해설 ① $\mu_c = \mu_B - \mu_S$

$= 30.15 - 30.00 = 0.15$

$\sigma_c^2 = \sigma_B^2 + \sigma_S^2$

$= 0.03^2 + 0.04^2 = 0.05^2$

$c \sim N(0.15, 0.05^2)$의 정규분포를 따른다.

② $P = \Pr(c > 0.2) = \Pr\left(z > \dfrac{0.2 - 0.15}{0.05}\right)$

$= \Pr(z > 1.0) = 0.1587$

③ 폐기될 확률이 0.1587이므로

$n = \dfrac{10,000}{1 - P}$

$= \dfrac{10,000}{1 - 0.1587} = 11886.36634 \rightarrow 11,887$개

☞ 필요 가공수량이므로 소수점 이하는 올림으로 처리된다.

26

자동차 부품공장에서 부품 100개들이 한 상자에 들어있는 부적합품은 5개를 넘지 않는다고 공장측에서는 보증하고 있다. 그런데 이 공장에서 1개의 부품이 부적합품으로 되는 확률은 5%임이 종래의 검사결과에서 알려져 있을 때 이 공정에서 출하되는 100개들이 상자가 공장의 보증을 충족할 확률은 얼마인가? (단, 정규분포로 근사시켜 처리할 것)

문제해결의 key point

이항분포의 정규근사에 관한 문제이다.
이항분포의 기대가와 분산의 정의를 이용하여 모수를 계산한 후, 정규분포의 특성을 활용하여 부적합품률을 계산한다.

해설 ① $n = 100$ X : 100개들이 상자 안에 부적합품수 P=0.05이므로

$E(X) = nP$

$= 100 \times 0.05 = 5.0$

$V(X) = nP(1-P)$

$= 100 \times 0.05 \times 0.95 = 4.75$이다.

② 공장의 보증을 충족할 확률을 $1 - P$라 하면

$1 - P = \Pr(X \le 5) = \Pr\left(z \le \dfrac{5 - 5.0}{\sqrt{4.75}}\right)$

$= \Pr(z \le 0) = 0.50$

27 모분산이 3.6^2인 정규모집단으로 부터 $n=10$개의 샘플을 취할 때, 확률 90%로 시료분산은 어떠한 값 사이에 존재하게 되는가?

문제해결의 Key point

모분산과 시료분산의 관계이므로 χ^2분포를 따른다.
모분산이 설정된 모집단에서 샘플 10개를 취하는 경우 신뢰율 90%를 만족하는 시료분산의 최소값과 최대값을 구하는 문제이다.

해설 χ^2분포표에서 $1-\alpha=90\%$로 하는 $\chi^2_L=\chi_{0.05}(9)=3.33$과 $\chi^2_U=\chi^2_{0.95}(9)=16.92$ 값을 구한 후, $1-\alpha=90\%$인 χ^2의 한계값을 설정하면 다음과 같다.

$$\chi^2_{0.05}(9)\leq\frac{(n-1)s^2}{\sigma^2}\leq\chi^2_{0.95}(9)$$

시료분산에 관하여 정리하면 s^2의 상하한 한계값은

$$\frac{3.6^2\times3.33}{10-1}\leq s^2\leq\frac{3.6^2\times16.92}{10-1}$$

$\therefore\ 2.18979^2\leq s^2\leq4.93607^2$이다.

1-3 계량치의 검정과 추정

01 어떤 부분품의 특정치 길이에 대한 모평균은 18.52mm이었다. 기계를 조정한 후 $n=10$의 샘플을 취해 다음과 같은 데이터(단위 : mm)를 얻었다. $\sigma=0.03$mm라고 할 때 조정 후의 모평균은 커졌다고 할 수 있겠는가? 만약 커졌다면 신뢰한계값을 추정하시오. (단, 유의수준 $\alpha=0.05$이다.)

[데이터] 18.54, 18.57, 18.52, 18.56, 18.51, 18.53, 18.55, 18.56, 18.51, 18.58

문제해결의 Key point

모표준편차가 기지이므로 정규분포를 따르며, 대립가설이 평균이 커졌는가에 대한 검정이므로 한쪽 검정이 된다. 검정결과 유의한 경우 신뢰한계를 추정하게 되는데 대립가설이 $H_1:\mu>18.52$이므로 신뢰한계값은 한쪽추정의 신뢰하한값을 추정하게 된다.

해설 1) 모평균의 검정

① 가설설정 : $H_0:\mu\leq18.52$mm
$H_1:\mu>18.52$mm

② 유의수준 : $\alpha=0.05$

③ 검정통계량 : $u_o = \dfrac{\bar{x} - \mu}{\sigma / \sqrt{n}}$

$= \dfrac{18.543 - 18.52}{0.03 / \sqrt{10}} = 2.42441$

위 식에서 $\bar{x} = \dfrac{\Sigma x_i}{n}$

$= \dfrac{1}{10}(18.54 + 18.57 + \cdots + 18.58) = 18.543$

④ 기각치(R) : $u_{0.95} = 1.645$

⑤ 판정 : $u_0 > 1.645$이므로 H_0를 기각한다.

즉, 모평균이 커졌다고 할 수 있다.

2) 모평균의 95% 신뢰한계(신뢰하한값)의 추정

$\mu_L = \bar{x} - u_{1-\alpha} \dfrac{\sigma}{\sqrt{n}}$

$= 18.543 - u_{0.95} \times \dfrac{0.03}{\sqrt{10}}$

$= 18.543 - 1.645 \dfrac{0.03}{\sqrt{10}} = 18.52739\text{mm}$

02

어떤 공장에서 제조되는 특수 제품은 공정온도 200℃에서 만들어지며 제품의 강도는 대략 $N(73.7,\ 1^2)$와 같은 정규분포를 한다고 알려져 있다. 공정온도를 조금 바꾸어서 제품을 생산하여 보았더니 표준편차는 변함이 없어 보이나 평균 강도에 차이가 있어 보인다. 바꾸어진 공정온도에서 생산된 제품 중 16개의 강도를 재어 보았더니 표본평균이 74.3kg/cm^{2}이었다. 공정온도가 달라짐으로 인하여 생산되는 제품의 평균 강도가 달라진다고 말할 수 있는가를 유의수준 α=0.05를 사용하여 검정하시오. 만약 검정결과 유의하다면 신뢰한계값을 $1-\alpha$=0.95로 추정하시오.

문제해결의 key point

모표준편차가 기지이므로 시료평균은 정규분포를 따르며, 대립가설은 평균이 달라졌는가에 관한 검정이므로 양쪽검정이 된다. 검정결과 유의한 경우 신뢰한계값의 추정은 대립가설이 $H_1 : \mu \neq 73.7\text{kg}$이므로 신뢰한계값은 신뢰 상·하한값이 명시된 신뢰구간의 추정을 하게 된다.

해설 1) 모평균의 검정

① 가설 : $H_0 : \mu = 73.7\text{kg/cm}^2$, $H_1 : \mu \neq 73.7\text{kg/cm}^2$

② 유의수준 : $\alpha = 0.05$

③ 검정통계량 : $u_0 = \dfrac{\bar{x} - \mu}{\sigma / \sqrt{n}} = \dfrac{74.3 - 73.7}{1 / \sqrt{16}} = 2.4$

④ 기각치 : $-u_{0.975} = -1.96$, $u_{0.975} = 1.96$

⑤ 판정 : $u_0 > 1.96 \rightarrow H_0$ 기각

즉, 평균강도가 달라졌다고 할 수 있다.

2) 모평균의 95% 신뢰한계(신뢰구간값)의 추정

$$\mu = \bar{x} \pm u_{1-\alpha/2}\frac{\sigma}{\sqrt{n}} = 74.3 \pm 1.96 \times \frac{1}{\sqrt{16}}$$

$$= 74.3 \pm 0.49\ \text{kg/cm}^2$$

$\therefore\ 73.81\ \text{kg/cm}^2 \le \mu \le 74.79\ \text{kg/cm}^2$이다.

03

종래 A회사로부터 납품되고 있는 약품의 유황 함유율의 산포의 표준편차는 0.35%이었다. 이번에 납품된 lot의 평균치를 신뢰도 95%, 정도 0.2%로 양쪽구간 추정하려면 몇 개의 Sample이 필요한가?

문제해결의 key point

정도란 신뢰구간의 폭 $\beta_{\bar{x}}$를 뜻한다. 표준편차를 알고 있으므로 정규분포의 신뢰폭을 갖게 된다.

해설

$$\beta_{\bar{x}} = u_{1-\alpha/2}\frac{\sigma}{\sqrt{n}}$$

$$0.2 = 1.96 \times \frac{0.35}{\sqrt{n}}$$

$$\therefore\ n = \left(\frac{0.35 \times 1.96}{0.2}\right)^2 = 11.7649 \rightarrow 12\text{개}$$

04

모평균에 대한 검정을 하려고 한다. α=0.05, β=0.10, μ_0=30, μ_1=32, σ=2를 만족하는 샘플의 크기는 대략 얼마로 하는 것이 좋겠는가? (단, 검정은 양쪽검정으로 진행하려 한다.)

문제해결의 key point

검추정을 위한 샘플 수의 결정은 양쪽검정인가 한쪽검정인가에 따라 영향을 받는다. 양측검정을 위한 샘플 수를 구하는 경우 제1종 오류 α가 양쪽에 $\alpha/2$로 나뉘어 배치된다. 계산 후, 정도를 만족하는 샘플 수를 구하는 문제이므로 소수점 이하는 끊어 올려 정수값으로 처리한다.

해설

$$n = \left(\frac{u_{1-\alpha/2} + u_{1-\beta}}{\mu_1 - \mu_0}\right)^2 \sigma^2$$

$$= \left(\frac{1.960 + 1.282}{32 - 30}\right)^2 \times 2^2 = 10.51 \rightarrow 11\text{개다.}$$

참고 계량 규준형 샘플링검사에서 검사개수(n)는 한쪽검정의 시료크기와 동일하다.

$$n = \left(\frac{k_\alpha + k_\beta}{m_0 - m_1}\right)\sigma^2$$

05 어느 공정에서 제품 1개당의 평균무게는 종전에 최소 100g 이였으며 표준편차 σ는 5g 이었다고 한다. 공정의 일부를 변경시킨 다음에 n개의 시료(sample)를 뽑아 무게를 측정하였더니 $\bar{x}=95$g이었다. 이 공정의 산포(정밀도)가 종전과 다름이 없었다는 조건에서 다음 물음에 답하시오.

1) 공정평균이 종전과 다름이 없는데 이를 틀리게 판단하는 오류를 5%, 공정평균이 100g 이하인 것을 옳게 판단할 수 있는 검출력(power of test)을 95%로 검정하려고 하였다면 위의 검정에서 시료를 몇 개 측정하였겠는가?
2) 이 제품의 무게의 공정평균은 공정변경 후 종전보다 작아졌다고 할 수 있겠는가를 통계적으로 조사하는 과정을 쓰고 결론을 내리시오.
3) 대립가설이 유의하다면 공정평균의 95% 신뢰한계를 구하시오.

 문제해결의 Key point

σ 기지이므로 정규분포를 따르며, 대립가설이 작아졌다 이므로 한쪽검정이다. 검정결과 유의한 경우 신뢰한계값은 신뢰상한값을 추정하게 된다.

 1) 시료수(n)

공정평균에 대한 대립가설이 $\mu < 100$g 이어야 하므로 한쪽검정이 된다.

$$n = \left(\frac{u_{1-\alpha}+u_{1-\beta}}{\mu-\mu_0}\right)^2 \cdot \sigma^2$$

$$= \left(\frac{1.645+1.645}{100-95}\right)^2 \times 5^2 = 10.8241 \rightarrow 11\text{개}$$

참고 양쪽 검정시에는 n을 구하는 공식에서 $u_{1-\alpha}$가 $u_{1-\alpha/2}$로 변한다.

2) 모평균의 검정

① 가설 : $H_0 : \mu \geq 100\text{g}, \ H_1 : \mu < 100\text{g}$

② 유의수준 : $\alpha = 0.05$

③ 검정통계량 : $u_0 = \dfrac{\bar{x}-\mu}{\sigma/\sqrt{n}}$

$$= \frac{95-100}{5/\sqrt{11}} = -3.31662$$

④ 기각치 : $-u_{0.95} = -1.645$

⑤ 판정 : $u_0 < -1.645 \rightarrow H_0$ 기각

공정평균은 종전보다 작아졌다고 할 수 있다.

3) 모평균의 95% 신뢰한계(신뢰상한)의 추정

$$\mu_U = \bar{x} + u_{1-\alpha}\frac{\sigma}{\sqrt{n}}$$

$$= 95 + 1.645 \times \frac{5}{\sqrt{11}} = 97.47993\text{g}$$

06

어떤 제품의 과거 길이간의 표준편차는 10.0mm 이하인 것을 알고 있다. 최근 15개의 제품의 표준편차는 14.5이였다. 최근 제품은 산포가 커졌다고 말할 수 있는가? 유의수준 5%로 검정하시오. 또한, 유의하다면 95%의 신뢰도로 모분산의 신뢰한계를 구하시오.

문제해결의 key point

시료의 산포를 모분산에 대해 검정할 경우 χ^2 분포를 따른다.
신뢰한계는 대립가설이 $H_1 : \sigma^2 > 10.0^2$mm이므로 신뢰하한값(최소값)을 추정하게 된다.

**해설** 1) 모분산에 관한 검정

① 가설 : $H_0 : \sigma^2 \le 10.0^2$, $H_1 : \sigma^2 > 10.0^2$

② 유의수준 : $\alpha = 0.05$

③ 검정통계량 : $\chi_0^2 = \dfrac{S}{\sigma^2}$

$$= \frac{(n-1)s^2}{\sigma^2} = \frac{14 \times 14.5^2}{10^2} = 29.435$$

④ 기각치 : $\chi^2_{0.95}(14) = 23.68$

⑤ 판정 : $\chi_0^2 > 23.68$이므로 H_0를 기각한다.
즉, 제품의 산포가 종래에 비해 커졌다고 할 수 있다.

2) 모분산의 95% 신뢰한계(신뢰하한값)의 추정

$$\sigma_L^2 = \frac{(n-1)s^2}{\chi^2_{0.95}(14)}$$

$$= \frac{14 \times 14.5^2}{23.68} = 124.30321$$

따라서 $\sigma^2 \ge 124.30321$mm이다.

07

어떤 제품의 과거 무게의 표준편차는 최대 10.0인 것을 알고 있다. 최근 15개의 제품의 표준편차는 12.0으로 나타났다. 최근 제품의 산포가 커졌다고 말할 수 있는가? 유의수준 5%로 검정하시오. 또한 유의하다면 95%의 신뢰도로 모분산의 신뢰한계를 구하시오.

문제해결의 key point

검정결과가 유의하지 않다면 모분산의 변화를 인정할 수 없으므로 신뢰한계값의 추정은 의미가 없게 된다.

**해설** 1) 모분산에 관한 검정

① 가설 : $H_0 : \sigma^2 \le 10.0^2$, $H_1 : \sigma^2 > 10.0^2$

② 유의수준 : $\alpha = 0.05$

③ 검정통계량 : $\chi_0^2 = \dfrac{S}{\sigma^2}$

$$= \frac{14 \times 12^2}{10^2} = 20.16$$

④ 기각치 : $\chi^2_{0.95}(14) = 23.68$

⑤ 판정 : $\chi_0^2 < 23.68 \rightarrow H_0$ 채택

즉, 최근 제품의 산포가 커졌다고 말할 수 없다.

2) 모분산의 신뢰한계값의 추정

모분산의 95% 신뢰하한값의 추정은 귀무가설이 채택되었으므로 의미가 없다.

08 어떤 회로에 사용되는 특수자기의 소성 수축률은 지금까지 장기간에 걸쳐서 관리 상태에 있으며 그 표준편차는 0.10%이다. 원가절감을 위해 A회사의 원료를 사용하는 것이 어떤가를 검토하고 있다. A회사의 원료의 소성수축물을 시험하였더니 다음 [표]와 같았다. 이 데이터에 의해서 소성수축률의 산포가 지금까지의 값에 비해 달라졌는가의 여부를 유의수준 5%로 검정하시오. 또한, 유의하다면 모분산의 신뢰한계를 신뢰율 95%로 추정하시오.

2.2	2.4	2.1	2.5	2.0	2.4
2.5	2.3	2.9	2.7	2.8	

문제해결의 key point

시료분산의 변화 유무를 검정하는 것이므로 χ^2 분포의 양측검정이다. 이때 검정결과가 유의한 경우 신뢰한계의 추정은 신뢰구간의 추정을 하게 된다.

해설 1) 모분산에 관한 검정

① 가설 : $H_0 : \sigma^2 = 0.10^2\%$, $H_1 : \sigma^2 \neq 0.10^2\%$

② 유의수준 : $\alpha = 0.05$

③ 검정통계량 : $\chi_0^2 = \dfrac{S}{\sigma^2}$

$$= \frac{(n-1)s^2}{\sigma^2} = \frac{10 \times 0.28381^2}{0.10^2} = 80.54545$$

(단, $S = \Sigma x_i^2 - \dfrac{(\Sigma x_i)^2}{n} = 0.80545$이다.)

④ 기각치 : $\chi^2_{0.025}(10) = 3.25$, $\chi^2_{0.975}(10) = 20.48$

⑤ 판정 : $\chi_0^2 > 20.48 \rightarrow H_0$ 기각

즉, 소성수축률의 산포가 달라졌다고 할 수 있다.

2) 모분산의 95% 신뢰한계(신뢰구간)의 추정

$$\frac{S}{\chi^2_{0.975}(10)} \le \sigma^2 \le \frac{S}{\chi^2_{0.025}(10)}$$

$$\frac{0.80545}{20.48} \le \sigma^2 \le \frac{0.80545}{3.25}$$

따라서 $0.03933\% \le \sigma^2 \le 0.24783\%$ 이다.

09 목표한 길이가 23.5cm가 되도록 Setting하였다. 시험적으로 Setting하여 7개의 제품을 만들어 조사하였더니 Data가 다음과 같았다. 다음 물음에 답하시오.(단, 종래의 경험에 의하면 $\sigma = 0.12$cm이다.)

[데이터] 23.29, 23.46, 23.51, 23.29, 23.29, 23.44, 23.28

1) 모분산에는 변화가 있다고 할 수 있는가? (단, $\alpha = 0.05$)
2) 목표대로 Setting되지 않았다고 할 수 있는가? (단, $\alpha = 0.05$)
3) Setting되지 않았다면 길이의 추정 신뢰한계는 어떠한가? (단, $1-\alpha = 0.95$)

문제해결의 Key point

시료를 이용하여 데이터를 구했을 경우 먼저 모분산의 검정결과 유의하지 않을 때 기존의 모분산의 적용이 가능하다.(σ기지인 정규분포의 적용이 가능하다.) 이러한 모분산의 검정은 양쪽검정을 적용한다. 또한 모평균의 검정시 처음 생산한 제품이나 개발품 등에는 모수가 있을 수 없지만 목표값은 존재한다. 이때 모평균의 검정대상은 목표값이 된다.

해설 1) 모분산에 관한 검정

① 가설 : $H_0 : \sigma^2 = 0.12^2\text{cm}$, $H_1 : \sigma^2 \neq 0.12^2\text{cm}$

② 유의수준 : $\alpha = 0.05$

③ 검정통계량 : $\chi_o^2 = \dfrac{(n-1)s^2}{\sigma^2}$

$$= \frac{6 \times 0.09981^2}{0.12^2} = 4.15085$$

(단, $\bar{x} = 23.36571$, $s = 0.09981$ 이다.)

④ 기각치 : $\chi^2_{0.025}(6) = 1.237$, $\chi^2_{0.975}(6) = 14.45$

⑤ 판정 : $1.237 < \chi_0^2 < 14.45 \rightarrow H_0$ 채택

즉, 모분산은 변했다고 할 수 없다.

2) 모평균의 검정

① 가설 : $H_0 : \mu = 23.5\text{cm}$, $H_1 : \mu \neq 23.5\text{cm}$

② 유의수준 : $\alpha = 0.05$

③ 검정통계량 : $u_0 = \dfrac{\bar{x} - \mu}{\sigma / \sqrt{n}}$

$= \dfrac{23.36571 - 23.5}{0.12 / \sqrt{7}} = -2.96082$

④ 기각치 : $-u_{0.975} = -1.96$, $u_{0.975} = 1.96$

⑤ 판정 : $u_0 < -1.96 \rightarrow H_0$ 기각

따라서 목표대로 Setting되었다고 할 수 없다.

3) 모평균의 95% 신뢰한계(신뢰구간)의 추정

$\mu = \bar{x} \pm u_{1-\alpha/2} \dfrac{\sigma}{\sqrt{n}}$

$= 23.36571 \pm 1.96 \times \dfrac{0.12}{\sqrt{7}} = 23.36571 \pm 0.08890$

$\therefore$ 23.27681cm $\leq \mu \leq$ 23.45461cm 이다.

10 새로운 탈수기가 만들어졌기에 작업표준을 작성하여 5회의 시운전을 하여 다음과 같은 결과를 얻었다. 금후 이 작업표준으로 작업을 계속하면 수분의 함량이 어느 정도가 되는지 95% 신뢰상한값을 추정하시오. (단, 단위는 수분의 함량(%)이다.)

[데이터] 5.6　5.0　4.2　3.6　5.7

문제해결의 key point

σ 미지의 경우 모평균의 검정이나 추정은 t분포를 따르게 되며, 한쪽 추정이 행해진다.

**해설** 먼저 통계량을 계산하면 $\bar{x} = 4.82$, $s = 0.90664$이다.

$\mu_U = \bar{x} + t_{0.95}(4) \dfrac{s}{\sqrt{n}}$

$= 4.82 + 2.132 \dfrac{0.90664}{\sqrt{5}} = 5.68444\%$

11 H 부품 제조공장이 있다. 이 공장에서 10개의 제품을 표본으로 임의 발취해서 치수를 측정한 결과 다음과 같은 데이터를 얻었다. 이때 다음 물음에 답하시오.

[데이터] 5.48, 5.47, 5.50, 5.51, 5.50, 5.51, 5.50, 5.51, 5.52, 5.51(mm)

1) 과거의 자료에서 이 공정치수의 표준편차는 0.02mm임을 알고 있을 때 공정의 모평균의 신뢰구간을 추정하시오. (신뢰율 95%)
2) 표준편차를 모르고 있을 때 이 공정의 모평균을 구간 추정하시오. (신뢰율 95%)
3) 이 공정의 모분산의 신뢰구간을 추정하시오. (신뢰율 95%)

문제해결의 key point

σ 기지이면 정규분포를 적용하고, σ 미지의 경우 t분포를 적용한다.

해설 1) $\mu = \overline{x} \pm u_{1-\alpha/2} \dfrac{\sigma}{\sqrt{n}}$

$= 5.501 \pm 1.96 \times \dfrac{0.02}{\sqrt{10}} = 5.501 \pm 0.01240$

$\therefore$ 5.48860mm ~ 5.51340mm이다.

2) 먼저 통계량을 계산하면 $\overline{x} = 5.501$, $s = 0.01524$이다.

$\mu = \overline{x} \pm t_{1-\alpha/2}(n-1) \dfrac{s}{\sqrt{n}}$

$= 5.501 \pm 2.262 \dfrac{0.01524}{\sqrt{10}} = 5.501 \pm 0.01090$

$\therefore$ 5.49010mm ~ 5.51190mm이다.

3) $\dfrac{S}{\chi^2_{1-\alpha/2}(\nu)} \le \sigma^2 \le \dfrac{S}{\chi^2_{\alpha/2}(\nu)} \Rightarrow \dfrac{S}{\chi^2_{0.975}(9)} \le \sigma^2 \le \dfrac{S}{\chi^2_{0.025}(9)}$

$\dfrac{0.00209}{19.02} \le \sigma^2 \le \dfrac{0.00209}{2.70}$

$\therefore$ 0.00011mm $\le \sigma^2 \le$ 0.00077mm이다.

12 작업방법을 개선한 후 로트로부터 10개의 시료를 랜덤하게 샘플링하여 측정한 결과 다음 데이터를 얻었다. 이때 다음 물음에 답하시오.

[DATA] 10, 16, 18, 11, 18, 12, 14, 15, 14, 12

1) 모평균이 개선 전의 평균 10kg보다 커졌다고 할 수 있는가? (단, α=0.05)
2) 신뢰도 95%로 모평균의 신뢰한계값을 구하여라.

문제해결의 key point

σ가 미지이므로 t 검정을 하며, 유의할 경우 대립가설이 $H_1 : \mu > 10\text{kg}$ 이므로 신뢰하한을 추정하게 된다.

해설 1) 모평균의 검정

① 가설 : $H_0 : \mu \le 10\text{kg}$, $H_1 : \mu > 10\text{kg}$

② 유의수준 : $\alpha = 0.05$

③ 검정통계량 : $t_0 = \dfrac{\overline{x} - \mu}{s/\sqrt{n}}$

$= \dfrac{14-10}{2.78887/\sqrt{10}} = 4.53557$

(단, $\bar{x} = \frac{\Sigma x_i}{n} = \frac{(10+16+\cdots+130)}{10} = 14.0$, $s = 2.78887$이다.)

④ 기각치 : $t_{0.95}(9) = 1.833$

⑤ 판정 : $t_0 > 1.833 \rightarrow H_0$ 기각

즉, 공정변경 후 종전보다 커졌다고 할 수 있다.

2) 95% 신뢰한계(신뢰하한값)의 추정

$$\mu_L = \bar{x} - t_{1-\alpha}(n-1)\frac{s}{\sqrt{n}}$$

$$= 14 - t_{0.95}(9)\frac{2.78887}{\sqrt{10}} = 14 - 1.833 \times \frac{2.78887}{\sqrt{10}}$$

$$= 12.38344\text{kg}$$

13 새로운 제품을 개발하여 판매하는 회사가 이 회사의 새로운 제품의 평균강도를 200 g/mm^2 이상이라고 선전하고 있다. 이 회사의 주장에 의문이 있어 실제평균강도 μ에 대해 알기 위하여 판매되는 제품 중 10개를 임의 추출하여 그 강도를 측정하여 기록한 결과가 다음과 같다. 이때 다음 물음에 답하시오. (단위 : g/mm^2)

[데이터] 202, 197, 205, 190, 191, 196, 199, 194, 200, 195

1) 이 회사의 선전이 옳지 않다는 것을 $\alpha = 0.05$로 입증하시오.

2) 이 새로운 제품의 평균강도의 신뢰상한값을 추정하시오.(단, 신뢰도 95%)

문제해결의 key point

일반적으로 검정에서는 가설을 세울 때 입증하려는 현상을 대립가설로 설정한다.
이 회사는 평균강도가 200g/mm^2 이상이라고 선전하나, 입증하려는 현상은 200g/mm^{2}보다 작다는 것이기에 대립가설은 $H_1 : \mu < 200\text{g/mm}^2$이 되고, 유의할 경우 신뢰상한값을 추정한다.

해설 1) 모평균의 검정

① 가설 : $H_0 : \mu \geq 200\text{g/mm}^2$, $H_1 : \mu < 200\text{g/mm}^2$

② 유의수준 : $\alpha = 0.05$

③ 검정통계량 : $t_0 = \frac{\bar{x} - \mu}{s/\sqrt{n}}$

$$= \frac{196.9 - 200}{4.72464/\sqrt{10}} = -2.07488$$

(단, $\bar{x} = \frac{\Sigma x_i}{n} = 196.9$, $s = 4.72464$이다.)

④ 기각치 : $-t_{0.95}(9) = -1.833$

⑤ 판정 : $t_0 < -1.833 \rightarrow H_0$ 기각

즉, 모평균의 강도는 200g보다 작다고 할 수 있다.

2) 95% 신뢰한계(신뢰상한값)의 추정

$$\mu_U = \bar{x} + t_{1-\alpha}(n-1)\frac{s}{\sqrt{n}}$$
$$= 196.9 + t_{0.95}(9)\frac{4.72464}{\sqrt{10}}$$
$$= 196.9 + 1.833\frac{4.72464}{\sqrt{10}} = 199.63862\text{g/mm}^2$$

14 A, B 두 사람의 작업자가 같은 재료를 이용하여 가공한 기계부품의 길이를 측정한 결과 다음과 같은 자료가 얻어졌다. A 작업자가 측정한 부품이 B 작업자가 측정한 부품의 길이보다 크다고 할 수 있겠는지를 유의수준 $\alpha = 0.05$로서 검정하시오. (단, 자료는 서로 대응이 있다고 할 수 있다.)

구 분	1	2	3	4	5	6
A	82	83	83	80	78	77
B	84	85	77	75	81	75

문제해결의 key point

대응있는 차의 검정은 시료 하나에서 대응성 있는 데이터가 형성되므로, $\Delta = \mu_A - \mu_B$가 모수가 되며 차이의 데이터를 먼저 작성한 후 모평균의 검정과 동일한 검정을 행한다. σ_d가 기지이면 정규분포, 미지이면 t분포를 이용하여 검 · 추정을 행한다.

해설 ① 가설 : $H_0 : \Delta \le 0$, $H_1 : \Delta > 0$ (단, $\Delta = \mu_A - \mu_B$이다.)

② 유의수준 : $\alpha = 0.05$

③ 검정통계량

시료(n)	1	2	3	4	5	6	계	평균($\bar{d}$)
차이($d_i = x_{A_i} - x_{B_i}$)	−2	−2	6	5	−3	2	6	1

여기서, $\bar{d} = 1$, $s_d = 3.89872$

$$t_o = \frac{\bar{d} - \Delta}{s_d / \sqrt{n}}$$
$$= \frac{1 - 0}{3.89872/\sqrt{6}} = 0.62828$$

④ 기각치 : $t_{0.95}(5) = 2.105$

⑤ 판정 : $t_o < 2.015 \rightarrow H_0$ 채택

즉, A 작업자가 만든 부품이 B 작업자가 만든 부품의 길이보다 크다고 할 수 없다.

15 A, B 두 사람의 작업자가 기계부품의 길이를 측정한 결과 다음과 같은 DATA가 얻어졌다. A작업자의 측정치가 B작업자의 측정치보다 더 크다고 할 수 있겠는가? (단, 신뢰율 95%로 검정하시오.)

구 분	1	2	3	4	5	6
A	79	78	83	86	80	87
B	84	85	70	75	81	75

문제해결의 Key point

같은 시료에 대해 A, B 작업자가 측정을 한 한조의 데이터이므로 이데이터들은 서로대응관계가 있다.

해설 ① 가설 : $H_0 : \Delta \le 0$, $H_1 : \Delta > 0$ (단, $\Delta = \mu_A - \mu_B$이다.)

② 유의수준 : $\alpha = 0.05$

③ 검정통계량 : $t_0 = \dfrac{\bar{d} - \Delta}{s_d / \sqrt{n}}$

$= \dfrac{3.83333 - 0}{9.17424/\sqrt{6}} = 1.02349$

(단, $\bar{d} = 3.83333$, $s_d = 9.17423$이다.)

시료(n)	1	2	3	4	5	6	계	평균($\bar{d}$)
d_i	−5	−7	13	11	−1	12	23	3.83333

④ 기각치 : $t_{0.95}(5) = 2.015$

⑤ 판정 : $t_0 < 2.015 \rightarrow H_0$ 채택

즉, A작업자의 측정치가 B작업자의 측정치보다 크다고 할 수 없다.

16 A, B 두 사람의 작업자가 기계부품의 길이를 측정한 결과 다음과 같은 DATA가 얻어졌다. A작업자가 측정한 것이 B작업자의 측정치보다 크다고 할 수 있겠는가? 또한 검정 결과가 유의하다면 신뢰한계값은? (단, 위험률 5%, 신뢰율 95%이다.)

구 분	1	2	3	4	5	6
A	89	87	83	80	80	87
B	84	80	70	75	81	75

문제해결의 key point

신뢰한계값의 계산은 대립가설의 설정에 영향을 받는다. 검정결과 유의할 경우 대립가설이 H_1 : $\Delta(\mu_A - \mu_B) > 0$이므로 신뢰하한값을 추정하게 된다.

해설 1) 대응이 있는 모평균차에 관한 검정

① 가설 : $H_0 : \Delta \le 0$, $H_1 : \Delta > 0$ (단, $\Delta = \mu_A - \mu_B$이다.)

② 유의수준 : $\alpha = 0.05$

③ 검정통계량 : $t_0 = \dfrac{\bar{d} - \Delta}{s_d / \sqrt{n}}$

$$= \frac{6.83333 - 0}{5.15429 / \sqrt{6}} = 3.24743$$

(단, $\bar{d} = 6.83333$, $s_d = 5.15429$이다.)

시료(n)	1	2	3	4	5	6	계	평균($\bar{d}$)
d_i	5	7	13	5	−1	12	41	6.83333

④ 기각치 : $t_{0.95}(5) = 2.015$

⑤ 판정 : $t_0 > 2.015 \rightarrow H_0$ 기각

즉, A작업자의 측정치가 B작업자의 것보다 크다고 할 수 있다.

2) 95% 신뢰한계(신뢰하한값)의 추정

$$\Delta_L = \bar{d} - t_{1-\alpha}(\nu) \frac{s_d}{\sqrt{n}}$$

$$= 6.83333 - 2.015 \times \frac{5.15429}{\sqrt{6}} = 2.59331$$

17 특정된 피임약이 사용자의 혈압을 저하시키는가를 조사하고자 한다. 이를 위해 15명의 여성들을 대상으로 평상시의 혈압을 측정한 뒤, 이들에게 피임약을 일정기간 동안 사용하게 한 후에 이들의 혈압을 측정한 결과를 기록했다. 얻어진 데이터가 다음과 같다면 피임약의 사용 후 여성들의 평균혈압이 저하했다고 할 수 있는가? 또한 검정결과가 유의하다면 신뢰한계값은? (단, 사용 전은 x, 사용 후는 y이고, 위험률 5%, 신뢰율 95%이다.)

	1	2	3	4	5	6	7	8	9	10	11	12	13	14	15
x	70	80	72	76	76	76	72	78	82	64	74	92	74	72	84
y	68	72	62	70	58	56	68	52	64	72	64	60	70	72	74
$d = y - x$	−2	−8	−10	−6	−18	−20	−4	−26	−18	8	−10	−32	−4	0	−10

문제해결의 key point

여성들에 대하여 평상시 혈압과 약을 먹은 후의 혈압을 체크한 것이므로 각조의 데이터는 대응관계가 있다. 신뢰한계값의 계산은 $H_1 : \Delta < 0$이므로 한족추정의 신뢰상한값을 계산하게 된다.

해설 1) 대응이 있는 두 조의 모평균차에 관한 검정

① 가설 : $H_0 : \Delta \geq 0$, $H_1 : \Delta < 0$ (단, $\Delta = \mu_y - \mu_x$ 이다.)

② 유의수준 : $\alpha = 0.05$

③ 검정통계량 : $t_0 = \dfrac{\bar{d} - \Delta}{s_d / \sqrt{n}}$

$$= \frac{-10.66667 - 0}{10.49263/\sqrt{15}} = -3.93722$$

(단, $\bar{d} = -10.66667$, $s_d = 10.49263$ 이다.)

④ 기각치 : $-t_{0.95}(14) = -1.761$

⑤ 판정 : $t_0 < -1.761 \rightarrow H_0$ 기각

즉, 피임약의 사용 후 평균혈압이 더 저하했다고 할 수 있다.

2) 95% 신뢰한계(신뢰상한값)의 추정

$$\Delta_U = \bar{d} + t_{1-\alpha}(\nu)\frac{s_d}{\sqrt{n}}$$

$$= (-10.66667) + 1.761 \times \frac{10.49263}{\sqrt{15}} = -5.89579$$

18 출하측과 수입측에서 어떤 금속의 함유량을 분석하게 되었다. 분석법에 차가 있는가 검토하기 위하여 표준시료를 10개 작성하여, 각각 2분하여 출하측과 수입측이 동시에 분석하여 다음 결과를 얻었다. 이때 다음 물음에 답하시오.

표준시료 No.	1	2	3	4	5	6	7	8	9	10
출하측	52.33	51.98	51.72	52.04	51.90	51.92	51.96	51.90	52.14	52.02
수입측	52.11	51.90	51.78	51.89	51.60	51.87	52.07	51.76	51.82	51.91

1) 양측의 분석치에 차가 있는가를 α=0.05로 검정하시오. (단위 : %)

2) 차가 있다면 그 차를 신뢰수준 95%로 신뢰한계를 추정하시오.

문제해결의 key point

시료 10개에 대해 수입측과 출하측 각각의 분석법대로 데이터를 추출하였으므로 데이터는 대응관계가 있다. 신뢰한계의 계산은 $H_1 : \Delta(\mu_{출하} - \mu_{수입}) \neq 0$이므로 신뢰구간을 계산하게 된다.

해설 1) 대응이 있는 두 조의 모평균차에 관한 검정

$d_i =$ 출하측$-$수입측

: 0.22, 0.08, −0.06, 0.15, 0.3, 0.05, −0.11, 0.14, 0.32, 0.11

① 가설 : $H_0 : \Delta = 0$, $H_1 : \Delta \neq 0$ (단, $\Delta = \mu_{출하} - \mu_{수입}$이다.)

② 유의수준 : $\alpha = 0.05$

③ 검정통계량 : $t_0 = \dfrac{\bar{d} - \Delta}{s_d / \sqrt{n}}$

$= \dfrac{0.12 - 0}{0.13968 / \sqrt{10}} = 2.71673$

(단, $\bar{d} = 0.12$, $s_d = 0.13968$이다.)

④ 기각치 : $-t_{0.975}(9) = -2.262$, $t_{0.975}(9) = 2.262$

⑤ 판정 : $t_0 > 2.262 \rightarrow H_0$ 기각

즉, 출하측과 수입측의 분석방법에는 차이가 있다.

2) 95% 신뢰한계(신뢰구간)의 추정

$$\Delta = \bar{d} \pm t_{1-\alpha/2}(9) \frac{s_d}{\sqrt{n}}$$

$$= 0.12 \pm 2.262 \times \frac{0.13968}{\sqrt{10}} = 0.12 \pm 0.09991$$

$\therefore$ 0.02009% ~ 0.21991%이다.

19

8매의 철판의 중앙과 가장자리의 두께는 다음과 같았다. 이때 다음 물음에 답하시오.

n	1	2	3	4	5	6	7	8
x_A	3.22	3.16	3.18	3.29	3.19	3.24	3.19	3.27
x_B	3.20	3.09	3.20	3.22	3.16	3.17	3.20	3.24
$d = x_A - x_B$	0.02	0.07	−0.02	0.07	0.03	0.07	−0.01	0.03

1) 철판의 중앙과 가장자리에는 차이가 있다고 할 수 있는가? (단, $\alpha = 0.05$)

2) 철판의 중앙과 가장자리의 차이가 0.01 보다 크다고 할 수 있는가? (단, $\alpha = 0.05$)

3) 철판의 중앙과 가장자리의 차를 $1-\alpha$=95%로 양쪽 신뢰구간을 추정하시오.

문제해결의 key point

시료(철판) 8매에 대해 각각의 가장자리의 두께와 중앙의 두께를 측정하여 시료별 차이를 비교하게 되므로 데이터는 대응관계가 있다. 1)번 문제는 $H_0 : \Delta = 0$인 문제이나 2)번은 $H_0 : \Delta \neq 0$인 경우로 델타 Δ가 0.01인 문제이다. 3)번은 $H_1 : \Delta \neq 0$으로 보아 신뢰구간을 계산한다.

해설 1) 대응있는 두 조 모평균차의 검정($\Delta = 0$인 검정)

① 가설 : $H_0 : \Delta = 0$, $H_1 : \Delta \neq 0$ (단, $\Delta = \mu_A - \mu_B$이다.)

② 유의수준 : $\alpha = 0.05$

③ 검정통계량 : $t_0 = \dfrac{\bar{d} - \Delta}{s_d / \sqrt{n}}$

$= \dfrac{0.0325 - 0}{0.03576 / \sqrt{8}} = 2.57058$

(단, $\bar{d} = 0.0325$, $s_d = 0.03576$이다.)

④ 기각치 : $-t_{0.975}(7) = -2.365$, $t_{0.975}(7) = 2.365$

⑤ 판정 : $t_0 > 2.365 \rightarrow H_0$ 기각

즉, 철판의 중앙과 가장자리에는 차이가 있다고 할 수 있다.

2) 대응있는 두 조 모평균차의 검정($\Delta \neq 0$인 검정)

① 가설 : $H_0 : \Delta \leq 0.01$, $H_1 : \Delta > 0.01$ (단, $\Delta = \mu_A - \mu_B$이다.)

② 유의수준 : $\alpha = 0.05$

③ 검정통계량 : $t_0 = \dfrac{\bar{d} - \Delta}{s_d / \sqrt{n}}$

$= \dfrac{0.0325 - 0.01}{0.03576 / \sqrt{8}} = 1.77963$

④ 기각치 : $t_{0.95}(7) = 1.895$

⑤ 판정 : $t_0 < 1.895 \rightarrow H_0$ 채택

즉, 철판의 중앙과 가장자리의 차이는 0.01보다 크지 않다.

3) 대응있는 차의 신뢰구간의 추정

$\Delta = \bar{d} \pm t_{1-\alpha/2}(7) \dfrac{s_d}{\sqrt{n}}$

$= 0.0325 \pm 2.365 \times \dfrac{0.03576}{\sqrt{8}} = 0.0325 \pm 0.02990$

$\therefore$ $0.00260 \sim 0.06240$이다.

20

값이 고가이면서 정밀도가 좋은 기계 A와 값이 싼 기계 B가 있다. 실제 A가 정밀도가 좋은가를 조사하기 위하여 각각의 기계에서 16개씩의 제품을 가공한 결과 불편분산은 각각 s_A^2=0.0036mm, s_B^2=0.0146mm이었다. 확실히 A기계의 정밀도가 좋다고 할 수 있는가를 검정하시오.(단, 유의수준은 5%이다.) 또한, 유의하다면 모분산비의 신뢰한계를 구하시오.

문제해결의 key point

두 기계의 정밀도에 대한 비율 검정은 F분포를 사용하며, A기계의 정밀도가 좋은가를 물었으므로 대립가설은 $H_1 : \sigma_A^2 < \sigma_B^2$이며, 유의할 경우의 신뢰한계값의 추정은 신뢰상한값의 한쪽추정이 행하여 진다. 여기서 모분산 비의 신뢰상한값은 항상 1보다 작은 값이 형성되고, 신뢰하한값은 항상 1보다 큰 값이 형성되므로 주의를 요한다.

해설 1) 모분산비의 검정

① 가설 : $H_0 : \sigma_A^2 \geq \sigma_B^2$, $H_1 : \sigma_A^2 < \sigma_B^2$

② 유의수준 : $\alpha = 0.05$

③ 검정통계량 : $F_0 = \dfrac{s_A^2}{s_B^2} = \dfrac{V_A}{V_B}$

$$= \frac{0.0036}{0.0146} = 0.24658$$

④ 기각치 : $F_{0.05}(15, 15) = \dfrac{1}{F_{0.95}(15,15)}$

$$= \frac{1}{2.40} = 0.41667$$

⑤ 판정 : $F_0 < 0.41667 \rightarrow H_0$ 기각

즉, A기계의 정밀도가 B기계의 정밀도보다 좋다고 할 수 있다.

2) 모분산비의 95% 신뢰한계(신뢰상한값)

$$\left(\frac{\sigma_A^2}{\sigma_B^2}\right)_U = \frac{F_0}{F_{0.05}(15,15)} = \frac{V_A}{V_B} \times F_{0.95}(15,15)$$

$$= 0.24658 \times 2.40 = 0.59179$$

21 값이 고가이면서 정밀도가 좋은 기계 A와 값이 싼 기계 B가 있다. 실제 A가 정밀도가 좋은가를 조사하기 위하여 각각의 기계에서 16개씩의 제품을 가공한 결과 모분산의 추정치는 각각 V_A=0.0025mm, V_B= 0.0145mm이었다. A기계의 정밀도가 B기계보다 높다고 할 수 있는가를 검정하시오. 또한 정밀도가 높다면 모분산비의 신뢰상한값은 어떻게 설정되는가? (단, 유의수준은 5%이며, 신뢰도는 95%이다.)

해설 1) 모분산비의 검정

① 가설 : $H_0 : \sigma_A^2 \geq \sigma_B^2$, $H_1 : \sigma_A^2 < \sigma_B^2$

② 유의수준 : $\alpha = 0.05$

③ 검정통계량 : $F_0 = \dfrac{V_A}{V_B}$

$$= \frac{0.0025}{0.0145} = 0.17241$$

④ 기각치 : $F_{0.05}(15,\ 15) = \dfrac{1}{F_{0.95}(15,15)}$

$$= \frac{1}{2.40} = 0.41667$$

⑤ 판정 : $F_0 < 0.41667 \rightarrow H_0$ 기각

즉, A기계의 정밀도가 B기계의 정밀도보다 좋다고 할 수 있다.

2) 모분산비의 95% 신뢰한계(신뢰상한값)

$$\left(\frac{\sigma_A^2}{\sigma_B^2}\right)_U = \frac{F_0}{F_{0.05}(15, 15)} = \frac{V_A}{V_B} \times F_{0.95}(15, 15)$$

$$= 0.17241 \times 2.40 = 0.41378$$

22

어떤 유기합성 반응에서 반응온도를 10℃와 15℃로 하여 합성을 시킨 후 그 비중을 측정하였다. 비중은 정규분포에 따른다고 가정한다. 10℃에 의한 비중의 산포와 15℃에 의한 비중의 산포에 차이가 있는가를 유의수준 5%로 검정하시오.

10℃	4.0	3.9	4.7	4.3	5.8	4.2	4.4	3.3	5.1	2.8
15℃	5.2	5.0	5.3	6.9	5.0	4.9	4.4	6.5	4.3	5.4

① 가설 설정 : $H_0 : \sigma_A^2 = \sigma_B^2$, $H_1 : \sigma_A^2 \neq \sigma_B^2$

② 유의수준 : $\alpha = 0.05$

③ 검정통계량 : $F_0 = \dfrac{V_A}{V_B}$

$$= \frac{0.72722}{0.68544} = 1.06095$$

④ 기각치 : $F_{0.025}(9,\ 9) = 0.24814$, $F_{0.975}(9,\ 9) = 4.03$

⑤ 판정 : $0.24814 < F_0 < 4.03 \rightarrow H_0$ 채택

즉, 반응온도에 대한 비중의 산포는 차이가 없다.

23

매 배치(Batch) 마다 n=4인 샘플을 뽑아 R을 구하면 ΣR= 160이다. $\overline{R}$=1.6일 때 신뢰도 95%에서 σ의 신뢰구간은? (단, d_2=2.059, d_3=0.880이다.)

$$\frac{\overline{R}}{d_2 + u_{1-\alpha/2}\dfrac{d_3}{\sqrt{k}}} \leq \sigma \leq \frac{\overline{R}}{d_2 - u_{1-\alpha/2}\dfrac{d_3}{\sqrt{k}}}$$

∴ $0.61434 \leq \sigma \leq 1.05710$이다.

24

$\sigma_1 = 0.3$, $\sigma_2 = 0.4$인 두 정규 모집단에 대한 $H_0 : \mu_1 \leq \mu_2$, $H_1 : \mu_1 > \mu_2$인 검정을 하려 한다. $\mu_1 - \mu_2$=0.4일 때 α=0.05, β=0.1이라고 한다면, 이에 필요한 최소한의 샘플의 크기는?

문제해결의 key point

대립가설이 한쪽검정이므로 샘플수의 제1종 오류는 α가 된다. 계산 후, 정도를 만족하는 샘플수를 구하는 문제이므로 소수점 이하는 끊어 올린다.

해설 $n=\left(\frac{u_{1-\alpha}+u_{1-\beta}}{\mu_2-\mu_1}\right)^2\times(\sigma_1^2+\sigma_2^2)$

$=\left(\frac{1.645+1.282}{0.4}\right)^2\times(0.3^2+0.4^2)=13.39\rightarrow 14$개

25 치과용 마취제가 남자와 여자에게 미치는 영향의 차에 대해 알기 위하여 15명의 남자와 16명의 여자를 임의 추출하여 마취시간을 기록한 결과 평균시간은 다음과 같다. 이때 다음 물음에 답하시오. (단, 모집단의 표준편차는 남자는 0.3시간, 여자는 0.4시간으로 알려져 있다.)

	남 자	여 자
시료평균	4.8	4.4
모표준편차	0.3	0.4

1) 치과용 마취제가 남자와 여자에게 미치는 영향이 다른가를 유의수준 5%로 검정하시오.
2) 남자와 여자의 평균마취시간의 차에 대한 95% 신뢰구간을 구하시오.

문제해결의 key point

모표준편차가 알려져 있으므로 모평균 차이의 정규검정에 관한 사항이며, 검정결과가 유의할 경우 양측검정이므로 신뢰구간을 계산하게 된다.

해설 1) 모평균의 차의 검정

① 가설설정 : $H_0: \mu_1=\mu_2$, $H_1: \mu_1\neq\mu_2$

② 유의수준 : $\alpha=5\%$

③ 검정통계량 : $u_0=\frac{(\bar{x}_1-\bar{x}_2)-\delta}{\sqrt{\frac{\sigma_1^2}{n_1}+\frac{\sigma_2^2}{n_2}}}$

$=\frac{(4.8-4.4)-0}{\sqrt{\frac{0.3^2}{15}+\frac{0.4^2}{16}}}=3.16228$

④ 기각치 : $-u_{0.975}=-1.96$, $u_{0.975}=1.96$

⑤ 판정 : $u_0>1.960\rightarrow H_0$ 기각

즉, 마취제가 남자와 여자에게 미치는 영향이 다르다고 할 수 있다.

참고 단, $\delta=\mu_1-\mu_2$로 모평균 차의 검정 시 기준가설 H_0는 $\delta=0$이 된다.

2) 모평균차의 95% 신뢰구간의 추정

$$\mu_1 - \mu_2 = (\bar{x}_1 - \bar{x}_2) \pm u_{1-\alpha/2}\sqrt{\frac{\sigma_1^2}{n_1} + \frac{\sigma_2^2}{n_2}}$$

$$= (4.8 - 4.4) \pm 1.96 \times \sqrt{\frac{0.3^2}{15} + \frac{0.4^2}{16}} = 0.4 \pm 0.24792\text{시간}$$

따라서 0.15208시간~0.64792시간이다.

26 한 여성단체에서 같은 직종에 근무하는 여직원과 남직원을 비교하여 남녀의 봉급차가 있는지 조사하였다. 같은 직종에 근무하는 남, 여 직원 중에서 랜덤하게 추출하여 조사한 결과 다음의 데이터를 얻었다. 이때 다음 물음에 답하시오.

구 분	남자	여자
표본의 크기	150명	100명
평균봉급	370만원	350만원
표준편차	20만원	30만원

1) 남자의 봉급이 여자의 봉급보다 많다고 할 수 있는가? (단, 유의수준 α=5%이다.)
2) 남자의 봉급이 여자의 봉급보다 많다면 95% 신뢰한계를 구하시오.

문제해결의 key point

시그마 미지라하더라도 시료수가 큰 경우($\nu > 30$) 정규분포를 근사시켜 계산한다.
검정 결과 유의하다면 남자봉급과 여자봉급의 차에 대한 신뢰하한값을 구하게 된다.

**해설** 1) 모평균차의 검정

남녀 모두 n이 충분히 크므로 정규분포에 근사시켜 적용한다.

① 가설 : $H_0 : \mu_{남} \le \mu_{여}$, $H_1 : \mu_{남} > \mu_{여}$

② 유의수준 : $\alpha = 0.05$

③ 검정통계량 : $u_0 = \dfrac{(\bar{x}_{남} - \bar{x}_{여}) - \delta}{\sqrt{\dfrac{\hat{\sigma}_{남}^2}{n_{남}} + \dfrac{\hat{\sigma}_{여}^2}{n_{여}}}} = \dfrac{(370 - 350) - 0}{\sqrt{\dfrac{20^2}{150} + \dfrac{30^2}{100}}} = 5.85540$

④ 기각치 : $u_{0.95} = 1.645$

⑤ 판정 : $u_0 > 1.645 \rightarrow H_0$ 기각

즉, 남자가 여자보다 봉급을 많이 받는다.

2) 모평균차의 95% 신뢰한계(신뢰하한값)

$$(\mu_{남} - \mu_{여}) = (\bar{x}_{남} - \bar{x}_{여}) - u_{1-\alpha}\sqrt{\frac{\sigma_{남}^2}{n_{남}} + \frac{\sigma_{여}^2}{n_{여}}}$$

$$= (370 - 350) - 1.645 \times \sqrt{\frac{20^2}{150} + \frac{30^2}{100}} = 14.38126\text{만원}$$

따라서 모평균차의 신뢰하한값은 14.381만원이다.

27 원료 A, B가 있다. 각각을 사용하여 생성된 어떤 약품의 수량을 계산한 결과 다음의 표를 얻었다. 이때 다음 물음에 답하시오.

구 분	A	B
n	9	16
$\bar{x}$	25.0	20.0
S	350	225

1) $H_0 : \sigma_A^2 = \sigma_B^2$를 $H_1 : \sigma_A^2 \neq \sigma_B^2$에 대하여 검정하시오. (단, $\alpha = 0.05$)
2) $H_0 : \mu_A = \mu_B$를 $H_1 : \mu_A \neq \mu_B$에 대하여 검정하시오. (단, $\alpha = 0.05$)
3) 모평균의 95%의 양쪽신뢰구간을 구하시오.

문제해결의 key point

모평균 차의 검정에서 모분산 미지의 경우는 등분산성의 검정이 필요하다.
모평균 차의 검정은 등분산인 경우와 이분산인 경우의 검정방법이 서로 상이하다.

 1) 등분산성의 검정

① 가설 설정 : $H_0 : \sigma_A^2 = \sigma_B^2$, $H_1 : \sigma_A^2 \neq \sigma_B^2$

② 유의수준 : $\alpha = 0.05$

③ 검정통계량 : $F_0 = \dfrac{V_A}{V_B} = 2.91667$

(단, $V_A = \dfrac{S_A}{n_A - 1} = \dfrac{350}{8} = 43.75$, $V_B = \dfrac{S_B}{n_B - 1} = \dfrac{225}{15} = 15$이다.)

④ 기각치 : $F_{0.025}(8, 15) = \dfrac{1}{F_{0.975}(15, 8)} = \dfrac{1}{4.10} = 0.24390$

$F_{0.975}(8, 15) = 3.20$

⑤ 판정 : $0.24390 < F_0 < 3.20 \rightarrow H_0$ 채택
즉, 등분산인 경우로 판정할 수 있다.

2) 모평균 차의 검정(σ가 같다고 생각되는 경우)

① 가설 : $H_0 : \mu_A - \mu_B = 0$, $H_1 : \mu_A - \mu_B \neq 0$

② 유의수준 : $\alpha = 0.05$

③ 검정통계량 : $t_0 = \dfrac{(\bar{x}_A - \bar{x}_B) - \delta}{\hat{\sigma}\sqrt{\dfrac{1}{n_A} + \dfrac{1}{n_B}}}$ (단, $\delta_0 = \mu_A - \mu_B = 0$이다.)

$$= \frac{(25 - 20) - 0}{5\sqrt{\dfrac{1}{9} + \dfrac{1}{16}}} = 2.4$$

(단, $\hat{\sigma} = s = \sqrt{\dfrac{S_A + S_B}{n_A + n_B - 2}} = \sqrt{\dfrac{350 + 225}{9 + 16 - 2}} = 5$이다.)

④ 기각치 : $-t_{0.975}(23) = -2.069$, $t_{0.975}(23) = 2.069$

⑤ 판정 : $t_0 > 2.069 \rightarrow H_0$ 기각

즉, 두 집단의 모평균에는 차이가 있다고 할 수 있다.

3) 모평균차의 95% 신뢰구간의 추정

$$\mu_A - \mu_B = (\bar{x}_A - \bar{x}_B) \pm t_{0.975}(23)\ \hat{\sigma}\sqrt{\frac{1}{n_A} + \frac{1}{n_B}}$$

$$= (25 - 20) \pm 2.069 \times 5\sqrt{\frac{1}{9} + \frac{1}{16}} = 5 \pm 4.31042$$

$\therefore$ 0.68958 ~ 9.31042이다.

28 25마리의 젖소를 키우는 목장에서 두 종류의 사료가 우유 생산량에 미치는 영향을 비교하려고 한다. 25마리 중 임의로 선택된 13마리에게는 한 종류의 사료를 주고 나머지에게는 다른 종류의 사료를 주어 3일간 조사한 결과가 다음과 같이 주어졌다. 이때 사료에 따른 우유 생산량에 차이가 있는가를 유의수준 5%로 가설 검정하여라.

사료 1	44	44	56	46	47	38	58	53	49	35	46	30	41
사료 2	35	47	55	29	40	39	32	41	42	57	51	39	

문제해결의 key point

각각의 사료에 대해 적용한 젖소가 서로 다르므로 데이터는 대응있는 관계가 아니다. 또한 모평균 차의 검정에서 시그마 미지인 경우이므로 등분산성의 검정이 사전에 선행되어야 한다. 모평균차의 검정 방법은 등분산성의 검정 결과에 따라 달라지므로, 모분산의 검정결과 유의하지 않으면 등분산인 경우로, 유의한 경우는 이분산인 경우로 판단하여 모평균차의 검정과 추정을 행한다.

해설 1) 등분산성의 검정

① 가설 : $H_0 : \sigma_1^2 = \sigma_2^2$, $H_1 : \sigma_1^2 \neq \sigma_2^2$

② 유의수준 : $\alpha = 0.05$

③ 검정통계량 : $F_0 = \dfrac{V_1}{V_2}$

$$= \frac{7.99840^2}{8.73993^2} = 0.83751$$

단,

구 분	$\bar{x}$	s
사료 1	45.15385	7.99840
사료 2	42.25	8.73993

④ 기각치 : $F_{0.025}(12, 11) = 1/F_{0.975}(11, 12) = 1/3.32 = 0.3012$

$F_{0.975}(12, 11) = 3.43$

⑤ 판정 : $0.3012 < F_0 < 3.43 \rightarrow H_0$ 채택
즉, 등분산성이 성립한다.

2) 모평균차의 검정

① 가설 : $H_0 : \mu_1 = \mu_2$, $H_1 : \mu_1 \neq \mu_2$

② 유의수준 : $\alpha = 0.05$

③ 검정통계량 : $t_0 = \dfrac{(\bar{x}_1 - \bar{x}_2) - \delta}{\hat{\sigma}\sqrt{\dfrac{1}{n_1} + \dfrac{1}{n_2}}}$

$$= \frac{(45.15385 - 42.25) - 0}{8.36125 \times \sqrt{\dfrac{1}{13} + \dfrac{1}{12}}} = 0.86755$$

(단, $\hat{\sigma} = \sqrt{\dfrac{S_1 + S_2}{n_1 + n_2 - 2}}$

$= \sqrt{\dfrac{12 \times 7.99840^2 + 11 \times 8.73993^2}{13 + 12 - 2}} = 8.36125$이다.)

④ 기각치 : $-t_{0.975}(23) = -2.069$, $t_{0.975}(23) = 2.069$

⑤ 판정 : $-2.069 < t_0 < 2.069 \rightarrow H_0$ 채택
사료에 따른 우유 생산량의 차이는 있다고 볼 수 없다.

29

원료 A와 원료 B에 대한 매일 매일의 제품의 순도(%)는 다음과 같다. 원료 A의 순도가 원료 B의 순도보다 더 낮다고 할 수 있는지 유의수준 5%로 검정하고 유의할 경우 신뢰한계를 추정하시오.

원료 A	74.9	73.9	74.7	74.3	75.8	74.2
원료 B	75.2	75.0	75.3	76.9	75.0	

문제해결의 key point

원료 A, B는 대응관계가 아니다.(A, B의 시료 크기가 다르면서 대응관계가 있는 경우는 없다.)
또한 모평균차의 검정이고, 시그마 미지이므로 등분산성의 검정이 필요하다.

해설 1) 등분산성의 검정

① 가설 : $H_0 : \sigma_A^2 = \sigma_B^2$, $H_1 : \sigma_A^2 \neq \sigma_B^2$

② 유의수준 : $\alpha = 0.05$

③ 검정통계량 : $F_0 = \dfrac{V_A}{V_B}$

$$= \frac{0.67429^2}{0.80436^2} = 0.70274$$

단,

구 분	$\bar{x}$	s
. 원료 A	74.63333	0.67429
원료 B	75.48	0.80436

④ 기각치 : $F_{0.025}(5, 4) = 1/F_{0.975}(4, 5) = 1/7.39 = 0.13532$

$F_{0.975}(5, 4) = 9.36$

⑤ 판정 : $0.13532 < F_0 < 9.36 \rightarrow H_0$ 채택

즉, 등분산성이 성립한다.

2) 모평균차의 검정

① 가설 : $H_0 : \mu_A \geqq \mu_B$, $H_1 : \mu_A < \mu_B$

② 유의수준 : $\alpha = 0.05$

③ 검정통계량 : $t_0 = \dfrac{(\bar{x}_A - \bar{x}_B) - \delta}{\hat{\sigma}\sqrt{\dfrac{1}{n_A} + \dfrac{1}{n_B}}}$

$$= \frac{(74.63333 - 75.48) - 0}{0.73495 \times \sqrt{\dfrac{1}{6} + \dfrac{1}{5}}} = -1.90248$$

(단, $\hat{\sigma} = \sqrt{\dfrac{S_1 + S_2}{n_1 + n_2 - 2}}$

$= \sqrt{\dfrac{5 \times 0.67429^2 + 4 \times 0.80436^2}{6 + 5 - 2}} = 0.73495$이다.)

④ 기각치 : $-t_{0.95}(9) = -1.833$

⑤ 판정 : $t_0 < -1.833 \rightarrow H_0$ 기각

원료 A의 순도가 더 낮다고 할 수 있다.

3) 평균치 차의 95% 신뢰한계(신뢰상한값)

$$\mu_A - \mu_B = (\bar{x}_A - \bar{x}_B) + t_{0.95}(9)\,\hat{\sigma}\sqrt{\frac{1}{n_A} + \frac{1}{n_B}}$$

$$= 74.63333 - 75.48 + 1.833 \times 0.73495 \times \sqrt{\frac{1}{6} + \frac{1}{5}}$$

$$= -0.03092$$

원료 A의 순도는 원료 B의 순도보다 최소 0.03092%가 낮다.

30 어느 제약회사에서 제조된지 1년 경과한 페니실린 중에서 15병, 제조 직후의 페니실린 중에서 12병을 임의 추출하여 그 역가를 조사하였더니 다음과 같은 결과를 얻었다. 1년이 경과한 것의 평균역가가 제조 직후보다 저하하였는지를 유의수준 5%로 검정하시오. 또한 95%의 신뢰상한의 추정값은?

페니실린	표본의 크기	표본평균	표본표준편차
1년 경과(x)	$n_x = 15$	$\bar{x} = 810$	$s_x = 90$
제조 직후(y)	$n_y = 12$	$\bar{y} = 870$	$s_y = 85$

문제해결의 key point

모평균차의 검정이 양쪽검정이든 단쪽검정이든 관계없이, 모분산비의 검정은 양쪽검정으로 행하여 등분산성의 여부를 결정한다.

해설 1) 등분산성의 검정

① 가설 : $H_0 : \sigma_x^2 = \sigma_y^2$, $H_1 : \sigma_x^2 \neq \sigma_y^2$

② 유의수준 : $\alpha = 0.05$

③ 검정통계량 : $F_0 = \dfrac{V_x}{V_y}$

$= \dfrac{90^2}{85^2} = 1.12112$

④ 기각치 : $F_{0.025}(14, 11) = 1/3.09 = 0.32362$

$F_{0.975}(14, 11) = 3.33$

⑤ 판정 : $0.32362 < F_0 < 3.33 \rightarrow H_0$ 채택

즉, 등분산성이 성립한다.

2) 모평균차의 검정

① 가설 : $H_0 : \mu_x \geq \mu_y$, $H_1 : \mu_x < \mu_y$

② 유의수준 : $\alpha = 0.05$

③ 검정통계량 : $t_0 = \dfrac{(\bar{x} - \bar{y}) - \delta}{\hat{\sigma}\sqrt{\dfrac{1}{n_x} + \dfrac{1}{n_y}}}$

$= \dfrac{(810 - 870) - 0}{87.83507\sqrt{\dfrac{1}{15} + \dfrac{1}{12}}} = -1.76375$

(단, $\hat{\sigma} = \sqrt{\dfrac{\nu_x \times s_x^2 + \nu_y \times s_y^2}{n_x + n_y - 2}}$

$= \sqrt{\dfrac{14 \times 90^2 + 11 \times 85^2}{15 + 12 - 2}} = 87.83507$이다.)

④ 기각치 : $-t_{0.95}(25) = -1.708$

⑤ 판정 : $t_0 < -1.708 \rightarrow H_0$ 기각

즉, 1년이 경과한 것의 평균역가가 저하되었다고 할 수 있다.

3) 평균치 차의 95% 신뢰한계(신뢰상한값)

$\mu_A - \mu_B = (\bar{x}_A - \bar{x}_B) + t_{0.95}(25)\ \hat{\sigma}\sqrt{\dfrac{1}{n_A} + \dfrac{1}{n_B}}$

$= 810 - 870 + 1.708 \times 87.83507 \times \sqrt{\dfrac{1}{15} + \dfrac{1}{12}}$

$= -1.89661$

1년이 경과한 것의 페니실린의 평균역가는 제조 직후의 평균역가보다 최소 1.89661 이상이 작다.

31 어떤 화학약품의 제조에 상표가 다른 2종류의 원료를 사용하고 있다. 각 원료에서 그 주성분 A의 함량은 다음과 같다. 이때 상표 1의 주성분 A의 평균 함량을 μ_1, 상표 2의 평균 함량을 μ_2라고 할 때, μ_1이 μ_2에 비해 함량의 차이가 0.4%보다 크다고 할 수 있는지를 유의수준 5%로 검정하고, 유의하다면 신뢰한계값를 계산하시오.

(단위 : %)

상표 1	80.4	78.2	80.1	77.1	79.6	80.4	81.6	79.9	84.4	80.9	83.1
상표 2	79.5	80.7	79.0	77.5	75.6	76.5	79.6	79.4	78.3	80.3	

문제해결의 key point

이 문제는 $\delta=\mu_1-\mu_2\neq 0$이 아닌 모평균차의 검정으로 $\delta=0.4$가 주어져 있는 문제로, 보통의 $\delta=0$인 모평균차의 검정 문제와는 다르다. 모평균차의 검정결과가 유의할 경우 $H_1 : \mu_1>\mu_2$에 해당되므로 모평균차의 신뢰한계는 신뢰하한값을 계산한다.

해설 1) 등분산성의 검정

① 가설 : $H_0 : \sigma_1^2=\sigma_2^2$, $H_1 : \sigma_1^2\neq\sigma_2^2$

② 유의수준 : $\alpha=5\%$

③ 검정통계량 : $F_0=\dfrac{V_1}{V_2}=\dfrac{2.03805^2}{1.65341^2}=1.51939$

구 분	$\bar{x}$	s
상표 1	80.51818	2.03805
상표 2	78.64	1.65341

④ 기각역 : $F_{0.025}(10, 9)=1/3.78=0.26455$

$F_{0.975}(10, 9)=3.96$

⑤ 판정 : $0.26455 < F_0 < 3.96 \rightarrow H_0$ 채택

즉, 등분산성이 성립한다.

2) 모평균차의 검정

① 가설 : $H_0 : \mu_1-\mu_2\leq 0.4\%$, $H_1 : \mu_1-\mu_2>0.4\%$

② 유의수준 : $\alpha=0.05$

③ 검정통계량 : $t_0=\dfrac{(\bar{x}_1-\bar{x}_2)-\delta}{\hat{\sigma}\sqrt{\dfrac{1}{n_1}+\dfrac{1}{n_2}}}=\dfrac{(80.51818-78.64)-0.4}{1.86576\sqrt{\dfrac{1}{11}+\dfrac{1}{10}}}=1.81325$

(단, $\hat{\sigma}=\sqrt{\dfrac{\nu_1\times s_1^2+\nu_2\times s_2^2}{n_1+n_2-2}}$

$=\sqrt{\dfrac{10\times 2.03805^2+9\times 1.65341^2}{11+10-2}}=1.86576$이다.)

④ 기각치 : $t_{0.95}(19) = 1.729$

⑤ 판정 : $t_0 > 1.729 \rightarrow H_0$ 기각

즉, 상표 1의 성분 A의 함량이 상표 2보다 더 많다고 할 수 있다.

3) 모평균차의 95% 신뢰한계(신뢰하한값)

$$\mu_1 - \mu_2 = (\bar{x}_1 - \bar{x}_2) - t_{0.95}(19)\ \hat{\sigma}\sqrt{\frac{1}{n_1} + \frac{1}{n_2}}$$

$$= (80.51818 - 78.64) - 1.729 \times 1.86576 \times \sqrt{\frac{1}{11} + \frac{1}{10}}$$

$$= 0.46868\%$$

따라서 모평균차의 신뢰하한값은 0.46868%이다.

참고 위의 문제에서 함량의 차이가 0.4보다 작다고 하면, 가설은 각 각 $H_0 : \mu_1 - \mu_2 \geq -0.4\%$, $H_1 : \mu_1 - \mu_2 < -0.4\%$로 세워져야 한다. 왜냐하면 어떠한 경우에도 대립가설 H_1은 차의 검정시 "0"을 포함할 수 없기 때문이다.

32

두 개의 모집단 $N(\mu_1, \sigma_1^2)$, $N(\mu_2, \sigma_2^2)$에서 $H_0 : \mu_1 = \mu_2$를 검정하기 위하여 $n_1=10$, $n_2=9$개의 표본을 구하여 표본평균과 분산으로 각각 $\bar{x}_1=17.2$, $s_1^2=1.8$, $\bar{x}_2=14.7$, $s_2^2=8.7$을 얻었다. 이때 다음 물음에 답하시오.

1) 등분산성의 여부를 검토하시오. (단, 유의수준 0.05이다.)
2) $\sigma_1 \neq \sigma_2$로 밝혀진 경우에 $\mu_1 - \mu_2$의 추정시 이용되는 등가 자유도를 계산하시오.
3) 두 모집단의 평균차를 유의수준 5%로 검정하시오.
4) 신뢰율 95% 수준에서 모평균차의 신뢰구간을 추정하시오.

문제해결의 key point

등가자유도는 소수점 이하의 값은 보간법을 적용하지 않고 시험에서는 반올림하여 정수값으로 처리하여 계산하도록 한다.

해설 1) 등분산성의 검정

① 가설 : $H_0 : \sigma_1^2 = \sigma_2^2$, $H_1 : \sigma_1^2 \neq \sigma_2^2$

② 유의수준 : $\alpha = 5\%$

③ 검정통계량 : $F_0 = \dfrac{s_1^2}{s_2^2}$

$$= \frac{1.8}{8.7} = 0.20690$$

④ 기각치 : $F_{0.025}(9, 8) = 1/4.10 = 0.24390$

$F_{0.975}(9, 8) = 4.36$

⑤ 판정 : $F_0 < 0.24390 \rightarrow H_0$ 기각

등분산이 성립하지 않는다. 즉, 모분산값이 같지 않은 이분산이다.

2) 등가 자유도

$$\nu^* = \frac{\left(\frac{V_1}{n_1}+\frac{V_2}{n_2}\right)^2}{\frac{\left(\frac{V_1}{n_1}\right)^2}{n_1-1}+\frac{\left(\frac{V_2}{n_2}\right)^2}{n_2-1}}$$

$$= \frac{\left(\frac{1.8}{10}+\frac{8.7}{9}\right)^2}{\frac{\left(\frac{1.8}{10}\right)^2}{9}+\frac{\left(\frac{8.7}{9}\right)^2}{8}} = 10.92013 \fallingdotseq 11$$

3) 모평균차의 검정

① 가설 : H_0 : $\mu_1 = \mu_2$, H_1 : $\mu_1 \neq \mu_2$

② 유의수준 : $\alpha = 0.05$

③ 검정통계량 : $t_0 = \frac{(\bar{x}_1 - \bar{x}_2) - \delta}{\sqrt{\frac{s_1^2}{n_1}+\frac{s_2^2}{n_2}}}$ (단, $\delta_0 = \mu_A - \mu_B = 0$이다.)

$$= \frac{(17.2-14.7)-0}{\sqrt{\frac{1.8}{10}+\frac{8.7}{9}}} = 2.33465$$

④ 기각치 : $-t_{0.975}(11) = -2.201$, $t_{0.975}(11) = 2.201$

⑤ 판정 : $t_0 > 2.201 \rightarrow H_0$ 기각

두 모집단의 평균에는 차이가 있다고 할 수 있다.

4) 신뢰구간의 추정

$$\mu_1 - \mu_2 = (\bar{x}_1 - \bar{x}_2) \pm t_{1-\alpha/2}(\nu^*)\sqrt{\frac{V_1}{n_1}+\frac{V_2}{n_2}}$$

$$= (17.2-14.7) \pm 2.201\sqrt{\frac{1.8}{10}+\frac{8.7}{9}} = 2.5 \pm 2.35689$$

$$\rightarrow 0.14311 \le \mu_1 - \mu_2 \le 4.85689$$

1-4 계수치의 검정과 추정

01 새로 제작한 기계로 200개의 부품을 시험 생산하였더니 그 중 부적합품이 14개 있었다. 앞으로 이 기계로 매일 생산을 한다면 공정 평균 부적합품률은 어느 정도가 되겠는가? 또 앞으로 매일 평균 5,000개를 생산한다고 했을 때 부적합품수는 어느 정도가 되겠는가? 부적합품률에 대한 95% 신뢰구간을 추정하여라.

문제해결의 key point

부적합품률의 추정은 샘플수가 매우 크므로 이항분포의 정규근사의 원칙을 활용하여 추정한다.

해설 1) 공정의 평균 부적합품률의 추정

$$\hat{p} = \frac{X}{n} = \frac{14}{200} = 0.07$$

2) 5,000개의 부적합품수

$n\hat{p} = 5,000 \times 0.07 = 350$ 개

3) 모부적합품률의 신뢰구간 추정

$$P = \hat{p} \pm u_{1-\alpha/2}\sqrt{\frac{\hat{p}(1-\hat{p})}{n}}$$

$$= 0.07 \pm 1.96\sqrt{\frac{0.07 \times 0.93}{200}}$$

$$= 0.03464 \sim 0.10536$$

02 어떤 부품의 제조공정에서 종래 장기간의 공정 평균 부적합품률은 9% 이상으로 집계되고 있다. 부적합품률을 낮추기 위해 최근 그 공정의 일부를 개선하였다. 개선한 후 그 공정에서 167개의 샘플 중 8개가 부적합품이었다면다음 물음에 답하시오.

1) 부적합품률이 낮아졌다고 할 수 있는가를 유의수준 5%로 검정하시오.

2) 검정결과가 유의하다면 신뢰한계값을 추정하시오.

문제해결의 key point

공정의 개선은 부적합품률이 망소특성이므로 부적합품률이 작아지게 된다. 그러므로 대립가설이 $H_1 : P < 0.09$이므로 신뢰한계는 신뢰상한값을 구하여야 한다.

해설 1) 모부적합품률의 검정

① 가설 : $H_0 : P \geq 0.09$, $H_1 : P < 0.09$

② 유의수준 : $\alpha = 0.05$

③ 검정통계량 : $u_o = \dfrac{\hat{p} - P}{\sqrt{\dfrac{P(1-P)}{n}}}$

$$= \frac{0.04790 - 0.09}{\sqrt{\dfrac{0.09 \times (1-0.09)}{167}}} = -1.90107$$

(단, $\hat{p} = \dfrac{X}{n} = \dfrac{8}{167} = 0.04790$ 이다.)

④ 기각치 : $-u_{0.95} = -1.645$

⑤ 판정 : $u_0 < -1.645 \rightarrow H_0$ 기각
즉, 공정의 부적합품률이 낮아졌다고 할 수 있다.

2) 모부적합품률의 95% 신뢰한계(신뢰상한값)의 추정

$$P_U = \hat{p} + u_{0.95}\sqrt{\frac{\hat{p}(1-\hat{p})}{n}}$$

$$= 0.04790 + 1.645\sqrt{\frac{0.0479 \times (1-0.0479)}{167}} = 0.07508$$

03 작업방법을 개선하여 부적합품 발생상태를 개선 전과 비교하니 다음 표와 같았다. 개선 전에 비해서 부적합품률이 $\alpha = 0.01$로 낮아졌다고 할 수 있겠는가? 또한 검정결과가 유의하다면 99% 신뢰한계를 추정하시오.

구 분	부적합품	적합품	계
개선 전	70	930	1,000
개선 후	12	588	600
계	40	960	1,000

문제해결의 Key point

독립된 두 집단의 가설검정이 아니고, 동일모집단의 개선 전후로 서로 독립이 아니므로 모부적합품차의 검정이 아닌 모부적합품률의 검정이 행해지게 된다. 이때 모부적합품률은 개선 전의 부적합품률이 된다.

해설 1) 모부적합품률의 검정

① 가설 : $H_0 : P \geq 0.07$, $H_1 : P < 0.07$
(단, $P_0 = \frac{X}{n} = \frac{70}{1,000} = 0.07$이다.)

② 유의수준 : $\alpha = 0.01$

③ 검정통계량 : $u_0 = \frac{\hat{p} - P}{\sqrt{\frac{P(1-P)}{n}}}$

$$= \frac{0.02 - 0.07}{\sqrt{\frac{0.07 \times 0.93}{600}}} = -4.80015$$

(단, $\hat{p} = \frac{12}{600} = 0.02$이다.)

④ 기각치 : $u_{0.01} = -2.326$

⑤ 판정 : $u_0 < -2.326 \rightarrow H_0$ 기각
즉, 개선 전 보다 부적합품률이 낮아졌다고 할 수 있다.

2) 모부적합품률의 99% 신뢰한계(신뢰상한)의 추정

$$P_U = \hat{p} + u_{0.99}\sqrt{\frac{\hat{p}(1-\hat{p})}{n}}$$

$$= 0.02 + 2.326\sqrt{\frac{0.02\times(1-0.02)}{600}} = 0.03329$$

04 자동차보험을 150만원 이상의 액수에 대해 가입하는 사람들의 비율을 추정하기 위해 400명의 자동차 소유자를 임의 추출하여 조사한 결과 56명이 150만원 이상의 보험에 가입한 것으로 나타났다. 이때 다음 물음에 답하시오.

1) 모비율에 대한 95% 신뢰구간을 구하시오.

2) 모비율의 95% 추정오차 한계가 ±0.030이 되도록 하려면 표본의 크기가 얼마이어야 하는가?

문제해결의 key point

추정오차의 한계란 신뢰구간의 한쪽 구간 폭을 의미하며 $\pm\beta$로 표기하며 정도를 만족시키는 필요 샘플수는 소수 첫째자리에서 정수로 반올림한다. 이 문제는 모수 P가 미지이므로 모수 P대신 예비조사를 통한 $\hat{p}$를 사용하여 표본크기를 결정한다.

해설 1) 모비율의 신뢰구간 추정

$$\hat{p} = \frac{X}{n} = \frac{56}{400} = 0.14$$

$$P = \hat{p} \pm u_{1-\alpha/2}\sqrt{\frac{\hat{p}(1-\hat{p})}{n}}$$

$$= 0.14 \pm 1.96\times\sqrt{\frac{0.14\times 0.86}{400}} = 0.14 \pm 0.03400 \rightarrow 0.1060 \sim 0.1740$$

2) $u_{1-\alpha/2}\sqrt{\frac{\hat{p}(1-\hat{p})}{n}} = 0.03$이므로 최소시료크기 n을 구하면

$$n = \hat{p}(1-\hat{p})\left(\frac{u_{1-\alpha/2}}{0.03}\right)^2$$

$$= 0.14\times 0.86\times\left(\frac{1.96}{0.03}\right)^2 = 513.92071 \rightarrow n = 514\text{개}$$

05 어떠한 집단의 모부적합품률은 8%이다. 부적합품을 줄일 수 있는 신 방법을 도입한 후 시료를 300개 취해 부적합품수를 조사해 보았더니 부적합품이 5개였다. 이때 다음 물음에 답하시오.

1) 모부적합품률이 변화하였다고 할 수 있는가? (단, $\alpha = 0.05$)

2) 모부적합품률이 변화였다는 것을 유의수준 5%를 사용하여 χ^2 검정으로 증명하시오.

3) 모부적합품률을 신뢰율 95%로 신뢰한계를 추정하시오.

문제해결의 Key point

계수값 검정에서 정규분포 근사법 이용한 모부적합품률의 검정은 양쪽검정일 경우 한쪽 검정인 χ^2 적합도 검정과 동일하다. 이때 정규분포 근사법로 계산된 통계량 및 기각치의 제곱값은 적합도 검정으로 계산된 통계량 및 기각치의 값과 동일한 값이 나타난다.

해설 1) 모부적합품률의 검정

① 가설 : $H_0 : P = 0.08$, $H_1 : P \neq 0.08$

② 유의수준 : $\alpha = 0.05$

③ 검정통계량 : $u_0 = \dfrac{\hat{p} - P}{\sqrt{\dfrac{P(1-P)}{n}}}$

$$= \frac{0.01667 - 0.08}{\sqrt{\dfrac{0.08 \times 0.92}{300}}} = -4.04326$$

(단, $\hat{p} = \dfrac{X}{n} = \dfrac{5}{300} = 0.01667$ 이다.)

④ 기각치 : $-u_{0.975} = -1.96$, $u_{0.975} = 1.96$

⑤ 판정 : $u_0 < -1.96 \rightarrow H_0$ 기각

즉, 모부적합품률이 변화되었다고 할 수 있다.

2) 적합도 검정을 활용한 모부적합품률의 검정

① 가설 : $H_0 : P = 0.08$, $H_1 : P \neq 0.08$

② 유의수준 : $\alpha = 0.05$

③ 검정통계량 : $\chi_0^2 = \dfrac{(X - nP)^2}{nP} + \dfrac{[(n-X)-(n-nP)]^2}{n-nP}$

$$= \frac{(5-24)^2}{24} + \frac{(295-276)^2}{276}$$

$$= 15.04167 + 1.30797 = 16.34964$$

④ 기각치 : $\chi^2_{0.95}(1) = 3.84$

⑤ 판정 : $\chi_0^2 > 3.84 \rightarrow H_0$ 기각

즉, 모부적합품률이 변화되었다고 할 수 있다.

3) 모부적합품률의 신뢰율 95%의 신뢰한계(신뢰구간)의 추정

$$P = \hat{p} \pm u_{1-\alpha/2} \sqrt{\frac{\hat{p}(1-\hat{p})}{n}}$$

$$= 0.01667 \pm 1.96 \times \sqrt{\frac{0.01667 \times (1 - 0.01667)}{300}}$$

$$= 0.01667 \pm 0.01449$$

$\therefore\ 0.00218 \leq P \leq 0.03116$

06 어떤 TV 공장에서는 컬러 TV용 튜너의 부적합에 의하여 화면의 흐림이 발생되어 튜너의 부적합품률을 조사했더니 5.5%로 집계되었다. 이 부적합품률을 줄이기 위하여 그 부적합품 원인을 조사한 결과, 납땜을 할 때 열 쇼크에 의하여 콘덴서가 갈라지는 것이 주요 원인으로 지적되었다. 이에 대한 대비책으로 납땜의 가열방법을 개량하여 콘덴서의 예비 가열공정을 새로이 추가한 후, 개량된 새 공정에서 튜너의 부적합품률이 감소되었는가를 확인하기 위하여 200개의 튜너를 랜덤하게 채취하여 검사하였더니 4개가 부적합품이었다. 만약 공정의 개량으로 부적합품률이 감소했다면 콘덴서의 예비가열공정을 작업표준으로 개정하려고 한다. 이때 다음 물음에 답하시오.

1) 튜너의 부적합품률이 5.5% 미만으로 감소되었는가를 가설 검정하여라. (단, $\alpha = 0.05$)
2) 튜너를 랜덤하게 뽑기 위한 표본의 크기를 결정하고 싶다. 튜너의 모부적합품률 P는 구간 [0.02, 0.06]에 있을 것이라고 예상되고, P의 추정치 $\hat{p}$의 양쪽오차한계가 95%의 확신을 가지고 0.02를 넘지 않게 하고 싶다. 표본의 크기는 얼마인가?

문제해결의 Key point

샘플의 크기는 부적합품률 $P \leq 0.5$일 때 작으면 작을수록 시료수가 작아진다. 그러므로 부적합품률이 2~6%의 구간에 있을 것으로 추정되므로 이 구간을 모두 만족하는 시료수는 최대값 $P = 6\%$일 때 시료 크기로 결정된다. 또한 모수 P가 미지인 경우에는 예비조사가 가능하다면 모수 P대신 예비조사에서 구한 $\hat{p}$를 사용하고, 예비조사도 할 수 없는 경우는 모수 P의 최대치인 0.5를 사용한다. 여론조사가 그 경우에 해당된다.

**해설** 1) 부적합품률의 검정

① 가설 : $H_0 : P \geq 0.055$, $H_1 : P < 0.055$

② 유의수준 : $\alpha = 0.05$

③ 검정통계량 : $u_0 = \dfrac{\hat{p} - P}{\sqrt{\dfrac{P(1-P)}{n}}} = \dfrac{0.02 - 0.055}{\sqrt{\dfrac{0.055 \times 0.945}{200}}} = -2.17113$

(단, $\hat{p} = \dfrac{X}{n} = \dfrac{4}{200} = 0.02$이다.)

④ 기각치 : $-u_{0.95} = -1.645$

⑤ 판정 : $u_0 < -1.645 \rightarrow H_0$ 기각

즉, 모부적합품률이 감소했다고 할 수 있다.

2) 표본의 크기

$\beta = u_{1-\alpha/2}\sqrt{\dfrac{P(1-P)}{n}}$ 를 시료크기 n에 관하여 정리하면

$$n = \left(\frac{u_{1-\alpha/2}\sqrt{P(1-P)}}{\beta}\right)^2$$

$$= \left(\frac{1.96 \times \sqrt{0.06 \times (1-0.06)}}{0.02}\right)^2 = 541.6656 \rightarrow n = 542\text{개}$$

07 A기계와 B기계에서 나온 적합품수와 부적합품수는 다음과 같다. 이때 다음 물음에 답하시오. (단, 정규분포 근사법을 이용하시오.)

기 계	적합품	부적합품
A	810	90
B	610	40

1) 기계 A의 모부적합품률은 B보다 크다고 할 수 있는가? (단, $\alpha = 0.05$)
2) 검정결과가 유의하다면 모부적합품률 차이의 신뢰한계값을 신뢰율 95%로 추정하시오.

문제해결의 key point

모부적합품률차의 검정은 $H_0: P_A = P_B$가 기준으로 $D(p) = \sqrt{P(1-P)\left(\frac{1}{n_1}+\frac{1}{n_2}\right)}$가 사용되며, 추정에서는 $H_1: P_A \neq P_B$가 기준이므로 $D(p) = \sqrt{\frac{P_1(1-P_1)}{n_1}+\frac{P_2(1-P_2)}{n_2}}$가 적용 되므로 정확하게 이해하고 구분하여 적용하도록 한다.

해설 1) 모부적합품률의 검정

① 가설 : $H_0 : P_A \leq P_B$, $H_1 : P_A > P_B$

② 유의수준 : $\alpha = 0.05$

③ 검정통계량 : $u_0 = \dfrac{(p_A - p_B) - \delta}{\sqrt{\hat{p}(1-\hat{p})\left(\dfrac{1}{n_A}+\dfrac{1}{n_B}\right)}} = 2.69550$

(단, $p_A = \dfrac{X_A}{n_A} = \dfrac{90}{900} = 0.10$, $p_B = \dfrac{X_B}{n_B} = \dfrac{40}{650} = 0.06154$

$\hat{p} = \dfrac{X_A + X_B}{n_A + n_B} = \dfrac{90+40}{900+650} = 0.08387$, $\delta_0 = P_A - P_B = 0$이다.)

④ 기각치 : $u_{0.95} = 1.645$

⑤ 판정 : $u_0 > 1.645 \rightarrow H_0$ 기각

즉, 기계 A의 모부적합품률은 B의 것보다 크다고 할 수 있다.

2) 신뢰하한값의 추정

$$P_A - P_B = (p_A - p_B) - u_{1-\alpha}\sqrt{\frac{p_A(1-p_A)}{n_A}+\frac{p_B(1-p_B)}{n_B}}$$

$$= (0.10 - 0.06154) - 1.645 \times \sqrt{\frac{0.10 \times 0.90}{900}+\frac{0.06154 \times 0.93846}{650}}$$

$$= 0.01585$$

따라서 $P_A - P_B \geq 0.01585$이다.

08 어떤 감광지 제조공장에서 농도가 다른 용액 A, B에 의한 변색 정도를 알아보기 위해서 감광지의 시험지면을 연속 투입하여 실험한 결과 다음 표와 같았다. 이때 다음 물음에 답하시오. (단, 두 집단은 근사적으로 정규분포를 따른다.)

용액의 농도	적합품	부적합품	합 계
A	720	80	800
B	1,140	60	1,200
합계	1,860	140	2,000

1) 용액의 A가 용액 B에 비해 부적합품률이 2%보다 높다고 할 수 있는지를 $\alpha=0.05$로 검정하시오.
2) 용액 A와 용액 B의 부적합품률차의 신뢰한계를 신뢰율 95%로 추정하시오. (단, 정규분포 근사법을 사용하시오.)

 **문제해결의 key point**

1) 모부적합품률차의 검정은 두 집단의 모부적합률이 같다라는 기준에서 검정통계량이 정의되며, 모부적합품률 차의 추정식은 두 집단의 모부적합률이 같지 않다는 전제 조건하에 정의된다.
2) 모부적합품률차의 신뢰한계의 계산시에는 δ_0값은 영향을 미치지 않는다.

해설 1) 모부적합품률의 검정

① 가설설정 : $H_0 : P_A - P_B \leq 2\%$, $H_1 : P_A - P_B > 2\%$

② 유의수준 : $\alpha = 0.05$

③ 검정통계량 : $u_0 = \dfrac{(p_A - p_B) - \delta_0}{\sqrt{\hat{p}(1-\hat{p})\left(\dfrac{1}{n_A}+\dfrac{1}{n_B}\right)}}$

$= \dfrac{(0.10-0.05)-0.02}{\sqrt{0.07\times(1-0.07)\left(\dfrac{1}{800}+\dfrac{1}{1,200}\right)}} = 2.57603$

(단, $p_A = \dfrac{x_A}{n_A} = \dfrac{80}{800} = 0.10$, $p_B = \dfrac{x_B}{n_B} = \dfrac{60}{1,200} = 0.05$,

$\hat{p} = \dfrac{x_A + x_B}{n_A + n_B} = \dfrac{80+60}{800+1,200} = 0.07$, $\delta_0 = P_A - P_B = 0$이다.)

④ 기각치 : $u_{0.95} = 1.645$

⑤ 판정 : $u_0 > 1.645 \rightarrow H_0$ 기각

즉, 용액의 A가 용액 B보다 부적합품률이 2%보다 높다고 할 수 있다.

2) 모부적합품률차의 신뢰하한값 추정

H_0 기각이고 $H_1 : P_A - P_B > 2\%$이므로 신뢰하한을 추정한다.

$$P_A - P_B = (p_A - p_B) - u_{1-\alpha}\sqrt{\frac{p_A(1-p_A)}{n_A} + \frac{p_B(1-p_B)}{n_B}}$$

$$= (0.10 - 0.05) - 1.645\sqrt{\frac{0.10(1-0.10)}{800} + \frac{0.05(1-0.05)}{1,200}}$$

$$= 0.05 - 0.02029 = 0.02971$$

따라서 $P_A - P_B \geq 0.02971$이다.

09 어떤 공정에서 원료의 산포가 제품의 품질 특성치에 큰 영향을 미치고 있는데 그 원료는 A, B 두 회사로부터 납품되고 있다. 이 두 회사의 원료에 대해서 제품에 미치는 부적합품률(회사 A, B의 부적합품률은 각각 P_A, P_B라 하자)에 차가 있으면 좋은쪽 회사의 원료를 더 많이 구입하거나 나쁜쪽 회사에 대해서는 감가를 요구하고 싶다. 부적합품률의 차를 조사하기 위하여 회사 A, 회사 B의 원료로 만들어지는 제품 중에서 각각 100개, 130개의 제품을 추출하여 부적합품수를 찾아보았더니 각각 12개, 5개였다. 이때 다음 물음에 답하시오.

1) 가설 $H_o : P_A = P_B$, $H_1 : P_A \neq P_B$를 $\alpha = 0.05$에서 검정하시오.

2) $P_A - P_B$의 95% 신뢰한계를 추정하시오.

문제해결의 key point

대립가설이 $H_1 : P_A \neq P_B$이므로 차의 신뢰한계는 신뢰구간을 추정하여야 한다.

해설 1) 모부적합품률의 검정

① 가설설정 : $H_0 : P_A = P_B$, $H_1 : P_A \neq P_B$

② 유의수준 : $\alpha = 5\%$

③ 검정통계량 : $u_0 = \dfrac{(p_A - p_B) - \delta_0}{\sqrt{\hat{p}(1-\hat{p})\left(\dfrac{1}{n_A} + \dfrac{1}{n_B}\right)}}$

$$= \frac{(0.12 - 0.03846) - 0}{\sqrt{0.07391 \times (1 - 0.07391)\left(\dfrac{1}{100} + \dfrac{1}{130}\right)}} = 2.34315$$

(단, $p_A = \dfrac{12}{100} = 0.12, p_B = \dfrac{5}{130} = 0.03846$

$\hat{p} = \dfrac{12+5}{100+130} = 0.07391$, $\delta_0 = P_A - P_B$이다.)

④ 기각치 : $-u_{0.975} = -1.96$, $u_{0.975} = 1.96$

⑤ 판정 : $u_0 > 1.96 \rightarrow H_0$ 기각

즉, A사의 원료와 B사의 원료의 사용에 대한 부적합품률에는 차이가 있다.

2) 모부적합품률차의 신뢰한계(신뢰구간)의 추정

$$P_A - P_B = (p_A - p_B) \pm u_{1-\alpha/2}\sqrt{\frac{p_A(1-p_A)}{n_A} + \frac{p_B(1-p_B)}{n_B}}$$

$$= (0.12 - 0.03846) \pm 1.96\sqrt{\frac{0.12(1-0.12)}{100} + \frac{0.03846(1-0.03846)}{130}}$$

$$= 0.08154 \pm 0.07176$$

$\therefore\ 0.00978 \le\ P_A - P_B \le\ 0.15330$이다.

10

어떤 섬유공장에서 권취공정에서의 사절수가 10,000m당 평균 13.5회 이상이라고 알려져 있다. 사절의 원인을 조사하였더니 보필쪽의 실의 장력이 너무 크다는 것을 알고 기계의 일부를 개량하여 운전하였더니 10,000m당 7회의 사절이 있었다. 만약 사절수가 감소되었다면 다른 기계도 개량하고 싶다. 개량한 기계에 의한 사절수는 감소되었다고 볼 수 있는지 유의수준 $\alpha = 0.05$에서 검정하여라. 또한 검정결과가 유의하다면 95%의 신뢰한계값을 추정하여라.

문제해결의 Key point

부적합수의 추정은 푸아송분포의 정규분포 근사법 이용하여 추정한다. 이문제는 사절수의 개선여부를 검정하게 되므로 대립가설은 $H_1 : m < 13.5$회이고, 검정 결과 유의한 경우 신뢰상한값을 추정하게 된다.

해설 1) 모부적합수의 검정

① 가설 : $H_0 : m \ge 13.5$회, $H_1 : m < 13.5$회

② 유의수준 : $\alpha = 0.05$

③ 검정통계량 : $u_0 = \dfrac{c - m}{\sqrt{m}}$

$$= \frac{7 - 13.5}{\sqrt{13.5}} = -1.76908$$

④ 기각치 : $-u_{0.95} = -1.645$

⑤ 판정 : $u_0 < -1.645 \rightarrow H_0$ 기각

즉, 사절수가 감소되었다고 할 수 있다.

2) 모부적합수의 95% 신뢰한계(신뢰상한값)의 추정

$$m_U = c + u_{1-\alpha}\sqrt{c}$$

$$= 7 + 1.645\sqrt{7} = 11.35226$$

따라서 모부적합수 $m \le 11.35226$회이다.

11 A공장에서 형태가 약간씩 다른 세 종류의 냉장고를 생산하고 있다. 작년도에 이 공장의 월평균 치명부적합의 발생건수는 12건으로 기록되어 있다. 그러나 최근 6개월간의 치명부적합수의 발생건수가 44건으로 나타나고 있다. 다음 물음에 답하시오.

1) 작년도와 비교해서 월평균 치명부적합의 발생건수가 줄었다고 할 수 있겠는가? (단, $\alpha = 0.01$)

2) 이 공장의 월평균 부적합수의 최대 발생건수는 어느 정도로 추정되는가? (단, 신뢰율은 99%이다.)

문제해결의 Key point

모수가 월평균 치명부적합 건수로 되어 있으나 시료는 6개월간의 부적합수이다. 이렇게 단위가 틀릴 경우는 단위당 부적합수를 이용하여 검정하며, 검정결과가 유의할 경우 추정은 신뢰상한값을 추정하게 된다.

해설 1) 단위당 모부적합수의 검정

① 가설설정 : H_0 : $U \geq 12$건, H_1 : $U < 12$건 (단, $U = m/n$이다.)

② 유의수준 : $\alpha = 0.01$

③ 검정통계량 : $u_0 = \dfrac{\hat{u} - U}{\sqrt{U/n}}$

$$= \frac{7.33333 - 12}{\sqrt{12/6}} = -3.29983$$

(단, $\hat{u} = x/n = 44/6 = 7.33333$건이다.)

④ 기각치 : $-u_{0.99} = -2.326$

⑤ 판정 : $u_0 < -2.326 \rightarrow H_0$를 기각한다.

즉, 월평균 치명부적합의 발생건수는 줄었다고 할 수 있다.

2) 단위당 모부적합수의 99% 신뢰상한값의 추정

$$U_u = \hat{u} + u_{1-\alpha}\sqrt{\frac{\hat{u}}{n}}$$

$$= 7.33333 + 2.326\sqrt{\frac{7.33333}{6}} = 9.90482\text{건/월}$$

12 한 부품의 도장 공정에서 임의로 10개의 부품을 샘플링하여 검사를 행하였더니 부적합 개소가 144개 있었다. 이 공정의 개당 평균 부적합수를 신뢰율 95%로 양쪽 신뢰구간을 추정하시오.

문제해결의 key point

단위당 모부적합수에 대한 신뢰구간의 추정에 관한 문제이다.

해설 $\hat{u} = \frac{c}{n} = \frac{144}{10} = 14.4$

$$U = \hat{u} \pm u_{1-\alpha/2}\sqrt{\frac{\hat{u}}{n}}$$

$$= 14.4 \pm 1.96\sqrt{\frac{14.4}{10}}$$

$= 14.4 \pm 2.352 \rightarrow 12.048$개$\sim 16.752$개

13 어떤 A, B 두 공정에서 A공정은 제품 길이 100m에 부적합수가 30개, B공정에서는 같은 길이에서 부적합수가 45개 이었다. 다음 물음에 답하시오.

1) A공정의 부적합수가 더 작다고 할 수 있는지 위험률 5%로 검정하시오.
2) 검정결과 유의하다면 A공정과 B공정의 부적합수 차이에 대한 신뢰한계를 신뢰율 95%로 추정하시오.

문제해결의 key point

모부적합수 차의 검정은 푸아송분포의 정규근사를 이용하여 검정한다. 모부적합수의 차의 검정은 모부적합품률의 검추정과는 달리 $1-P$ 부분이 "1"로 처리되는 푸아송분포를 따르므로 검정과 추정시의 모표준편차의 공식의 형태는 차이가 없다. 이 문제는 한쪽검정이므로 검정결과가 유의할 경우 신뢰한계의 추정은 신뢰상한값을 추정하게 된다.

해설 1) 모부적합수 차의 검정

① 가설 : $H_0 : m_A \geq m_B$, $H_1 : m_A < m_B$

② 유의수준 : $\alpha = 0.05$

③ 검정통계량 : $u_0 = \frac{(c_A - c_B) - \delta}{\sqrt{c_A + c_B}}$

$$= \frac{(30-45)-0}{\sqrt{30+45}} = -1.73205$$

④ 기각치 : $-u_{0.95} = -1.645$

⑤ 판정 : $u_0 < -1.645 \rightarrow H_0$ 기각

즉, A가 B보다 100m당 부적합의 발생건수가 더 적다고 할 수 있다.

2) 모부적합수의 신뢰상한값의 추정

$$m_A - m_B = (c_A - c_B) + u_{1-\alpha}\sqrt{c_A + c_B}$$

$= (30-45) + 1.645 \times \sqrt{30+45} = -0.75388$건/100m

그러므로, A는 B보다 최소 0.75388건 이상 발생건수가 작다.

14 주사위를 120번 굴려서 1, 2, 3, 4, 5, 6의 눈이 나오는 수를 세어보았더니 다음 표와 같이 되었다. 이 주사위가 속임수없이 굴려졌다고 한다면 이 주사위가 정상적이지 않다는 것을 증명하시오. (단, 위험률 $\alpha = 0.05$이다.)

눈	1	2	3	4	5	6	합계
출현횟수	28	14	27	13	13	25	120

1) 검정을 할 때 가설을 세우시오.
2) 어떤 분포를 사용하여 검정하는가?
3) 위험률 0.05로 가설을 검정하시오.

문제해결의 Key point

χ^2 적합도 검정은 이산형 데이터 산포의 검정으로 여러개 집단이 갖는 비율의 동일성 여부를 판정하는 검정 방법인데, 모수 P_i가 지정되는 경우와 모수 P_i가 지정되지 않는 경우로 나눌 수 있다. 이 문제는 각 사건의 모수 P_i가 1/6로 일정하게 주어져 있는 적합도 검정의 문제이다.

해설 1) 가설 : H_0 : $P_1 = P_2 = P_3 = P_4 = P_5 = P_6 = \frac{1}{6}$

H_1 : $P_1 \neq P_2 \neq P_3 \neq P_4 \neq P_5 \neq P_6 \neq \frac{1}{6}$

2) χ^2 분포를 사용하여 적합도 검정을 행한다.

3) 적합도 검정

① 유의수준 : $\alpha = 0.05$

② 검정통계량 : $\chi_0^2 = \Sigma \frac{(X_i - E_i)^2}{E_i}$

$$= \frac{(8)^2 + (-6)^2 + 7^2 + (-7)^2 + (-7)^2 + (5)^2}{20} = 13.6$$

(단, $E_i = nP_i = 120 \times \frac{1}{6} = 20$ 이다.)

③ 기각치 : $\chi^2_{0.95}(5) = 11.07$

☞ 자유도 : $\nu = k - p - 1 = 6 - 0 - 1 = 5$이고, p는 모수추정치의 개수이다.

④ 판정 : $\chi_0^2 > 11.07 \rightarrow H_0$ 기각

즉, 주사위 눈의 출현확률이 다르므로 주사위는 올바르게 만들어 졌다고 할 수 없다.

15 난수표(일양 난수)는 0, 1, 2, ⋯, 9의 숫자가 같은 확률로 출현되는 것이 기대된다. 난수표의 어떤 페이지(2,000개)에 있어서 숫자의 출현 횟수가 다음과 같았다. 숫자의 출현확률이 다른지를 $\alpha = 0.05$로 검정하시오.

숫자	0	1	2	3	4	5	6	7	8	9	계
개수	186	202	194	198	236	165	192	212	210	205	2,000

문제해결의 key point

χ^2 적합도 검정에서 급의 크기 k가 크면 계산이 복잡해진다. 이러한 경우 보조표를 만들어 계산하면 실수를 줄일 수 있다. 이 문제에서는 총 급의 수가 10개이므로 자유도는 $k=10-1=9$이다.

해설 ① 가설 : $H_0 : P_0 = P_1 = P_2 = \cdots\cdots = P_9 = \dfrac{1}{10}$

$H_1 : P_0 \neq P_1 \neq P_2 \neq \cdots\cdots \neq P_9 \neq \dfrac{1}{10}$

② 유의수준 : $\alpha = 0.05$

③ 검정통계량 : $\chi_0^2 = \sum_{i=0}^{9} \dfrac{(X_i - E_i)^2}{E_i}$

$$= \frac{(186-200)^2}{200} + \cdots\cdots + \frac{(205-200)^2}{200} = 15.47$$

[보조표]

X_i	0	1	2	3	4	5	6	7	8	9	계
$X_i - E_i$	−14	2	−6	−2	36	−35	−8	12	10	5	0
$E_i = nP_i$	200	200	200	200	200	200	200	200	200	200	2,000

(단, $E_i = nP_i = 2{,}000 \times \dfrac{1}{10} = 200$이다.)

④ 기각치 : $\chi^2_{0.95}(9) = 16.92$

⑤ 판정 : $\chi_0^2 < 16.92 \rightarrow H_0$ 채택

즉, 출현확률은 같다고 할 수 있다.

16 어떤 공장에서 5대의 기계를 운전하고 있는 제품 공정이 있다. 각 기계마다 일정 기간내의 고장횟수를 조사하였더니 다음 표와 같다. 기계에 따라 고장횟수가 다르다고 할 수 있는지 검정하시오. (단, $\alpha = 0.05$)

기계	A	B	C	D	E
고장횟수	10	9	15	7	12

문제해결의 key point

χ^2 적합도 검정은 계수값 데이터(도수)에 적용하는 방법으로 고장횟수로 표시된 사항 역시 적합도검정으로 확률 확인이 가능하다. 적합도 검정은 검정통계량이 기각치보다 크지 않아야 그 분포 또는 확률을 따른다고 본다.

해설 ① 가설 : H_0 : 기계별 고장횟수는 차이가 없다.

H_1 : 기계별 고장횟수는 차이가 있다.

② 유의수준 : $\alpha = 0.05$

③ 검정통계량 : $\chi_0^2 = \sum_{i=1}^{5} \frac{(X_i - E_i)^2}{E_i}$

$$= \frac{(-0.6)^2 + (-1.6)^2 + 4.4^2 + (-3.6)^2 + 1.4^2}{10.6} = 3.50943$$

[보조표]

	A	B	C	D	E
$X_i - E_i$	−0.6	−1.6	4.4	−3.6	1.4
$E_i = nP$	10.6	10.6	10.6	10.6	10.6

(단 $nP = 53 \times \frac{1}{5} = 10.6$ 건/대이다.)

④ 기각치 : $\chi^2_{0.95}(4) = 9.49$

⑤ 판정 : $\chi_0^2 < 9.49 \rightarrow H_0$ 채택

즉, 기계별 고장횟수는 차이가 없다.

17 직물공장에 8대의 직포기에 대하여 사절수를 세어 보았더니 다음 표와 같다. 기계에 따라 사절수가 다른가를 적합도 검정을 하여 검정하시오. (단, $\alpha = 0.05$, 사절수는 24시간을 기준으로 한 사절수이다.)

직포기	A	B	C	D	E	F	G	H
사절수	28	17	33	9	20	14	22	25

해설 ① 가설 : H_0 : $m_A = m_B = m_C = \cdots = m_H$

H_1 : $m_A \neq m_B \neq m_C = \cdots \neq m_H$

② 유의수준 : $\alpha = 0.05$

③ 검정통계량 : $\chi_0^2 = \Sigma \frac{(X_i - E_i)^2}{E_i}$

$$= \frac{(28-21)^2}{21} + \cdots + \frac{(25-21)^2}{21} = 20$$

	A	B	C	D	E	F	G	H
$X_i - E_i$	7	−4	12	−12	−1	−7	1	4
$E_i = nP_i$	21	21	21	21	21	21	21	21

$\therefore \ nP = 168 \times \dfrac{1}{8} = 21$ 회/대

④ 기각치 : $\chi^2_{0.95}(7) = 14.07$

⑤ 판정 : $\chi_0^2 > 14.07 \rightarrow H_0$ 기각

즉, 직포기에 따라 사절수가 다르다고 할 수 있다.

18 어떤 공장의 평균 부적합품률은 9%였다. 부적합품률의 변화여부를 알아보기 위해 최근 그 공장의 일부를 개수하였다. 개수한 후 부적합품을 조사하였더니 167개의 샘플 중 8개가 부적합품이었다면 χ^2 분포를 이용하여 적합도 검정을 하여라. (단, $\alpha = 0.05$를 사용하시오.)

문제해결의 Key point

모부적합품률의 변화 여부를 판단하는 모부적합품률의 양쪽검정은 χ^2 적합도 한쪽검정으로도 검정이 가능하다. 왜냐하면 표준정규분포($u_{1-\alpha/2}$)의 제곱값이 적합도 검정의 $\chi^2_{1-\alpha}(1)$과 같아지기 때문이다.

해설 ① 가설 : $H_0 : P = 0.09$, $H_1 : P \neq 0.09$

② 유의수준 : $\alpha = 0.05$

③ 검정통계량 : $\chi_0^2 = \sum_{i=0}^{1} \dfrac{(X_i - E_i)^2}{E_i} = \dfrac{(X_0 - E_0)^2}{E_0} + \dfrac{(X_1 - E_1)^2}{E_1}$

$= \dfrac{(159 - 151.97)^2}{151.97} + \dfrac{(8 - 15.03)^2}{15.03} = 3.61335$

(단, $E_0 = nP = 167 \times 0.09 = 15.03$,

$E_1 = n(1-P) = 167 \times (1 - 0.09) = 151.97$이다.)

④ 기각치 : $\chi^2_{0.95}(1) = 3.84$

⑤ 판정 : $\chi_0^2 < 3.84 \rightarrow H_0$ 채택

즉, 부적합품률이 달라졌다고 할 수 없다.

19 어떤 공장에서 $n = 50$개를 표본추출하여 정밀검사를 한 결과 1급품이 35개, 2급품이 15개였다. 이 공정에서 생산되는 부품의 45%가 2급품이 아니라고 할 수 있겠는가를 검정하시오. (단, $\alpha = 0.05$이다.)

 문제해결의 key point

50개의 제품을 1급품과 2급품으로 분류하는 문제로 결국 모부적합품률의 검정과 같은 형태가 된다. 즉 2급품률이 부적합품률과 같은 개념이 된다.

해설 1) 풀이 1 : 적합도 검정

① 가설 : H_0 : $P_{2급} = 0.45$, H_1 : $P_{2급} \neq 0.45$

② 유의수준 : $\alpha = 0.05$

③ 검정통계량 : $\chi_0^2 = \Sigma\dfrac{(X_i - E_i)^2}{E_i} = \dfrac{(X_1 - E_1)^2}{E_1} + \dfrac{(X_2 - E_2)^2}{E_2}$

$$= \frac{(35 - 27.5)^2}{27.5} + \frac{(15 - 22.5)^2}{22.5} = 4.54545$$

	1급품	2급품
$X_i - E_i$	35−27.5=7.5	15−22.5=−7.5
$E_i = nP_i$	50×0.55=27.5	50×0.45=22.5

④ 기각치 : $\chi^2_{0.95}(1) = 3.84$

⑤ 판정 : $\chi_0^2 > 3.84 \rightarrow H_0$ 기각

즉, 2급품이 45%라 할 수 없다.

2) 풀이 2 : 모부적합품률의 검정

① 가설 : H_0 : $P_{2급} = 0.45$, H_1 : $P_{2급} \neq 0.45$

② 유의수준 : $\alpha = 0.05$

③ 검정통계량 : $u_0 = \dfrac{\hat{p} - P}{\sqrt{\dfrac{P(1-P)}{n}}}$

$$= \frac{0.3 - 0.45}{\sqrt{\dfrac{0.45 \times 0.55}{50}}} = -2.13201$$

(단, $\hat{p} = \dfrac{X}{n} = \dfrac{15}{50} = 0.3$이다.)

④ 기각치 : $-u_{0.975} = -1.96$, $u_{0.975} = 1.96$

⑤ 판정 : $u_0 < -1.96 \rightarrow H_0$ 기각

즉, 2급품이 45%라 할 수 없다.

20 A급 제품, B급 제품, C급 제품의 생산비율 P_1, P_2, P_3가 각각 0.6, 0.3, 0.1이었다. 공정개량 후에 이 생산비율이 달라졌는가를 알아보기 위하여 공정개량 후에 만들어진 제품 중에서 150개를 랜덤하게 채취하여 분류하여보니 A급, B급, C급 제품이 각각 100개, 30개, 20개였다. 공정개량 후의 생산비율이 종전과 다른가를 $\alpha = 0.05$로 검정하시오.

문제해결의 key point

모수 P_i가 지정되는 경우로 각 사건의 확률이 다른 경우 자유도 $k-1$을 따르는 χ^2 적합도 검정의 문제이다.

해설 ① 가설 : $H_0 : P_A = 0.6,\ P_B = 0.3,\ P_C = 0.1$

$H_1 : P_A \neq 0.6,\ P_B \neq 0.3,\ P_C \neq 0.1$

② 유의수준 : $\alpha = 0.05$

③ 검정통계량 : $\chi_0^2 = \Sigma \frac{(X_i - E_i)^2}{E_i}$

$$= \frac{(10)^2}{90} + \frac{(-15)^2}{45} + \frac{5^2}{15} = 7.77778$$

	A급	B급	C급
$X_i - E_i$	100−90=10	30−45=−15	20−15=5
$E_i = nP_i$	150×0.60=90	150×0.3=45	150×0.1=15

④ 기각치 : $\chi^2_{0.95}(2) = 5.99$

⑤ 판정 : $\chi_0^2 > 5.99 \rightarrow H_0$ 기각

즉, 공정개량 후 생산비율이 종전과 달라졌다.

21 어떤 종의 꽃을 재배하는데 멘델의 법칙에 의하면 A, B, C, D 종류의 꽃이 9 : 3 : 3 : 1의 비로 나타난다고 한다. 그런데 어느 실험에서 A, B, C, D의 수가 315, 108, 101, 32이었다. 이 결과는 멘델의 법칙에 어긋난다고 말할 수 있는지를 유의수준 5%에서 검정하시오.

해설 ① 가설 : $H_0 : P_A = \frac{9}{16},\ P_B = \frac{3}{16},\ P_C = \frac{3}{16},\ P_D = \frac{1}{16}$

$H_1 : P_A \neq \frac{9}{16},\ P_B \neq \frac{3}{16},\ P_C \neq \frac{3}{16},\ P_D \neq \frac{1}{16}$

② 유의수준 : $\alpha = 0.05$

③ 검정통계량 : $\chi_0^2 = \Sigma \frac{(X_i - nP_i)^2}{nP_i}$

$$= \frac{2.25^2}{312.75} + \frac{3.75^2}{104.25} + \frac{(-3.25)^2}{104.25} + \frac{(-2.75)^2}{34.75} = 0.47002$$

	A	B	C	D
$X_i - E_i$	2.25	3.75	−3.25	−2.75
$E_i = nP_i$	556×9/16=312.75	556×3/16=104.25	556×3/16=104.25	556×1/16=34.75

④ 기각치 : $\chi^2_{1-\alpha}(n-1) = \chi^2_{0.95}(3) = 7.81$

⑤ 판정 : $\chi_0^2 < 7.81 \rightarrow H_0$ 채택

즉, 멘델의 유전법칙을 따른다고 볼 수 있다.

22 어떤 회사의 인사과에서 종업원 중 200명을 대상으로 이들이 한 해 동안 회사에 결근한 날짜를 조사하였더니 다음과 같은 데이터가 나왔다. 이들 종업원의 한 해 동안 결근일수는 푸아송분포를 따르지 않는다고 할 수 있겠는가? 다음의 테이블을 완성하고, 적합도 검정을 하시오. (단, $\alpha=0.05$이며, 확률과 통계량은 소수 3째자리까지 계산하시오.)

결근일수(X_i)	0	1	2	3	4	5	6 이상	합 계
측정도수(f_i)	20	46	50	37	20	19	8	200
기대확률 $P(X_i)$								1
기대도수(E_i)								200
$(f_i-E_i)^2/E_i$								$\chi_0^2=$

※ **누적푸아송분포표** : X에 대한 누적확률값이며, 1,000배로 표현한 값이다.

$c'(=np')$ \ X	0	1	2	3	4	5	6	7	8	9
1.3	273	627	857	957	989	998	1,000			
1.4	247	592	833	946	986	997	999	1,000		
1.5	223	558	809	934	981	996	999	1,000		
1.6	202	525	783	921	976	994	999	1,000		
1.7	183	493	757	907	970	992	998	1,000		
1.8	165	463	731	891	964	990	997	999	1,000	
1.9	150	434	704	875	956	987	997	999	1,000	
2.0	135	406	677	857	947	983	995	999	1,000	
2.2	111	355	623	819	928	975	993	998	1,000	
2.4	091	308	570	779	904	964	988	997	999	1,000
2.6	074	267	518	736	877	951	983	995	999	1,000
2.8	061	231	469	692	848	935	976	992	998	999
3.0	050	199	423	647	815	916	966	988	996	999
3.2	041	171	380	603	781	895	955	983	994	998
3.4	033	147	340	558	744	871	942	977	992	997
3.6	027	126	303	555	706	844	927	969	988	996

문제해결의 key point

어떤 도수분포에 대응하는 확률분포가 특정분포를 따르지 않는지에 대한 검정을 요구할 때의 검정방법의 하나가 자유도 $k-p-1$을 따르는 χ^2 적합도 검정이다. 적합도 검정 결과 유의하지 않아야 특정분포를 따르고 있다고 판단할 수 있다.

해설 ① 가설 : H_0 : 결근일수는 푸아송분포를 따른다.

H_1 : 결근일수는 푸아송분포를 따르지 않는다.

② 유의수준 : $\alpha=0.05$

③ 검정통계량

㉠ 기대가의 추정

$$\hat{m}=\frac{\Sigma X_i f_i}{\Sigma f_i}$$

$$=\frac{0\times 20+1\times 46+\cdots+6\times 8}{200}=2.4$$

㉡ 기대도수표

X	0	1	2	3	4	5	6 이상	Σ
f_i	20	46	50	37	20	19	8	200
$P(X)$	0.091	0.217	0.262	0.209	0.125	0.060	0.036	1
$E(f_i)$	18.2	43.4	52.4	41.8	25.0	12.0	7.2	200
$[f_i-E(f_i)]^2/E(f_i)$	0.178	0.156	0.110	0.551	1.000	4.083	0.089	6.167

☞ $P(X=1)=0.308-0.091=0.217$

$P(X>6)=1-P(X<6)$

$=1-0.964=0.036$

$E(f_1)=0.091\times 200=18.2$

$[f_1-E(f_1)]^2/E(f_1)=(20-18.2)^2/18.2=0.17802\rightarrow 0.178$

㉢ 검정통계량

$$\chi_0^2=\frac{\Sigma[f_i-E(f_i)]^2}{E(f_i)}=6.167$$

④ 기각치 : $\chi^2_{1-\alpha}(k-1-p)=\chi^2_{0.95}(5)=11.07$

⑤ 판정 : $\chi_0^2<11.07\rightarrow H_0$ 채택

즉, 결근일수는 푸아송분포를 따른다.

23 어떤 회사에서는 통계결과를 간단히 뽑아보기 위하여 종업원 중에서 300명을 표본으로 뽑아, 이들이 일년간 회사에 결근한 날짜를 조사하였다. 이때 종업원의 일년간 결근일수는 푸아송분포를 따르지 않는다고 할 수 있는가를 $\alpha = 0.05$로 검정하여라. (단, $\hat{m}$은 소수 1자리, 확률 및 통계량은 소수 3째자리까지 계산하시오.)

결근일수	0	1	2	3	4	5	6	7 이상	합계
도 수	30	70	75	55	32	28	6	4	300

문제해결의 key point

특정분포의 적합도 검정시 도수가 5 미만인 것은 앞의 확률변수에 모두 한데 묶어 계산한다. 이는 5보다 작은 도수의 경우 정규분포를 따르지 않기 때문에 정규분포에 근사시키기 위함이다.

해설 ① 가설 : H_0 : 결근일수는 푸아송분포를 따른다.
H_1 : 결근일수는 푸아송분포를 따르지 않는다.

② 유의수준 : $\alpha = 0.05$

③ 검정통계량

㉠ 기대가의 추정

결근일수	0	1	2	3	4	5	6 이상
도 수	30	70	75	55	32	28	10

$$\hat{m} = \frac{\Sigma X_i f_i}{\Sigma f_i}$$

$$= \frac{0 \times 30 + 1 \times 70 + \cdots + 6 \times 10}{300} = \frac{713}{300} = 2.37667 \rightarrow 2.4$$

㉡ 기대도수표

X	0	1	2	3	4	5	6 이상	Σ
f_i	30	70	75	55	32	28	10	300
$P(X)$	0.091	0.218	0.261	0.209	0.125	0.060	0.036	1
$E(f_i)$	27.3	65.4	78.3	62.7	37.5	18	10.8	300
$[f_i - E(f_i)]^2/E(f_i)$	0.267	0.324	0.139	0.946	0.807	5.556	0.059	8.098

☞ $P(X=0) = e^{-2.4} \times \frac{2.4^0}{0!} = 0.09072 \rightarrow 0.091$

$E(f_1) = 0.091 \times 300 = 27.3$

$[f_1 - E(f_1)]^2/E(f_1) = (30 - 27.3)^2/27.3 = 0.26703 \rightarrow 0.267$

㉢ 검정통계량

$$\chi_0^2 = \frac{\Sigma [f_i - E(f_i)]^2}{E(f_i)} = 8.098$$

④ 기각치 : $\chi^2_{1-\alpha}(k-1-p) = x^2_{0.95}(5) = 11.07$

⑤ 판정 : $\chi_0^2 < 11.07 \rightarrow H_0$ 채택

즉, 결근일수는 푸아송분포를 따른다.

24 분할표의 데이터로부터 남녀 성별에 따른 LCD 모니터 크기의 선호도가 차이가 있는 지의 여부를 검정하여라. (단, $\alpha = 0.05$)

크 기 / 성 별	13인치	15인치	17인치	19인치	21인치	합 계
남	40	100	60	40	20	260
여	80	80	40	30	10	240
합계	120	180	100	70	30	500

문제해결의 key point

어떠한 2개 사상의 독립성여부를 입증하려는 문제로 각 확률변수에 대한 결과의 확률이 차이가 없을 경우를 독립이라고 한다. 가설의 검정은 성별을 i, TV의 크기를 j라 할 때 서로 독립이 아닌 경우 $P_{ij} \neq P_{i \cdot} \times P_{\cdot j}$ 이어야 하는 특성을 이용한다. 이때의 자유도는 $\nu = (m-1)(n-1)$을 따른다.

해설 ① 가설 : H_0 : $P_{ij} = P_{i \cdot} \times P_{\cdot j}$, H_1 : $P_{ij} \neq P_{i \cdot} \times P_{\cdot j}$

② 유의수준 : $\alpha = 0.05$

③ 검정통계량 : $\chi_0^2 = \Sigma\Sigma \dfrac{(X_{ij} - E_{ij})^2}{E_{ij}}$

$$= \frac{(40-62.4)^2}{62.4} + \frac{(100-93.6)^2}{93.6} + \cdots + \frac{(10-14.4)^2}{14.4}$$

$$= 23.55514$$

		13인치	15인치	17인치	19인치	21인치	
남	관측치(X_{1j})	40	100	60	40	20	260
	기대치(E_{1j})	62.4	93.6	52	36.4	15.6	260
	$(X_{1j}-E_{1j})^2/E_{1j}$	8.04103	0.43761	1.23077	0.35604	1.24103	
여	관측치(X_{2j})	80	80	40	30	10	240
	이론치(E_{2j})	57.6	86.4	48	33.6	14.4	240
	$(X_{2j}-E_{2j})^2/E_{2j}$	8.71111	0.47407	1.33333	0.38571	1.34444	
		120	180	100	70	30	500

④ 기각치 : $\chi^2_{0.95}(4) = 9.49$

⑤ 판정 : $\chi_0^2 > 9.49 \rightarrow H_0$ 기각

즉, 남녀의 성별에 따른 LCD 모니터 선호도는 서로 다르다.

25 같은 제품이 3대의 기계에서 만들어지고 있다. 300개를 랜덤하게 뽑아 기계별로 1급품, 2급품, 3급품을 나누어 보니 다음 표와 같았다. 기계에 따라서 등급품이 나오는 비율에 차가 있는지를 $\alpha = 0.05$로 검정하시오.

기계 / 등급	기계 1	기계 2	기계 3	합 계
1급품	78	65	68	211
2급품	22	8	30	60
3급품	20	2	7	29
합계	120	75	105	300

문제해결의 key point

가설의 검정은 기계를 i, 등급품을 j라 할 때 서로 독립이 아니라면 $P_{ij} = P_{i\cdot} \times P_{\cdot j}$ 이어야 하는 특성을 이용한다.

해설 ① 가설 : $H_0 : P_{ij} = P_{i\cdot} \times P_{\cdot j}$, $H_1 : P_{ij} \neq P_{i\cdot} \times P_{\cdot j}$

② 유의수준 : $\alpha = 0.05$

③ 검정통계량 : $\chi_0^2 = \sum_{i=1}^{3} \sum_{j=1}^{3} \frac{(X_{ij} - E_{ij})^2}{E_{ij}}$

$$= \frac{(78-84.4)^2}{84.4} + \cdots + \frac{(7-10.15)^2}{10.15} = 21.94606$$

		기계 1	기계 2	기계 3	$n_{\cdot j}$
1 급품	X_{ij} E_{ij} $(X_{ij}-E_{ij})^2/E_{ij}$	78 84.4 0.48531	65 52.75 2.84479	68 73.85 0.46341	211
2 급품	X_{ij} E_{ij} $(X_{ij}-E_{ij})^2/E_{ij}$	22 24 0.16667	8 15 3.26667	30 21 3.85714	60
3 급품	X_{ij} E_{ij} $(X_{ij}-E_{ij})^2/E_{ij}$	20 11.6 6.08276	2 7.25 3.80172	7 10.15 0.97759	29
$n_{i\cdot}$		120	75	105	300

④ 기각치 : $\chi^2_{0.95}(4) = 9.49$

⑤ 판정 : $\chi_0^2 > 9.49 \rightarrow H_0$ 기각

즉, 기계에 따른 등급품의 비율에는 차가 있다.

26 이번 유리공장에서 A_1, A_2, A_3, A_4의 4종의 방법으로 각각 100개씩의 꽃병을 만들어, 이것을 외관검사에 의하여 적합품, 부적합품으로 나누었더니 다음과 같은 데이터를 얻었다. 제조방법에 따라 모부적합품률이 다르다고 할 수 있는가를 $\alpha = 0.05$에서 검정하여라.

부차모집단 \ 등급	적합품	부적합품	합 계
A_1법	90	10	100
A_2법	86	14	100
A_3법	96	4	100
A_4법	88	12	100
합계	360	40	400

문제해결의 Key point

가설의 검정은 기계를 i라 하고 등급을 j라 하면 "각각의 부차모집단에 대해 부적합비율이 나타날 확률이 $P_{1j} = P_{2j} = P_{3j} = P_{4j}$ 로 동일한가? 아닌가?"를 묻는 이산형 산포의 검정이 형성되는데, 이러한 여러 집단의 이산형 평균(불량률)차의 검정을 동일성의 검정이라 한다. 또한 여러 모집단의 모평균차의 검정이 실험계획법 상의 F_o검정이다.

해설 ① 가설 : H_0 : $P_{1j} = P_{2j} = P_{3j} = P_{4j}$

H_1 : $P_{12j} \neq P_{2j} \neq P_{3j} \neq P_{4j}$

② 유의수준 : $\alpha = 0.05$

③ 검정통계량 : $\chi_0^2 = \sum_{i=1}^{4}\sum_{j=1}^{2}\frac{(X_{ij} - E_{ij})^2}{E_{ij}}$

$$= \frac{(90-90)^2}{90} + \cdots + \frac{(12-10)^2}{10} = 6.22222$$

		A_1법	A_2법	A_3법	A_4법
적합품	X_{ij}	90	86	96	88
	E_{ij}	90	90	90	90
	$(X_{ij} - E_{ij})^2/E_{ij}$	0	0.17778	0.4	0.04444
부적합품	X_{ij}	10	14	4	12
	E_{ij}	10	10	10	10
	$(X_{ij} - E_{ij})^2/E_{ij}$	0	1.6	3.6	0.4

④ 기각치 : $\chi^2_{0.95}(3) = 7.81$

⑤ 판정 : $\chi_0^2 < 7.81 \rightarrow H_0$ 채택

즉, 제조방법에 따른 모부적합품률이 다르다고 할 수 없다.

27 어떤 전기부품의 납땜공정에서 작업자가 서서 작업한 제품에서 900개, 앉아서 작업한 제품에서 1,100개를 뽑아 적합품, 부적합품으로 나누었더니 다음의 결과를 얻었다. 다음 물음에 답하시오.

	적합품	부적합품	합계
선 작업(A)	810	90	900
앉은 작업(B)	1,040	60	1,100
	1,850	150	2,000

1) 선 작업과 앉은 작업에서 부적합품률의 차가 있다고 할 수 있는지 유의수준 5%로 모부적합품률차의 검정을 정규분포 근사법을 이용하여 검정하시오.
2) 선 작업과 앉은 작업에서 부적합품률의 차가 있다고 할 수 있는지 유의수준 5%로 모부적합품률차의 검정을 χ^2 분포를 이용하여 검정하시오.
3) 선 작업과 앉은 작업에서 부적합품률의 차가 있다고 할 수 있는지 유의수준 5%로 모부적합품률차의 검정을 Yates의 방법으로 검정하시오.

문제해결의 key point

부적합품률차의 검정은 양측검정인 경우 Pearson의 χ^2 통계량을 이용하여 검정할 수 있다. Yates의 방법에 의한 분할법은 수정항을 고려한 것으로 통계량이 서로 다르니 주의하여야 한다. 위의 문제는 설정된 E_{ij}값이 5보다 큰 경우이므로 Yates의 수정식을 사용할 필요는 없다. Yates의 수정식은 E_{ij}값이 5보다 작은 경우 Pearson의 χ^2 통계량 대신 사용하는 보정식인데, 지나치게 작은 경우는 검정의 실효성을 기대하기가 어렵다.

해설 1) 모부적합품률의 검정

① 가설 : $H_0 : P_A = P_B$, $H_1 : P_A \neq P_B$

② 유의수준 : $\alpha = 5\%$

③ 검정통계량 : $u_0 = \dfrac{(p_A - p_B) - \delta_0}{\sqrt{\hat{p}(1-\hat{p})\left(\dfrac{1}{n_A} + \dfrac{1}{n_B}\right)}}$

$$= \frac{(0.10 - 0.05455) - 0}{\sqrt{0.075 \times (1 - 0.075)\left(\dfrac{1}{900} + \dfrac{1}{1{,}100}\right)}} = 3.83915$$

(단, $p_A = \dfrac{90}{900} = 0.10$, $p_B = \dfrac{60}{1{,}100} = 0.05455$

$\hat{p} = \dfrac{90 + 60}{900 + 1{,}100} = 0.075$이다.)

④ 기각치 : $-u_{0.975} = -1.96$, $u_{0.975} = 1.96$

⑤ 판정 : $u_0 > 1.96 \rightarrow H_0$ 기각

즉, 선 작업과 앉은 작업에서의 부적합품률의 차가 있다고 할 수 있다.

2) Pearson χ^2 통계량에 의한 동일성의 검정

① 가설 : H_0 : $P_A = P_B$, H_1 : $P_A \neq P_B$

② 유의수준 : $\alpha = 0.05$

③ 검정통계량 : $\chi_0^2 = \sum_{i=1}^{2}\sum_{j=1}^{2}\frac{(X_{ij}-E_{ij})^2}{E_{ij}}$

$$= \frac{(810-832.5)^2}{832.5} + \cdots + \frac{(60-82.5)^2}{82.5} = 14.74201$$

		선 작업	앉은 작업
적합품	X_{ij}	810	1040
	E_{ij}	832.5	1017.5
	$(X_{ij}-E_{ij})^2/E_{ij}$	0.60811	0.49754
부적합품	X_{ij}	90	60
	E_{ij}	67.5	82.5
	$(X_{ij}-E_{ij})^2/E_{ij}$	7.5	6.13636

④ 기각치 : $\chi^2_{0.95}(1) = 3.84$

⑤ 판정 : $\chi_0^2 > 3.84 \rightarrow H_0$ 기각

즉, 선 작업과 앉은 작업에서의 부적합품률에 차가 있다고 할 수 있다.

3) 2×2 분할법(Yates의 방법)

① 가설 : H_0 : $P_A = P_B$, H_1 : $P_A \neq P_B$

② 유의수준 : $\alpha = 0.05$

③ 검정통계량 : $\chi_0^2 = \frac{\left(|ad-bc|-\frac{T}{2}\right)^2 \times T}{T_1 \times T_2 \times T_A \times T_B}$

$$= \frac{\left(|810\times 60 - 1{,}040\times 90| - \frac{2{,}000}{2}\right)^2 \times 2{,}000}{1{,}850\times 150\times 900\times 1{,}100} = 14.09409$$

④ 기각치 : $\chi^2_{0.95}(1) = 3.84$

⑤ 판정 : $\chi_0^2 > 3.84 \rightarrow H_0$ 기각

1-5 상관과 회귀

01 다음 DATA의 공분산(V_{xy})를 구하시오.

[DATA] (6.8, 6.1) (7.1, 6.7) (6.5, 6.3) (7.8, 7.1) (7.5, 7.4)

 문제해결의 key point

공분산은 상관분석에서 V_{xy}를 뜻하며 xy의 변동 S_{xy}를 자유도로 나누어 구할 수 있다. 공분산은 상관관계를 정의하는 척도이나 데이터의 수치변환에 따라 값이 변하므로, 수치변환을 해도 변하지 않는 상관계수만큼 많이 사용되지는 않는다.

해설 $S_{xy} = \Sigma x_i y_i - \dfrac{\Sigma x_i \Sigma y_i}{n}$

$$= 240.88 - \frac{35.7 \times 33.6}{5} = 0.976 \qquad \therefore V_{xy} = \frac{S_{xy}}{n-1} = \frac{0.976}{4} = 0.244$$

02 어떤 승용차의 값이 년도가 지남에 따라서 그 값이 어떻게 떨어지는가를 알아보기 위하여 이 승용차에 대한 자료를 수집하였다. x는 사용년수이고, y는 가격이다. 다음 물음에 답하시오. (단위 : 백만원)

x	1	2	2	3	3	4	4	4	5	6
y	3.45	2.80	3.00	3.00	2.70	2.20	2.20	2.20	1.60	0.47

1) 최소자승법에 의한 회귀직선의 방정식을 구하시오.
2) x=5일 때 y의 추정치를 구하시오.
3) 기여율(r^2)을 구하시오.

 문제해결의 key point

최소자승법에 의한 회귀직선식을 요구할 경우에는 계산기에 의거한 답만 기록해서는 안 된다. 정해진 절차에 의거하여 수식을 구한 후 $x=a$에서의 Y의 추정값은 점추정값을 계산하면 된다.

해설 1) $S_{xx} = \Sigma x_i^2 - \dfrac{(\Sigma x_i)^2}{n}$

$$= 136 - \frac{(34)^2}{10} = 20.4$$

$$S_{yy} = \Sigma y_i^2 - \frac{(\Sigma y_i)^2}{n}$$

$$= 62.3334 - \frac{(23.62)^2}{10} = 6.54296$$

$$S_{xy} = \Sigma x_i y_i - \frac{\Sigma x_i \Sigma y_i}{n}$$

$$= 69.37 - \frac{34 \times 23.62}{10} = -10.938$$

$\hat{\beta}_1 = \dfrac{S_{xy}}{S_{xx}}$

$= \dfrac{-10.938}{20.4} = -0.53618$

$\hat{\beta}_0 = \bar{y} - \hat{\beta}_1 \bar{x}$

$= 2.362 - (-0.53618) \times 3.4 = 4.18501$

$\therefore\ \hat{y} = \hat{\beta}_0 + \hat{\beta}_1 x$

$= 4.18501 - 0.53618\hat{x}$

2) $\hat{y} = \hat{\beta}_0 + \hat{\beta}_1 x_o$

$= 4.18501 - 0.53618 \times 5 = 1.50411$

☞ $E(y)$의 $100(1-\alpha)\%$ 신뢰구간

$$E(y) = (\hat{\beta}_0 + \hat{\beta}_1 x_o) \pm t_{1-\alpha/2}(n-2)\sqrt{V_{y/x}\left(\frac{1}{n} + \frac{(x_0 - \bar{x})^2}{S_{xx}}\right)}$$

3) $r^2 = \left(\dfrac{S_{xy}}{\sqrt{S_{xx} S_{yy}}}\right)^2$

$= \left(\dfrac{-10.938}{\sqrt{20.4 \times 6.54296}}\right)^2 = 0.89634$

03

두 변수 x와 y에 대한 다음과 같은 5조의 데이터가 있다. 다음 물음에 답하시오.

x	2	3	4	5	6	$\bar{x}=4$
y	4	7	6	8	10	$\bar{y}=7$

1) 표본상관계수의 공식을 쓰고 구하시오.
2) 상관관계가 존재하는지 검정하시오. (단, $\alpha = 0.05$)
3) 분산분석표를 작성하고 $H_1 : \beta_1 \neq 0$을 검정하시오. (단, $\alpha = 0.05$)
4) 최소자승법에 의한 직선회귀식을 쓰고 구하시오.
5) 결정계수의 식을 쓰고 구하시오.

문제해결의 key point

상관계수의 유무검정은 자유도 $\nu = n-2$인 t분포나 r분포 (단, $\nu \geq 10$)를 이용한다.
이때 검정결과가 유의하면 상관관계가 존재한다고 본다.
1차 회귀 검정은 $\beta_1 = 0$인 방향계수의 검정인 t검정을 이용하거나 ANOVA Table을 통해 F_o검정을 할 수 있다.

해설 1) 표본상관계수

$$S_{xx}=\Sigma x_i^2-\frac{(\Sigma x_i)^2}{n}=10 \qquad S_{yy}=\Sigma y_i^2-\frac{(\Sigma y_i)^2}{n}=20$$

$$S_{xy}=\Sigma x_i y_i-\frac{\Sigma x_i y_i}{n}=13$$

$$\therefore\ r=\frac{S_{xy}}{\sqrt{S_{xx}S_{yy}}}=\frac{13}{\sqrt{10\times 20}}=0.91924$$

2) 모상관계수의 유무검정($\rho=0$인 검정)

① 가설 : $H_0:\rho=0,\ H_1:\rho\neq 0$

② 유의수준 : $\alpha=0.05$

③ 검정통계량 : $t_0=\dfrac{r-\rho}{\sqrt{\dfrac{1-r^2}{n-2}}}$

$$=\frac{0.91924-0}{\sqrt{\dfrac{1-0.91924^2}{5-2}}}=4.04415$$

④ 기각치 : $-t_{0.975}(3)=-3.182,\ t_{0.975}(3)=3.182$

⑤ 판정 : $t_0>3.182\rightarrow H_0$ 기각

즉, 상관관계가 존재한다.

3) 1차 회귀검정

$H_0:\beta_1=0,\ H_1:\beta_1\neq 0$는 회귀관계가 성립하는가를 묻는 문제이다. 여기서는 $F_o=\dfrac{V_R}{V_{y/x}}$의 검정을 하고 있으나, $\beta_1=0$로 하는 $t_o=\dfrac{\widehat{\beta_1}-\beta_1}{\sqrt{V_{y/x}/S_{xx}}}$인 1차 방향계수의 검정을 하여도 동일하다.

	SS	DF	MS	F_0	$F_{0.95}$
회귀	16.9	1	16.9	16.35484	10.1
잔차	3.1	3	1.03333		
T	20	4			

판정 $F_0>10.1\rightarrow H_0$ 기각

즉, 1차 회귀직선으로 볼 수 있다.

4) 최소자승법에 의한 직선회귀식

$$\widehat{\beta_1}=\frac{S_{xy}}{S_{xx}}=\frac{13}{10}=1.3$$

$$\widehat{\beta_0}=\bar{y}-\widehat{\beta_1}\ \bar{x}=7-1.3\times 4=1.8$$

$$\therefore\ \hat{y}=\widehat{\beta_0}+\widehat{\beta_1}x=1.8+1.3x$$

5) 결정계수

$$R^2=\frac{S_R}{S_T}=\frac{(S_{xy}^2/S_{xx})}{S_{yy}}=\frac{S_{xy}^2}{S_{xx}S_{yy}}$$

$$=r^2=0.91924^2=0.84500$$

☞ 결정계수와 1차회귀의 기여율은 같은 개념이다.

04 어떤 공장에서 생산되는 제품을 로트 크기(lot size)에 따라 생산에 소요되는 시간(M/H)을 측정하였더니, 다음과 같은 자료가 얻어졌다. 이때 다음 물음에 답하시오.

로트 크기(x)	30	20	60	80	40	50	60	30	70	60
생산 소요시간(y)	73	50	128	170	87	108	135	69	148	132

1) 회귀직선 $\hat{y}=\hat{\beta}_0+\hat{\beta}_1 x$ 을 구하시오.
2) 회귀에 의하여 설명되는 제곱합 S_R은 얼마인가?
3) 회귀에 의하여 설명되지 않는 제곱합 $S_{y/x}$를 구하면 얼마인가?
4) 유의수준 $\alpha=0.05$에서 가설 $H_0 : \beta_1 = 1.5$, $H_1 : \beta_1 \neq 1.5$를 검정하시오.
5) 회귀직선의 기울기 β_1에 대한 95% 신뢰구간을 추정하시오.
6) $E(y)=\hat{\beta}_0+\hat{\beta}_1 x$ 에서 x=20일 때 $E(y)$에 대한 95% 신뢰구간을 추정하시오.

문제해결의 Key point

1차회귀에서 전체의 제곱합 $S_T=S_R+S_{y/x}$로 나누어진다. 즉 총제곱합 $S_T(S_{yy})$는 회귀로 설명되는 제곱합(회귀 제곱합)과 회귀로 설명되지 않는 제곱합(잔차 제곱합)으로 분해된다.
방향계수의 변화 유무검정은 자유도 $\nu=n-2$인 t분포를 이용한다. 이때 검정결과가 유의하면 방향계수가 변하였다고 판정한다.

해설 1) 회귀직선의 계산

$$S_{xx}=\Sigma x_i^2-\frac{(\Sigma x_i)^2}{n}=3{,}400,\quad S_{yy}=\Sigma y_i^2-\frac{(\Sigma y_i)^2}{n}=13{,}660$$

$$S_{xy}=\Sigma x_i y_i-\frac{\Sigma x_i\,\Sigma y_i}{n}=6{,}800$$

$$\hat{\beta_1}=\frac{S_{xy}}{S_{xx}}=\frac{6{,}800}{3{,}400}=2$$

$$\hat{\beta_0}=\overline{y}-\hat{\beta_1}\,\overline{x}=110-2.0\times 50=10$$

$$\therefore\ y=2x+10$$

2) 회귀에 의하여 설명되는 제곱합(1차 회귀변동)

$$S_R=\frac{(S_{xy})^2}{S_{xx}}=\frac{6{,}800^2}{3{,}400}=13{,}600$$

3) 회귀에 의해 설명되지 않는 제곱합(잔차변동)

$$S_{y/x}=S_T-S_R=13{,}660-13{,}600=60$$

4) 방향계수의 검정

① 가설 : $H_0 : \beta_1=1.5$, $H_1 : \beta_1 \neq 1.5$

② 유의수준 : $\alpha=0.05$

③ 검정통계량 : $t_0 = \dfrac{\hat{\beta}_1 - \beta_1}{\sqrt{\dfrac{V_{y/x}}{S_{xx}}}} = \dfrac{2.0-1.5}{\sqrt{\dfrac{7.5}{3{,}400}}} = 10.64581$

(단, $V_{y/x} = \dfrac{S_{y/x}}{n-2} = \dfrac{60}{8} = 7.5$ 이다.)

④ 기각치 : $-t_{0.975}(8) = -2.306$, $t_{0.975}(8) = 2.306$

⑤ 판정 : $t_0 > 2.306 \rightarrow H_0$ 기각

즉, $\beta_1 \neq 1.5$라고 할 수 있다.

5) 방향계수의 95% 신뢰구간추정

$$\beta_1 = \hat{\beta}_1 \pm t_{1-\alpha/2}(n-2)\sqrt{\frac{V_{y/x}}{S_{xx}}}$$

$$= 2.0 \pm t_{0.975}(8)\sqrt{\frac{7.5}{3{,}400}} = 2.0 \pm 0.10831 \rightarrow [1.89169,\ 2.10831]$$

6) $E(y)$의 95% 신뢰구간추정

$$E(y) = (\hat{\beta}_0 + \hat{\beta}_1\, x_o) \pm t_{1-\alpha/2}(n-2)\sqrt{V_{y/x}\left(\frac{1}{n} + \frac{(x_o - \bar{x})^2}{S_{xx}}\right)}$$

$$= (10 + 2\times 20) \pm t_{0.975}(8)\sqrt{7.5\times\left(\frac{1}{10} + \frac{(20-50)^2}{3{,}400}\right)}$$

$$= 50 \pm 3.81383$$

$$\rightarrow [46.18617,\ 53.81383]$$

05 다음의(x_i , y_i) 데이터에 대해 다음 물음에 답하시오.

x_i	67.5	74.7	60.4	65.8	74.1	82.3	60.5	62.3	70.3	64.5
y_i	54.5	62.0	48.1	59.3	70.5	73.2	49.5	40.3	67.5	51.0

1) 단상관계수 r를 계산하시오.

2) 정규분포근사법을 이용하여 모상관계수에 대한 95% 신뢰구간을 추정하시오.

3) x에 대한 y의 추정회귀선 및 y에 대한 x의 추정회귀직선을 각각 구하시오.

문제해결의 Key point

모상관계수의 신뢰구간의 추정은 상관계수 r을 정규분포로 근사시킨 z값의 신뢰구간을 구한 후, 역변환을 취하여 신뢰구간을 계산한다. 모상관계수의 변화의 유무검정 역시 정규분포로 근사시킨 z값을 표준정규분포로 변환시켜 검정한다.

**해설** 1) 단상관계수의 계산

$$S_{xx} = \Sigma x_i^2 - \frac{(\Sigma x_i)^2}{n}$$

$$= 47022.12 - \frac{(682.4)^2}{10} = 455.144$$

$$S_{yy}=\Sigma y_i^2-\frac{(\Sigma y_i)^2}{n}$$

$$=34204.43-\frac{(575.9)^2}{10}=1038.349$$

$$S_{xy}=\Sigma x_i y_i-\frac{\Sigma x_i \Sigma y_i}{n}$$

$$=39905.93-\frac{682\times 575.9}{10}=606.514$$

$$\therefore\ r=\frac{S_{xy}}{\sqrt{S_{xx}S_{yy}}}$$

$$=\frac{606.514}{\sqrt{455.144\times 1038.349}}=0.88226$$

2) 모상관계수의 신뢰구간 추정

① $E(z)$의 신뢰구간

$$E(z)_U=\frac{1}{2}ln\frac{1+r}{1-r}+u_{0.975}\sqrt{\frac{1}{n-3}}$$

$$=\frac{1}{2}ln\frac{1+0.88226}{1-0.88226}+1.96\sqrt{\frac{1}{10-3}}=2.12668$$

$$E(z)_L=\frac{1}{2}ln\frac{1+r}{1-r}-u_{0.975}\sqrt{\frac{1}{n-3}}$$

$$=\frac{1}{2}ln\frac{1+0.88226}{1-0.88226}-1.96\sqrt{\frac{1}{10-3}}=0.64507$$

$$\therefore\ 0.64507\le\ E(z)\le\ 2.12668$$

② 모상관계수의 신뢰구간

$$\rho_L=\tanh\,E(z)_L=\tanh\ 0.64507=0.56834$$

$$\rho_U=\tanh\,E(z)_U=\tanh\ 2.12668=0.97197$$

$$\therefore\ 0.56834\le\ \rho\le\ 0.97197$$

3) 회귀직선의 추정

① x에 대한 y의 회귀직선의 추정

$$S_{xx}=\Sigma x_i^2-\frac{(\Sigma x_i)^2}{n}=455.144$$

$$S_{xy}=\Sigma x_i y_i-\frac{\Sigma x_i\,\Sigma y_i}{n}=606.514$$

$$\bar{x}=\frac{\Sigma x_i}{n}=68.24,\ \ \bar{y}=\frac{\Sigma y_i}{n}=57.59$$

$$\hat{y}=\hat{\beta}_0+\hat{\beta}_1\,x$$

$$=-33.34499+1.33258\,x$$

(단, $\hat{\beta}_1=\frac{S_{xy}}{S_{xx}}=\frac{606.514}{455.144}=1.33258$

$\hat{\beta}_0=\bar{y}-\hat{\beta}_1\,\bar{x}=57.59-1.33258\times 68.24$

$=-33.34526$이다.)

② y에 대한 x의 회귀직선

$$\hat{x} = \widehat{\beta_0} + \widehat{\beta_1}\ y$$
$$= 34.60111 + 0.58411y$$

(단, $S_{yy} = \Sigma y_i^2 - \dfrac{(\Sigma y_i)^2}{n} = 1038.349$

$$\widehat{\beta_1} = \frac{S_{xy}}{S_{yy}} = \frac{606.514}{1038.349} = 0.58411$$

$\widehat{\beta_0} = \bar{x} - \widehat{\beta_1}\ \bar{y} = 68.24 - 0.58411 \times 57.59 = 34.60111$이다.)

06 어느 공장에서 종래의 생산되는 탄소강의 시험편의 지름과 항장력 사이의 상관계수 $\rho_0 = 0.749$였다. 최초 재료 중 일부가 변경되어 혹시 모상관계수가 달라지지 않았는가를 조사하기 위해 크기 100인 시험편에 대하여 지름과 항장력을 추정하여 상관계수를 계산하였더니 r=0.838이었다. 재료가 바뀜으로서 모상관계수가 달라졌다고 할 수 있겠는가?

1) 유의수준 5%로 검정하시오.

2) 검정결과 유의하다면 모상관계수의 95% 신뢰구간을 구하시오.

문제해결의 key point

모상관계수의 변화의 유무검정은 모상관계수 ρ가 0이 아닌 검정이므로 상관계수 r 분포표를 이용할 수가 없다. 이러한 경우는 상관계수 r을 Z값으로 변환하여 정규분포에 근사시켜 표준정규분포로 검정하며, 귀무가설이 기각되면 모상관계수가 변하였다는 뜻이므로 모상관계수의 신뢰구간을 표준정규분포로 추정한다.

해설 1) 모상관계수의 유무검정($\rho = 0$인 검정)

① 가설 : H_0 : $\rho = 0.749$, H_1 : $\rho \neq 0.749$

② 유의수준 : $\alpha = 0.05$

③ 검정통계량 : $u_0 = \dfrac{\tan h^{-1} r - \tan h^{-1} \rho_0}{\sqrt{\dfrac{1}{n-3}}}$

$$= \frac{\tan h^{-1} 0.838 - \tan h^{-1} 0.749}{\sqrt{\dfrac{1}{100-3}}} = 2.40061$$

④ 기각치 : $-u_{0.975} = -1.96$, $u_{0.975} = 1.96$

⑤ 판정 : $u_0 > 1.96 \rightarrow H_0$ 기각

즉, 모상관계수는 0.749가 아니라고 할 수 있다.

2) 모상관계수의 신뢰구간의 추정

$z = \tan h^{-1} 0.838 = 1.21442$

$E(z)_L = z - u_{1-\alpha/2}\sqrt{\frac{1}{n-3}}$

$= 1.21442 - u_{0.975}\sqrt{\frac{1}{97}} = 1.21442 - 0.19901 = 1.01541$

$E(z)_U = z + u_{1-\alpha/2}\sqrt{\frac{1}{n-3}} = 1.41343$

$\rho_L = \tan h\, E(z)_L = \tan h\, 1.01541 = 0.76799$

$\rho_U = \tan h\, E(z)_U = \tan h\, 1.41343 = 0.88822$

그러므로 모상관계수의 신뢰구간은 $0.76799 \le \rho \le 0.88822$이다.

07 **두 변수 x, y에 대한 n=150개 데이터를 얻어서 표본상관계수를 구하여보니 r=0.61이었다. 다음 물음에 답하시오.**

1) 상관관계가 있다고 할 수 있는가?

2) 모상관계수(ρ)의 95% 신뢰구간을 구하시오.

문제해결의 key point

모상관계수의 변화의 유무검정은 상관계수 r의 분포를 이용하는 방법과 t분포를 이용하는 방법이 있는데, 이 문제는 시료가 충분히 크므로 r의 분포를 이용한다. 그러나 검정결과가 유의하다면 상관관계가 존재한다는 의미이므로, 모상관계수의 신뢰구간을 구할 때는 표준정규분포로 변환시켜 추정한다.

해설 1) 모상관계수의 유무검정($\rho = 0$인 검정)

① 가설 : $H_0 : \rho = 0$, $H_1 : \rho \neq 0$

② 유의수준 : $\alpha = 0.05$

③ 검정통계량 : $r_o = \frac{S_{xy}}{\sqrt{S_{xx} S_{yy}}} = 0.61$

④ 기각치 : $-r_{0.975}(148) = \frac{-1.96}{\sqrt{\nu+1}} = -0.16057$

$r_{0.975}(148) = \frac{1.96}{\sqrt{\nu+1}} = 0.16057$

⑤ 판정 : $r_o > 0.16056 \rightarrow H_0$ 기각

즉, 상관관계가 존재한다.

2) 모상관계수의 추정

① $z = \frac{1}{2} ln \frac{1+r}{1-r} = 0.70892$

② $E(z)_L = \frac{1}{2} ln \frac{1+r}{1-r} - u_{0.975}\sqrt{\frac{1}{n-3}}$

$= 0.70892 - 1.96 \times 0.08248 = 0.54726$

$$E(z)_U = \frac{1}{2}ln\frac{1+r}{1-r} + u_{0.975}\sqrt{\frac{1}{n-3}}$$
$$= 0.70892 + 1.96 \times 0.08248 = 0.87058$$

③ $\rho_L = \tan h\, E(z)_L = \tan h\, 0.54726 = 0.49846$

$\rho_U = \tan h\, E(z)_U = \tan h\, 0.87058 = 0.70167$

따라서 $0.49846 \leq \rho \leq 0.70167$이다.

08 다음의 표에 있는 데이터에 대하여 단순회귀모형이 x와 y간의 관계를 설명하는데 적절하다고 판단될 때, 다음 물음에 답하시오.

실험번호	1	2	3	4	5	6	7	8	9	10
촉진제(x)	1	1	2	3	4	4	5	6	6	7
반응량(y)	2.1	2.5	3.1	3.0	3.8	3.2	4.3	3.9	4.4	4.8

1) 단순회귀식을 최소제곱법에 의하여 구하여라.
2) 단순회귀모형을 적합시킬 때 분산분석표를 작성하고, 유의수준 α=0.05로 F검정을 실시하여라.
3) 결정계수 r^2을 구하고, r^2으로부터 상관계수 r을 구하여라.
4) x_o= 7에서 $E(y)$에 관한 가설 $H_0 : \eta$=5.2, $H_1 : \eta \neq$5.2를 α=0.05로 검정하여라.
5) 회귀직선이 옳다고 가정하여 이를 적합시킬 때, x_o =7에서의 $E(y)$를 신뢰율 95%로 구간추정하시오.

해설 1) 회귀직선의 추정

$$S_{xx} = \Sigma x_i^2 - \frac{(\Sigma x_i)^2}{n} = 40.9$$

$$S_{xy} = \Sigma x_i y_i - \frac{\Sigma x_i \Sigma y_i}{n} = 15.81$$

$$\bar{x} = \frac{\Sigma x_i}{n} = 3.9$$

$$\bar{y} = \frac{\Sigma y_i}{n} = 3.51$$

$$\beta_1 = \frac{S_{xy}}{S_{xx}} = 0.38655$$

$$\beta_0 = \bar{y} - \beta_1 \bar{x} = 3.51 - 0.38655 \times 3.9 = 2.00246$$

$$\therefore\ y = 2.00246 + 0.38655x$$

2) 단순회귀의 검정

① 가설 : $H_0 : \sigma_R^2 \leq \sigma_{y/x}^2,\ H_1 : \sigma_R^2 > \sigma_{y/x}^2$

② 유의수준 : $\alpha = 0.05$

③ 검정통계량 : $F_0 = \dfrac{V_R}{V_{y/x}} = 66.28416$

[분산분석표]

	SS	DF	MS	F_0	$F_{0.95}$
R	6.11140	1	6.11140	66.28416	5.32
y/x	0.73760	8	0.09220		
T	6.849	9			

④ 판정 : $F_0 > 5.32 \rightarrow H_0$ 기각

따라서, 단순회귀모형을 적합시킬 수 있다.

3) 결정계수를 통한 상관계수의 계산

① 결정계수(기여율)

$$r^2 = \frac{S_R}{S_T} \times 100 = 89.23\%$$

② 상관계수

$$r = \pm\sqrt{R^2 \times \frac{1}{100}} = \pm\sqrt{0.8923}\text{ 에서}$$

기울기 $\beta_1 > 0$ 이므로, $r = +0.94462$가 된다.

4) $E(y)$의 검정(단, $x_0 = 7$인 경우)

① 가설 : $H_0 : \eta = 5.2$, $H_0 : \eta \neq 5.2$

② 유의수준 : $\alpha = 0.05$

③ 검정통계량 : $t_0 = \dfrac{(\widehat{\beta_0} + \widehat{\beta_1}\ x_o) - \eta_o}{\sqrt{V_{y/x}\left(\dfrac{1}{n} + \dfrac{(x_o - \overline{x})^2}{S_{xx}}\right)}}$

$$= \frac{(2.00244 + 0.38655 \times 7) - 5.2}{\sqrt{0.09220\left(\dfrac{1}{10} + \dfrac{(7-3.9)^2}{40.9}\right)}} = -2.79798$$

④ 기각치 : $-t_{0.975}(8) = -2.306$, $t_{0.975}(8) = 2.306$

⑤ 판정 : $t_0 < -2.306 \rightarrow H_0$ 기각

따라서, $x_o = 7$에서 η는 5.2라고 할 수 없다.

5) $E(y)$의 추정

$$E(y) = (\widehat{\beta_0} + \widehat{\beta_1}\ x_o) \pm t_{1-\alpha/2}(n-2)\sqrt{V_{y/x}\left(\frac{1}{n} + \frac{(x_o - \overline{x})^2}{S_{xx}}\right)}$$

$$= 2.00246 + 0.38655 \times 7 \pm 2.306 \times \sqrt{0.09220 \times \left(\frac{1}{10} + \frac{(7-3.9)^2}{40.9}\right)}$$

$$= 4.70831 \pm 0.40525$$

$\therefore\ x_o = 7$에서 $\rightarrow 4.30306 \sim 5.11356$이다.

성공하려면
당신이 무슨 일을 하고 있는지를 알아야 하며,
하고 있는 그 일을 좋아해야 하며,
하는 그 일을 믿어야 한다.

-윌 로저스(Will Rogers)-

☆

때론 지치고 힘들지만 언제나 가슴에 큰 꿈을 안고 삽시다.
노력은 배반하지 않습니다.^^

PART
2

관리도

품질경영기사 실기

1. 계량형 관리도 / 2. 계수형 관리도 / 3. 관리도의 판정 / 4. 공정해석
5. 군내산포와 군간산포 / 6. 검출력(Test Power) / 7. 관리도의 재작성
8. 두 관리도의 평균치 차의 검정

PART 2

관리도

PART 02 관리도

1 계량형 관리도

1. $\overline{x}-R$ 관리도

1) $\overline{x}$ 관리도

① 중심선(Center Line) : C_L

$$\overline{\overline{x}}=\frac{\Sigma\,\overline{x}_i}{k}$$

② 관리한계선(Control Limit) : U_{CL}, L_{CL}

㉠ $U_{CL}=\overline{\overline{x}}+A_2\overline{R}$

㉡ $L_{CL}=\overline{\overline{x}}-A_2\overline{R}$

(단, $A=\frac{3}{\sqrt{n}}$, $A_2=\frac{3}{d_2\cdot\sqrt{n}}$이다.)

2) R 관리도

① 중심선(Center) : C_L

$$\overline{R}=\frac{\Sigma R_i}{k}$$

② 관리한계선(Control Limit) : U_{CL}, L_{CL}

㉠ $U_{CL}=D_4\overline{R}=D_2\sigma$

㉡ $L_{CL}=D_3\overline{R}=D_1\sigma$

(단, $D_4=1+3\frac{d_3}{d_2}$, $D_3=1-3\frac{d_3}{d_2}$, $D_2=d_2+3d_3$, $D_1=d_2-3d_3$이다.)

참고 A_2, d_2, d_3, A_3 값은 부분군의 크기인 n에 따라 정해지는 상수 값이다.

2. $\bar{x}-s$ 관리도

1) $\bar{x}$ 관리도

① 중심선(Center Line) : C_L

$$\bar{\bar{x}} = \frac{\Sigma \bar{x}_i}{k}$$

② 관리한계선(Control Limit) : U_{CL}, L_{CL}

㉠ $U_{CL} = \bar{\bar{x}} + A_3 \bar{s}$

㉡ $L_{CL} = \bar{\bar{x}} - A_3 \bar{s}$

2) s 관리도

① 중심선(Center Line) : C_L

$$C_L = \bar{s} = \frac{\Sigma s_i}{k}$$

② 관리한계선(Control Limit) : U_{CL}, L_{CL}

㉠ $U_{CL} = B_4 \bar{s} = \left(1 + 3\frac{c_5}{c_4}\right)\bar{s}$

㉡ $L_{CL} = B_3 \bar{s} = \left(1 - 3\frac{c_5}{c_4}\right)\bar{s}$

(단, $c_5 = \sqrt{1 - c_4^2}$ 이다.)

3. x 관리도

1) 합리적인 군으로 나눌 수 있는 경우($x-\bar{x}-R$ 관리도)

① 중심선(Center Line) : C_L

$$\bar{\bar{x}} = \frac{\Sigma \bar{x}_i}{k}$$

② 관리한계선(Control Line) : U_{CL}, L_{CL}

㉠ $U_{CL} = \hat{\mu} + 3\hat{\sigma} = \bar{\bar{x}} + \sqrt{n} \cdot A_2 \bar{R}$

㉡ $L_{CL} = \hat{\mu} - 3\hat{\sigma} = \bar{\bar{x}} - \sqrt{n} \cdot A_2 \bar{R}$

2) 합리적인 군으로 나눌 수 없는 경우($x-R_m$ 관리도)

① 중심선(Center Line) : C_L

$$\bar{x} = \frac{\Sigma x_i}{k}$$

② 관리한계선(Control Limit) : U_{CL}, L_{CL}

㉠ $U_{CL}=\bar{x}+2.66\overline{R}_m$

㉡ $L_{CL}=\bar{x}-2.66\overline{R}_m$

(단, 2.66은 $n=2$일 때 $\frac{3}{d_2}=\frac{3}{1.128}$값이다.)

4. R_m 관리도

① 중심선(Center Line) : C_L

$$\overline{R}_m=\frac{\Sigma R_{m_i}}{k-1}$$

② 관리한계선(Control Limit) : U_{CL} , L_{CL}

㉠ $U_{CL}=D_4\overline{R}_m=3.267\overline{R}_m$ (단, 3.267은 $n=2$일 때 D_4값이다.)

㉡ $L_{CL}=D_3\overline{R}_m$ → 고려하지 않음(음의 값)

5. $Me-R$ 관리도

1) Me 관리도

① 중심선(Center Line) : C_L

$$\overline{Me}=\frac{\Sigma Me_i}{k}$$

② 관리한계선(Control Limit) : U_{CL}, L_{CL}

㉠ $U_{CL}=\overline{Me}+m_3A_2\overline{R}=\overline{Me}+A_4\overline{R}$

㉡ $L_{CL}=\overline{Me}-m_3A_2\overline{R}=\overline{Me}-A_4\overline{R}$

6. $H-L$ 관리도(고저 관리도)

① 중심선(Center Line) : C_L

$$\overline{M}=\frac{\overline{H}+\overline{L}}{2}$$

② 관리한계선(Control Limit) : U_{CL}, L_{CL}

㉠ $U_{CL}=\overline{M}+A_9\overline{R}=\overline{M}+H_2\overline{R}$

㉡ $L_{CL}=\overline{M}-A_9\overline{R}=\overline{M}-H_2\overline{R}$

(단, $A_9=H_2=\frac{1}{2}+3\frac{e_3}{d_2}$이며, $\overline{H}=\frac{\Sigma H_i}{k}$, $\overline{L}=\frac{\Sigma L_i}{k}$, $\overline{R}=\overline{H}-\overline{L}$이다.)

참고 종전의 A_9은 새로운 표준에서 H_2로 표기되고 있다.

2 계수형 관리도

1. np 관리도

① 중심선(Center Line) : C_L

$$n\bar{p} = \frac{\Sigma np}{k}$$

② 관리한계선(Control Limit) : U_{CL}, L_{CL}

㉠ $U_{CL} = n\bar{p} + 3\sqrt{n\bar{p}(1-\bar{p})}$

㉡ $L_{CL} = n\bar{p} - 3\sqrt{n\bar{p}(1-\bar{p})}$

(단, $\bar{p} = \frac{\Sigma np}{\Sigma n}$ 이다.)

2. p 관리도

① 중심선(Center Line) : C_L

$$\bar{p} = \frac{\Sigma pn}{\Sigma n}$$

② 관리한계선(Control Limit) : U_{CL}, L_{CL}

㉠ $U_{CL} = \bar{p} + 3\sqrt{\frac{\bar{p}(1-\bar{p})}{n}}$

㉡ $L_{CL} = \bar{p} - 3\sqrt{\frac{\bar{p}(1-\bar{p})}{n}}$

3. c 관리도

① 중심선(Center Line) : C_L

$$\bar{c} = \frac{\Sigma c}{k}$$

② 관리한계선(Control Limit) : U_{CL}, L_{CL}

㉠ $U_{CL} = \bar{c} + 3\sqrt{\bar{c}}$

㉡ $L_{CL} = \bar{c} - 3\sqrt{\bar{c}}$

4. u 관리도

① 중심선(Center Line) : C_L

$$\bar{u} = \frac{\Sigma c}{\Sigma n}$$

② 관리한계선(Control Limit) : U_{CL}, L_{CL}

㉠ $U_{CL} = \bar{u} + 3\sqrt{\frac{\bar{u}}{n}}$

㉡ $L_{CL} = \bar{u} - 3\sqrt{\frac{\bar{u}}{n}}$

3 관리도의 판정

KS Q 7870에서는 슈하르트·관리도에서의 점의 움직임의 패턴을 해석하기 위해 8가지 기준을 소개하고 있다. 그러나 판정규칙을 정할 때는 공정의 처해진 상황이나 조건에 맞게 공정의 고유변동을 고려하여 결정하는 것이 바람직하다.

① 3σ 이탈점이 1점 이상이 나타난다.
② 9점이 중심선에 대하여 같은쪽에 있다.
③ 6점이 연속적으로 증가 또는 감소하고 있다.
④ 14점이 교대로 증감하고 있다.
⑤ 연속하는 3점 중 2점이 중심선 한쪽으로 2σ를 넘는 영역에 있다.
⑥ 연속하는 5점 중 4점이 중심선 한쪽으로 1σ를 넘는 영역에 있다.
⑦ 연속하는 15점이 $\pm 1\sigma$ 영역 내에 존재한다.
⑧ 연속하는 8점이 $\pm 1\sigma$ 한계를 넘는 영역에 있다.

4 공정해석

1. 군 구분의 원칙

① 군내는 가능한 한 균일하게, 우연원인에 의한 변동만 존재하도록 한다.
② 군내변동에 의한 원인과 군간변동에 의한 원인이 기술적으로 구별되게 한다.
③ 그 공정에서 관리하려는 산포가 군간변동으로 나타날 수 있게 한다.

2. 공정능력지수(Process Capability Index)

① S_U와 S_L이 동시에 주어진 경우

㉠ 최대공정능력지수(C_P)

$$C_P = \frac{S_U - S_L}{\sigma_w} = \frac{S_U - S_L}{6(\overline{R}/d_2)}$$

㉡ 최소공정능력지수(C_{PK})

$$C_{PK} = (1-k)C_P = C_P - kC_P$$

$$= C_P - \frac{|\mu - M|}{3\sigma_w}$$

(단, $k = \frac{\text{bias}}{3\sigma_w} = \frac{|\mu - M|}{3\sigma_w}$이다.)

② S_U 만 주어진 경우

$$C_{PKU} = \frac{S_U - \mu}{3\sigma_w} = \frac{S_U - \mu}{3(\overline{R}/d_2)} = C_{PK}$$

③ S_L 만 주어진 경우

$$C_{PKL} = \frac{\mu - S_L}{3\sigma_w} = \frac{\mu - S_L}{3(\overline{R}/d_2)} = C_{PK}$$

④ 판정

C_P	판 정	판 단	대 책
$C_P \geq 1.67$	0급	매우 충분	관리간소화, cost 절감 강구
$1.67 > C_P \geq 1.33$	1급	충분	현 상태 유지
$1.33 > C_P \geq 1.0$	2급	양호	필요에 따라 공정능력개선
$1.0 > C_P \geq 0.67$	3급	부족	공정의 관리개선
$0.67 > C_P$	4급	매우 부족	긴급대책, 규격 재검토

3. 공정성능지수 PPI(Process Performance Index)

$$P_P = \frac{S_U - S_L}{6\sigma_T} = \frac{S_U - S_L}{6\sqrt{\sigma_w^2 + \sigma_b^2}}$$

참고 여기서 PPI는 $\sigma_T = \sqrt{\sigma_w^2 + \sigma_b^2}$ 로서 계산하며, 결과로 나타난 실적을 반영한 장기적 상태에서 발생하는 현실적인 공정능력이다.

5 군내산포와 군간산포

1. 군내변동와 군간변동의 관계식

$$\sigma_{\bar{x}}^2 = \frac{\sigma_w^2}{n} + \sigma_b^2$$

① 군내변동

$$\sigma_w^2 = \left(\frac{\overline{R}}{d_2}\right)^2$$

② 평균의 변동

$$\sigma_{\bar{x}}^2 = \frac{\sum_{i=1}^{k}(\bar{x}_i - \bar{\bar{x}})^2}{k-1} = \left(\frac{\overline{R}_m}{d_2}\right)^2$$

(단, $d_2 = 1.128$로 $n=2$일 때 값이며, $\overline{R}_m = \dfrac{\Sigma R_m}{k-1}$이다.)

③ 군간변동

$$\sigma_b^2 = \sigma_{\bar{x}}^2 - \frac{\sigma_w^2}{n}$$

④ 전체 데이터의 변동

$$\sigma_T^2 = \sigma_H^2 = \sigma_w^2 + \sigma_b^2$$

2. 관리계수(C_f)

$$C_f = \frac{\sigma_{\bar{x}}}{\sigma_w}$$

[판정]

① $C_f \geq 1.2$: 군간변동이 크다.

② $0.8 \leq C_f < 1.2$: 관리상태

③ $C_f < 0.8$: 군 구분이 잘못

6 검출력(Test Power)

1. $\bar{x}$관리도의 검출력($\sigma' = \sigma$인 경우)

1) 1점 타점시 검출력

① 상향 이동시

$$1-\beta = P_r(\bar{x} \geq U_{CL}) + P(\bar{x} \leq L_{CL}) = P_r\left(u \geq \frac{U_{CL} - \mu'}{\sigma/\sqrt{n}}\right) + 0$$

$$= P_r(u \geq 3 - k\sqrt{n}) \qquad (\text{단, } \mu' = \mu + k\sigma \text{ 이다.})$$

② 하향 이동시

$$1-\beta = P_r(\bar{x} \leq L_{CL}) + P_r(\bar{x} \geq U_{CL}) = P_r\left(u \leq \frac{L_{CL} - \mu'}{\sigma/\sqrt{n}}\right) + 0$$

$$= P_r(u \leq k\sqrt{n} - 3) \qquad (\text{단, } \mu' = \mu - k\sigma \text{ 이다.})$$

참고 평균의 상향 이동시 L_{CL}을 넘어갈 확률은 0이고,
하향 이동시에는 U_{CL}을 넘어갈 확률이 0이다.

2) k점 타점시 검출력($1-\beta_r$)

$$1 - \beta_T = 1 - \Pi\beta_i$$

$$= 1 - \beta_i^{\,k}$$

2. p 관리도의 검출력

$$1-\beta = P_r(p \geq U_{CL}) = P_r\left(u \geq \frac{U_{CL} - \overline{P}'}{\sqrt{\frac{\overline{P}'(1-\overline{P}')}{n}}}\right)$$

3. c 관리도의 검출력

$$1-\beta = P_r(c \geq U_{CL}) = P_r\left(u \geq \frac{U_{CL} - \overline{c}'}{\sqrt{\overline{c}'}}\right)$$

7 관리도의 재작성

해석용 관리도에서 비관리상태인 점이 나타나면 원인을 규명하여 조치하고, 그 해당 군을 제거한 후, 남아 있는 군으로 관리도를 재작성하여 관리용 상태의 관리도로 변환시키는 과정이 나타나는데 이것을 관리도의 재작성이라고 한다. (단, R 관리도가 관리상태이어야 $\overline{x}$ 관리도의 해석도 의미가 있다.)

1) $\overline{x}$ 관리도의 재작성

① 중심선(Center Line) : $C_L{}'$

$$\overline{\overline{x}}{}' = \frac{\Sigma \overline{x}_i - \overline{x}_d}{k - k_d}$$

② 관리한계선(Control Limit)

㉠ $U_{CL}{}' = \overline{\overline{x}}{}' + A_2 \overline{R}'$

㉡ $L_{CL}{}' = \overline{\overline{x}}{}' - A_2 \overline{R}'$

2) R 관리도의 재작성

① 중심선(Center) : $C_L{}'$

$$\overline{R}' = \frac{\Sigma R_i - R_d}{k - k_d}$$

② 관리한계선(Control Limit)

㉠ $U_{CL}{}' = D_4 \overline{R}'$

㉡ $L_{CL}{}' = D_3 \overline{R}'$

단, 여기서 k_d는 제거된 부분군의 개수를 뜻한다.

8 두 관리도 평균치 차의 검정

1. 전제 조건

① 두 관리도가 모두 관리상태일 것

② 두 관리도의 시료군의 크기(n)가 동일할 것

③ $\overline{R}_A$, $\overline{R}_B$에 차이가 없을 것(두 관리도의 산포는 같을 것)

④ 두 관리도는 정규분포를 하고 있을 것

⑤ k_A, k_B가 충분히 클 것

2. 두 관리도 산포비의 검정

① 가설설정

$H_0: \sigma_A^2 = \sigma_B^2$, $H_1: \sigma_A^2 \neq \sigma_B^2$

② 유의수준

$\alpha = 0.05$

③ 관측통계량

$$F_o = \frac{(\overline{R}_A/c_A)^2}{(\overline{R}_B/c_B)^2}$$

④ 기각치

$F_{\alpha/2}(\nu_A, \nu_B)$, $F_{1-\alpha/2}(\nu_A, \nu_B)$

⑤ 판정

$F_o < F_{\alpha/2}(\nu_A, \nu_B)$, 또는 $F_o > F_{1-\alpha/2}(\nu_A, \nu_B)$이면 H_0 기각

참고 여기서는 H_0가 채택되어야 평균차 검정이 의미가 있다. 그 이유는 정밀도가 다른 두집단의 평균차를 비교하는 검정은 현실적으로는 거의 의미가 없기 때문이다.

3. 두 관리도 평균차의 검정(LSD 검정)

$|\overline{\overline{x}}_A - \overline{\overline{x}}_B| > A_2\overline{R}\sqrt{\frac{1}{k_A}+\frac{1}{k_B}}$ 이면 H_0가 기각된다.

따라서 두 관리도 평균에는 차이가 있음을 의미한다.

(단, $A_2 = \frac{3}{d_2 \cdot \sqrt{n}}$, $\overline{R} = \frac{k_A\overline{R}_A + k_B\overline{R}_B}{k_A + k_B}$이다.)

PART 02 적중문제

2-1 관리도의 종류 및 작성

01 다음 사실들을 관리하는데 x 관리도, $\overline{x}-R$ 관리도, p 관리도, np 관리도, c 관리도, u 관리도 중 어느 것을 쓰는 것이 좋은가 답안지에 기입하시오.

1) 원료 1톤을 써서 제품 700kg이 생산된다고 하는 공정에서 수율(%)에 의하여 하루에 한번 공정을 관리하는 경우
2) 공장에 있어서 매월 전력 원단위
3) 어떤 형의 자동차를 조립완성 한 후 그 부적합 개수를 점검한 데이터
4) 크기가 다른 비닐시트의 $1m^2$당 부적합수
5) 제품의 반품률
6) 어떤 공장에 입하되는 석탄의 1로트당 5개의 시료를 취하여 측정한 회분
7) 100개들이 상자 내의 전구의 파손수

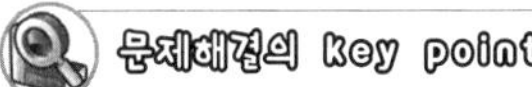

1), 2)항은 계량값 데이터로 군 크기가 1개의 시료로 채취되는 경우이다.
5)항은 반품률은 기준로트 크기가 통상 변하므로 p 관리도로 표현하는 것이 더 바람직하다.

해설

1) x 관리도　2) x 관리도　3) c 관리도
4) u 관리도　5) p 관리도　6) $\overline{x}-R$ 관리도
7) np 관리도

02 군의 크기 4, 군의 수 20인 $\overline{x}-R$ 관리도에서 $\Sigma\overline{x}=20.51$ $\Sigma R=20$일 때 $\overline{x}-R$ 관리도의 C_L 및 U_{CL}, L_{CL}을 구하여라.

문제해결의 key point

$\mu \pm A\sigma_0$	$\overline{\overline{x}} \pm A_2 \overline{R}$	$\overline{\overline{x}} \pm A_3 \overline{s}$	$\overline{Me} \pm A_4 \overline{R}$
$A = \dfrac{3}{\sqrt{n}}$	$A_2 = \dfrac{3}{d_2 \sqrt{n}}$	$A_3 = \dfrac{3}{c_4 \sqrt{n}}$	$A_4 = m_3 A_2$

$\overline{x} - R$관리도에서 $n \le 6$일 때 $D_3 < 0$이어서 L_{CL}은 항상 음수가 된다. 이 때 범위 $R > 0$이므로 음수값인 L_{CL}은 고려하지 않는다. 따라서 관리하한선이 존재하지 않는다.

해설 1) $\overline{x}$ 관리도

$$U_{CL} = \overline{\overline{x}} + A_2 \overline{R} = \frac{\Sigma \overline{x}_i}{k} + A_2 \frac{\Sigma R_i}{k}$$

$$= \frac{20.51}{20} + 0.729 \times \frac{20}{20} = 1.7545$$

$$L_{CL} = \overline{\overline{x}} - A_2 \overline{R}$$

$$= \frac{20.51}{20} - 0.729 \times \frac{20}{20} = 0.2965$$

2) R 관리도

$$U_{CL} = D_4 \overline{R} = 2.282 \times \frac{20}{20} = 2.282$$

L_{CL}은 $n \le 6$이므로 존재하지 않는다.

03 어떤 생산공장에서 하루에 4개씩 25군의 시료를 측정하여 $\overline{x}$ 관리도를 3σ 법으로서 작성한 결과 U_{CL}=14.25, L_{CL} =11.75가 되었다. 이 공정의 $\overline{\overline{x}}$, $\overline{R}$를 구하시오.

문제해결의 key point

U_{CL}, L_{CL}이 주어질 경우 관리도의 중심(μ, $\overline{Me}$, $\overline{\overline{x}}$ 등)이나 산포($R, \sigma, \sigma_{\overline{x}}, s$ 등)은 U_{CL}과 L_{CL}의 합 또는 차를 계산하면 구할 수 있다.

해설 1) 평균치($\overline{\overline{x}}$)

$$U_{CL} + L_{CL} = 14.25 + 11.75 = 2\overline{\overline{x}}$$

$$\therefore \overline{\overline{x}} = \frac{U_{CL} + L_{CL}}{2} = \frac{14.25 + 11.75}{2} = 13$$

2) 범위의 평균($\overline{R}$)

$$U_{CL} - L_{CL} = 2A_2 \overline{R} = 14.25 - 11.75$$

$$\therefore \overline{R} = \frac{14.25 - 11.75}{2A_2} = \frac{2.5}{2 \times 0.729} = 1.71468$$

04

n=4인 $\bar{x}$ 관리도의 3σ 관리한계로서 $U_{CL}=12$, $L_{CL}=6$일 때 표준편차 $\sigma_{\bar{x}}$는 얼마인가? (단, σ_b=0이다.)

문제해결의 key point

관리도가 완전 관리상태($\sigma_b=0$)일 때 $\hat{\sigma}=\sigma_w$가 되므로 $\bar{\bar{x}}\pm 3\frac{\sigma_w}{\sqrt{n}}$에 대해 U_{CL}과 L_{CL}의 차의 법칙을 이용한다. 그리고, $\sigma_{\bar{x}}=\frac{\sigma_w}{\sqrt{n}}$, $\sigma_x=\sigma_w$를 뜻한다.

해설

$$U_{CL}=\bar{\bar{x}}+3\frac{\sigma}{\sqrt{n}}=12$$

$$-\big)\ L_{CL}=\bar{\bar{x}}-3\frac{\sigma}{\sqrt{n}}=6$$

$$6\frac{\sigma}{\sqrt{n}}=6 \rightarrow \frac{\sigma}{\sqrt{n}}=1$$

$$\therefore\ \sigma_{\bar{x}}=\frac{\sigma}{\sqrt{n}}=1$$

05

1개 군의 샘플의 크기 $n=5$, 군의 수 $k=25$에 대한 데이터를 얻고 $\bar{x}$와 R를 계산하였더니 $\bar{\bar{x}}=20.592$, $\bar{R}=4.80$이 되었다. 이때 다음 물음에 답하시오. (단, 소수점 이하 셋째 자리까지 구하시오.)

1) $\bar{x}$ 관리도의 U_{CL}과 L_{CL}은 얼마인가?
2) R관리도의 U_{CL}과 L_{CL}은 얼마인가?
3) R를 사용하여 모표준편차(σ)를 추정하면 얼마인가?

문제해결의 key point

관리도에서 σ의 추정값은 $\hat{\sigma}=\frac{\bar{R}}{d_2}=\frac{\bar{s}}{c_4}$이다.

해설 1) $\bar{x}$ 관리도의 관리한계선

$U_{CL} = \bar{\bar{x}} + A_2\bar{R}$

$= 20.592 + 0.577 \times 4.8 = 23.362$

$L_{CL} = \bar{\bar{x}} - A_2\bar{R}$

$= 20.592 - 0.577 \times 4.8 = 17.822$

2) R 관리도의 관리한계선

$U_{CL} = D_4\bar{R}$

$= 2.114 \times 4.8 = 10.1472$

L_{CL}은 $n \le 6$ 이므로 고려하지 않는다.

3) $\hat{\sigma} = \dfrac{\bar{R}}{d_2} = \dfrac{4.8}{2.326} = 2.064$

06 다음은 $\bar{x}-R$ 관리도 데이터에 대한 요구에 답하시오.

[$\bar{x}-R$ 관리도 자료표(Data Sheet)]

순번	x_1	x_2	x_3	x_4	합계	평균($\bar{x}$)	범위(R)
1	50	53	50	53	206	51.5	
2	52	48	50	50	200	50.0	
3	51	49	53	52	205	51.3	
4	51	47	47	48	193	48.3	
5	50	51	51	47	199	49.8	
6	49	51	50	50	200	50.0	
7	51	51	50	52	204	51.0	
8	49	50	49	51	199	49.8	
9	49	50	49	53	201	50.3	
10	50	52	53	50	205	51.3	
11	50	47	50	52	199	49.8	
12	49	51	48	49	197	49.3	
13	48	47	53	50	198	49.5	
14	47	50	48	49	194	48.5	
15	49	52	50	53	204	51.0	
합계					3,004	751.4	

1) 해당란의 $\bar{x}-R$ 관리도의 데이터 양식의 빈 칸을 채워 넣으시오.

2) U_{CL}과 L_{CL}을 계산하시오.

3) 관리도를 작성하고 안정상태를 판정하시오.

문제해결의 key point

계량형 관리도의 작성시 중심적 경향과 산포의 경향을 한 장에 나타내되 중심적 경향은 위에 산포의 경향은 밑에 나타내도록 한다.
또한 작성 후 이상치가 있을 경우(KS Q 7870의 규칙을 기준으로 한다.) 그래프에 이상치를 표기하여 관리상태인지 비관리상태인지를 나타내도록 한다.

해설 1) $\bar{x}-R$ 시트의 작성

순번	x_1	x_2	x_3	x_4	합계	평균($\bar{x}$)	범위(R)
1	50	53	50	53	206	51.5	3
2	52	48	50	50	200	50.0	4
3	51	49	53	52	205	51.3	4
4	51	47	47	48	193	48.3	4
5	50	51	51	47	199	49.8	4
6	49	51	50	50	200	50.0	2
7	51	51	50	52	204	51.0	2
8	49	50	49	51	199	49.8	2
9	49	50	49	53	201	50.3	4
10	50	52	53	50	205	51.3	3
11	50	47	50	52	199	49.8	5
12	49	51	48	49	197	49.3	3
13	48	47	53	50	198	49.5	6
14	47	50	48	49	194	48.5	3
15	49	52	50	53	204	51.0	4
합계					3,004	751.4	53

2) 관리한계선의 계산

① $\bar{x}$ 관리도의 관리한계선

$$U_{CL}=\bar{\bar{x}}+A_2\bar{R}=\frac{\Sigma\bar{x}_i}{k}+A_2\frac{\Sigma R_i}{k}$$

$$=\frac{751.4}{15}+0.729\times\frac{53}{15}=52.64247$$

$$L_{CL}=\bar{\bar{x}}-A_2\bar{R}$$

$$=\frac{751.4}{15}-0.729\times\frac{53}{15}=47.49087$$

② R 관리도의 관리한계선

$$U_{CL}=D_4\bar{R}=2.282\times\frac{53}{15}=8.06307$$

L_{CL}은 $n\leq 6$이므로 존재하지 않는다.

3) 관리도의 작성 및 판정

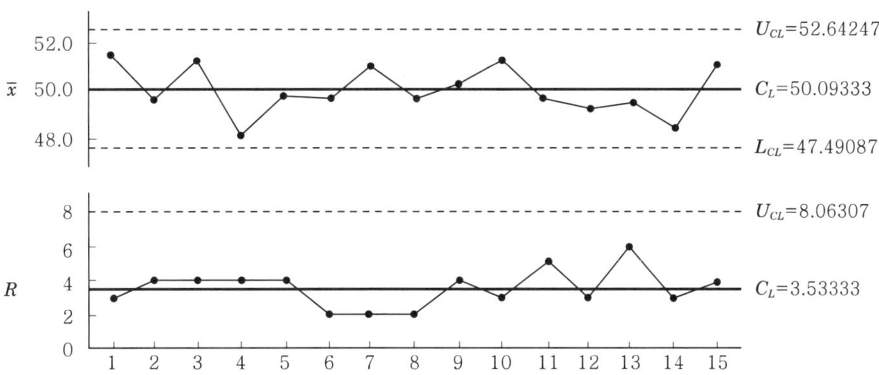

판정> 점이 벗어나거나 습관성이 없으므로 $\bar{x}-R$ 관리도는 관리상태이다.

07 **합리적인 군 구분이 안 될 경우 k=25, Σx_i=152.3, ΣR_{m_i}=10.2라면, x 관리도의 C_L 및 U_{CL}, L_{CL}의 값을 구하시오.**

문제해결의 key point

합리적인 군 구분이 안 되는 x 관리도는 $n=2$인 경우이므로 관리한계선은 $\bar{x}\pm 2.66\bar{R}_m$ 으로 계수를 직접 암기하던지 아니면 $\sqrt{n}\times A_2$의 특성을 이용하여 계산하여야 한다.

참고 시료 크기 2가 적용되는 이유는 범위 R_m이 앞뒤 부분군 2개의 x_i와 x_{i+1}의 차이로 계산된 값이기 때문이다.

해설 $\bar{x}=\Sigma x_i/k=152.3/25=6.092$

$\bar{R}_m=\Sigma R_{m_i}/k-1=10.2/24=0.425$

① 중심선

$\bar{x}=6.092$

② 관리한계선(U_{CL}, L_{CL})

$$U_{CL}=\bar{x}+3\sigma=\bar{x}+3\frac{\bar{R}_m}{d_2}=\bar{x}+2.66\bar{R}_m$$

$$=6.092+2.66\times0.425=7.22250$$

$$L_{CL}=\bar{x}-2.66\bar{R}_m=6.092-2.66\times0.425=4.9615$$

08 다음 데이터를 보고 물음에 답하시오.

번 호	1	2	3	4	5	6	7	8	9	10	11	12	13	14	15
측정치	5.4	4.8	5.3	5.2	4.8	5.1	5.1	4.8	5.6	5.4	4.9	5.1	4.6	4.3	5.0

1) $\overline{x}$, $\overline{R}_m$를 구하시오.

2) x 관리도 U_{CL}, L_{CL}을 구하시오.

3) R_m 관리도의 U_{CL}, L_{CL}을 구하시오.

문제해결의 Key point

합리적인 군 구분이 안 되는 x관리도에서 R_m 관리도의 계수 D_4는 수표에 주어지므로 샘플수 즉 부분군(n)의 크기 $n=2$일 때의 3.267의 값을 적용하여 $U_{CL}=3.267\overline{R}_m$계산한다.

해설 먼저 이동범위를 계산하면

번 호	1	2	3	4	5	6	7	8	9	10	11	12	13	14	15	합계
측정치(x)	5.4	4.8	5.3	5.2	4.8	5.1	5.1	4.8	5.6	5.4	4.9	5.1	4.6	4.3	5.0	75.4
이동범위 (R_m)		0.6	0.5	0.1	0.4	0.3	0.0	0.3	0.8	0.2	0.5	0.2	0.5	0.3	0.7	5.4

1) 관리도의 중심선(C_L)

$$\overline{x}=\frac{\Sigma x_i}{k}=\frac{75.4}{15}=5.02667$$

$$\overline{R}_m=\frac{\Sigma R_{m_i}}{k-1}=\frac{5.4}{14}=0.38571$$

2) x 관리도의 관리한계선

$$U_{CL}=\overline{x}+2.66\overline{R}_m$$
$$=5.02667+2.66\times0.38571=6.05266$$
$$L_{CL}=\overline{x}-2.66\overline{R}_m$$
$$=5.02667-2.66\times0.38571=4.00068$$

3) R_m관리도의 관리한계선

$$U_{CL}=3.267\overline{R}_m$$
$$=3.267\times0.38571=1.26011$$

L_{CL}은 항상 음의 값이므로 고려하지 않는다.

09 중유공장에서 탱크 속에 들어있는 변성 알코올의 배치를 조사하고 있다. 이 작업을 제품의 메탄올 함유량으로 관리하고 싶다. 같은 배치로부터 반복해서 시료를 취하여 측정하여도 측정치의 산포는 무시해도 좋을 만큼 작다. 그래서 1개의 배치로 부터 1회만 측정하기로 정하고 관리도를 이용하여 관리하기로 하였는데 다음 표를 보고 물음에 답하시오.

번 호	일 시	측정치(x)	이동범위(R_m)	번 호	일 시	측정치(x)	이동범위(R_m)
1		5.1	0.2	11		4.5	0.7
2		4.9		12		4.6	0.1
3		4.8	0.1	13		5.3	0.7
4		5.1	0.3	14		4.8	0.5
5		4.8	0.3	15		5.4	0.6
6		5.1	0.3	16		5.2	0.2
7		4.5	0.6	17		4.5	0.7
8		4.8	0.3	18		4.4	0.1
9		5.6	0.8	19		4.8	0.4
10		5.2	0.4	20		5.2	0.4

1) x 관리도의 U_{CL}, L_{CL}을 구하시오.

2) $x-R_m$ 관리도를 그리고 판정하시오.

 문제해결의 Key point

R_m 관리도의 C_L 계산 시 군의 수 k는 하나가 작아짐을 유의하여야 한다. 또한 그래프의 작성시 R_m 관리도가 x 관리도보다 타점된 점의 수가 하나 작으므로, R_m 관리도는 항상 첫번째 군을 비우고 타점하든지, 군과 군 사이에 타점하여 작성한다.

 해설 1) 관리도의 관리한계선

$\Sigma x_i = 98.6$, $\Sigma R_m = 7.7$

$\bar{x} = \frac{98.6}{20} = 4.93$, $\bar{R}_m = \frac{7.7}{19} = 0.40526$

① x 관리도의 관리한계선

$U_{CL} = \bar{x} + 2.66\bar{R}_m$

$= 4.93 + 2.66 \times 0.40526 = 6.00799$

$L_{CL} = \bar{x} - 2.66\bar{R}_m$

$= 4.93 - 2.66 \times 0.40526 = 3.85201$

② R_m 관리도의 관리한계선

$U_{CL} = 3.267\bar{R}_m = 3.267 \times 0.40526 = 1.32398$

L_{CL}은 음의 값으로 고려하지 않는다.

2) 관리도의 작성 및 판정

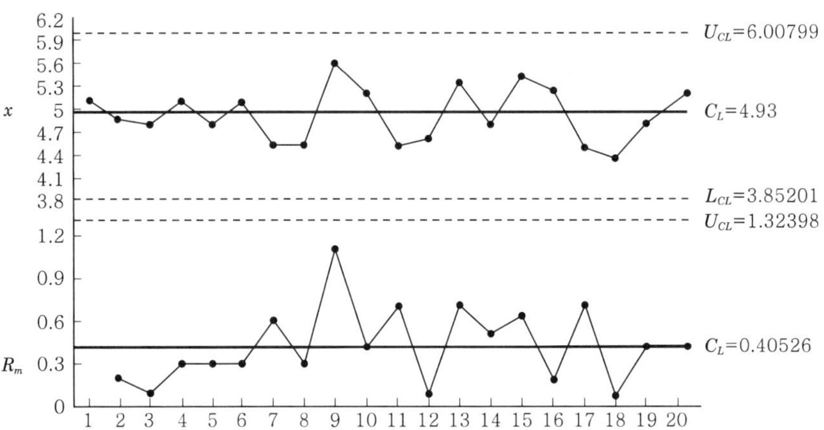

판정> 점이 벗어나거나 습관성이 없으므로 관리도는 관리상태라 할 수 있다.

10 화학공업(주)에서는 3일에 1번씩 배취의 알코올 성분을 측정하여 다음의 자료를 얻었다. 관리도($x-R_m$)를 작성하고, 관리상태를 판정하시오.

날 짜	측정치(x)	이동범위(R_m)	날 짜	측정치(x)	이동범위(R_m)
2006.3.03	1.09		2006.3.21	1.27	
2006.3.06	0.88		2006.3.24	1.73	
2006.3.09	1.29		2006.3.27	0.89	
2006.3.12	1.13		2006.3.30	1.10	
2006.3.15	1.23		2006.4.02	0.98	
2006.3.18	1.23				
합계				12.82	

해설 1) x 관리도

① 중심선(C_L)

$\Sigma x = 12.82$

$\bar{x} = \dfrac{12.82}{11} = 1.16545$

② 관리한계선(U_{CL}, L_{CL})

$U_{CL} = \bar{x} + 2.66\,\overline{R}_m$

$= 1.16545 + 2.66 \times 0.255 = 1.84375$

$L_{CL} = \bar{x} - 2.66\,\overline{R}_m$

$= 1.16545 - 2.66 \times 0.255 = 0.48715$

2) R_m 관리도

① 중심선(C_L)

$$\overline{R}_m = \frac{\Sigma R_m}{k-1} = 0.255$$

② 관리한계선(U_{CL}, L_{CL})

$$U_{CL} = 3.267\overline{R}_m$$
$$= 3.267 \times 0.255 = 0.83309$$

L_{CL}은 음의 값이므로 고려하지 않는다.

날 짜	측정치(x)	이동범위(R_m)	날 짜	측정치(x)	이동범위(R_m)
2006.3.03	1.09		2006.3.21	1.27	0.04
2006.3.06	0.88	0.21	2006.3.24	1.73	0.46
2006.3.09	1.29	0.41	2006.3.27	0.89	0.84
2006.3.12	1.13	0.16	2006.3.30	1.10	0.21
2006.3.15	1.23	0.10	2006.4.02	0.98	0.12
2006.3.18	1.23	0.00			
합계				12.82	2.55

3) 관리도의 작성 및 판정

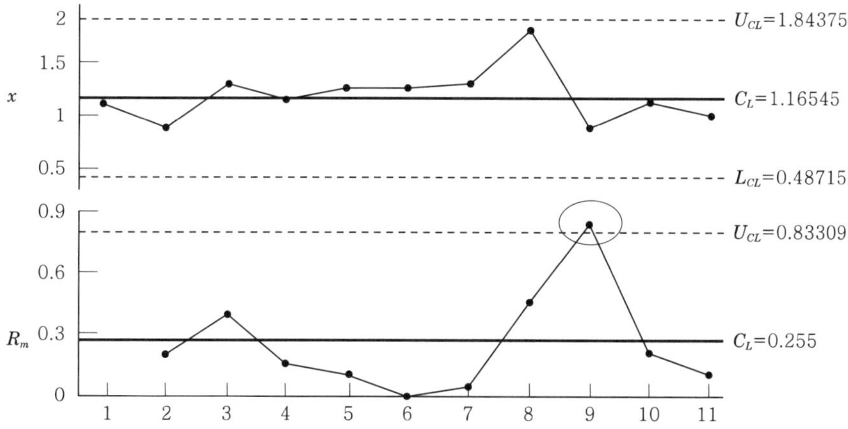

판정> R_m 관리도의 9번째 군이 관리상한선을 벗어나므로 관리도는 비관리상태이다.

11 **합리적인 군 구분이 되는 경우 많은 정보를 얻기 위하여 $n=4$, $k=25$의 $x-\overline{x}-R$ 관리도를 작성하려고 한다. 데이터에서 $\Sigma\overline{x}=12{,}063$, $\Sigma R=626$을 얻었다. 이때 다음 물음에 답하시오.**

가. x 관리도의 U_{CL}과 L_{CL}을 구하시오.

나. R 관리도의 U_{CL}과 L_{CL}을 구하시오.

해설 가. $\bar{x}$관리도

① $C_L = \frac{\Sigma \bar{x}}{k} = \frac{12,063}{25} = 482.52$

② $U_{CL} = \bar{\bar{x}} + \sqrt{n} A_2 \bar{R} = 482.52 + \sqrt{4} \times 0.729 \times 25.04 = 519.02832$

③ $L_{CL} = \bar{\bar{x}} - \sqrt{n} A_2 \bar{R} = 482.52 - \sqrt{4} \times 0.729 \times 25.04 = 446.01168$

나. R 관리도

① $C_L = \frac{\Sigma R}{k} = \frac{626}{25} = 25.04$

② $U_{CL} = D_4 \bar{R} = 2.282 \times 25.04 = 57.14128$

③ L_{CL}은 음수이므로 고려하지 않는다.

12 다음 데이터를 보고 관리도를 작성하고, 안정상태를 판정하시오.

[$Me-R$ 관리도 자료표(Data Sheet)]

시료군 번호	x_1	x_2	x_3	x_4	x_5	Me	R
1	45	36	35	29	47	36	18
2	35	40	34	50	39	39	16
3	37	32	35	38	30	35	8
4	29	33	24	32	35	32	11
5	32	44	35	25	34	34	19
6	29	42	48	35	25	35	23
7	28	35	31	34	32	32	7
8	44	32	46	35	25	35	21
9	32	54	35	29	34	34	25
10	46	42	48	24	25	42	24
11	40	38	27	35	26	35	14
12	38	32	47	34	33	34	15
13	34	32	29	40	24	32	16
14	27	29	21	28	25	27	8
15	35	40	46	39	36	39	11
16	44	29	36	32	34	34	15
17	37	48	44	35	50	44	15
18	48	46	44	35	45	45	13
19	31	32	38	42	34	34	11
20	32	29	36	37	49	36	20
합계						714	310

1) $\overline{Me}$와 $\bar{R}$를 계산하여라.(단, 소수점 3째자리에서 반올림하여라.)

2) $Me-R$ 관리도의 관리한계를 각각 구하시오.(단, 소수점 3째자리에서 반올림하라.)

3) 관리도를 작성하고, 안정상태를 판정하여라.

문제해결의 Key point

Me 관리도는 각 부분군의 Me(중앙값)를 구하여 그 값들을 타점하는 관리도이다. 평균치 관리도에 비해 부분군의 크기 $n>2$이면 관리상하한이 넓어지며, 정밀도의 관리도는 $\bar{x}-R$관리도와 같이 R 관리도를 사용한다.

해설 1) 중심선의 계산

$$\overline{Me}=\frac{\Sigma Me}{k}=\frac{714}{20}=35.70$$

$$\overline{R}=\frac{\Sigma R}{k}=\frac{310}{20}=15.50$$

2) 관리한계선의 계산

① Me 관리도

$$U_{CL}=\overline{Me}+A_4\overline{R}$$
$$=35.70+0.691\times15.50=46.4105\rightarrow46.41$$
$$L_{CL}=\overline{Me}-A_4\overline{R}$$
$$=35.70-0.691\times15.50=24.9895\rightarrow24.99$$

② R 관리도

$$U_{CL}=D_4\overline{R}$$
$$=2.114\times15.50=32.767\rightarrow32.77$$

L_{CL}은 고려하지 않는다.

3) 관리도의 작성 및 판정

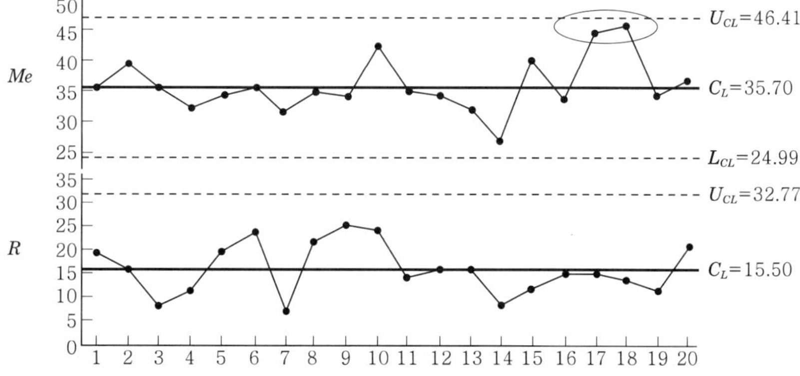

판정> 관리한계를 벗어난 점은 없으나 점의 배열에 Me 관리도(17~18번)에서 3점 중 2점이 영역 A에 나타나므로 관리상태라고 할 수 없다.

13 np 관리도에서 시료군 마다 $n=125$이고, 부분군의 수가 $k=25$이며 $\Sigma np=88$일 때 C_L, U_{CL}, L_{CL}은?

문제해결의 key point

np 관리도는 부분군이 일정한 부적합품수에 관한 관리도로 이항분포의 정규분포 근사법의 원리를 이용하여 관리상하한을 계산한다. 이 때 L_{CL}의 경우 음수가 나오면 고려하지 않는다.

해설 ① 중심선(C_L)

$$n\bar{p} = \frac{\Sigma np}{k}$$

$$= \frac{88}{25} = 3.52$$

$$\bar{p} = \frac{\Sigma np}{\Sigma n} = \frac{\Sigma np}{nk}$$

$$= \frac{88}{125 \times 25} = 0.02816$$

② 관리한계선(U_{CL}, L_{CL})

$$U_{CL} = n\bar{p} + 3\sqrt{n\bar{p}(1-\bar{p})}$$

$$= 3.52 + 5.54868 = 9.06868$$

$L_{CL} = 3.52 - 5.54868 = -2.02868$ → 음의 값이므로 고려하지 않는다.

14 다음은 np 관리도의 데이터에 대한 표이다. 물음에 답하시오. (단, $n=100$이다.)

부분군 번호	부적합품	부분군 번호	부적합품	부분군 번호	부적합품	부분군 번호	부적합품
1	3	6	5	11	2	16	3
2	2	7	1	12	3	17	3
3	4	8	4	13	2	18	2
4	3	9	1	14	6	19	0
5	2	10	0	15	1	20	7

1) np 관리도의 U_{CL}, L_{CL}, C_L을 구하시오.

2) 관리도를 작성해 본 후 관리상태 여부를 판정하시오.

문제해결의 key point

일반적으로 관리도의 명칭은 타점되는 점을 뜻한다. 그러므로 np 관리도는 각 부분군의 np값을 타점한 그래프가 된다. 여기서는 부적합품수가 0인 군이 보인다. 이러한 관리도는 상대적으로 샘플링한 부분군의 크기가 작음을 의미하므로, 현실적으로는 부분군의 크기가 더 커야 관리도의 검출력에 의미가 있다.

해설 1) 관리한계선

$\Sigma np=54$, $k=20$

$C_L=\frac{\Sigma np}{k}=\frac{54}{20}=2.7$

$U_{CL}=n\bar{p}+3\times\sqrt{n\bar{p}(1-\bar{p})}$

$=2.7+3\times\sqrt{2.7\times(1-0.027)}=7.56250$

$L_{CL}=n\bar{p}-3\sqrt{n\bar{p}(1-\bar{p})}=-2.16250$

L_{CL}은 음의 값이므로 고려하지 않는다.

2) 관리도의 작성 및 판정

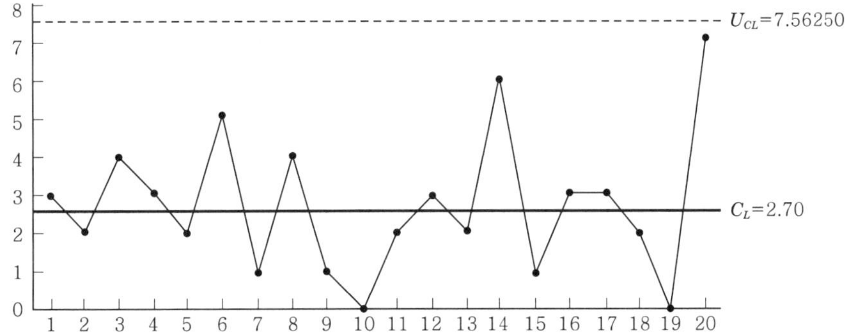

판정> 점이 벗어나거나 습관성이 없으므로 관리도는 관리상태라 할 수 있다.

15 다음의 데이터를 보고 np 관리도의 관리한계를 구하여라.

부분군 번호	검사개수	부적합품수	부분군 번호	검사개수	부적합품수
1	300	14	11	300	16
2	300	13	12	300	17
3	300	20	13	300	10
4	300	23	14	300	7
5	300	13	15	300	17
6	300	11	16	300	19
7	300	5	17	300	25
8	300	15	18	300	15
9	300	20	19	300	10
10	300	15	20	300	15

 문제해결의 key point

계수값 관리도의 경우 부분군의 크기가 커지면 하한선이 0보다 큰 값이 나타나므로, 반드시 계산을 해 본 다음 관리하한선의 존재 유무를 결정하도록 하여야 한다.

해설 ① 중심선(C_L)

$$n\bar{p} = \frac{\Sigma np}{k} = \frac{300}{20} = 15$$

② 관리한계선(U_{CL}, L_{CL})

$$U_{CL} = n\bar{p} + 3\sqrt{n\bar{p}(1-\bar{p})}$$
$$= 15 + 3\sqrt{15 \times (1-0.05)} = 26.32475$$
$$L_{CL} = n\bar{p} - 3\sqrt{n\bar{p}(1-\bar{p})} = 3.67525$$

(단, $\bar{p} = \frac{\Sigma np}{\Sigma n} = \frac{300}{20 \times 300} = 0.05$이다.)

③ 관리도의 작성 및 판정

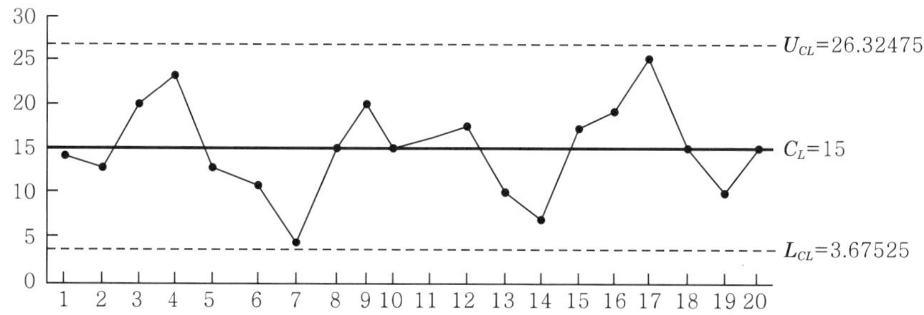

판정> 점이 벗어나거나 습관성이 없으므로 관리도는 대체로 관리상태라 할 수 있다.

16 p 관리도에서 Σn=2,000, Σnp=528이면 3σ의 관리한계로서 n=100일 때 U_{CL}, L_{CL}은 얼마인가?

 문제해결의 key point

부적합품수를 관리하는 계수치 관리도의 경우 부분군의 크기 n이 변하면 p 관리도로 공정을 관리한다.

해설 ① 중심선(C_L)

$$\bar{p} = \frac{\Sigma np}{\Sigma n} = \frac{528}{2,000} = 0.264$$

② 관리한계선(U_{CL}, L_{CL})

$$U_{CL} = \bar{p} + 3\sqrt{\frac{\bar{p}(1-\bar{p})}{n}}$$

$$= 0.264 + 3\sqrt{\frac{0.264 \times 0.736}{100}} = 0.39624$$

$$L_{CL} = \bar{p} - 3\sqrt{\frac{\bar{p}(1-\bar{p})}{n}} = 0.13176$$

17 다음 데이터를 보고 관리도를 작성하고 판정하시오.

시료군 번호(k)	부분군 크기(n)	부적합품수 (np)	시료군 번호(k)	부분군 크기(n)	부적합품수 (np)
1	300	4	11	300	7
2	300	4	12	300	4
3	300	6	13	300	3
4	300	4	14	300	6
5	300	6	15	400	9
6	200	2	16	400	4
7	200	4	17	400	3
8	200	3	18	400	4
9	200	5	19	400	5
10	200	3	20	400	2

문제해결의 key point

p 관리도는 np 관리도와 달리 관리상하한선이 변하기 때문에 관리도를 그릴 때 풀이와 같은 Table을 활용하면 작성시 시험에서 발생되는 계산의 오류를 줄일 수 있다. 또한 군의 크기에 따라 관리한계선이 변화하는 관리도이므로 군과 군 사이에서 관리한계선을 변화시킨다.

해설 ① 중심선(C_L)

$\Sigma np = 88$, $\Sigma n = 6,100$

$$\bar{p} = \frac{\Sigma np}{\Sigma n} = 0.01443$$

② 관리한계선(U_{CL}, L_{CL}) : $n = 200$인 경우

$$U_{CL} = \bar{p} + 3\sqrt{\frac{\bar{p}(1-\bar{p})}{n_i}}$$

$$= 0.01443 + 3\sqrt{\frac{0.01443 \times 0.98557}{200}} = 0.03973$$

단, L_{CL}은 음의 값이므로 고려하지 않는다.

☞ $n=300$, $n=400$인 경우는 위의 계산과 동일하다.

- $n=300$인 경우 : $U_{CL}=0.03509$
- $n=400$인 경우 : $U_{CL}=0.03232$

시료군 번호(k)	부분군 크기(n)	부적합품수 (np)	부적합품률 (p)	U_{CL}	L_{CL}
1	300	4	0.01333	0.03509	고려하지 않음
2	300	4	0.01333	0.03509	
3	300	6	0.02000	0.03509	
4	300	4	0.01333	0.03509	
5	300	6	0.02000	0.03509	
6	200	2	0.01000	0.03973	
7	200	4	0.02000	0.03973	
8	200	3	0.01500	0.03973	
9	200	5	0.02500	0.03973	
10	200	3	0.01500	0.03973	
11	300	7	0.02333	0.03509	
12	300	4	0.01333	0.03509	
13	300	3	0.01000	0.03509	
14	300	6	0.02000	0.03509	
15	400	9	0.02250	0.03232	
16	400	4	0.01000	0.03232	
17	400	3	0.00750	0.03232	
18	400	4	0.01000	0.03232	
19	400	5	0.01250	0.03232	
20	400	2	0.00500	0.03232	
합계	6,100	88			

③ 관리도의 작성 및 판정

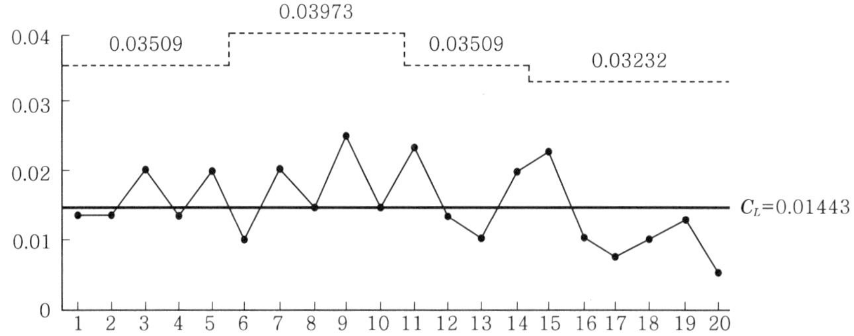

판정> 점이 벗어나거나 습관성이 없으므로 관리도는 관리상태라 할 수 있다.

18 다음은 매시간 실시되는 최종제품에 대한 샘플링검사의 결과를 정리하여 얻은 데이터이다. 다음 물음에 답하시오.

시 간	1	2	3	4	5	6	7	8	9	10
검사개수	48	46	50	28	28	50	46	48	28	50
부적합품수	5	1	3	4	9	4	3	2	8	3

1) 해석용 p관리도를 작성하고, 공정이 안정상태인가를 판정하시오. (단, 소수점 둘째자리까지 사용하시오.)
2) 만약 관리상태가 아니라면 이상원인을 규명하고 조치를 하였다. 재작성된 p관리도의 중심선과 $n=50$에서 관리한계선을 구하시오.

문제해결의 key point

해석용 관리도란 표준값이 없는 상태에서 표준값을 설정하기 위해 그리는 관리도를 뜻한다. 또한 문제에 일반적 조건과 달리 제약조건이 제시된 경우(원래 2차 시험에서는 소수점 5자리로 계산하는 것이 일반적 조건이다.) 이 문항에서만 제약조건(소수점 2자리)을 적용하도록 해야 한다.

해설 1) 해석용 p관리도의 작성

① C_L의 계산

$\Sigma np=42$, $\Sigma n=422$

$$\bar{p}=\frac{\Sigma np}{\Sigma n}=0.09953 \rightarrow 0.10$$

② U_{CL}, L_{CL}의 계산

$$U_{CL}=\bar{p}+3\sqrt{\frac{\bar{p}(1-\bar{p})}{n_i}}$$

$n=28$일 때

$$U_{CL}=0.10+3\sqrt{\frac{0.1\times0.9}{28}}=0.27008 \rightarrow 0.27$$

$n=46$일 때

$$U_{CL}=0.10+3\sqrt{\frac{0.1\times0.9}{46}}=0.23270 \rightarrow 0.23$$

$n=48$일 때

$$U_{CL}=0.10+3\sqrt{\frac{0.1\times0.9}{48}}=0.22990 \rightarrow 0.23$$

$n=50$일 때

$$U_{CL}=0.10+3\sqrt{\frac{0.1\times0.9}{50}}=0.22728 \rightarrow 0.23$$

단, L_{CL}은 음의 값이 나타나므로 모두 고려하지 않는다.

k	검사개수	부적합품수	p	U_{CL}	L_{CL}
1	48	5	0.01	0.23	고려하지 않음
2	46	1	0.02	0.23	
3	50	3	0.06	0.23	
4	28	4	0.14	0.27	
5	28	9	0.32	0.27	
6	50	4	0.08	0.23	
7	46	3	0.06	0.23	
8	48	2	0.04	0.23	
9	28	8	0.29	0.27	
10	50	3	0.06	0.23	
합계	422	42			

③ 관리도의 작성 및 판정

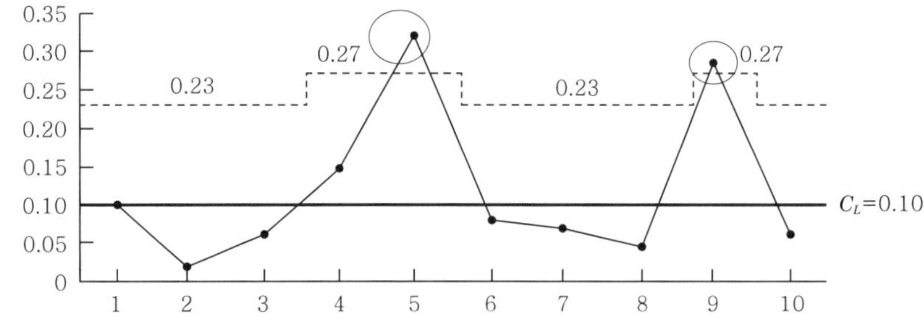

판정> 5번, 9번의 점이 관리한계선을 이탈하므로 관리도는 관리상태가 아니다.

2) p관리도의 재작성

① 중심선(C_L')

$$\bar{p}' = \frac{\Sigma np - np_d}{\Sigma n - n_d} = \frac{42-9-8}{422-28-28} = 0.06831$$

② 관리한계선(U'_{CL}, L'_{CL})

$$\left.\begin{matrix} U'_{CL} \\ L'_{CL} \end{matrix}\right] = \bar{p}' \pm 3\sqrt{\frac{\bar{p}'(1-\bar{p}')}{n}} = 0.06831 \pm 3\sqrt{\frac{0.06831 \times 0.93169}{50}}$$

따라서, $U'_{CL} = 0.17534$

$L'_{CL} = -0.03872$

$= -$

19 어떤 작업자에 대한 '작업중'의 비율을 관측하기 위하여 매일 100회씩 10일간 관측한 비율이 다음 표와 같다. 관리도를 사용하여 관측치의 변동을 추적하고자 한다. 이 데이터에 대한 3σ 관리한계를 설정하고, 관리상하한값을 구하시오.

관측일	작업비율	관측일	작업비율
10월 4일	0.86	10월 10일	0.86
10월 5일	0.84	10월 11일	0.72
10월 6일	0.84	10월 12일	0.88
10월 7이	0.86	10월 13일	0.84
10월 8일	0.90	10월 14일	0.86

문제해결의 key point

작업비율을 관측한다 하였으므로 p 관리도를 적용하되, 이 경우 기존의 p 관리도와 다르게 U_{CL} 이 1보다 커지면 그 경우는 존재하지 않으므로 고려하지 않을 수도 있으므로 유의하여야 한다. 일반적으로 관리상하한의 계산은 부적합품률 관리도와 같은 방법으로 계산하면 된다.

해설 ① 중심선(C_L)

$$\bar{p} = \frac{\Sigma p_i}{k} = \frac{8.46}{10} = 0.846$$

② 관리한계선(U_{CL}, L_{CL})

$$U_{CL} = \bar{p} + 3\sqrt{\frac{\bar{p}(1-\bar{p})}{n}} = 0.846 + 3\sqrt{\frac{0.846 \times 0.154}{100}} = 0.95428$$

$$L_{CL} = \bar{p} - 3\sqrt{\frac{\bar{p}(1-\bar{p})}{n}} = 0.73772$$

20 전자렌지의 최종검사에서 20대를 랜덤하게 추출하여 부적합수를 조사하였다. 한대 당 발견되는 부적합수를 기록하여 보니 다음과 같았다. 이때 물음에 답하시오.

시료군 번호	1	2	3	4	5	6	7	8	9	10	11	12	13	14	15	16	17	18	19	20
결점수	4	5	3	3	4	8	4	2	3	3	6	4	1	6	4	2	4	4	3	7

1) 해당되는 관리도의 C_L, U_{CL}, L_{CL}를 구하시오.
2) 관리도를 그리고 판정하시오.

문제해결의 key point

전자렌지의 대당 결점수는 푸아송분포를 따르고 부분군의 크기가 일정하므로 c 관리도를 적용한다.

해설 1) 중심선과 관리한계선

$$C_L = \bar{c} = \frac{\Sigma c}{k} = \frac{80}{20} = 4$$

$$U_{CL} = \bar{c} + 3\sqrt{\bar{c}} = 10$$

$L_{CL} = \bar{c} - 3\sqrt{\bar{c}} = -2$ → L_{CL}은 음의 값이므로 고려하지 않는다.

2) 관리도의 작성 및 판정

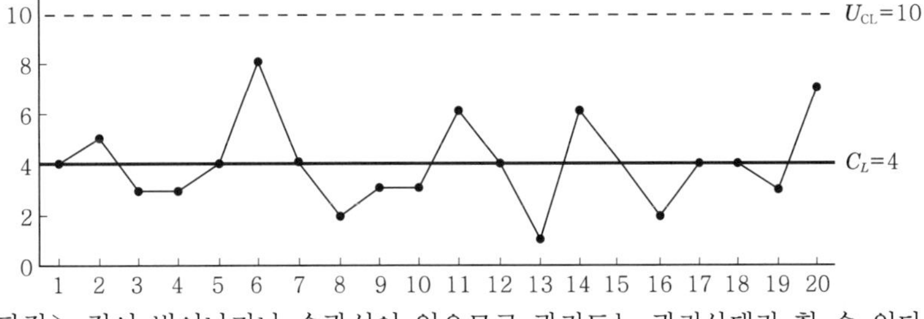

판정> 점이 벗어나거나 습관성이 없으므로 관리도는 관리상태라 할 수 있다.

21 어떤 공장에서 같은 종류의 기계에서 일어나는 매주의 고장건수 합계는 다음과 같다. 이때 물음에 답하시오.

주별 No.	1	2	3	4	5	6	7	8	9	10	11	12	13	14	15	16	17	18	19	20
고장건수	1	4	3	7	5	6	5	3	2	3	5	8	6	6	7	6	2	1	1	2

1) 어떤 관리도를 작성할 것인지를 결정하고, 그 관리도의 C_L, U_{CL}, L_{CL}를 계산하시오.
2) 관리도를 작성하시오.

문제해결의 key point

주별 고장건수는 푸아송분포를 따르고 부분군의 크기가 '주'로 일정하므로 c 관리도를 적용한다. 관리도에서 관리선이란 중심선, 관리상한선, 관리하한선을 뜻한다.

해설 1) 관리도의 적용 및 관리선

① 적용관리도

c 관리도

② 중심선(C_L)

$$\bar{c} = \frac{\Sigma c_i}{k} = \frac{83}{20} = 4.15$$

③ 관리한계선(U_{CL}, L_{CL})

$$U_{CL} = \bar{c} + 3\sqrt{\bar{c}} = 4.15 + 3\sqrt{4.15} = 10.26146$$

$$L_{CL} = \bar{c} - 3\sqrt{\bar{c}} = 4.15 - 3\sqrt{4.15} = -1.96146$$ → 고려하지 않는다.

2) 관리도의 작성 및 판정

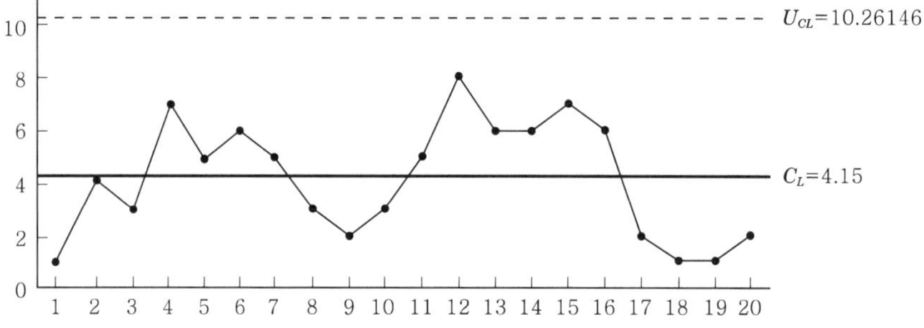

판정> 점이 벗어나거나 습관성이 없으므로 관리도는 관리상태라 할 수 있다.

22 다음 데이터 시트는 직물 1m²당 나타나는 흠집을 제시한 자료이다. 이를 근거로 하여 관리선을 구하고 관리도를 그리고, 판정하시오.

샘플의 번호	결점수	샘플의 번호	결점수	샘플의 번호	결점수	샘플의 번호	결점수
1	8	6	5	11	2	16	3
2	5	7	5	12	3	17	3
3	6	8	5	13	1	18	3
4	5	9	7	14	6	19	2
5	6	10	3	15	2	20	5

문제해결의 key point

직물 1m²로 단위가 모두 같고, 흠의 수는 결점수로 푸아송분포를 따르므로 c 관리도를 적용한다. 관리도에서 관리선이란 중심선, 관리상한선, 관리하한선을 뜻한다.

해설 1) 관리선

$\bar{c} = \Sigma c / k = 85 / 20 = 4.25$

$U_{CL} = 4.25 + 3\sqrt{4.25} = 10.43466$

L_{CL}은 음의 값이므로 고려하지 않는다.

2) 관리도의 작성 및 판정

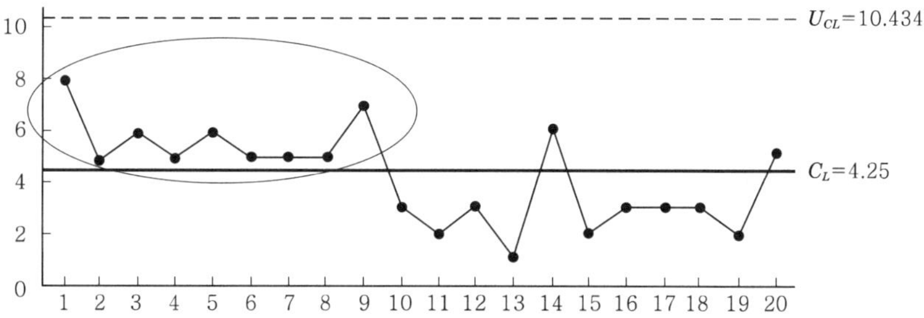

판정> 길이 9의 연이 나타나므로 관리도는 관리상태라 할 수 없다.

23 다음의 관리도 자료를 보고 관리도를 그리고, 판정하시오.

(단위 : n=1,000m)

k	시료크기(n)	부적합수	k	시료크기(n)	부적합수	k	시료크기(n)	부적합수
1	1.0	2	6	1.3	5	11	1.2	4
2	1.0	5	7	1.3	2	12	1.2	1
3	1.0	3	8	1.3	4	13	1.7	8
4	1.0	2	9	1.3	2	14	1.7	3
5	1.3	1	10	1.2	6	15	1.7	8

문제해결의 key point

부분군(n)의 크기가 다르고 부적합수에 관한 자료이므로 푸아송분포를 따르며 u관리도를 적용하여야 한다. u관리도는 관리상하한선이 변하므로 풀이와 같이 도표를 작성한 후 관리도를 작성하는 편이 실수가 적다.

해설 1) 중심선 및 관리한계선

① 중심선(C_L)

$\Sigma c = 56$, $\Sigma n = 19.2$

$$\bar{u} = \frac{\Sigma c}{\Sigma n} = \frac{56}{19.2} = 2.91667$$

② 관리한계선(U_{CL}, L_{CL})

㉠ $n = 1.0$인 경우

$$U_{CL} = \bar{u} + 3\sqrt{\frac{\bar{u}}{n}}$$

$$= 2.91667 + 3\sqrt{\frac{2.91667}{1}} = 8.04015$$

㉡ $n = 1.2$인 경우

$$U_{CL} = 2.91667 + 3\sqrt{\frac{2.91667}{1.2}} = 7.59374$$

㉢ $n = 1.3$인 경우

$$U_{CL} = 2.91667 + 3\sqrt{\frac{2.91667}{1.3}} = 7.41026$$

㉣ $n = 1.7$인 경우

$$U_{CL} = 2.91667 + 3\sqrt{\frac{2.91667}{1.7}} = 6.84620$$

여기서 L_{CL}은 모두 음수이므로 고려하지 않는다.

k	시료크기(n)	부적합수	u	U_{CL}	L_{CL}
1	1.0	2	2.00000	8.04014	고려하지 않는다.
2	1.0	5	5.00000		
3	1.0	3	3.00000		
4	1.0	2	2.00000		
5	1.3	1	0.76923	7.41025	
6	1.3	5	3.84615		
7	1.3	2	1.53846		
8	1.3	4	3.07692		
9	1.3	2	1.53846		
10	1.2	6	5.00000	7.59374	
11	1.2	4	3.33333		
12	1.2	1	0.83333		
13	1.7	8	4.70588	6.84619	
14	1.7	3	1.76471		
15	1.7	8	4.70588		
합계	19.2	56.0			

2) 관리도의 작성 및 판정

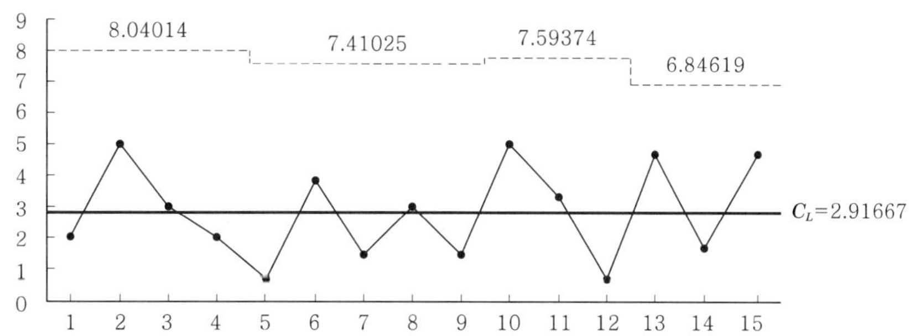

판정> 점이 벗어나거나 습관성이 없으므로 관리도는 관리상태라 할 수 있다.

24 다음 관리도 자료를 보고 관리도를 그리고, 판정하시오.

월 일	시료군의 번호	시료의 크기 n (1,000m)	부적합수
8. 6	1	1.0	4
8. 7	2	1.0	5
8. 8	3	1.0	3
8. 9	4	1.0	4
8. 10	5	1.3	7
8. 11	6	1.3	8
8. 12	7	1.3	9
8. 13	8	1.3	3
8. 14	9	1.3	6
8. 15	10	1.2	6
8. 16	11	1.2	4
8. 17	12	1.2	3
8. 18	13	1.7	10
8. 19	14	1.7	6
8. 20	15	1.7	8

해설 1) 중심선 및 관리한계선

① 중심선(C_L)

$\Sigma c = 86$, $\Sigma n = 19.2$

$$\bar{u} = \frac{\Sigma c}{\Sigma n} = \frac{86}{19.2} = 4.47917$$

② 관리한계선(U_{CL}, L_{CL})

㉠ $n=1.0$일 때

$$U_{CL}=\overline{u}+3\sqrt{\frac{\overline{u}}{n}}$$

$$=4.47917+3\sqrt{\frac{4.47917}{1}}=10.82838$$

㉡ $n=1.2$일 때

$$U_{CL}=\overline{u}+3\sqrt{\frac{\overline{u}}{n}}$$

$$=4.47917+3\sqrt{\frac{4.47917}{1.2}}=10.27518$$

㉢ $n=1.3$일 때

$$U_{CL}=\overline{u}+3\sqrt{\frac{\overline{u}}{n}}$$

$$=4.47917+3\sqrt{\frac{4.47917}{1.3}}=10.04780$$

㉣ $n=1.7$일 때

$$U_{CL}=\overline{u}+3\sqrt{\frac{\overline{u}}{n}}$$

$$=4.47917+3\sqrt{\frac{4.47917}{1.7}}=9.34880$$

여기서 L_{CL}은 모두 음수이므로 고려하지 않는다.

k	시료크기(n)	부적합수	u	U_{CL}	L_{CL}
1	1.0	4	4.00000	10.82838	고려하지 않는다.
2	1.0	5	5.00000		
3	1.0	3	3.00000		
4	1.0	4	4.00000		
5	1.3	7	5.38462	10.04780	
6	1.3	8	6.15385		
7	1.3	9	6.92308		
8	1.3	3	2.30769		
9	1.3	6	4.61538		
10	1.2	6	5.00000	10.27518	
11	1.2	4	3.33333		
12	1.2	3	2.50000		
13	1.7	10	5.88235	9.34880	
14	1.7	6	3.52941		
15	1.7	8	4.70588		
합계	19.2	86.0			

2) 관리도의 작성 및 판정

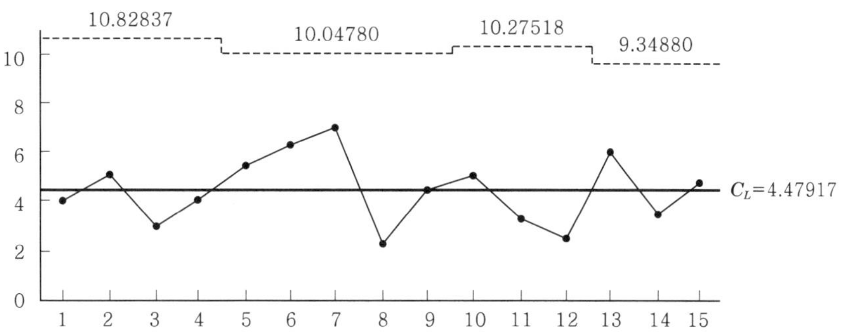

판정> 점이 벗어나거나 습관성이 없으므로 관리도는 관리상태라 할 수 있다.

25 **다음 표에서 나타난 데이터는 어느 직물공장에서 직물에 나타난 흠의 수를 조사한 결과이다. 다음의 물음에 답하시오.**

로트번호		1	2	3	4	5	6	7	8	9	10	11	12	13	14	15	합계
(a) 시료의 수(n)		10	10	15	15	20	20	20	20	20	10	10	10	15	15	15	225
흠의 수	얼룩의 수(개소)	12	16	12	15	21	15	13	32	23	16	17	6	13	22	16	249
	구멍이 난수(개소)	5	3	5	6	4	6	6	8	8	6	4	1	4	6	6	78
	실이 튄 곳의 수(개소)	6	1	6	7	2	7	10	9	9	7	2	1	10	11	8	96
	색상이 나쁜 곳(개소)	10	1	8	10	2	9	8	12	11	11	2	2	9	12	12	119
	기 타	2	–	2	4	–	3	–	2	1	1	–	–	–	1	1	17
	(b) 합계	35	21	33	42	29	40	37	63	52	41	25	10	36	52	43	559
(b) ÷ (a)		3.50	2.10	2.20	2.80	1.45	2.00	1.85	3.15	2.60	4.10	2.50	1.00	2.40	3.47	2.87	

1) 이 데이터로써 관리도를 작성하고자 한다. C_L의 값은 얼마인가? 그리고 n이 10일 경우의 U_{CL} 및 L_{CL}의 값을 구한 후 $n=10$일 때 관리한계를 벗어난 로트번호가 있으면 지적하시오.

① C_L :

② U_{CL} :

③ L_{CL} :

④ 관리한계를 벗어난 로트번호 :

2) 앞의 데이터에서 종류(유형)별로 분류해 놓은 흠의 통계를 가지고 파레토(Pareto)도를 작성하시오.

문제해결의 key point

u 관리도의 데이터는 계수치 데이터이므로 층별하여 부적합수의 현상파악 등을 파레토를 통해 확인할 수 있다.

해설 1) u 관리도

① C_L : $\bar{u} = \dfrac{\Sigma c}{\Sigma n} = \dfrac{559}{225} = 2.48444$

② U_{CL} : $\bar{u} + 3\sqrt{\dfrac{\bar{u}}{n}} = 2.48444 + 3\sqrt{\dfrac{2.48444}{10}} = 3.97976$

③ L_{CL} : $\bar{u} - 3\sqrt{\dfrac{\bar{u}}{n}} = 2.48444 - 3\sqrt{\dfrac{2.48444}{10}} = 0.98912$

④ 관리한계를 벗어난 로트번호 : 10번

2) 파레토도

흠 항목	흠의 수	백분율	누적수	누적 백분율
얼룩의 수	249	44.544	249	44.544
색상이 나쁜 곳	119	21.288	368	65.832
실이 튄 곳의 수	96	17.174	464	83.006
구멍이 난수	78	13.953	542	96.959
기타	17	3.041	559	100
계	559	100		

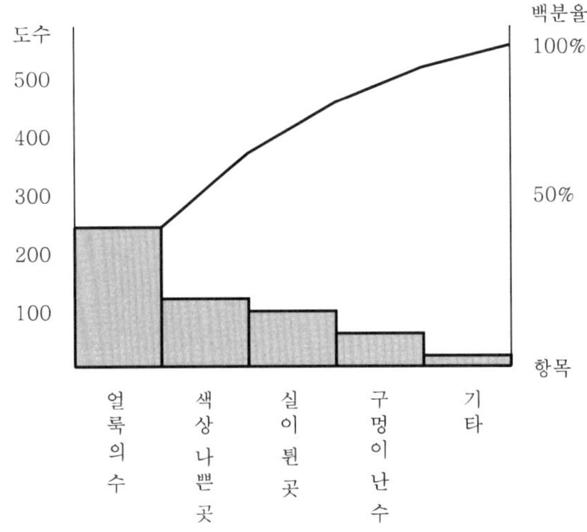

2-2 관리도의 해석 및 조치

01 어떤 회사에서는 제조공정의 공정관리를 관리도를 사용하여 실시하기 시작했다. 그런데 원인불명의 관리한계를 벗어나는 점이 나타나기 때문에 이의 원인규명에 고민하게 되었다. 따라서 사내의 품질관리기사 5명을 소집하여 나왔다. 옳은 의견을 제의한 사람은 누구인가? (단, 답은 복수가 될 수도 있다.)

A 기사 : 원인추구의 방법이 철저하지 못하기 때문이므로 좀 더 확신을 갖고, 다시 한 번 철저하게 원인을 추구할 필요가 없다.
B 기사 : 관리한계로부터 점이 벗어나기는 하였지만 사내 규격으로부터는 벗어나지 않았으므로 원인을 추구할 필요가 없다.
C 기사 : 관리도를 사용하여 공정관리를 해도 원인불명으로 조치를 취할 수 없으므로 종전과 같이 검사에 치중하는 것이 좋겠다.
D 기사 : 공정해석이 불충분할는지도 모르니까 공정해석을 다시 해보기로 하자.
E 기사 : 작업표준이 잘못 되었거나 샘플링방법이 나쁘기 때문인지도 모르니 이것을 재검토 해보자.

해설 D 기사, E 기사

02 관리도를 작성하였을 때 관리도의 중심선에 매우 가까이 점들이 모여 있는 경우나 관리한계선을 벗어나는 점이 반 이상인 경우가 생기는데 이러한 경우는 왜 생기며 또한 어떠한 조치를 취해야 하는지를 간단히 기술하시오.

1) 원인 3가지
2) 조치

해설 1) 원인 : ① 군구분이 잘못되었다.
② 시료채취에 있어 랜덤성에 문제가 있다.
③ 관리한계선의 계산이 잘못되었다.
④ 층별이 잘 되지 않았다.
⑤ 계수값 관리도의 경우 시료군이 너무 크거나, 작다.

2) 조치 : ① 군구분을 명확히 한다.
② 시료채취 방법을 재검토한다.
③ 이상치의 원인을 조사한 후 제거하고 관리한계선을 재계산한다.
④ 층별의 방법을 검토한다.
⑤ 부분군의 크기를 적절히 조정한다.

03

$\bar{x}$ 관리도에서 관리상태가 아닐 때의 모집단, 즉 공정의 변화가 있을 때의 다음 그림에 관하여 간단히 설명하시오.

①

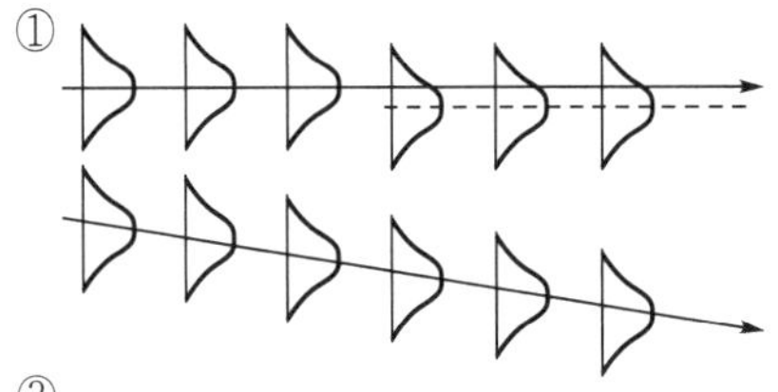

②

③

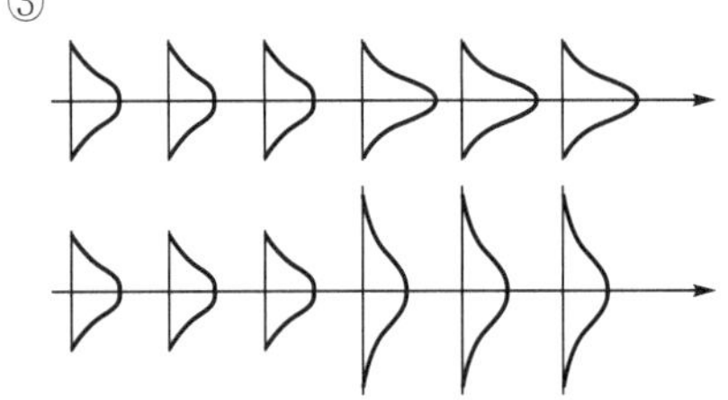

④

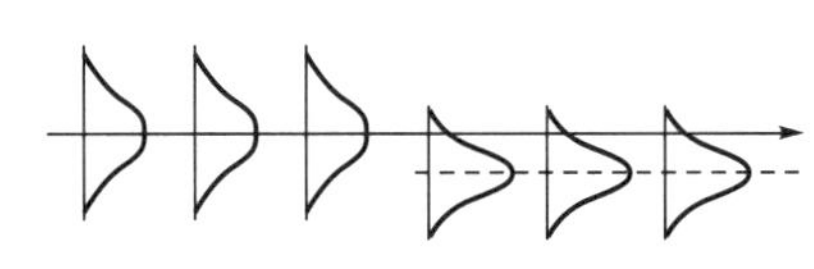

⑤

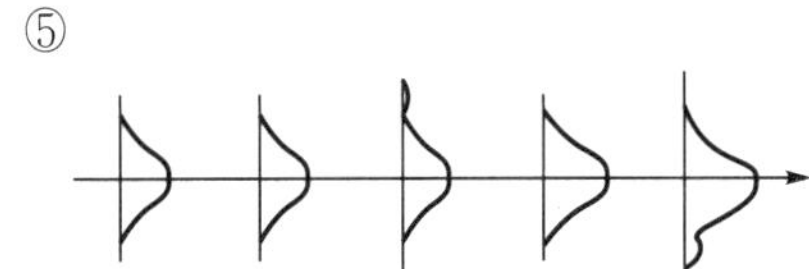

⑤

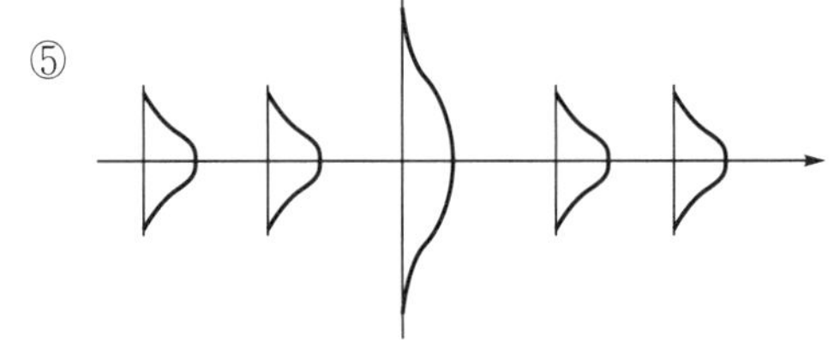

해설 ① 평균치가 계통적으로 변화할 때
② 공정평균이 돌발적으로 변화할 때
③ 표준편차가 계통적으로 변화할 때
④ 평균치나 표준편차가 계통적으로 변화할 때
⑤ 군내에 이상변동이 있을 때
⑥ 표준편차가 돌발적으로 변화할 때

04

KS Q 3251에 기술되어 있는 관리도의 비관리 상태에 대한 판정법 8가지를 간략히 기술하여라.

해설 ① 1점이 영역 A를 넘고 있다.(Out of Control)

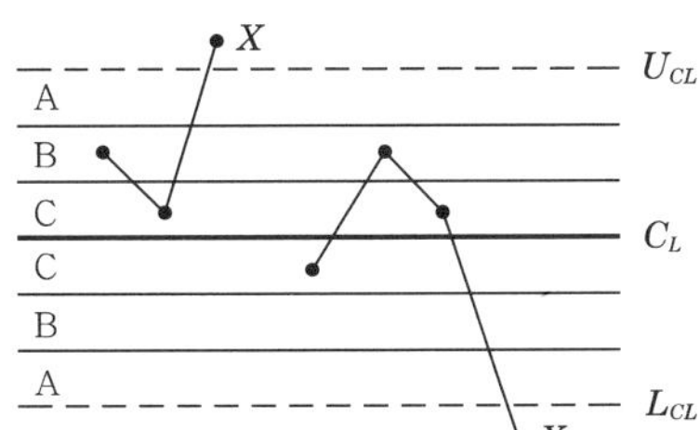

② 9점이 중심선에 대하여 같은 쪽에 있다.(길이 9의 연)

U_{CL}
A
B
C
C_L
C
B
X
A
L_{CL}

③ 6점이 연속적으로 증가 또는 감소하고 있다.(길이 6의 경향)

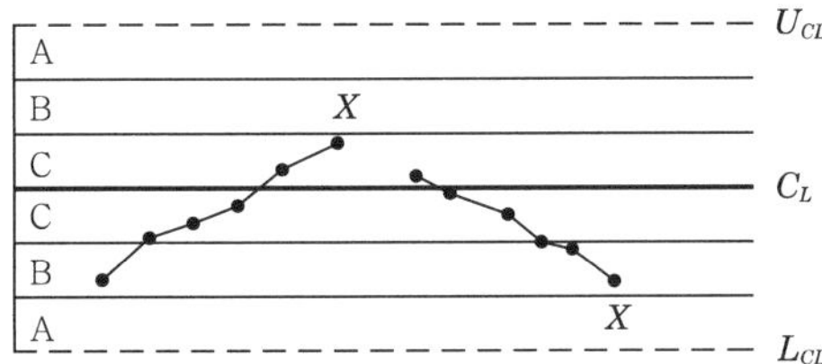

④ 14점이 교대로 증감하고 있다.

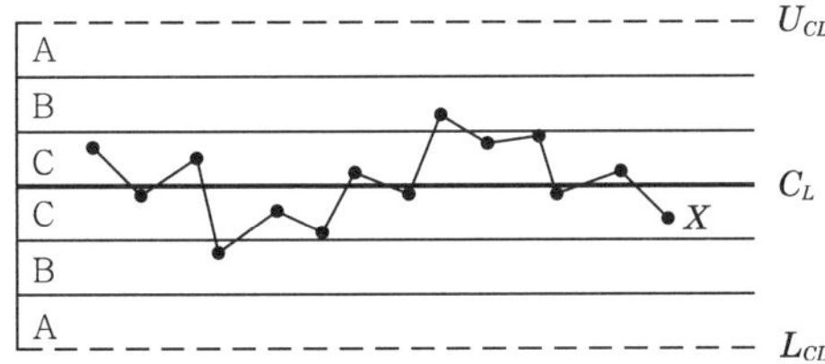

⑤ 연속하는 3점 중 2점이 A영역선 또는 그것을 넘는 영역에 있다.

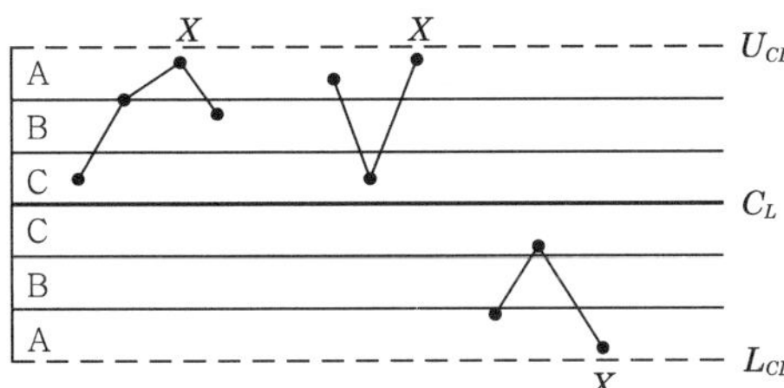

⑥ 연속하는 5점 중 4점이 B영역 또는 그것을 넘는 영역에 있다.

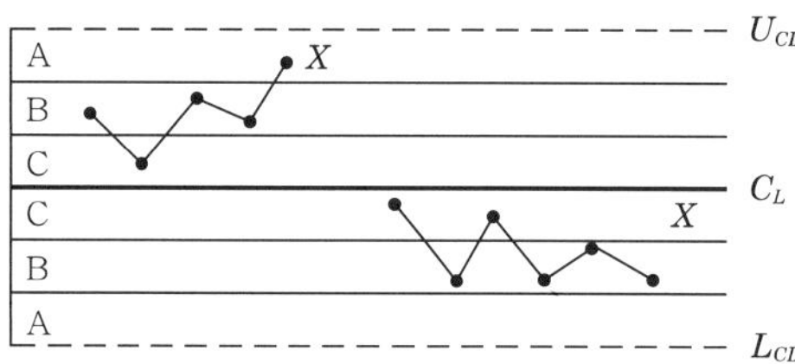

⑦ 연속하는 15점이 영역 C에 존재한다.

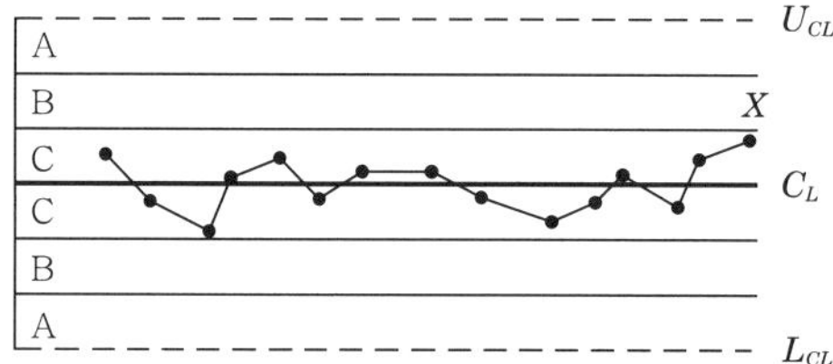

⑧ 연속하는 8점이 상하 관계없이 영역 C를 넘는 영역에 있다.

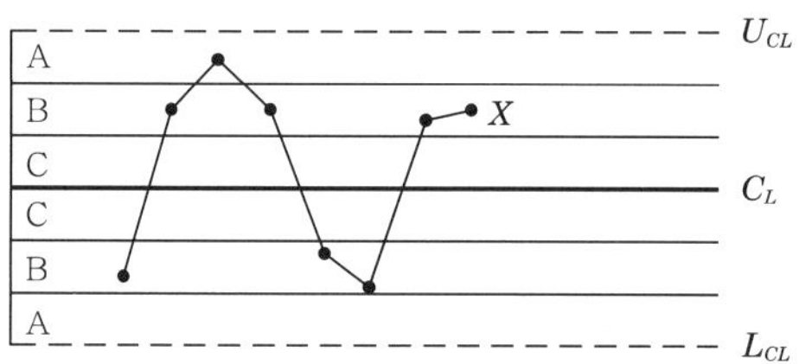

참고 표준상에는 연속하는 8점이나 제1종오류 0.0027을 만족하는 것은 연속 5점이다.

05

$\overline{x}-R$ 관리도에서 $\sigma_{\overline{x}}$ =5.0, σ_b= 4.0이고, σ_w= 6.0일 때의 n값을 구하시오.

문제해결의 key point

$\overline{x}-R$ 관리도에서 평균치 변동 $\sigma_{\overline{x}}^2$은 군내변동의 $\dfrac{1}{n}$과 군간변동의 합성으로 이루어진다. 즉, $\sigma_{\overline{x}}^2 = \dfrac{\sigma_w^2}{n} + \sigma_b^2$ 이다.

**해설** $\sigma_{\overline{x}}^2 = \dfrac{\sigma_w^2}{n} + \sigma_b^2$

$$\therefore\ n = \frac{\sigma_w^2}{\sigma_{\overline{x}}^2 - \sigma_b^2} = \frac{36}{25-16} = 4$$

06 $\bar{x}$ 관리도에서 점의 산포, 즉 $\bar{x}$ 의 변동($\sigma_{\bar{x}}$)은 군간변동(σ_b)과 군내변동(σ_w)의 합성으로 구성되어 있는 변동이다. $n=5$, $k=25$인 어느 $\bar{x}$ 관리도에서 $\bar{R}=1.45$, $\bar{x}$ 의 이동범위 평균 $\bar{R}_m=1.05$일 때 다음 물음에 답하시오.

1) $\bar{x}$ 의 변동($\sigma_{\bar{x}}$)는?
2) 군내변동(σ_w)는?
3) 군간변동(σ_b)는?

문제해결의 key point

$\bar{x}$ 의 산포는 $\bar{x}_i$ 간의 이동범위 $\bar{R}_m$ 을 계산하여 $\hat{\sigma}_{\bar{x}}=\frac{\bar{R}_m}{d_2}$ 으로 추정한다. 이 때 계수 d_2 는 이동범위이므로 $n=2$일 때의 값 1.128을 적용한다.

해설 1) $\sigma_{\bar{x}}=\frac{\bar{R}_m}{d_2}$

$=\frac{1.05}{1.128}=0.93085$

2) $\sigma_w=\frac{\bar{R}}{d_2}$

$=\frac{1.45}{2.326}=0.62339$

3) $\sigma_{\bar{x}}^2=\frac{\sigma_w^2}{n}+\sigma_b^2$

$\sigma_b=\sqrt{\sigma_{\bar{x}}^2-\frac{\sigma_w^2}{n}}$

$=\sqrt{0.93085^2-\frac{0.62339^2}{5}}=0.88812$

07 어느 전기 조립품의 잡음레벨을 관리하고 있다. R관리도의 $C_L=1.59$에서 장기간 관리상태에 있으나 $\bar{x}$ 관리도에서는 관리 밖에 벗어난 것으로 나타났다. 이런 경우 $\bar{x}$ 의 이동범위의 평균치 $\bar{R}_m=1.02$일 때 군간변동 σ_b 와 데이터 전체의 산포 σ_T 는 얼마인가? (단, 부분군의 크기 $n=5$이다.)

문제해결의 Key point

전체 데이터의 산포(또는 개개의 데이터 산포) $\sigma_T^2=\sigma_H^2$은 군내변동과 군간변동의 합성으로 이루어진다. 즉, $\sigma_T^2=\sigma_w^2+\sigma_b^2$이다.

해설 $\sigma_w=\dfrac{\overline{R}}{d_2}=\dfrac{1.59}{2.326}=0.68358$

$\sigma_{\overline{x}}=\dfrac{\overline{R}_m}{d_2}=\dfrac{1.02}{1.128}=0.90426$

① $\sigma_b=\sqrt{\sigma_{\overline{x}}^2-\dfrac{\sigma_w^2}{n}}$

$=\sqrt{0.90426^2-\dfrac{0.68358^2}{5}}=0.85100$

② $\sigma_T=\sqrt{\sigma_w^2+\sigma_b^2}$

$=\sqrt{0.68358^2+0.85100^2}=1.09155$

08 $\sigma_{\overline{x}}=6.72$, $\sigma_b=6.21$일 때 관리계수 C_f를 구하고, 관리상태를 판정하시오. (단, $n=6$)

문제해결의 Key point

관리계수 $C_f=\dfrac{\sigma_{\overline{x}}}{\sigma_w}$로 정의되며 계산 결과 값에 대해 다음과 같이 판정한다.

$C_f \geq 1.2$: 급간변동이 크다.

$0.8 \leq C_f < 1.2$: 관리도는 대체로 관리상태이다.

$C_f < 0.8$: 군구분이 나쁘다.

해설 $\sigma_{\overline{x}}^2=\dfrac{\sigma_w^2}{n}+\sigma_b^2$ 에서

$\sigma_w=\sqrt{(\sigma_{\overline{x}}^2-\sigma_b^2)\times n}$

$=\sqrt{(6.72^2-6.21^2)\times 6}=6.29014$

$\therefore\ C_f=\dfrac{\sigma_{\overline{x}}}{\sigma_w}$

$=\dfrac{6.72}{6.29014}=1.06834$

판정> $0.8 < C_f < 1.2$이므로 관리도는 대체로 관리상태라고 할 수 있다.

09 A철강 회사에서 제품공정의 작업순서에 따라 크기 $n=4$인 시료를 택하여 $\bar{x}-R$ 관리도를 작성하고, 데이터 시트를 만들어 본 결과 $\bar{\bar{x}}=27.0$mm, $\bar{R}=1.02$mm이었다. 다음 물음에 답하시오.

1) 군내변동 σ_w^2를 구하시오.

2) $\sigma_{\bar{x}}^2=0.225$일 때 군간변동 σ_b^2는 얼마인가?

3) 관리계수 C_f를 구한 후 평가하시오.

4) 규격이 25.5~28.0일 때 최대공정능력지수를 계산하시오.

문제해결의 key point

공정능력지수는 자연공차대비 규격 폭의 비율이므로 $C_P=\dfrac{S_U-S_L}{6\sigma_w}$로 정의한다. 공정능력지수의 판정은 다음과 같다.

0등급	$1.67 \le C_P$	공정능력이 매우 충분하다.
1등급	$1.33 \le C_P < 1.67$	공정능력이 충분하다.
2등급	$1.00 \le C_P < 1.33$	공정능력이 보통이다. 관리에 주의를 요한다.
3등급	$0.67 \le C_P < 1.00$	공정능력이 부족하다. 공정개선이 필요하다.
4등급	$C_P < 0.67$	공정능력이 매우 부족하다. 공정을 재검토한다.

해설 1) 군내변동의 계산

$$\sigma_w^2=\left(\frac{\bar{R}}{d_2}\right)^2=\left(\frac{1.02}{2.059}\right)^2=0.24541$$

2) 군간변동의 계산

$$\sigma_{\bar{x}}^2=\frac{\sigma_w^2}{n}+\sigma_b^2$$

$$\sigma_b^2=\sigma_{\bar{x}}^2-\frac{\sigma_w^2}{n}$$

$$=0.225-\frac{0.24541}{4}=0.16365$$

3) 관리계수

$$C_f=\frac{\sigma_{\bar{x}}}{\sigma_w}=\frac{\sqrt{0.225}}{\sqrt{0.24541}}=0.95752$$

$0.8 \le C_f < 1.2$이므로 관리도는 대체로 관리상태라 할 수 있다.

4) 최대공정능력지수

$$C_P=\frac{S_U-S_L}{6\,\sigma_w}=\frac{28.0-25.5}{6\sqrt{0.24541}}=0.84109$$

$0.67 \le C_P < 1$이므로 최대공정능력은 3등급이며 공정능력이 부족하다.

10

$\bar{x}$ 의 표준편차 $\sigma_{\bar{x}}$ =5.57이고, 군간변동 σ_b=5.20, n=5일 때 다음 물음에 답하시오.

1) 개개의 데이터 변동 σ_T는?
2) 판정을 위하여 관리계수 C_f를 구하고, 평가하시오.
3) 규격이 120±15일 때 C_P 와 P_P를 구하시오.

문제해결의 Key point

공정성능지수 P_P는 전체변동을 고려한 장기적 상태에서 나타나는 현실적 공정능력을 뜻하며 $P_P=\dfrac{S_U-S_L}{6\sigma_T}$로 계산한다. 여기서 $\sigma_T=\sqrt{\sigma_b^2+\sigma_w^2}$ 이다.

해설 1) 개개의 변동(σ_T)

$$\sigma_{\bar{x}}^2=\frac{\sigma_w^2}{n}+\sigma_b^2$$

$$\sigma_w=\sqrt{n(\sigma_{\bar{x}}^2-\sigma_b^2)}$$

$$=\sqrt{5\times(5.57^2-5.20^2)}=4.46369$$

$$\sigma_T=\sqrt{\sigma_b^2+\sigma_w^2}$$

$$=\sqrt{5.20^2+4.46369^2}=6.85307$$

2) 관리계수

$$C_f=\frac{\sigma_{\bar{x}}}{\sigma_w}=\frac{5.57}{4.46369}=1.24785$$

$C_f>1.2$이므로 급간변동이 크다.

3) 공정능력지수(C_P)와 공정성능지수(P_P)

① 공정능력지수

$$C_P=\frac{S_U-S_L}{6\sigma_w}$$

$$=\frac{135-105}{6\times4.46369}=1.12015$$

② 공정성능지수

$$P_P=\frac{S_U-S_L}{6\sigma_T}$$

$$=\frac{135-105}{6\times6.85307}=0.72960$$

11 어떤 제품을 생산하는 공정이 있다. 이 제품에 대한 치수의 규격은 750±40mm라고 한다. 그런데 많은 부적합품(재손질 및 폐기처리 제품)이 발생되고 있으므로, 관리도를 활용하여 공정을 해석하고 안정된 상태로 관리하고자 다음과 같은 예비 데이터를 얻었다. 다음 물음에 답하시오.

k	x_1	x_2	x_3	x_4	x_5	$\bar{x}$	R
1	772	804	779	719	777	770.2	85
2	756	787	733	742	734	750.4	54
3	756	773	722	760	745	751.2	51
4	744	780	754	774	774	765.2	36
5	802	726	748	758	744	755.6	76
6	783	807	791	762	757	780.0	50
7	747	766	753	758	767	758.2	20
8	788	750	784	769	762	770.6	38
9	757	747	741	746	747	747.6	16
10	713	730	710	705	727	717.0	25
11	780	730	752	735	751	749.6	50
12	746	727	763	734	730	740.0	36
13	749	762	778	787	771	769.4	38
14	771	758	769	770	771	767.8	13
15	771	758	769	770	771	767.8	13
16	767	769	770	794	786	777.2	27
합계						12137.8	628

1) 데이터에 의하여 $\bar{x}-R$ 관리도를 그리기 위한 관리한계를 각각 계산하고, 관리한계를 벗어난(out of control) 점들을 지적하여라.

2) 1)에서 관리한계를 벗어난 점들에 대하여 각각 그 원인을 조사하여 개선조치를 취하였다고 하자. 이 점들을 제외한 $\bar{\bar{x}}'$, $\bar{R}'$로부터 각각 표준값 μ_0 및 σ_0를 설정하고, 다음 달을 위한 관리용 관리도의 관리한계를 미리 설정하고자 한다. $\bar{x}$ 관리도의 관리한계선(목표 관리한계)를 구하여라.

문제해결의 Key point

관리용 관리도(표준값이 설정된 관리도)를 작성할 때에는 관리한계를 벗어난 점에 대해 원인을 규명하여 조치를 취하고, 그 군을 제거한 후 우연변동으로만 관리한계선을 작성하도록 한다. 따라서 R 관리도가 관리상태인 경우에 한해서 $\bar{x}$관리도의 해석이 의미가 있다. 이 문제는 R 관리도에서 1번째 군의 R_1 점이 관리상한선을 이탈하므로 1군을 제거한 후 R 관리도를 재작성하면 관리상태가 된다. 이 상태에서 $\bar{x}$관리도를 작성하면 6번째 군과 10번째 군이 관리상하한선을 이탈하므로 제거 후 $\bar{x}-R$ 관리도를 작성하여 관리상태가 되면 $\bar{\bar{x}}'$, $\bar{R}'$을 표준값 μ' 및 σ'를 설정한다.

해설 1) 해석용관리도의 관리선의 계산

① $\bar{x}$ 관리도

$$C_L = \bar{\bar{x}} = \frac{\Sigma \bar{x}_i}{k} = \frac{12137.8}{16} = 758.61250$$

$$U_{CL} = \bar{\bar{x}} + A_2 \bar{R}$$
$$= 758.6125 + 0.577 \times 39.25 = 781.25975$$

$$L_{CL} = \bar{\bar{x}} - A_2 \bar{R}$$
$$= 758.6125 - 0.577 \times 39.25 = 735.96525$$

② R관리도

$$C_L = \bar{R} = \frac{\Sigma R_i}{k} = \frac{628}{16} = 39.25$$

$$U_{CL} = D_4 \bar{R} = 2.114 \times 39.25 = 82.9745$$

$L_{CL} = D_3 \bar{R}$: $n \le 6$이므로 고려하지 않는다.

③ 관리도의 판정

$\bar{x}$ 관리도에서는 10번, R 관리도에서는 1번이 관리한계선 밖에 점이 존재하므로 비관리상태이다.

2) 관리용 관리도의 작성

① 1번째 군을 제거한 후의 재작성된 $\bar{x}-R$ 관리도

㉠ R 관리도의 재작성

$$C_L = \bar{R}' = \frac{\Sigma R_i - R_1}{k - k_d}$$
$$= \frac{628 - 85}{16 - 1} = 36.2$$

$$U_{CL} = D_4 \bar{R} = 2.114 \times 36.2 = 76.5268$$

$L_{CL} = D_3 \bar{R}$: $n \le 6$ 이므로 고려하지 않는다.

따라서 R관리도는 관리상태이다.

㉡ $\bar{x}$ 관리도의 재작성

$$C_L = \bar{\bar{x}}' = \frac{\Sigma \bar{x}_i - \bar{x}_1}{k - k_d}$$
$$= \frac{12137.8 - 770.2}{16 - 1} = 757.84$$

$$U_{CL} = \bar{\bar{x}}' + A_2 \bar{R}'$$
$$= 757.84 + 0.577 \times 36.2 = 778.7274$$

$L_{CL} = \overline{\overline{x}}' - A_2\overline{R}'$

$= 757.84 - 0.577 \times 36.2 = 736.9526$

따라서 6번째 군의 평균은 관리상한선을, 10번째 군의 평균은 관리하한선을 이탈하므로 비관리상태이다.

② 1번째, 6번째, 10번째 군을 제거한 후의 재작성된 $\overline{x}-R$ 관리도

㉠ R관리도의 재작성

$$C_L = \overline{R}'' = \frac{\Sigma R_i - R_1 - R_6 - R_{10}}{k - k_d}$$

$$= \frac{628 - 85 - 50 - 25}{16 - 3} = 36$$

$U_{CL} = D_4\overline{R}'' = 2.114 \times 36 = 76.104$

$L_{CL} = D_3\overline{R}''$: $n \leq 6$ 이므로 고려하지 않는다.

따라서 R관리도는 관리상태이다.

㉡ $\overline{x}$ 관리도의 재작성

$$C_L = \overline{\overline{x}}'' = \frac{\Sigma \overline{x}_i - \overline{x}_1 - \overline{x}_6 - \overline{x}_{10}}{k - k_d}$$

$$= \frac{12137.8 - 770.2 - 780.0 - 717.0}{16 - 3} = 759.27692$$

$U_{CL} = \overline{\overline{x}}'' + A_2\overline{R}''$

$= 759.27692 + 0.577 \times 36.0 = 780.04892$

$L_{CL} = \overline{\overline{x}}'' - A_2\overline{R}''$

$= 759.27692 - 0.577 \times 36.0 = 738.50492$

따라서 $\overline{x}$관리도는 관리상태이다.

③ 관리용 관리도의 표준값의 설정

Out of control 인 1군, 6군, 10군의 데이터를 제거하고 다시 계산하여 표준값을 설정한다.

㉠ 모평균값(μ_0)

$$\mu_0 = \overline{\overline{x}}'' = \frac{12137.8 - 770.2 - 780.0 - 717.0}{16 - 3} = 759.27692$$

㉡ 모표준편차(σ_0)

$$\sigma_0 = \frac{\overline{R}''}{d_2} = \frac{(628 - 85 - 50 - 25)/(16 - 3)}{2.326} = 15.47721$$

㉢ 평균값($\overline{x}$)관리도의 관리한계선

$U_{CL}' = \mu_0 + A\sigma_0$

$= 759.27692 + 1.342 \times 15.47721 = 780.04734$

$L_{CL}' = \mu_0 - A\sigma_0$

$= 759.27692 - 1.342 \times 15.47721 = 738.50650$

㉣ 범위(R) 관리도의 관리한계선

$U_{CL}' = D_2\sigma_0 = 4.918 \times 15.47721 = 76.11692$

L_{CL}'은 $n \leqq 6$의 경우 음의 값이므로 고려하지 않는다.

12 전기 헤어드라이어 송풍장치를 생산하는 Y업체에서 크기 300개의 부분군 25개를 구하여 부적합품률 관리도를 작성하여 보니, 19번째 군이 관리상한선을 이탈하는 비관리상태로 판명되었다. 원인을 규명하여 보니 접촉 불량에 의한 문제가 발생한 것으로 이를 시정조치하고 관리도를 재작성하려고 한다. 재작성된 부적합품률 관리도의 관리선(중심선 및 관리한계선)을 구하시오. (단, 25개 부분군의 부적합품수의 총합은 138개이고 19번째 부분군의 부적합품수는 16개이다.)

해설 ① 중심선

$$CL' = \bar{p}' = \frac{\Sigma np - np_d}{\Sigma n - n_d} = \frac{138-16}{7{,}500-300} = 0.01694$$

② 관리한계선

$$UCL' = \bar{p}' + 3\sqrt{\frac{\bar{p}'(1-\bar{p}')}{n}} = 0.01694 + 3\sqrt{\frac{0.01694 \times 0.98306}{300}} = 0.03929$$

$$LCL' = \bar{p}' - 3\sqrt{\frac{\bar{p}'(1-\bar{p}')}{n}} = 0.01694 - 3\sqrt{\frac{0.01694 \times 0.98306}{300}} = -0.00541$$

(단, L_{CL}은 음의값이므로 고려하지 않는다.)

2-3 관리도의 성능 및 활용

01 $n=4$인 어떤 $\bar{x}$ 관리도에서 $U_{CL}=176.5$, $L_{CL}=173.5$이었다. 현재 공정의 표준편차는 $\sigma=1.0$으로서 관리상태하에 있으나 공정의 평균치가 $\mu=176$으로 변화했을 경우, 부분군의 평균치 $\bar{x}$를 1개 타점 시킬 때 관리한계선 안에 포함될 확률(P_a)을 계산하시오.

문제해결의 key point

공정관리용 관리도로 공정을 관리하고 있을 때 평균치는 변하고 표준편차가 일정할 경우 관리도의 제2종 오류 β에 관한 문제이다. 이러한 관리도의 검출력이나 제2종 오류의 문제는 Out of Control의 경우를 고려하여 U_{CL}, L_{CL}을 벗어나는 양쪽의 확률을 계산하는 것이 원칙이다. 그러나 공정평균이 상향 이동시에는 L_{CL}을 벗어나는 확률이 거의 0에 가깝고, 하향 이동시에는 U_{CL}을 벗어나는 확률이 거의 0에 가깝게 되므로, 공정의 평균이 이상원인의 영향으로 치우침이 발생하는 경우 치우침이 있는 쪽의 관리한계선을 벗어나는 경우만 고려해도 현실적인 검출력을 구할 수 있다.

해설 공정의 평균치가 $\mu=176$으로 변화했을 경우에 검출되지 않을 확률이므로

$$\begin{aligned} P_a &= \Pr(L_{CL} < \bar{x} < U_{CL}) = 1 - P(\bar{x} \ge U_{CL}) - P(\bar{x} \le L_{CL}) \\ &= 1 - P\left(z \ge \frac{176.5-176}{1.0/\sqrt{4}}\right) - P\left(z \le \frac{173.5-176}{1.0/\sqrt{4}}\right) \\ &= 1 - P(z \ge 1.0) - P(z \le -5.0) \\ &= 1 - 0.1587 - 0 = 0.8413 \end{aligned}$$

02 $U_{CL}=18.7$, $L_{CL}=13.7$, $n=4$인 $\bar{x}$ 관리도가 있다. 만약 공정의 분포가 $N(15,\ 2^2)$이라면 이 3σ 관리도에서 1점 타점 시 $\bar{x}$가 관리한계선 밖으로 나갈 확률은 얼마인가?

문제해결의 key point

공정관리용 관리도로 공정을 관리하고 있을 때 평균치는 15로 변하고 표준편차가 2로 변화한 경우의 관리도의 검출력에 관한 문제이다.

해설

$$\begin{aligned}1-\beta &= \Pr(\bar{x} \ge U_{CL}) + \Pr(\bar{x} \le L_{CL}) \\ &= \Pr\left(z \ge \frac{18.7-15}{2/\sqrt{4}}\right) + \Pr\left(z \le \frac{13.7-15}{2/\sqrt{4}}\right) \\ &= \Pr(z \ge 3.7) + \Pr(z \le -1.3) \\ &= 0.00011 + 0.0968 = 0.09691\end{aligned}$$

03 어떤 제조공정의 중요한 품질특성치는 인장강도이며, 지금까지의 특성치 분포는 $N(100,\ 2^2)$이었다. 최근 원료의 일부가 바뀌어 공정의 인장강도 평균이 2kg/mm^2만큼 높아졌다면 이 공정에서 3σ 관련 기법으로 사용하고 있는 $n=4$의 $\bar{x}$ 관리도상에서 1점 타점 시 검출력은 얼마나 되겠는가? (단, 산포는 변화하지 않았다.)

문제해결의 key point

공정관리용 관리도로 공정을 관리하고 있을 때 평균치는 102로 변하고, 표준편차가 2로 일정한 경우의 $\bar{x}$관리도의 검출력에 관한 문제이다.

해설

$$\begin{aligned}1-\beta &= \Pr(\bar{x} \ge U_{CL}) + \Pr(\bar{x} \le L_{CL}) \\ &= \Pr\left(z \ge \frac{U_{CL}-\mu'}{\sigma/\sqrt{n}}\right) + 0 \\ &= \Pr\left(z \ge \frac{\left(100+3\times\frac{2}{\sqrt{4}}\right)-102}{2/\sqrt{4}}\right) \\ &= \Pr(z \ge 1.0) = 0.1587\end{aligned}$$

참고 상향 이동시 L_{CL}을 벗어날 확률은 0이다.

04 $\bar{x}$ 관리도에서 $U_{CL}=43.42$, $L_{CL}=16.58$, $n=5$이다. 만약 이 관리도에서 공정의 분포가 $N(30,\ 10^2)$이라면 이 관리도에서 $\bar{x}$가 관리한계선 밖으로 나올 확률은 얼마인가? 또한 평균이 34로 증가할 경우 1점 타점 시 검출력은 얼마인가?

문제해결의 key point

공정에 변화가 없을 경우 관리한계선을 벗어날 확률은 검출력이 아니고 제1종 오류가 되며, 공정평균이 변화하는 경우는 이상원인의 영향으로 목표치를 벗어나는 경우가 되므로 검출력이 형성된다. 또한 z 통계량의 계산시 정규분포표가 소수점 2자리까지 확률값을 부여하고 있으므로 소수점 2째자리로 수치맺음을 하도록 한다.

해설 1) 공정평균의 변화가 없을 경우의 제1종 오류

$$\alpha = \Pr(\bar{x} \ge U_{CL}) + \Pr(\bar{x} \le L_{CL})$$
$$= \Pr\left(z \ge \frac{U_{CL} - \mu}{\sigma/\sqrt{n}}\right) + \Pr\left(z \le \frac{L_{CL} - \mu}{\sigma/\sqrt{n}}\right)$$
$$= \Pr\left(z \ge \frac{43.42 - 30}{10/\sqrt{5}}\right) + \Pr\left(z \le \frac{16.58 - 30}{10/\sqrt{5}}\right)$$
$$= \Pr(z \ge 3.00) + \Pr(z \le -3.00)$$
$$= 0.00135 + 0.00135 = 0.0027$$

2) 공정평균이 34로 변화(증가)한 경우의 검출력

$$1 - \beta = \Pr(\bar{x} \ge U_{CL}) + \Pr(\bar{x} \le L_{CL})$$
$$= \Pr\left(z \ge \frac{U_{CL} - \mu'}{\sigma/\sqrt{n}}\right) + 0$$
$$= \Pr\left(z \ge \frac{43.42 - 34}{10/\sqrt{5}}\right)$$
$$= \Pr(z \ge 2.11)$$
$$= 0.0174$$

05 어느 공정특성을 x 관리도, $\bar{x} - R$ 관리도($n = 5$)를 병용하여 양자의 검출력을 비교하고 있다. 각 관리도별 관리선은 다음과 같으며, 각 관리도별 공정평균이 95가 되었을 때 타점시킨 점 한 개가 관리한계 밖으로 나갈 확률은 얼마인가? (단, R관리도는 관리상태이다.)

x 관리도	$C_L = 100.0$	$U_{CL} = 130.0$	$L_{CL} = 70.0$
$\bar{x}$ 관리도	$C_L = 100.0$	$U_{CL} = 113.4$	$L_{CL} = 86.6$
R 관리도	$C_L = 23.3$	$U_{CL} = 49.3$	L_{CL} =고려치 않음

1) x 관리도
2) $\bar{x}$ 관리도
3) R 관리도

문제해결의 key point

공정평균이 5가 적어진 경우로 $\overline{x}$ 관리도의 경우 $D(\overline{x})=\sigma/\sqrt{n}$, x 관리도의 경우 $D(x)=\sigma$ 이므로 계산방식을 비교하여 익혀두도록 한다.
R 관리도는 산포의 변화가 없으므로, $\overline{x}$ 관리도는 산포가 변화하지 않은 경우로 볼 수 있으며 R 관리도의 검출력은 관리상한쪽의 제1종 오류가 된다.

해설 1) x 관리도의 검출력

$$3\sigma_x=\frac{U_{CL}-L_{CL}}{2}=\frac{130-70}{2}=30 \rightarrow \sigma_x=10$$

$$\begin{aligned}1-\beta&=\Pr(x \geq U_{CL})+\Pr(x \leq L_{CL})\\&=\Pr\left(z \geq \frac{U_{CL}-\mu'}{\sigma}\right)+\Pr\left(z \leq \frac{L_{CL}-\mu'}{\sigma}\right)\\&=0+\Pr\left(z \leq \frac{70.0-95}{10}\right)\\&=\Pr(z \leq -2.5)\\&=0.0062\end{aligned}$$

2) $\overline{x}$ 관리도의 검출력
같은 공정 특성이므로 $\mu=95$, $\sigma=10$이다.

$$\begin{aligned}1-\beta&=\Pr(\overline{x} \geq U_{CL})+\Pr(\overline{x} \leq L_{CL})\\&=0+\Pr\left(z \leq \frac{L_{CL}-\mu'}{\sigma/\sqrt{n}}\right)\\&=\Pr\left(z \leq \frac{86.6-95}{10/\sqrt{5}}\right)\\&=\Pr(z \leq -1.88)\\&=0.0301\end{aligned}$$

참고 1), 2)항을 비교해 보면 $\overline{x}$ 관리도가 검출력이 더 좋은 것을 알 수 있다.

3) R 관리도는 관리상태이므로(변하지 않았으므로) 검출력은 의미가 없다.
$\alpha=0.135\%$ (L_{CL}은 고려하지 않으므로 U_{CL} 쪽으로만 제1종 오류가 발생된다.)

[풀이법]

$$\begin{aligned}1-\beta&=\Pr(R \geq U_{CL})+\Pr(R \leq L_{CL})\\&=\Pr\left(z \geq \frac{U_{CL}-\overline{R}}{D(\overline{R})}\right)=\Pr\left(z \geq \frac{D_4\overline{R}-\overline{R}}{d_3\sigma}\right)\\&=\Pr\left(z \geq \frac{\left(1+3\frac{d_3}{d_2}\right)\overline{R}-\overline{R}}{d_3\times\frac{\overline{R}}{d_2}}\right)=\Pr(z>3.0)=0.00135\end{aligned}$$

06 $n=4$인 3σ 법 $\overline{x}-R$ 관리도에서 평균이 1.5σ 만큼 상향 이동되었다. 1점 타점 시 검출력을 구하시오. (단, $\sigma'=\sigma$로 산포는 변화하지 않은 경우이다.)

문제해결의 Key point

$\overline{x}$ 관리도의 검출력 문제에서 관리한계선을 $\pm 3\sigma$(조치선)로 설정한 경우 관리한계선은 $\mu \pm 3\dfrac{\sigma}{\sqrt{n}}$ 가 된다. 공정평균 μ'는 1.5σ 만큼 상향 이동되었으므로 $\mu' = \mu + 1.5\sigma$ 이다.

해설

$$1-\beta = \Pr(\overline{x} \geq U_{CL}) + \Pr(\overline{x} \leq L_{CL})$$
$$= \Pr\left(z \geq \frac{U_{CL} - \mu'}{\sigma/\sqrt{n}}\right) + 0$$
$$= \Pr\left(z \geq \frac{(\mu + 3\sigma/\sqrt{n}) - (\mu + 1.5\sigma)}{\sigma/\sqrt{n}}\right)$$
$$= \Pr(z \geq 3 - 1.5\sqrt{4}) = \Pr(z \geq 0) = 0.5$$

07 어느 공정에서 data를 뽑아 특성치를 관리하려고 한다. 그런데 이 공정은 정규분포를 따르며, 평균치가 130, 표준편차가 14.8이다. $n=4$인 data를 15조 뽑아 $\overline{x}$ 관리도를 2σ 법으로 작성하였다. $U_{CL}=144.8$, $L_{CL}=115.2$이고, 제조제품의 규격은 113.5~144.5로 주어졌다. 다음 물음에 답하시오.

1) 규격 밖으로 벗어날 제품의 비율은 얼마인가?
2) 만일 공정평균이 U_{CL} 쪽으로 1σ 만큼 변화하였다면, 이때 1점 타점 시 검출력은 얼마인가?

문제해결의 Key point

규격을 벗어나는 제품의 비율은 로트의 부적합품률을 구하는 문제이다. $\overline{x}$ 관리도의 검출력을 계산하는 경우 $D(\overline{x}) = \sigma/\sqrt{n}$ 이지만, 로트의 부적합품률의 경우 개개의 제품이 갖는 산포가 $D(x) = \sigma$이므로 계산방식에 주의를 기울여야 한다.

또한 2)항의 경우 관리한계선을 $\pm 2\sigma$의 경고한계선으로 설정되었으므로 관리한계선은 $\overline{x} \pm 2\dfrac{\sigma}{\sqrt{n}}$ 가 되고, 공정평균 μ'는 1σ 만큼 상향 이동되었으므로 $\mu' = \mu + \sigma$ 이다.

해설 1) 부적합품의 비율

$$P(\%) = \Pr(x < S_L) + \Pr(x > S_U)$$
$$= \Pr\left(z < \frac{S_L - \mu}{\sigma}\right) + \Pr\left(z > \frac{S_U - \mu}{\sigma}\right)$$
$$= \Pr\left(z < \frac{113.5 - 130}{14.8}\right) + \Pr\left(z > \frac{144.5 - 130}{14.8}\right)$$
$$= \Pr(z < -1.11486) + \Pr(z > 0.97973)$$
$$= 0.1635 + 0.1335 = 0.2970 \rightarrow 29.7\%$$

2) $\bar{x}$ 관리도의 검출력

공정평균 $\mu' = \mu + \sigma = 130 + 14.8 = 144.8$로 상향 이동된 경우로 관리하한선을 벗어나는 확률은 거의 0이 된다.

$$1-\beta = \Pr(\bar{x} \geq U_{CL}) + \Pr(\bar{x} \leq L_{CL})$$
$$= \Pr\left(z \geq \frac{144.8 - 144.8}{14.8/\sqrt{4}}\right) + 0$$
$$= \Pr(z \geq 0) = 0.5$$

08 $n=4$인 경고선(Warning Limit)을 적용하는 $\bar{x}-s$ 관리도에서 평균이 1σ 만큼 상향 이동되었다. 1점 타점시 검출력을 구하시오. (단, s 관리도는 관리상태이다.)

문제해결의 Key point

$\bar{x}-s$ 관리도의 검출력 계산의 경우는 $\bar{x}-R$ 관리도와 특별한 차이는 없다. $\bar{x}$ 관리도의 관리한계선을 $\pm 2\sigma$(경고 한계)로 설정하었으므로 관리한계선은 $\bar{x} \pm 2\frac{\sigma}{\sqrt{n}}$가 되고, 공정평균 μ'는 1σ 만큼 상향 이동되었으므로 $\mu' = \mu + \sigma$ 이다.

해설 상향 이동된 공정평균 $\mu' = \mu + \sigma$이므로

$$1-\beta = \Pr(\bar{x} \geq U_{CL}) + \Pr(\bar{x} \leq L_{CL})$$
$$= \Pr\left(z \geq \frac{U_{CL} - \mu'}{\sigma/\sqrt{n}}\right) + 0$$
$$= \Pr\left(z \geq \frac{\left(\mu + 2\frac{\sigma}{\sqrt{n}}\right) - (\mu + 1\sigma)}{\sigma/\sqrt{n}}\right)$$
$$= P_r(z \geq 2 - \sqrt{n}) = \Pr(z \geq 0) = 0.5$$

09 군으로 시료 크기가 동일하게 $n=100$인 관리용 p 관리도의 $U_{CL}=0.15$이고, L_{CL}은 고려하지 않는다고 할 때, 공정의 부적합품률 $\bar{p}=0.13$으로 계산되었다면 1점을 타점시킬 때 시료 부적합품률이 관리한계를 넘어갈 확률은 얼마인가?

문제해결의 Key point

p 관리도의 검출력에 관한 사항으로 이항분포의 정규분포 근사법을 이용한다. 즉, $E(p)=P$이고, $D(p)=\sqrt{\frac{P(1-P)}{n}}$ 이다. 다만 검출력의 계산 시 관리하한선을 고려하지 않으므로 관리상한선을 벗어나는 경우만 고려한다.

해설 변화된 공정 부적합품률은 $\bar{p}'=0.13$이다.

$$1-\beta=\Pr(p \geq U_{CL})$$
$$=\Pr\left(z \geq \frac{U_{CL}-\bar{p}'}{\sqrt{\frac{\bar{p}'(1-\bar{p}')}{n}}}\right)$$
$$=\Pr\left(z \geq \frac{0.15-0.13}{\sqrt{\frac{0.13\times(1-0.13)}{100}}}\right)=\Pr(z \geq 0.59)$$
$$=0.2776$$

10 어떤 제조공정에서 샘플의 크기 $n=200$인 2σ 관리한계를 가진 p 관리도를 적용하기 위해 조사한 공정 평균 부적합품률 $\bar{p}=0.04$이었다. 다음 물음에 답하시오.

1) U_{CL}과 L_{CL}을 구하시오.

2) 이때 제1종 오류를 범할 확률은 얼마인가?

문제해결의 key point

p 관리도의 관리한계선이 경고한계선($\pm 2\sigma$)으로 설정된 경우이다. 그러므로 관리상하한은 $\bar{p}\pm 2\sqrt{\frac{\bar{p}(1-\bar{p})}{n}}$로 계산하여야 한다.

해설 1) 관리상하한의 계산

$$U_{CL}=\bar{p}+2\sqrt{\frac{\bar{p}(1-\bar{p})}{n}}$$
$$=0.04+2\sqrt{\frac{0.04\times 0.96}{200}}=0.06771$$
$$L_{CL}=\bar{p}-2\sqrt{\frac{\bar{p}(1-\bar{p})}{n}}$$
$$=0.04-2\sqrt{\frac{0.04\times 0.96}{200}}=0.01229$$

2) 제1종 오류

$$\alpha=1-\Pr(L_{CL}\leqq p \leqq U_{CL})$$
$$=\Pr(p \geqq U_{CL})+\Pr(p \leqq L_{CL})$$
$$=\Pr\left(z \geq \frac{0.06771-0.04}{\sqrt{\frac{0.04\times 0.96}{200}}}\right)+\Pr\left(z \leq \frac{0.01229-0.04}{\sqrt{\frac{0.04\times 0.96}{200}}}\right)$$
$$=\Pr(z \geq 2.0)+\Pr(z \leq -2.0)$$
$$=0.0228+0.0228=0.0456$$

따라서 2σ법 관리도의 제1종 오류는 4.56%이다.

11 부적합품률 관리도로서 공정을 관리할 경우, 공정 부적합품률이 $P=0.02$에서 $P'=0.07$로 변했을 때 이를 1회의 샘플로서 탐지할 확률이 0.5 이상이 되도록 하기 위해서는 샘플의 크기가 대략 얼마 이상으로 하여야 하는가? (단, 정규분포 근사값을 사용하시오.)

 문제해결의 Key point

p 관리도의 경우에는 이상원인이 발생한다면 관리상한선을 벗어날 확률이 검출력으로 정의된다. 이때 주의하여야 할 점은 평균불량률이 변하면 이항분포에서 표준편차도 평균불량률에 따라서 변하게 된다는 것을 유의하여 계산하도록 한다.
다른 계산방법은 검출력 50%라는 것에 유의하면 변화된 공정불량률이 관리상한선과 일치하므로, $P'=U_{CL}$ 즉 $P'=P\pm3\sqrt{\frac{P(1-P)}{n}}$로 놓고 시료 n에 관하여 풀어도 가능하다.

해설 ① 검출력이 50%이면

$$1-\beta=\Pr(z\geq 0.0)=0.5$$

② 공정 부적합품률이 커졌으므로 U_{CL}쪽으로의 검출확률을 검토하면

$$1-\beta=\Pr(p\geq U_{CL})$$

$$=\Pr\left(z\geq\frac{\left(0.02+3\sqrt{\frac{0.02\times0.98}{n}}\right)-0.07}{\sqrt{\frac{0.07\times0.93}{n}}}\right)=0.50$$

③ ②항에서 검출력 50%인 경우 $z=0$이 되므로

$$\frac{\left(0.02+3\sqrt{\frac{0.02\times0.98}{n}}\right)-0.07}{\sqrt{\frac{0.07\times0.93}{n}}}=0 \text{에서}$$

$$0.02+3\sqrt{\frac{0.02\times0.98}{n}}=0.07$$

$$\therefore\ n=\left(\frac{3}{0.05}\right)^2\times0.02\times0.98=70.56\rightarrow 71\text{개}$$

12 공정 부적합품률이 $\bar{p}=0.03$인 공정에 p관리도를 적용하고 있다. 이 공정 부적합품률이 0.05로 변화할 때 이 변화를 1회의 샘플로써 탐지하는 확률이 0.5가 되기를 원한다면 샘플의 크기는 얼마나 되어야 하는가?

 문제해결의 Key point

p관리도의 평균이 증가한 경우이므로 U_{CL}쪽으로 검출되는 확률을 계산한다.

 ① 검출력이 50% 이상이어야 하므로

$1-\beta = \Pr(z \geq 0.0) = 0.50$

② 공정 부적합품률이 커졌으므로 U_{CL} 쪽으로의 검출확률을 검토하면

$1-\beta = \Pr(p \geq U_{CL})$

$$= \Pr\left(z \geq \frac{0.03 + 3\sqrt{\frac{0.03 \times 0.97}{n}} - 0.05}{\sqrt{\frac{0.05 \times 0.95}{n}}} \right) = 0.50$$

③ ①항과 ②항에서 z 값이 $z=0$ 으로 동일하므로

$$\frac{0.03 + 3\sqrt{\frac{0.03 \times 0.97}{n}} - 0.05}{\sqrt{\frac{0.05 \times 0.95}{n}}} = 0$$

$$0.03 + 3\sqrt{\frac{0.03 \times 0.97}{n}} = 0.05$$

$$\therefore \ n = \left(\frac{3}{0.02}\right)^2 \times 0.03 \times 0.97 = 654.75 \rightarrow 655\text{개}$$

13 공정평균이 μ_0에서 $\mu_1 = \mu_0 + 2\sigma$로 변했을 경우, 3σ법을 적용하는 $\bar{x}$ 관리도에서 타점시킨 점 1개가 관리한계선 밖으로 나갈 확률은 0.8413이다. 이 공정을 $n=4$인 $\bar{x}$ 관리도로서 관리할 경우 4점으로 변화를 탐지하지 못할 확률은?

관리도의 검출력을 알고 있을 때, 4점을 타점할 동안 실제 검출되지 않을 확률인 제2종 오류의 확률을 요구하고 있다. 이 경우 확률은 이항분포를 사용하여 계산한다.

 $\beta_T = \Pi \beta_i = \beta_i^k$

$= (1-0.8413)^4 = 0.00063$

14 $n=4$인 3σ법 $\bar{x}$ 관리도에서 공정평균이 1σ만큼 상향 이동되었다. 25점의 연속 타점시 관리도의 검출력을 구하시오. (단, 산포 관리도는 관리상태이다.)

문제해결의 key point

먼저 $\bar{x}$ 관리도의 검출력을 계산한 후(R 관리도는 변화가 없으므로) 25점을 타점할 동안 검출력은 이항분포를 사용하여 계산한다.

해설 ① 1점 타점 시 검출력

변화된 공정평균 $\mu' = \mu + 1\sigma$이므로

$$1-\beta = \Pr(\bar{x} \geq U_{CL}) + \Pr(\bar{x} \leq L_{CL})$$
$$= \Pr\left(z \geq \frac{U_{CL} - \mu'}{\sigma/\sqrt{n}}\right) + 0$$
$$= \Pr\left(z \geq \frac{\left(\mu + 3\frac{\sigma}{\sqrt{n}}\right) - (\mu + 1\sigma)}{\sigma/\sqrt{n}}\right)$$
$$= \Pr(z > 3 - 1\sqrt{4}) = \Pr(z \geq 1)$$
$$= 0.1587$$

② 연속 25점 타점 시 검출력

$$1-\beta_T = 1 - \Pi\,\beta_i$$
$$= 1 - \beta_i^k$$
$$= 1 - (1-0.1587)^{25} = 0.98670$$

15 관리상한선이 12.80인 c관리도가 있다. 공정평균이 9.8로 증가되는 경우 타점시킨 부적합수가 관리한계선을 벗어날 확률을 구하여라. 또한 25점을 연속 타점할 때 c관리도로서 공정의 이상원인을 탐지하지 못할 확률은? (단, L_{CL}은 고려하지 않는다.)

문제해결의 key point

먼저 푸아송분포의 정규근사를 이용하여 c관리도의 검출력을 계산한 후 25점을 타점할 동안 검출하지 못할 확률은 이항분포를 사용하여 계산한다.

해설 1) 검출력의 계산

$U_{CL} = 12.80$ 이고 변화된 공정평균 $m' = 9.8$이므로

$$1-\beta = \Pr(c \geq U_{CL}) = \Pr\left(z \geq \frac{U_{CL} - m'}{\sqrt{m'}}\right)$$
$$= \Pr\left(z \geq \frac{12.80 - 9.80}{\sqrt{9.80}}\right)$$
$$= \Pr(z > 0.96) = 0.1685$$

2) 연속 25점 타점시의 검출하지 못할 확률(β_T)

$$\beta_T = \Pr(X=0)$$
$$= {}_{25}C_0 \times 0.1685^0 \times (1-0.1685)^{25} = 0.00992$$

참고 $\beta_T = \Pi\beta_i$

$$= (1-0.1685)^{25} = 0.00992$$

16 두 관리도의 평균치 차의 검정에 있어서의 전제조건을 기술하시오.

해설 ① 두 관리도가 모두 관리상태일 것
② 두 관리도의 부분군의 크기(n)가 동일할 것
③ $\overline{R}_A$, $\overline{R}_B$에 차이가 없을 것
④ 두 관리도는 정규분포를 따를 것
⑤ k_A, k_B가 충분히 클 것

17 층별한 조(組) 관리도 $\overline{x}-R$에서 A관리도는 n=5, k=20, $\overline{R}_A$= 27.4, $\overline{\overline{x}}_A$=29.9, B관리도는 n=5, k=15, $\overline{R}_B$=26.0, $\overline{\overline{x}}_B$=28.1이다. A, B 관리도는 각각 관리상태에 있고 정규분포를 따르고 있다. 이때 다음 물음에 답하시오.

1) $\overline{R}_A$와 $\overline{R}_B$의 유의차를 검정하시오. (단, α=0.05)

2) $\overline{R}_A$와 $\overline{R}_B$ 간에 유의차가 없다면 $\overline{\overline{x}}_A$와 $\overline{\overline{x}}_B$ 사이의 유의적인 차를 검정하시오.

문제해결의 key point

$\overline{R}_A$와 $\overline{R}_B$의 유의차 검정은 통계수치표에서 범위를 사용하는 검정보조표를 활용한다. 군의 크기 n과 군의 수 k에 따라 자유도 ν와 계수 c값이 찾아지면 $V=\left(\frac{\overline{R}}{c}\right)^2$이므로 불편분산(시료분산)을 계산하며 F검정을 행한다. $\overline{R}_A$와 $\overline{R}_B$ 간에 유의차가 없을 때, $\overline{\overline{x}}_A$와 $\overline{\overline{x}}_B$ 사이의 유의차 검정은 최소유의차(LSD) 간이 검정법과 정상적 검정법이 있는데 이 때 주의하여야 할 사항은 제1종 오류 α=0.27%라는 것이며 양쪽검정에 의거 진행된다는 것이다.

해설 1) 산포비의 검정(${\sigma_A}^2$과 ${\sigma_B}^2$의 유의차 검정)

① 가설 : $H_0 : \sigma_A^2=\sigma_B^2$, $H_1 : \sigma_A^2 \neq \sigma_B^2$

② 유의수준 : $\alpha=5\%$

③ 검정통계량 : $F_0=\dfrac{(\overline{R}_A/c_A)^2}{(\overline{R}_B/c_B)^2}$

$$=\frac{(27.4/2.33)^2}{(26.0/2.33)^2}=1.11059$$

(단, $n=5$, $k=20$일 때 $\nu_A=72.7$, $c_A=2.33$
$n=5$, $k=15$일 때 $\nu_B=54.6$, $c_B=2.33$ 이다.)

④ 기각치 : $F_{0.025}(72.7,\ 54.6)=\dfrac{1}{F_{0.975}(54.6,72.7)}=\dfrac{1}{1.53}=0.65359$

$F_{0.975}(72.7,\ 54.6)-1.58$

⑤ 판정 : $0.65359 < F_0 < 1.58 \rightarrow H_0$ 채택
즉, $\overline{R}_A$와 $\overline{R}_B$는 유의차가 없다고 볼 수 있다.

2) 두 관리도 평균차 검정

【풀이】 1. 최소유의차(LSD) 방식에 의한 간이검정

① 가설 : $H_0 : \mu_A - \mu_B = 0$, $H_1 : \mu_A - \mu_B \neq 0$

② 유의수준 : $\alpha = 0.27\%$

③ 관측통계량 : $|\overline{\overline{x}}_A - \overline{\overline{x}}_B| = 29.9 - 28.1 = 1.8$

④ 최소유의차(LSD) : $A_2 \overline{R} \sqrt{\frac{1}{k_A} + \frac{1}{k_B}}$

$$= 0.577 \times 26.8 \times \sqrt{\frac{1}{20} + \frac{1}{15}} = 5.28183$$

(단, $\overline{R} = \frac{k_A \overline{R}_A + k_B \overline{R}_B}{k_A + k_B} = \frac{20 \times 27.4 + 15 \times 26}{20 + 15} = 26.8$이다.)

⑤ 판정 : $|\overline{\overline{x}}_A - \overline{\overline{x}}_B| < \text{LSD} \rightarrow H_0$ 채택

따라서 두 관리도는 평균의 차이가 없다고 할 수 있다.

【풀이】 2. 두 관리도 평균차 검정

① 가설 : $H_0 : \mu_A - \mu_B = 0$, $H_1 : \mu_A - \mu_B \neq 0$

② 유의수준 : $\alpha = 0.27\%$

③ 검정통계량 : $u_o = \dfrac{|\overline{\overline{x}}_A - \overline{\overline{x}}_B|}{\dfrac{\overline{R}}{d_2 \sqrt{n}} \sqrt{\dfrac{1}{k_A} + \dfrac{1}{k_B}}}$

$$= \frac{|29.9 - 28.1|}{\frac{26.8}{2.326\sqrt{5}} \times \sqrt{\frac{1}{20} + \frac{1}{15}}} = 1.02273$$

(단, $\overline{R} = \frac{k_A \overline{R}_A + k_B \overline{R}_B}{k_A + k_B} = \frac{20 \times 27.4 + 15 \times 26}{20 + 15} = 26.8$이다.)

④ 기각치 : $-u_{0.99865} = -3.0$, $u_{0.99865} = 3.0$

⑤ 판정 : $-3.0 < u_0 < 3.0 \rightarrow H_0$ 채택

따라서 두 관리도는 평균의 차이가 없다고 할 수 있다.

길을 가다가 돌이 나타나면
약자는 그것을 걸림돌이라고 말하고,
강자는 그것을 디딤돌이라고 말한다.

-토마스 칼라일(Thomas Carlyle)-

☆

같은 돌이지만 바라보는 시각에 따라 그리고 마음가짐에 따라
걸림돌이 되기도 하고 디딤돌이 되기도 합니다.
자기에게 주어진 상황을 활용할 줄 아는 자만이
성공의 문에 도달할 수 있습니다. ^^

PART 3

샘플링검사

품질경영기사 실기

PART 3

샘플링검사

PART 03 샘플링검사

1 검 사

1. 검사의 분류

1) 검사공정에 의한 분류

① 수입검사(구입검사) ② 공정검사(중간검사)
③ 최종검사(완성검사) ④ 출하검사(출고검사)

2) 검사장소에 의한 검사

① 정위치검사 ② 순회검사
③ 출장검사(입회검사)

3) 검사성질에 의한 분류

① 파괴검사 ② 비파괴검사
③ 관능검사

4) 검사방법(판정대상)에 의한 분류

① 전수검사 ② 로트별 샘플링검사
③ 관리 샘플링검사 ④ 무검사

2. 샘플링검사의 실시조건

① 제품이 로트로 처리될 것
② 합격 로트에 부적합품의 혼입을 인정할 것
③ 시료 샘플링은 랜덤하게 이루어질 것
④ 품질기준이 명확할 것
⑤ 계량샘플링인 경우 분포의 개략적 모양을 알고 있을 것

3. 검사계획

$$P_b = \frac{aN}{bN} = \frac{a}{b} = \frac{a}{b-c} = \frac{a}{b-d}$$

따라서 $P > P_b$: 검사가 이익이다.

$P < P_b$: 무검사가 이익이다.

단, N : 검사단위(lot)의 크기 a : 개당 검사비용

b : 무검사시의 개당 손실비용 c : 재가공비용

d : 폐각처리비용 P_b : 임계부적합품률

2 샘플링오차와 측정오차

1. 오차

1) 신뢰성(reliability)

$R(t)$로 표시하며 정밀도의 신뢰성과 정확도의 신뢰성으로 구분할 수 있다.

2) 정밀도(precision)

이 산포의 크기를 정밀도라 하며, 다음과 같이 구분할 수 있다.

① 평행정밀도(반복정밀도) : σ_{M_1}

② 재현정밀도(같은 실험실내) : σ_{M_2}(σ_{M_1}의 3~5배)

③ 재현정밀도(다른 실험실내) : σ_{M_3}(σ_{M_2}의 2~3배)

$$\beta = \pm u_{1-\alpha/2}\frac{\sigma}{\sqrt{n}} = \pm t_{1-\alpha/2}(\nu)\frac{\sqrt{V}}{n}$$

3) 치우침, 정확도(bias, accuracy) : bias $= |\bar{x} - \mu|$

2. 샘플링오차와 측정오차의 관계

1) 단위체의 경우

① 시료를 n개 취해 각 1회씩 측정하여 평균하는 경우

$$V(\bar{x}) = \frac{1}{n}(\sigma_s^2 + \sigma_m^2)$$

② 시료를 n개 취해 각 시료를 k회 측정하여 평균하는 경우

$$V(\bar{x}) = \frac{1}{n}\left(\sigma_s^2 + \frac{\sigma_m^2}{k}\right)$$

2) 집합체인 경우(축분, 혼합이 행하여질 때)

① 시료를 n개 취해 각 1회씩 축분, 분석하여 평균하는 경우

$$V(\bar{x}) = \frac{1}{n}(\sigma_s^2 + \sigma_r^2 + \sigma_m^2)$$

② 시료를 n개 취해 각 1회씩 축분하여 k회 분석하여 평균하는 경우

$$V(\bar{x}) = \frac{1}{n}\left(\sigma_s^2 + \sigma_r^2 + \frac{\sigma_m^2}{k}\right)$$

③ 시료를 n개 취하여 전부를 혼합하여 혼합시료를 만들고, 그것을 k회 축분 분석하는 경우

$$V(\bar{x}) = \frac{1}{n}\sigma_s^2 + \sigma_r^2 + \frac{\sigma_m^2}{k}$$

3 샘플링의 방법

1. 랜덤 샘플링(Random Sampling)

$$V(\bar{x}) = \frac{N-n}{N-1} \cdot \frac{\sigma^2}{n}$$

2. 2단계 샘플링(Two-Stage Sampling)

샘플링 오차분산은 층내분산과 층간분산의 합으로 정의된다.

① 유한모집단인 경우($\bar{N} \le 10n$, $M \le 10m$)

$$V(\bar{\bar{x}}) = e_b \cdot \frac{\sigma_b^2}{m} + e_w \cdot \frac{\sigma_w^2}{m\bar{n}}$$

$$= \frac{\sigma_b^2}{m} + \frac{\sigma_w^2}{m\bar{n}}$$

② ①에서 $m\bar{n}$개의 시료를 혼합한 후 축분하여 이것을 k회 분석하는 경우

$$\sigma_{\bar{\bar{x}}}^2 = e_b\frac{\sigma_b^2}{m} + e_w\frac{\sigma_w^2}{m\bar{n}} + \sigma_R^2 + \frac{\sigma_m^2}{k}$$

$$= \frac{\sigma_b^2}{m} + \frac{\sigma_w^2}{m\bar{n}} + \sigma_R^2 + \frac{\sigma_m^2}{k}$$

(단, $\Sigma n_i = m\bar{n}$, $e_b = \frac{M-m}{M-1}$, $e_w = \frac{\bar{N}-\bar{n}}{\bar{N}-1}$ 이고,

$\frac{M}{m} > 10$, $\frac{\bar{N}}{\bar{n}} > 10$인 경우 $e_b = 0$, $e_w = 0$이 된다.)

3. 층별 샘플링(Stratified Sampling)

샘플링 오차분산은 층내분산에 의해 결정된다.

$$V(\bar{\bar{x}}) = \frac{\sigma_w^2}{m\bar{n}}$$

1) 종류

① 층별 비례샘플링

$$n_i = n\left[\frac{N_i}{\Sigma N_i}\right]$$ (단, $i = 1 \sim m$이다.)

② 네이만 샘플링

$$n_i = n\left[\frac{N_i \sigma_i}{\Sigma N_i \sigma_i}\right]$$ (단, $i = 1 \sim m$이다.)

③ 데밍 샘플링

4. 집락 샘플링(Cluster Sampling)

샘플링 오차분산($\sigma_{\bar{\bar{x}}}^2$)이 층간산포(σ_b^2)에 의해 결정된다.

① 유한 모집단의 경우

$$V(\bar{\bar{x}}) = e_b \cdot \frac{\sigma_b^2}{m}$$

② 무한 모집단의 경우

$$V(\bar{\bar{x}}) = \frac{\sigma_b^2}{m}$$

4 샘플링검사의 형식 및 OC 곡선

1. 샘플링검사의 형식

1) 1회 샘플링검사

$$L(P) = P(x \le c) = \sum_{x=0}^{c} \frac{e^{-nP} \cdot (nP)^{x_1}}{x!}$$ (단, $nP = m$이다.)

2) 2회 샘플링검사

① 로트가 첫번째 시료(n_1)에 의하여 합격되는 확률(P_{a_1})

$$P_{a_1} = P(x_1 \le c_1) = \sum_{x_1=0}^{c_1} \frac{e^{-n_1 P} \cdot (n_1 P)^{x_1}}{x_1!}$$ (단, $n_1 P = m_1$이다.)

② 로트가 첫번째 시료(n_1)에 의하여 불합격되는 확률(P_{r_1})

$$P_{r_1} = P(x_1 > c_2) = 1 - P(x_1 \le c_2) = 1 - \sum_{x_1=0}^{c_1} \frac{e^{-m_1} m_1^{x_1}}{x_1!}$$

③ 로트가 두번째 시료(n_2)에 의하여 합격되는 확률(P_{a_2})

$$P_{a_2} = P(x_1 + x_2 \leq c_2) = \sum_{x_1 = c_1 + 1}^{c_2} \sum_{x_2 = 0}^{c_2 - x_1} \frac{e^{-n_1 P} \cdot (n_1 P)^{x_1}}{x_1 !} \cdot \frac{e^{-n_2 P} \cdot (n_2 P)^{x_2}}{x_2 !}$$

(단, $n_1 P = m_1$, $n_2 P = m_2$이다.)

④ 로트가 두번째 시료(n_2)에 의하여 불합격되는 확률

$P_{r_2} = P(x_1 + x_2 > c_2) = 1 - P_{a_1} - p_{r_1} - P_{a_2}$

(단, $x_1 + x_2$는 2회 시료까지 누계 부적합품수이다.)

2. 검사특성곡선(Operating characteristic curve)

1) c, n이 일정하고 N이 변할 때

N이 충분히 큰 경우 ($\frac{N}{n} > 10$인 경우 N은 OC 곡선에 별로 영향을 미치지 않는다.)

2) 비례 샘플링$\left(\frac{c/n}{N} = \text{일정}\right)$

비례되어 증가하는 경우 OC 곡선의 기울기가 급해지며, 샘플링검사의 판별능력이 높아진다.

3) N, c가 일정하고, n이 변할 때

n이 증가할수록 OC 곡선은 기울기가 급해지며 β가 감소한다.

4) N, n이 일정하고, c가 변할 때

c가 증가할수록 OC 곡선은 오른쪽으로 기울기가 완만하게 변하며 β가 증가하고, α는 상대적으로 감소한다.

5 샘플링검사의 형태

1. 계수규준형 1회 Sampling 검사(KS Q 0001)

생산자와 구매자가 합의하여 $\alpha = 0.05$, $\beta = 0.10$을 보증하는 샘플링검사 방식이다.

1) 특징

① 최초 거래시에 사용한다.

② 생산자와 구매자 양쪽 모두 불만이 없도록 설계되어 있다.

③ 파괴검사와 같이 전수검사가 불가능할 때 사용한다.

2) 검사의 설계

① 구매자와 공급자의 합의에 의해 P_0, P_1을 결정하고, $\alpha = 0.05$, $\beta = 0.10$을 보증하는 샘플링검사로 $P_1/P_0 > 3$에서 결정한다.

② 로트를 형성한다.

③ P_0, P_1이 지정되면 계수 규준형 샘플링 설계표에서 n, c를 구한다.

(만약 $n \geq N$ 이면 전수검사, $*$가 있으면 샘플링검사보조표를 이용한다.)

④ 로트를 처리한다.

2. 계량규준형 샘플링검사(KS Q 0001 : σ 기지)

(1) 로트 평균치를 보증하는 방법

1) $\overline{X}_U$ 가 지정되는 경우(특성치가 낮을수록 좋은 경우)

① 합격판정선 : $\overline{X}_U$

$$\overline{X}_U = m_o + k_\alpha \frac{\sigma}{\sqrt{n}}$$

$$= m_o + G_o \sigma$$

② 검사개수

$$n = \left(\frac{k_\alpha + k_\beta}{m_1 - m_0}\right)^2 \sigma^2 = \left(\frac{2.927}{\Delta m}\right)^2 \sigma^2$$

③ 판정

$\bar{x} \leq \overline{X}_U$이면 → 로트 합격

$\bar{x} > \overline{X}_U$이면 → 로트 불합격

2) $\overline{X}_L$이 지정되는 경우(특성치가 높을수록 좋은 경우)

① 합격판정선

$$\overline{X}_L = m_0 - k_\alpha \frac{\sigma}{\sqrt{n}}$$

$$= m_o - G_o \sigma$$

② 검사개수

$$n = \left(\frac{k_\alpha + k_\beta}{m_0 - m_1}\right)^2 \sigma^2 = \left(\frac{2.927}{\Delta m}\right)^2 \sigma^2$$

③ 판정

$\bar{x} \geq \overline{X}_L$이면 → 로트 합격

$\bar{x} < \overline{X}_L$이면 → 로트 불합격

3) 로트 평균치 보증에 대한 OC 곡선

① $\overline{X}_U$인 경우

$$k_{L(m)} = \frac{(m - \overline{X}_U)\sqrt{n}}{\sigma}$$

② $\overline{X}_L$인 경우

$$k_{L(m)} = \frac{(\overline{X}_L - m)\sqrt{n}}{\sigma}$$

(2) 로트 부적합품률을 보증하는 방법

1) S_U가 주어진 경우

① 합격판정선

$\overline{X}_U = S_U - k\sigma$

② 검사개수

$$n = \left(\frac{k_\alpha + k_\beta}{k_{p_0} - k_{p_1}}\right)^2$$

③ 합격판정계수

$$k = \frac{k_{p_0} k_\beta + k_{p_1} k_\alpha}{k_\alpha + k_\beta}$$

④ 판정

$\bar{x} \leq \overline{X}_U$이면 → 로트 합격

$\bar{x} > \overline{X}_U$이면 → 로트 불합격

2) S_L이 주어진 경우

① 합격판정선

$\overline{X}_L = S_L + k\sigma$

② 검사개수

$$n = \left(\frac{k_\alpha + k_\beta}{k_{p_0} - k_{p_1}}\right)^2$$

③ 합격판정계수

$$k = \frac{k_{p_0} k_\beta + k_{p_1} k_\alpha}{k_\alpha + k_\beta}$$

④ 판정

$\bar{x} \geq \overline{X}_L$ 이면 → 로트 합격

$\bar{x} < \overline{X}_L$이면 → 로트 불합격

3. 계량규준형 1회 샘플링검사(KS Q 0001 : σ 미지)

1) S_U가 주어진 경우

① 합격판정선

$\overline{X}_U = S_U - ks_e$ (단, $s_e = \hat{\sigma}$이다.)

② 검사개수

$$n = \left(1 + \frac{k^2}{2}\right)\left(\frac{k_\alpha + k_\beta}{k_{P_0} - k_{P_1}}\right)^2$$

③ 합격판정계수

$$k = \frac{k_{p_0} k_\beta + k_{p_1} k_\alpha}{k_\alpha + k_\beta}$$

④ 판정

$\bar{x} + ks_e \le S_U$ 이면 → 로트 합격

$\bar{x} + ks_e > S_U$ 이면 → 로트 불합격

2) S_L이 주어진 경우

① 합격판정선

$\bar{X}_L = S_L + ks_e$

② 검사개수

$$n = \left(1 + \frac{k^2}{2}\right)\left(\frac{k_\alpha + k_\beta}{k_{P_0} - k_{P_1}}\right)^2$$

③ 합격판정계수

$$k = \frac{k_{p_0} k_\beta + k_{p_1} k_\alpha}{k_\alpha + k_\beta}$$

④ 판정

$\bar{x} - ks_e \ge S_L$이면 → 합격

$\bar{x} - ks_e < S_L$이면 → 불합격

참고 σ 미지인 경우 σ 기지인 경우보다 n이 $\left(1 + \frac{k^2}{2}\right)$배로 증가한다.

4. 계수값 샘플링검사(KS Q ISO 2859)

(1) KS Q ISO 2859-1: AQL 지표형 샘플링검사(연속로트)

1) 특징

① 검사의 엄격도 전환으로 생산자에 자극을 준다.

② 연속적 거래로 장기적 품질보증 방식이다.

③ 불합격로트의 처리방법이 정해져 있다.

④ 로트의 크기에 따라 α보다 β가 더 크게 변한다.

⑤ AQL, 시료크기는 R-5 등비수열이다.

⑥ N과 n의 관계가 정해져 있다.

⑦ 샘플링 형식 (1회, 2회, 다(5)회), 검사 수준(일반 3, 특별 4)이 정해져 있다.

2) 적용범위

① 연속로트이며 장기적인 거래업체일 것

② 부적합품률이 어느 정도 인정이 될 것

3) $Ac=0$일 때 AQL품질로트의 합격확률

$$100L(P)(\%) = 100 - n \times \text{AQL}(\%)$$

(2) 전환규칙(KS Q ISO 2859-1)

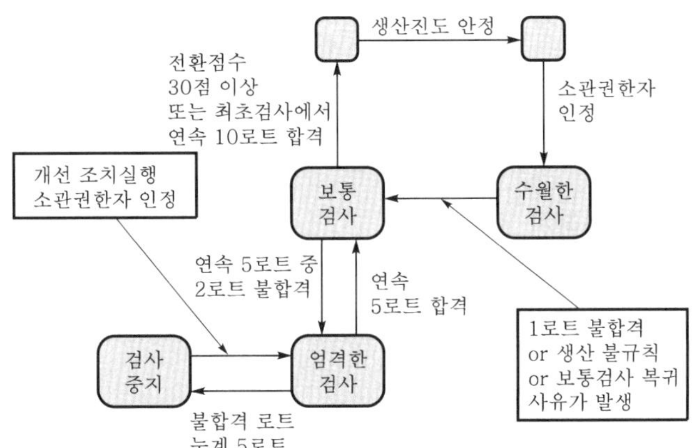

(3) 전환점수(Ss)의 계산

전환점수는 보통검사에서 축소검사로의 전환 규정을 검토하는 것이므로, 보통검사에서만 적용된다.

1) 1회 샘플링 검사

① 합격판정개수($Ac \geq 2$)인 검사

AQL이 한단계 엄격한 조건에서 합격시 전환점수(Ss) 3점을 가산한다. 한단계 엄격한 조건에서 합격하지 못하면 0점으로 처리된다.

② 합격판정개수($Ac \leq 1$)인 검사

합격이면 전환점수(Ss) 2점을 가산하고, 그렇지 않으면 0점으로 처리된다.

2) 2회 샘플링 검사

1회 샘플링에서 합격이면 전환점수(Ss) 3점을 가산하고, 그렇지 않으면 0점으로 처리된다.

3) 다(5)회 샘플링 검사

3회 샘플링까지 합격이면 전환점수(Ss) 3점을 가산하고, 그렇지 않으면 0점으로 처리된다.

(4) 분수합격판정개수 샘플링검사의 합부판정점수 환산원칙

〔부표 2〕의 검사방식에서 Ac 0과 1 사이의 화살표 ↑, ↓을 1/5, 1/3, 1/2로 (R−5 등비수열) 변형시킨 〔부표 11〕을 사용하는 검사방식이다.

☞ 1/5은 축소검사에만 적용된다.

1) 샘플링 방식이 일정할 때

① 부적합품이 1개일 경우 : 합격판정개수 1/2이면 직전 1로트가 부적합품이 없으면 합격이고, 아니면 불합격이다. 합격판정개수 1/3이면 직전 2로트가 부적합품이 없으면 합격이고, 1/5이면 직전 4로트가 부적합품이 없을 경우만 합격이고 그렇지 않으면 불합격이다.

② 부적합품이 0개일 경우 : 합격

③ 부적합품이 2개 이상일 경우 : 불합격

2) 샘플링 방식이 일정하지 않을 때

합격판정개수가 분수값일 경우 검사전 합부판정점수가 9점 이상이면 합격판정개수를 1개로 설정하고, 검사전 합부판정점수(As)가 8점 이하면 합격판정개수를 0개로 설정한다.

3) 합부판정점수(As)의 계산

수표에서 합격판정개수(Ac)가

$Ac \geq 1$ 이면 7점 가산

$Ac = 1/2$ 이면 5점 가산

$Ac = 1/3$ 이면 3점 가산

$Ac = 1/5$ 이면 2점 가산

$Ac = 0$ 이면 0점을 가산하여 평가한다.

4) 합부판정 후 부적합품이 시료에서 발생하면 로트의 합격, 불합격과는 관계없이 검사 후 합부판정점수(As)를 0으로 한다.

5) 보통검사, 까다로운 검사, 수월한 검사의 개시시점에서는 합부판정점수(As)를 0으로 한다.

(5) KS Q ISO 2859-2 : LQ지표형 샘플링 검사 : 고립로트

1) 특징

① 로트가 고립로트인 경우 적용한다.

② β(소비자위험)이 0.10~0.13으로 설계되어 있다.

③ LQ는 통상 AQL의 4배 이상으로 단기간 로트의 품질보증 방식이다.

2) 검사절차 A

생산자와 구매자 모두가 고립로트(1회 거래)로 인정하는 경우에 적용되며, $Ac = 0$인 경우가 포함되어 있다.

이때는 LQ를 지표로 하는 1회 샘플링 검사표(부표 A)가 이용된다.

3) 검사절차 B

소비자는 고립로트로 거래하지만 공급자가 연속 로트라고 생각할 경우에 적용한다. 합격판정개수가 0인 경우는 허용되지 않으며, 만약 로트크기가 시료크기보다 작다면 $Ac=0$ 인 전수검사를 실시한다. 이때는 LQ에 대응되는 AQL값을 지정하고 있는 부표 B 1~B 10을 사용하여 KS Q ISO 2859-1의 샘플링 방식으로 검사하게 되어 있다.

5. 축차 샘플링검사

(1) 계수값 축차 샘플링검사(KS Q ISO 28591)

1) 파라메터의 설계

P_A, P_R을 설정하여 수표에서 h_A, h_R, g 값을 결정한다.

2) 중지값의 계산

① 1회 검사개수 n_0를 아는 경우

$$n_t = 1.5n_0$$

② 부적합품률 검사의 경우

$$n_t = \frac{2h_A h_R}{g(1-g)}$$

③ 부적합수 검사의 경우

$$n_t = \frac{2h_A h_R}{g}$$

3) **합부판정선**(단, $n_{cum} = n_t$인 경우)

① 합격판정선

$$A_t = g \cdot n_t$$

② 불합격판정선

$$R_t = A_t + 1$$

③ 판정

$D_t \le A_t$: 로트 합격

$D_t \ge R_t$: 로트 불합격

4) **합부판정선**(단, $n_{cum} < n_t$인 경우)

① 합격판정선

$$A = -h_A + gn_{cum}$$

소수점 이하는 정수로 끊어 내린다.

② 불합격판정선

$$R = h_R + gn_{cum}$$

소수점 이하는 정수로 끊어 올린다.

③ 판정

누계부적합품수를 D로 하면

$A < D < R$이면 → 검사 속행

$D \leq A$이면 → 로트 합격

$D \geq R$이면 → 로트 불합격 (단, $D \leq A_t$이다)

(2) 계량값 축차 샘플링검사(KS Q ISO 39511) : 한쪽규격의 경우

1) 파라메터의 설계

P_A, P_R을 설정하여 수표에서 h_A, h_R, g, n_t값을 결정한다.

2) 합부판정선(단, $n_{cum} < n_t$)

① 합격판정선

$A = h_A\sigma + g\sigma n_{cum}$

② 불합격판정선

$R = -h_R\sigma + g\sigma n_{cum}$

③ 판정

누계여유치를 $Y = \Sigma(x_i - L)$, $Y = \Sigma(U - x_i)$로 하면

$R < Y < A$: 검사 속행

$Y \geq A$: 로트 합격

$Y \leq R$: 로트 불합격

4) 합부판정선(단, $n_{cum} = n_t$ 인 경우)

① 합격판정선

$A_t = g\sigma n_t$

② 판정

$Y \geq A_t$: 로트 합격

$Y < A_t$: 로트 불합격

(3) 계량값 축차 샘플링검사(KS Q 39511) : 연결식

양측규격으로 상한규격과 하한규격에 적용되는 품질보증 정도가 같은 경우이다.

1) 파라메터의 설계

P_A, P_R을 설정하여 수표에서 h_A, h_R, g, n_t 값을 결정한다.

2) 전제 조건 : LPSD(한계프로세스 표준편차)

$\text{LPSD} = (U-L) \times \psi > \sigma$가 성립되지 않으면 설계할 수 없다.

3) 합부판정선(단, $n_{cum} < n_t$)

① 합격판정선

$A_U = -h_A\sigma + (U - L - g\sigma)n_{cum}$

$A_L = h_A\sigma + g\sigma n_{cum}$

② 불합격판정선

$R_U = h_R\sigma + (U - L - g\sigma)n_{cum}$

$R_L = -h_R\sigma + g\sigma n_{cum}$

③ 판정

누계여유치 $Y = \Sigma(x_i - L)$로 하면

$R_L < Y < A_L$ 혹은 $A_U < Y < R_U$: 검사속행

$A_L \leq Y \leq A_U$: 로트합격

$Y \leq R_L$ 또는 $Y \geq R_U$: 로트 불합격

4) 합부판정선(단, $n_{cum} = n_t$)

① 합격판정선

$A_{t \cdot U} = (U - L - g\sigma)n_t$

$A_{t \cdot L} = g\sigma n_t$

② 판정

$A_{t \cdot L} \leq Y \leq A_{t \cdot U}$: 로트 합격

$Y < A_{t \cdot L}$: 로트 불합격

$Y > A_{t \cdot U}$: 로트 불합격

PART 03 적중문제

3-1 검 사

01 로트의 품질표시방법 4가지를 간략히 기술하시오.

해설 ① 로트의 부적합품률
② 로트내의 검사단위당 평균 부적합수
③ 로트의 평균치
④ 로트의 표준편차

02 시료의 품질표시방법 5가지를 간략히 기술하시오.

해설 ① 시료의 부적합품수
② 시료내의 검사단위당 평균 부적합수
③ 시료의 평균치
④ 시료의 표준편차
⑤ 시료의 범위

03 전수검사에 비해 샘플링검사가 유리한 경우 5가지를 간략히 기술하시오.

해설 ① 다수, 다량의 것으로 어느 정도 부적합품이 섞여도 허용되는 경우
② 검사 항목이 많을 경우
③ 불완전한 전수검사에 비해 높은 신뢰성이 얻어질 때
④ 검사비용을 적게 하는 편이 이익이 되는 경우
⑤ 생산자에게 품질향상의 자극을 주고 싶을 때

04 샘플링 검사 실시조건 5가지를 쓰시오.

해설 ① 제품이 lot로서 처리될 수 있을 것
② 합격 lot 속에 어느 정도의 부적합품의 혼입이 허용될 수 있을 것
③ 시료의 샘플링은 무작위로 실시될 것
④ 품질기준이 명확할 것
⑤ 계량 샘플링검사에서는 로트의 검사단위 특성치 분포를 대략적으로 알고 있을 것

05 어떤 공정에서 제품 한 개당 검사비용이 500원이고 임계 부적합품률이 10%일 경우, 이 공정에 부적합품이 발생할 때 부적합품 한 개 때문에 발생하는 손해액은 얼마인가?

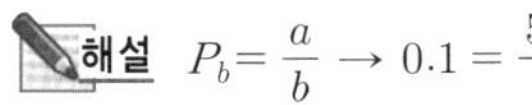

개당 검사비용(a), 무검사시의 개당 손실비용(b), 총검사단위의 크기(N)이고 임계 부적합품률이 P_b일 때, $aN=bP_bN$이므로 $P_b=\frac{aN}{bN}=\frac{a}{b}$가 된다.

해설 $P_b=\frac{a}{b} \rightarrow 0.1=\frac{500}{b}$

$\therefore\ b=5{,}000$

즉, 부적합품 1개 때문에 발생하는 손해액은 5,000원이다.

06 어떤 제품을 소비자로부터 클레임이 발생했을 때에는 교환 또는 수리하여 주며, 그 비용은 1개당 3,200원씩이 든다고 한다. 모든 제품은 전부 선별하여 적합품만을 출하할 때 검사원 1인의 인건비는 8,000원/일이며, 하루에 1인당 400개의 제품을 검사할 수 있으며, 또 선별 후 발견된 부적합품에 대해서는 평균손실이 약 1,600원 정도라고 한다. 전수검사와 무검사의 발생비용이 같아지는 부적합품률은?

문제해결의 key point

개당 검사비용(a), 무검사 시 개당 손실비용(b), 검사로 발견된 부적합품에 대한 손실비(c), 총검사단위의 크기(N)이고 임계불량률이 P_b일 때 $aN+cP_bN=bP_bN$ 이므로 $P_b=\frac{aN}{(b-c)N}=\frac{a}{b-c}$가 된다.

해설 $a=\frac{\text{인건비}}{\text{생산량}}=\frac{8{,}000}{400}=20\text{원}$

$P_b=\frac{a}{b-c}=\frac{20}{3{,}200-1{,}600}\times 100\% = 1.25\%$

즉, 부적합품률이 1.25%일 때 전수검사와 무검사의 발생비용이 같아진다.

3-2 샘플링검사

01 어떤 로트에서 5개의 제품을 랜덤하게 샘플링하여 각 4회씩 측정하였을 때 이 데이터의 정밀도 $\sigma_{\bar{x}}^2$은 얼마인지 구하시오. (단, $\sigma_s^2=0.15$, $\sigma_m^2=0.20$이다.)

문제해결의 Key point

데이터의 정밀도는 샘플링오차(σ_s^2), 축분오차(σ_r^2), 측정오차(σ_m^2)의 합으로 나타나며 특히 시료수 $10n < N$이면 샘플링오차에 유한수정계수가 포함될 수 있으니 주의하여야 한다.

해설 로트의 크기 N이 무한모집단의 경우이므로 복원추출의 개념이다.

$$\sigma_{\bar{x}}^2 = \frac{1}{n}\sigma_s^2 + \frac{1}{nk}\sigma_m^2$$

$$= \frac{1}{5}\times 0.15 + \frac{1}{5\times 4}\times 0.2 = 0.04$$

02 15kg들이 화학약품이 60상자가 입하되었다. 약품의 순도를 조사하려고 우선 5상자를 랜덤샘플링하고 각각의 상자에서 6인크리멘트씩 각각 랜덤샘플링하였다. 다음 물음에 답하시오. (단, 1인크리멘트는 15g이다.)

1) 약품의 순도는 종래의 실험에서 상자간 산포 $\sigma_b=0.20\%$, 상자내 산포 $\sigma_w=0.35\%$임을 알고 있을 때 샘플링의 정밀도를 구하여라.

2) 각각의 상자에서 취한 인크리멘트는 혼합 축분하고 반복 2회 측정하였다. 이 경우 순도에 대한 모평균의 추정정밀도 $\beta_{\bar{x}}$를 구하여라. (단, 신뢰율은 95%이고, 축분정밀도 $\sigma_r=0.10\%$, 측정정밀도 $\sigma_m=0.15\%$임을 알고 있다.)

문제해결의 Key point

샘플링은 2단계샘플링으로 실시되었으며, 시료수가 각각 $\frac{N}{n}>10$, $\frac{M}{m}>10$에 해당되므로 유한수정계수는 근사적으로 1로 본다.

해설 1) $\sigma_{\bar{\bar{x}}}^2 = \frac{\sigma_b^2}{m} + \frac{\sigma_w^2}{m\bar{n}}$

$$= \frac{1}{5}\times 0.2^2 + \frac{1}{5\times 6}\times 0.35^2 = 0.01208\%$$

2) $\sigma_{\bar{\bar{x}}}^2 = \dfrac{\sigma_b^2}{m} + \dfrac{\sigma_w^2}{m\bar{n}} + \sigma_r^2 + \dfrac{\sigma_m^2}{k}$

$= \dfrac{0.2^2}{5} + \dfrac{0.35^2}{30} + 0.10 + \dfrac{0.15^2}{2} = 0.03333\%$

따라서 추정정밀도 $\beta_{\bar{\bar{x}}}$는

$\pm\beta_{\bar{\bar{x}}} = \pm u_{1-\alpha/2}\sqrt{\dfrac{\sigma_b^2}{m} + \dfrac{\sigma_w^2}{m\bar{n}} + \sigma_R^2 + \dfrac{\sigma_m^2}{k}}$

$= \pm 1.96 \times \sqrt{0.03333} = \pm 0.35783\%$

03 같은 부품이 50개씩 들어 있는 100개의 상자가 있다. 이 로트에서 각 부품들의 평균무게 μ에 대한 $\sigma_w = 0.5$kg이라고 하자. 이때 5상자를 랜덤하게 뽑고, 그 가운데서 4개의 부품을 랜덤하게 샘플링하여 모두 20개의 부품이 샘플링되었다. 다음 물음에 답하시오. (단, $\sigma_b = 0.8$kg이다.)

1) 각 부품의 무게를 1번씩 측정할 때 측정오차를 무시할 수 있다면(즉 $\sigma_m = 0$), $\bar{\bar{x}}$의 분산은?

2) 위의 1)의 질문에서 $\sigma_m = 0.4$kg이라면, $\bar{\bar{x}}$의 분산은?

문제해결의 key point

샘플링은 2단계샘플링으로 실시되었으며, 시료수가 각각 $10n < N$, $10m < M$에 해당되므로 유한수정계수는 근사적으로 1로 본다.

해설 1) $V(\bar{\bar{x}}) = \dfrac{\sigma_b^2}{m} + \dfrac{\sigma_w^2}{m\bar{n}}$

$= \dfrac{0.8^2}{5} + \dfrac{0.5^2}{5 \times 4} = 0.1405\text{kg}$

2) $V(\bar{\bar{x}}) = \dfrac{\sigma_b^2}{m} + \dfrac{\sigma_w^2}{m\bar{n}} + \dfrac{\sigma_m^2}{m\bar{n}}$

$= \dfrac{0.8^2}{5} + \dfrac{0.5^2}{5 \times 4} + \dfrac{0.4^2}{5 \times 4} = 0.1485\text{kg}$

04 부선으로 석탄이 입하되었다. 부선은 5척이고 각각 500, 700, 1,500, 1,800, 1,000톤씩 싣고 있다. 각 부선으로부터 석탄을 하역할 때 100톤 간격으로 1인크리멘트를 떠서 이것을 대량시료로 혼합한 경우 샘플링의 정밀도는 얼마가 되는가? (단, 석탄로트에 대한 100톤 간격으로 채취한 인크리멘트의 산포 $\sigma_w = 0.8\%$, 인크리멘트 간의 산포 $\sigma_b = 0.2\%$로 알려져 있다.)

문제해결의 Key point

서브로트별로 로트크기에 비례하여 샘플을 채취하였으므로 층별샘플링이다. 층별샘플링은 샘플링 오차분산이 군내변동에 의해 결정된다.

해설 $V(\bar{\bar{x}}) = \dfrac{\sigma_w^2}{m\bar{n}}$

$$= \frac{0.8^2}{(5+7+15+18+10)} = 0.01164\%$$

05 인구가 각각 N_1 =40만, N_2=20만, N_3=30만의 세 도시에서 표본을 구하고자 한다. 다음 물음에 답하시오.

1) n=400일 경우의 비례 할당을 하시오.

2) n=400에서 분산이 $\sigma_1^2=20^2$, $\sigma_2^2=12^2$, $\sigma_3^2=14^2$인 경우에 최적 할당은?

문제해결의 Key point

1)항의 비례 할당은 서브로트 간 샘플수의 할당시 층별비례 샘플링을 적용하는 경우이다.
2)항의 표준편차를 고려하는 할당법은 네이만 샘플링의 경우에 해당된다.
계산 뒤 샘플수이므로 정수로 반올림하되 총 인구수가 400이 되도록 하여야 한다.

해설 1) 층별비례 샘플링은 서브로트의 크기 N_i를 고려한다.

N_1의 경우 : $n_1 = n \times \dfrac{N_1}{\Sigma N_i}$

$$= 400 \times \frac{40\text{만}}{40\text{만}+20\text{만}+30\text{만}} = 400 \times \frac{40\text{만}}{90\text{만}} = 177.78 \rightarrow 178\text{명}$$

N_2의 경우 : $n_2 = n \times \dfrac{N_2}{\Sigma N_i}$

$$= 400 \times \frac{20\text{만}}{90\text{만}} = 88.89 \rightarrow 89\text{명}$$

N_3의 경우 : $n_3 = n \times \dfrac{N_3}{\Sigma N_i}$

$$= 400 \times \frac{30\text{만}}{90\text{만}} = 133.33 \rightarrow 133\text{명}$$

2) 네이만 샘플링은 서브로트의 크기와 표준편차 $N_i\sigma_i$의 크기를 고려한다.

N_1의 경우 : $n_1 = n \times \dfrac{N_1\sigma_1}{\Sigma N_i\sigma_i}$

$$= 400 \times \frac{40\text{만} \times 20}{40\text{만} \times 20 + 20\text{만} \times 12 + 30\text{만} \times 14}$$

$$= 400 \times \frac{800}{1,460} = 219.18 \rightarrow 219\text{명}$$

N_2 의 경우 : $n_2 = n \times \dfrac{N_2 \sigma_2}{\Sigma N_i \sigma_i}$

$$= 400 \times \frac{20\text{만} \times 12}{1,460\text{만}} = 65.75 \rightarrow 66\text{명}$$

N_3 의 경우 : $n_3 = n \times \dfrac{N_3 \sigma_3}{\Sigma N_i \sigma_i}$

$$= 400 \times \frac{30\text{만} \times 14}{1,460\text{만}} = 115.07 \rightarrow 115\text{명}$$

06 원료방식 1로트가 5회에 걸쳐 공장내로 운반되었다. 여기서, 특성치 x는 수분(%)이며, 1회의 시료는 50g이다. 각 회의 수분산포 σ_w=0.1이다. 이 로트의 평균수분의 95%신뢰구간을 구하여라. (단, ΣN_i=1,300 t, Σn_i=26이며, 소수점 2째자리로 수치를 맺음하시오.)

횟 수	N_i	n_i	$\bar{x}_i$
1	250t	5	4.35
2	300t	6	4.24
3	200t	4	4.72
4	300t	6	4.83
5	250t	5	4.86

문제해결의 key point

서브로트의 크기에 따라 시료수 n_i가 비례되어 샘플링되었으므로 층별비례샘플링이다. 이때 샘플링오차는 군내변동 σ_w만 존재하며, 평균수분 산포는 $D(\bar{\bar{x}}) = \dfrac{\sigma_w}{\sqrt{\Sigma n_i}}$로 계산되어진다.

그리고, 2차시험에서는 이 문제와 같이 문제 지문에 소수점 자릿수나 유효숫자가 요구될 경우 전체지문 요구사항(통상 소수점 5자리까지 요구한다.)과 관계없이 문제에 명시된 요구사항의 소수점 2자리를 따라야 한다.

해설 1) 평균수분의 점추정

$$\bar{\bar{x}} = \frac{\Sigma n_i \bar{x}_i}{\Sigma n_i}$$

$$= \frac{5 \times 4.35 + 6 \times 4.24 + 4 \times 4.72 + 6 \times 4.83 + 5 \times 4.86}{5 + 6 + 4 + 6 + 5}$$

$$= 4.59038 \rightarrow 4.59$$

2) 평균수분의 신뢰구간의 추정

$$\mu = \hat{\mu} \pm u_{1-\alpha/2}\sqrt{V(\hat{\mu})} = \bar{\bar{x}} \pm u_{0.975}\frac{\sigma_w}{\sqrt{\Sigma n_i}}$$

$$= 4.59 \pm 1.96 \times \frac{0.1}{\sqrt{26}} = 4.59 \pm 0.038 \rightarrow 4.59 \pm 0.04$$

$$= (4.55,\ 4.63)$$

07 N= 1,000, n= 20, c= 2인 계수규준형 1회 샘플링검사를 적용할 때, P= 5%에서의 로트의 합격확률을 푸아송분포를 사용하여 계산하시오.

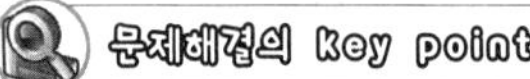

20개를 샘플링(n)하여 부적합수가 2개 이하(합격판정개수 : c)면 로트를 합격시키고, 3개 이상이면 불합격시키는 검사방법이며 P= 5%에서의 합격확률을 계산하는 문제이다.

해설 푸아송분포를 따른다 하였으므로

$$m = nP = 20 \times 0.05 = 1.0$$

$$L(P) = P(x \le c) = P(x \le 2)$$

$$= \sum_{x=0}^{2}\frac{e^{-m}m^x}{x!} = \frac{e^{-1.0} \times 1.0^0}{0!} + \frac{e^{-1.0} \times 1.0^1}{1!} + \frac{e^{-1.0} \times 1.0^2}{2!}$$

$$= e^{-1.0}\left(1 + 1.0 + \frac{1.0^2}{2!}\right) = 0.91970$$

08 크기 N= 5,000의 로트에서 샘플의 크기 n= 100의 시료를 샘플링하여 합격판정개수 c= 2인 1회 샘플링검사를 행할 때 부적합품률 1%, 2%, 3%, 4%, 5%인 로트가 합격하는 확률은 얼마인가?

문제해결의 key point

OC곡선이란 설계된 샘플링검사 방식(여기서는 100개를 샘플링 했을 때 부적합품수가 2개 이하면 합격으로 하는 방식이다.)을 실시할 경우 로트의 부적합품률에 따른 로트의 합격 확률을 타점하여 곡선으로 나타낸 그림이다.

샘플링에서 합격 확률의 계산은 통상 P가 작고 N이 크므로 푸아송분포를 적용한다.

$P(\%)$	$m=nP$	$L(P)=P(x \le 2)=\sum_{x=0}^{2}\frac{e^{-m}\ m^x}{x\,!}$
1	1	$\sum_{x=0}^{2}\frac{e^{-1}1^x}{x\,!}=e^{-1}\times\left(1+1.0+\frac{1.0^2}{2!}\right)=0.91970$
2	2	$\sum_{x=0}^{2}\frac{e^{-2}2^x}{x\,!}=e^{-2}\times\left(1+2.0+\frac{2.0^2}{2!}\right)=0.67668$
3	3	$\sum_{x=0}^{2}\frac{e^{-3}3^x}{x\,!}=e^{-3}\times\left(1+3.0+\frac{3.0^2}{2!}\right)=0.42319$
4	4	$\sum_{x=0}^{2}\frac{e^{-4}4^x}{x\,!}=e^{-4}\times\left(1+4.0+\frac{4.0^2}{2!}\right)=0.23810$
5	5	$\sum_{x=0}^{2}\frac{e^{-5}5^x}{x\,!}=e^{-5}\times\left(1+5.0+\frac{5.0^2}{2!}\right)=0.12465$

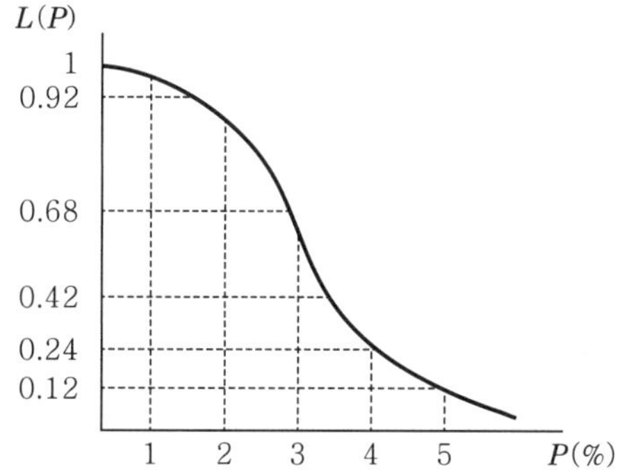

09 로트의 크기 N=1,000 시료의 크기 n=30일 때 공정 부적합품률이 변함에 따라 부적합품(x)이 나타날 확률은 다음 표와 같다. 합격판정계수 Ac=3일 때 OC곡선을 그리시오.

x	p= 5%	p= 10%	p= 15%	p= 20%
0	0.210	0.040	0.007	0.001
1	0.342	0.139	0.039	0.009
2	0.263	0.229	0.102	0.032
3	0.123	0.240	0.171	0.077
4	0.044	0.180	0.210	0.132
5	0.011	0.102	0.187	0.174

문제해결의 key point

문제의 표는 시료부적합품수 x에 따른 확률로 구성된 표이다.(누적확률값이 표시된 경우는 시료부적합품수가 커짐에 따라 확률값이 계속 커져 최종적으로 1에 근접한 표이다.
이 경우 합격 확률의 결정은 계산식이 아닌 부적합품수 x가 3일 때까지의 수표값을 누적하여 계산하여야 한다.

해설 합격 확률 $L(P) = \Pr(r \leq 3)$이므로

$P\%$	5%	10%	15%	20%
$L(P)$	0.938	0.648	0.319	0.119

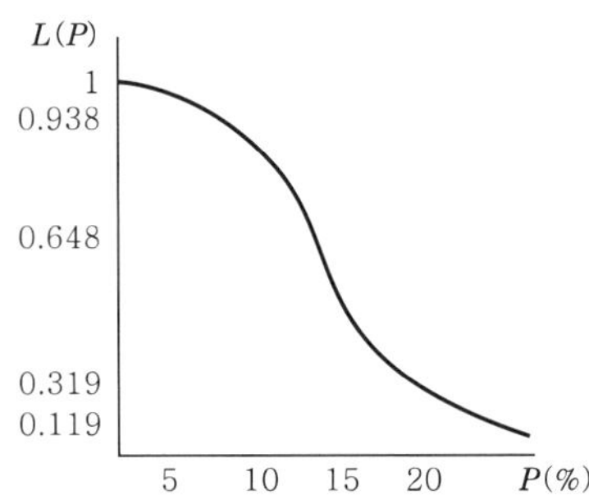

10 로트의 크기 $N = 1{,}000$, 시료의 크기 $n = 10$, 합격판정개수 $Ac = 2$에 대한 샘플링검사 방식에서 검사의 특성곡선(OC곡선)을 작성할 경우 P_0 및 P_1를 구하고, OC곡선을 완성하시오. (단, $\alpha = 0.05$, $\beta = 0.10$)

$L(P)$	0.975	0.950	0.100	0.250	0.050	0.025
nP_i	0.619	0.818	3.920	5.325	6.296	7.224

문제해결의 key point

제1종 오류 α, 제2종 오류 β를 만족하는 합격시키고 싶은 로트 P_0, 불합격시키고 싶은 로트 P_1을 지정하여 이를 만족시키는 샘플링검사의 설계 형태를 규준형 샘플링검사라 한다.
규준형 샘플링검사를 OC 곡선으로 표현할 때 그래프에 합격시키고 싶은 로트 P_0, 불합격시키고 싶은 로트 P_1에 대해 α, β를 표기하도록 한다.

해설 ① $L(P_0)=1-\alpha=1-0.05=0.95$ 이므로 표에서 $nP_0=0.818$

$$P_0=\frac{0.818}{n}=\frac{0.818}{10}=0.0818 \quad \therefore \ 8.18\%\text{이다.}$$

② $L(P_1)=\beta=0.10$ 이므로 표에서 $nP_1=3.920$

$$P_1=\frac{3.920}{n}=\frac{3.920}{10}=0.3920 \quad \therefore \ 39.20\%\text{이다.}$$

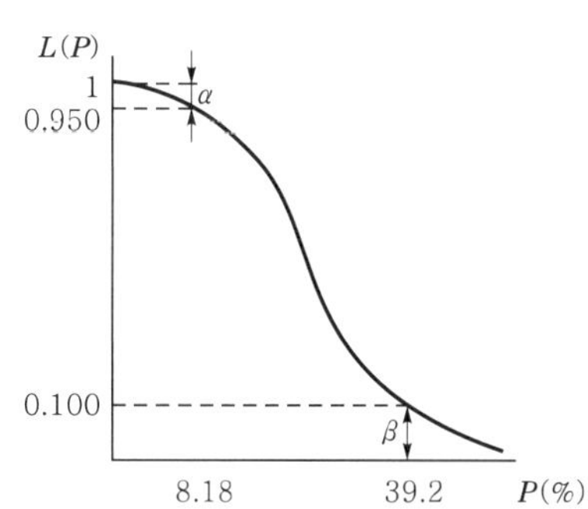

11 어떤 공정에서 생산되는 부품의 품질특성은 대략 정규분포를 하며, 이 공정은 통계적으로 안정상태에 있다고 한다. 그 평균치와 표준편차는 각각 $\mu=1.0$cm, $\sigma=0.2$cm이며, 이 품질특성에 대한 규격한계는 1±0.392cm이다. 이 공정에서 생산되는 제품의 로트에 대하여 $n=100$, $Ac=2$인 계수규준형 1회 샘플링검사 방식을 적용한다면 로트의 불합격 확률은?

문제해결의 key point

로트의 합격 확률 또는 불합격 확률을 계산하려면 $m=nP$에서 공정부적합품률 $P(\%)$를 먼저 알아야 한다. 특성치와 규격의 관계에서 먼저 부적합품률 $P(\%)$를 계산하여 불합격 확률을 계산한다.

해설 ① 부적합품률의 추정

$$\begin{aligned}P&=\Pr(x<S_L)+\Pr(x>S_U)\\&=\Pr(x<0.608)+\Pr(x>1.392)\\&=\Pr\left(u<\frac{0.608-1}{0.2}\right)+\Pr\left(u>\frac{1.392-1}{0.2}\right)\\&=\Pr(u<-1.96)+\Pr(u>1.96)=0.05\end{aligned}$$

② 로트의 불합격 확률

n이 매우 크고 $P<0.1$이며, $0.1<nP<10$을 만족하므로 푸아송분포에 근사한다.

$m=nP=100\times0.05=5$

$$L(P)=\Pr(x\le c)=\Pr(x\le 2)$$
$$=\sum_{x=0}^{2}\frac{e^{-5}\cdot(5)^x}{x!}=e^{-5}\times\left(1+5.0+\frac{5.0^2}{2!}\right)=0.12465$$
$$\therefore\ 1-L(P)=1-0.12465=0.87535$$

12 계수규준형 1회 샘플링검사에서 P_0=0.4%, P_1=1.2%일 때 샘플링검사 설계보조표를 보고 샘플수 n과 합격판정개수 Ac를 구하시오. (단, α=0.05, β=0.10)

P_1/P_0	c	n
4.3~3.6	4	$98.5/P_0+400/P_1$
3.5~2.8	6	$164/P_0+527/P_1$
2.7~2.3	10	$308/P_0+770/P_1$

문제해결의 Key point

샘플링검사 설계보조표는 계수규준형 1회 샘플링검사(KS Q 0001)의 적용시 수표에 *로 표현될 경우에 적용된다. 이때 P_0, P_1의 계산은 %를 제거한 %값(예 0.4% → 0.4)을 적용하도록 하며 샘플수 n은 소수점 이하를 올림으로 계산한다.

해설 ① $\dfrac{P_1}{P_0}=\dfrac{1.2}{0.4}=3$

② 설계보조표에서 n, c를 구한다.

$n=\dfrac{164}{P_0}+\dfrac{527}{P_1}=849.166\rightarrow 850\qquad Ac=6$

③ 즉, 850개를 샘플링하여 부적합품수가 6개 이하이면 로트를 합격시킨다.

13 구매자와 공급자는 가급적 합격시키고 싶은 로트인 바람직한 품질의 로트 부적합품률 P_0를 1%로, 가급적 불합격시키고 싶은 바람직하지 않은 로트의 부적합품률 P_1을 5%로 합의하였다. α=0.05, β=0.10을 만족시키는 계수 규준형 1회 샘플링검사에서 계산식에 의해 검사개수 n과 합격판정개수 Ac를 설계하시오.

문제해결의 Key point

계수규준형 1회 샘플링검사의 설계를 이항분포를 이용하여 P_0값과 α=0.05을 기준으로 합격판정 부적합품률(A_P)를 구한 후 검사개수 n을 곱하여 합격판정개수 Ac를 계산한다. 부적합품률은 작을수록 좋으므로 핀징기준과 검사개수의 설계는 계량규준형 망소특성에서 합격판정선($\overline{X}_U$)과 검사개수(n)를 설계하는 방법과 같다.

해설 ① 검사개수(n)

$$n=\left(\frac{k_\alpha\sqrt{P_0(1-P_0)}+k_\beta\sqrt{P_1(1-P_1)}}{P_1-P_0}\right)^2$$

$$=\left(\frac{1.645\sqrt{0.01(1-0.01)}+1.282\sqrt{0.05(1-0.05)}}{0.05-0.01}\right)^2$$

$= 122.7 \rightarrow 123$개

② 합격판정개수(Ac)

$$A_P=P_0+k_\alpha\sqrt{\frac{P_0(1-P_0)}{n}}$$

$$=0.01+1.645\sqrt{\frac{0.01(1-0.01)}{123}}$$

$= 0.02476$

따라서 $Ac=A_P\times n$

$=0.02476\times123=3.04548 \rightarrow 3$개

(단, A_P는 합격판정을 위한 부적합품률의 상한값이다.)

14 다음 표와 같은 샘플링검사 방식으로 로트에 대한 판정절차를 설명하시오.

구 분	샘플의 크기	합격판정개수(Ac)	불합격판정개수(Re)
제1 샘플링	100	1	4
제2 샘플링	200	3	4

문제해결의 Key point

샘플링 형식 중 2회 샘플링검사의 방법에 관한 질문이다. 2회 샘플링의 경우 1회 샘플링 결과 합부판정이 나지 않을 경우에만 샘플링을 추가로 실시한다.

해설 ① 1회 검사개수 100개를 추출하여(n_1) 발견된 부적합품수를 X_1이라 할 때

$X_1\le 1$이면 lot 합격

$X_1\ge 4$이면 lot 불합격

$1<X_1<4$이면 200개를 추가로 샘플링(n_2) 한다.

② 2회 검사개수 200개에서 발견된 부적합품수를 X_2라 할 때

$X_1+X_2\le 3$이면 lot 합격

$X_1+X_2\ge 4$이면 lot 불합격

15 $N=1{,}000,\ n_1=50,\ n_2=50,\ Ac_1=1,\ Ac_2=2$인 계수값 2회 샘플링검사 방식에서 로트의 부적합품률이 1%일 때 다음 물음에 답하시오.

1) 1회째 샘플링에서 불합격될 확률을 계산하시오.
2) 1회째 샘플링에서 합격될 확률을 계산하시오.
3) 2회째 샘플링에서 합격될 확률을 계산하시오.
4) 2회째 샘플링에서 불합격될 확률을 계산하시오.
5) 로트가 합격될 확률을 계산하시오.

문제해결의 key point

푸아송분포를 이용하되 먼저 파라메터 $m=nP$를 구한 후 확률을 계산하도록 한다.

해설 1) 1회 검사에서 로트가 불합격될 확률

1회 검사에서 $n_1=50$개를 추출했을 때 부적합품수를 X_1이라 하면

$m_1=n_1P=50\times0.01=0.5$이다.

$$\begin{aligned}P_{r_1}&=\Pr(X_1>c_2)=1-\Pr(X_1\le c_2)\\&=1-P(X_1\le 2)\\&=1-0.60653-0.30327-0.07582\\&=0.01438\end{aligned}$$

X_1	$P(X_1=x)$
0	$e^{-0.5}\times\dfrac{0.5^0}{0!}=0.60653$
1	$e^{-0.5}\times\dfrac{0.5^1}{1!}=0.30327$
2	$e^{-0.5}\times\dfrac{0.5^2}{2!}=0.07582$

2) 1회 검사에서 로트가 합격될 확률

$$\begin{aligned}P_{a_1}&=\Pr(X_1\le c_1)=\Pr(X_1\le 1)\\&=\sum_{X_1=0}^{1}\frac{e^{-m_1}(m_1)^{X_1}}{X_1!}\\&=0.60653+0.30327=0.90980\end{aligned}$$

3) 2회 검사에서 로트가 합격될 확률

2회 샘플 $n_2=50$개를 추출했을 때 부적합품수를 X_2이라 하면

$m_2=n_2P=50\times0.01=0.5$이다.

$P_{a_2}=\Pr(X_1+X_2\le c_2)$ (단, $X_1=2$인 경우)

$=\Pr(X_1=2)\times\Pr(X_2=0)$

$=0.07582\times e^{-0.5}=0.04599$

4) 2회 검사에서 로트가 불합격될 확률

$$P_{r_2} = 1 - (P_{a_1} + P_{r_1} + P_{a_2})$$
$$= 1 - (0.90980 + 0.01438 + 0.04599)$$
$$= 0.02983$$

5) 로트가 합격될 확률

$$P_a = P_{a_1} + P_{a_2}$$
$$= 0.90980 + 0.04599 = 0.95579$$

16

N=1,000, n_1=50, n_2=100, Ac_1=0, Ac_2=2인 계수값 2회 샘플링검사 방식에서 로트의 부적합품률이 2%인 경우 다음 물음에 답하시오.

1) 1회째 샘플링에서 불합격될 확률을 계산하시오.
2) 1회째 샘플링에서 합격될 확률을 계산하시오.
3) 2회째 샘플링에서 합격될 확률을 계산하시오.
4) 2회째 샘플링에서 불합격될 확률을 계산하시오.

푸아송분포를 이용하되 먼저 파라메터 $m=nP$를 구한 후 확률을 계산하도록 한다.

해설 1) 1회 검사에서 로트가 불합격될 확률

1회 검사개수 $n_1 = 50$개를 추출했을 때 부적합품수를 X_1이라 하면

$m_1 = n_1 P = 50 \times 0.02 = 1.0$이다.

$$P_{r_1} = \Pr(X_1 > c_2) = 1 - P(X_1 \le 2)$$
$$= 1 - \left(\frac{e^{-1}1^0}{0!} + \frac{e^{-1}1^1}{1!} + \frac{e^{-1}1^2}{2!}\right)$$
$$= 1 - e^{-1}\left(1 + 1 + \frac{1}{2}\right)$$
$$= 0.08030$$

2) 1회 검사에서 로트가 합격될 확률

$$P_{a_1} = \Pr(X_1 \le c_1) = \Pr(X_1 \le 0) = \frac{e^{-1}1^0}{0!}$$
$$= 0.36788$$

3) 2회 검사에서 로트가 합격될 확률

2회 검사개수 $n_2 = 100$ 개를 추출했을 때 발견된 부적합품수를 X_2 이라 하면
$m_2 = n_2 P = 100 \times 0.02 = 2$ 이다.

$$P_{a_2} = \Pr(X_1 + X_2 \le c_2)\ \text{(단, } X_1 = 1, 2 \text{ 인 경우)}$$
$$= \Pr(X_1 = 1, X_2 = 0) + \Pr(X_1 = 1, X_2 = 1) + \Pr(X_1 = 2, X_2 = 0)$$
$$= \frac{e^{-1}1^1}{1!} \times \frac{e^{-2}2^0}{0!} + \frac{e^{-1}1^1}{1!} \times \frac{e^{-2}2^1}{1!} + \frac{e^{-1}1^2}{2!} \times \frac{e^{-2}2^0}{0!}$$
$$= e^{-3}\left(1 + 2 + \frac{1}{2}\right) = 0.17425$$

4) 2회 검사에서 로트가 불합격될 확률

$$P_{r_2} = 1 - (P_{a_1} + P_{r_1} + P_{a_2})$$
$$= 0.37757$$

17 N=1,000, n_1=50, n_2=50, Ac_1=0, Ac_2=2로 설계된 계수값 2회 샘플링검사를 실시할 경우, 부적합품률 P=0.01인 로트가 1회 검사에서 합격될 확률 P_{a_1}=0.607이며, 1회 검사에서 불합격될 확률 P_{r_1}=0.014이다. 이 검사에 대하여 평균검사개수 ASN (Average Sample Number)를 구하시오.

문제해결의 Key point

평균검사개수 ASS는 샘플링형식에 따른 평균검사량의 추정값으로 1회보다는 2회, 2회보다는 다회를 적용할수록 평균검사개수는 작아진다.

해설

$$ASN = n_1 + n_2(1 - P_{a_1} - P_{r_1})$$
$$= 50 + 50(1 - 0.607 - 0.014) = 68.95 \rightarrow 69\text{개}$$

3-3 계량규준형 샘플링검사

01 드럼관에 든 고형 가성소다 중의 Fe_2O_3는 낮은 편이 좋다. 로트의 평균치가 0.0040% 이하이면 합격으로 하고, 0.0050% 이상이면 불합격으로 하는 $\overline{X}_U$ 를 구하시오. (단, 로트의 표준편차 $\sigma=0.0006\%$, $\alpha=0.05$, $\beta=0.10$으로 한다.)

$\dfrac{\lvert m_1-m_0\rvert}{\sigma}$	n	G_0
2.069 이상	2	1.163
1.687~2.068	3	0.950
1.463~1.686	4	0.822
1.309~1.462	5	0.736
1.195~1.308	6	0.672
1.106~1.194	7	0.622
1.035~1.105	8	0.582
0.975~1.034	9	0.548
0.925~0.974	10	0.520
0.882~0.924	11	0.469
0.845~0.881	12	0.475
0.812~0.844	13	0.456

문제해결의 key point

위 수치표는 계량규준형 샘플링검사(KS Q 0001) 시그마 기지일 때의 평균치 보증에 관한 수치표이며, $\overline{X}_U$를 구하는 상한합격판정치의 망소특성이다. 규준형 샘플링검사는 제1종 오류 α=0.05, 제2종 오류 β=0.10을 보증하는 샘플링검사 방식이며 합격시키고 싶은 로트의 평균치 0.0040%는 m_0, 불합격시키고 싶은 로트의 평균치 0.0050%는 m_1으로 설정한다.

해설 ① $\dfrac{\lvert m_1-m_0\rvert}{\sigma}=\dfrac{\lvert 0.005-0.004\rvert}{0.0006}=1.67$

② 표에 의해서 n, G_0를 구한다.($n=4$, $G_0=0.822$)

③ $\overline{X}_U=m_0+G_0\sigma$

$=0.0040+0.822\times0.0006$

$=0.00449\%$

02 어떤 금속판 두께의 기본치수가 5mm인데 두께의 평균치가 기본치수로 부터 ±0.15mm 이내에 있는 로트는 통과시키고 그것이 ±0.4mm 이상인 로트는 통과되지 않도록 하는 $\overline{X}_U$, $\overline{X}_L$를 구하시오. (단, 로트의 표준편차 $\sigma=0.2$mm이고, $\alpha=0.05$, $\beta=0.10$으로 하는 샘플링검사 방식을 부록에 있는 KS Q 0001 계량규준형 샘플링검사표를 활용하여 구하시오.)

문제해결의 Key point

평균치 보증에서 망목특성이 주어진 경우 $\dfrac{|m_1-m_0|}{\sigma}$의 계산시 $m_0'=4.85$, $m_0''=5.15$, $m_1'=4.60$, $m_1''=5.40$이므로, 어느 쪽으로 계산하여도 같은 값이 나오게 되므로 관계없다.

해설 ① $\dfrac{|m_1-m_0|}{\sigma}=\dfrac{|5.40-5.15|}{0.2}=\dfrac{|4.60-4.85|}{0.2}=1.25$

② 표에 의해서 n, G_0를 구한다.($n=6$, $G_0=0.672$)

③ $\overline{X}_L=m_0'-G_0\sigma$

$=4.85-0.672\times0.2=4.7156\text{mm}$

$\overline{X}_U=m_0''+G_0\sigma$

$=5.15+0.672\times0.2=5.2844\text{mm}$

03 조립품의 기본치수가 25mm인 것을 구입하고자 한다. 굵기의 평균치가 25±0.2mm 이내의 로트이면 합격이고, 25±0.5mm 이상의 로트는 불합격시키고자 한다. $\overline{X}_U$, $\overline{X}_L$을 구하시오. (단, $\sigma=0.3$mm, $\alpha=0.05$, $\beta=0.10$으로 하는 샘플링검사 방식을 부록에 있는 KS Q 0001 계량규준형 샘플링검사표를 활용하여 구하시오.)

해설 ① $\dfrac{|m_1-m_0|}{\sigma}=\dfrac{|25.5-25.2|}{0.3}=\dfrac{|24.5-24.8|}{0.3}=1$

② 표에 의해서 n, G_0를 구한다.($n=9$, $G_0=0.548$)

③ $\overline{X}_U=m_0'+G_0\sigma$

$=25.2+0.548\times0.3=25.3644\text{mm}$

$\overline{X}_L=m_0''-G_0\sigma$

$=24.8-0.548\times0.3=24.6356\text{mm}$

04 **제품에 사용되는 유황의 색도는 낮을수록 좋다고 한다. 그래서 제조자와 합의하여 m_0=3%, m_1=6%로 하고, 표준편차 σ=5%일 때 다음 물음에 답하시오.**

1) α=0.05, β=0.10을 만족하는 계량 규준형 샘플링 방식을 결정하시오. (단, 부록에 있는 KS Q 0001 계량규준형 샘플링검표를 활용하여 구하시오.)
2) 만약 n개의 시료를 측정한 결과 $\bar{x}$=4.620%가 되었다면 이 로트에 대한 판정을 하시오.

문제해결의 key point

평균치 보증에서 망소특성이므로 n개를 샘플링하여 평균 $\bar{x} \le \bar{X}_U$ 이면 로트를 합격시키는 방식이다.

해설 1) 샘플링방식의 설계

① $\frac{|m_1 - m_0|}{\sigma} = \frac{|6-3|}{5} = 0.6$

② 표에 의해 n, G_0를 구한다.($n=25$, $G_0=0.329$)

③ $\bar{X}_U = m_0 + G_0\sigma$

$= 3 + 0.329 \times 5 = 4.645\%$

2) 로트의 판정

$\bar{x} < \bar{X}_U$이므로 lot를 합격시킨다.

05 **Sampling 검사에서 조사해 본 결과 n=25, m_0=0.003, $\bar{X}_U$=0.01, G_0=0.437임을 알았다. 이때 로트의 표준편차 σ는?**

문제해결의 key point

평균치 보증에서 $\bar{X}_U$가 주어졌으므로 망소특성에 관한 공식을 적용한다.

해설 $\bar{X}_U = m_0 + G_0\sigma$

$0.01 = 0.003 + 0.437 \times \sigma$

$\therefore \sigma = 0.01602$

06 계량규준형 1회 샘플링검사는 n개의 샘플을 취하여 측정치의 평균치 $\overline{x}$와 합격판정치를 비교하여 로트의 합격, 불합격을 판정하는 샘플링 형태이다. 다음 물음에 답하시오.

1) 드럼통에 넣어 있는 고체 가성소다에 함유산화철분은 낮을수록 좋다. 로트의 평균치가 0.0045% 이하이면 합격으로 하고 0.0055% 이상이면 불합격이 될 수 있게 하는 n과 G_0 및 $\overline{X}_U$를 구하시오. (단, $\sigma = 0.0005\%$임을 알고 있다.)

2) 철제의 인장강도는 클수록 좋다. 인장강도가 78kg/mm^2 이상으로 규정되어 있는 경우 검사에서 $n=7$, $k=1.74$의 계량 1회 샘플링검사를 실시한 결과 다음과 같은 측정치를 얻었다. 로트의 판정은? (단, $\sigma = 0.5$kg/mm^{2}이다.)

[데이터] 74, 75, 76, 77, 78, 79, 79

문제해결의 key point

KS Q 0001 σ기지의 계량규준형 샘플링검사는 2가지 형태가 있는데 1)항과 같은 평균치 보증과 2)항과 같은 부적합품률 보증으로 나누어진다. 이 문항과 같이 검사개수를 계산하는 문제가 자주 출제되므로 공식은 반드시 기억해 두어야 한다.

해설 1) 평균치를 보증하는 경우

① $n = \left(\dfrac{k_\alpha + k_\beta}{m_1 - m_0}\right)^2 \sigma^2 = \left(\dfrac{2.927}{\Delta m}\right)^2 \sigma^2$

$= \left(\dfrac{1.645 + 1.282}{0.0055 - 0.0045}\right)^2 \times 0.0005^2 = 2.14183 \rightarrow 3$개

② $G_0 = \dfrac{k_\alpha}{\sqrt{n}}$

$= \dfrac{1.645}{\sqrt{3}} = 0.94974$

③ $\overline{X}_U = m_0 + G_0 \sigma$

$= 0.0045 + 0.94974 \times 0.0005 = 0.00497\%$

2) 부적합품률을 보증하는 경우

① $\overline{x} = \dfrac{\Sigma x_i}{n}$

$= \dfrac{1}{7}(74 + 75 + \cdots + 79) = 76.85714\text{kg/mm}^2$

② $\overline{X}_L = S_L + k\sigma$

$= 78 + 1.74 \times 0.5 = 78.87\text{kg/mm}^2$

③ $\overline{x} < \overline{X}_L$ → 로트 불합격

07 평균치가 500g 이하인 로트는 될 수 있는 한 합격시키고 싶으나, 평균치가 540g 이상인 로트는 될 수 있는 한 불합격시키고 싶다. 과거의 데이터로부터 판단하여 볼때 품질특성치는 정규분포를 따르고 표준편차는 20g으로 알려져 있다. 이때 α=0.05, β=0.10을 만족시키는 샘플링검사 방식을 구하여라. 그리고 이 검사방식에 대한 OC 곡선을 그리시오.

문제해결의 key point

OC곡선은 부적합품률에 따른 샘플링검사의 합격 확률을 표시하는 그래프로 샘플링방식을 설계할 때 참고하는 중요한 그래프이다. 평균치 보증의 계량규준형 샘플링검사의 경우 통상 m_0, m_1과 특성에 따라 $\overline{X}_U$ 아니면 $\overline{X}_L$을 같이 포함하여 확률을 계산하게 되며, 이때 정규분포 수표를 활용하기 위해 통상 수치는 특별한 조건이 없더라도 소수점 2자리(표준정규분포의 u값은 소수점 2자리이다.)로 반올림한다.

해설 1) 샘플링검사 방식의 설계

① $n=\left(\dfrac{k_\alpha+k_\beta}{m_0-m_1}\right)^2\sigma^2=\left(\dfrac{2.927}{\Delta m}\right)^2\sigma^2$

$=\left(\dfrac{1.645+1.282}{500-540}\right)^2\times 20^2=2.14 \rightarrow 3$개

② $\overline{X}_U=m_0+G_0\sigma=m_0+k_\alpha\dfrac{\sigma}{\sqrt{n}}$

$=500+k_{0.05}\dfrac{20}{\sqrt{3}}=518.99482\text{g}$

③ $\overline{x}\le 518.99482\text{g}$이면 로트 합격

$\overline{x}>518.99482\text{g}$이면 로트 불합격

2) OC 곡선

$m_0=500$, $m_1=540$을 포함한 m값 3개인 500g, 519g($\overline{X}_U$), 540g을 지정하여, 표준정규분포를 이용하여 확률을 구한 후 다음의 표를 작성한다.

m	$K_{L(m)}=\sqrt{n}\,(m-\overline{X}_U)/\sigma$	$L(m)$
500	$\sqrt{3}\,(500-518.99482)/20$ $=-1.64500 \rightarrow -1.645$	0.95
519	$\sqrt{3}\,(519-518.99482)/20=0.00$	0.5
540	$\sqrt{3}\,(540-518.99482)/20$ $=1.81910 \rightarrow 1.82$	0.0344

(☞ −1.64500을 −1.645라 한 것은 이미 표준정규분포표의 95% 값으로 누구나 알고 있는 값이므로, 그렇게 표현한 것이다.)

앞의 결과를 사용하여 m 은 가로축에, $L(m)$ 은 세로축으로 하여 OC 곡선을 그리면 다음과 같다.

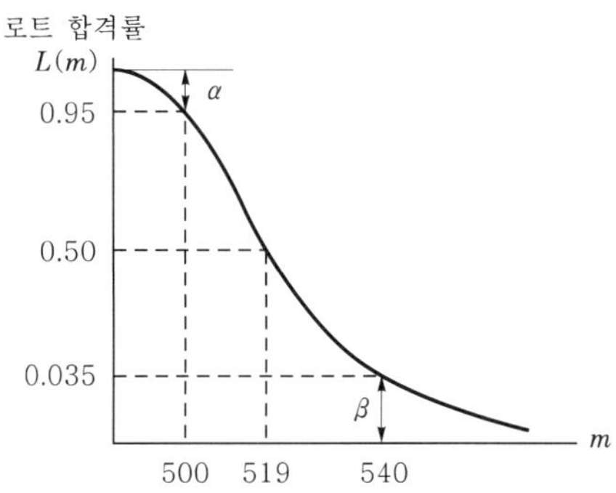

08 $\overline{X}_U$=80kg, n=8이고, σ=3kg일 때 평균이 각각 78kg, 80kg, 83kg인 로트의 합격확률을 구하고, OC 곡선을 그리시오.

 문제해결의 Key point

$\overline{X}_U$가 주어진 망소특성인 경우 계량규준형 검사이고, 평균이 78kg, 80kg, 83kg일 때의 OC 곡선을 작성하는 문제이다. 망대특성인 경우는 $K_{L(m)}=\sqrt{n}\,(\overline{X}_L-m)/\sigma$을 사용하여 로트의 합격확률 $L(m)$을 구하며, 망소특성과 망대특성 모두 $K_{L(m)}$이 음의 값이 형성되면 로트의 합격확률 $L(m)$이 50%보다 큰값이 형성된다.

 ①

평균	$K_{L(m)}=\sqrt{n}\,(m-\overline{X}_U)/\sigma$	$L(m)$
78	$\sqrt{8}\,(78-80)/3$ $=-1.88562 \rightarrow -1.89$	1−0.0294=0.9706
80	$\sqrt{8}\,(80-80)/3=0$	0.5
83	$\sqrt{8}\,(83-80)/3$ $=2.82843 \rightarrow 2.83$	0.00232

② OC 곡선

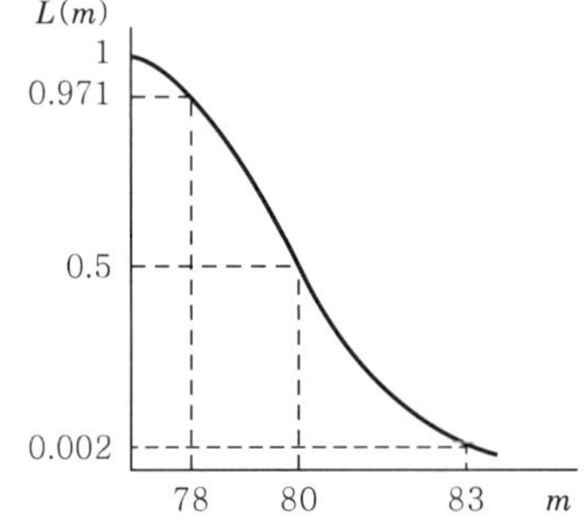

09 다음은 계량규준형 1회 샘플링검사의 OC 곡선을 작성하려고 한다. 다음과 같은 조건이 지정되어 있을 때 물음에 답하시오.

$\alpha=0.05$, $\beta=0.10$, $K_\alpha=1.645$, $K_\beta=1.282$, $\overline{X}_U=500\text{g}$, $\sigma=10\text{g}$, $n=4$

1) α, β를 만족하는 m_0 및 m_1를 구하시오. (단, 소수 이하 셋째 자리에서 맺음하시오.)

2) $\alpha, \beta, m_0, m_1, \overline{X}_U$의 값을 기입하고 $m_0, m_1, \overline{X}_U$의 $L(m)$값을 구하여 이들을 기입한 OC 곡선을 완성하시오.

문제해결의 key point

본 문항처럼 소문항에 소수점 이하 자리맺음이나 유효숫자를 언급할 경우 그 해당 문항은 문항에 요구된 소수 자리수와 일치시켜 결과 값을 제시하여야 한다.

**해설** 1) $\overline{X}_U=m_0+k_\alpha\dfrac{\sigma}{\sqrt{n}}$ 에서

$$m_0=\overline{X}_U-k_\alpha\frac{\sigma}{\sqrt{n}}$$

$$=500-1.645\times\frac{10}{\sqrt{4}}=491.775\text{g}$$

$\overline{X}_U=m_1-k_\beta\dfrac{\sigma}{\sqrt{n}}$ 에서

$$m_1=\overline{X}_U+k_\beta\frac{\sigma}{\sqrt{n}}$$

$$=500+1.282\times\frac{10}{\sqrt{4}}=506.410\text{g}$$

2) OC 곡선

m	$K_{L(m)}=\sqrt{n}\,(m-\overline{X}_U)/\sigma$	$L(m)$
491.775	$\sqrt{4}(491.775-500)/10=-1.645$	0.95
500	$\sqrt{4}(500-500)/10=0$	0.50
506.410	$\sqrt{4}(506.410-500)/10=1.282$	0.10

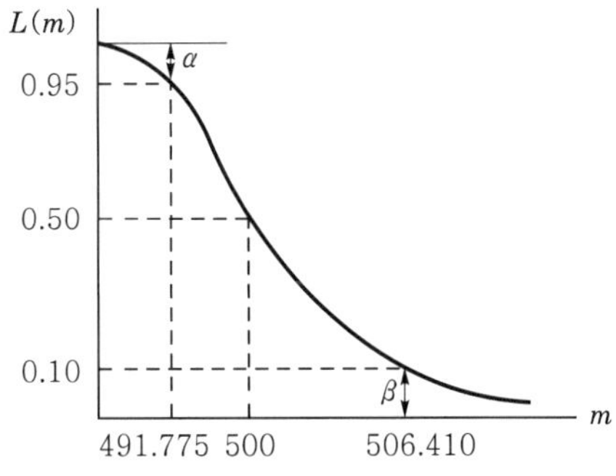

10 고체가성소다 중의 NaOH 함유 규격은 KS에 의하면 1호품은 하한규격 98% 이상이다. 이 품질을 보증하기 위해 하한규격(98%)에 미달하는 부적합품률이 0.40% 이하의 로트는 합격시키고, 부적합품률이 5% 이상인 로트는 불합격시키는 계량규준형 1회 샘플링방식을 설계하시오. (단, 로트의 $\sigma=0.75\%$이고, $\alpha=5\%$, $\beta=10\%$로 하며 KS Q 0001 수치표를 활용하시오.)

(좌는 k, 우는 n) ($\alpha=0.05$, $\beta=0.10$)

$P_1(\%)$ \ $P_0(\%)$	대표치	5.00		6.30		8.00	
대표치	범위 \ 범위	4.51~5.60		5.61~7.10		7.11~9.00	
0.400	0.356~0.450	2.08	8	2.02	7	1.95	6
0.500	0.451~0.560	2.05	10	1.99	8	1.92	6
0.630	0.561~0.710	2.02	12	1.95	9	1.89	7

문제해결의 Key point

본 문항처럼 계량규준형 샘플링검사 방식에서 좋은 로트와 나쁜 로트의 기준을 평균치가 아닌 계수치 검사와 동일하게 부적합품률로 조건을 설정하는 방식을 부적합품률 보증방식이라 하며, 모표준편차를 아는 경우(σ 기지) KS Q 0001, 모표준편차를 모르는 경우(σ 미지) KS Q 0001 수치표를 참조하여 n, k값을 구한다.

해설 ① $P_0=0.40\%$와 $P_1=5.0\%$가 만나는 칸에서 $n=8$, $k=2.08$을 구한다.

② $\overline{X}_L=S_L+k\sigma=98+2.08\times0.75=99.56\%$

③ 8개의 시료로부터 $\bar{x}$를 구하여

$\bar{x}\geq 99.56\%$이면 로트를 합격시키고,

$\bar{x}<99.56\%$이면 로트를 불합격시킨다.

11 상한 및 하한 합격판정치를 다음 조건에서 구하시오. 기본치수 규격이 18±0.05mm이고 부적합품률 1%는 통과시키고 부적합품률 10%인 로트는 통과시키지 않을 때 $\overline{X}_U$ 및 $\overline{X}_L$을 구하시오. (단, σ=0.015mm, α=0.05, β=0.10, k=1.74, n=8이다.)

해설 $\overline{X}_U=S_U-k\sigma$

$=18.05-1.74\times0.015=18.0239\text{mm}$

$\overline{X}_L=S_L+k\sigma$

$=17.95+1.74\times0.015=17.9761\text{mm}$

12 절삭 가공되는 어느 부품의 규격은 50.0±2.0mm로 정해져 있다. 그리고 과거의 데이터로부터 $\sigma=0.3$mm 정규분포를 하고 있으며, R관리도도 안정되어 있음을 알고 있다. $P_0=1.0\%$, $P_1=8.0\%$, $\alpha=0.05$, $\beta=0.10$을 만족하는 계량규준형 1회 샘플링검사 방식을 설계하여라.

해설 ① 검사개수와 합격판정계수

$$n=\left(\frac{k_\alpha+k_\beta}{k_{P_0}-k_{P_1}}\right)^2$$

$$=\left(\frac{1.645+1.282}{2.326-1.405}\right)^2=10.10011 \rightarrow 11\text{개}$$

$$k=\frac{k_\alpha k_{P_1}+k_\beta k_{P_0}}{k_\alpha+k_\beta}$$

$$=\frac{1.645\times1.405+1.282\times2.326}{1.645+1.282}=1.80839$$

② 합격판정선

$$\overline{X}_U=S_U-k\sigma$$

$$=52-1.81\times0.3=51.457\text{mm}$$

$$\overline{X}_L=S_L+k\sigma$$

$$=48+1.81\times0.3=48.543\text{mm}$$

③ 판정

검사개수 11개를 샘플링하여 평균 $\bar{x}$가

$\overline{X}_L\le\bar{x}\le\overline{X}_U$이면 합격시키고, 그렇지 않으면 불합격시킨다.

13 어떤 정밀 기계부품인 나사못의 직경에 대한 설계규격이 5±0.01mm이다. 이 부품의 생산공정에서는 규격내에 들지 못하는 부적합품률이 1% 이하인 로트는 합격시키고, 부적합품률이 10%를 초과한 로트는 불합격시키는 계량규준형 1회 샘플링검사를 하고자 한다. 이때 특성치는 대개 정규분포를 하며 $\sigma=0.003$mm이다. $\alpha=0.05$, $\beta=0.10$으로 하여 다음 물음에 답하시오.

1) 샘플의 크기 n 및 합격판정계수 k를 구하시오.

2) 위 조건을 만족하는 $\overline{X}_U$와 $\overline{X}_L$은 어떻게 되는가?

3) 샘플의 평균치 $\bar{x}=4.998$인 로트는 합격인가 불합격인가?

해설 1) $n=\left(\frac{k_\alpha+k_\beta}{k_{P_0}-k_{P_1}}\right)^2=\left(\frac{k_{0.05}+k_{0.10}}{k_{0.01}-k_{0.10}}\right)^2$

$=\left(\frac{1.645+1.282}{2.326-1.282}\right)^2=7.86040 \rightarrow 8$개

$k=\frac{k_{P_0}k_\beta+k_{P_1}k_\alpha}{k_\alpha+k_\beta}=\frac{k_{0.01}k_{0.10}+k_{0.10}k_{0.05}}{k_{0.05}+k_{0.1}}$

$=\frac{2.326\times1.282+1.282\times1.645}{1.645+1.282}=1.73926$

2) $\overline{X}_L=S_L+k\sigma$

$=4.99+1.73926\times0.003=4.99522\text{mm}$

$\overline{X}_U=S_U-k\sigma$

$=5.01-1.73926\times0.003=5.00478\text{mm}$

3) $\overline{x}=4.998\text{mm}$인 경우

$4.99522\text{mm} < \overline{x} < 5.00478\text{mm}$를 만족하므로 로트를 합격시킨다.

14 어떤 시계태엽의 토크는 75g/cm 이하로 규정되어 있다. KS Q 0001에 의하여 $n=8$, $k=1.74$의 계량규준형 1회 샘플링검사를 행한 결과 다음의 데이터를 얻었다. 이 결과로부터 로트의 합격·불합격을 판정하시오. (단, 표준편차 $\sigma=1.4$g/cm임을 알고 있다.)

[데이터] 73.2, 74.5, 73.8, 76.0, 74.0, 72.8, 73.5, 75.2 (단위 : g/cm)

해설 ① $\overline{x}=\frac{\Sigma x_i}{n}$

$=\frac{1}{8}(73.2+74.5+\cdots+75.2)=74.125\text{g/cm}$

② $\overline{X}_U=S_U-k\sigma$

$=75-1.74\times1.4=72.564\text{g/cm}$

③ $\overline{x} > \overline{X}_U$이므로 로트를 불합격시킨다.

15 $P_0=1\%$, $P_1=10\%$, $\alpha=0.05$, $\beta=0.10$을 만족시키는 로트의 부적합품률을 보증하는 계량형 샘플링검사 방식을 구하여라. (단, KS Q 0001 수치표를 사용하시오.) 그리고 상한 규격치 S_U가 주어지는 망소특성이며, σ는 기지이고, 품질특성치는 정규분포에 따른다고 가정한다. 이때 만족하는 OC 곡선을 그리시오.

문제해결의 key point

계량규준형 샘플링검사의 부적합품률을 보증하는 경우 OC 곡선을 작성할 경우 $P_0=1\%$, $P_1=10\%$를 포함하며, P_0와 P_1의 가운데 부적합품률을 하나 정도 추가 즉 P의 값을 1.0, 5.0, 10.0의 3개 정도로 하여 작성하는 것이 요령이다.

해설 1) 샘플링검사 방식의 설계

① $P_0=1\%$와 $P_1=10\%$가 만나는 칸에서 $n=8$, $k=1.74$를 구한다.

② $\overline{X}_U=S_U-k\sigma=S_U-1.74\times\sigma$

③ 8개의 시료로 부터 $\bar{x}$를 계산하여
$\bar{x}\le\overline{X}_U$ 이면 로트를 합격시키고, 아니면 불합격시킨다.

2) OC 곡선

$P(\%)$	K_P	$k-K_P$	$K_{L(P)}=\sqrt{n}(k-K_P)$	$L(P)$
1.0	2.326	−0.586	−1.65746 → −1.66	0.9515
5.0	1.645	0.095	0.26870 → 0.27	0.3936
10.0	1.282	0.458	1.29541 → 1.30	0.0968

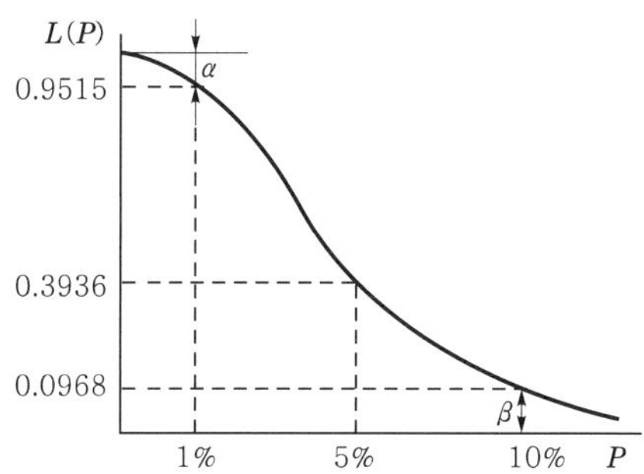

16 **고형가성소다의 NaOH 함유규격은 국가규격에 의하면 1호품은 98% 이상, 2호품은 97% 이상, 3호품은 96% 이상, 4호품은 94% 이상으로 되어 있다. 우리 회사의 제품은 1호품으로 보증하고 싶다. 1호품 규격 98%(하한 규격치)에 미달한 것이 0.5% 이하의 로트는 통과되고, 그것이 5.0% 이상이 되는 로트는 통과되지 않도록 하는 계량규준형 1회 샘플링방식을 설계하고 싶다. 다음 물음에 답하시오. (단, 로트의 표준편차는 0.75이며, $\alpha=0.05$, $\beta=0.10$으로 한다.)**

1) 만약 우리 회사의 제품을 $n=10$개를 측정한 결과 평균이 99%였을 때, 로트의 합격 및 불합격을 결정하시오.

2) 1)항에서 구한 검사방식 n, k에 대한 OC 곡선을 작성하시오.

해설 1) 샘플링검사 방식의 설계

① 합격판정계수

$$k = \frac{k_\alpha k_{P_1} + k_\beta k_{P_0}}{k_\alpha + k_\beta} = \frac{k_{0.05} \times k_{0.05} + k_{0.10} \times k_{0.005}}{k_{0.05} + k_{0.10}}$$

$$= \frac{1.645 \times 1.645 + 1.282 \times 2.576}{1.645 + 1.282} = 2.05277$$

② 합격판정선

$\overline{X}_L = S_L + k\sigma = 98 + 2.05277 \times 0.75 = 99.53958\%$

③ 10개를 샘플링한 평균 $\bar{x} = 99\%$ 이므로

$\bar{x} < \overline{X}_L$ 이므로 로트를 불합격시킨다.

2) OC 곡선의 작성

$P(\%)$	K_P	$k - K_P$	$K_{L(P)} = \sqrt{n}(k - K_P)$	$L(P)$
0.5	2.576	−0.52323	−1.65460 → −1.65	0.9505
2.0	2.054	−0.00123	−0.00389 → 0.00	0.5000
5.0	1.645	0.40777	1.28948 → 1.29	0.0985

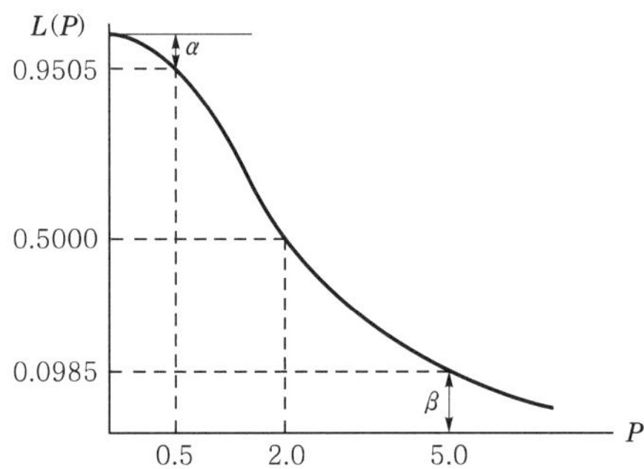

17 σ 기지의 경우에 계량규준형 샘플링검사 방식이 $n = 10$, $k = 1.8$이라면 σ 미지의 계량규준형 샘플링검사 방식의 합격판정계수 k'와 시료의 크기 n'은 어떻게 되는가?

문제해결의 key point

σ 미지일 경우 σ 기지인 경우와 비교하여 k값은 차이가 없으나 n'값은 $\left(1 + \frac{k^2}{2}\right)$ 배가 증가된다.

해설 ① $k' = k = 1.8$

② $n' = n \times \left(1 + \frac{k^2}{2}\right) = 10 \times \left(1 + \frac{1.8^2}{2}\right) = 26.2 \rightarrow 27$개

18 어떤 제품의 인장강도(tensile strength)의 하한 규격이 17,000psi라고 한다. 이 제품에 대해 $P_0 = 0.01$, $P_1 = 0.10$, $\alpha = 0.05$, $\beta = 0.10$을 만족하는 σ 미지인 경우 계량규준형 샘플링검사 방식의 k와 n을 구하시오. (단, $k_{0.01} = 2.33$, $k_{0.10} = 1.28$, $k_{0.05} = 1.65$이다.)

1) k :

2) n :

해설 1) $k = \dfrac{k_{P_0} k_\beta + k_{P_1} k_\alpha}{k_\alpha + k_\beta} = \dfrac{k_{0.01} k_{0.1} + k_{0.10} k_{0.05}}{k_{0.05} + k_{0.10}}$

$$= \frac{2.33 \times 1.28 + 1.28 \times 1.65}{1.65 + 1.28} = 1.74$$

2) $n = \left(1 + \dfrac{k^2}{2}\right)\left(\dfrac{k_\alpha + k_\beta}{k_{P_0} - k_{P_1}}\right)^2$

$$= \left(1 + \frac{1.74^2}{2}\right)\left(\frac{k_{0.05} + k_{0.10}}{k_{0.01} - k_{0.10}}\right)^2$$

$$= \left(1 + \frac{1.74^2}{2}\right)\left(\frac{1.65 + 1.28}{2.33 - 1.28}\right)^2 = 19.4 \rightarrow 20\text{개}$$

참고 문제상에 주어진 수치값은 수치표상의 수치값보다 우선 적용된다.

19 콘테이너를 제작하고 있는 회사에서는 철판의 표면경도의 하한 규격치가 로크웰 경도 70 이상으로 규정되고 있다. 로크웰 경도 70 이하인 것이 0.5%인 로트는 통과시키고 그것이 4% 이상되는 로트는 통과시키지 않도록 하는 계량규준형 1회 샘플링검사 방식과 OC 곡선을 작성하시오. (단 α=0.05, β=0.10이고, KS Q 0001 계량규준형 1회 샘플링검사표를 참조하시오.)

1) 계량규준형 1회 샘플링 방식을 설계하시오.

2) 이 샘플링검사 방식의 OC 곡선을 작성하시오.

해설 1) 샘플링검사 방식의 설계(σ미지인 경우)

① n과 k의 설정

$P_0 = 0.5\%$, $P_1 = 4\%$이므로 KS Q 0001의 샘플링검사 표에서 n=42, k=2.12이다.

② 로트의 합부판정

n=42의 시료를 채취하여 $\overline{x}$와 s_e를 계산하고 다음 식에 따라 판정한다.

$\overline{x} \geq 70 + 2.12\, s_e$이면 → 로트 합격

$\overline{x} < 70 + 2.12\, s_e$이면 → 로트 불합격

2) OC 곡선

$P(\%)$	K_P	$k-K_P$	$K_{L(P)}=(k-K_P)\Big/\sqrt{\frac{1}{n}+\frac{k^2}{2(n-1)}}$	$L(P)$
0.5	2.576	−0.456	−1.626298 → −1.63	0.9484
2.0	2.054	0.066	0.23539 → 0.24	0.4052
4.0	1.751	0.369	1.31602 → 1.32	0.0934

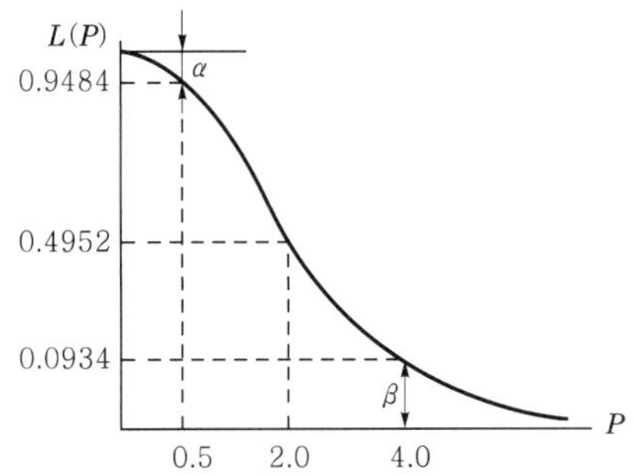

3-4 계수값 샘플링검사

01 계수값 샘플링검사에 대한 규격의 종류를 기술하고, 설계된 보증방식을 간략히 설명하여라.

해설 ① KS Q ISO 2859−1 : 연속로트에 대한 AQL 지표형 샘플링검사
② KS Q ISO 2859−2 : 고립로트에 대한 LQ 지표형 샘플링검사
③ KS Q ISO 2859−3 : AQL 보다 품질수준이 월등히 높은 연속로트에 대한 스킵로트 샘플링검사

02 계수값 샘플링검사(ISO 2859−1)의 특징을 6가지만 서술하시오.

해설 ① 검사의 엄격도 전환에 의해 공급자에게 품질향상에 대한 자극을 준다.
② 구입자가 공급자를 선택할 수 있을 때 주로 사용된다.
③ 불합격 로트의 처리방법이 정해져 있다.
④ 로트크기와 시료크기와의 관계가 분명히 정해져 있다.
⑤ 로트의 크기에 따라 α가 일정치 않다.
⑥ 1회, 2회, 다(5)회의 3종류의 샘플링형식이 정해저 있다.
⑦ 검사수준이 여러 개(특별수준 4개, 보통수준 3개) 있다.
⑧ AQL과 시료크기에는 $10^{1/5}$의 등비수열이 채택되어 있다.

03 계수값 샘플링검사에서 보통검사의 절차를 보기에서 골라 순서대로 나열하시오.

① 검사의 엄격도를 정한다. ② 품질기준을 정한다.
③ 샘플링형식을 정한다. ④ 검사의 구성 및 크기를 정한다.
⑤ AQL을 설정한다. ⑥ 검사수준을 결정한다.
⑦ 샘플링 방식을 구한다. ⑧ 시료를 채취하여 조사한다.
⑨ 검사로트의 합격·불합격의 판정을 내리고 로트를 처리한다.

( ) → ( ) → (⑥) → ( ) → (③) → ( ) → (⑦) → ( ) → ( )

해설 (②)→(⑤)→(⑥)→(①)→(③)→(④)→(⑦)→(⑧)→(⑨)

04 다음 괄호 안에 적당한 것을 답안지에 쓰시오.

"계수값 샘플링검사(ISO 2859-1)에서 검사수준은 Ⅰ, Ⅱ, Ⅲ의 3개 수준이 있으며 보통은 수준 (①)을 쓴다. 특히 샘플의 크기를 작게 하고 싶을 때는 수준 (②)을 사용하고, 크게 하고 싶을 때는 수준 (③)을 쓴다."

해설 ① Ⅱ ② Ⅰ ③ Ⅲ

05 다음 ( ) 안에 적당한 것을 쓰시오.

"계수값 샘플링검사(ISO 2859-1)에서 1회 샘플링검사, 2회 샘플링검사, 다회(多回) 샘플링검사 중 어느 형식을 결정하거나 ( ), ( ), ( )이 같으면 OC 곡선이 실제로 거의 동일하므로 합격 확률에는 큰 차이를 보이지 않는다."

해설 시료문자, AQL, 엄격도 조정

06 계수값 샘플링검사(ISO 2859-1)의 엄격도 전환절차 중 보통검사에서 수월한 검사로 넘어가는 전제조건 3가지와 수월한 검사에서 보통검사로 넘어가는 전제조건 3가지, 보통검사에서 까다로운 검사로 넘어가는 전제조건, 까다로운 검사에서 보통검사로 넘어가는 전제조건의 경우, 까다로운 검사에서 검사중지로 가는 경우를 각각 서술하시오.

해설 ① 보통검사에서 수월한 검사로 가는 전제조건
㉠ 전환 점수(Ss)가 30점 이상인 경우 또는 최초검사에서 연속 10로트 합격되는 경우
㉡ 생산 진도가 안정되어 있는 경우
㉢ 소관권한자가 인정하는 경우
② 수월한 검사에서 보통검사로 가는 전제조건
㉠ 1로트라도 불합격
㉡ 생산 진도가 불안정한 경우
㉢ 보통검사로 복귀 필요성이 발생하는 경우
③ 보통검사에서 까다로운 검사로 가는 전제조건
연속 5로트 검사 중 2로트가 불합격되는 경우
④ 까다로운 검사에서 보통검사로 가는 전제조건
연속 5로트가 합격되는 경우
⑤ 까다로운 검사에서 검사중지로 가는 경우
불합격 로트의 누계가 5로트

07 AQL=0.40%, 샘플문자 G로 하여 보통검사를 적용하였다. 다음 물음에 답하시오.

1) AQL 품질의 로트의 합격 확률을 구하여라.
2) 합격 확률이 90%가 되는 로트의 부적합품 퍼센트는 얼마인가?

문제해결의 key point

AQL은 매우 작은 부적합품률이므로($P<10\%$) 푸아송분포에 근사함을 활용하여 합격 확률 등을 추정할 수 있으나, 샘플링 검사 국가규격인 KS Q ISO 2859-10에는 합격판정개수가 0이고 로트의 합격 확률이 80%를 넘는 경우에 한해 샘플 크기에 무관하게 실용상 충분히 사용할 수 있는 근사식 $100P_a(\%)=100-n\times100P$가 제시되어 간단히 확률을 구할 수 있다.

해설 1) 【풀이】 1. KS Q ISO 2859-10의 활용
AQL=0.40%, 샘플문자 G이면 $n=32$, $Ac=0$이 된다.

$$100P_a(\%)=100-n\times100P$$
$$=100-32\times100\times0.004=87.2\%$$

즉, AQL 품질의 로트가 합격될 확률은 87.2%이다.

참고 2859-1의 샘플링검사표(부표 2-A, B, C)에서 샘플문자와 AQL을 교차시키면 n과 Ac, Re를 구할 수 있으나, AQL에 비해 샘플문자가 상대적으로 작은 경우 화살표에 걸리는 경우가 있다. 이러한 경우에는 화살표에 따라 샘플문자가 변하게 되므로 주의하여야 한다. 위의 문제에서 샘플문자 G와 AQL=0.25%인 경우라면 시료문자 G에서 화살표가 걸리므로, 샘플문자 G는 H로 변하게 되며, $n=50$, $Ac=0$, $Re=1$인 샘플링검사 방식이 설계된다.

【풀이】 2. 푸아송분포의 활용

AQL=0.40%, 샘플문자 G이면 $n=32$, $Ac=0$이 된다.

AQL은 매우 작은 부적합품률이므로

$m = n \times \mathrm{AQL} = 32 \times 0.004 = 0.128$인 푸아송분포에 근사한다.

$\Pr(X=0) = e^{-m} = e^{-0.128} = 0.87985$

2) 【풀이】 1. KS Q ISO 2859-10의 활용

합격 확률이 90%가 되는 품질수준은

$100P_a(\%) = 100 - n \times 100P$

$90\% = 100\% - 32 \times 100P(\%)$

$100P = (100-90)/32\% = 0.3125\%$

즉 90% 합격되는 품질수준은 부적합품률 0.3125%인 로트이다.

【풀이】 2. 푸아송분포의 활용

$\Pr(X=0) = e^{-m} = e^{-nP} = 0.90$

$nP = -\ln 0.90 = 0.10536$

$P = \dfrac{0.10536}{32} = 0.00329 = 0.329\%$

08 A사는 어떤 부품의 수입검사에 있어 계수값 샘플링검사인 KS Q ISO 2859-1을 사용하고 있다. 검토 후 AQL=1.5%, 검사수준 Ⅱ로 1회 샘플링검사를 채택하고 있으며 15로트 검사시 처음 로트는 보통검사에서 시작하였다. KS Q ISO 2859-1의 주샘플링검사 표를 사용하여 답안지 표의 공란을 채우고 로트의 엄격도 전환을 결정하시오. 또한 15번째의 로트는 엄격도가 어떻게 적용되는가?

로트	N	n	Ac	Re	부적합품수	합부판정	전환점수	엄격도적용
1	300				3			
2	500				0			
3	200				0			
4	800				3			
5	1,500				1			
6	500				0			
7	2,500				1			
8	2,000				0			
9	1,200				1			
10	1,500				2			
11	400				0			
12	2,500				0			
13	600				0			
14	800				3			
15	1,600				3			

문제해결의 key point

① 검사수준 Ⅱ와 N으로 각 로트의 시료문자를 정한다.
② 시료문자와 AQL=1.5%로 n, Ac, Re를 구하여 정리하여 표를 작성한다.
③ 전환점수를 계산하여 누계가 30점 이상이 되면 수월한 검사로 전환한다.
 * 합격판정개수가 1 이하인 경우 : 합격시 전환점수 2점 가산
 * 합격판정개수가 2 이상인 경우 : 한 단계 엄격한 AQL에서 합격시 전환점수 3점 가산
④ 전환점수를 0점으로 되돌리는 경우
 * 로트가 불합격이 되는 경우
 * 합격판정개수가 2 이상인 경우 "한 단계 엄격한 AQL 조건"에서 불합격되는 경우
⑤ 여기서는 검사로트 1번째, 4번째, 14번째에서 전환점수의 가산 조건을 만족하지 못하여 전환점수가 0점이 되므로 15번째 로트는 보통검사로 실시한다.

해설 1) 샘플링검사 작성표

로트	N	n	Ac	Re	부적합품수	합부판정	전환점수	엄격도적용
1	300	50	2(1)	3	3	불합격	0	보통검사 속행
2	500	50	2(1)	3	0	합격	3	보통검사 속행
3	200	32	1	2	0	합격	5	보통검사 속행
4	800	80	3(2)	4	3	합격	0	보통검사 속행
5	1,500	125	5(3)	6	1	합격	3	보통검사 속행
6	500	50	2(1)	3	0	합격	6	보통검사 속행
7	2,500	125	5(3)	6	1	합격	9	보통검사 속행
8	2,000	125	5(3)	6	0	합격	12	보통검사 속행
9	1,200	80	3(2)	4	1	합격	15	보통검사 속행
10	1,500	125	5(3)	6	2	합격	18	보통검사 속행
11	400	50	2(1)	3	0	합격	21	보통검사 속행
12	2,500	125	5(3)	6	0	합격	24	보통검사 속행
13	600	80	3(2)	4	0	합격	27	보통검사 속행
14	800	80	3(2)	4	3	합격	0	보통검사 속행
15	1,600	125	5(3)	6	3	합격	3	보통검사 속행

참고 합격판정개수 Ac에서 괄호안의 숫자는 한 단계 엄격한 AQL에서의 합격판정 개수 Ac를 뜻한다.

2) 검사로트 1번째, 4번째, 14번째에서 전환점수 가산조건을 만족하지 못하여 전환점수가 0점으로 돌아가므로 15번째 로트는 보통검사가 적용된다.

09 KS Q ISO 2859-1에서 $AQL=1.0\%$, 일반검사수준 Ⅱ에 해당하는 1회 샘플링검사를 적용하고 있다. 200개의 로트가 검사에 출하되었고, 로트의 크기가 매회 변하고 있다. 23번째 로트에서 검사 후 합부판정점수가 7점으로 기록되었다. 24번째 로트의 크기는 550일 때 검사전 합부판정점수(As)를 구하고 그 절차를 기록하시오.

해설 KS Q ISO 2859-1 부표 1, 부표 2-A에서 24번째 로트의 샘플문자는 J, $n=80$, $Ac=2$, $Re=3$이 된다. 샘플링검사 방식이 일정하지 않을 경우 합격판정개수(Ac)가 1 이상이면 23번째 로트의 검사 후 합부판정점수(As)에 7점을 가산하므로, 24번째 로트의 검사 전 합부판정점수는 14가 된다.

10 A사는 어떤 부품의 수입검사에 계수값 샘플링검사인 KS Q ISO 2859-1을 사용하고 있다. 검토 후 AQL=1.0%, 통상검사수준 G-2로 소관권한자의 판단 아래 형식 1회 Sampling으로 보조적 주샘플링검사 표를 이용해 검사를 하고 있다. 로트검사시 처음 로트는 보통검사로 시작하였다. 답안지 표의 합부판정점수(검사 전, 후), 적용하는 Ac, 합부판정, 전환점수를 기입하고 로트의 엄격도 전환을 결정하시오. (단, KS Q ISO 2859-1의 주샘플링검사 보조표의 보통검사, 까다로운 검사, 수월한 검사표를 사용하여 샘플문자와 시료 및 당초의 Ac는 기입을 하였다.)

로트 번호	N	샘플 문자	n	당초의 Ac	합부판정 점수 (검사 전)	적용하는 Ac	부적합 품수 d	합부 판정	합부판정 점수 (검사 후)	전환 점수	엄격도 적용
1	180	G	32	1/2			0				
2	200	G	32	1/2			1				
3	250	G	32	1/2			1				
4	450	H	50	1			1				
5	300	H	50	1			1				
6	80	E	13	0			1				
7	800	J	80	1			1				
8	300	H	50	1/2			0				
9	100	F	20	0			0				
10	600	J	80	1			0				
11	200	G	32	1/3			0				
12	250	G	32	1/2			0				
13	600	J	80	2			1				
14	80	E	13	0			0				
15	200	G	32	1/2			0				
16	500	H	50	1			0				
17	100	F	20	1/3			0				
18	120	F	20	1/3			0				
19	85	E	13	0			0				
20	300	H	50	1			1				
21	500	H	50	1			0				
22	700	J	80	2			1				
23	600	J	80	2			0				
24	550	J	80	2			0				
25	400	H	20	1/2			0				

 문제해결의 key point

① 검사 전 합부판정점수는 당초의 Ac가 0이면 0점, 1/5이면 2점, 1/3이면 3점, 1/2이면 5점, 1 이상의 자연수이면 7점을 주게 되며, 이전 로트의 검사 후 합부판정점수와 합산하여 구해지게 된다.
② 검사 전 합부판정점수를 계산하여 당초의 Ac가 분수인 경우에 한해서, 검사 전 합부판정점수가 9점 이상이면 $Ac=1$인 샘플링검사를 적용하고, 8점 이하이면 $Ac=0$인 샘플링검사를 적용하게 된다.(※ 당초의 Ac가 0, 1, 2, 3등의 정수인 경우는 그대로 적용한다.)
③ 검사 전 합부판정점수를 통해 적용하는 Ac를 결정한 후 검사결과 부적합품이 있는 경우 검사 후 합부판정점수는 0점으로 처리하고, 부적합품이 없는 경우 검사 후 합부판정점수는 검사 전 합부판정점수를 그대로 유지한다.
④ 전환점수의 적용은 당초의 Ac가 분수인 경우 $Ac \leq 1$에 해당되므로 합격하면 2점 가산, 불합격이 되면 0점으로 처리한다. 정수인 경우는 앞 문항과 같다.
⑤ 엄격도전환시 검사개시 시점에서는 합부판정점수는 "0"점에서 시작된다.

 해설

로트 번호	N	샘플 문자	n	당초의 Ac	합부판정 점수 (검사 전)	적용하는 Ac	부적합 품수 d	합부 판정	합부판정 점수 (검사 후)	전환 점수	엄격도적용
1	180	G	32	1/2	5	0	0	합	5	2	보통검사 적용
2	200	G	32	1/2	10	1	1	합	0	4	보통검사 적용
3	250	G	32	1/2	5	0	1	불	0	0	보통검사 적용
4	450	H	50	1	7	1	1	합	0	2	보통검사 적용
5	300	H	50	1	7	1	1	합	0	4	보통검사 적용
6	80	E	13	0	0	0	1	불	0	0	까다로운 검사로 전환
7	800	J	80	1	7	1	1	합	0	-	까다로운 검사 적용
8	300	H	50	1/2	5	0	0	합	5	-	까다로운 검사 적용
9	100	F	20	0	5	0	0	합	5	-	까다로운 검사 적용
10	600	J	80	1	12	1	0	합	12	-	까다로운 검사 적용
11	200	G	32	1/3	15	1	0	합	0*	-	보통검사로 전환
12	250	G	32	1/2	5	0	0	합	5	2	보통검사 적용
13	600	J	80	2(1)	12	2(1)	1	합	0	5	보통검사 적용
14	80	E	13	0	0	0	0	합	0	7	보통검사 적용
15	200	G	32	1/2	5	0	0	합	5	9	보통검사 적용
16	500	H	50	1	12	1	0	합	12	11	보통검사 적용
17	100	F	20	1/3	15	1	0	합	15	13	보통검사 적용
18	120	F	20	1/3	18	1	0	합	18	15	보통검사 적용
19	85	E	13	0	18	0	0	합	18	17	보통검사 적용
20	300	H	50	1	25	1	1	합	0	19	보통검사 적용
21	500	H	50	1	7	1	0	합	7	21	보통검사 적용
22	700	J	80	2(1)	14	2(1)	1	합	0	24	보통검사 적용
23	600	J	80	2(1)	7	2(1)	0	합	7	27	보통검사 적용
24	550	J	80	2(1)	14	2(1)	0	합	0*	30	수월한 검사로 전환
25	400	H	20	1/2	5	0	0	합	5	-	수월한 검사 적용

참고 합격판정개수 Ac에서 괄호안의 숫자는 한 단계 엄격한 AQL에서의 합격판정개수 Ac를 뜻한다.

6번째 로트에서 연속 5로트 중 2로트가 불합격되었으므로 7번째 로트부터 까다로운 검사가 적용되며, 7번 로트부터 11번 로트까지 까다로운 검사로 연속 합격되었으므로 12번째 로트부터는 보통검사가 적용된다. 이때는 검사가 전환되므로 11번째 로트의 검사 후 합부판정점수에는 0*로 처리한다. 이러한 경우는 24번째 로트에서도 동일하게 처리된다.

11 Y사는 어떤 부품의 수입검사에 계수값 샘플링검사인 KS Q ISO 2859-1을 사용하고 있다. 적용조건은 AQL=1.0%, 검사수준 Ⅱ로 1회 샘플링검사를 하고 있으며 처음 로트의 엄격도는 보통검사에서 시작하여 15로트가 진행되었으며 예시문은 그 중 11번째 로트로부터 나타낸 것이다. 표의 빈칸을 채우고, 15번째 로트의 검사결과 16번 로트에 수월한 검사를 적용할 조건이 되는가 판정하시오.

로트	N	샘플문자	n	Ac	Re	부적합품수	합격판정	전환점수
11	300	H	50	1	2	1	합격	21
12	500	H	50	1	2	0	(　　)	(　　)
13	300	H	50	1	2	1	(　　)	(　　)
14	800	J	80	2	3	0	(　　)	(　　)
15	1,000	J	80	2	3	2	(　　)	(　　)

해설 1) $AQL=1.0\%$, 검사수준 Ⅱ, 1회 샘플링검사, 보통검사

로트	N	샘플문자	n	Ac	Re	부적합품수	합격판정	전환점수
11	300	H	50	1	2	1	합격	21
12	500	H	50	1	2	0	(합격)	(23)
13	300	H	50	1	2	1	(합격)	(25)
14	800	J	80	2(1)	3	0	(합격)	(28)
15	1,000	J	80	2(1)	3	2	(합격)	(0)

2) 15번째 로트는 한 단계 엄격한 AQL인 $Ac=1$에서 불합격되므로 전환점수(Ss)가 0으로 처리된다. 따라서 16번째 로트에서도 보통검사가 진행된다.

12 A사는 어떤 부품의 수입검사에 계수값 샘플링검사인 KS Q ISO 2859-1의 보조표인 분수 샘플링검사표를 적용하고 있다. 적용조건은 AQL=1.0%, 통상검사수준 G-2에서 엄격도는 보통검사, 샘플링 형식은 1회로 시작하였다. 다음 물음에 답하시오.

1) 다음 표의 (　　) 안을 로트별로 완성하시오.

2) 로트번호 5의 검사결과 다음 로트에 적용되는 로트번호 6의 엄격도를 결정하시오.

로트번호	N	샘플문자	n	당초의 Ac	합부판정 점수 (검사 전)	적용하는 Ac	부적합 품수 d	합격 판정	합부판정 점수 (검사 후)	전환 점수
1	200	G	32	1/2	5	0	1	불합격	0	0
2	250	G	32	1/2	5	0	0	합격	5	2
3	600	(①)	(③)	(⑤)	(⑦)	(⑨)	1	(⑪)	(⑬)	(⑮)
4	80	(②)	(④)	(⑥)	(⑧)	(⑩)	0	(⑫)	(⑭)	(⑯)
5	120	F	20	1/3	(⑰)	(⑱)	0	(⑲)	(⑳)	(㉑)

해설 1) 주샘플링검사표

로트번호	N	샘플문자	n	당초의 Ac	합부판정 점수 (검사 전)	적용하는 Ac	부적합 품수 d	합격 판정	합부판정 점수 (검사 후)	전환 점수
1	200	G	32	1/2	5	0	1	불합격	0	0
2	250	G	32	1/2	5	0	0	합격	5	2
3	600	(J)	(80)	(2)	(12)	(2)	1	(합격)	(0)	(5)
4	80	(E)	(13)	(0)	(0)	(0)	0	(합격)	(0)	(7)
5	120	F	20	1/3	(3)	(0)	0	(합격)	(3)	(9)

2) 로트번호 6은 보통검사를 실시한다.

13 C사는 전자 부품의 수입검사에 있어 계수값 샘플링 검사인 KS Q ISO 2859-1의 주샘플링검사표를 사용하고 있다. 품질의 안정성을 검토 후 AQL=1.5%, 검사수준Ⅱ로 1회 샘플링 검사를 채택하고 있으며, 제출된 200로트 검사에서 최초 로트는 보통검사에서 시작하였다. KS Q ISO 2859-1의 주 샘플링 검사표를 사용하여 답안지 표의 공란을 채우고 로트의 엄격도 전환을 결정하시오.

로트	N	n	Ac	Re	부적합품수	합부판정	전환 점수	엄격도 적용
1	300				3			
2	500				0			
3	200				0			
4	800				2			
5	1,500				1			
6	500				0			
7	2,500				1			
8	2,000				0			
9	1,200				1			
10	1,500				2			
11	400				0			
12	2,500				0			
13	600				0			
14	800				2			
15	1,600				1			

해설 ① 검사수준 Ⅱ와 N으로 각 로트의 시료문자를 정한다.
② 시료문자와 AQL=1.5%로 n, Ac, Re를 구하여 표를 정리하여 작성한다.
③ 전환점수를 계산하여 누계가 30점 이상이 되면 수월한 검사로 전환한다.
- $Ac \leq 1$인 경우 : 합격 시 전환점수 2점 가산
- $Ac \geq 2$인 경우 : 한 단계 엄격한 AQL에서 합격 시 전환점수 3점 가산

④ 전환점수를 0점으로 처리하는 경우
- 로트가 불합격이 되는 경우
- 합격판정개수가 2개 이상인 샘플링검사에서 "한 단계 엄격한 AQL의 조건"으로 합격하지 못하는 경우

⑤ 검사 로트 14번째에서 전환점수 30점을 만족하므로, 소관권한자가 인정하는 경우 15번째 로트는 수월한 검사가 진행되므로 전환점수의 계산은 의미가 없다.

1) 샘플링검사 작성표

로트	N	n	Ac	Re	부적합 품수	합부 판정	전환 점수	엄격도 적용
1	300	50	2	3	3	불합격	0	보통검사 속행
2	500	50	2	3	0	합격	3	보통검사 속행
3	200	32	1	2	0	합격	5	보통검사 속행
4	800	80	3	4	2	합격	0	보통검사 속행
5	1,500	125	5	6	1	합격	3	보통검사 속행
6	500	50	2	3	0	합격	6	보통검사 속행
7	2,500	125	5	6	1	합격	9	보통검사 속행
8	2,000	125	5	6	0	합격	12	보통검사 속행
9	1,200	80	3	4	1	합격	15	보통검사 속행
10	1,500	125	5	6	2	합격	18	보통검사 속행
11	400	50	2	3	0	합격	21	보통검사 속행
12	2,500	125	5	6	0	합격	24	보통검사 속행
13	600	80	3	4	0	합격	27	보통검사 속행
14	800	80	3	4	2	합격	30	수월한 검사 전환
15	1,600	50	3	4	1	합격	−	수월한 검사 속행

2) 검사로트 2번째에서 14번재 로트까지 전환점수가 30점이므로, 생산진도가 안정되고, 소관권한자가 인정하는 경우 15번째 로트는 수월한검사가 적용된다.

14 **어느 조립식 책장을 납품하는 데 있어 10개씩의 나사를 패킹하여 첨부하여야 한다. 이때 나사의 수는 정확히 팩당 10개이어야 하지만 약간의 부적합품을 인정하기로 하되 나사의 개수가 부족한 팩이 1%가 넘어서는 안 된다. 생산계획은 5,000세트이며 로트크기는 1,250으로 하기로 하였다. 공급자와 구입자는 상호 협의에 의해 1회 거래로 한정하고 한계품질수준을 3.15%로 하기로 합의하였다. 다음 물음에 답하시오.**

1) 이를 만족시킬 수 있는 샘플링절차는 무엇인가?
2) 샘플링방식을 기술하고 설계하여라.
3) 2)항에서 1%인 로트의 합격확률은 어떻게 되는가?

해설 1) 상호간에 1회 거래로 한정하였으므로 고립로트이자 절차 A를 따르는 "KS Q ISO 2859-2 : 절차 A를 따르는 LQ 방식의 샘플링검사"이다.

2) 로트크기 $N=1,250$ LQ=3.15%를 활용하여 KS Q ISO 2859-2 부표 A에서 수표를 찾으면
☞ $n=125$, $Ac=1$인 샘플링검사 방식이다.
즉, 125개를 검사해서 부적합품이 1개 이하이면 로트를 합격시킨다.

3) P가 매우 작고 샘플수 n이 크므로 푸아송분포에 근사한다.
$m=nP=125\times 0.01=1.25$
$L(P)=\Pr(X\le 1)=e^{-1.25}(1+1.25)=0.64464$

15 어떤 조립식 책장을 납품하는 데 있어 칩보드 패널을 첨부하여야 한다. 이때 1,250세트당 7,500매의 패널을 1로트로 간주하기로 하였다. 패널의 표면은 통상 2.5%의 확률로 흠이 발생한다. 이 흠은 사상 등으로 어느 정도 해결할 수 있으나, 5% 이상이 흠이 발생하면 도저히 납품할 수 없다고 결론을 내렸다. 공급자는 이 로트에 대해 전문성을 가지고 있어 제조에 어느 정도 연속성을 가지고 있으나 구입자는 1회의 거래로 한정하려 하고 있다. 다음 물음에 답하시오.

1) 이를 만족시킬 수 있는 샘플링절차는 무엇인가?
2) 검사수준 S-4로 하는 샘플링방식을 설계하여라.
3) 이때 대응되는 AQL과 LQ 수준의 로트가 합격될 확률의 최대값을 표를 이용하여 추정하여라.
4) 검사수준을 Ⅲ으로 할 때의 샘플링방식을 설계하고 이때 50%가 합격될 수 있는 수준의 공정불량률은 얼마인가?
5) 이 검사절차와 비교되는 절차 A와의 샘플링방식 설계에 대한 차이점은 무엇인가?

〔부표 B-6〕 한계품질 5%에 대한 1회 샘플링방식

검사수준에 대한 로트의 크기					KS Q ISO 2859-1의 샘플링방식(보통)			샘플 문자	합격확률에 대응하는 공정품질수준			검사수준별 LQ에서의 CR(β)의 최대값		
S-1~S-3	S-4	Ⅰ	Ⅱ	Ⅲ	AQL	n	Ac		95.0	50.0	10.0	S-1~Ⅰ	Ⅱ	Ⅲ
81⁽³⁾ 이상	81⁽³⁾ ~50만	81⁽³⁾ ~1만	81⁽³⁾ ~1,200	81⁽³⁾ ~500	0.65	80	1	J	0.446	2.09	4.78	8.6	7.9	6.9
	50만 이상	~35,000	1,201~3,200	501~1,200	1.00	125	3	K	1.10	2.93	5.27	12.4	11.9	11.0
		~15만	3,201~1만	1,201~3,200	1.00	200	5	L	1.31	2.83	4.59	6.2	6.2	5.7
		15만 이상	10,001 이상	3,201 이상	1.50	315	10	M	1.97	3.38	4.84	8.1	8.1	8.1

* 주) 81⁽³⁾ : 81 미만인 로트는 전수검사를 한다.

1) 구매자가 1회 거래로 한정하고 있으나 공급자의 연속성이 인정되므로 "KS Q ISO 2859-2 : 절차 B를 따르는 LQ 방식의 샘플링검사"이다.
2) 로트크기 $N=7,500$, LQ=5%를 활용하여 KS Q ISO 2859-2 LQ 5% 표에서 찾으면 검사수준 S-4일 때 $n=80$, $Ac=1$인 검사방식이다.
   즉, 80개의 패널을 검사해서 부적합품이 1개 이하이면 로트를 합격시킨다.
3) 대응되는 AQL은 수표에서 0.65%이며, LQ 수준에서의 로트 합격확률은 8.6%이다.
4) $N=7,500$, LQ=5%, 검사수준 Ⅲ에 대응되는 방식은 $n=315$, $Ac=10$이다.
   이때, 50%가 합격하는 로트의 부적합품률은 공정불량률 3.38%인 로트이다.
5) 절차 A에는 합격판정개수가 "0"인 샘플링검사 경우가 있지만, 절차 B에는 합격판정개수가 "0"인 샘플링검사가 없고 전수검사를 행한다.

16 A사는 어떤 부품의 수입검사에 계수값 샘플링검사인 KS Q ISO 2859-1을 사용하고 있다. 검토 후 AQL=0.25(부적합품 퍼센트) 통상검사수준 G-3을 사용하고 로트의 크기 400, 보통검사의 1회 샘플링검사를 적용하기로 하고 소관권한자의 판단 아래 주 샘플링검사표(2-A)를 사용하여 검사를 행하고 있다.

가. 시료문자와 적용하는 n, Ac, Re를 구하시오.

나. AQL=0.25%에서 로트의 합격확률을 구하시오.

해설 1) 샘플링 검사의 설계

① KS Q ISO 2859-1의 부표 1에서 로트크기와 검사수준을 교차시켜 시료문자 J를 구한다.

② 부표 2-A에서 시료문자 J와 AQL=0.25%를 교차시키면 화살표에 걸리므로 시료문자는 J에서 H로 변환된다. 따라서 시료문자는 H이고, $n=50$개, $Ac=0$, $Re=1$이 된다.

2) 로트가 합격할 확률

【풀이】 1. KS Q ISO 2859-0의 활용

AQL=0.25% 샘플문자 H이면 $n=50$, $Ac=0$이 된다.

$100P_a(\%)=100-n\times 100P=100-50\times 100\times 0.0025=87.5\%$

즉, AQL품질의 로트가 합격될 확률은 87.5%이다.

【풀이】 2. 푸아송분포의 활용

AQL=0.25% 샘플문자 H이면 $n=50$, $Ac=0$이 된다.

AQL=0.25%는 매우 작으므로

$m=n\times AQL=50\times 0.0025=0.125$인 푸아송분포에 근사한다.

$$\Pr(X=0)=\frac{e^{-m}m^x}{x!}=e^{-0.125}=0.88250$$

따라서 AQL 품질의 로트합격확률은 88.250%가 된다.

17 A사는 어떤 부품의 수입검사에 계수값 샘플링검사인 KS Q ISO 2859-1을 적용하고 있다. 적용조건은 AQL=1.5%, 검사수준Ⅱ의 1회 샘플링검사를 하고 있으며 처음 로트의 엄격도는 보통검사로부터 시작하였다.

로트	N	샘플문자	n	Ac	Re	부적합품수	합부판정	전환점수
1	300	H	50	2	3	3	불합격	0
2	500	H	50	2	3	1	(　)	(　)
3	200	(　)	(　)	(　)	(　)	0	(　)	(　)
4	800	(　)	(　)	(　)	(　)	3	(　)	(　)
5	1,500	(　)	(　)	(　)	(　)	2	(　)	(　)

가. 답안지 표의 (　) 안의 공란을 채우시오.

나. 5로트 검사 결과 다음 로트부터 적용되는 엄격도는?

해설 가.

로트	N	샘플문자	n	Ac	Re	부적합품수	합부판정	전환점수
1	300	H	50	2(1)	3	3	불합격	0
2	500	H	50	2(1)	3	1	합격	3
3	200	G	32	1	2	0	합격	5
4	800	J	80	3(2)	4	3	합격	0
5	1,500	K	125	5(3)	6	2	합격	3

참고 합격판정개수 Ac에서 괄호 안의 숫자는 "한 단계 엄격한 AQL에서의 합격판정개수 Ac"를 뜻한다.

나. 보통검사

3-5 축차 샘플링검사

01 P_A=1%, α=0.05, P_R=5%, β=0.10인 **부적합품률 검사를 위한 계수값 축차샘플링검사 방식을 실시하려 한다. 다음 물음에 답하시오.**

1) 축차 샘플링검사 시 판정이 나지 않을 경우에 불가피한 조치인 누계검사개수 중지치(n_t)과 합격판정기준을 설정하시오.(단, 대응되는 1회 샘플링방식은 알지 못한다.)
2) $n_{cum} < n_t$ 일 때의 합격판정선을 설계하고 가장 빨리 합격되기 위한 조건 및 최소 검사개수를 설명하시오.
3) $n_{cum} < n_t$ 일 때의 불합격판정선을 설계하고 가장 빨리 불합격되기 위한 조건 및 최소 검사개수를 설명하시오.
4) 1개씩 시료를 채취하여 검사한 결과 28번째와 40번째가 부적합품이었다면 40번째에서의 검사결과 판정은 어떻게 되는가?

문제해결의 key point

누계검사개수 중지치의 계산은
① 1회 샘플링검사개수를 알 때의 중지치 : $n_t = 1.5n_0$
② 1회 샘플링검사개수를 모를 때의 중지치

* 부적합품퍼센트 검사의 경우 : $n_t = \dfrac{2h_A h_R}{g(1-g)}$
* 100아이템당 부적합수 검사의 경우 : $n_t = \dfrac{2h_A h_R}{g}$

로 설계하되 소수점 이하는 끊어 올린다.

해설 1) 누계검사개수 중지치(n_t)과 판정기준을 설정

① P_A, P_R을 이용하여 h_A, h_R, g를 구한다.

($h_A = 1.364$, $h_R = 1.751$, $g = 0.025$)

② $n_t = \dfrac{2h_A h_R}{g(1-g)}$

$= \dfrac{2 \times 1.364 \times 1.751}{0.025 \times (1-0.025)} = 195.96833 \rightarrow 196$개

③ $A_t = g n_t$

$= 0.025 \times 196 = 4.9 \rightarrow 4$개

$R_t = A_t + 1 = 5$개

④ 즉, 196개가 진행될 때까지 결과가 나오지 않으면 누계부적합품수가 4개 이하이면 합격이고 5개 이상이면 불합격 처리한다. (단 $n_{cum} < n_t$인 경우에도 D(누계부적합품수)가 $R_t = 5$ 개이면 검사를 중지하고 불합격시킨다.)

2) ① $n_{cum} < n_t$일 때의 합격판정선

$A = -h_A + g n_{cum}$

$= -1.364 + 0.025 \times n_{cum}$

② 최초 합격검사개수는 부적합품이 하나도 안 나오는 경우이다.

$A = -1.364 + 0.025 \times n_{cum} = 0$

$n_{cum} = \dfrac{h_A}{g}$

$= \dfrac{1.364}{0.025} = 54.56 \rightarrow 55$개

③ 즉, 55개를 연속 검사하는 동안 부적합품이 하나도 없을 때가 가장 빨리 합격이 된다.

3) ① $n_{cum} < n_t$일 때의 불합격판정선

$R = h_R + g n_{cum}$

$= 1.751 + 0.025 \times n_{cum}$

② 최초 불합격검사개수는 부적합품이 계속 나오는 경우이다.

$R = 1.751 + 0.025 \times n_{cum} = n_{cum}$

$n_{cum} = \dfrac{h_R}{1-g}$

$= \dfrac{1.751}{1-0.025} = 1.79589 \rightarrow 2$개

③ 즉, 처음부터 연속 2개가 부적합품이 나올 경우 가장 빨리 불합격이 된다.

4) 40번째의 판정결과

① 누계부적합품수 : $D = 2$개

㉠ 합격판정선 : $A = -1.364 + 0.025 \times 40 = -0.364 \rightarrow$ 고려하지 않는다.

㉡ 불합격판정선 : $R = 1.751 + 0.025 \times 40 = 2.751 \rightarrow 3$개

② $D < R$이므로 검사를 속행한다.

02 **P_A=1%, P_R=10%, α=0.05, β=0.10을 만족하는 KS Q ISO 28591의 부적합품률 검사를 위한 계수값 축차샘플링검사 방식을 설계하려 한다. 다음 물음에 답하시오.**

1) 위 요구사항을 만족하는 계수값 축차샘플링검사 방식의 파라메터를 구하시오.
2) 대응되는 1회 샘플링방식은 n=40개로 알려져 있을 때 이를 적용하여, 축차샘플링검사 시 판정이 나지 않을 경우에 불가피한 조치인 누계검사개수 중지치(n_t)과 판정기준을 설정하시오.
3) 20번째에 부적합품이 나왔다면 40번째에서의 검사결과는 어떻게 되는가?

해설 1) KS Q 28591 부표 1-A에서

$h_A = 0.939, h_R = 1.205,\ g = 0.0397$를 구한다.

2) 누계검사개수 중지치(n_t) 및 판정기준

① $n_t = 1.5n_0 = 1.5 \times 40 = 60$

② $A_t = g\,n_t = 0.0397 \times 60 = 2.382 \rightarrow 2$개

③ $R_t = A_t + 1 = 3$개

참고 검사가 60개 진행시까지 로트의 합부판정이 결정되지 않는 경우 누계부적합품수(D_t)가 2개 이하이면 합격, 3개 이상이면 불합격 처리한다.

3) $n_{cum} < n_t$인 경우

① $A = -h_A + gn = -0.939 + 0.0397 \times 40 = 0.649 \rightarrow 0$개

② $R = h_R + gn = 1.205 + 0.0397 \times 40 = 2.793 \rightarrow 3$개

③ n_{cum}=40개까지 누계부적합품수 D=1로 $A < D < R$이므로 검사를 속행한다.

03 **P_A=1%, α=0.05, P_R=8%, β=0.10을 만족하는 KS Q ISO 28591의 부적합품률 검사를 위한 계수값 축차샘플링검사 방식을 설계하려 한다. 다음 물음에 답하시오.**

1) 위 요구사항을 만족하는 계수값 축차샘플링검사 방식의 파라메터를 구하시오.
2) 대응되는 1회 샘플링방식은 알지 못할 때, 축차샘플링검사시 판정이 나지 않을 경우에 불가피한 조치인 누계검사개수 중지치(n_t)과 합격판정기준을 설정하시오.
3) 20번째 시료가 최초 부적합품이었다. 앞으로 취하는 시료 중 발생하는 부적합품이 없다면 몇 번째 로트에서 합격될 수 있는가?

해설 1) KS Q 28591 부표 1-A에서

$h_A = 1.046,\ h_R = 1.343,\ g = 0.0341$를 구한다.

2) 누계검사개수 중지치(n_t) 및 합격판정기준

① $n_t = \dfrac{2h_A h_R}{g(1-g)}$

$= \dfrac{2 \times 1.046 \times 1.343}{0.0341 \times (1-0.0341)} = 85.30042 \rightarrow 86$개

② $A_t = g\,n_t$

$= 0.0341 \times 86 = 2.9326 \rightarrow 2$개

③ $R_t = A_t + 1 = 3$개

④ 86개의 검사가 진행될 때까지 합격, 불합격의 결과가 나오지 않는 경우, 누계 부적합품수가 2개 이하이면 합격시키고, 3개 이상이면 불합격 처리한다.

3) $n_{cum} < n_t$인 경우

20번째 시료부적합품 발생 이후 부적합품이 하나도 없을 때

$A = -h_A + g\,n_{cum}$

$= -1.046 + 0.0341 \times n_{cum} = 1$

$n_{cum} = \dfrac{2.046}{0.0341} = 60 \rightarrow 60$개

참고 $R = h_R + g n_{cum} = 1.343 + 0.0341 \times n_{cum} = n_{cum}$으로 불합격의 최소기준 부적합품개수는 2개가 되므로 불합격역을 고려할 필요가 없다.

04

굵기 10mm의 염화비닐관에 관한 수압검사를 KS Q ISO 39511 계량값 축차샘플링 방식으로 설계하고 싶다. 이 때, 하한규격치 L=100kg/cm²이며, 과거의 데이터에 의해 산포는 σ=8.0kg/cm²으로 추정되고 있다. 다음 물음에 답하시오.

1) 누계검사개수 중지치(n_t)과 그때의 합격판정역(A_t)을 구하여라. (단, α=0.05, β=0.10인 조건에서 $P_A = 1\%$, $P_R = 5\%$이며, KS Q ISO 39511 표 1 계량 축차샘플링 표를 이용하시오.)

2) 누계검사개수 n_{cum}일 때의 합격, 불합격 판정선을 설계하여라. (단, $n_{cum} < n_t$이다.)

3) 또한 시료를 7개째까지 속행된 측정치를 계산한 누계여유치 Y가 100kg/cm² 였다면 검사로트의 판정은 어떻게 되는가?

해설 1) ① KS Q 39511 표 1에서 파라메터를 구하면

$h_A = 3.303$, $h_R = 4.241$, $g = 1.986$, $n_t = 29$

② $n_{cum} = n_t = 29$에서의 합격판정기준

$A_t = g\,\sigma\, n_t$

$= 1.986 \times 8 \times 29 = 460.752$

참고 29개의 검사까지 합부판정이 나지 않으면 검사를 중단한 후 누계여유치 $Y = \Sigma(x_i - L) \geq A_t$이면 로트를 합격시키고, 아니면 불합격으로 처리한다.

2) $n_{cum} < n_t$일 때의 합부판정기준

① $A = h_A\sigma + g\,\sigma\, n_{cum}$

$= 3.303 \times 8 + 1.986 \times 8 \times n_{cum}$

$= 26.424 + 15.888 n_{cum}$

② $R = -h_R\sigma + g\,\sigma\, n_{cum}$

$= -4.241 \times 8 + 1.986 \times 8 \times n_{cum}$

$=-33.928+15.888n_{cum}$

3) $n_{cum}=7$에서의 판정

① $A=26.424+15.888n_{cum}$

$=26.424+15.888\times 7=137.64\text{kg/cm}^2$

② $R=-33.928+15.888n_{cum}$

$=-33.928+15.888\times 7=77.288\text{kg/cm}^2$

③ 판정 : Y가 100kg/cm^{2}이면 $R<Y<A$이므로, 검사를 속행한다.

05 **P_A=1%, P_R=10%, α=0.05, β=0.10을 만족시키는 로트의 부적합품률을 보증하는 계량값 축차 샘플링검사 방식을 적용하려 한다. 단, 품질특성치인 무게는 대체로 정규분포를 따르고 있으며, 상한규격치 U=200kg만 존재하는 망소특성으로 표준편차(σ)는 2kg으로 알려져 있다. 물음에 답하시오.**

1) 누계검사개수 중지치(n_t)과 그때의 합격판정역(A_t)을 구하여라.

2) 누계검사개수 n_{cum}일 때의 합격, 불합격 판정선을 설계하여라. (단, $n_{cum}<n_t$이다.)

3) 진행된 로트에 대해 표를 채우고 합부여부를 판정하여라.

누계샘플 사이즈	측정값 x(kg)	여유치 y	불합격판정치 R	누계여유치 Y	합격판정치 A
1	194.5	5.5	−1.924	5.5	7.918
2	196.5	(　　)	(　　)	(　　)	(　　)
3	201.0	(　　)	(　　)	(　　)	(　　)
4	197.8	(　　)	(　　)	(　　)	(　　)
5	198.0	(　　)	(　　)	(　　)	(　　)

해설 1) ① KS Q ISO 39511표에서 파라메터를 구하면

$h_A=2.155$, $h_R=2.766$, $g=1.804$, $n_t=13$

② $n_{cum}=n_t=13$에서의 합격판정기준

$A_t=g\sigma n_t$

$=1.804\times 2\times 13=46.904$

즉, 13개의 시료까지 판정이 나지 않으면 검사를 중단한 후, 누계여유치 $Y=\Sigma(U-x_i)\geq A_t$이면 로트를 합격시키고 아니면 불합격 처리한다.

2) $n_{cum}<n_t$일 때의 합부판정기준

① $A=h_A\sigma+g\sigma n_{cum}$

$=2.155\times 2+1.804\times 2\times n_{cum}=4.310+3.608n_{cum}$

② $R=-h_R\sigma+g\sigma n_{cum}$

$=-2.766\times 2+1.804\times 2\times n_{cum}=-5.532+3.608n_{cum}$

3) 판정

n_{cum}	측정치(kg)	여유치 y	불합격판정치 R	누계여유치 Y	합격판정치 A
1	194.5	5.5	−1.924	5.5	7.918
2	196.5	3.5	1.684	9.0	11.526
3	201.0	−1.0	5.292	8.0	15.134
4	197.8	2.2	8.900	10.2	18.742
5	198.0	2.0	12.508	12.2	22.350

n_{cum}=5에서 누계여유치 Y가 불합격판정치 R보다 작으므로 로트는 불합격으로 처리한다.

06 어떤 기계부품의 치수에 대한 시방은 205±5mm로 규정되어 있다. 생산은 안정되어 있고 로트내의 치수의 분포는 정규분포를 따른다는 것이 확인되어 있으며, 로트내의 표준편차(σ)는 1.2mm로 알려져 있다. 공급자와 소비자는 상호 합의하에 연결식 양쪽규정을 채택하기로 하고, P_A=0.5%, P_R=2%로 하되 KS Q ISO 39511 계량값 축차샘플링방식을 적용하기로 하였다. 다음 물음에 답하시오.

1) PRQ=0.5%일 때 ψ=0.165라면 LPSD(한계프로세스 표준편차) 값을 구하고 축차샘플링방식을 적용할 수 있는지 검토하여라.
2) 누계검사개수 중지치와 그때의 상 · 하한 합격판정선을 구하여라.
3) 누계검사개수 n_{cum}일 때의 상한 및 하한 합격, 불합격 판정선을 설계하여라. (단, $n_{cum} < n_t$이다.)

해설 1) LPSD(한계프로세스 표준편차)를 통한 검증

$LPSD = \psi \times (U - L)$

$= 0.165 \times (210 - 200) = 1.65$

$LPSD > \sigma(=1.2)$이므로 축차샘플링검사가 적용이 가능하다.

2) $n_{cum} = n_t$인 경우

① KS Q 39511 표 1에서 파라메터를 구하면

$h_A = 4.312$, $h_R = 5.536$, $g = 2.315$, $n_t = 49$

② $n_{cum} = n_t = 49$ 에서의 합격판정기준

㉠ $A_{t\cdot U} = (U - L - g\sigma)\, n_t$

$= (10 - 2.315 \times 1.2) \times 49 = 353.878\text{mm}$

㉡ $A_{t\cdot L} = g\sigma n_t$

$= 2.315 \times 1.2 \times 49 = 136.122\text{mm}$

참고 149개의 시료까지 판정이 나지 않으면 검사를 중단한 후, 누계여유치가 Y가 $A_{t.L} \le Y \le A_{t.U}$ 이면 로트를 합격시키고, 아니면 불합격 처리한다.
양쪽규격이 주어지는 경우 누계여유치는 $Y = \Sigma(x_i - L)$로 구한다.

3) $n_{cum} < n_t$일 때의 합격판정기준

① 상한 합부판정선

$A_U = -h_A\sigma + (U - L - g\sigma)\, n_{cum}$

$= -4.312 \times 1.2 + (10 - 2.315 \times 1.2) \times n_{cum} = -5.1744 + 7.222 n_{cum}$

$R_U = h_R\sigma + (U - L - g\sigma)\, n_{cum}$

$= 5.536 \times 1.2 + (10 - 2.315 \times 1.2) \times n_{cum} = 6.6432 + 7.222 n_{cum}$

② 하한 합부판정선

㉠ $A_L = h_A\sigma + g\sigma\, n_{cum}$

$= 4.312 \times 1.2 + 2.315 \times 1.2 \times n_{cum} = 5.1744 + 2.778 n_{cum}$

㉡ $R_L = -h_R\sigma + g\sigma\, n_{cum}$

$= -5.536 \times 1.2 + 2.315 \times 1.2 \times n_{cum} = -6.6432 + 2.778 n_{cum}$

07 어떤 기계부품의 치수에 대한 시방은 상한규격 208mm, 하한규격 200mm로 규정되어 있다. 생산은 안정되어 있고 로트내의 치수의 분포는 정규분포를 따른다는 것이 확인되어 있으며, 로트내의 표준편차(σ)는 1.2mm로 알려져 있다. 공급자와 소비자는 서로 합의하에 연결식 양쪽규정을 적용하며 P_A=0.5%, P_R=2%로 하여 계량값 축차샘플링 방식을 적용하였다. 다음 물음에 답하시오. (단, $\sigma < LPSD$이고, $n_t = 49$이다.)

1) 누계검사개수 n_{cum}일 때의 상 · 하한 합격, 불합격 판정선을 설계하여라. (단, $n_{cum} < n_t$ 이다.)

2) 다음 빈 칸을 채우고 판정하여라.

n_{cum}	측정치 x	여유치 y	하측불합격 R_L	하측합격 A_L	누계여유치 Y	상측합격 A_U	상측불합격 R_U
1	205.5	5.5	−3.8652	7.9524*	5.5	0.0476*	11.8652
2	203.5						
3	204.0						
4	202.2						
5	204.3						

해설 1) ① KS Q 39511 표 1에서 파라메터를 구하면

$h_A = 4.312,\ h_R = 5.536,\ g = 2.315,\ n_t = 49$

② $n_{cum} < n_t$ 일 때의 상한 합부판정선

㉠ $A_U = -h_A\sigma + (U - L - g\sigma)\, n_{cum}$

$= -4.312 \times 1.2 + (8 - 2.315 \times 1.2) \times n_{cum} = -5.1744 + 5.222 n_{cum}$

㉡ $R_U = h_R\sigma + (U - L - g\sigma)\, n_{cum}$

$= 5.536 \times 1.2 + (8 - 2.315 \times 1.2) \times n_{cum} = 6.6432 + 5.222 n_{cum}$

③ 하한 합부판정선

㉠ $A_L = h_A\sigma + g\sigma\, n_{cum}$

$= 4.312 \times 1.2 + 2.315 \times 1.2 \times n_{cum} = 5.1744 + 2.778n_{cum}$

㉡ $R_L = -h_R\sigma + g\sigma\, n_{cum}$

$= -5.536 \times 1.2 + 2.315 \times 1.2 \times n_{cum} = -6.6432 + 2.778n_{cum}$

2) 판정

n_{cum}	측정치 x	여유치 y	하측불합격 R_L	하측합격 A_L	누계여유치 Y	상측합격 A_U	상측불합격 R_U
1	205.5	5.5	−3.8652	7.9524*	5.5	0.0476*	11.8652
2	203.5	3.5	−1.0872	10.7304*	9.0	5.2696*	17.0872
3	204.0	4.0	1.6908	13.5084*	13.0	10.4916*	22.3092
4	202.2	2.2	4.4688	16.2864*	15.2	15.7136*	27.5312
5	204.3	4.3	7.2468	19.0644	19.5	20.9356	32.7532

① 4번째 시료까지는 $A_L > A_U$이므로 로트합격의 경우는 없으므로 불합격 여부만 판단한다. 그리고, 누계여유치 Y는 $R_L < Y < R_U$을 만족하므로 검사를 속행한다. 즉 5번째 시료로 검사를 속행한다.

② 5번째 시료에서 $A_L < Y(=19.5) < A_U$를 만족하므로 로트는 합격이다.

꿈을 이루지 못하게 만드는 것은 오직하나

실패할지도 모른다는 두려움일세...

-파울로 코엘료(Paulo Coelho)-

☆

해 보지도 않고 포기하는 것보다는 된다는 믿음을 가지고

열심히 해 보는 건 어떨까요?

말하는 대로 이루어지는 당신의 미래를 응원합니다. ^^

PART
4

실험계획법

품질경영기사 실기

PART 4

실험계획법

실험계획법

1 실험계획의 기초

1. 실험계획법의 기본원리

① 랜덤화의 원리
② 반복의 원리
③ 블록화의 원리
④ 교락의 원리
⑤ 직교화의 원리

2. 모수인자와 변량인자의 비교

모수인자	변량인자
㉠ 수준이 기술적으로 의미를 가지며 실험자에 의해 미리 정해진다.(온도, 습도, 작업방법, …) ㉡ a_i 는 상수이다. ㉢ $E(a_i)=a_i,\ V(a_i)=0$ ㉢ $\Sigma a_i=0,\ (\bar{a}=0)$ ㉣ $\sigma_A^2=\Sigma\frac{a_i^2}{l-1}$	㉠ 수준이 확률적으로 정해지며 기술적인 의미는 없다.(랜덤하게 취한 날짜, 로트, 작업자, …) ㉡ a_i 는 확률변수이다. ㉢ $E(a_i)=0,\ V(a_i)=\sigma_A^2$ ㉣ $\Sigma a_i\neq 0,\ (\bar{a}\neq 0)$ ㉤ $\sigma_A^2=E\left[\frac{\Sigma(a_i-\bar{a})^2}{l-1}\right]$

3. 인자의 분류

1) 제어인자

해석을 하기 위하여 실험에 채택된 모수인자로서 수준의 변경이 자유롭다.

예 온도, 시간, 재료, 방법, …

2) 표시인자

실험에 채택된 모수인자이지만 주효과의 해석은 의미가 없어 최적수준을 선택하는 것이 목적이 아니고, 제어인자와의 교호작용의 해석을 목적으로 한다.

3) 집단인자

실험에서 해석을 목적으로 채택한 변량인자로 산포의 해석을 목적으로 한다.

4) 블록인자

실험의 정도를 높일 목적으로 선택된 층별인자로 변량인자이며, 제어인자와 교호작용을 구하는 것도 의미가 없다.

예 랜덤하게 설정된 날짜, 로트, 작업자, …

4. 오차항의 특징

1) 오차항의 특성

① 정규성 : $e_{ij} \sim N(0,\ \sigma_e^2)$

② 독립성 : $COV(e_{ij},\ e'_{ij})=0$

③ 불편성 : $E(e_{ij})=0$

④ 등분산성 : $V(e_{ij})=V(e'_{ij})=\sigma_e^2$

2) 오차분산의 정의식

$$\sigma_e^2=E\left[\frac{1}{lm-1}\Sigma\Sigma(e_{ij}-\overline{\overline{e}})^2\right]$$

$$=E\left[\frac{m}{l-1}\Sigma(\overline{e}_{i.}-\overline{\overline{e}})^2\right]$$

$$=E\left[\frac{l}{l(r-1)}\Sigma(e_{ij}-\overline{e}_{i.})^2\right]=E(e_{ij}^2)$$

2 반복이 일정한 1요인배치(모수모형)

1. 분산분석

1) 제곱합 분해

① $S_T=\Sigma\Sigma(x_{ij}-\overline{\overline{x}})^2=\Sigma x_{ij}^2-CT$ (단, $CT=\dfrac{T^2}{N}$이다.)

② $S_A=\Sigma\Sigma(\overline{x}_{i.}-\overline{\overline{x}})^2=\Sigma\dfrac{T_{i.}^2}{r}-CT$

③ $S_e=S_T-S_A$

2) 분산분석표

요 인	SS	DF	MS	F_0	$F_{1-\alpha}$	$E(V)$
A	S_A	$l-1$	S_A/ν_A	V_A/V_e	$F_{1-\alpha}(\nu_A,\ \nu_e)$	$\sigma_e^2+r\sigma_A^2$
e	S_e	$l(r-1)$	S_e/ν_e			σ_e^2
T	S_T	$lr-1$				

2. 해석

① 각 수준 모평균의 추정

$$\mu_{i.} = \bar{x}_{i.} \pm t_{1-\alpha/2}(\nu_e)\sqrt{\frac{V_e}{r}}$$

② 수준 간 모평균 차의 추정

$$\mu_{i.} - \mu_{i.} = (\bar{x}_{i.} - \bar{x}_{i.}) \pm t_{1-\alpha/2}(\nu_e)\sqrt{\frac{2V_e}{r}}$$

③ 실험 전체의 모평균의 추정

$$\mu = \bar{\bar{x}} \pm t_{1-\alpha/2}(\nu_e)\sqrt{\frac{V_e}{lr}}$$

④ 오차분산의 신뢰구간 추정

$$\frac{S_e}{\chi^2_{1-\alpha/2}(\nu_e)} \le \sigma_e^2 \le \frac{S_e}{\chi^2_{\alpha/2}(\nu_e)}$$

3 반복이 일정한 1요인배치(변량모형)

변량인자인 경우는 각 수준의 모평균의 해석은 의미가 없고, 분산성분의 추정을 행한다.

$$\hat{\sigma}_A^2 = \frac{V_A - V_e}{r}$$

4 반복없는 2요인배치(모수모형)

1. 데이터 구조식

① $x_{ij} = \mu + a_i + b_j + e_{ij}$

② $\bar{x}_{i.} = \mu + a_i + \bar{e}_{i.}$

③ $\bar{x}_{.j} = \mu + b_j + \bar{e}_{.j}$

④ $\bar{\bar{x}} = \mu + \bar{\bar{e}}$

(단, $e_{ij} \sim N(0, \sigma_e^2)$, $\Sigma a_i = 0$, $\Sigma b_j = 0$이다.)

2. 분산분석

1) 제곱합 분해

① $S_T = \Sigma\Sigma x_{ij}^2 - CT$

② $S_A = \Sigma \dfrac{T_{i.}^2}{m} - CT$

③ $S_B = \Sigma \dfrac{T_{.j}^2}{l} - CT$

④ $S_e = S_T - S_A - S_B$

(단, $CT = \dfrac{T^2}{N} = \dfrac{T^2}{lm}$ 이다.)

2) 분산분석표 작성

요 인	SS	DF	MS	F_0	$F_{1-\alpha}$	$E(V)$
A	S_A	$l-1$	V_A	V_A / V_e	$F_{1-\alpha}(\nu_A,\ \nu_e)$	$\sigma_e^2 + m\sigma_A^2$
B	S_B	$m-1$	V_B	V_B / V_e	$F_{1-\alpha}(\nu_B,\ \nu_e)$	$\sigma_e^2 + l\sigma_B^2$
e	S_e	$(l-1)(m-1)$	V_e			σ_e^2
T	S_T	$lm-1$				

3. 해석

1) 인자 각 수준에서 모평균의 신뢰구간 추정

① A인자 각 수준 모평균의 추정

$$\mu_{i.} = \bar{x}_{i.} \pm t_{1-\alpha/2}(\nu_e)\sqrt{\frac{V_e}{m}}$$

② B인자 각 수준 모평균의 추정

$$\mu_{.j} = \bar{x}_{.j} \pm t_{1-\alpha/2}(\nu_e)\sqrt{\frac{V_e}{l}}$$

2) 수준 간 모평균 차의 추정

① A인자 수준 간 모평균 차의 추정

$$\mu_{i.} - \mu_{i.}' = (\bar{x}_{i.} - \bar{x}_{i.}') \pm t_{1-\alpha/2}(\nu_e)\sqrt{\frac{2V_e}{m}}$$

② B인자 수준 간 모평균 차의 추정

$$\mu_{.j} - \mu_{.j}' = (\bar{x}_{.j} - \bar{x}_{.j}') \pm t_{1-\alpha/2}(\nu_e)\sqrt{\frac{2V_e}{l}}$$

3) 조합평균의 추정

$$\mu_{ij} = \hat{\mu}_{ij} \pm t_{1-\alpha/2}(\nu_e)\sqrt{\frac{V_e}{n_e}}$$

① $\hat{\mu}_{ij} = \bar{x}_{i.} - \bar{x}_{.j} - \bar{\bar{x}} = \frac{T_{i.}}{m} + \frac{T_{.j}}{l} - \frac{T}{lm}$

② $n_e = \frac{lm}{l+m-1}$

참고 유효반복수

① 이나(伊奈) 공식

$\frac{1}{n_e}$=모수 추정식의 계수합

$\frac{1}{n_e} = \frac{1}{l} + \frac{1}{m} - \frac{1}{lm} = \frac{l+m-1}{lm}$

② 전구(田口) 공식

$n_e = \frac{\text{실험 총수}}{\text{무시하지 않는 요인의 자유도 합}+1}$

$= \frac{lm}{\nu_A + \nu_B + 1} = \frac{lm}{(1-l)+(m-1)+1} = \frac{lm}{l+m-1}$

$\therefore\ n_e = \frac{m}{l+m-1}$

5 반복없는 2요인배치(혼합모형 ; 난괴법)

1. 데이터 구조식(A 모수인자, B 변량인자)

① $x_{ij} = \mu + a_i + b_j + e_{ij}$

② $\bar{x}_{i.} = \mu + a_i + \bar{b} + \bar{e}_{i.}$

③ $\bar{x}_{.j} = \mu + b_j + \bar{e}_{.j}$

④ $\bar{\bar{x}} = \mu + \bar{b} + \bar{\bar{e}}$

(단, $\bar{a}=0$, $\bar{b} \neq 0$이다.)

2. 분산분석

1) 제곱합 분해

① $S_T = \Sigma\Sigma x_{ij}^2 - CT$

② $S_A = \Sigma \frac{T_{i.}^2}{m} - CT$

③ $S_B = \Sigma \frac{T_{.j}^2}{l} - CT$

④ $S_e = S_T - S_A - S_B$

(단, $CT = \frac{T^2}{N} = \frac{T^2}{lm}$ 이다.)

2) 분산분석표 작성

요 인	SS	DF	MS	F_0	$F_{1-\alpha}$	$E(V)$
A B e	S_A S_B S_e	$l-1$ $m-1$ $(l-1)(m-1)$	V_A V_B V_e	V_A / V_e V_B / V_e	$F_{1-\alpha}(\nu_A, \nu_e)$ $F_{1-\alpha}(\nu_B, \nu_e)$	$\sigma_e^2 + m\sigma_A^2$ $\sigma_e^2 + l\sigma_B^2$ σ_e^2
T	S_T	$lm-1$				

3. 해석

1) 모수인자 A의 각 수준 모평균의 추정

$$\mu_{i.} = \bar{x}_{i.} \pm t_{1-\alpha/2}(\nu_e^*)\sqrt{\frac{V_B + (l-1)V_e}{N}}$$

(단, $\nu_e^* = \dfrac{[V_B + (l-1)V_e]^2}{\dfrac{V_B^2}{\nu_B} + \dfrac{[(l-1)V_e]^2}{\nu_e}}$ 이다. → 등가 자유도)

2) 수준 간 모평균 차의 추정

$$\mu_{i.} - \mu_{i.}' = (\bar{x}_{i.} - \bar{x}_{i.}') \pm t_{1-\alpha/2}(\nu_e)\sqrt{\frac{2V_e}{m}}$$

3) 변량인자 B의 분산성분 추정

$$\hat{\sigma}_B^2 = \frac{V_B - V_e}{l}$$

6 결측치 처리

1) 다시 한번 실험을 한다.

2) 1요인배치 : 반복이 일정하지 않은 분산분석을 행한다.

3) 반복있는 2요인배치 : 평균치를 사용한다.

4) 반복없는 2요인배치 : Yate식을 사용한다.

① 결측치가 1개인 경우

$$y_{ij} = \frac{l\,T_{i\cdot}' + m\,T_{\cdot j}' - T'}{(l-1)(m-1)}$$

② 결측치가 2개인 경우

$$(l-1)(m-1)y_1 + y_2 = l\,T_{i\cdot}' + m\,T_{\cdot j}' - T'$$

$$(l-1)(m-1)y_2 + y_1 = l\,T_{i\cdot}'' + m\,T_{\cdot j}'' - T'$$

참고 총자유도와 오차항의 자유도가 결측치 개수만큼 줄어든다.

7 반복있는 2요인배치(모수모형)

1. 데이터 구조식

① $x_{ijk} = \mu + a_i + b_j + (ab)_{ij} + e_{ijk}$

② $\overline{x}_{ij\cdot} = \mu + a_i + b_j + (ab)_{ij} + \overline{e}_{ij\cdot}$

③ $\overline{x}_{i\cdot\cdot} = \mu + a_i + \overline{e}_{i\cdot\cdot}$

④ $\overline{x}_{\cdot j\cdot} = \mu + b_j + \overline{e}_{\cdot j\cdot}$

⑤ $\overline{\overline{x}} = \mu + \overline{\overline{e}}$

(단, $\Sigma a_i = 0$, $\Sigma b_j = 0$, $\Sigma\Sigma(ab)_{ij} = 0$이다.)

2. 분산분석(ANOVA)

1) 제곱합 분해

① $S_T = \Sigma\Sigma\Sigma x_{ijk}^2 - CT$

② $S_A = \dfrac{\Sigma T_{i\cdot\cdot}^2}{mr} - CT$

③ $S_B = \dfrac{\Sigma T_{\cdot j\cdot}^2}{lr} - CT$

④ $S_{A\times B} = S_{AB} - S_A - S_B$

⑤ $S_{AB}=\dfrac{\Sigma\Sigma T_{ij.}^{\ 2}}{r}-CT$ ⑥ $S_e=S_T-S_{AB}$

(단, $CT=\dfrac{(\Sigma\Sigma\Sigma x_{ijk})^2}{lmr}=\dfrac{T^2}{N}$ 이다.)

2) 분산분석표 작성

요 인	SS	DF	MS	F_0	$F_{1-\alpha}$	$E(V)$
A	$\Sigma\dfrac{T_{i..}^2}{mr}-CT$	$l-1$	V_A	V_A / V_e	$F_{1-\alpha}(\nu_A,\ \nu_e)$	$\sigma_e^2+mr\sigma_A^2$
B	$\Sigma\dfrac{T_{.j.}^2}{lr}-CT$	$m-1$	V_B	V_B / V_e	$F_{1-\alpha}(\nu_B,\ \nu_e)$	$\sigma_e^2+lr\sigma_B^2$
$A\times B$	$S_{AB}-S_A-S_B$	$(l-1)(m-1)$	$V_{A\times B}$	$V_{A\times B} / V_e$	$F_{1-\alpha}(\nu_{A\times B},\ \nu_e)$	$\sigma_e^2+r\sigma_{A\times B}^{\ 2}$
e	S_T-S_{AB}	$lm(r-1)$	V_e			σ_e^2
T	$\Sigma\Sigma\Sigma x_{ijk}^2-CT$	$lmr-1$				

3. 해석

1) 교호작용($A\times B$)을 무시할 수 없는 경우

인자 각 수준에서 모평균의 추정은 의미가 없고, 조합평균의 추정이 의미가 있다.

$$\mu_{ij.}=\bar{x}_{ij.}\pm t_{1-\alpha/2}(\nu_e)\sqrt{\frac{V_e}{n_e}}$$

$$=\frac{T_{ij.}}{r}\pm t_{1-\alpha/2}(\nu_e)\sqrt{\frac{V_e}{r}}$$

2) 교호작용($A\times B$)을 무시할 수 있는 경우

① A 인자 각 수준 모평균의 추정

$$\mu_{i..}=\bar{x}_{i..}\pm t_{1-\alpha/2}(\nu_e^{\ *})\sqrt{\frac{V_e^{\ *}}{mr}}$$

② B 인자 각 수준 모평균의 추정

$$\mu_{.j.}=\bar{x}_{.j.}\pm\ t_{1-\alpha/2}(\nu_e^{\ *})\sqrt{\frac{V_e}{lr}}$$

③ $A_i B_j$ 수준에서 조합평균의 추정

$$\mu_{ij.}=(\bar{x}_{i..}+\bar{x}_{.j.}-\bar{\bar{x}})\pm t_{1-\alpha/2}(\nu_e^{\ *})\sqrt{\frac{V_e^{\ *}}{n_e}}$$

㉠ $\nu_e^*=\nu_e+\nu_{A\times B}$

㉡ $V_e^*=\dfrac{S_e+S_{A\times B}}{\nu_e+\nu_{A\times B}}$

㉢ $n_e=\dfrac{lmr}{l+m-1}$

8 반복있는 2요인배치(혼합모형) (A : 모수, B: 변량)

1. 데이터 구조식

① $x_{ijk} = \mu + a_i + b_j + (ab)_{ij} + e_{ijk}$

② $\bar{x}_{ij\cdot} = \mu + a_i + b_j + (ab)_{ij} + \bar{e}_{ij\cdot}$

③ $\bar{x}_{i\cdot\cdot} = \mu + a_i + \bar{b} + (\overline{ab})_{i\cdot} + \bar{e}_{i\cdot\cdot}$

④ $\bar{x}_{\cdot j\cdot} = \mu + b_j + \bar{e}_{\cdot j\cdot}$

⑤ $\bar{\bar{x}} = \mu + \bar{b} + \bar{\bar{e}}$

(단, $\Sigma a_i = 0$, $\Sigma b_j \neq 0$, $b_j \sim N(0,\ \sigma_B^2)$, $\Sigma(ab)_{i\cdot} \neq 0$

$\Sigma(ab)_{\cdot j} = 0$, $(ab)_{ij} \sim N(0,\ \sigma_{A\times B}^2)$, $e_{ijk} \sim N(0,\ \sigma_e^2)$이다.)

2. 분산분석표 작성

요 인	SS	DF	MS	F_0	$F_{1-\alpha}$	$E(V)$
A	S_A	$l-1$	V_A	$V_A / V_{A\times B}$	$F_{1-\alpha}(\nu_A,\ \nu_{A\times B})$	$\sigma_e^2 + r\sigma_{A\times B}^2 + mr\sigma_A^2$
B	S_B	$m-1$	V_B	V_B / V_e	$F_{1-\alpha}(\nu_B,\ \nu_e)$	$\sigma_e^2 + lr\sigma_B^2$
$A\times B$	$S_{A\times B}$	$(l-1)(m-1)$	$V_{A\times B}$	$V_{A\times B} / V_e$	$F_{1-\alpha}(\nu_{A\times B},\ \nu_e)$	$\sigma_e^2 + r\sigma_{A\times B}^2$
e	S_e	$lm(r-1)$	V_e			σ_e^2
T	S_T	$lmr-1$				

3. 해석

모수인자 A는 평균의 해석을 하지만, 변량인자 B는 산포에 대한 해석을 한다.

1) A인자의 각 수준 모평균의 추정

① 교호작용이 유의하지 않은 경우

$$\mu_{i\cdot\cdot} = \bar{x}_{i\cdot\cdot} \pm t_{1-\alpha/2}(\nu_e^*)\sqrt{\frac{V_B + (l-1)V_e^*}{lmr}}$$

(단, $\nu_e^* = \dfrac{[V_B + (l-1)V_e^*]^2}{\dfrac{V_B^2}{\nu_B} + \dfrac{[(l-1)V_e^*]^2}{\nu_e}}$, $V_e^* = \dfrac{S_e + S_{A\times B}}{\nu_e + \nu_{A\times B}}$이다.)

② 교호작용이 유의한 경우

$$\mu_{i}.. = \bar{x}_{i}.. \pm t_{1-\alpha/2}(\nu_e^*) \sqrt{\frac{V_B + l\,V_{A\times B} - V_e}{lmr}}$$

(단, $\nu^* = \dfrac{[V_B + l\,V_{A\times B} - V_e]^2}{\dfrac{V_B^2}{\nu_B} + \dfrac{(l\,V_{A\times B})^2}{\nu_{A\times B}} + \dfrac{(-V_e)^2}{\nu_e}}$ 이다.)

2) 수준 간 모평균 차의 추정

① $A\times B$가 유의하지 않은 경우

$$\mu_{i}.. - \mu_{i}..' = (\bar{x}_{i}.. - \bar{x}_{i}..') \pm t_{1-\alpha/2}(\nu_e^*) \sqrt{\frac{2V_e^*}{mr}}$$

(단, $V_e^* = \dfrac{S_e + S_{A\times B}}{\nu_e + \nu_{A\times B}}$ 이다.)

② $A\times B$가 유의한 경우

$$\mu_{i}.. - \mu_{i}..' = (\bar{x}_{i}.. - \bar{x}_{i}..') \pm t_{1-\alpha/2}(\nu_{A\times B}) \sqrt{\frac{2V_{A\times B}}{mr}}$$

참고 오차분산이 상쇄되고, 교호작용의 분산만 남게 된다.

3) 변량인자의 분산성분 추정

① $\hat{\sigma}_B^2 = \dfrac{V_B - V_e}{lr}$

② $\hat{\sigma}_{A\times B}^2 = \dfrac{V_{A\times B} - V_e}{r}$

9 반복없는 3요인배치(모수모형)

1. 데이터 구조식

$x_{ijk} = \mu + a_i + b_j + c_k + (ab)_{ij} + (bc)_{jk} + (ac)_{ik} + e_{ijk}$

(단, $\Sigma a_i = \Sigma b_j = \Sigma c_k = 0$, $e_{ijk} \sim N(0,\ \sigma_e^2)$이다.)

2. 분산분석표 작성

요 인	SS	DF	MS	F_0	$F_{1-\alpha}$	$E(V)$
A	S_A	$l-1$	V_A	V_A / V_e	$F_{1-\alpha}(\nu_A, \nu_e)$	$\sigma_e^2 + mn\sigma_A^2$
B	S_B	$m-1$	V_B	V_B / V_e	$F_{1-\alpha}(\nu_B, \nu_e)$	$\sigma_e^2 + ln\sigma_B^2$
C	S_C	$n-1$	V_C	V_C / V_e	$F_{1-\alpha}(\nu_C, \nu_e)$	$\sigma_e^2 + lm\sigma_C^2$
$A\times B$	$S_{AB} - S_A - S_B$	$(l-1)(m-1)$	$V_{A\times B}$	$V_{A\times B} / V_e$	$F_{1-\alpha}(\nu_{A\times B}, \nu_e)$	$\sigma_e^2 + n\sigma_{A\times B}^2$
$A\times C$	$S_{AC} - S_A - S_C$	$(l-1)(n-1)$	$V_{A\times C}$	$V_{A\times C} / V_e$	$F_{1-\alpha}(\nu_{A\times C}, \nu_e)$	$\sigma_e^2 + m\sigma_{A\times C}^2$
$B\times C$	$S_{BC} - S_B - S_C$	$(m-1)(n-1)$	$V_{B\times C}$	$V_{B\times C} / V_e$	$F_{1-\alpha}(\nu_{B\times C}, \nu_e)$	$\sigma_e^2 + l\sigma_{B\times C}^2$
e	S_e	$(l-1)(m-1)(n-1)$	V_e			σ_e^2
T	S_T	$lmn-1$				

3. 해석

1) 주효과만 유의한 경우(교호작용은 모두 오차항에 풀링)

① 각 인자 수준 모평균의 추정

$$\mu_{i\cdot\cdot} = \bar{x}_{i\cdot\cdot} \pm t_{1-\alpha/2}(\nu_e^*) \sqrt{\frac{V_e^*}{mn}}$$

$$\mu_{\cdot j\cdot} = \bar{x}_{\cdot j\cdot} \pm t_{1-\alpha/2}(\nu_e^*) \sqrt{\frac{V_e^*}{ln}}$$

$$\mu_{\cdot\cdot k} = \bar{x}_{\cdot\cdot k} \pm t_{1-\alpha/2}(\nu_e^*) \sqrt{\frac{V_e^*}{lm}}$$

② 수준조합 $A_i B_j C_k$에서 조합평균의 추정

$$\mu_{ijk} = \hat{\mu}_{ijk} \pm t_{1-\alpha/2}(\nu_e^*) \sqrt{\frac{V_e^*}{n_e}}$$

㉠ 점추정치

$$\hat{\mu}_{ijk} = \hat{\mu} + a_i + b_j + c_k$$
$$= (\hat{\mu} + a_i) + (\hat{\mu} + b_j) + (\hat{\mu} + c_k) - 2\hat{\mu}$$
$$= \bar{x}_{i..} + \bar{x}_{.j.} + \bar{x}_{..k} - 2\bar{\bar{x}}$$

㉡ $n_e = \dfrac{lmn}{\nu_A + \nu_B + \nu_C + 1} = \dfrac{lmn}{l+m+n-2}$

2) 주효과와 교호작용의 일부($A \times B$)만 유의한 경우

① 수준조합 $A_i B_j C_k$에서 조합평균의 추정

$$\mu_{ijk} = \hat{\mu}_{ijk} \pm t_{1-\alpha/2}(\nu_e^*)\sqrt{\frac{V_e^*}{n_e}}$$

㉠ 점추정치

$$\hat{\mu}_{ijk} = \hat{\mu} + a_i + b_j + c_k + (ab)_{ij}$$
$$= (\hat{\mu} + a_i + b_j + (ab)_{ij}) + (\hat{\mu} + c_k) - \hat{\mu} = \bar{x}_{ij.} + \bar{x}_{..k} - \bar{\bar{x}}$$

㉡ 유효반복수

$$n_e = \frac{lmn}{\nu_{A\times B} + \nu_A + \nu_B + \nu_C + 1} = \frac{lmn}{lm+n-1}$$

3) 모든 요인이 유의한 경우 조합평균의 추정

$$\mu_{ijk} = \hat{\mu}_{ijk} \pm t_{1-\alpha/2}(\nu_e)\sqrt{\frac{V_e}{n_e}}$$

① 점추정치

$$\hat{\mu}_{ijk} = \hat{\mu} + a_i + b_j + c_k + (ab)_{ij} + (ac)_{ik} + (bc)_{jk}$$
$$= (\hat{\mu} + a_i + b_j + (ab)_{ij}) + (\hat{\mu} + a_i + c_k + (ac)_{ik}) + (\hat{\mu} + b_j + c_k + (bc)_{jk})$$
$$-(\hat{\mu} + a_i) - (\hat{\mu} + b_j) - (\hat{\mu} + c_k) + \hat{\mu}$$
$$= \bar{x}_{ij.} + \bar{x}_{i.k} + \bar{x}_{.jk} - \bar{x}_{i..} - \bar{x}_{.j.} - \bar{x}_{..k} + \bar{\bar{x}}$$

② 유효반복수

$$n_e = \frac{lmn}{\nu_A + \nu_B + \nu_C + \nu_{A\times B} + \nu_{A\times C} + \nu_{B\times C} + 1}$$
$$= \frac{lmn}{lm + ln + mn - l - m - n + 1}$$

10 회귀분석과 직교분해

1. 회귀분석

1) 제곱합 분해

① $S_T = S_{yy} = S_A + S_e = S_R + S_r + S_e$

$= S_R + S_{y/x} = \Sigma\Sigma y_{ij}^2 - CT$

② $S_R = \dfrac{(S_{xy})^2}{S_{xx}}$

③ $S_{xx} = r\left(\Sigma x_i^2 - \dfrac{(\Sigma x_i)^2}{l}\right)$

④ $S_{xy} = \Sigma x_i T_i - \dfrac{\Sigma x_i \Sigma T_i}{l}$

2) 분산분석표 작성

요 인		SS	DF	MS	F_o	$F_{0.95}$	$F_{0.99}$
A	R	S_R	1	V_R	V_R / V_e		
	r	S_r	$l-2$	V_r	V_r / V_e		
	e	S_e	$l(r-1)$	V_e			
T		S_T	$lr-1$				

$F_0 = \dfrac{V_r}{V_e} > F_{1-\alpha}(\nu_r,\ \nu_e)$이면 고차회귀의 모델이 필요하며,

$F_0 = \dfrac{V_R}{V_{y/x}} > F_{1-\alpha}(\nu_R, \nu_{y/x})$이면 단순회귀로서 x와 y 간이 설명되고 있음을 뜻한다.

2. 직교 분해

1) 직교 분해의 전제조건

① 배치된 인자는 모수모형이어야 한다.

② 수준의 간격은 등간격이어야 한다.

③ 각 수준의 반복수(r)는 같아야 한다.

2) 1차 회귀제곱합 분해

$$S_l = \frac{(\Sigma W_i T_i)^2}{\lambda^2 S \cdot r}$$

3) 1차 방향계수(b_1)

$$b_1 = \frac{\Sigma W_i T_i}{\lambda S \cdot r \cdot C^1}$$

11 방격법

1. 라틴방격법(Latin Square)의 특징

난괴법이 1방향 블록을 고려하는 반면에, 방격법에서는 양방향 블록을 동시에 고려하는 실험 배치이다.

① 주효과를 분석하기 위한 실험 배분이다.(즉 교호작용은 무시한다.)
② 행과 열은 정사각형이다.(인자의 수준수와 반복수가 동일하다.)
③ 행과 열에 또는 숫자 문자의 배열이 중복됨이 없어야 한다.
④ 교호작용이 존재하는 경우 실험의 정도가 떨어진다.
⑤ k^n형 실험의 일부실시법의 형태이다.

2. 분산분석

1) 데이터 구조식

① $x_{ijk} = \mu + a_i + b_j + c_k + e_{ijk}$
② $\bar{x}_{ij.} = \mu + a_i + b_j + \bar{e}_{ij.}$
③ $\bar{x}_{.jk} = \mu + b_j + c_k + \bar{e}_{.jk}$
④ $\bar{x}_{i.k} = \mu + a_i + c_k + \bar{e}_{i.k}$

(단, $\Sigma a_i = 0$, $\Sigma b_j = 0$, $\Sigma c_k = 0$, $e_{ijk} \sim N(0, \sigma_e)^2$이다.)

2) 제곱합 분해

① $S_T = \Sigma\Sigma\Sigma x_{ijk}^2 - CT$
② $S_A = \dfrac{\Sigma T_{i..}^2}{k} - CT$
③ $S_B = \dfrac{\Sigma T_{.j.}^2}{k} - CT$
④ $S_C = \dfrac{\Sigma T_{..k}^2}{k} - CT$
⑤ $S_e = S_T - S_A - S_B - S_C$ (단, $CT = \dfrac{T^2}{k^2}$이다.)

3) 분산분석표 작성

요 인	SS	DF	MS	F_0	$F_{1-\alpha}$	$E(V)$
A	$S_A = \dfrac{\Sigma T_{i..}^2}{k} - CT$	$k-1$	V_A	V_A / V_e	$F_{1-\alpha}(\nu_A, \nu_e)$	$\sigma_e^2 + k\sigma_A^2$
B	S_B	$k-1$	V_B	V_B / V_e	$F_{1-\alpha}(\nu_B, \nu_e)$	$\sigma_e^2 + k\sigma_B^2$
C	S_C	$k-1$	V_C	V_C / V_e	$F_{1-\alpha}(\nu_C, \nu_e)$	$\sigma_e^2 + k\sigma_C^2$
e	S_e	$(k-1)(k-2)$	V_e			σ_e^2
T	S_T	k^2-1				

참고 라틴 방격은 수준수와 반복수가 각각 k이다.

3. 해석

1) 인자 각 수준에서의 모평균추정

① A인자 각 수준 모평균의 추정

$$\mu_{i..} = \bar{x}_{i..} \pm t_{1-\alpha/2}(\nu_e)\sqrt{\frac{V_e}{k}}$$

② B인자 각 수준 모평균의 추정

$$\mu_{.j.} = \bar{x}_{.j.} \pm t_{1-\alpha/2}(\nu_e)\sqrt{\frac{V_e}{k}}$$

③ C인자 각 수준 모평균의 추정

$$\mu_{..k} = \bar{x}_{..k} \pm t_{1-\alpha/2}(\nu_e)\sqrt{\frac{V_e}{k}}$$

2) 2인자 조합평균의 추정

① A, B만 유의한 경우

$$\mu_{ij.} = \bar{x}_{ij.} \pm t_{1-\alpha/2}(\nu_e)\sqrt{\frac{V_e}{n_e}}$$

$$= (\bar{x}_{i..} + \bar{x}_{.j.} - \bar{\bar{x}}) \pm t_{1-\alpha/2}(\nu_e)\sqrt{\frac{V_e}{k^2/(2k-1)}}$$

② A, C만 유의한 경우

$$\mu_{i\cdot k} = \bar{x}_{i\cdot k} \pm t_{1-\alpha/2}(\nu_e)\sqrt{\frac{V_e}{n_e}}$$

$$= (\bar{x}_{i..} + \bar{x}_{..k} - \bar{\bar{x}}) \pm t_{1-\alpha/2}(\nu_e)\sqrt{\frac{V_e}{k^2/(2k-1)}}$$

③ B, C만 유의한 경우

$$\mu_{\cdot jk} = \bar{x}_{\cdot jk} \pm t_{1-\alpha/2}(\nu_e)\sqrt{\frac{V_e}{n_e}}$$

$$= (\bar{x}_{.j.} + \bar{x}_{..k} - \bar{\bar{x}}) \pm t_{1-\alpha/2}(\nu_e)\sqrt{\frac{V_e}{k^2/(2k-1)}}$$

3) 3인자 조합평균의 추정

$$\mu_{ijk} = \bar{x}_{ijk} \pm t_{1-\alpha/2}(\nu_e)\sqrt{\frac{V_e}{n_e}}$$

$$= (\bar{x}_{i..} + \bar{x}_{.j.} + \bar{x}_{..k} - 2\bar{\bar{x}}) \pm t_{1-\alpha/2}(\nu_e)\sqrt{\frac{V_e}{n_e}}$$

(단, $n_e = \dfrac{k^2}{3k-2}$ 이다.)

12 계수형 분산분석

1. 계수형 1요인배치

(1) 데이터 구조식

$x_{ij} = \mu + a_i + e_{ij}$

(단, 적합품 : 0, 부적합품 : 1이다.)

(2) 분산분석

1) 제곱합 분해

① $S_T = \Sigma x_{ij}^2 - CT$

$= \Sigma x_{ij} - CT = T - CT$

② $S_A = \dfrac{\Sigma T_{i.}^2}{r} - CT$

③ $S_e = S_T - S_A$

2) 자유도 분해

① $\nu_T = lr - 1$

② $\nu_A = l - 1$

③ $\nu_e = \nu_T - \nu_A$

3) 분산분석표

요 인	SS	DF	MS	F_0
A e	S_A $S_T - S_A$	ν_A ν_e	V_A V_e	V_A / V_e
T	$T - CT$	ν_T		

(3) 해석

① 각 수준 모부적합품의 추정

$$P_{A_i} = \hat{P}_{A_i} \pm t_{1-\alpha/2}(\infty)\sqrt{\frac{V_e}{r}}$$

$$= \hat{P}_{A_i} \pm u_{1-\alpha/2}\sqrt{\frac{V_e}{r}}$$

$$= \frac{T_{i\cdot}}{r} \pm u_{1-\alpha/2}\sqrt{\frac{V_e}{r}}$$

2. 계수형 2요인배치

(r =120개인 경우)

B \ A	A_1	A_2	A_3	A_4	T_{B_j}
B_1	5	12	3	20	40
B_2	10	20	8	22	60
T_{A_i}	15	32	11	42	100

(1) 분산분석

1) 데이터 구조식

$x_{ijk}=\mu+a_i+b_j+e_{(1)ij}+e_{(2)ijk}$

(단, $x_{ijk}=0$: 적합품 또는 $x_{ijk}=1$: 부적합품이다.)

2) 제곱합 분해

① $S_T=\Sigma\Sigma\Sigma x_{ijk}^2-CT$

② $S_A=\dfrac{\Sigma T_{i\cdot\cdot}^2}{mr}-CT$

③ $S_B=\dfrac{\Sigma T_{\cdot j\cdot}^2}{lr}-CT$

④ $S_{AB}=\dfrac{\Sigma\Sigma T_{ij\cdot}^2}{r}-CT$

⑤ $S_{e_1}=S_{AB}-S_A-S_B$

⑥ $S_{e_2}=S_T-S_{AB}=S_T-(S_A+S_B+S_{e_1})$

3) 분산분석표 작성

요 인	SS	DF	MS	F_0	$F_{0.95}$	$F_{0.99}$
A	2.641	3	0.8803	34.79**	9.28	29.50
B	0.416	1	0.4160	16.44*	10.10	34.10
e_1	0.076	3	0.0253	0.28	2.60	3.78
e_2	86.450	952	0.0908			
T	89.583	959				

참고 e_1이 유의하지 않으면 e_2에 풀링시켜 분산분석표를 재작성한다.

[재작성된 분산분석표]

요 인	SS	DF	MS	F_0	$F_{0.95}$	$F_{0.99}$
A	2.641	3	0.8803	9.716**	2.60	3.78
B	0.416	1	0.4160	4.592*	3.84	6.63
e^*	86.526	955	0.0906			
T	89.583	959				

참고 분산분석표의 재작성 후 e^*로 요인 A, B를 재검정하게 되므로 해석시 사용하는 오차분산은 V_e^*을 사용한다.

(2) 해석

1) 각 수준 모부적합품률의 추정

① $$P(A_i) = \hat{P}(A_i) \pm u_{1-\alpha/2}\sqrt{\frac{V_e^*}{mr}} = \frac{T_{i\cdot\cdot}}{mr} \pm u_{1-\alpha/2}\sqrt{\frac{V_e^*}{mr}}$$

② $$P(B_j) = \hat{P}(B_j) \pm u_{1-\alpha/2}\sqrt{\frac{V_e^*}{lr}} = \frac{T_{\cdot j\cdot}}{lr} \pm u_{1-\alpha/2}\sqrt{\frac{V_e^*}{lr}}$$

2) 조합평균의 추정

$$P(A_iB_j) = \hat{P}(A_iB_j) \pm u_{1-\alpha/2}\sqrt{\frac{V_e^*}{n_e}}$$

$$= (\hat{P}(A_i) + \hat{P}(B_j) - \hat{P}) \pm u_{1-\alpha/2}\sqrt{\frac{V_e^*}{n_e}}$$

$$= \left(\frac{T_{i\cdot\cdot}}{mr} + \frac{T_{\cdot j\cdot}}{lr} - \frac{T}{lmr}\right) \pm u_{1-\alpha/2}\sqrt{\frac{V_e^*}{n_e}}$$

(단, $n_e = \dfrac{lmr}{l+m-1}$, $V_e^* = \dfrac{S_{e_2} + S_{e_1}}{\nu_{e_2} + \nu_{e_1}}$ 이다.)

13 분할법

1. 단일분할법(1차단위가 1요인배치인 경우)

1) 분산분석

① 데이터 구조식

$x_{ijk} = \mu + a_i + r_k + e_{(1)ik} + b_j + (ab)_{ij} + e_{(2)ijk}$

(단, $e_{(1)ik} \sim N(0, \sigma_{e_1}^2)$, $e_{(2)ijk} \sim N(0, \sigma_{e_2}^2)$이다.)

② 제곱합 분해

㉠ $S_T = \Sigma\Sigma\Sigma x_{ijk}^2 - CT$

㉡ $S_A = \dfrac{\Sigma T_{i..}^2}{mr} - CT$

㉢ $S_B = \dfrac{\Sigma T_{.j.}^2}{lr} - CT$

㉣ $S_R = \dfrac{\Sigma T_{..k}^2}{lm} - CT = \dfrac{1}{N}(T_{..2} - T_{..1})^2$

㉤ $S_{AR} = \dfrac{\Sigma T_{i\cdot k}^2}{m} - CT$

㉥ $S_{e_1} = S_{A\times R} = S_{AR} - S_A - S_R$

㉦ $S_{A\times B} = S_{AB} - S_A - S_B$

㉧ $S_{e_2} = S_T - S_{AR} - S_B - S_{A\times B}$

③ 분산분석표 작성

요 인		SS	DF	MS	F_0	$E(V)$
1차단위	A	S_A	$l-1$	V_A	V_A/V_{e_1}	$\sigma_{e_2}^2 + m\sigma_{e_1}^2 + mr\sigma_A^2$
	R	S_R	$r-1$	V_R	V_R/V_{e_1}	$\sigma_{e_2}^2 + m\sigma_{e_1}^2 + lm\sigma_R^2$
	$e_1(A\times R)$	S_{e_1}	$(l-1)(r-1)$	V_{e_1}	V_{e_1}/V_{e_2}	$\sigma_{e_2}^2 + m\sigma_{e_1}^2$
AR		S_{AR}	$lr-1$			
2차단위	B	S_B	$m-1$	V_B	V_B/V_{e_2}	$\sigma_{e_2}^2 + lr\sigma_B^2$
	$A\times B$	$S_{A\times B}$	$(l-1)(m-1)$	$V_{A\times B}$	$V_{A\times B}/V_{e_2}$	$\sigma_{e_2}^2 + r\sigma_{A\times B}^2$
	e_2	S_{e_2}	$l(m-1)(r-1)$	V_{e_2}		$\sigma_{e_2}^2$
T		S_T	$lmr-1$			

2) 해석(e_1이 유의한 경우)

① A_i 각 수준 모평균의 추정

$$\mu_{i..} = \bar{x}_{i..} \pm t_{1-\alpha/2}(\nu_e^*)\sqrt{\frac{V_R + (l-1)V_{e_1}}{lmr}}$$

(단, $\nu_e^* = \dfrac{[V_R + (l-1)V_{e_1}]^2}{\dfrac{V_R^2}{\nu_R} + \dfrac{[(l-1)V_{e_1}]^2}{\nu_{e_1}}}$이다.)

② B_j 각 수준 모평균의 추정

$$\mu_{\cdot j \cdot} = \bar{x}_{\cdot j \cdot} \pm t_{1-\alpha/2}(\nu_e^{\ *})\sqrt{\frac{V_R+(m-1)V_{e_2}}{lmr}}$$

(단, $\nu_e^* = \dfrac{[V_R+(m-1)V_{e_2}]^2}{\dfrac{V_R^2}{\nu_R}+\dfrac{[(m-1)V_{e_2}]^2}{\nu_{e_2}}}$ 이다.)

③ $A_i B_j$ 조합수준 모평균의 추정(교호작용이 유의한 경우)

$$\mu_{ij\cdot} = \bar{x}_{ij\cdot} \pm t_{1-\alpha/2}(\nu_e^*)\sqrt{\frac{V_R+(l-1)V_{e_1}+l(m-1)V_{e_2}}{lmr}}$$

(단, $\nu_e^* = \dfrac{[V_R+(l-1)V_{e_1}+l(m-1)V_{e_2}]^2}{\dfrac{V_R^2}{\nu_R}+\dfrac{[(l-1)V_{e_1}]^2}{\nu_{e_1}}+\dfrac{[l(m-1)V_{e_2}]^2}{\nu_{e_2}}}$ 이다.)

2. 단일분할법(1차단위가 2요인배치인 경우)

1) 데이터 구조식

$$x_{ijk} = \mu + a_i + b_j + e_{(1)ij} + c_k + (ac)_{ik} + (bc)_{jk} + e_{(2)ijk}$$

2) 분산분석표 작성

요인		SS	DF	MS	F_0	E(V)
1차단위	A	S_A	$l-1$	V_A	V_A/V_{e_1}	$\sigma_{e_2}^2+n\sigma_{e_1}^2+mn\sigma_A^2$
	B	S_B	$m-1$	V_B	V_B/V_{e_1}	$\sigma_{e_2}^2+n\sigma_{e_1}^2+ln\sigma_B^2$
	e_1	$S_{e_1}=S_{A\times B}$	$(l-1)(m-1)$	V_{e_1}	V_{e_1}/V_{e_2}	$\sigma_{e_2}^2+n\sigma_{e_1}^2$
2차단위	C	S_C	$(n-1)$	V_C	V_C/V_{e_2}	$\sigma_{e_2}^2+lm\sigma_C^2$
	$A\times C$	$S_{A\times C}$	$(l-1)(n-1)$	$V_{A\times C}$	$V_{A\times C}/V_{e_2}$	$\sigma_{e_2}^2+m\sigma_{A\times C}^2$
	$B\times C$	$S_{B\times C}$	$(m-1)(n-1)$	$V_{B\times C}$	$V_{B\times C}/V_{e_2}$	$\sigma_{e_2}^2+l\sigma_{B\times C}^2$
	e_2	$S_{e_2}=S_{A\times B\times C}$	$(l-1)(m-1)(n-1)$	V_{e_2}		$\sigma_{e_2}^2$
T		S_T	$lmr-1$			

3. 지분실험법(변량모형)

1) 데이터 구조식

$x_{ijkl} = \mu + a_i + b_{j(i)} + c_{k(ij)} + e_{l(ijk)}$

(단, $e_{l(ijk)} \sim N(0,\ \sigma_e^2)$, $a_i \sim N(0,\ \sigma_A^2)$, $b_{j(i)} \sim N(0,\ \sigma_{B(A)}^2)$, $c_{k(ij)} \sim N(0,\ \sigma_{C(AB)}^2)$이다.)

2) 분산분석표 작성

요 인	SS	DF	MS	F_o	$E(V)$
A	S_A	$l-1$	V_A	$V_A / V_{B(A)}$	$\sigma_e^2 + r\sigma_{C(AB)}^2 + nr\sigma_{B(A)}^2 + mnr\sigma_A^2$
$B(A)$	$S_{AB} - S_A$	$l(m-1)$	$V_{B(A)}$	$V_{B(A)} / V_{C(AB)}$	$\sigma_e^2 + r\sigma_{C(AB)}^2 + nr\sigma_{B(A)}^2$
$C(AB)$	$S_{ABC} - S_{AB}$	$lm(n-1)$	$V_{C(AB)}$	$V_{C(AB)} / V_e$	$\sigma_e^2 + r\sigma_{C(AB)}^2$
e	$S_T - S_{ABC}$	$lmn(r-1)$	V_e		σ_e^2
T	S_T	$lmnr-1$			

3) 해석

① $\hat{\sigma}_e^2 = V_e$

② $\hat{\sigma}_{C(AB)}^2 = \dfrac{V_{C(AB)} - V_e}{r}$

③ $\hat{\sigma}_{B(A)}^2 = \dfrac{V_{B(A)} - V_{C(AB)}}{nr}$

④ $\hat{\sigma}_A^2 = \dfrac{V_A - V_{B(A)}}{mnr}$

14 교락법

1. 특징

① 실험횟수를 늘리지 않고 실험 전체를 몇 개의 블록으로 나누어 배치시킴으로써 동일환경 내의 실험횟수를 줄일 수 있다.
② 실험오차를 줄일 수 있으므로 실험의 정도를 높일 수 있다.
③ 교차의 교호작용을 블록에 교락시켜 실험의 정도를 향상시킬 수 있다.

2. 종류

① 단독교락 : 블록이 2개로 나누어지는 교락법으로 블록에 교락되는 요인이 하나이다.
② 2중교락 : 블록이 4개로 나누어지는 교락법으로 블록에 교락되는 요인이 두 개이다.
③ 완전교락 : 교락실험을 몇 번 반복해도 어떤 반복에서나 동일 요인효과가 블록과 교락되어 있는 경우를 완전교락이라고 한다.
④ 부분교락 : 각 반복마다 블록과 교락되는 요인이 다른 경우를 부분교락이라 한다.

3. 단독교락

(1) 2^3형 실험

B \ C \ A		A_1	A_2
B_1	C_1	(1)	a
	C_2	c	ac
B_2	C_1	c	ab
	C_2	bc	abc

※ 주블록 : (1)을 포함하고 있는 블록을 주블록이라고 한다.

(2) $A\times B\times C$를 블록과 교락시키는 경우

1) 정의대비

$$I=A\times B\times C$$

2) 효과분해

$$A\times B\times C=\frac{1}{4}(a-1)(b-1)(c-1)$$

$$=\frac{1}{4}(abc+a+b+c)-(ab+ac+bc+1)$$

3) 블록배치

블록 1	블록 2
(1)	a
ab	b
ac	c
bc	abc

$$I=A\times B\times C$$

4. 이중교락

(1) 2^4형 실험

구 분	C	D \ A	A_1	A_2
B_1	C_1	D_1	(1)	a
		D_2	d	ad
	C_2	D_1	c	ac
		D_2	cd	acd
B_2	C_1	D_1	b	ab
		D_2	bd	abd
	C_2	D_1	bc	abc
		D_2	bcd	$abcd$

(2) $A\times B\times C$의 $B\times C\times D$를 블록에 교락시킨 2^4형 실험

1) 정의대비

$$\begin{aligned} I &= A\times B\times C \\ &= B\times C\times D \\ &= A\times D \end{aligned}$$

2) 효과분해

$$A\times B\times C = \frac{1}{8}\{(abcd+abc+ad+bd+cd+a+b+c) \\ -(bcd+acd+abd+ab+ac+bc+d+1)\}$$

$$B\times C\times D = \frac{1}{8}\{(abcd+bcd+ab+ac+ad+b+c+d) \\ -(abd+acd+abc+bc+bd+cd+a+1)\}$$

3) 블록배치

여기서 $A\times B\times C$와 $B\times C\times D$의 (+, +), (+, −), (−, +), (−, −)를 각각 하나의 블록으로 취하면 4개의 블록이 배치되게 된다. 이 경우 교락시킨 2개의 교호작용의 곱의 성분에 해당되는 요인도 블록에 교락되는데 $A\times B\times C$와 $B\times C\times D$를 곱한 $A\times D$도 블록에 교락되는 요인이다.

$$\begin{aligned} (A\times B\times C)\times(B\times C\times D) &= A\times B^2\times C^2\times D \\ &= A\times D \end{aligned}$$

(단, $A^2=B^2=C^2=D^2=1$로 처리한다.)

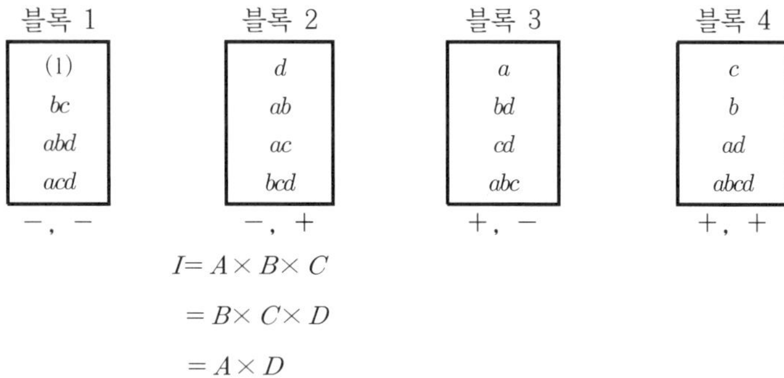

$I = A \times B \times C$

$= B \times C \times D$

$= A \times D$

15 일부실시법

1. 일부실시법의 특징

일부실시법이란 불필요한 교호작용이나 고차의 교호작용을 구하지 않는 대가로 실험의 크기를 작게 할 수 있도록 인자조합 중 일부 인자의 조합만을 실험하는 형태로 취급하고 싶은 인자가 많은 경우 대단히 유리하다.

특징은 다음과 같다.

① 각 효과의 추정식이 같을 때 각 요인은 별명관계에 있다.
② 1반복의 일부만을 실시하는 실험배치이다.
③ 의미가 적은 고차의 교호작용을 희생시켜 실험횟수를 적게 한 실험이다.
④ 별명은 정의대비에 요인효과를 곱하여 구할 수 있다.
⑤ 별명 중 어느 한쪽의 효과가 존재하지 않는 경우 사용이 가능하다.
⑥ 주효과와 2인자 교호작용의 별명은 3차 이상 고차의 교호작용이 되도록 배치한다.

2. 2^n 요인실험 중 1/2만 실시하는 경우

[2^3에서 1/2실시]

정의대비 $I = ABC$	
블록 Ⅰ	블록 Ⅱ
$A_2 B_1 C_1 \Leftarrow a$	$(1) \Rightarrow A_1 B_1 C_1$
$A_1 B_2 C_1 \Leftarrow b$	$ab \Rightarrow A_2 B_2 C_1$
$A_1 B_1 C_2 \Leftarrow c$	$ac \Rightarrow A_2 B_1 C_2$
$A_2 B_2 C_2 \Leftarrow abc$	$bc \Rightarrow A_1 B_2 C_2$

1) 블록 Ⅰ을 사용하는 경우($I=A\times B\times C$)

A의 별명 : $A\times(+A\times B\times C=B\times C)=A^2\times B\times C=B\times C$

B의 별명 : $B\times(+A\times B\times C=A\times C)=A\times B^2\times C=A\times C$

C의 별명 : $C\times(+A\times B\times C=A\times B)=A\times B\times C^2=A\times B$

(단, 2^n형에서는 $A^2=B^2=C^2=1$이다.)

2) 블록 Ⅱ를 사용하는 경우($I=-A\times B\times C$)

A의 별명 : $A\times(-A\times B\times C=B\times C)=A^2\times B\times C=B\times C$

B의 별명 : $B\times(-A\times B\times C=A\times C)=A\times B^2\times C=A\times C$

C의 별명 : $C\times(-A\times B\times C=A\times B)=A\times B\times C^2=A\times B$

16 직교배열표에 의한 실험계획

1. 직교배열표의 개요

1) 개념

① 서로 직교하는 각 열에서 어떠한 열이나 사건이 똑같이 나타나도록 한 배열표이다.

② 주효과와 기술적으로 있을 것 같은 2인자 교호작용을 검출하고 기술적으로 없을 것 같은 고차의 교호작용의 정보를 희생시켜 실험횟수를 적게 한 것이다.

③ 제품의 부적합품을 적게 하거나 품질 산포를 작게 하려는 실험조사에서는 고려할 요인이 많은데 이런 경우 직교배열표를 이용하여 주된 영향을 주는 몇 가지 원인을 파악하는데 이용된다.

2) 특징

① 기계적 조작으로 이론을 잘 모르고도 일부실시법, 분할법, 교락법 등의 배치가 용이하다.

② 요인제곱합의 계산이 용이하고, 분산분석표 작성이 쉽다.

③ 실험횟수를 변화시키지 않고도 많은 인자를 배치할 수 있고 실험실시가 용이하다.

2. 2수준계 직교배열표

$L_N 2^{N-1}$〔또는 $L_{2n}(2^{2n-1})$〕

(단, L : Latin square

N : 실험횟수(행의 수)

$N-1$: 열의 수(인자의 수)이다.)

1) 특징

① 어느 열이나 0, 1의 수가 반반이다.

② 어느 열이나 자유도는 1이다.

③ 가장 작은 2수준 직교배열표는 $L_4(2^3)$ 직교배열표이다.

④ 7열에 랜덤하게 5개 요인을 배치하면 2^5형 실험의 $\frac{1}{4}$ 일부실시법에 해당된다.

⑤ $a^2 = b^2 = c^2 = \cdots = 1$로 처리한다.

⑥ 교호작용의 배치 방법 : 배치된 인자 간에 발생하는 교호작용을 배치하려면 인자가 배치된 두 열의 성분을 곱해 나타난 성분을 갖고 있는 열에 교호작용을 배치한다.

열	1	2	3	4	5	6	7
성 분	a	b	ab	c	ac	bc	abc
인자배치			A		$A \times B$	B	

여기서 A요인이 배치된 3열의 성분은 ab, B요인이 배치된 6열의 성분은 bc이므로 두 열의 성분을 곱하면 $ab \times bd = ab^2c = ac$ (단, $a^2 = b^2 = c^2 = 1$로 처리)로 성분 ac는 5열이므로 교호작용 $A \times B$는 5열에 나타난다.

2) 각 열의 효과와 제곱합

① 열(요인)효과 $= \dfrac{1}{N/2}\{(\text{수준 1의 합}) - (\text{수준 0의 합})\}$

$$= \frac{1}{N/2}(T_1 - T_0)$$

② 열(요인)제곱합 $= \dfrac{1}{N}\{(\text{수준 1의 합}) - (\text{수준 0의 합})\}^2$

$$= \frac{1}{N}(T_1 - T_0)^2$$

3) 오차항의 결정방법

① 요인이 배치되지 않는 공열의 제곱합을 오차제곱합으로 취한다. 공열이 2개 이상인 경우는 공열들의 제곱합을 합하여 오차제곱합으로 취한다.

② 7개의 열에 요인이 배치되어 공열이 없는 경우에는 가장 작은 제곱합을 갖는 열을 오차항으로 취한다.(단, 가장 작은 제곱합의 값이 "0"인 경우는 그 다음 작은 제곱합을 갖는 열을 오차항으로 취한다.)

4) 기여율(ρ)

직교배열표에 의한 대그물망 실험에서는 각 요인의 영향력 정도를 알아보기 위해서 F_0검정 대신 기여율을 사용하기도 한다.

기여율이란 전체의 변동 중 요인의 순변동이 얼마나 구성되고 있는가를 백분율로 나타낸 척도이다.

① 요인의 순변동($S_{요인}'$)

$$\rho_{요인} = \frac{S_{요인}'}{S_T} \times 100 = \frac{S_{요인} - \nu_{요인} \times V_e}{S_T} \times 100$$

예 $\rho_A = \dfrac{S_A - \nu_A \times V_e}{S_T} \times 100$

② 오차의 순변동(S_e')

$$\rho_e = \frac{S_e + 요인\ 자유도\ 합 \times V_e}{S_T} \times 100$$

$$= \frac{\nu_T \times V_e}{S_T} \times 100$$

예 $\rho_e = \dfrac{S_e + (\nu_A + \nu_B + \nu_C + \nu_{A \times B}) V_e}{S_T} \times 100$

5) 선점도

① 직교배열표에서 배치된 인자와 교호작용을 교락없이 배치하려는 그림이다.

② 선점도는 주효과와 특정 2인자 간의 교호작용의 관계를 나타낸 것으로 선점도의 점과 선은 직교배열표의 하나의 열을 표시하며, 점 간의 선은 두 점 간의 교호작용을 표시한다.

3. 3수준계 직교배열표

$L_{3^n}(3^{(3n-1)/2})$

(단, 3^n : 실험의 크기(N), $(3n-1)/2$: 열의 수이다.)

1) 특징

① 각 열에 대응하는 자유도는 2이다.

② 인자배치나 오차항의 결정은 2수준계와 동일하다.

③ 교호작용은 두 열에 배치되어 교호작용의 제곱합은 두 열의 제곱합의 합이 된다.

④ $a^3 = b^3 = c^3 = 1$ 로 취급한다.

⑤ 성분의 앞 문자에 제곱이 있는 경우 전체에 제곱을 부여하여 성분표기를 다시한다.

$a^2b = (a^2b)^2 = a^4b^2 = ab^2$

⑥ 두 열의 성분을 x, y라 하면 두 열의 교호작용은 성분이 XY인 열과 XY^2인 열에 나타난다.

$A \times B = ab^2 \times ab^2c^2 = a^2b^4c^2 = (a^2bc^2)^2 = a^4b^2c^4 = ab^2c$

$A \times B = ab^2 \times (ab^2c^2)^2 = a^3b^6c^4 = a^3b^3b^3c^3c = c$

⑦ 3수준계에서 가장 작은 직교배열표는 $L_9(3^4)$이고, 그 다음 $L_{27}(3^{13})$, $L_{81}(3^{40})$ 순으로 된다.

2) 3수준계 직교배열표($L_9(3^4)$)의 제곱합 분해

각 열의 제곱합은 다음과 같다.

$$S_{열} = \frac{1}{N/3}\{(1수준합)^2 + (2수준합)^2 + (3수준합)^2\} - CT$$

$$= \frac{1}{3}(T_1^2 + T_2^2 + T_3^2) - \frac{T^2}{9}$$

(단, $T = T_1 + T_2 + T_3$로 9개 데이터의 합이다.)

참고 $L_{27}(3^{13})$**형의 제곱합**

$$S_{열} = \frac{1}{9}(T_1^2 + T_2^2 + T_3^2) - \frac{T^2}{27}$$

PART 04 적중문제

4-1 실험계획의 기본원리

01 실험계획법의 순서를 기술하시오.

해설 실험목적 설정 → 특성치 선택 → 인자와 인자수준 선택 → 실험의 배치와 랜덤화 → 실험실시 → 데이터 분석 → 분석결과의 해석 및 조치

02 실험계획에서 종래 범하기 쉬운 과오 중 6가지만 간단하게 기술하시오.

해설 ① 실험을 랜덤화하지 못하는 과오
② 한정된 조건에서 실험을 실시한 결과를 확장해석을 하는 과오
③ 실험오차를 무시하는 과오
④ 실험목적이 불분명한 과오
⑤ 기술적 정보의 잘못된 사용을 하는 과오
⑥ 행동을 취하지 않는 과오
⑦ 교호작용을 무시하는 과오

03 실험계획의 원리 5가지를 쓰시오.

해설 ① 랜덤화의 원리 ② 반복의 원리 ③ 블록화의 원리
④ 교락의 원리 ⑤ 직교화의 원리

04 오차항에 특성 4가지를 기술하시오.

해설 ① 정규성 : $e_{ij} \sim N(0,\ \sigma_e^2)$ ② 독립성 : $COV(e_{ij},\ e_{ij}') = 0$
③ 불편성 : $E(e_{ij}) = 0$ ④ 등분산성 : $V(e_{ij}) = V(e_{ij}')$

4-2 1요인배치법

01

G화학공정에서 생산되는 제품의 강도를 높이기 위한 실험을 하고자, 제어인자로서 반응온도(A)를 택하고, 이의 최적 조업조건을 찾아내기 위하여 수준으로서 $A_1 = 120℃$, $A_2 = 140℃$, $A_3 = 160℃$, $A_4 = 180℃$ 수준을 택하였다. 각 수준에서의 반복수는 5로 하고, 총 20회의 실험을 랜덤하게 순서를 정해 실시하고 얻어진 실험데이터를 정리하니 다음과 같았다. 이 데이터를 사용하여 다음 물음에 답하시오. (단, 강도는 큰 값일수록 좋은 것으로 한다.)

수 준	A_1	A_2	A_3	A_4
1	7.9	8.0	8.3	8.3
2	7.5	8.6	8.9	7.8
3	7.6	8.1	8.5	7.8
4	7.6	8.4	8.4	7.9
5	7.7	8.1	8.4	8.1

1) 유의수준 5%와 1%로 분산분석표를 작성하시오.
2) 수준간의 모평균에 차가 있는가를 확인하시오.
3) 최적수준을 선택하고 모평균의 신뢰구간을 추정하시오. (단, $1-\alpha=0.95$이다.)
4) A_2 수준과 A_4 수준 간의 모평균의 차이를 신뢰율 95%로 추정하시오.

문제해결의 key point

1요인배치는 해석을 목적으로 실험에 배치한 요인이 1개인 실험이다. 이 실험에서 택한 반응온도라는 인자는 모수인자 중 해석을 목적으로 취한 제어인자이고, 모수인자는 각 수준에서 평균에 대한 해석을 행한다. 2)번은 요인 A의 F_0검정을 의미한다. F_0검정은 여러 수준의 평균차 검정에 해당되기 때문이다. 또한 최적조건이란 강도를 높게 하는 특정수준을 의미하기에, 생산되는 제품의 강도를 높이기 위한 실험이라면 망대특성이므로 A_3 수준이 된다.

해설 1) 분산분석표의 작성

① 제곱합 분해

$$S_T = \Sigma\Sigma x_{ij}^2 - CT = 2.6895$$

$$S_A = \Sigma \frac{T_{i\cdot}^2}{r} - CT = 1.9375$$

$$S_e = S_T - S_A = 0.752$$

② 자유도 분해

$\nu_T = lr - 1 = 19$

$\nu_A = l - 1 = 3$

$\nu_e = l(r-1) = 16$

③ 분산분석표

요인	SS	DF	MS	F_0	$F_{0.95}$	$F_{0.99}$
A	1.9375	3	0.64583	13.74106**	3.10	4.94
e	0.752	16	0.047			
T	2.6895	19				

2) F_0 검정

① 가설 : H_0 : $\mu_{1\cdot} = \mu_{2\cdot} = \mu_{3\cdot} = \mu_{4\cdot}$

H_1 : $\mu_{1\cdot} \neq \mu_{2\cdot} \neq \mu_{3\cdot} \neq \mu_{4\cdot}$

② 유의수준 : $\alpha = 0.05,\ 0.01$

③ 검정통계량 : $F_0 = \dfrac{V_A}{V_e} = \dfrac{0.64583}{0.047} = 13.74106$

④ 기각치 : $F_{0.99}(3, 16) = 4.94$

⑤ 판정 : $F_0 > 4.94$이므로 절대유의이다.

즉, 수준에 따른 모평균에는 차이가 있다고 할 수 있다.

3) 최적수준의 신뢰구간추정

① 최적조건의 점추정

강도가 클수록 좋으므로 망대특성이며, 최적조건은 A_3에서 결정된다.

$$\hat{\mu}_{A_3} = \bar{x}_{3\cdot} = \frac{T_{3\cdot}}{r} = 8.5$$

② 최적조건의 구간추정

$$\mu_{A_3} = \hat{\mu}_{A_3} \pm t_{0.975}(16)\sqrt{\frac{V_e}{r}} = 8.5 \pm 2.120\sqrt{\frac{0.047}{5}} = 8.29446 \sim 8.70554$$

4) A_2와 A_4 수준간의 모평균차의 추정

$$\mu_{A_2} - \mu_{A_4} = (\hat{\mu}_{A_2} - \hat{\mu}_{A_4}) \pm t_{1-\alpha/2}(\nu_e)\sqrt{\frac{2V_e}{r}}$$

$$= (\bar{x}_{2\cdot} - \bar{x}_{4\cdot}) \pm t_{0.975}(16)\sqrt{\frac{2V_e}{r}}$$

$$= (8.24 - 7.98) \pm 2.120\sqrt{\frac{2 \times 0.047}{5}}$$

$$= 0.26 \pm 0.29068$$

신뢰구간은 "음의 값"을 포함하므로, 모평균 차의 신뢰구간 추정은 의미가 없다.

02 어떤 화학반응에서 반응액의 농도를 4수준(10%, 20%, 30%, 40%)로 하여 실험한 결과 수율(%)은 다음 표와 같다. 여기서 A_1, A_2, A_3, A_4는 각각 1회, 2회, 3회 실패하였다. 다음 물음에 답하시오.

횟 수 \ 수준수	A_1	A_2	A_3	A_4
1	84.4	85.2	84.5	85.4
2	85.0	85.0	84.8	-
3	84.7	84.8	-	-
4	84.9	-	-	-

1) 분산분석표를 작성하시오. (단, α는 5%와 1%를 사용한다.)
2) 분산분석 결과를 해석하시오.
3) A_1 수준에서 모평균을 신뢰율 95%로 추정하시오.

문제해결의 key point

반복이 일정치 않은 1요인배치 모수모형의 분산분석이다. 또한 분산분석 후 검정결과 유의하지 않으므로 각 수준에서의 모평균의 추정은 의미가 없다.

**해설** 1) 분산분석

요 인	SS	DF	MS	F_0	$F_{0.95}$	$F_{0.99}$
A	0.486	3	0.1620	2.90167	4.76	9.78
e	0.335	6	0.05583			
T	0.821	9				

2) 분산분석 후 해석

분산분석 결과 유의차는 없다. 이는 반응액의 농도를 10%, 20%, 30%, 40%로 변화시켜도 수율에는 변화가 없음을 의미한다. 즉 반응액의 농도와 수율 간에는 아무런 관계가 없음을 뜻하는 것으로, 반응액의 농도 10%에서 40%에서는 수율에 영향을 주지 않는 상태라고 할 수 있다.

3) A_1 수준의 모평균의 추정

$$\mu(A_1) = \bar{x}_{1\cdot} \pm t_{0.975}(6)\sqrt{\frac{V_e}{r_1}}$$

$$= \frac{339}{4} \pm 2.447\sqrt{\frac{0.05583}{4}}$$

$$= 84.75 \pm 0.28909$$

참고 이 상태에서 A_1 수준은 아무런 의미를 갖지 못한다. A_1, A_2, A_3, A_4의 수준이 같은 상태라고 볼 수밖에 없는 경우이다. 따라서 특정 A_1 수준에서 모평균의 추정은 현실적으로 의미가 없고, 실험전체의 모평균 추정이 행하여진다.

03 어떤 화학반응에서 염산의 농도를 4수준(5%, 6%, 7%, 8%)으로 하여 실험한 결과 반응치의 함량은 아래와 같다. 여기서 A_2, A_4는 각각 3회와 2회 실험하였다. 이 데이터를 해석하시오.

	A_1	A_2	A_3	A_4
1	84.4	85.2	84.5	85.4
2	85.0	85.0	84.8	85.2
3	84.7	84.8	85.0	–
4	84.9	–	84.6	–

1) 분산분석표를 작성하고 검정하시오. (단, $\alpha=0.10$이다.)
2) A_3 수준의 모평균에 대한 신뢰구간을 신뢰율 90%로서 추정하시오.
3) 오차분산 σ_e^2의 90% 신뢰구간을 구하시오.

 1) 분산분석표의 작성

① 제곱합 분해

$$CT=\frac{T^2}{N}$$

$$=\frac{(1103.5)^2}{13}=93670.17308$$

$$S_T=\Sigma\Sigma x_{ij}^2-CT$$

$$=93671.19-93670.17308=1.01692$$

$$S_A=\Sigma\frac{T_{i\cdot}^2}{m_i}-CT$$

$$=\frac{339^2}{4}+\frac{255^2}{3}+\frac{338.9^2}{4}+\frac{170.6^2}{2}-93670.17308=0.55942$$

$$S_e=S_T-S_A$$

$$=1.01692-0.55942=0.45750$$

② 자유도 분해

$$\nu_T=N-1=13-1=12$$

$$\nu_A=l-1=4-1=3$$

$$\nu_e=\nu_T-\nu_A=12-3=9$$

③ 분산분석표

요 인	SS	DF	MS	F_0	$F_{0.90}$
A	0.55942	3	0.18647	3.66850*	2.81
e	0.45750	9	0.05083		
T	1.01692	12			

염산의 농도는 유의수준 10%로 반응치의 함량에 영향을 미친다고 할 수 있다.

2) A_3 수준의 모평균추정

$$\mu(A_3) = \bar{x}_{3\cdot} \pm t_{0.95}(9)\sqrt{\frac{V_e}{r_3}}$$

$$= \frac{338.9}{4} \pm 1.833 \times \sqrt{\frac{0.05083}{4}}$$

$$= 84.725 \pm 0.20663 \quad \rightarrow \quad 84.51837 \sim 84.93163$$

3) 오차분산의 신뢰구간추정

$$\frac{S_e}{\chi^2_{1-\alpha/2}(\nu_e)} \le \sigma_e^2 \le \frac{S_e}{\chi^2_{\alpha/2}(\nu_e)}$$

$$\frac{S_e}{\chi^2_{0.95}(9)} \le \sigma_e^2 \le \frac{S_e}{\chi^2_{0.05}(9)}$$

$$\rightarrow \frac{0.45750}{16.92} \le \sigma_e^2 \le \frac{0.45750}{3.33}$$

$\rightarrow 0.02704 \le \sigma_e^2 \le 0.13739$ 이다.

04

어떤 부품에 대하여 다수의 로트에서 3로트 A_1, A_2, A_3를 골라 각 로트에서 랜덤하게 3개씩 추출하여 그 치수를 측정한 결과가 다음과 같다. 이때 물음에 답하시오. (단, $\alpha=0.05$이다.)

반 복 \ 로 트	A_1	A_2	A_3
1	15.4	14.9	15.5
2	15.2	14.8	15.4
3	15.0	14.1	15.0

1) 인자 A는 모수인자인가, 변량인자인가?
2) 로트간 부품치수의 차이가 있다고 할 수 있는지 분산분석표를 작성하고, 유의수준 10%로 검정하시오.
3) 로트간의 산포 σ_A^2의 점추정치를 구하시오.

문제해결의 Key point

다수의 로트에서 취한 3개의 로트를 인자로 채택하였으므로 변량인자 중 집단인자(해석을 목적으로 하는 변량인자)에 해당한다. 이러한 변량인자는 평균의 해석은 의미가 없고, 인자가 유의하다고 판명되는 경우 산포에 대한 해석이 의미를 갖는다.

해설 1) 변량인자

2) 분산분석표의 작성

① 제곱합 분해

$$CT = \frac{T^2}{lr} = 2034.01$$

$$S_T = \Sigma\Sigma x_{ij}^2 - CT = 1.46$$

$$S_A = \frac{\Sigma T_{i\cdot}^2}{r} - CT$$

$$= \frac{1}{3}(45.6^2 + 43.8^2 + 45.9^2) - 2034.01 = 0.86$$

$$S_e = S_T - S_A = 0.6$$

② 자유도 분해

$$\nu_T = lr - 1 = 8$$

$$\nu_A = l - 1 = 2$$

$$\nu_e = l(r-1) = 6$$

③ 분산분석표

요 인	SS	DF	MS	F_0	$F_{0.90}$
A	0.86	2	0.43	4.3	3.46
e	0.60	6	0.10		
T	1.46	8			

$F_0 > 3.46$이므로 로트간의 산포에는 차이가 있다.

3) σ_A^2의 점추정치

$$\hat{\sigma}_A^2 = \frac{V_A - V_e}{r}$$

$$= \frac{0.43 - 0.10}{3} = 0.11$$

05 A가 4수준, B가 3수준인 반복없는 2요인배치에서 S_T=3.97, V_A=0.34, V_B=1.21일 때 오차항의 순제곱합(S_e)값은?

해설 ① $S_A = V_A \times \nu_A = 0.34 \times 3 = 1.02$

② $S_B = V_B \times \nu_B = 1.21 \times 2 = 2.42$

③ $S_e = S_T - S_A - S_B$

$= 3.97 - 1.02 - 2.42 = 0.53$

④ $V_e = \frac{S_e}{\nu_e} = \frac{0.53}{6} = 0.08833$

⑤ $S_e' = S_e + (\nu_A + \nu_B) V_e$

$= 0.53 + (3+2) \times 0.08833 = 0.97165$

06 4종류의 플라스틱제품 A_1 : 자기회사제품, A_2= 국내 C회사제품, A_3= 국내 D회사제품, A_4= 외국제품에 대하여, 각각 10개, 6개, 6개, 2개씩의 표본을 취하여 강도(kg/cm^2)를 측정하였다. 이 실험의 목적은 4종류의 제품간에 구체적으로 다음과 같은 것을 비교하고 싶은 것이다. 이때 다음의 데이터로부터 대비의 제곱합을 포함한 분산분석표를 유의수준 5%와 1%로 작성하여라. (단, 선형식의 제곱합은 정수처리하고 분산분석표는 소수점 2자리로 수치맺음 하시오.)

L_1= 외국제품과 한국제품의 차
L_2= 자기 회사제품과 국내 타 회사 제품의 차
L_3= 국내 타 회사 제품간의 차

A의 수준	데이터	표본의 크기	계
A_1	20 18 19 17 17 22 18 13 16 15	10	175
A_2	25 23 28 26 19 26	6	147
A_3	24 25 18 22 27 24	6	140
A_4	14 12	2	26
계		24	488

문제해결의 key point

수준수가 4수준인 실험에서는 서로 직교하는 선형식이 3개가 존재하며, 요인 A의 제곱합이 3개의 선형식의 제곱합으로 분해가 되는 특징이 있다. 1요인배치는 구체적인 수준간의 차이가 어느 수준간에 있는가를 나타내 주지를 못하나, 선형식의 제곱합을 이용하면 구체적인 상태를 파악할 수가 있다.

해설 ① 선형식 L_1, L_2, L_3는 각각

$$L_1 = \frac{T_{4\cdot}}{2} - \frac{T_{1\cdot}+T_{2\cdot}+T_{3\cdot}}{22}$$

$$= \frac{26}{2} - \frac{175+147+140}{22} = -8.0$$

$$L_2 = \frac{T_{1\cdot}}{10} - \frac{T_{2\cdot}+T_{3\cdot}}{12}$$

$$= \frac{175}{10} - \frac{147+140}{12} = -6.41667$$

$$L_3 = \frac{T_{2\cdot}}{6} - \frac{T_{3\cdot}}{6}$$

$$= \frac{147}{6} - \frac{140}{6} = 1.2$$

② 선형식 제곱합

$$S_{L_1} = \frac{L_1^{\ 2}}{\Sigma m_i\, c_i^2}$$

$$= \frac{(-8.0)^2}{2\left(\frac{1}{2}\right)^2 + (10)\left(-\frac{1}{22}\right)^2 + (6)\left(-\frac{1}{22}\right)^2 + (6)\left(-\frac{1}{22}\right)^2} = 117$$

$$S_{L_2} = \frac{(-6.4)^2}{(10)\left(\frac{1}{10}\right)^2 + (6)\left(-\frac{1}{12}\right)^2 + (6)\left(-\frac{1}{12}\right)^2} = 225$$

$$S_{L_3} = \frac{(1.2)^2}{(6)\left(\frac{1}{6}\right)^2 + (6)\left(-\frac{1}{6}\right)^2} = 4$$

③ 제곱합 분해

$$S_T = (20)^2 + (18)^2 + \cdots + (12)^2 - \frac{(488)^2}{24} = 503$$

$$S_A = \Sigma\frac{T_{i\cdot}^{\ 2}}{r_i} - \frac{T^2}{N}$$

$$= \frac{(175)^2}{10} + \frac{(147)^2}{6} + \frac{(140)^2}{6} + \frac{(26)^2}{2} - \frac{(488)^2}{24} = 346$$

$$S_e = S_T - S_A = 157$$

④ 분산분석표

요 인	SS	DF	MS	F_0	$F_{0.95}$	$F_{0.99}$
A	346	3	115.33	14.69**	3.10	4.94
L_1	117	1	117	14.90**	4.35	8.10
L_2	225	1	225	28.66**	4.35	8.10
L_3	4	1	4	0.51	4.35	8.10
e	157	20	7.85			
T	503	23				

4-3 반복없는 2요인배치

01 어떤 화학공장에서 제품의 수율(yield(%))에 영향을 미칠 것으로 생각되는 반응온도와 원료를 인자로 취하고, 각 인자의 수준은 다음과 같이 결정하였다. 이때 반응온도와 원료 간에는 교호작용이 없다고 생각되어 반복없는 2요인배치의 실험을 계획하였고, 실험은 12회를 완전 랜덤하게 순서를 결정하여 실험하였더니 다음과 같은 데이터를 얻었다. 아래의 물음에 답하여라.

반응온도(A) : A_1: 180℃, A_2: 190℃, A_3: 200℃, A_4: 210℃
원료(B) : B_1 : 미국 M사 원료, B_2 : 일본 Q사 원료, B_3 : 국내 P사 원료

B \ A	A_1	A_2	A_3	A_4
B_1	97.6	98.6	99.0	98.0
B_2	97.3	98.2	98.0	97.7
B_3	96.7	96.9	97.9	96.5

1) 기대평균제곱$(E(V))$를 포함한 분산분석표를 작성하여라. (단, α=0.05, 0.01이다.)
2) A_3B_1 조합수준에서의 모평균을 추정하여라. (단, $1-\alpha$: 95%)

반복없는 2요인배치로 반응온도와 원료는 모두 제어인자인 모수모형의 실험인데, 교호작용이 없는 경우의 실험이므로 인자 A와 B는 서로 독립적인 경우로 생각할 수 있는 실험이다. 따라서 A의 1요인배치표와 B의 1요인배치표가 독립적으로 존재하는 실험으로 볼 수 있으며, A와 B의 각 수준에서 수율이 최대가 되는 최적수준을 설정할 수가 있다. 그리고 이들 수준을 결합한 상태에서 최적조합수준이 나타나게 된다. 이 문제의 A_3B_1 수준의 조합은 수율을 최대로 하는 최적의 조합수준을 의미하고 있다.

1) 분산분석표의 작성

① 제곱합 분해

$$S_T = \Sigma\Sigma x_{ij}^2 - CT = 6.22$$

$$S_A = \Sigma \frac{T_{i\cdot}^2}{m} - CT = 2.22$$

$$S_B = \Sigma \frac{T_{\cdot j}^2}{l} - CT = 3.44$$

$$S_e = S_T - S_A - S_B = 0.56$$

② 자유도 분해

$\nu_T = lm - 1 = 11$

$\nu_A = l - 1 = 3$

$\nu_B = m - 1 = 2$

$\nu_e = (l-1)(m-1) = 6$

③ 분산분석표

요 인	SS	DF	MS	F_0	$F_{0.95}$	$F_{0.99}$	$E(V)$
A	2.22	3	0.74	7.92885*	4.76	9.78	$\sigma_e^2 + 3\sigma_A^2$
B	3.44	2	1.72	18.42923**	5.14	10.9	$\sigma_e^2 + 4\sigma_B^2$
e	0.56	6	0.09333				σ_e^2
T	6.22	11					

2) 추정

① $A_3 B_1$ 수준의 점추정치

$$\hat{\mu}(A_3 B_1) = \bar{x}_{3.} + \bar{x}_{.1} - \bar{\bar{x}}$$
$$= \frac{294.9}{3} + \frac{393.2}{4} - \frac{1172.4}{12} = 98.9\%$$

② 최적조건의 구간추정

$$\mu(A_3 B_1) = \hat{\mu}(A_3 B_1) \pm t_{0.975}(6)\sqrt{\frac{V_e}{n_e}}$$
$$= 98.9 \pm 2.447 \times 0.21602$$
$$= 98.37140\% \sim 99.42860\%$$

(단, $n_e = \dfrac{lm}{l+m-1} = 2$ 이다.)

02 온도인자(A) 4수준, 원료(B) 3수준 택하여 반복이 없는 2요인배치의 실험을 행하여 얻은 수율 데이터를 $X_{ij}=(x_{ij}-97)\times 10$으로 변환하여 다음 표를 얻었다. 이때 다음 물음에 답하시오. (단, A, B는 모수모형이다.)

[수치변환된 데이터(X_{ij} 표)]

B \ A	A_1	A_2	A_3	A_4
B_1	6	16	20	10
B_2	3	12	10	7
B_3	−3	−1	9	−5

1) 원래의 데이터로 분산분석표를 작성하시오. (단, α=0.05, 0.01이다.)

2) 최적 조건을 찾고, 그 조건에서 점추정과 구간추정을 구하시오. (단, 신뢰율 95%이다.)

1)번 문제의 데이터가 수치변환이 되어 있는 상태이다. 따라서 제곱합의 분해 시나 해석 시 수치변환을 반드시 풀어주어야 한다.

해설 1) 분산분석표

① 제곱합 분해

$S_T = [\Sigma\Sigma X_{ij}^2 - CT] \times \frac{1}{100} = 6.22$

$S_A = \left[\Sigma \frac{T_{i\cdot}^2}{m} - CT\right] \times \frac{1}{100} = 2.22$

$S_B = \left[\Sigma \frac{T_{\cdot j}^2}{l} - CT\right] \times \frac{1}{100} = 3.44$

$S_e = S_T - S_A - S_B = 0.56$

② 자유도 분해

$\nu_T = lm - 1 = 11$

$\nu_A = l - 1 = 3$

$\nu_B = m - 1 = 2$

$\nu_e = (l-1)(m-1) = 6$

③ 분산분석표

요 인	SS	DF	MS	F_0	$F_{0.95}$	$F_{0.99}$
A	2.22	3	0.74	7.92885*	4.76	9.78
B	3.44	2	1.72	18.42923**	5.14	10.9
e	0.56	6	0.09333			
T	6.22	11				

2) 조합평균의 추정

① 최적조건의 점추정

수율(%)을 최대로 하는 조건은 요인 A는 A_3수준에서, 요인 B는 B_1수준에서 각각 나타나므로 최적수준의 조합은 A_3B_1에서 결정된다.

$$\hat{\mu}(A_3B_1) = \bar{x}_{3\cdot} + \bar{x}_{\cdot 1} - \bar{\bar{x}}$$
$$= \left[\left(\frac{39}{3} + \frac{52}{4} - \frac{84}{12}\right)\frac{1}{10} + 97\right] = 98.9\%$$

② 최적조건의 구간추정

$$\mu(A_3B_1) = \hat{\mu}(A_3B_1) \pm t_{0.975}(6)\sqrt{\frac{V_e}{n_e}}$$
$$= \left[\left(\frac{39}{3} + \frac{52}{4} - \frac{84}{12}\right)\frac{1}{10} + 97\right] \pm 2.447\sqrt{\frac{0.0933}{2}}$$
$$= 98.9 \pm 0.52860$$
$$= 98.37140\% \sim 99.42860\%$$

(단, $n_e = \frac{12}{4+3-1} = 2$ 이다.)

03 A, B 두 인자 모두 모수모형으로 A는 3수준, B는 4수준을 택하고 반복없는 2요인배치 실험을 행한 후 다음과 같은 분산분석표로 작성하였다. 다음 물음에 답하시오.

요 인	SS	DF	MS	F_0	$E(V)$
A	4.17	②	2.08	6.5*	⑥
B	11.21	③	3.74	11.7**	⑦
e	①	④	⑤		⑧
T	17.50				

1) 분산분석표의 번호(①~⑧)에 알맞은 답을 답안지에 쓰시오.
2) A_2B_3 수준의 조합평균을 추정하기 위한 유효반복수 n_e의 값을 구하여라.

해설 1) ① $S_e = S_T - S_A - S_B$
$= 17.5 - 4.17 - 11.21 = 2.12$

② $\nu_A = l - 1 = 3 - 1 = 2$

③ $\nu_B = m - 1 = 4 - 1 = 3$

④ $\nu_e = (l-1)(m-1) = 2 \times 3 = 6$

⑤ $V_e = \dfrac{S_e}{\nu_e}$
$= \dfrac{2.12}{6} = 0.353$

⑥ $E(V_A) = \sigma_e^2 + 4\sigma_A^2$

⑦ $E(V_B) = \sigma_e^2 + 3\sigma_B^2$

⑧ $E(V_e) = \sigma_e^2$

2) $n_e = \dfrac{lm}{l+m-1}$
$= \dfrac{12}{3+4-1} = 2$

04 인자 A는 4수준, B는 5수준인 모수모형의 반복없는 2요인배치 실험에서 $\bar{x}_{3.}=8.6$, $\bar{x}_{.2}=10.6$, $\bar{\bar{x}}=8.885$, $V_e=0.468$일 때 다음 물음에 답하시오.

1) 유효반복수 n_e를 구하시오.
2) A_3B_2 조합수준에서 모평균을 신뢰율 95%로 구간 추정하시오.

해설 1) 유효반복수

$$n_e = \frac{20}{4+5-1} = 2.5$$

2) 신뢰구간의 추정

① 점추정치

$$\hat{\mu}(A_3B_2) = \bar{x}_{3\cdot} + \bar{x}_{\cdot 2} - \bar{\bar{x}}$$
$$= 8.6 + 10.6 - 8.885 = 10.315$$

② 신뢰구간

$$\mu(A_3B_2) = \hat{\mu}(A_3B_2) \pm t_{0.975}(12)\sqrt{\frac{V_e}{n_e}}$$
$$= 10.315 \pm 2.179 \times \sqrt{\frac{0.468}{2.5}}$$
$$= 9.37222 \sim 11.25778$$

05

그림은 개량 콩 품종 A, B, C의 수확량을 비교하기 위해 2개의 블록을 이용한 난괴법 배치를 나타낸 것이다. 기록된 숫자는 수확량을 나타내고 있다. 오차분산 V_e는?

[블록 1]

B	C	A
15	10	18

[블록 2]

A	B	C
15	12	8

해설

$B \backslash A$	A_1	A_2	A_3	$T_{\cdot j}$
B_1	18	15	10	43
B_2	15	12	8	35
$T_{i\cdot}$	33	27	18	78

$$S_T = \Sigma\Sigma x_{ij}^2 - CT = 68$$

$$S_A = \frac{\Sigma T_{i\cdot}^2}{m} - CT = \frac{33^2+27^2+18^2}{2} - \frac{78^2}{6} = 57$$

$$S_B = \frac{\Sigma T_{\cdot j}^2}{l} - CT = \frac{43^2+35^2}{3} - \frac{78^2}{6} = 10.66667$$

$$S_e = S_T - S_A - S_B = 68 - 57 - 10.66667 = 0.33333$$

따라서 $V_e = \dfrac{S_e}{(l-1)(m-1)} = \dfrac{0.33333}{2} = 0.16666$ 이다.

참고 품종은 요인 A로 블록을 요인 B로 처리하였다.

06 어떤 화학공정에서는 제품의 수율(%)을 높이기 위한 공장실험을 하고 있다. 인자로서는 반응온도(A)만을 들어 이의 최적조건을 찾고 싶다. 수준으로서는 50℃(A_1), 55℃(A_2), 60℃(A_3), 65℃(A_4)의 4개를 설정한 후, 하루에 4배치(batch) 생산을 할 수가 있으므로 실험 날짜별로 층별하여 실험을 실시하는 난귀법에 의한 실험을 설계하려고 한다. 실험이 편한 날을 택하여 5일을 랜덤하게 잡아 각 날짜에서 A요인 4수준의 실험순서를 랜덤하게 결정하고, 실험한 결과 얻어진 실험데이터(수율)를 A수준과 블록별로 정리하니 다음과 같다. 다음 물음에 답하시오.

	B_1	B_2	B_3	B_4	B_5
A_1	77.7	77.1	77.4	78.1	77.7
A_2	78.3	78.2	78.2	78.4	79.3
A_3	79.3	78.2	80.1	79.7	78.7
A_4	77.0	78.0	78.1	78.4	77.1

1) 데이터 구조식을 서술하시오.
2) 기대평균제곱을 포함한 분산분석표를 유의수준 5%로 작성하시오.
3) 최적조건에서 신뢰율 95%로 모평균을 추정하시오.
4) A_1과 A_2간의 모평균차를 신뢰율 95%로 추정하시오.
5) 요인 B의 분산추정치를 구하시오. (단, 검정결과는 무시한다.)

문제해결의 Key point

난귀법은 1인자 모수인자, 1인자 변량인자인 혼합모형의 실험으로 실험의 형태는 반복이 없는 2요인배치의 형태이다. 난귀법 실험에서 채택한 변량인자는 실험의 정도를 향상시키려고 배치한 블록인자인 경우와 해석을 목적으로 배치한 집단인자인 경우의 2가지 형태가 있다. 해석시 에는 변량인자의 산포가 오차항에 포함되는 특징이 있으며, 최적조건의 추정은 모수인자인 온도 A에서 수율이 최대로 나타나는 수준이 된다. 또한 변량인자의 해석은 유의하다면 산포의 해석이 의미를 갖는다. 수준간 모평균차의 추정시에는 B간의 산포가 상쇄되어 모수모형의 2요인배치와 동일한 해석이 나타난다.

해설 1) 데이터 구조식

$x_{ij} = \mu + a_i + b_j + e_{ij}$　　　$\bar{x}_{i.} = \mu + a_i + \bar{b} + \bar{e}_{i.}$

$\bar{x}_{.j} = \mu + b_j + \bar{e}_{.j}$　　　$\bar{\bar{x}} = \mu + \bar{b} + \bar{\bar{e}}$

2) 분산분석표

① 제곱합 분해

$S_T = \Sigma\Sigma x_{ij}^2 - CT = 13.63$　　　$S_A = \dfrac{\Sigma T_{i.}^2}{m} - CT = 8.294$

$S_B = \dfrac{\Sigma T_{.j}^2}{l} - CT = 1.495$　　　$S_e = S_T - S_A - S_B = 3.841$

② 자유도 분해

$\nu_T = lm - 1 = 19$ $\qquad$ $\nu_A = l - 1 = 3$

$\nu_B = m - 1 = 4$ $\qquad$ $\nu_e = (l-1)(m-1) = 12$

③ 분산분석표

요 인	SS	DF	MS	F_0	$F_{0.95}$	$E(V)$
A	8.294	3	2.76467	8.63743*	3.49	$\sigma_e^2 + 5\sigma_A^2$
B	1.495	4	0.37375	1.16768	3.26	$\sigma_e^2 + 4\sigma_B^2$
e	3.841	12	0.32008			σ_e^2
T	13.63	19				

3) 최적조건의 추정

① 점추정치

$$\hat{\mu}(A_3) = \bar{x}_{3.} = \frac{396}{5} = 79.2$$

② 신뢰구간의 추정

$$\mu(A_3) = \bar{x}_{3.} \pm t_{1-\alpha/2}(\nu_e^*) \sqrt{\frac{V_B + (l-1)V_e}{lm}}$$

$$= 79.2 \pm 2.120 \sqrt{\frac{0.37375 + 3 \times 0.32008}{4 \times 5}} = 79.2 \pm 0.54752$$

$$= 78.65248\% \sim 79.74752\%$$

(단, $\nu^* = \dfrac{(V_B + (l-1)V_e)^2}{\dfrac{V_B{}^2}{\nu_B} + \dfrac{((l-1)V_e)^2}{\nu_e}} = 15.92278 = 16$ 이다.)

4) 수준간 모평균차의 추정

① 점추정치

$$\hat{\mu}(A_1) - \hat{\mu}(A_2) = \bar{x}_{1.} - \bar{x}_{2.}$$

$$= 77.6 - 78.48 = -0.88$$

② 신뢰구간의 추정

$$\mu(A_1) - \mu(A_2) = (\bar{x}_{1.} - \bar{x}_{2.}) \pm t_{0.975}(12) \sqrt{\frac{2V_e}{m}}$$

$$= (-0.88) \pm 2.179 \times \sqrt{\frac{2 \times 0.32008}{5}}$$

$$= -1.65968\% \sim -0.10032\%$$

5) 요인 B의 분산성분의 점추정치

$$\hat{\sigma}_B^2 = \frac{V_B - V_e}{l}$$

$$= \frac{0.37375 - 0.32008}{4} = 0.01342$$

참고 여기서 요인 B의 분산 점추정치는 분산분석표 상에서 유의하지 않다. 이는 B의 분산이 오차분산 정도에 불과하다는 것을 의미하므로, 점추정은 거의 의미를 갖지 못한다.

07 어떤 섬유공정에서 생산되고 있는 면사의 장력에 문제가 있어 면사의 장력을 높이기 위한 대책으로 원인을 조사하였더니 냉각 시 온도에 문제가 있는 것으로 밝혀졌다. 따라서 온도의 적정범위로서는 250℃~265℃에 있다는 것을 알아내고 실험에 채택한 인자로서는 온도(A)를 택하여 250℃, 255℃, 260℃, 265℃ 4개의 온도를 골랐다. 그리고 이 공장에서는 하루에 4번 실험을 하는 것이 가장 경제적이므로 실험이 편한 날 4일을 랜덤하게 택해 난귀법의 실험을 행하였다. 다음 물음에 답하시오.

	B_1	B_2	B_3	B_4
A_1	77.7	77.1	77.4	77.7
A_2	78.3	78.2	78.2	78.6
A_3	79.3	79.6	80.1	79.7
A_4	77.0	78.0	78.1	77.1

1) 유의수준 5%로 분산분석표를 작성하시오. (단, 블록인자가 유의하지 않다면 검토 후 풀링하여 분산분석표를 재 작성하시오.)
2) 최적조건에서 신뢰율 95%로 모평균을 추정하시오.
3) A_1과 A_2간의 모평균차를 신뢰율 95%로 추정하시오.

문제해결의 key point

난귀법은 1인자 모수인자, 1인자 변량인자인 혼합모형의 실험으로 실험의 형태는 반복이 없는 2요인배치의 형태이다. 만약 이 문제처럼 변량인자가 블록인자인 혼합모형의 실험은 1요인배치의 정도 높은 실험으로 블록인자가 검정결과 의미가 없다고 판단되는 경우, 오차항에 풀링시켜 분산분석표를 재작성한 후 1요인배치의 해석을 행할 수 있다. 따라서 최적조건의 추정은 모수인자인 온도 A_i 에서 면사의 장력이 최대로 나타나는 수준이 된다.

해설 1) 분산분석표

① 제곱합 분해

$$S_T = \Sigma\Sigma x_{ij}^2 - CT = 14.19938$$

$$S_A = \frac{\Sigma T_{i.}^2}{m} - CT = 12.50688$$

$$S_B = \frac{\Sigma T_{.j}^2}{l} - CT = 0.28688$$

$$S_e = S_T - S_A - S_B = 1.40562$$

② 자유도 분해

$$\nu_T = lm - 1 = 15$$

$$\nu_A = l - 1 = 3$$

$$\nu_B = m - 1 = 3$$

$$\nu_e = (l-1)(m-1) = 9$$

③ 분산분석표

요 인	SS	DF	MS	F_0	$F_{0.95}$	$E(V)$
A	12.50688	3	4.16896	26.69330*	3.86	$\sigma_e^2+4\sigma_A^2$
B	0.28688	3	0.09563	0.61227	3.86	$\sigma_e^2+4\sigma_B^2$
e	1.40562	9	0.15618			σ_e^2
T	14.19938	15				

[재작성된 분산분석표]

요 인	SS	DF	MS	F_0	$F_{0.95}$	$E(V)$
A	12.50688	3	4.16896	29.55871*	3.49	$\sigma_e^2+4\sigma_A^2$
e	1.69250	12	0.14104			σ_e^2
T	14.19939	15				

2) 최적조건의 추정

① 점추정치

$$\hat{\mu}(A_3)=\bar{x}_{3.}=\frac{318.7}{4}=79.675$$

② 신뢰구간의 추정

$$\mu(A_3)=\bar{x}_{3.}\pm t_{1-\alpha/2}(\nu_e^*)\sqrt{\frac{V_e^*}{m}}$$

$$=79.675\pm 2.179\sqrt{\frac{0.14104}{4}}$$

$$=79.26584\%\sim 80.08416\ \%$$

3) 수준간 모평균차의 추정

① 점추정치

$$\hat{\mu}(A_1)-\hat{\mu}(A_2)=\bar{x}_{1.}-\bar{x}_{2.}$$

$$=77.475-78.325=-0.85$$

② 신뢰구간의 추정

$$\mu(A_1)-\mu(A_2)=(\bar{x}_{1.}-\bar{x}_{2.})\pm t_{1-\alpha/2}(\nu_e{}^*)\sqrt{\frac{2V_e}{m}}$$

$$=(-0.85)\pm 2.179\times\sqrt{\frac{2\times 0.14104}{4}}$$

$$=-1.42865\%\sim -0.27135\%$$

4-4 결측치가 있는 2요인배치

01 다음의 각 실험계획에서 결측치가 1개 생겼을 경우이다. 어떻게 하는 것이 좋은지 간단히 설명하시오. (단, 구체적인 공식을 열거시킬 필요는 없다.)

1) 1요인배치법
2) 반복이 없는 2요인배치법
3) 반복이 있는 배치법

해설 1) 결측치를 무시하고 1요인 배치의 분석을 행한다.(반복이 일정치 않은 분산분석)
2) Yates식으로 결측치를 추정한다.
3) 결측치가 들어있는 수준조합에서 나머지 데이터의 평균치로 결측치를 추정한다.

02 다음의 자료는 반복없는 2요인배치의 실험표이다. 다음 물음에 답하시오. (단, 데이터는 $X_{ij}=(x_{ij}-70)$으로 수치변환된 값이다.)

B \ A	A_1	A_2	A_3	A_4	계
B_1	−2	0	3	5	6
B_2	−3	−3	Y	3	−3
B_3	−4	−1	1	2	−2
계	−9	−4	4	10	1

1) 결측치(y_{32})를 추정하시오.
2) $E(V)$를 포함한 분산분석표를 작성하시오. (단, α=0.05, 0.01이다.)
3) A_3 수준의 모평균을 신뢰율 95%로 추정하시오.
4) A_1과 A_2 간의 모평균차를 신뢰율 95%로 추정하시오.
5) ρ_e를 구하시오.

문제해결의 key point

반복없는 2요인배치 실험에서 결측치가 생기면 제곱합이 분해가 되지 않는다. 따라서 분산분석표를 작성하려면 결측치가 생긴 수준의 실험값을 추측하여 결측치를 추정(Yates의 추정)한 후, 추정치를 삽입하고 제곱합을 분해한 다음 분산분석을 행한다. 추정치는 자유도를 분해하는 과정에서는 포함이 되지 않으므로 결측치가 생기면 실험의 정도가 허락하게 되며, 해석 시 이용할 수 없기 때문에 여러 가지 제약이 나타나 해석이 복잡하게 되는 특징이 있다.

해설 1) 결측치의 추정

$$y_{32} = \frac{l\,T_{3\cdot}{}' + m\,T_{\cdot 2}{}' - T'}{(l-1)(m-1)}$$

$$= \frac{4\times 4 + 3\times(-3) - 1}{(4-1)(3-1)} = 1$$

2) 분산분석표의 작성

① 제곱합 분해

$$CT = \left(\frac{\Sigma\Sigma x_{ij}}{lm}\right)^2$$

$$= \frac{2^2}{4\times 3} = 0.33333$$

$$S_T = \Sigma\Sigma\, x_{ij}^2 - CT$$

$$= 88 - 0.33333 = 87.66667$$

$$S_A = \frac{\Sigma\, T_{i\cdot}^2}{m} - CT$$

$$= \frac{1}{3}\left((-9)^2 + (-4)^2 + 5^2 + 10^2\right) - 0.33333 = 73.66667$$

$$S_B = \frac{\Sigma\Sigma\, T_{\cdot j}^2}{l} - CT$$

$$= \frac{1}{4}(6^2 + (-2)^2 + (-2)^2) - 0.33333 = 10.66667$$

$$S_e = S_T - S_A - S_B$$

$$= 3.33333$$

② 자유도 분해

$\nu_T = lm - 1 -$ 결측치수

$= 4\times 3 - 1 - 1 = 10$

$\nu_A = l - 1 = 4 - 1 = 3$

$\nu_B = m - 1 = 3 - 1 = 2$

$\nu_e = (l-1)(m-1) -$ 결측치수

$= (4-1)(3-1) - 1 = 5$

③ 분산분석표

요 인	SS	DF	MS	F_0	$F_{0.95}$	$F_{0.99}$	$E(V)$
A	73.66667	3	24.55557	36.83316**	5.41	12.1	$\sigma_e^2 + 3\sigma_A^2$
B	10.66667	2	5.33334	7.99997*	5.79	13.3	$\sigma_e^2 + 4\sigma_B^2$
e	3.33333	5	0.66667				σ_e^2
T	87.66667	10					

3) A_3 수준의 모평균추정

① 점추정치

$$\hat{\mu}(A_3) = \bar{x}_{3.} = 70 + \bar{X}_{3.}$$
$$= 70 + \frac{4}{2} = 72$$

② 신뢰구간의 추정

$$\mu(A_3) = \bar{x}_{3.} \pm t_{1-\alpha/2}(\nu_e)\sqrt{\frac{V_e}{m_3}}$$
$$= 72 \pm 2.571\sqrt{\frac{0.66667}{2}}$$
$$= 70.51563 \sim 73.48437$$

4) A_1과 A_2 간의 모평균차의 추정

① 점추정치

$$\hat{\mu}(A_1) - \hat{\mu}(A_2) = \bar{x}_{1.} - \bar{x}_{2.}$$
$$= (\bar{X}_{1.} - 70) - (\bar{X}_{2.} - 70)$$
$$= \left(\frac{-9}{3} - \frac{-4}{3}\right) = -1.66667$$

② 신뢰구간의 추정

$$\mu(A_1) - \mu(A_2) = (\bar{x}_{1.} - \bar{x}_{2.}) \pm t_{1-\alpha/2}(\nu_e)\sqrt{\frac{2V_e}{m}}$$
$$= (-1.66667) \pm 2.571 \times \sqrt{\frac{2 \times 0.66667}{3}}$$
$$= (-1.66667) \pm 1.7140$$
$$= -3.38067 \sim 0.04733$$

따라서 신뢰구간에 "0"이 포함되므로 차의 신뢰구간 추정은 의미가 없다.

5) ρ_e 의 계산

$$S_e' = S_e + (\nu_A + \nu_B)V_e$$
$$= 3.33333 + 5 \times 0.66667 = 6.66668$$
$$\rho_e = \frac{S_e'}{S_T} \times 100$$
$$= \frac{6.66668}{87.66667} \times 100 = 7.60458\%$$

참고 $t_{1-\alpha/2}(\nu_e)\frac{\sqrt{2V_e}}{m}$를 최소유의차 *LSD*라고 하며 차의 절대값(*D*)이 *LSD*보다 큰 값을 갖고 있는 경우만 모평균차의 추정이 의미가 있다.

03 물의 존재 아래에서 카프로락탐의 개환중합을 행할 때, 산을 첨가시킴으로써 중합이 촉진되느냐의 여부를 알아보기 위하여 여러 가지 반응시간에 대하여 카프로락탐 중합률을 측정한 결과 다음의 결과를 얻었다. 그런데 A_2B_3 수준조합에서의 실험은 실패하여 데이터를 얻지 못하였다. 다음의 데이터는 실험조건에 따른 결과이며 결측치는 y로 표기하였다. 다음 물음에 답하시오.

인자 A(첨가제)	인자 B(반응시간)
A_1 : 첨가제 없음 A_2 : 아미노카프론산 A_3 : 안식향산 A_4 : 세바신산	B_1 : 2시간 B_2 : 4시간 B_3 : 6시간

B \ A	A_1	A_2	A_3	A_4
B_1	12.5	60.0	68.2	41.5
B_2	27.3	63.0	78.4	52.6
B_3	71.5	y	83.2	74.3

1) 결측치 y를 추정하시오.
2) 추정치 y를 대입하여 유의수준 5%로 분산분석표를 작성하시오. (단, 분산분석표는 소수점 2째자리까지 수치맺음을 하시오.)
3) 수준조합 A_1B_2에 대한 모평균을 신뢰율 95%로 구간을 추정하시오.

 문제해결의 key point

결측치는 추정 후 데이터의 끝자리와 자리수를 일치시켜야 한다. 이 문제는 소수점 첫째자리까지 수치맺음이 되어있는 데이터이므로 결측치도 소수점 첫째자리까지 수치맺음을 한다. 그러나 2)번은 분산분석표를 작성할 때 소수점 2째자리로 수치맺음을 행한다.

해설 1) 결측치의 추정

$$y_{23} = \frac{lT_2' + mT_3' - T}{(l-1)(m-1)}$$

$$= \frac{4\times 123.0 + 3\times 229.0 - 632.5}{(4-1)(3-1)} = 91.08333 ≒ 91.1$$

2) 분산분석표

요 인	SS	DF	MS	F_0	$F_{0.95}$
A	2831.29	3	943.76	7.59*	5.41
B	2525.56	2	1262.78	10.16*	5.79
e	621.61	5	124.32		
T	5978.46	10			

3) 조합평균의 추정

① 조합수준의 점추정치

$$\hat{\mu}(A_1B_2) = \bar{x}_{1.} + \bar{x}_{.2} - \bar{\bar{x}} = \frac{111.3}{3} + \frac{221.3}{4} - \frac{632.5}{11}$$

$$= 34.925$$

② 최적조건의 신뢰구간추정

$$\mu(A_1 B_2) = (\bar{x}_{1.} + \bar{x}_{.2} - \bar{\bar{x}}) \pm t_{1-\alpha/2}(\nu_e)\sqrt{\frac{V_e}{n_e}}$$
$$= 34.925 \pm 2.571\sqrt{124.32 \times 0.49242}$$
$$= 34.925 \pm 20.11594$$
$$= 14.80906 \sim 55.04094$$

(단, $\frac{1}{n_e} = \frac{1}{3} + \frac{1}{4} - \frac{1}{11}$ 이다.)

참고 여기서 $\nu_e = 5$이므로 $N = 11$개이다.

04 반복없는 2요인배치실험에서 다음과 같이 두 개의 결측치 y_1과 y_2가 생겼다. 이때 Yates의 방법에 의해 추정하시오.

B \ A	A_1	A_2	A_3	A_4	$T_{.j}$
B_1	10.2	12.4	12.3	11.5	46.4
B_2	y_1	12.8	12.0	10.9	$35.7 + y_1$
B_3	12.3	10.4	y_2	11.6	$34.3 + y_2$
$T_{i.}$	$22.5 + y_1$	35.6	$24.3 + y_2$	34	$116.4 + y_1 + y_2$

문제해결의 Key point

결측치는 추정 후 데이터의 끝자리와 자리수를 일치시켜야 한다. 이 문제는 소수점 첫째자리까지 수치맺음이 되어있는 데이터이므로 결측치도 연립방정식의 계산 후 소수점 첫째자리까지 수치맺음을 한다.

해설 $(l-1)(m-1)y_1 + y_2 = l\,T'_{1.} + m\,T'_{.2} - T$

$\rightarrow 6y_1 + y_2 = 4 \times 22.5 + 3 \times 35.7 - 116.4 = 80.7$ ………… ①

$(l-1)(m-1)y_2 + y_1 = l\,T''_{3.} + m\,T''_{.3} - T$

$\rightarrow 6y_2 + y_1 = 4 \times 24.3 + 3 \times 34.3 - 116.4 = 83.7$ ………… ②

식 ①과 ②를 연립방정식으로 풀면

$y_1 = 11.44286 \rightarrow 11.4$

$y_2 = 12.04286 \rightarrow 12.0$

4-5 반복있는 2요인배치

01 합금의 표면처리 유무와 합금의 크롬량의 변화에 따른 내산성이 증가하는가의 여부를 알고자 하여 다음과 같은 실험을 행하였다. 이 실험은 합금 중에 크롬량이 포함된 것이 서로 다른 4가지 상태에 대하여 표면처리를 행한 것과 안한 것에 따른 8가지의 실험조건을 설정한 후 반복있는 2요인배치의 실험으로 16회의 실험을 랜덤하게 실시한 결과 내산성을 나타낸 실험 데이터값이다. 다음 물음에 답하시오. (단, 등분산성 검토 후 관리상태이다.)

크롬량(A) / 표면처리(B)	A_1 (1%)	A_2 (2%)	A_3 (3%)	A_4 (4%)
실시 전 B_1	1.2 1.3	1.0 0.9	0.8 0.7	0.8 0.7
실시 후 B_2	1.1 1.1	1.2 1.3	0.9 1.0	1.0 0.9

1) 기대평균제곱($E(V)$)를 포함한 분산분석표를 작성하시오. (단, α=0.05, 0.01이다.)
2) 최적조건을 결정하시오. (단, 여러 상황에 대한 경제적 검토 후 표면처리를 하는 것이 이득이라고 결론지어 졌다.)
3) 최적조건하에서 조합평균의 점추정치를 구하여라.
4) 최적조건하에서 조합평균의 신뢰구간을 추정하시오. (단, 신뢰율은 95%이다.)

문제해결의 key point

반복이 있는 2요인배치는 주로 교호작용에 대한 해석을 하는 경우 사용하는 2요인배치의 실험모형이다. 따라서 교호작용이 유의하여 교호작용을 무시할 수 없는 경우와, 교호작용을 무시할 수 있는 경우로 나누어서 해석을 하게 되는데 이 문제는 교호작용이 유의하여 무시할 수 없는 경우의 문제이다. 이때는 반복없는 2요인배치와 같이 A의 1원표와 B의 1원표로 독립적 해석을 행하여 요인 A와 B의 각 수준에서 모평균을 추정하는 것은 의미가 없으며, A, B의 2원표에서 최적 조합수준을 결정하고 조합평균의 추정을 하는것이 의미가 있다.

해설 1) 분산분석표

① 제곱합 분해

$$CT=\frac{T^2}{lmr}=\frac{15.9^2}{16}=15.80063$$

$$S_T=\Sigma\Sigma\Sigma x_{ijk}^2-CT=0.56938$$

$$S_A-\frac{\Sigma T_{i..}^2}{mr}-CT$$

$$=\frac{1}{4}(4.7^2+4.4^2+3.4^2+3.4^2)-15.80063=0.34188$$

$$S_B = \frac{\Sigma T_{.j.}^2}{lr} - CT$$

$$= \frac{1}{8}(7.4^2 + 8.5^2) - 15.80063 = 0.07563$$

$$S_{AB} = \frac{\Sigma\Sigma T_{ij.}^2}{r} - CT$$

$$= \frac{1}{2}(2.5^2 + 1.9^2 + \cdots + 1.9^2) - 15.80063 = 0.53438$$

$$S_{A\times B} = S_{AB} - S_A - S_B$$

$$= 0.53438 - 0.34188 - 0.07563 = 0.11687$$

$$S_e = S_T - (S_A + S_B + S_{A\times B})$$

$$= 0.035$$

② 자유도 분해

$\nu_T = lmr - 1 = 15$

$\nu_A = l - 1 = 3$

$\nu_B = m - 1 = 1$

$\nu_{A\times B} = (l-1)(m-1) = 3$

$\nu_e = lm(r-1) = 8$

③ 분산분석표

요 인	SS	DF	MS	F_0	$F_{0.95}$	$F_{0.99}$	$E(V)$
A	0.34188	3	0.11396	26.01826**	4.07	7.59	$\sigma_e^2 + 4\sigma_A^2$
B	0.07563	1	0.07563	17.26712**	5.32	11.3	$\sigma_e^2 + 8\sigma_B^2$
$A\times B$	0.11687	3	0.03896	8.89498**	4.07	7.59	$\sigma_e^2 + 2\sigma_{A\times B}^2$
e	0.0350	8	0.00438				σ_e^2
T	0.56938						

2) 최적조건의 결정

(A)크롬량과 표면처리(B)의 교호작용이 매우 유의하므로 A, B의 2원표에서 최적조건을 구하면 내산성이 가장 큰 조건은 A_1B_1과 A_2B_2 조건에서 각각 평균값이 1.25로 나타난다. 그러나 이 문제는 표면처리를 하는 것이 유리하다고 했으므로 최적조건은 A_2B_2 조건이 된다.

3) 최적조건의 점추정치

$$\hat{\mu}(A_2B_2) = \hat{\mu} + a_2 + b_2 + (ab)_{22}$$

$$= \bar{x}_{22.} = \frac{T_{22.}}{r} = 1.25$$

4) 최적조건의 신뢰구간 추정

$$\mu(A_2B_2) = \hat{\mu}(A_2B_2) \pm t_{1-\alpha/2}(\nu_e)\sqrt{\frac{V_e}{n_e}}$$

$$= 1.25 \pm 2.306\sqrt{\frac{0.00438}{2}}$$

$$= 1.25 \pm 0.10791 = 1.14209 \sim 1.35791$$

02 어떤 감압장치의 설계에 있어서 모터 회전수와 흡입 B부의 치수를 최적으로 하여 감압 효과를 크게 하려고 한다. 모터 회전수 A는 20,000rpm이나 22,000rpm까지 올릴 수가 있다. 이 이상 회전수를 올릴 경우에는 모터의 설계를 기본적으로 변경해야 하며, 따라서 원가가 상승하게 된다. B부 치수는 30~40mm정도가 좋다고 생각되므로 다음과 같이 수준을 선택하여 각 조건에서 2대씩 시제품을 만들어 압력을 측정하였다. 측정 순서는 랜덤하게 결정하였고 실험결과는 다음 표와 같다. 물음에 답하시오.

모터 회전수 [rpm]	B부 치수[mm]				
	B_1(32)	B_2(34)	B_3(36)	B_4(38)	B_5(40)
A_1(20,000)	240 250	220 240	200 230	230 220	240 260
A_2(21,000)	230 240	220 200	200 190	220 200	230 240
A_3(22,000)	190 180	150 170	180 190	200 210	230 250

1) 분산분석을 실시하여 A, B와 교호작용 $A\times B$에 대한 유의성을 검정하시오. (단, $\alpha=0.05$이고, 기대평균제곱을 포함한 분산분석표를 작성하시오.)

2) A_3B_2에서 $\hat{\mu}_{32.}$을 추정하고, 95% 신뢰율로 신뢰한계를 구하시오.

문제해결의 key point

이 실험은 교호작용이 유의하여 교호작용을 무시할 수 없는 경우의 문제로 위의 경우와 동일한 해석을 하게 된다. 이 때는 A, B 각 수준에서 최적조건을 독립적으로 정하는 것은 의미가 없으며, A, B의 2원표에서 최적조건의 모평균의 추정만이 의미가 있다. 따라서 최적조건은 압력이 최소가 되는 A_3B_2 수준에서 최적조건이 나타나게 된다.

해설 1) 분산분석표

① 제곱합 분해

$$S_T=\Sigma\Sigma\Sigma x_{ijk}^2-CT$$

$$=1,407,300-\frac{6,450^2}{30}=20,550$$

$$S_A=\frac{\Sigma T_{i..}^2}{mr}-CT$$

$$=\frac{1}{10}(2,330^2+2,170^2+1,950^2)-\frac{6,450^2}{30}=7,280$$

$$S_B=\frac{\Sigma T_{.j.}^2}{lr}-CT$$

$$=\frac{1}{6}(1,330^2+1,200^2+1,190^2+1,280^2+1,450^2)-\frac{6,450^2}{30}=7566.66667$$

$$S_{AB} = \frac{\Sigma\Sigma T_{ij.}^2}{r} - CT$$

$$= \frac{1}{2}(490^2 + 460^2 + \cdots + 480^2) - \frac{6,450^2}{30} = 18,500$$

$$S_{A\times B} = S_{AB} - S_A - S_B = 3653.33333$$

$$S_e = S_T - (S_A + S_B + S_{A\times B}) = 2,050$$

② 자유도 분해

$$\nu_T = lmr - 1 = 29$$

$$\nu_A = l - 1 = 2$$

$$\nu_B = m - 1 = 4$$

$$\nu_{A\times B} = (l-1)(m-1) = 8$$

$$\nu_e = lm(r-1) = 15$$

③ 분산분석표

요 인	SS	DF	MS	F_0	$F_{0.95}$	$E(V)$
A	7280	2	3640	26.63415*	3.68	$\sigma_e^2 + 10\sigma_A^2$
B	7566.66667	4	1891.66667	13.84146*	3.06	$\sigma_e^2 + 6\sigma_B^2$
$A\times B$	3653.33333	8	456.66667	3.34146*	2.64	$\sigma_e^2 + 2\sigma_{A\times B}^2$
e	2050	15	136.66667			
T	20550	29				

2) 조합평균의 추정

① 조합평균의 점추정치

$$\hat{\mu}(A_3B_2) = \hat{\mu} + a_3 + b_2 + (ab)_{32}$$

$$= \frac{T_{32.}}{r} = \frac{320}{2} = 160$$

② 조합평균의 신뢰구간추정

$$\mu(A_3B_2) = \hat{\mu}(A_3B_2) \pm t_{0.975}(15)\sqrt{\frac{V_e}{n_e}}$$

$$= \frac{320}{2} \pm 2.131\sqrt{\frac{136.66667}{2}}$$

$$= 142.38431 \sim 177.61569$$

(단, $n_e = r = 2$이다.)

03 타이어를 제조하고 있는 제조공정에서 타이어의 밸런스를 높이기 위한 주요인자로 두 종류의 고무배합(A_0, A_1)과 두 종류의 mold(B_0, B_1)을 택하여, 다음과 같이 총 16회의 실험을 랜덤하게 결정해 실험한 후 타이어의 밸런스를 측정한 데이터는 다음과 같다.

	A_0	A_1	합 계
B_0	31 45 46 43	82 110 88 72	517
B_1	22 21 18 23	30 37 38 29	218
합계	249	486	735

1) 각 인자의 주효과와 교호작용의 효과를 구하여라.
2) 분산분석표를 작성하여라. (단, α=0.05, 0.01이다.)
3) 최적수준의 점추정치를 구하고, 신뢰율 95%로 모평균값을 추정하시오.

문제해결의 key point

이 실험은 분산분석결과 인자와 교호작용이 유의하여 교호작용을 무시할 수 없는 경우로 A와 B는 서로 독립이 아니다. 따라서 최적조건의 결정은 4개의 조합수준인 A_0B_0수준, A_0B_1수준, A_1B_0수준, A_1B_1수준 중 타이어 밸런스가 가장 높게 나타나는 수준인 A_1B_0수준에서 결정된다.

**해설** 1) 효과 분해

$$A \text{ 효과} = \frac{1}{8}(a+ab-(1)-b)$$
$$= \frac{1}{2\times4}(352+134-165-84) = 29.625$$
$$B \text{ 효과} = \frac{1}{8}(b+ab-(1)-a)$$
$$= \frac{1}{2\times4}(84+134-165-352) = -37.375$$
$$A\times B \text{ 효과} = \frac{1}{8}((1)+ab-a-b)$$
$$= \frac{1}{2\times4}(165+134-84-352) = -17.125$$

2) 분산분석표의 작성

① 제곱합 분해

$$CT = \frac{T^2}{lmr} = \frac{735^2}{16} = 33764.0625$$

$S_T = \Sigma\Sigma\Sigma x_{ijk}^2 - CT = 11270.9375$

$S_A = \frac{1}{16}[a + ab - (1) - b]^2$

$= \frac{1}{16}[352 + 134 - 165 - 84]^2 = 3510.5625$

$S_B = \frac{1}{16}[b + ab - (1) - a]^2$

$= \frac{1}{16}[84 + 134 - 165 - 352]^2 = 5587.5625$

$S_{A \times B} = \frac{1}{16}[(1) + ab - a - b]^2$

$= \frac{1}{16}[165 + 134 - 84 - 352]^2 = 1173.0625$

$S_e = S_T - (S_A + S_B + S_{A \times B}) \quad = 999.75$

② 자유도 분해

$\nu_T = lmr - 1 = 15$

$\nu_A = l - 1 = 1$

$\nu_B = m - 1 = 1$

$\nu_{A \times B} = (l-1)(m-1) = 1$

$\nu_e = lm(r-1) = 12$

③ 분산분석표

요 인	SS	DF	MS	F_0	$F_{0.95}$	$F_{0.99}$
A	3510.5625	1	3510.5625	42.13728**	4.75	9.33
B	5587.5625	1	5587.5625	67.06752**	4.75	9.33
$A \times B$	1173.0625	1	1173.0625	14.08027**	4.75	9.33
e	999.750	12	83.3125			
T	11270.9375	15				

위의 결과에서 A, B, $A \times B$ 모두 매우 유의하다.

3) 최적조건의 추정

A_0B_0 수준, A_0B_1 수준, A_1B_0 수준, A_1B_1 수준 4개의 수준 중 타이어 밸런스가 가장 높게 나타나는 수준은 A_1B_0 수준에서 결정된다.

① 최적조건의 점추정치

$\hat{\mu}(A_1B_0) = \hat{\mu} + a_1 + b_0 + (ab)_{10}$

$= \bar{x}_{10\cdot} = \frac{T_{10\cdot}}{r} = \frac{352}{4} = 88$

② 최적조건의 신뢰구간추정

$\mu(A_1B_0) = \hat{\mu}(A_1B_0) \pm t_{0.975}(12)\sqrt{\frac{V_e}{r}}$

$= 88 \pm 2.179\sqrt{\frac{83.3125}{4}}$

$= 88 \pm 9.94449$

$= 78.05551 \sim 97.94449$

04 A(처리온도)를 3수준, B(압력)를 4수준으로 반복 2회의 실험을 랜덤하게 행하여 분산분석을 행한 결과 A와 B 모두 유의한 결과를 얻었다. 교호작용은 유의하지 않아 기술적 검토 후 Pooling하였으며 A_2B_3가 최적조건이란 것을 알았다. 최적조건의 점추정치와 조합수준에서의 모평균을 95% 신뢰율로 추정하시오. (단, $\hat{\mu}(A_2B_3)=80$이고, 교호작용은 기술적 검토 후 무시할 수 있다고 판단되었다.)

[Pooling 후 분산분석표]

요 인	SS	DF	MS	F_0
A	280	2	140	14
B	390	3	130	13
e^*	180	18	10	
T	850	23		

문제해결의 key point

이 실험은 교호작용이 유의하지 않으므로 교호작용을 오차항에 풀링시켜 분산분석표를 재작성한 후 반복이 없는 2요인배치와 동일한 해석을 하게 된다. 이 때는 A, B 각 수준에서 최적조건을 독립적으로 구하여 최적조합평균의 추정을 행하게 된다.

해설 ① 점추정치

$$\hat{\mu}(A_2B_3)=\bar{x}_{2..}+\bar{x}_{.3.}-\bar{\bar{x}}=80$$

② 신뢰구간추정

$$\mu(A_2B_3)=(\bar{x}_{2..}+\bar{x}_{.3.}-\bar{\bar{x}})\pm t_{1-\alpha/2}(\nu_e^*)\sqrt{\frac{V_e^*}{n_e}}$$

$$=80\pm t_{0.975}(18)\sqrt{\frac{10}{4}}$$

$$=76.67802\sim 83.32197$$

(단, $n_e=\dfrac{lmr}{l+m-1}=4$이다.)

05 반응온도(4수준)를 A로 반응압력(4수준)을 B로 택하여 반복있는 2요인배치의 실험을 계획하여 총 32회의 실험순서를 랜덤하게 결정하고 실험을 실시한 후, 다음과 같은 실험값(kg)을 얻었다. 반응 온도 A와 반응압력 B의 설정수준 간에는 교호작용이 없다고 판단되나, 확인을 위해 반복있는 실험을 실시하였다. 다음 물음에 답하시오.

$X_{ijk}=(x_{ijk}-75)\times 10$

A \ B	B_1	B_2	B_3	B_4	$T_{i\cdot\cdot}$
A_1	−67	−25	−4	−16	−255
	−32	−20	−37	−54	
A_2	1	47	3	6	119
	45	3	38	−24	
A_3	20	19	30	−32	127
	42	62	−5	−9	
A_4	31	10	21	−77	−3
	23	−1	14	−24	
$T_{\cdot j\cdot}$	63	95	60	−230	−12

1) 유의수준 5%와 1%로 분산분석표를 작성하시오. (단, 교호작용이 유의치 않다면 Pooling하시오.)
2) A_3 수준의 모평균을 $1-\alpha$=95%로 추정하시오.
3) 요인 기대평균제곱은?
4) 최적수준의 점추정치는? (단, 중량은 높을수록 좋다.)
5) 최적수준에서 신뢰율 95%로 모평균값을 추정하시오.

문제해결의 key point

이 실험은 교호작용이 유의하지 않은 경우 Pooling하라는 문제로 교호작용을 충분히 무시할 수 있다고 판단하는 실험으로서, 교호작용이 유의하지 않다면 오차항에 풀링시켜 분산분석표를 재작성한 후 반복이 없는 2요인배치와 동일한 해석을 하게 된다. 따라서 A요인과 B요인의 각 수준에서 독립적인 해석이 이루어지기에 A요인과 B요인의 각 수준에서 모평균의 추정이 의미가 있다. 또한 A_iB_j 수준에서 최적조합평균의 추정 또한 의미를 갖는다.

**해설** 1) 분산분석표의 작성

① 제곱합 분해

$$S_T=[\Sigma\Sigma\Sigma X_{ijk}^2-CT]\times\frac{1}{100}=345.315$$

$$S_A=\left[\frac{\Sigma T_{i\cdot\cdot}^2}{mr}-CT\right]\times\frac{1}{100}=119.110$$

$$S_B = \left[\frac{\Sigma T_{.j.}^2}{lr} - CT\right] \times \frac{1}{100} = 86.8225$$

$$S_{AB} = \left[\frac{\Sigma\Sigma T_{ij}.^2}{r} - CT\right] \times \frac{1}{100} = 260.765$$

$$S_{A\times B} = S_{AB} - S_A - S_B = 54.8325$$

$$S_e = S_T - S_{AB} = 84.55$$

② 자유도 분해

$\nu_T = lmr - 1 = 31$, $\nu_A = l - 1 = 3$, $\nu_B = m - 1 = 3$,

$\nu_{A\times B} = (l-1)(m-1) = 9$, $\nu_e = lm(r-1) = 16$

③ 분산분석표

요 인	SS	DF	MS	F_0	$F_{0.95}$	$F_{0.99}$
A	119.11	3	39.70333	7.51334**	3.10	4.94
B	86.8225	3	28.94083	5.47667**	3.10	4.94
$A\times B$	54.8325	9	6.09250	1.15293	2.39	3.46
e	84.55	16	5.28438			
T	345.315	31				

교호작용이 유의하지 않으므로 오차항에 Pooling시켜 분산분석표를 재작성한다.

요 인	SS	DF	MS	F_0	$F_{0.95}$	$F_{0.99}$
A	119.11	3	39.70333	7.12129**	2.99	4.68
B	86.8225	3	28.94083	5.19090**	2.99	4.68
e^*	139.3825	25	5.57530			
T	345.315	31				

2) A_3 수준의 모평균추정

① 점추정치

$$\hat{\mu}(A_3) = \bar{x}_{3..} = \frac{\bar{X}_{3..}}{8} \times \frac{1}{10} + 75 = \frac{127}{8} \times \frac{1}{10} + 75 = 76.5875$$

② 신뢰구간추정

$$\mu(A_3) = \bar{x}_{3..} \pm t_{1-\alpha/2}(\nu^*)\sqrt{\frac{V_e^*}{mr}}$$

$$= \left(\frac{127}{8} \times \frac{1}{10} + 75\right) \pm t_{0.975}(25)\sqrt{\frac{5.57530}{8}}$$

$$= 76.5875 \pm 1.71971$$

$$\rightarrow 74.86779\text{kg} \sim 78.30721\text{kg}$$

3) 요인 기대평균제곱

$E(V_A) = \sigma_e^2 + 8\sigma_A^2$　　　$E(V_B) = \sigma_e^2 + 8\sigma_B^2$

$E(V_{A\times B}) = \sigma_e^2 + 2\sigma_{A\times B}^2$　　　$E(V_e) = \sigma_e^2$

4) 최적수준의 점추정치

중량을 최대로 하는 수준은 요인 A에서는 A_3, 요인 B에서는 B_2에서 결정되므로 최적수준은 A_3B_2에서 결정된다.

$$\hat{\mu}_{32\cdot} = \hat{\mu} + a_3 + b_2 = [\hat{\mu} + a_3] + [\hat{\mu} + b_2] - \hat{\mu} = \hat{\mu}_{3..} + \hat{\mu}_{.2.} - \hat{\mu}$$

$$= \bar{x}_{3..} + \bar{x}_{.2.} - \bar{\bar{x}}$$

$$= \left(\frac{127}{8} + \frac{95}{8} - \frac{(-12)}{32}\right) \times \frac{1}{10} + 75$$

$$= 77.8125$$

5) 최적수준조합의 신뢰구간추정

$$\mu_{32\cdot} = \hat{\mu}_{32\cdot} \pm t_{1-\alpha/2}(\nu_e^*)\sqrt{\frac{V_e^*}{n_e}} = 77.8125 \pm 2.060\sqrt{5.57530 \times \frac{7}{32}}$$

$$= 77.8125 \pm 2.27497$$

$$\rightarrow 75.53753\text{kg} \sim 80.08747\text{kg}$$

(단, $n_e = \frac{1}{8} + \frac{1}{8} - \frac{1}{32} = \frac{7}{32}$ 이다.)

06 어떤 제품의 중합반응에서 약품의 흡수속도가 빠를수록 제조시간이 상대적으로 짧아지며 제조시간이 길수록 원가상승에 큰 영향을 주고 있다는 것을 알고 있다. 원가를 최소화하기 위해 약품의 흡수속도에 대한 큰 요인이라고 생각되는 촉매량 A와 반응온도 B를 취급하여 다음의 실험조건으로 2회 반복하여 4×3×2=24회의 실험을 랜덤하게 행한 결과 다음의 데이터를 얻었다. 다음 물음에 답하시오.

[(데이터) 흡수속도(g/hr)]

구 분	A_1	A_2	A_3	A_4	실험조건	
B_1	94 87	95 101	99 107	91 98	촉매량(%)	반응온도(℃)
B_2	99 108	114 108	112 117	109 103	$A_1 = 0.3$ $A_2 = 0.4$	$B_1 = 80$ $B_2 = 90$
B_3	116 111	121 127	125 131	116 122	$A_3 = 0.5$ $A_4 = 0.6$	$B_3 = 100$

1) $D_4\overline{R}$에 의한 등분산의 가정을 검토하여 이 실험의 관리상태 여부를 답하시오.
2) α=0.05, 0.01의 분산분석표를 작성하시오. (단, 교호작용이 유의치 않다면 기술적 검토 후 Pooling하시오.)
3) 최적수준을 결정하시오.
4) 최적수준의 점추정값을 구하시오.
5) 최적수준에서 신뢰율 95%로 모평균값을 추정하시오.

해설 1) 등분산성의 검토

$\Sigma R_{ij} = 77$

$\overline{\overline{R}} = 77/12 = 6.41667$

$U_{CL_R} = D_4 \overline{\overline{R}} = 3.267 \times 6.41667 = 20.96326$

모든 수준에서 R_{ij}가 U_{CL}보다 작으므로 등분산성이 성립한다.

2) 분산분석표의 작성

① 제곱합 분해

$$S_T = \Sigma\Sigma\Sigma x_{ijk}^2 - CT = 3231.95833, \quad S_A = \frac{\Sigma T_{i\cdot\cdot}^2}{mr} - CT = 542.125$$

$$S_B = \frac{\Sigma T_{\cdot j\cdot}^2}{mr} - CT = 2425.58333, \qquad S_{AB} = \frac{\Sigma\Sigma T_{ij\cdot}^2}{r} - CT = 2977.45833$$

$$S_{A\times B} = S_{AB} - S_A - S_B = 9.75, \qquad S_e = S_T - S_{AB} = 254.5$$

② 자유도 분해

$\nu_T = lmr - 1 = 23, \ \nu_A = l - 1 = 3$

$\nu_B = m - 1 = 2, \quad \nu_{A\times B} = (l-1)(m-1) = 6$

$\nu_e = lm(r-1) = 12$

③ 분산분석표

요 인	SS	DF	MS	F_0	$F_{0.95}$	$F_{0.99}$
A	542.125	3	180.70833	8.52063**	3.49	5.95
B	2425.58333	2	1212.79167	57.18468**	3.89	6.93
$A\times B$	9.75	6	1.625	0.07662	3.00	4.82
e	254.5	12	21.20833			
T	3231.95833	23				

교호작용의 검정값이 1보다 작으므로 오차항에 Pooling시켜 분산분석표를 재작성한다.

요 인	SS	DF	MS	F_0	$F_{0.95}$	$F_{0.99}$
A	542.125	3	180.70833	12.30936**	3.10	4.94
B	2425.58333	2	1212.79167	82.61208**	3.49	5.85
e^*	264.25	18	14.68056			
T	3231.95833	23				

3) 최적수준의 결정

약품의 흡수속도가 빠를수록 제조시간이 상대적으로 짧아지며 제조시간이 길수록 원가상승에 큰 영향을 주고 있기에 원가를 최소화하기 위한 최적조건은 흡수속도를 빠르게 하는 촉매량 A의 수준과 반응온도 B의 수준을 독립적으로 정한다. 따라서 흡수속도가 가장 빠르게 나타나는 수준은 망대특성이므로 A_3와 B_3수준에서 결정된다.

4) 최적수준의 점추정치

$$\hat{\mu}_{33\cdot} = \hat{\mu} + a_3 + b_3 = [\hat{\mu} + a_3] + [\hat{\mu} + b_3] - \hat{\mu}$$
$$= \hat{\mu}_{3\cdot\cdot} + \hat{\mu}_{\cdot 3\cdot} - \hat{\mu}$$
$$= \bar{x}_{3\cdot\cdot} + \bar{x}_{\cdot 3\cdot} - \bar{\bar{x}}$$
$$= \frac{691}{6} + \frac{969}{8} - \frac{2,611}{24}$$
$$= 127.5$$

5) 최적수준조합의 신뢰구간추정

$$\mu_{33\cdot} = \hat{\mu}_{33\cdot} \pm t_{1-\alpha/2}(\nu_e^*)\sqrt{\frac{V_e^*}{n_e}}$$
$$= 127.5 \pm t_{0.975}(18)\sqrt{14.68056 \times \frac{6}{24}}$$
$$= 127.5 \pm 4.02501$$
$$\rightarrow 123.47499 \sim 131.52501$$

(단, $\frac{1}{n_e} = \frac{1}{6} + \frac{1}{8} - \frac{1}{24} = \frac{6}{24}$ 이다.)

07 어떤 화학반응에서 반응압력 A를 4수준(1, 1.5, 2, 2.5), 반응시간 B를 3수준(30분, 40분, 50분)으로 하여 각 2회씩 실험하여 다음 표와 같은 회수량(%)을 얻었다. 실험순서는 24회의 실험을 랜덤하게 순서를 정해 실시하였다. 다음 물음에 답하여라. (단, 교호작용이 유의하지 않은 경우는 기술적으로 검토한 후 오차항에 풀링하시오. 또한 회수량은 높을수록 좋다.)

$$X_{ijk} = (x_{ijk} - 70)$$

	A_1	A_2	A_3	A_4
B_1	1 2	1 0	−2 0	−1 −2
B_2	4 3	−1 0	−2 −4	−5 −4
B_3	2 6	2 −2	1 −5	−5 −7

1) A요인의 순제곱합(S_A'), A요인의 기여율(ρ_A)를 포함한 분산분석표를 유의수준 5%로 작성하시오.
2) 유의한 요인에서 최적조건을 구하고 최적조건의 95% 신뢰구간을 구하시오.

문제해결의 Key point

교호작용이 유의하지 않은 경우 기술적 검토 후 Pooling 할 수 있는데, 이 문제 역시 교호작용의 F_0값이 1값에 가까우므로 오차항에 풀링시켜 검출력을 높이는 해석을 행한다.

**해설** 1) 분산분석표의 작성

① 제곱합 분해

$$C_T = \frac{T^2}{N} = \frac{T^2}{lmr}$$
$$= \frac{(-18)^2}{4\times 3\times 2} = 13.50$$

$$S_T = \Sigma\Sigma\Sigma\, x^2{}_{ijk} - CT$$
$$= 250 - 13.5 = 236.5$$

$$S_A = \Sigma\frac{T_{i\cdot\cdot}^2}{mr} - CT$$
$$= \frac{1}{3\times 2}\{18^2 + 6^2 + \cdots + (-24)^2\} - 13.50 = 174 - 13.5 = 160.50$$

$$S_B = \Sigma\frac{T_{\cdot j\cdot}^2}{lr} - CT$$
$$= \frac{1}{4\times 2}\{(-1)^2 + (-9)^2 + (-8)^2\} - 13.50 = 18.25 - 13.50 = 4.750$$

$$S_{AB} = \Sigma\Sigma\frac{T_{ij\cdot}^2}{r} - CT$$
$$= \frac{1}{2}\{3^2 + 7^2 + \cdots + (-12)^2\} - 13.50 = 193.50$$

$$S_{A\times B} = S_{AB} - S_A - S_B$$
$$= 193.5 - 160.5 - 4.75 = 28.250$$

$$S_e = S_T - S_{AB}$$
$$= 236.5 - 193.5 = 43.0$$

② 자유도 분해

$$\nu_T = N - 1 = lmr - 1$$
$$= 4\times 3\times 2 - 1 = 23$$
$$\nu_A = l - 1 = 4 - 1 = 3$$
$$\nu_B = m - 1 = 3 - 1 = 2$$
$$\nu_{A\times B} = \nu_{AB} - \nu_A - \nu_B = (l-1)(m-1)$$
$$= (4-1)(3-1) = 6$$
$$\nu_{AB} = lm - 1 = 4\times 3 - 1 = 11$$
$$\nu_e = \nu_T - \nu_A - \nu_B - \nu_{A\times B} = lm(r-1)$$
$$= 4\times 3(2-1) = 12$$

③ 순제곱합 및 기여율의 계산

$$S_A' = S_A - \nu_A\times V_e$$
$$= 160.5 - 3\times 3.58333 = 149.75001$$

$$\rho_A = \frac{S_A'}{S_T}\times 100\%$$
$$= \frac{149.75001}{236.50}\times 100\% = 63.319\%$$

④ 분산분석표

요 인	SS	DF	MS	F_0	$F_{0.95}$	순제곱합	기여율
A	160.5	3	53.50	14.93024*	3.49	149.750	63.319
B	4.75	2	2.375	0.66274	3.89		
$A\times B$	28.25	6	4.70833	1.31395	3.00		
e	43.0	12	3.58333				
T	236.5	23					

[풀링 후 분산분석표]

요 인	SS	DF	MS	F_0	$F_{0.95}$
A	160.5	3	53.50	13.51580*	3.10
B	4.75	2	2.375	0.60	3.49
e^*	71.25	18	3.95833		
T	236.5	23			

2) 최적조건의 추정

최적조건은 A만 유의하므로 회수량이 가장 높은 A_1에서 결정된다.

$$\mu_{A_1} = \overline{x}_{A_1} \pm t_{1-\alpha/2}(\nu^*)\sqrt{\frac{V_e^*}{mr}}$$

$$= (18/6+70) \pm 2.101\sqrt{\frac{3.95833}{6}}$$

$$= 73 \pm 1.70650$$

$$= 71.29350 \sim 74.70650$$

08 어떤 제품의 중합반응에서 약품의 흡수속도가 제조시간에 영향을 미치고 있음을 알고 있다. 흡수속도에 대한 큰 요인이라고 생각되는 촉매량 A를 4수준, 반응온도 B를 3수준으로 설정하여 다음 12개의 실험조건을 랜덤하게 순서를 결정하고 조합수준에서 각각 2회씩 반복실험을 행하여 다음의 데이터를 얻었다. 다음 물음에 답하시오. (단, 약품의 흡수속도가 빠를수록 제조시간은 짧아지게 되어 경제적인 공정이 된다.)

[(데이터) 흡수속도(g/hr)]

구 분	A_1	A_2	A_3	A_4
B_1	94	95	99	91
	87	101	107	98
B_2	99	114	112	109
	108	108	117	103
B_3	116	121	125	116
	111	127	131	122

1) 이러한 실험의 형태를 무엇이라고 하는가?
2) 유의수준 5%와 1%로 분산분석표를 작성하고, 최적수준의 점추정값을 구하시오.
3) 최적수준의 점추정값을 구하고, 최적수준에서 신뢰율 95%로 모평균값을 추정하시오.

문제해결의 key point

이 실험은 인자가 분할이 되지 않고 하나의 단위에 속해져 있는 상태에서 랜덤화의 방법이 분할되고 있는 이방분할법으로 교호작용이 오차에 교락되어 있는 실험이다. 이러한 실험은 교호작용이 없는 요인을 배치하여야 유리한 실험이 되며 당연히 교호작용은 오차로 처리되기에 실험목적상 자동적으로 풀링된 분산분석표가 나타나게 된다. 실험의 해석은 반복없는 2요인배치와 동일한 해석이 행하여진다.

해설 1) 이방분할법

2) 분산분석표의 작성

① 제곱합 분해

$S_T = \Sigma\Sigma\Sigma x_{ijk}^2 - CT = 3231.95833$

$S_A = \dfrac{\Sigma T_{i..}^2}{mr} - CT = 542.125$

$S_B = \dfrac{\Sigma T_{.j.}^2}{mr} - CT = 2425.58333$

$S_{AB} = \dfrac{\Sigma\Sigma T_{ij.}^2}{r} - CT = 2977.45833$

$S_{e_1} = S_{AB} - S_A - S_B = 9.75$

$S_{e_2} = S_T - S_{AB} = 254.5$

② 자유도 분해

$\nu_T = lmr - 1 = 23$

$\nu_A = l - 1 = 3$

$\nu_B = m - 1 = 2$

$\nu_{e_1} = (l-1)(m-1) = 6$

$\nu_{e_2} = lm(r-1) = 12$

③ 분산분석표

요 인	SS	DF	MS	F_0	$F_{0.95}$	$F_{0.99}$
A	542.125	3	180.70833	111.20513**	4.76	9.78
B	2425.58333	2	1212.79167	746.33334**	5.14	10.9
e_1	9.75	6	1.625	0.07662	3.00	4.82
e_2	254.5	12	21.20833			
T	3231.95833	23				

e_1을 e_2에 Pooling시켜 분산분석표를 재작성한다.

요 인	SS	DF	MS	F_0	$F_{0.95}$	$F_{0.99}$
A	542.125	3	180.70833	12.30936**	3.10	4.94
B	2425.58333	2	1212.79167	81.61208**	3.49	5.85
e^*	264.25	18	14.68056			
T	3231.95833	23				

3) 최적수준의 추정

약품의 흡수속도가 빠를수록 제조시간이 상대적으로 짧아지며 제조시간이 길수록 원가상승에 큰 영향을 주고 있기에 원가를 최소화하기 위한 최적조건은 흡수속도를 빠르게 하는 촉매량 A의 수준과 반응온도 B의 수준을 독립적으로 정한다. 따라서 흡수속도가 가장 빠르게 나타나는 수준은 망대특성이므로 A_3와 B_3수준에서 결정된다.

① 최적수준의 점추정치

$$\begin{aligned}\hat{\mu}_{33\cdot} &= \hat{\mu}+a_3+b_3=[\hat{\mu}+a_3]+[\hat{\mu}+b_3]-\hat{\mu}\\ &=\hat{\mu}_{3..}+\hat{\mu}_{.3.}-\hat{\mu}\\ &=\bar{x}_{3..}+\bar{x}_{.3.}-\bar{\bar{x}}\\ &=\frac{691}{6}+\frac{969}{8}-\frac{2,611}{24}\\ &=127.5\text{g/hr}\end{aligned}$$

② 최적수준조합의 신뢰구간추정

$$\begin{aligned}\mu_{33\cdot} &= \hat{\mu}_{33.}\pm t_{1-\alpha/2}(\nu_e^*)\sqrt{\frac{V_e^*}{n_e}}\\ &=127.5\pm t_{0.975}(18)\sqrt{14.68056\times\frac{6}{24}}\\ &=127.5\pm 4.02501\\ &\quad\rightarrow 123.47499\text{g/hr}\sim 131.52501\text{g/hr}\end{aligned}$$

(단, $\frac{1}{n_e}=\frac{1}{6}+\frac{1}{8}-\frac{1}{24}=\frac{6}{24}$이다.)

09 A : 모수인자, B : 변량인자로 하여 반복있는 2요인배치 실험을 실시하여 다음과 같은 분산분석표를 얻었다. α=0.05로 검정 후 분산성분의 추정치 $\hat{\sigma}_B^2$을 구하시오.

요 인	SS	DF	MS
A	327	3	109
B	181	2	90.5
$A\times B$	35	6	5.8
e	305	12	25.4
T	848	23	

$F_0 = \frac{V_{A \times B}}{V_e} = \frac{5.8}{25.4} < 1$ 이므로, 교호작용 $A \times B$를 오차항에 풀링시켜 분산분석표를 재작성하면 다음과 같다.

요 인	SS	DF	MS	F_0	$F_{0.95}$
A	327	3	109	5.77059*	3.86
B	181	2	90.5	4.79118*	4.46
e^*	340	18	18.88889		
	848	23			

$$\hat{\sigma}_B^2 = \frac{V_B - V_e^*}{lr} = \frac{90.5 - 18.88889}{4 \times 2} = 8.95139$$

10 A : 모수인자, B : 변량인자로 하여 반복이 있는 2원배치 실험을 실시하여 다음과 같은 분산분석표를 얻었다. 물음에 답하시오.

요인	SS	DF	MS
A	327	3	109
B	181	2	90.5
$A \times B$	130	6	21.7
e	105	12	8.75
T	743	23	

가. $E(V_A)$를 기술하시오.

나. 교호작용의 분산성분의 추정치 $\hat{\sigma}^2_{A \times B}$을 구하시오.

다. 요인 A의 검정통계량 $F_0(A)$를 구하시오.

가. $E(V_A) = \sigma_e^{\ 2} + 2\sigma^2_{A \times B} + 6\sigma_A^{\ 2}$

나. $\hat{\sigma}^2_{A \times B} = \frac{V_{A \times B} - V_e}{r} = \frac{21.7 - 8.75}{2} = 6.475$

다. $F_0 = \frac{V_A}{V_{A \times B}} = \frac{109}{21.7} = 5.02304$

4-6 3요인배치

01 어떤 화학제품의 합성반응 공정에서 합성률(%)을 향상시킬 수 있는가를 검토하기 위하여, 합성반응의 중요한 인자라고 생각되는 다음의 3가지 인자를 각각 3수준씩 선택하여 반복없는 3요인배치법으로 실험을 완전 램덤하게 실시하여 다음의 데이터를 얻었다. 현재 사용되고 있는 합성조건은 반응압력 8kg/cm^2(A_1), 반응시간 1.5hr(B_1), 반응온도 140℃(C_1)인데, 이들의 값을 약간 변화를 가하는 것이 합성률을 향상시킬 수 있을 것이라고 예측하고 다음과 같은 수준들을 선택하여 실험한 것이다. 다음 물음에 답하여라.

반응압력(kg/cm^2) : $A_1=8$, $A_2=10$, $A_3=12$
반응시간(hr) : $B_1=1.5$, $B_2=2.0$, $B_3=2.5$
반응온도(℃) : $C_1=140$, $C_2=150$, $C_3=160$

		A_1	A_2	A_3
B_1	C_1	74	61	50
	C_2	86	78	70
	C_3	76	71	60
B_2	C_1	72	62	49
	C_2	91	81	68
	C_3	87	77	64
B_3	C_1	48	55	52
	C_2	65	72	69
	C_3	56	63	60

1) 분산분석표를 작성하시오. (단, $\alpha=0.05$와 0.01을 사용하며, 유의하지 않은 교호작용은 풀링하시오.)
2) 합성률을 가장 좋게 하는 조건을 찾고, 그 조건에서 점추정치를 구하여라.
3) 최적조건하에서 그 모평균을 신뢰율 95%로 추정하여라.

문제해결의 key point

반복없는 3요인배치 모수모형의 문제로 나타나고 있는 교호작용이 유의하지 않은 경우 유의하지 않은 교호작용을 오차항에 풀링시켜 실험의 검출력을 증가시키는 것이 당연하나, 풀링 후 오차분산이 풀링 전 오차분산보다 지나치게 커지면 제2종 과오를 범할 수 있으므로 풀링시키지 않는 것이 바람직하다.

해설 1) 분산분석표의 작성

① 보조표의 작성

[$T_{ij\cdot}$의 보조표]

B \ A	A_1	A_2	A_3	$T_{\cdot j\cdot}$
B_1	236	210	180	626
B_2	250	220	181	651
B_3	169	190	181	540
$T_{i\cdot\cdot}$	655	620	542	1,817

[$T_{i\cdot k}$ 의 보조표]

C \ A	A_1	A_2	A_3	$T_{\cdot\cdot k}$
C_1	194	178	151	523
C_2	242	231	207	680
C_3	219	211	184	614
$T_{i\cdot\cdot}$	655	620	542	1,817

[$T_{\cdot jk}$ 의 보조표]

C \ B	B_1	B_2	B_3	$T_{\cdot\cdot k}$
C_1	185	183	155	523
C_2	234	240	206	680
C_3	207	228	179	614
$T_{\cdot j\cdot}$	626	651	540	1,817

② 제곱합의 계산

$$CT=\frac{T^2}{N}$$

$$=\frac{(1{,}817)^2}{(3\times3\times3)}=122277.3704$$

$$S_T=\Sigma\Sigma\Sigma x_{ijk}^2-CT$$

$$=125{,}891-CT=3613.62963$$

$$S_A=\Sigma\frac{T_{i\cdot\cdot}^2}{mn}-CT$$

$$=\frac{1}{(3)(3)}[(655)^2+(620)^2+(542)^2]-CT$$

$$=123{,}021-CT=743.62963$$

$$S_B=\Sigma\frac{T_{\cdot j\cdot}^2}{ln}-CT$$

$$=\frac{1}{(3)(3)}[(626)^2+(651)^2+(540)^2]-CT$$

$$=123030.78-CT=753.40741$$

$$S_C=\Sigma\frac{T_{\cdot\cdot k}^2}{lm}-CT$$

$$=\frac{1}{(3)(3)}[(523)^2+(680)^2+(614)^2]-CT$$

$$=123658.33-CT=1380.96296$$

$$S_{AB}=\Sigma\frac{T_{ij\cdot}^2}{n}-CT$$

$$=\frac{1}{3}[(236)^2+(250)^2+\cdots+(181)^2+(181)^2)]-CT$$

$$=124426.33-CT=2148.96296$$

$S_{A\times B}=S_{AB}-S_A-S_B=651.92592$

$S_{BC}=\Sigma\dfrac{T_{\cdot jk}^2}{l}-CT$

$=\dfrac{1}{3}[(185)^2+(234)^2+\cdots+(206)^2+(179)^2)]-CT$

$=124468.333-CT=2190.96296$

$S_{B\times C}=S_{BC}-S_B-S_C=56.59259$

$S_{AC}=\Sigma\dfrac{T_{i\cdot k}^2}{m}-CT$

$=\dfrac{1}{3}[(194)^2+(242)^2+\cdots+(207)^2+(184)^2)]-CT$

$=124{,}411-CT=2133.62963$

$S_{A\times C}=S_{AC}-S_A-S_C=9.03704$

$S_e=S_T-(S_A+S_B+S_C+S_{A\times B}+S_{A\times C}+S_{B\times C})=18.07408$

③ 분산분석표의 작성

요 인	SS	DF	MS	F_0	$F_{0.95}$	$F_{0.99}$
A	743.62963	2	371.81482	164.57372**	4.46	8.65
B	753.40741	2	376.70371	166.73765**	4.46	8.65
C	1380.96296	2	690.48148	305.62285**	4.46	8.65
$A\times B$	651.92592	4	162.98148	72.13932**	3.84	7.01
$A\times C$	9.03704	4	2.25926	1.00	3.84	7.01
$B\times C$	56.59259	4	14.14815	6.26229*	3.84	7.01
e	18.07408	8	2.25926			
T	3613.62963	26				

위의 결과에서 교호작용 $A\times C$는 기각치 $F_0(A\times C)=1$로 충분히 무시할 수 있으므로, 이를 오차항에 풀링시킨 후 새로이 분산분석표를 작성하면 다음과 같다.

요 인	SS	DF	MS	F_0	$F_{0.95}$	$F_{0.99}$
A	743.62963	2	371.81482	164.57372**	3.89	6.93
B	753.40741	2	376.70371	166.73765**	3.89	6.93
C	1380.96296	2	690.48148	305.62285**	3.89	6.93
$A\times B$	651.92592	4	162.98148	72.13932**	3.26	5.41
$B\times C$	56.59259	4	14.14815	6.26229**	3.26	5.41
e^*	27.11112	12	2.25926			
T	3613.62963	26				

2) 최적수준조합의 설정

합성률을 가장 높게 하는 조건이 최적조건이 된다. 따라서 교호작용 $A\times B$와 $B\times C$가 유의하므로 AB 2원표와 BC 2원표에서 각각 합성률을 최대로 하는 최적조건을 구한 후 합성하여 최종적인 최적수준조합을 구하게 된다.

[AB 2원표]

B \ A	A_1	A_2	A_3	$T_{.j.}$
B_1	236	210	180	626
B_2	250	220	181	651
B_3	169	190	181	540
$T_{i..}$	655	620	542	1,817

[BC 2원표]

C \ B	B_1	B_2	B_3	$T_{..k}$
C_1	185	183	155	523
C_2	234	240	206	680
C_3	207	228	179	614
$T_{.j.}$	626	651	540	1,817

AB 2원표를 살펴보면 조합수준A_1B_2에서 합성률이 가장 크게 나타나고, BC 2원표에서는 조합수준 B_2C_2에 나타난다. 따라서 최적조건은 $A_1B_2C_2$에서 결정되게 된다.

$$\begin{aligned}\hat{\mu}(A_1B_2C_2) &= \hat{\mu}+a_1+b_2+c_2+(ab)_{12}+(bc)_{22} \\ &= [\hat{\mu}+a_1+b_2+(ab)_{12}]+[\hat{\mu}+b_2+c_2+(bc)_{22}]-[\hat{\mu}+b_2] \\ &= \hat{\mu}_{12.}+\hat{\mu}_{.22}-\hat{\mu}_{.2.} \\ &= \bar{x}_{12.}+\bar{x}_{.22}-\bar{x}_{.2.} \\ &= \frac{250}{3}+\frac{240}{3}-\frac{651}{9}=91\end{aligned}$$

3) 최적조건 $A_1B_2C_2$에서의 95% 조합평균의 추정

$$\begin{aligned}\mu(A_1B_2C_2) &= (\bar{x}_{12.}+\bar{x}_{.22}-\bar{x}_{.2.}) \pm t_{1-\alpha/2}(\nu_e^*)\sqrt{\frac{V_e^*}{n_e}} \\ &= 91 \pm t_{0.975}(12)\sqrt{2.25926\times\frac{5}{9}} \\ &= 88.55880 \sim 93.44120\end{aligned}$$

(단, $\frac{1}{n_e}=\frac{1}{3}+\frac{1}{3}-\frac{1}{9}=\frac{5}{9}$ 이다.)

참고 **다구찌공식**

$$n_e=\frac{lmn}{lm+mn-m}=\frac{3\times3\times3}{3\times3+3\times3-3}=\frac{9}{5}$$

02 사이클로헥산(cyclohexane)에 압력을 가하여 사이클로헥산(cyclohexane)을 산화시켜 사이클로헥사놀(cyclohexanol)을 분리하는 제조공정에서 사이클로헥사놀(cyclohexanol)의 수율을 높이기 위한 반응조건을 찾기 위하여 다음과 같은 조건으로 54회의 실험을 랜덤하게 순서를 정하여 실험을 행한 후 다음의 결과를 얻었다. 다음 물음에 답하시오.

[실험조건]

반응압력(atm) : $A_1=8,\ A_2=10,\ A_3=12$

반응시간(hr) : $B_1=1.5,\ B_2=3,\ B_3=4.5$

반응온도(℃) : $C_1=120,\ C_2=150,\ C_3=170$

반복 2회

(단위 : 수율(%))

B \ C \ A		A_1	A_2	A_3
B_1	C_1	73, 65	60, 58	49, 51
	C_2	85, 79	77, 81	69, 66
	C_3	75, 72	70, 77	59, 68
B_2	C_1	71, 70	61, 64	48, 45
	C_2	90, 80	80, 77	67, 75
	C_3	86, 82	76, 72	63, 74
B_3	C_1	47, 49	54, 52	51, 60
	C_2	64, 66	71, 68	68, 61
	C_3	55, 49	62, 65	59, 56

1) 제곱합을 구하고, 분산분석표를 작성하여라. (단, $\alpha=0.10$이다.)
2) $\alpha=0.10$에서 유의하지 않은 모든 교호작용을 오차항에 풀링시켜 다시 분산분석표를 작성하여라.
3) 수율을 최대로 하는 A, B, C의 조건을 구하여라.
4) 위에서 구한 최적조건에서 수율의 90% 신뢰구간을 구하여라.

문제해결의 key point

이 문제는 반복있는 3요인배치 모수모형의 문제로 앞에 나온 반복없는 3요인배치와 대동소이하다. 이 실험에서는 요인간의 교호작용을 모두 해석하려는 실험이 아니므로, 요인들 간의 교호작용이 유의하지 않은 경우 유의하지 않은 교호작용을 오차항에 풀링시켜 실험의 검출력을 증가시킨다. 그러나 풀링 후 오차분산이 풀링 전 오차분산보다 지나치게 커지면 제2종 과오를 범할 수 있으므로 풀링시키지 않는 것이 바람직하다.

해설 1) 분산분석표의 작성

① 보조표의 작성

[$T_{ij\cdot}$의 보조표]

B \ A	A_1	A_2	A_3	$T_{\cdot j\cdot}$
B_1	449	423	362	1,234
B_2	479	430	372	1,281
B_3	330	372	355	1,057
$T_{i\cdot\cdot}$	1,258	1,225	1,089	3,572

[$T_{i\cdot k}$의 보조표]

C \ A	A_1	A_2	A_3	$T_{\cdot\cdot k}$
C_1	375	349	304	1,028
C_2	464	454	406	1,324
C_3	419	422	379	1,220
$T_{i\cdot\cdot}$	1,258	1,225	1,089	3,572

[$T_{\cdot jk}$의 보조표]

C \ B	B_1	B_2	B_3	$T_{\cdot\cdot k}$
C_1	356	359	313	1,028
C_2	457	469	398	1,324
C_3	421	453	346	1,220
$T_{\cdot j\cdot}$	1.234	1.281	1.057	3,572

② 제곱합의 계산

$$S_T = \Sigma\Sigma\Sigma\Sigma x_{ijkl}^2 - CT$$

$$= 73^2 + 65^2 + \cdots + 56^2 - \frac{3{,}572^2}{54} = 6614.81482$$

$$S_A = \Sigma\frac{T_{i\cdots}^2}{mnr} - CT$$

$$= \frac{1}{18}[(1{,}258)^2 + (1{,}225)^2 + (1{,}089)^2] - \frac{3{,}572^2}{54}$$

$$= 891.59259$$

$$S_B = \Sigma\frac{T_{\cdot j\cdot\cdot}^2}{lnr} - CT$$

$$= \frac{1}{18}[(1{,}234)^2 + (1{,}281)^2 + (1{,}057)^2] - \frac{3{,}572^2}{54}$$

$$= 1550.25926$$

$$S_C = \Sigma\frac{T_{\cdot\cdot k\cdot}^2}{lmr} - CT$$

$$= \frac{1}{18}[(1{,}028)^2 + (1{,}324)^2 + (1{,}220)^2] - \frac{3{,}572^2}{54}$$

$$= 2505.48148$$

$$S_{AB} = \Sigma\frac{T_{ij\cdot\cdot}^2}{nr} - CT$$

$$= \frac{1}{6}[(449)^2 + (423)^2 + \cdots + (355)^2)] - \frac{3{,}572^2}{54}$$

$$= 3320.14815$$

$$S_{A\times B} = S_{AB} - S_A - S_B = 878.29630$$

$$S_{BC} = \Sigma \frac{T_{\cdot jk\cdot}^2}{l} - CT$$

$$= \frac{1}{6}[(365)^2 + (457)^2 + \cdots + (346)^2)] - \frac{3{,}572^2}{54}$$

$$= 4213.14815$$

$$S_{B\times C} = S_{BC} - S_B - S_C = 157.40741$$

$$S_{AC} = \Sigma \frac{T_{i\cdot k\cdot}^2}{m} - CT$$

$$= \frac{1}{6}[(375)^2 + (464)^2 + \cdots + (379)^2)] - \frac{3{,}572^2}{54}$$

$$= 3448.14815$$

$$S_{A\times C} = S_{AC} - S_A - S_C = 51.07408$$

$$S_{ABC} = \Sigma \frac{T_{ijk\cdot}^2}{r} - CT$$

$$= \frac{1}{2}[(138)^2 + (164)^2 + \cdots + (115)^2)] - \frac{3{,}572^2}{54}$$

$$= 6203.81482$$

$$S_{A\times B\times C} = S_{ABC} - (S_A + S_B + S_C + S_{A\times B} + S_{A\times C} + S_{B\times C})$$

$$= 169.70370$$

$$S_e = S_T - S_{ABC} = 411$$

③ 분산분석표의 작성

요 인	SS	DF	MS	F_0	$F_{0.90}$
A	891.59259	2	445.79630	29.28589*	2.49
B	1550.25926	2	775.12963	50.92093*	2.49
C	2505.48148	2	1252.74074	82.29685*	2.49
$A\times B$	878.29630	4	219.57408	14.42458*	2.14
$A\times C$	51.07408	4	12.76852	0.83881	2.14
$B\times C$	157.40741	4	39.35185	2.58156*	2.14
$A\times B\times C$	169.70370	8	21.21296	1.39355	1.88
e	411	27	15.22222		
T	6614.81482	53			

2) 분산분석표의 재작성

앞의 결과에서 2요인 교호작용 $A\times C$는 기각치 $F_0(A\times C) < 1$로 충분히 무시할 수 있으므로 오차항에 풀링시키게 되며, 3요인 교호작용 역시 2요인 교호작용이 오차항에 풀링되기에 의미가 없으므로 오차항에 풀링시켜 분산분석표를 작성하게 된다.

요 인	SS	DF	MS	F_0	$F_{0.90}$
A	891.59259	2	445.79630	27.51926*	2.39
B	1550.25926	2	775.12963	47.84919*	2.39
C	2505.48148	2	1252.74074	77.33240*	2.39
$A\times B$	878.29630	4	219.57408	13.55443*	2.04
$B\times C$	157.40741	4	39.35185	2.42921*	2.04
e^*	631.77778	39	16.19943		
T	6614.81482	53			

3) 최적수준조합의 설정

사이클로헥사놀(cyclohexanol)의 수율을 가장 높게 하는 조건이 최적조건이 된다. 따라서 교호작용 $A\times B$와 $B\times C$가 유의하므로 AB 2원표와 BC 2원표에서 각각 최적조건을 구한 후 합성하여 최종적인 최적수준조합을 구하게 된다.

[AB 2원표]

B \ A	A_1	A_2	A_3	$T_{.j..}$
B_1	449	423	362	1,234
B_2	479	430	372	1,281
B_3	330	372	355	1,057
$T_{i...}$	1,258	1,225	1,089	3,572

[BC 2원표]

C \ B	B_1	B_2	B_3	$T_{..k.}$
C_1	356	359	313	1,028
C_2	457	469	398	1,324
C_3	421	453	346	1,220
$T_{.j..}$	1,234	1,281	1,057	3,572

AB 2원표를 살펴보면 A_1B_2에서 사이클로헥사놀(cyclohexanol)의 수율이 가장 크게 나타나고, BC 2원표에서는 B_2C_2에서 사이클로헥사놀(cyclohexanol)의 수율이 가장 크게 나타난다. 따라서 최적조건은 $A_1B_2C_2$에서 결정되게 된다.

4) 최적조건 $A_1B_2C_2$에서의 90% 조합평균의 추정

① 최적수준의 점추정치

$$\begin{aligned}\hat{\mu}(A_1B_2C_2) &= \hat{\mu}+a_1+b_2+c_2+(ab)_{12}+(bc)_{22}\\ &= [\hat{\mu}+a_1+b_2+(ab)_{12}]+[\hat{\mu}+b_2+c_2+(bc)_{22}]-[\hat{\mu}+b_2]\\ &= \hat{\mu}_{12..}+\hat{\mu}_{.22.}-\hat{\mu}_{.2..}\\ &= \bar{x}_{12..}+\bar{x}_{.22.}-\bar{x}_{.2..}\\ &= \frac{479}{6}+\frac{469}{6}-\frac{1,281}{18}=86.83333\end{aligned}$$

② 최적수준조합의 신뢰구간추정

$$\begin{aligned}\mu(A_1B_2C_2) &= (\bar{x}_{12..}+\bar{x}_{.22.}-\bar{x}_{.2..})\pm t_{1-\alpha/2}(\nu_e^*)\sqrt{\frac{V_e^*}{n_e}}\\ &= 86.83333\pm t_{0.95}(39)\sqrt{16.19943\times\frac{5}{18}}\\ &= 86.83333\pm 3.57224\\ &\rightarrow 83.26109\% \sim 90.40557\%\end{aligned}$$

(단, $\frac{1}{n_e}=\frac{1}{6}+\frac{1}{6}-\frac{1}{18}=\frac{5}{18}$이다.)

03 인자수가 3개(A, B, C)인 반복이 있는 3요인배치법의 실험에서 각 인자의 수준이 차례로 l, m, n이고 반복수가 r이다. A, B인자는 모수이고, C인자가 변량일 때 평균제곱의 기대가를 구하여라.

해설 ① $E(V_A) = \sigma_e^2 + mr\sigma_{A\times C}^2 + mnr\sigma_A^2$

② $E(V_B) = \sigma_e^2 + lr\sigma_{B\times C}^2 + lnr\sigma_B^2$

③ $E(V_C) = \sigma_e^2 + lmr\sigma_C^2$

④ $E(V_{A\times B}) = \sigma_e^2 + r\sigma_{A\times B\times C}^2 + nr\sigma_{A\times B}^2$

⑤ $E(V_{A\times C}) = \sigma_e^2 + mr\sigma_{A\times C}^2$

⑥ $E(V_{B\times C}) = \sigma_e^2 + lr\sigma_{B\times C}^2$

⑦ $E(V_{A\times B\times C}) = \sigma_e^2 + r\sigma_{A\times B\times C}^2$

⑧ $E(V_e) = \sigma_e^2$

04 모수인자 A의 수준이 l이고, 모수인자 B의 수준이 m이며, 변량인자 R의 수준이 r인 반복없는 3요인배치 실험에서 각 인자에 대한 기대제곱평균 $E(V)$를 답안지의 표에 작성하시오. (단, 구조모형은 다음과 같다.)

$$x_{ijk} = \mu + a_i + b_j + r_k + (ab)_{ij} + (ar)_{ik} + (br)_{jk} + e_{ijk}$$

(단, $i=1,\ 2,\ \cdots,\ l$

$j=1,\ 2,\ \cdots,\ m$

$k=1,\ 2,\ \cdots,\ r$

$e_{ijk} \sim N(0,\ \sigma_e^2)$ 이고 서로 독립이다.)

해설 ① $A : \sigma_e^2 + m\sigma_{A\times R}^2 + mr\sigma_A^2$

② $B : \sigma_e^2 + l\sigma_{B\times R} + lr\sigma_B^2$

③ $R : \sigma_e^2 + lm\sigma_R^2$

④ $A\times B : \sigma_e^2 + r\sigma_{A\times B}^2$

⑤ $A\times R : \sigma_e^2 + m\sigma_{A\times R}^2$

⑥ $B\times R : \sigma_e^2 + l\sigma_{B\times R}^2$

⑦ $e : \sigma_e^2$

05 A(모수, 3수준), B(모수, 4수준), C(모수, 5수준)의 3인자에 대해 반복수 2인 3요인배치의 실험을 하여 분석하려고 한다. 교호작용으로서 $A\times B$와 $A\times C$만을 고려한다면 분산분석을 할 경우 각 요인의 기대평균제곱(EMS)은 어떻게 되겠는가?

해설 ① $E(V_A) = \sigma_e^2 + 40\sigma_A^2$

② $E(V_B) = \sigma_e^2 + 30\sigma_B^2$

③ $E(V_C) = \sigma_e^2 + 24\sigma_C^2$

④ $E(V_{A\times B}) = \sigma_e^2 + 10\sigma_{A\times B}^2$

⑤ $E(V_{A\times C}) = \sigma_e^2 + 8\sigma_{A\times C}^2$

⑥ $E(V_e) = \sigma_e^2$

4-7 라틴방격류

01 어떤 제조공장에서 제품의 수명을 높이기 위하여 제품수명에 크게 영향을 미치는 모수인자를 3개를 선정하여 각 인자 5수준으로 하여 라틴방격법에 의한 실험을 행하였다. 실험에 배치된 인자 간에는 교호작용이 거의 무시할 수 있으며, 25개의 실험조건을 랜덤하게 순서를 정해 실험하여 다음과 같은 결론을 얻었다. 물음에 답하시오.

[$(X_{ijk}=x_{ijk}-70)$로 변수변환된 자료]

	A_1	A_2	A_3	A_4	A_5
B_1	$C_1\,(-2)$	$C_2\,(4)$	$C_3\,(-7)$	$C_4\,(-6)$	$C_5\,(0)$
B_2	$C_2\,(-6)$	$C_3\,(0)$	$C_4\,(-5)$	$C_5\,(-12)$	$C_1\,(2)$
B_3	$C_3\,(1)$	$C_4\,(9)$	$C_5\,(0)$	$C_1\,(-1)$	$C_2\,(6)$
B_4	$C_4\,(1)$	$C_5\,(4)$	$C_1\,(-1)$	$C_2\,(-4)$	$C_3\,(0)$
B_5	$C_5\,(2)$	$C_1\,(11)$	$C_2\,(-2)$	$C_3\,(-5)$	$C_4\,(8)$

1) 기대평균제곱을 포함한 분산분석표를 $\alpha=0.05,\ 0.01$로 작성하시오.
2) A인자의 A_1수준에서 모평균의 추정을 95% 신뢰율로 계산하시오.
3) 수명을 높이는 최적조건을 결정하고 최적조건에서의 점추정치 및 신뢰구간을 신뢰율 95%로 추정하시오.

문제해결의 key point

라틴방격은 k^n형 요인배치법의 일부실시법의 형태로 모수인자만 배치할 수 있는 모수모형의 실험형태이다. 교호작용이 없다고 판단되는 경우 실험의 횟수를 줄일 수 있는 장점을 가지고 있으나, 교호작용이 있는 인자를 배치하면 교호작용이 오차항에 교락되어 실험의 정도가 떨어지기 때문에 실험을 배치하기 전, 인자간 교호작용의 상태를 충분히 검토하여 교호작용이 없다고 생각되는 경우 사용해야 실험의 효율이 높아진다. 라틴방격의 해석은 교호작용을 무시하는 실험이므로 실험에 배치된 요인 A, B, C는 서로 독립이라는 가정이 존재한다. 따라서 최적조건의 결정은 A, B, C 요인 중 분산분석결과 유의한 요인에서 독립적으로 각각 최적조건을 구한 후 합성하여 최적조합 수준을 결정하게 된다.

해설 1) 분산분석표 작성

① 제곱합 분해

$$S_T=\Sigma\Sigma\Sigma\, x_{ijk}^2-CT=684.64$$

$$S_A=\Sigma\frac{T_{i}^2..}{k}-CT=412.64$$

$$S_B=\Sigma\frac{T_{i..}^2}{k}-CT=196.24$$

$$S_C = \Sigma \frac{T_{..k}^2}{k} - CT = 57.84$$

$$S_e = S_T - S_A - S_B - S_C = 17.92$$

② 자유도 분해

$$\nu_T = k^2 - 1 = 24$$

$$\nu_A = \nu_B = \nu_C = k - 1 = 4$$

$$\nu_e = (k-1)(k-2) = 12$$

③ 분산분석표

요 인	SS	DF	MS	F_0	$F_{0.95}$	$F_{0.99}$	$E(V)$
A	412.64	4	103.16	69.08051**	3.26	5.41	$\sigma_e^2 + 5\sigma_A^2$
B	196.24	4	49.06	32.85275**	3.26	5.41	$\sigma_e^2 + 5\sigma_B^2$
C	57.84	4	14.46	9.68306**	3.26	5.41	$\sigma_e^2 + 5\sigma_C^2$
e	17.92	12	1.49333				σ_e^2
T	684.64	24					

2) A_1 수준에서 모평균의 신뢰구간

① 점추정치

$$\hat{\mu}(A_1) = \bar{x}_{1..} = \bar{X}_{1..} + 70 = -\frac{4}{5} + 70 = 69.2$$

② 신뢰구간의 추정

$$\mu_{1..} = \bar{x}_{1..} \pm t_{1-\alpha/2}(\nu_e)\sqrt{\frac{V_e}{k}}$$

$$= 69.2 \pm 2.179\sqrt{\frac{1.49333}{5}}$$

$$\rightarrow 68.00918 \sim 70.39082$$

3) 최적조건의 추정

분산분석결과 A, B, C 3요인 모두 유의차가 있으므로, A의 1원표, B의 1원표, C의 1원표에서 각각 수명을 높이는 각 인자의 수준을 구하면, A는 A_2 수준에서, B는 B_3 수준에서, C는 C_1 수준에서 결정된다. 따라서 최적조합수준은 A_2, B_3, C_1으로 결정된다.

① 점추정치

$$\hat{\mu}(A_2B_3C_1) = \bar{x}_{2..} + \bar{x}_{.3.} + \bar{x}_{..1} - 2\bar{\bar{x}}$$

$$= \left(\frac{28}{5} + \frac{15}{5} + \frac{9}{5} - 2 \times \frac{(-3)}{25}\right) + 70 = 80.64$$

② 신뢰구간의 추정

$$\mu(A_2B_3C_1) = \hat{\mu}(A_2B_3C_1) \pm t_{1-\alpha/2}(\nu_e)\sqrt{\frac{V_e}{n_e}}$$

$$= 80.64 \pm 2.179\sqrt{1.49333 \times \frac{13}{25}} \quad \rightarrow 78.71984 \sim 82.56016$$

(단, $n_e = \dfrac{k^2}{3k-2} = \dfrac{25}{13}$ 이다.)

02 어떤 반응공정의 수율을 올릴 목적으로 반응시간(A), 반응온도(B), 성분 (C)의 3가지 인자를 택해 3×3 방격의 실험을 블록반복을 실시한 결과가 다음과 같다. 다음 물음에 답하시오. (단, 다음의 데이터는 ($X_{ijk}=x_{ijk}-80$)로 수치변환된 자료이며, 소수점 3자리로 답하시오.)

	A_1	A_2	A_3
B_1	C_1 (3)	C_2 (8)	C_3 (6)
B_2	C_2 (4)	C_3 (3)	C_1 (4)
B_3	C_3 (6)	C_1 (4)	C_2 (3)

	A_1	A_2	A_3
B_1	C_1 (4)	C_2 (8)	C_3 (5)
B_2	C_2 (3)	C_3 (3)	C_1 (2)
B_3	C_3 (6)	C_1 (3)	C_2 (3)

1) 분산분석표를 작성하시오. (단, 유의수준 $\alpha=0.05$이다.)
2) 수명을 높이는 최적조건을 결정하고 최적조건에서의 점추정치 및 신뢰구간을 신뢰율 95%로 추정하시오.

문제해결의 key point

라틴방격은 일부실시법의 형태로 교호작용이 없다고 판단되는 경우 실험횟수를 줄일 수 있는 장점이 있지만 3×3방격의 경우 오차항의 자유도가 작아 실험의 정도가 떨어지는 실험이 된다. 블록반복이 있는 라틴방격은 이러한 단점을 보완하는 경우로 오차 자유도가 증가하기 때문에 실험의 오차분산이 상대적으로 작아지게 된다. 여기서 블록반복을 실시하면 변량인자인 블록인자가 형성되게 되는데 실험목적상 정도를 높이기 위해 배치된 인자이므로 유의하지 않다면 오차항에 풀링시켜 실험의 정도를 높이고 해석을 간편하게 행할 수 있다.

해설 1) 분산분석표의 작성

① 제곱합 분해

$$CT=\frac{T^2}{rk^2}=\frac{78^2}{18}=338$$

$$S_T=\Sigma\Sigma\Sigma\Sigma\, x_{ijkp}^2-CT=54$$

$$S_A=\Sigma\frac{T_{i\cdots}^2}{kr}-CT$$

$$=\frac{1}{6}(26^2+29^2+23^2)-338=3$$

$$S_B=\Sigma\frac{T_{\cdot j\cdot\cdot}^2}{kr}-CT$$

$$=\frac{1}{6}(34^2+19^2+25^2)-338=19$$

$$S_C=\Sigma\frac{T_{\cdot\cdot k\cdot}^2}{kr}-CT$$

$$=\frac{1}{6}(20^2+29^2+29^2)-338=9$$

$$S_R = \Sigma \frac{T_{\cdots p}^2}{k^2} - CT$$

$$= \frac{1}{9}(41^2 + 37^2) - 338 = 0.889$$

$$S_e = S_T - (S_A + S_B + S_C + S_R) = 22.111$$

② 자유도

$\nu_T = k^2 r - 1 = 17$

$\nu_A = \nu_B = \nu_C = k - 1 = 2$

$\nu_R = r - 1 = 1$

$\nu_e = \nu_T - (\nu_A + \nu_B + \nu_C + \nu_R) = 10$

③ 분산분석표

요 인	SS	DF	MS	F_0	$F_{0.95}$
A	3	2	1.5	0.678	4.10
B	19	2	9.5	4.297*	4.10
C	9	2	4.5	2.035	4.10
R	0.889	1	0.889	0.402	4.96
e	22.111	10	2.211		
T	54	17			

분산분석결과 블록인자 R의 검정값이 1보다 작으므로 충분히 무시할 수 있는 경우가 된다. 따라서 오차항에 풀링시켜 분산분석표를 재작성하면 다음과 같다.

요 인	SS	DF	MS	F_0	$F_{0.95}$
A	3	2	1.5	0.717	3.98
B	19	2	9.5	4.543*	3.98
C	9	2	4.5	2.512	3.98
e^*	23	11	2.091		
T	54	17			

따라서 수율에 영향을 주고 있는 요인은 이 실험조건하에서는 요인 B가 된다.

2) 최적조건의 추정

요인 B만 유의하므로 수율을 높이는 최적조건을 B의 1원표에서 구하면 B_1에서 나타나게 된다.

① 점추정치

$$\hat{\mu}_{B_1} = \bar{x}_{B_1} = \bar{X}_{B_1} + 80$$

$$= \frac{34}{6} + 80 = 85.667\%$$

② 신뢰구간의 추정

$$\mu_{B_1} = \bar{x}_{B_1} \pm t_{1-\alpha/2}(\nu_e^*)\sqrt{\frac{V_e^*}{kr}}$$

$$= 85.667 \pm 2.201\sqrt{\frac{2.091}{6}}$$

$$= 85.667 \pm 1.299$$

$$\rightarrow 84.368\% \sim 86.966\%$$

03 합성섬유의 방사과정에서 합성섬유의 끊어짐이 자주 발생하여 제조시간에 문제가 나타나고 있다. 이를 조사해 보니 합성섬유의 장력에 문제가 있어 실 끊어짐이 발생하는 것으로 조사되었다. 합성섬유의 장력을 향상시키기 위하여 합성섬유의 장력이 어떤 인자에 의해 크게 영향을 받는가를 대략적으로 알아보기 위하여 4인자 A, B, C, D를 각각 다음과 같이 4수준으로 잡고 총 16회 실험을 4×4 그레코 라틴방격법으로 실험을 행하였다. 다음 물음에 답하여라. (단, 분산분석표는 소수점 1자리로 답하시오.)

A(연신온도) : $A_1 = 250$℃, $A_2 = 260$℃, $A_3 = 270$℃, $A_4 = 280$℃
B(회전수) : $B_1 = 10{,}000$rpm, $B_2 = 10{,}500$rpm, $B_3 = 11{,}000$rpm, $B_4 = 11{,}500$rpm
C(원료의 종류) : C_1, C_2, C_3, C_4
D(연신비) : $D_1 = 2.5$, $D_2 = 2.8$, $D_3 = 3.1$, $D_4 = 3.4$

	A_1	A_2	A_3	A_4
B_1	$C_2D_3 = 15$	$C_1D_1 = 4$	$C_3D_4 = 8$	$C_4D_2 = 19$
B_2	$C_4D_1 = 5$	$C_3D_3 = 19$	$C_1D_2 = 9$	$C_2D_4 = 16$
B_3	$C_1D_4 = 15$	$C_2D_2 = 16$	$C_4D_3 = 19$	$C_3D_1 = 17$
B_4	$C_3D_2 = 19$	$C_4D_4 = 26$	$C_2D_1 = 14$	$C_1D_3 = 34$

1) 요인분산의 기대가를 포함한 분산분석표를 작성하시오. (단, 유의수준 $\alpha = 0.05$이다.)
2) 합성섬유의 장력이 최대가 되는 최적조건에서 점추정치 및 95% 신뢰구간을 추정하시오.

문제해결의 key point

실험에 배치되는 인자가 증가할수록 실험횟수는 급격히 늘어나게 된다. 그레코 라틴방격은 4원배치의 일부실시법의 형태로 4^4형 요인배치가 256개 서로 다른 실험조건이 존재한다면 이 중 16개의 실험조건에서만 실험하는 1/16 일부실시법의 형태로 라틴방격처럼 교호작용을 해석할 수 없는 실험이기 때문에 교호작용이 없는 요인을 배치할수록 실험의 효율성이 높아진다. 실험의 해석은 분산분석 결과 유의한 요인에서만 해석을 행하게 되며, 유의하지 않은 요인은 기술적 검토를 거쳐 $F_0 < 1$인 경우 제2종 오류의 위험이 거의 없으므로 오차항에 풀링시킬 수 있다.

해설 1) 분산분석표의 작성

① 제곱합 분해

$$CT = \frac{T^2}{k^2} = \frac{(255)^2}{16} = 4064.1$$

$$S_T = \Sigma\Sigma\Sigma\Sigma x_{ijkp}^2 - CT$$
$$= (15)^2 + (5)^2 + (15)^2 + \cdots + (17)^2 + (34)^2 - 4064.1 = 844.9$$

$$S_A = \Sigma \frac{T_{i}^2 \cdots}{k} - CT$$

$$= \frac{1}{4}[(54)^2 + (65)^2 + (50)^2 + (86)^2] - 4064.1 = 195.2$$

$$S_B = \Sigma \frac{T_{\cdot j \cdot \cdot}^2}{k} - CT$$

$$= \frac{1}{4}[(46)^2 + (49)^2 + (67)^2 + (93)^2] - 4064.1 = 349.7$$

$$S_C = \Sigma \frac{T_{\cdot \cdot k \cdot}^2}{k} - CT$$

$$= \frac{1}{4}[(62)^2 + (61)^2 + (63)^2 + (69)^2] - 4064.1 = 9.7$$

$$S_D = \Sigma \frac{T_{\cdots p}^2}{k} - CT$$

$$= \frac{1}{4}[(40)^2 + (63)^2 + (87)^2 + (65)^2] - 4064.1 = 276.7$$

$$S_e = S_T - (S_A + S_B + S_C + S_D)$$

$$= 844.9 - (195.2 + 349.7 + 9.7 + 276.7) = 13.6$$

② 분산분석표

요 인	SS	DF	MS	F_0	$F_{0.95}$	$E(V)$
A	195.2	3	65.1	14.5*	9.28	$\sigma_e^2 + 4\sigma_A^2$
B	349.7	3	116.6	25.9*	9.28	$\sigma_e^2 + 4\sigma_B^2$
C	9.7	3	3.2	0.7	9.28	$\sigma_e^2 + 4\sigma_C^2$
D	276.7	3	92.2	20.5*	9.28	$\sigma_e^2 + 4\sigma_D^2$
e	13.6	3	4.5			σ_e^2
T	844.9	15				

2) 최적조건의 추정

분산분석결과 A, B, D 3요인 모두 유의하므로, 장력이 최대가 되는 각 인자의 최적수준을 다음의 표에서 구하면 A는 A_4수준에서, B는 B_4수준에서, D는 D_3수준에서 각각 결정되므로 최적조합수준은 A_4, B_4, D_3로 결정된다.

[A의 1원표]

요인	A_1	A_2	A_3	A_4
	15	4	8	19
	5	19	9	16
	15	16	19	17
	19	26	14	34

[B의 1원표]

요인	B_1	B_2	B_3	B_4
	15	5	15	19
	4	19	16	26
	8	9	19	14
	19	16	17	34

[D의 1원표]

요인	D_1	D_2	D_3	D_4
	5	19	15	15
	4	16	19	26
	14	9	19	8
	17	19	34	16

① 점추정치

$$\hat{\mu}(A_4 B_4 D_3) = \bar{x}_{4\cdots} + \bar{x}_{\cdot 4 \cdot \cdot} + \bar{x}_{\cdots 3} - 2\bar{\bar{x}}$$

$$= \frac{86}{4} + \frac{93}{4} + \frac{87}{4} - 2 \times \frac{255}{16} = 34.625$$

② 신뢰구간의 추정

$$\mu(A_4B_4D_3) = \hat{\mu}(A_4B_4D_3) \pm t_{1-\alpha/2}(\nu_e)\sqrt{\frac{V_e}{n_e}}$$
$$= 34.625 \pm 3.182\sqrt{4.5 \times \frac{10}{16}}$$
$$= 34.625 \pm 5.33638$$
$$\rightarrow 29.28662 \sim 39.96138$$

(단, $n_e = \frac{k^2}{3k-2} = \frac{16}{10}$ 이다.)

참고 여기서 유의하지 않은 요인 C는 $F_0 < 1$이므로 오차항에 풀링시켜 추정의 정도를 높이는 것이 원칙이나, 문제 상에서 풀링시킨다는 지문이 없으므로 그대로 해석을 하고 있다.

04 어떤 윤활유 정제공정에 있어서 장치(A)가 4대, 원료(B)가 4종류, 부원료(C)가 4종류, 혼합시간(D)이 4종류란 조건으로 실험을 하였는데, 대체적으로 배치된 요인의 영향력을 파악하기 위하여 우선 4×4 그레코 라틴방격법으로 실험하였다. 각 인자와 그의 수준들은 모두 랜덤하게 배치하였다. 실험결과 다음의 데이터를 얻었다. 물음에 답하시오. (단, 특성치는 망대특성이다.)

	A_1	A_2	A_3	A_4
B_1	$C_1D_1=49$	$C_2D_3=38$	$C_3D_4=48$	$C_4D_2=38$
B_2	$C_2D_2=40$	$C_1D_4=53$	$C_4D_3=33$	$C_3D_1=54$
B_3	$C_3D_3=42$	$C_4D_1=45$	$C_1D_2=53$	$C_2D_4=54$
B_4	$C_4D_4=42$	$C_3D_2=40$	$C_2D_1=41$	$C_1D_3=40$

1) 유의하지 않은 인자는 유의수준 10%에서 기술적으로 오차항에 풀링하여 분산분석표를 작성하시오. (단, 분산분석표는 소수점 2자리로 수치맺음을 하시오.)
2) 유의수준 10%에서 유의한 인자들의 최적수준조합은?
3) 이 수준조합에서 특성치의 모평균에 대한 90% 신뢰구간을 구하여라.

문제해결의 key point

그레코 라틴방격은 4^4형 요인배치법의 1/16 일부실시법의 형태로 실험에 배치된 요인의 개략적인 해석을 하는데 사용되기도 하는데, 유의하지 않은 요인은 실험의 목적에 따라 오차항에 풀링시킬 수 있다. 여기서 주의할 점은 유의하지 않은 요인 중 F_0 값이 가장 작은 요인부터 순차적으로 풀링시켜야 제2종 오류을 범할 우려가 없다. 또한 풀링 후 오차분산값이 풀링 전 오차분산보다 지나치게 커진다면 제2종 오류의 우려가 있으므로 풀링하지 않는 것이 좋다. 실험의 해석은 분산분석결과 유의한 요인에서만 해석을 행하게 되며, 최적조건도 유의한 요인의 수준결합으로 이루어진다.

해설 1) 분산분석표의 작성

요 인	SS	DF	MS	F_0	$F_{0.90}$
A	25.25	3	8.42	0.81	6.39
B	127.25	3	42.42	4.07	6.39
C	187.25	3	62.42	5.99	6.39
D	288.75	3	96.25	9.24*	6.39
e	31.25	3	10.42		
T	659.75	15			

유의하지 않은 요인 중 A를 오차항에 풀링하여 분산분석표를 재작성하면 다음과 같다.

요 인	SS	DF	MS	F_0	$F_{0.90}$
B	127.25	3	42.42	4.50*	3.29
C	187.25	3	62.42	6.63*	3.29
D	288.75	3	96.25	10.22*	3.29
e^*	56.50	6	9.42		
T	659.75	15			

$\alpha=10\%$에서 유의한 인자는 B, C, D가 된다.

2) 최적조건의 추정

분산분석결과 B, C, D 3요인이 유의하므로, 장력이 최대가 되는 각 인자의 최적수준을 다음의 표에서 구하면 요인 B는 B_3수준에서, 요인 C는 C_1수준에서, 요인 D는 D_4수준에서 각각 결정되므로 최적조합수준은 $B_3C_1D_4$로 결정된다.

[B의 1원표]

요인	B_1	B_2	B_3	B_4
	49	40	42	42
	38	53	45	40
	48	33	53	41
	38	54	54	40

[C의 1원표]

요인	C_1	C_2	C_3	C_4
	49	40	42	42
	53	38	40	45
	53	41	48	33
	40	54	54	38

[D의 1원표]

요인	D_1	D_2	D_3	D_4
	49	40	42	42
	45	40	38	53
	41	53	33	48
	54	38	40	54

① 점추정치

$$\hat{\mu}(B_3C_1D_4)=\bar{x}_{\cdot 3\cdot\cdot}+\bar{x}_{\cdot\cdot 1\cdot}+\bar{x}_{\cdot\cdot\cdot 4}-2\bar{\bar{x}}$$

$$=\frac{194}{4}+\frac{195}{4}+\frac{197}{4}-2\times\frac{710}{16}=57.75$$

② 신뢰구간의 추정

$$\mu(B_3C_1D_4)=\hat{\mu}(B_3C_1D_4)\pm t_{1-\alpha/2}(\nu_e^*)\sqrt{\frac{V_e^*}{n_e}}$$

$$=57.75\pm 1.943\sqrt{9.42\times\frac{10}{16}}$$

$$\rightarrow 53.03547\sim 62.46543$$

(단, $\frac{1}{n_e}=\frac{1}{4}+\frac{1}{4}+\frac{1}{4}-\frac{2}{16}=\frac{10}{16}$이다.)

4-8 분할법

01 1차 단위인자 A를 4수준, 2차 단위인자 B를 3수준, 블록 반복 2회의 단일분할법의 실험이다. 다음의 분산분석표의 빈 칸을 채우시오. (단, 소수점 3자리로 답하시오.)

$S_A=713.4,\ S_B=483.1,\ S_{AR}=718.9,\ S_{AB}=1209.5,\ S_T=1250.0,\ S_R=1.4$

요 인	SS	DF	MS	F_0
R				
A				
e_1				
B				
$A\times B$				
e_2				
T				

문제해결의 key point

1차 단위가 1요인 배치인 단일분할법의 문제로 교호작용 $A\times R$이 1차 단위 오차인 e_1에 교락되어 있고 교호작용 $B\times R$과 $A\times B\times R$이 2차 단위 오차인 e_2에 교락되어 있는 실험의 형태이다. 따라서 1차 오차는 2차 오차로 검정하고, 1차 단위인자는 1차 단위오차로, 2차 단위인자는 2차 단위오차로 검정하게 된다.

해설 분산분석표

① 제곱합 분해

$$S_{e_1}=S_{AR}-S_A-S_R$$
$$=718.9-713.4-1.4=4.1$$
$$S_{A\times B}=S_{AB}-S_A-S_B$$
$$=1209.5-713.4-483.1=13$$
$$S_{e_2}=S_T-(S_A+S_R+S_{e_1}+S_B+S_{A\times B})$$
$$=1250.0-(713.4+1.4+4.1+483.1+13)=35$$

② 자유도 분해

$$\nu_T=lmr-1=23$$
$$\nu_A=l-1=3$$
$$\nu_R=r-1=1$$
$$\nu_{e_1}=(l-1)(r-1)=3$$
$$\nu_B=m-1=2$$
$$\nu_{A\times B}=(l-1)(m-1)=6$$
$$\nu_{e_2}=l(m-1)(r-1)=8$$

③ 분산분석표의 작성

요 인	SS	DF	MS	F_0
R	1.4	1	1.4	1.024
A	713.4	3	237.8	173.958**
e_1	4.1	3	1.367	0.312
B	483.1	2	241.55	55.211**
$A \times B$	13	6	2.167	0.495
e_2	35	8	4.375	
T	1250.0	23		

02 어떤 부품에 대해서 재료의 배합 A를 1차단위(A_1, A_2)인자로 정하고, 처리 후의 방법 B를 2차단위(B_1, B_2, B_3)로 블록반복 2회(R_1, R_2)의 분할법에 의한 실험을 하였다. 얻은 부품의 품질특성은 신도(%)로 다음 표와 같다. 이때 다음 물음에 답하시오.

[R_1]

	A_1	A_2
B_1	4.4	5.0
B_2	3.0	3.7
B_3	4.2	3.6

[R_2]

	A_1	A_2
B_1	4.2	4.7
B_2	3.1	3.7
B_3	4.8	4.2

1) 기대평균제곱을 처리한 분산분석표를 작성하시오. (단, $\alpha = 0.05$이다.)
2) 만약 1차 단위 오차 e_1이나 반복 R이 유의하지 않으면 e_2에 풀링시킨 후 기대평균제곱을 처리한 분산분석표를 재 작성하시오.
3) $A_i B_j$의 어떤 수준의 조합에서 신도가 최대가 되는가를 구하고, 이 조합조건에서 모평균의 95% 신뢰구간을 추정하시오.

문제해결의 key point

단일분할법은 1차단위에 배치하는 인자는 랜덤화를 하지 않는 표시인자이고, 2차단위 인자가 해석을 목적으로 하는 제어인자를 배치하는 실험이다. 따라서 실험의 랜덤화는 2차단위인자인 제어인자만 랜덤화가 되기에 요인배치법보다는 실험의 실시가 용이해져 실험의 실시비용이나 시간이 작아지는 장점을 가지고 있다. 그러나 실험의 해석은 복잡해지는 측면이 있다. 1차단위 오차가 유의한 경우는 1차단위 인자는 1차단위 오차로 2차단위 인자는 2차단위 오차로 해석을 하게 되며, 1차단위 오차가 유의하지 않아 무시할 수 있는 경우는 1차단위 오차를 2차단위 오차에 풀링시켜 반복있는 2요인배치와 같은 해석을 행하게 된다. 또한 블록인자인 R은 실험목적상 유의하지 않다면 오차에 풀링시켜 해석을 간단하게 행한다.

해설 1) 분산분석표

① 제곱합 분해

$S_T = \Sigma\Sigma\Sigma x_{ijk}^2 - CT = 4.53$

$S_A = \dfrac{\Sigma T_{i\cdot\cdot}^2}{mr} - CT$

$= \dfrac{1}{N}(T_{A_2} - T_{A_1})^2 = \dfrac{1}{12}(24.9 - 23.7)^2 = 0.12$

$S_R = \dfrac{\Sigma T_{\cdot\cdot k}^2}{lm} - CT$

$= \dfrac{1}{N}(T_{R_2} - T_{R_1})^2 = \dfrac{1}{12}(24.9 - 23.7)^2 = 0.05333$

$S_{AR} = \dfrac{\Sigma\Sigma T_{i\cdot k}^2}{m} - CT$

$= \dfrac{1}{3}(11.6^2 + 12.3^2 + 12.1^2 + 12.6^2) - \dfrac{48.6^2}{12} = 0.17667$

$S_{e_1} = S_{AR} - S_A - S_R = 0.00334$

$S_B = \dfrac{\Sigma T_{\cdot j\cdot}^2}{lr} - CT$

$= \dfrac{1}{4}(18.3^2 + 13.5^2 + 16.8^2) - \dfrac{48.6^2}{12} = 3.015$

$S_{AB} = \dfrac{\Sigma\Sigma T_{ij\cdot}^2}{r} - CT$

$= \dfrac{1}{2}(8.6^2 + \cdots + 7.8^2) - \dfrac{48.6^2}{12} = 4.10$

$S_{A\times B} = S_{AB} - S_A - S_B = 0.965$

$S_{e_2} = S_T - (S_{AR} + S_B + S_{A\times B}) = 0.37333$

② 자유도 분해

$\nu_T = lmr - 1 = 11$

$\nu_A = l - 1 = 1$

$\nu_R = r - 1 = 1$

$\nu_{e_1} = (l-1)(r-1) = 1$

$\nu_B = m - 1 = 2$

$\nu_{A\times B} = (l-1)(m-1) = 2$

$\nu_{e_2} = l(m-1)(r-1) = 4$

③ 분산분석표의 작성

	SS	DF	MS	F_0	$F_{0.95}$	$E(V)$
A	0.12	1	0.12	35.92814	161	$\sigma_{e_2}^2+3\sigma_{e_1}^2+6\sigma_A^2$
R	0.05333	1	0.05333	15.96707	161	$\sigma_{e_2}^2+3\sigma_{e_1}^2+6\sigma_R^2$
e_1	0.00334	1	0.00334	0.03579	7.71	$\sigma_{e_2}^2+3\sigma_{e_1}^2$
AR	0.17667	3				
B	3.015	2	1.5075	16.15236*	6.94	$\sigma_{e_2}^2+4\sigma_B^2$
$A\times B$	0.965	2	0.4825	5.16983	6.94	$\sigma_{e_2}^2+2\sigma_{A\times B}^2$
e_2	0.37333	4	0.09333			$\sigma_{e_2}^2$
T	4.53	11				

2) 풀링 후의 분산분석표

1차단위 오차 e_1과 블록인자 R을 e_2에 풀링시킨 후의 분산분석표

	SS	DF	MS	F_0	$F_{0.95}$	$E(V)$
A	0.12	1	0.12	1.67434	6.99	$\sigma_e^2+6\sigma_A^2$
B	3.015	2	1.5075	21.03391*	5.14	$\sigma_e^2+4\sigma_R^2$
$A\times B$	0.965	2	0.4825	6.73225*	5.14	$\sigma_e^2+2\sigma_{A\times B}^2$
e^*	0.43	6	0.07167			σ_e^2
T	4.53	11				

3) 최적수준의 추정

① 최적조건의 결정

A_1과 A_2수준 간에는 신도의 차이가 없는 것으로 보이나, 교호작용 $A\times B$가 유의하므로 AB 2원표 상에서 최적조건을 구하면 신도를 가장 높게 하는 수준은 A_2B_1수준에서 결정된다.

	A_1	A_2
B_1	8.6	9.7
B_2	6.1	7.4
B_3	9.0	7.8

② 최적조건의 점추정치

$$\hat{\mu}_{21\cdot} = \hat{\mu}+b_1+(ab)_{21} = [\hat{\mu}+a_2+b_1+(ab)_{21}]-[\hat{\mu}+a_2]+\hat{\mu}$$
$$= \hat{\mu}_{21\cdot}-\hat{\mu}_{2\cdot\cdot}+\hat{\mu} = \bar{x}_{21\cdot}-\bar{x}_{2\cdot\cdot}+\bar{\bar{x}}$$
$$= \frac{9.7}{2}-\frac{24.9}{6}+\frac{48.6}{12} = 4.75$$

③ 최적수준조합의 신뢰구간추정

$$\mu_{21\cdot} = \hat{\mu}_{21\cdot} \pm t_{1-\alpha/2}(\nu_e^*)\sqrt{\frac{V_e^*}{n_e}}$$
$$= 4.75 \pm 2.447\sqrt{0.07167\times\frac{5}{12}}$$
$$\rightarrow 4.32714 \sim 5.17286$$

(단, $\frac{1}{n_e} = \frac{1}{2}-\frac{1}{6}+\frac{1}{12} = \frac{5}{12}$이다.)

03 A는 모래를 납품하고 있는 회사에서 임의로 4개의 회사를 선택하고, B는 회사별로 각각 두 대의 트럭을 랜덤하게 선택한 것이며, C는 트럭내에서 랜덤하게 두 삽을 취한 것이고, 각 삽에서 두 번에 걸쳐 모래의 염도(%)를 측정한 것으로 데이터는 다음 표와 같다. 이 실험은 A_1, A_2, A_3 및 A_4에서 수준을 랜덤하게 선택한 후, 선택한 A수준에서 B_1과 B_2를 랜덤하게 선택하여 두 삽을 취해 측정을 2회 한 후 데이터를 얻고, 나머지 A 수준에서도 같은 방법으로 8회의 실험을 행하여 데이터를 얻었다. 다음 물음에 답하시오. (단 $X_{ijk}=(x_{ijk}-55.4)\times 100$이다.)

		A_1	A_2	A_3	A_4
B_1	C_1	−10 −7	49 42	−5 −1	−10 −2
	C_2	13 15	74 72	19 13	4 5
B_2	C_1	−36 −35	16 14	−30 −34	−37 −46
	C_2	−18 20	36 44	−11 −6	−28 −25

1) 데이터 구조식을 서술하시오.

2) 분산분석을 행하였더니 요인의 제곱합이 다음과 같았다. 자유도 F_0검정 방법을 설명하고, 요인의 기대평균제곱을 포함한 분산분석표를 작성하시오. 또한 분산분석표의 결과를 해석하시오.

요인	SS	DF	MS	F_0	$F_{0.95}$	$E(V)$
A	1.79828					
$B(A)$	0.64584					
$C(AB)$	0.44683					
e	0.09135					
T	2.98230					

3) 유의하게 판정되는 요인의 분산성분을 추정하시오.

문제해결의 key point

지분할실험 혹은 지분실험(nested design)이라고 하며 배치된 인자가 모두 해석을 목적으로 취한 변량인자인 집단인자로 변량모형의 실험에 해당된다. 이러한 실험은 교호작용을 구하는 것은 의미가 없고 또한 기술적으로 고려되지 않으므로 A, $B(A)$, $C(AB)$의 변동이 의미가 있다. 여기서 B의 변동은 S_B에 교호작용 $S_{A\times B}$가 더해진 값이고, C의 변동은 $S_{C(AB)}$로 표현되며 A와 B 내에서 얻어지는 삽(C)간의 변동으로 S_{ABC}에서 S_{AB}를 뺀 것으로 계산된다. 또한 변량모형이므로 평균의 추정은 의미가 없고 산포의 추정이 의미가 있다. 또한 위쪽인자 A보다는 인자 B가, 인자 B보다는 인자 C가 정도 높게 추정되므로 실험계획을 행할 때는 이것을 고려하여 인자 A쪽으로 수준수를 크게 하는 것이 검출력이 높은 실험의 설계가 된다.

해설 1) 데이터 구조식

$x_{ijkp}=\mu+a_i+b_{j(i)}+c_{k(ij)}+e_{p(ijk)}$

2) 분산분석표의 작성 및 해석

① 자유도 분해

$\nu_T=lmnr-1=31$

$\nu_A=l-1=3$

$\nu_{B(A)}=\nu_{AB}-\nu_A=l(m-1)=4$

$\nu_{C(AB)}=\nu_{ABC}-\nu_{AB}=lm(n-1)=8$

$\nu_e=\nu_T-\nu_{ABC}=lmn(r-1)=16$

② F_0 검정

인자 A는 인자 B로 검정하고, 인자 B는 인자 C로, 인자 C는 오차 e로 검정한다.

③ 분산분석표의 작성

요 인	SS	DF	MS	F_0	$F_{0.95}$	$E(V)$
A	1.79828	3	0.59943	3.71256	6.59	$\sigma_e^2+2\sigma_{C(AB)}^2+4\sigma_{B(A)}^2+8\sigma_A^2$
$B(A)$	0.64584	4	0.16146	2.89096	3.84	$\sigma_e^2+2\sigma_{C(AB)}^2+4\sigma_{B(A)}^2$
$C(AB)$	0.44683	8	0.05585	9.78109*	2.45	$\sigma_e^2+2\sigma_{C(AB)}^2$
e	0.09135	16	0.00571			σ_e^2
T	2.98230	31				

요인 C가 매우 유의하다. 즉 트럭내 모래의 염분 함량에 큰 차이가 있다.

3) 분산성분의 점추정

$$\hat{\sigma}_{C(AB)}^2=\frac{V_{C(AB)}-V_e}{r}$$

$$=\frac{0.05585-0.00571}{2}=0.02507$$

참고 여기서 $\hat{\sigma}_A^2=\dfrac{V_A-V_{B(A)}}{mnr}$이고, $\hat{\sigma}_{B(A)}^2=\dfrac{V_{B(A)}-V_{C(AB)}}{nr}$로 추정된다.

04 다음은 지분실험법(nested design)에 의해 얻어진 데이터에 대한 분산분석표이다. 검정 결과와 관계없이 다음 물음에 답하시오. (단, A는 4수준, B는 2수준 C는 2수준이며, 반복은 2회이다.)

요 인	SS	DF	MS
A	1.8950	3	
$B(A)$	0.7458	4	
$C(AB)$	0.3409	8	
e	0.0195	16	
T	3.0012	31	

1) $\hat{\sigma}^2_{C(AB)}$를 구하시오.

2) $\hat{\sigma}^2_{A(B)}$를 구하시오.

3) $\hat{\sigma}^2_{A}$를 구하시오.

요 인	SS	DF	MS
A	1.8950	3	0.63167
$B(A)$	0.7458	4	0.18645
$C(AB)$	0.3409	8	0.04261
e	0.0195	16	0.00122
T	3.0012	31	

(단, $l=4$, $m=2$, $r=2$)

1) $\hat{\sigma}^2_{C(AB)} = \dfrac{V_{C(AB)} - V_e}{r}$

$= \dfrac{0.04261 - 0.00122}{2} = 0.02070$

2) $\hat{\sigma}^2_{B(A)} = \dfrac{V_{B(A)} - V_{C(AB)}}{nr}$

$= \dfrac{0.18645 - 0.04261}{2 \times 2} = 0.03596$

3) $\hat{\sigma}^2_{A} = \dfrac{V_A - V_{B(A)}}{mnr}$

$= \dfrac{0.63176 - 0.18645}{2 \times 2 \times 2} = 0.05566$

05 인자 A, B, C는 각각 변량인자로서 A는 일간인자(4수준), B는 일별로 두 대의 트럭을 랜덤하게 선택한 것이며, C는 트럭 내에서 랜덤하게 두 삽을 취한 것으로, 각 삽에서 두 번에 걸쳐 소금의 염도를 측정한 것으로, 이 실험은 A_1에서 8회를 랜덤하게 하여 데이터를 얻고, A_2에서 8회를 랜덤하게, A_3와 A_4에서도 같은 방법으로 하여 얻은 데이터이다. 다음과 같이 분산분석표를 작성하였다. (　　) 안을 완성시키시오.

B	C \ A	A_1	A_2	A_3	A_4
B_1	C_1	1.30 1.33	1.89 1.82	1.35 1.39	1.30 1.38
	C_2	1.53 1.55	2.14 2.12	1.59 1.53	1.44 1.45
B_2	C_1	1.04 1.05	1.56 1.54	1.10 1.06	1.03 0.94
	C_2	1.22 1.20	1.76 1.84	1.29 1.34	1.12 1.15

요 인	SS	DF	MS	F_0	$F_{0.95}$	$E(V)$
A	1.8950	(　)	(　)	(　)	(　)	(　)
$B(A)$	0.7458	(　)	(　)	(　)	(　)	(　)
$C(AB)$	0.3409	(　)	(　)	(　)	(　)	(　)
e	0.0193	(　)	(　)			(　)
T	3.0010	(　)				

해설 분산분석표의 작성

① 자유도 분해

$\nu_T = lmnr - 1 = 4\times 2\times 2\times 2 - 1 = 31$

$\nu_A = l - 1 = 3$, $\nu_{B(A)} = l(m-1) = 4$

$\nu_{C(AB)} = lm(n-1) = 8$, $\nu_e = lmn(r-1) = 16$

② 분산분석표 작성

요 인	SS	DF	MS	F_0	$F_{0.95}$	$E(V)$
A	1.8950	3	0.63167	3.38788	6.59	$\sigma_e^2 + 2\sigma_{C(AB)}^2 + 4\sigma_{B(A)}^2 + 8\sigma_A^2$
$B(A)$	0.7458	4	0.18645	4.37573*	3.84	$\sigma_e^2 + 2\sigma_{C(AB)}^2 + 4\sigma_{B(A)}^2$
$C(AB)$	0.3409	8	0.04261	35.21488*	2.45	$\sigma_e^2 + 2\sigma_{C(AB)}^2$
e	0.0193	16	0.00121			σ_e^2
T	3.0010	31				

4-9 계수형 분산분석

01 다음의 계수치 데이터에 대한 결과를 얻었다. 아래의 물음에 답하여라. (단, 각 기계에서 취한 120개 제품 중에서 적합품이면 0, 부적합품이면 1로 하여 제곱합을 구하시오.)

기 계	A_1	A_2	A_3
적합품	100	90	108
부적합품	20	30	12
계	120	120	120

요 인	SS	DF	MS	F_0	$F_{0.95}$
A					
e					
T					

1) 분산분석표를 작성하고 기계간에 부적합품률의 차이가 있는지 F검정을 $\alpha=0.05$에서 실시하시오.
2) 최적조건에서 모부적합품률의 95% 신뢰구간을 구하시오.
3) A_1와 A_3 수준간의 모부적합품률의 차이를 신뢰율 95%로 추정하시오.

계수형 분산분석은 데이터가 0, 1로 처리되는 경우로, 어떠한 현상을 정의하는 능력이 연속형의 데이터인 경우보다 상대적으로 떨어진다. 따라서 연속형의 실험보다는 많은 실험의 데이터수를 요구하게 되며 데이터의 수가 작은 경우는 요인이 검출되지 않는 한계를 갖고 있다. 그러나 실험실 실험이 아닌 현장실험이 가능하다는 장점이 있다. 계수형 1요인배치의 실험은 pearson 적합도 검정의 동일성 검정과 같은 맥락의 것으로, 오차 자유도가 충분히 크기에 무한대로 놓고 해석을 행하며 모부적합품률의 추정시 정규분포의 해석이 나타난다.

1) 분산분석표의 작성

① 제곱합 분해

$$S_T = T - CT = 62 - \frac{62^2}{360} = 51.32222$$

$$S_A = \frac{\Sigma T_{i\cdot}^2}{r} - CT$$

$$= \frac{20^2 + 30^2 + 12^2}{120} - \frac{62^2}{360} = 1.356$$

$$S_e = S_T - S_A = 49.96666$$

② 자유도

$$\nu_T = lr - 1 = 359$$

$$\nu_A = l - 1 = 2$$

$$\nu_e = l(r-1) = 357$$

③ 분산분석표의 작성

요 인	SS	DF	MS	F_0	$F_{0.95}$
A(기계간)	1.35556	2	0.67778	4.84267*	3.00
e(오차)	49.96666	357	0.13996		
T	51.32222	359			

2) 최적수준의 신뢰구간추정

최적수준은 부적합품률이 작을수록 좋으므로 A_3에서 결정된다.

① 최적조건의 점추정

$$\hat{p}(A_3) = \frac{T_{3.}}{r}$$
$$= \frac{12}{120} = 0.10$$

② 최적조건의 신뢰구간추정

$$P(A_3) = \hat{p}(A_3) \pm u_{1-\alpha/2}\sqrt{\frac{V_e}{r}}$$
$$= 0.10 \pm 1.96\sqrt{\frac{0.140}{120}}$$
$$= 0.10 \pm 0.06695$$
$$\rightarrow 0.03305 \sim 0.16695$$
$$\rightarrow 3.305\% \sim 16.695\%$$

3) A_1와 A_3 수준간의 모부적합률차의 추정

$$P(A_1) - P(A_3) = [\hat{p}(A_1) - \hat{p}(A_3)] \pm u_{1-\alpha/2}\sqrt{\frac{2V_e}{r}}$$
$$= \left(\frac{20}{120} - \frac{12}{120}\right) \pm 1.96\sqrt{\frac{2\times 0.140}{120}}$$
$$= 0.06667 \pm 0.09468$$

따라서 신뢰구간은 "음의 값"을 포함하므로 모부적합품률차의 신뢰구간추정은 의미가 없다. 이것은 A_1과 A_3 수준간의 모부적합품률의 차이가 없다는 것을 의미한다.

02 **기계를 A인자로 열처리 온도를 B인자로 잡아 각각 반복을 120번으로 취한 후의 데이터는 다음과 같았다. 이때 다음 물음에 답하시오. (단, 데이터는 0, 1 데이터이다.)**

열처리 \ 기 계	A_1		A_2		A_3		A_4		계
	양품	불량	양품	불량	양품	불량	양품	불량	
B_1	115	5	108	12	117	3	100	20	40
B_2	110	10	100	20	112	8	98	22	60
계	15		32		11		42		T=100

1) 유의수준 5%와 1%로 하는 분산분석표를 작성하시오.
2) 최적조건의 모부적합품률을 신뢰율 95%로 추정하시오. (단, 여기서의 최적조건은 부적합품이므로 수치가 가장 적은 A_3B_1 수준이 된다.)

문제해결의 key point

계수형 2원배치는 실험의 전체적인 장에서 실험순서를 랜덤하게 정하기에는 실험횟수가 지나치게 크다. 따라서 $A_i B_j$의 8개의 조합수준에서 하나의 조합수준을 랜덤하게 선택한 후 120번의 실험을 되풀이 한 후 나머지 조합수준에서 랜덤하게 조합수준을 선택하여 120번씩의 실험을 행하는 실험이다. 이러한 실험은 이방분할법의 형태로 교호작용 $A\times B$가 실험오차 e_1에 교락되어 있다. 따라서 e_1이 유의하지 않은 경우 e_2에 풀링시켜 반복없는 2요인배치의 해석을 행하게 된다. 이러한 실험형태는 서로 독립인 인자 A, B를 배치하여야 실험의 효율성이 높아지게 되며 변량인자를 배치하지 않는 것이 바람직하다.

해설 1) 분산분석

① 제곱합 분해

$$CT=\frac{T^2}{lmr}$$

$$=\frac{(100)^2}{(4)(2)(120)}=10.417$$

$$S_T=T-CT$$

$$=100-10.41667=89.58333$$

$$S_A=\Sigma\frac{T_{i\cdot\cdot}^2}{mr}-CT$$

$$=\frac{1}{240}\left[(15)^2+(32)^2+(11)^2+(42)^2\right]-10.41667$$

$$=2.64167$$

$S_B=\Sigma\frac{T_{\cdot j\cdot}^2}{lr}-CT$ 이지만, 2수준인 경우는

$$S_B=\frac{1}{N}\left[T_{B_2}-T_{B_1}\right]^2=\frac{1}{960}\left[(60)-(40)\right]^2=0.41667$$

$$S_{AB}=\Sigma\Sigma\frac{T_{ij\cdot}^2}{r}-CT$$

$$=\frac{1}{120}\left[(5)^2+(10)^2+\cdots+(22)^2\right]-10.41667$$

$$=3.13333$$

$$S_{e_1}=S_{A\times B}=S_{AB}-S_A-S_B=0.07499$$

$$S_{e_2}=S_T-S_{AB}$$

$$=89.58333-3.13333=86.450$$

② 자유도 분해

$\nu_T=lmr-1=959$ $\nu_A=l-1=3$

$\nu_B=m-1=1$ $\nu_{e_1}=(l-1)(m-1)=3$

$\nu_{e_2}=lm(r-1)=952$

③ 분산분석표의 작성

요 인	SS	DF	MS	F_0	$F_{0.95}$	$F_{0.99}$
A	2.64167	3	0.88056	35.2224**	9.28	29.50
B	0.41667	1	0.41667	16.6668*	10.10	34.1
e_1	0.07499	3	0.0250	0.27533	2.60	3.78
e_2	86.450	952	0.09080			
T	89.58333	959				

e_1이 유의하지 않으므로 e_2에 풀링시켜 분산분석표를 재 작성한다.

요 인	SS	DF	MS	F_0	$F_{0.95}$	$F_{0.99}$
A	2.64167	3	0.88056	9.71921**	2.60	3.78
B	0.41667	1	0.41667	4.59901*	3.84	6.63
e^*	86.52499	955	0.09060			
T	89.58333	959				

2) 최적조건의 신뢰구간추정

① 점추정치

$$\hat{p}(A_3B_1) = \hat{p}(A_3) + \hat{p}(B_1) - \hat{p}$$
$$= \left(\frac{11}{240} + \frac{40}{480} - \frac{100}{960}\right) \times 100 = 0.025$$

② 신뢰구간의 추정

$$P(A_3B_1) = \hat{p}(A_3B_1) \pm u_{1-\alpha/2}\sqrt{\frac{V_e^*}{n_e}}$$
$$= 0.025 \pm 1.96\sqrt{\frac{0.09060}{192}}$$
$$= -0.01756 \sim 0.06758$$

따라서 $P(A_3B_1) \le 0.06758$이다.

(단, $n_e = \dfrac{lmr}{l+m-1} = \dfrac{(4)(2)(120)}{4+2-1} = 192$ 이다.)

참고 여기서 모부적합품률은 "0"보다 큰 값을 취하므로, 신뢰상한값만 명시한다.

4-10 교락법

01

다음을 간단히 설명하시오.

1) 단독교락
2) 이중교락
3) 완전교락
4) 부분교락

 1) 단독교락

블록에 교락시키려는 요인의 효과가 1개인 실험으로, 블록이 2개로 나뉘어지는 교락법의 형태를 단독교락이라고 한다.

2) 이중교락

블록에 교락시키려는 요인의 효과가 2개인 실험으로, 블록이 4개로 나뉘어지는 교락법으로서 최종적으로는 요인의 효과가 3개가 교락된다.

3) 완전교락

단독교락을 블록반복할 때마다 블록과 교락되는 요인효과가 동일한 경우의 교락을 완전교락이라고 한다.

4) 부분교락

단독교락을 블록반복할 때마다 블록과 교락되는 요인효과가 다른 경우의 교락을 부분교락이라고 한다.

02

2^3형 실험에서 2개의 블록으로 나누어 단독교락의 실험을 하려고 한다. 최고차항의 교호작용 $A\times B\times C$를 블록과 교락시켜 실험을 하는 경우 실험배치를 하시오.

 ① 정의대비(I) : $I=A\times B\times C$

② 효과분해

$$A\times B\times C=\frac{1}{4}(a-1)(b-1)(c-1)$$

$$=\frac{1}{4}(abc+a+b+c-ab-ac-bc-1)$$

③ 블록배치

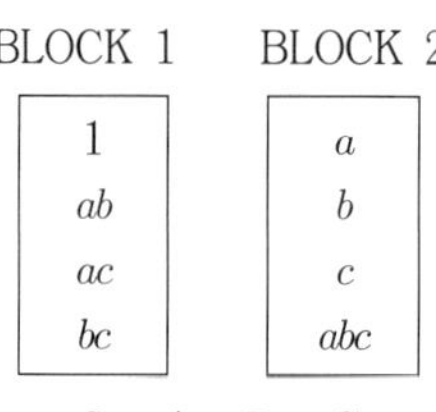

BLOCK 1	BLOCK 2
1	a
ab	b
ac	c
bc	abc

$I=A\times B\times C$

03 2^4형 실험에서 2개의 블록으로 나누어 교락법실험을 하려고 한다. 최고차항의 교호작용 $A\times B\times C\times D$를 블록과 교락시켜 실험을 하는 경우 실험배치를 하시오.

해설 ① 정의대비(I) : $I=A\times B\times C\times D$

② 효과분해

$$A\times B\times C\times D=\frac{1}{8}(a-1)(b-1)(c-1)(d-1)$$
$$=\frac{1}{8}(abcd+ab+ac+ad+bc+bd+cd+1$$
$$-abc-abd-acd-bcd-a-b-c-d)$$

③ 블록배치

BLOCK 1	BLOCK 2
1	a
ab	b
ac	c
ad	d
bc	abc
bd	abd
cd	acd
$abcd$	bcd

$I=A\times B\times C\times D$

04 합금의 제조에 관한 실험에서 교호작용 $A\times B$를 구하고 싶다. 그리고 이 실험을 2개의 블록으로 나누어 교락법에 의해 실험하고 싶다. 다음 물음에 답하시오.

블록 1	블록 2
$(1)=5$	$b=9$
$bc=9$	$c=10$
$ac=9$	$abc=8$
$ab=15$	$a=9$

1) 위의 두 개의 블록과 교락된 교호작용은 무엇인가?
2) 주인자와 교호작용 및 블록인자의 제곱합을 구하시오.
3) 요인 A의 별명(Alias)는 무엇인가?

해설 1) 효과 분해

$$R=\frac{1}{4}(abc+a+b+c-ab-ac-bc-1)$$
$$=\frac{1}{4}(a-1)(b-1)(c-1)$$
$$=A\times B\times C$$

따라서 정의대비(I)가 $A\times B\times C$이므로 $A\times B\times C$의 효과가 블록에 교락되어 있다.

2) 제곱합 분해

$$S_T=\Sigma\Sigma\Sigma x_{ijk}^2-CT=53.5$$
$$S_A=\frac{1}{8}[abc+ab+ac+a-bc-b-c-(1)]^2=8$$
$$S_B=\frac{1}{8}[abc+ab+bc+b-ac-a-c-(1)]^2=8$$
$$S_C=\frac{1}{8}[abc+ac+bc+c-ab-a-b-(1)]^2=0.5$$
$$S_{A\times B}=\frac{1}{8}(abc+ab+c+(1)-ac-bc-a-b)^2=0.5$$
$$S_{A\times C}=\frac{1}{8}[abc+ac+b+(1)-ab-bc-a-c]^2=18$$
$$S_{B\times C}=\frac{1}{8}[abc+bc+a+(1)-ab-ac-b-c]^2=18$$
$$S_R=S_{A\times B\times C}=\frac{1}{8}[abc+a+b+c-ab-ac-bc-(1)]^2=0.5$$

3) 요인 A의 별명(Alias)

$$A\times I=A\times(A\times B\times C)=A^2\times B\times C$$
$$=B\times C$$

따라서 A의 별명관계에 있는 요인은 $B\times C$가 된다.

05 어떤 반응공정의 수율을 향상시킬 목적으로 반응시간(A), 반응온도(B), 성분(C)의 3가지 인자를 취하여 요인실험을 하였다. 3인자의 수준수는 각각 2수준씩 택하였으므로 인자의 수준의 조합은 8가지가 되는데 하루에 8회의 실험을 할 수 없으므로 2일에 걸쳐 4회씩 실험을 행하기로 하였다. 3인자 교호작용 $A\times B\times C$를 날과 교락시켜 실험하여 다음의 데이터를 얻었다. 다음 물음에 답하시오.

[실험조건]

반응시간(A) : $A_0=4$, $A_1=5$(시간)

반응온도(B) : $B_0=250$, $B_1=300$(℃)

성분의 양(C) : $C_0=3.0$, $C_1=3.5$(g)

데이터(단위 : %)

1일(R_1)	2일(R_2)
a =83.3 abc =86.3 b =86.8 c =84.1	ab =86.7 (1)=83.1 ac =84.0 bc =86.5
$I = A\times B\times C$	

1) 각 요인의 제곱합을 구하고, 유의수준 5%로 분산분석표를 작성하여라.
2) 유의하지 않은 요인을 기술적으로 검토한 후 분산분석표를 재 작성하시오.
3) 최적조건을 구하고, 신뢰율 95%로 최적조건의 모평균을 추정하시오.

문제해결의 key point

교락법은 불필요한 최종교호작용을 블록에 교락시켜 희생시키는 대가로 실험의 정도를 향상시키는 방법으로, 위의 실험은 $A\times B\times C$를 교락시킨 단독교락의 실험이다. 분산분석표를 작성시 오차항이 없으므로 2인자 교호작용 중 제곱합 값이 작은 것을 오차항으로 취하게 되는데 $A\times B$와 $A\times C$의 제곱합 값이 각각 0.02로 같으므로 $A\times B$와$A\times C$를 모두 오차항으로 취해 분산분석표를 작성한다.

해설 1) 분산분석표의 작성

① 제곱합 분해

$$S_T = \Sigma\Sigma\Sigma x_{ijk}^2 - CT = 18.3$$

$$S_A = \frac{1}{8}[abc+ab+ac+a-bc-b-c-(1)]^2 = 0.005$$

$$S_B = \frac{1}{8}[abc+ab+bc+b-ac-a-c-(1)]^2 = 17.405$$

$$S_C = \frac{1}{8}[abc+ac+bc+c-ab-a-b-(1)]^2 = 0.125$$

$$S_{A\times B} = \frac{1}{8}(abc+ab+c+(1)-ac-bc-a-b)^2 = 0.02$$

$$S_{A\times C} = \frac{1}{8}[abc+ac+b+(1)-ab-bc-a-c]^2 = 0.02$$

$$S_{B\times C} = \frac{1}{8}[abc+bc+a+(1)-ab-ac-b-c]^2 = 0.72$$

$$S_R = S_{A\times B\times C} = \frac{1}{8}[abc+a+b+c-ab-ac-bc-(1)]^2 = 0.005$$

② 분산분석표

$A \times B$, $A \times C$의 제곱합이 0.02로 같으므로 오차항으로 취하면 다음과 같다.

요 인	SS	DF	MS	F_0	$F_{0.95}$
A	0.005	1	0.005	0.25	18.5
B	17.405	1	17.405	870.25*	18.5
C	0.125	1	0.125	6.25	18.5
$B \times C$	0.72	1	0.72	36*	18.5
$R(A \times B \times C)$	0.005	1	0.005	0.25	18.5
$e(A \times B, A \times C)$	0.04	2	0.02		
T	18.3	7			

2) 분산분석표의 재작성

요인 A와 R의 검정통계량 F_0가 1보다 적은 경우, 요인 A와 R은 충분히 무시할 수 있으므로 오차항에 풀링하여 분산분석표를 재작성하면 다음과 같다.

요 인	SS	DF	MS	F_0	$F_{0.95}$
B	17.405	1	17.405	1392.4*	7.71
C	0.125	1	0.125	10*	7.71
$B \times C$	0.72	1	0.72	57.6*	7.71
e^*	0.05	4	0.0125		
T	18.3	7			

3) 최적조건의 추정

① 교호작용 $B \times C$가 유의하므로 BC의 2원표에서 수율을 최대로 하는 조건은 B_1C_0에서 결정된다.

〔BC의 2원표〕

C \ B	B_0	B_1	합계
C_0	$(1)=83.1$ $a=83.3$	$b=86.8$ $ab=86.7$	339.9
C_1	$c=84.1$ $ac=84.0$	$bc=86.5$ $abc=86.3$	340.9
합계	334.5	346.3	680.8

② 최적조건의 점추정치

$$\hat{\mu}(B_1C_0)=\hat{\mu}+b_1+c_0+(bc)_{10}$$

$$=\frac{T_{B_1C_0}}{r}=\frac{173.5}{2}=86.75$$

③ 최적조건의 신뢰구간 추정

$$\mu(B_1C_0)=\hat{\mu}(B_1C_0)\pm t_{0.975}(4)\sqrt{\frac{V_e^*}{r}}$$

$$=\frac{173.5}{2}\pm 2.776\sqrt{\frac{0.0125}{2}}$$

$$\rightarrow 86.53054\% \sim 86.96946\%$$

06 2^4요인 실험에서 16회의 실험을 동일조건으로 할 수 없어 다음과 같이 4개의 블록으로 나누어 교호작용 $A\times B\times C$와 $B\times C\times D$를 블록과 교락시켜 이중교락의 실험을 실시하고 다음의 데이터를 얻었다. 물음에 답하시오.

1) 정의 대비를 구하시오.

2) 교호작용 $A\times B\times C\times D$의 효과와 블록인자($R$)의 제곱합을 구하시오.

블록 1	블록 2	블록 3	블록 4
$(1)=82$ $bc=55$ $abd=88$ $acd=81$	$d=80$ $ab=85$ $ac=84$ $bcd=84$	$a=76$ $bd=73$ $cd=72$ $abc=74$	$c=71$ $b=79$ $ad=79$ $abcd=89$
$L_1=0$ $L_2=0$	$L_1=0$ $L_2=1$	$L_1=1$ $L_2=0$	$L_1=1$ $L_2=1$

문제해결의 key point

앞의 실험은 $A\times B\times C$와 $B\times C\times D$를 교락시킨 이중교락의 실험으로 곱의 성분인 $A\times D$도 블록에 교락된다. 분산분석표를 작성시 오차항의 결정은 3요인 교호작용을 블록에 교락시켰으므로, 3요인 이상의 교호작용인 $A\times B\times D$, $A\times C\times D$, $A\times B\times C\times D$는 실험상 의미가 없는 요인의 효과가 되므로 오차항으로 취해 분산분석표를 작성한다.

 **해설** 1) 정의대비(I)

정의대비란 블록에 교락되는 요인의 효과를 의미하므로, $A\times B\times C$와 $B\times C\times D$가 블록과 교락되면 $A\times B\times C$와 $B\times C\times D$의 곱 $A\times B^2\times C^2\times D=A\times D$도 블록에 교락이 된다.

$$I=A\times B\times C$$
$$=B\times C\times D$$
$$=A\times D$$

2) 교호작용 $A\times B\times C\times D$ 효과와 블록인자 R의 제곱합

① 교호작용 $A\times B\times C\times D$의 효과

$$A\times B\times C\times D=\frac{1}{8}[abcd+ab+ac+ad+bc+bd+cd+(1)$$
$$-abc-abd-acd-bcd-bd-a-b-c-d]$$
$$=\frac{1}{8}(619-633)=-1.75$$

② 블록인자 R의 제곱합

반복 \ R	R_1	R_2	R_3	R_4
1	(1) = 82	d = 80	a = 76	c = 71
2	bc = 55	ab = 85	bd = 73	b = 79
3	abd = 88	ac = 84	cd = 72	ad = 79
4	acd = 81	bcd = 84	abc = 74	$abcd$ = 89
T_{R_i}	306	333	295	318

$$S_R = \frac{T_{R_1}{}^2 + T_{R_2}{}^2 + T_{R_3}{}^2 + T_{R_4}{}^2}{4} - \frac{T^2}{16}$$

$$= \frac{303^2 + 333^2 + 295^2 + 318^2}{4} - \frac{1249^2}{16} = 199.5$$

07

2^4형 실험에서 $A\times B\times C$와 $B\times C\times D$를 2중 교락을 시키고 싶다. 이때 4개의 블록은 어떻게 배치되는가?

해설 $A\times B\times C$와 $B\times C\times D$가 블록에 교락되면 $A\times B\times C$와 $B\times C\times D$의 곱인 $A\times B^2\times C^2\times D = A\times D$도 블록에 교락되어, 블록에 교락되는 요인의 효과인 정의대비는 3개가 나타난다.

이러한 정의대비를 선형식으로 표현하면

$I = A\times B\times C \;\rightarrow\; L_1 = x_1 + x_2 + x_3 \pmod 2$

$I = B\times C\times D \;\rightarrow\; L_2 = x_2 + x_3 + x_4 \pmod 2$

$I = A\times D \;\rightarrow\; L_3 = x_1 + x_4 \pmod 2$

이고, 이 중에서 임의로 2개를 취해 다음과 같이 4개의 블록으로 나누어 배치한다.

〔L_1 =0, L_2 =0〕 〔L_1 =0, L_2 =1〕 〔L_1 =1, L_2 =0〕 〔L_1 =1, L_2 =1〕

	$L_1 = x_1 + x_2 + x_3$	$L_2 = x_2 + x_3 + x_4$
(1)	0	0
a	1	0
b	1	1
ab	0	1
c	1	1
ac	0	1
bc	0	0
abc	1	0
d	0	1
ad	1	1
bd	1	0
abd	0	0
cd	1	0
acd	0	0
bcd	0	1
$abcd$	1	1

[블록배치]

Block 1	Block 2	Block 3	Block 4
(1) bc abd acd	d ab ac bcd	a bd cd abc	c b ad $abcd$
$L_1=0$ $L_2=0$	$L_1=0$ $L_2=1$	$L_1=1$ $L_2=0$	$L_1=1$ $L_2=1$

4-11 직교배열표에 의한 실험

01 직교배열표의 구성 내용을 표시하는 기호 가운데 가장 널리 이용되는 것의 형태가 다음의 것이다. 여기서 각 번호가 나타내는 내용은?

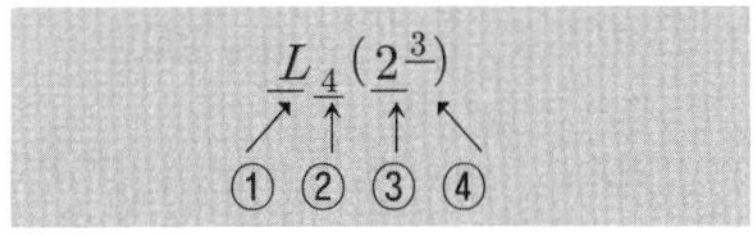

해설 ① 라틴방격의 첫번째 글자 ② 실험횟수(행의 수)
③ 수준수 ④ 열 번호(열의 수)

02 어떤 반응공정의 수율을 올릴 목적으로 반응시간 A, 반응온도 B, 성분의 양 C의 3인자(2수준)을 택하여 $L_8(2^7)$형으로 실험을 하였다. 직교배열표에 기본표시가 ab인 곳에 인자 A를 기본표시가 ac인 곳에 인자 C를 배치했다면 다음 직교배열표의 실험에 의한 데이터를 가지고 교호작용효과 $A\times C$ 및 교호작용의 제곱합 $S_{A\times C}$를 구하시오.

실험번호	열번호							데이터
	1	2	3	4	5	6	7	
1	0	0	0	0	0	0	0	9
2	0	0	0	1	1	1	1	12
3	0	1	1	0	0	1	1	8
4	0	1	1	1	1	0	0	15
5	1	0	1	0	1	0	1	16
6	1	0	1	1	0	1	0	20
7	1	1	0	0	1	1	0	13
8	1	1	0	1	0	0	1	12
	a	b	a b	c	a c	b c	a b c	

2수준계의 직교배열표에서 특정 2요인간의 교호작용의 배치는 요인이 배치된 열의 성분을 곱하여 구해지는 성분 열에 교호작용을 배치하게 되는데, $a^2=b^2=c^2=1$로 처리하여 곱의 성분을 구한다. 또한 교호작용의 제곱합은 교호작용이 배치된 열의 제곱합으로 구하게 된다.

해설 ① $A\times C$: $ab\times ac=bc$ → 6열에 배치

② $A\times C=\frac{1}{4}(12+8+20+13-9-15-16-12)=\frac{1}{4}(53-52)=\frac{1}{4}$

③ $S_{A\times C}=\frac{1}{8}(12+8+20+13-9-15-16-12)^2=\frac{1}{8}(53-52)^2=\frac{1}{8}$

03

$L_{27}(3^{13})$형 직교배열표에 기본표시가 ab^2인 곳에 인자 A를, 기본표시가 abc인 곳에 인자 B를 배치했다. $A\times B$가 배치되어야 할 기본표시와 그 열의 번호를 구하여라.

열번호	1	2	3	4	5	6	7	8	9	10	11	12	13
기본표시	a	b	a b	a b^2	c	a c	a c^2	b c	a b c	a b^2 c^2	b c^2	a b^2 c	a b c^2
배치				A					B				

3수준계의 직교배열표에서 특정 2요인간의 교호작용의 배치는 요인이 배치된 열의 성분을 곱하여 구해지는 성분 열에 교호작용을 배치하게 되는데, 교호작용이 2개의 열에 나타나게 된다. 3수준계의 직교배열표에서는 $a^3=b^3=c^3=1$로 처리를 하여 곱의 성분을 구하며, 앞의 문자에 제곱이 나타나는 경우는 다시 제곱을 하여 성분을 구하게 된다. 또한 교호작용의 제곱합은 교호작용이 배치된 2개 열의 제곱합을 합산하여 구한다.

해설 ① XY형 : $ab^2\times abc=a^2b^3c=(a^2c)^2=ac^2$ → 7열

② XY^2형 : $ab^2\times(abc)^2=ab^2\times a^2b^2c^2=bc^2$ → 11열

04 다음은 $L_8(2^7)$형에 의한 실험으로 7개의 열에 랜덤하게 요인 A는 1열, 요인 B는 4열, 요인 C는 2열, 요인 D는 7열에 배치가 되었다. 다음 물음에 답하시오.

인 자	A	C		B			D	DATA
	1	2	3	4	5	6	7	
1	1	1	1	1	1	1	1	9
2	1	1	1	2	2	2	2	12
3	1	2	2	1	1	2	2	8
4	1	2	2	2	2	1	1	15
5	2	1	2	1	2	1	2	16
6	2	1	2	2	1	2	1	20
7	2	2	1	1	2	2	1	13
8	2	2	1	2	1	1	2	13
성분	a	b	a b	c	a c	b c	a b c	

1) 교호작용 $A\times C$와 $A\times D$를 구하고 싶다. 교호작용 $A\times C$, $A\times D$는 어느 열에 배치되며, 교호작용의 제곱합을 구하면 얼마인가?
2) 유의수준 10%로 분산분석표를 작성하시오.
3) 기여율 $\rho_{A\times C}$을 구하시오.

해설 1) 교호작용배치 열 및 제곱합

$A\times C = a\times b = ab$ → 3열

$A\times D = a\times abc = bc$ → 6열

$$S_{A\times C} = \frac{1}{8}(8+15+16+20-9-12-13-13)^2 = \frac{1}{8}\times 12^2 = 18$$

$$S_{A\times D} = \frac{1}{8}(12+8+20+13-9-15-16-13)^2 = \frac{1}{8}\times 0 = 0$$

2) 분산분석표

$$S_T = \Sigma x_i^2 - \frac{(\Sigma x_i)^2}{n} = 103.5$$

$$S_A = \frac{1}{8}(16+20+13+13-9-12-8-15)^2 = 40.5$$

$$S_B = \frac{1}{8}(12+15+20+13-9-8-16-13)^2 = 24.5$$

$$S_C = \frac{1}{8}(8+15+13+13-9-12-16-20)^2 = 8$$

$$S_D = \frac{1}{8}(12+8+16+13-9-15-20-13)^2 = 8$$

$$S_e = \frac{1}{8}(12+15+16+13-9-8-20-13)^2 = 4.5$$

여기서 $A \times D$의 제곱합은 "0"이므로 오차항에 풀링시켜 분산분석표를 작성하면 다음과 같다.

요 인	SS	DF	MS	F_0	$F_{0.90}$
A	40.5	1	40.5	18.0*	8.53
B	24.5	1	24.5	10.888*	8.53
C	8.0	1	8.0	3.5556	8.53
D	8.0	1	8.0	3.5556	8.53
$A \times C$	18.0	1	18.0	8.0	8.53
e^*	4.5	2	2.25		
T	103.5	7			

3) 기여율

$$\rho_{A \times C} = \frac{S_{A \times C} - \nu_{A \times C} V_e^*}{S_T} \times 100$$

$$= \frac{18.0 - 1 \times 2.25}{103.5} \times 100 = 15.21739\%$$

05 $L_8(2^7)$**형 직교배열표에서 다음과 같이 A, B, C, D의 4인자와 교호작용 $A \times C$를 검토하려고, 4개의 인자를 아래와 같이 랜덤하게 배치하였다. 실험순서는 랜덤하게 결정한 후 각 조건에서 실험을 행하여 표와 같은 수명 데이터를 얻었다. 물음에 답하시오. (단, 수명은 클수록 좋으며, 소수점 3자리로 수치맺음을 하시오.)**

가. 교호작용 $A \times C$는 어느 열에 나타나게 되는가를 설명하시오.

나. 교호작용 $A \times C$가 유의하지 않으면 오차항에 풀링 후, 유의수준 10%의 분산분석표를 작성하시오.

다. 최적 조합수준을 결정하고 조합수준에서 점추정치와 신뢰구간을 신뢰율 90%로 추정하시오.

[$L_8(2^7)$형 직교배열표]

	1	2	3	4	5	6	7	데이터
1	0	0	0	0	0	0	0	35
2	0	0	0	1	1	1	1	48
3	0	1	1	0	0	1	1	21
4	0	1	1	1	1	0	0	38
5	1	0	1	0	1	0	1	50
6	1	0	1	1	0	1	0	43
7	1	1	0	0	1	1	0	31
8	1	1	0	1	0	0	1	22
배치		A	D	C	B			

 가. 2열(A)의 성분은 b이고, 4열(C)의 성분은 c이므로, 곱은 성분은 bc가 된다. 따라서 교호작용 $A\times C$는 6열의 성분이 bc이므로 6열에 나타나게 된다.

나. 분산분석표의 작성

1) 제곱합 분해

$$S_T = \Sigma x_i^{\,2} - \frac{(\Sigma x_i)^2}{n} = 840$$

$$S_A = \frac{1}{8}(21+38+31+22-35-48-50-43)^2$$

$$= \frac{1}{8}(112-176)^2 = 512$$

$$S_B = \frac{1}{8}(48+38+50+31-35-21-43-22)^2$$

$$= \frac{1}{8}(167-121)^2 = 264.5$$

$$S_C = \frac{1}{8}(48+38+43+22-35-21-50-31)^2$$

$$= \frac{1}{8}(151-137)^2 = 24.5$$

$$S_D = \frac{1}{8}(21+38+50+43-35-48-31-22)^2$$

$$= \frac{1}{8}(152-136)^2 = 32$$

$$S_{A\times C} = \frac{1}{8}(48+21+43+31-35-38-50-22)^2$$

$$= \frac{1}{8}(143-145)^2 = 0.5$$

$$S_e = S_T - S_A - S_B - S_C - S_D - S_{A\times C} = 6.5$$

2) 교호작용의 검정

$F_0 = \dfrac{V_{A\times C}}{V_e} = \dfrac{0.5/1}{6.5/2} < 1$: 교호작용을 충분히 무시할 수 있으므로, 오차항에 풀링시킨다.

3) 분산분석표

요인	SS	DF	MS	F_0	$F_{0.90}$
A	512	1	512	219.460*	5.54
B	264.5	1	264.5	113.373*	5.54
C	24.5	1	24.5	10.502*	5.54
D	32	1	32	13.716*	5.54
e	7.0	3	2.333		
T	840	7			

다. 최적 조합수준의 모평균 추정

① 최적 조합수준의 결정

요인 A, B, C, D가 모두 유의하므로, A의 1원표, B의 1원표, C의 1원표, D의 1원표에서 수명을 가장 길게 하는 최적조건을 구하면, 요인 A는 A_0, 요인 B는 B_1, 요인 C는 C_1, 요인 D는 D_1에서 결정된다. 따라서 최적 조합수준은 $A_0\,B_1\,C_1\,D_1$으로 된다.

② 점추정치

$$\begin{aligned}\bar{x}_{A_0B_1C_1D_1} &= \hat{\mu}+a_0+b_1+c_1+d_1 \\ &= [\hat{\mu}+a_0]+[\hat{\mu}+b_1]+[\hat{\mu}+c_1]+[\hat{\mu}+d_1]-3\hat{\mu} \\ &= \frac{T_{A_0}}{4}+\frac{T_{B_1}}{4}+\frac{T_{C_1}}{4}+\frac{T_{D_1}}{4}-3\frac{T}{8} \\ &= \frac{176}{4}+\frac{167}{4}+\frac{151}{4}+\frac{152}{4}-3\times\frac{288}{8} \\ &= 53.5\end{aligned}$$

③ 신뢰구간의 추정

$$\begin{aligned}\mu_{A_0B_1C_1D_1} &= \bar{x}_{A_0B_1C_1D_1} \pm t_{1-0.05}(3)\sqrt{\frac{V_e}{n_e}} \\ &= 53.5 \pm 2.353\times\sqrt{2.333\times\frac{5}{8}} \\ &= 53.5 \pm 2.841 \\ &= 50.659 \sim 56.341\end{aligned}$$

$\left(\text{단, } \frac{1}{n_e}=\frac{1}{4}+\frac{1}{4}+\frac{1}{4}+\frac{1}{4}-\frac{3}{8}=\frac{5}{8} \text{ 이다.}\right)$

06 합성수지의 절연부품을 제조하고 있는 공정에서 이 절연부품의 수명을 길게 하기 위해, $L_{16}(2^{15})$형 직교배열표를 이용하여 실험하기로 하였다. 제조공정상에 수명에 영향을 미친다고 생각되어 취급된 인자는 7개로 A : 주원료의 pH값, B : 부재료의 혼합비, C : 반응온도, D : 성형온도, F : 성형압력, G : 성형시간, H : 냉각온도이며, 요인 A와 B, 요인 C와 D는 기술적인 측면에서 볼 때 서로 독립이 아닐것이라고 판단되어 교호작용을 구하기로 하였다. 실험은 16회의 전체실험을 랜덤하게 순서를 정하여 실시하여 수명을 측정한 결과 다음의 데이터를 얻었다. 다음 물음에 답하시오.

실험번호	1	2	3	4	5	6	7	8	9	10	11	12	13	14	15	데이터 (x)
1	0	0	0	0	0	0	0	0	0	0	0	0	0	0	0	59
2	0	0	0	0	0	0	0	1	1	1	1	1	1	1	1	59
3	0	0	0	1	1	1	1	0	0	0	0	1	1	1	1	65
4	0	0	0	1	1	1	1	1	1	1	1	0	0	0	0	51
5	0	1	1	0	0	1	1	0	0	1	1	0	0	1	1	69
6	0	1	1	0	0	1	1	1	1	0	0	1	1	0	0	61
7	0	1	1	1	1	0	0	0	0	1	1	1	1	0	0	71
8	0	1	1	1	1	0	0	1	1	0	0	0	0	1	1	55
9	1	0	1	0	1	0	1	0	1	0	1	0	1	0	1	60
10	1	0	1	0	1	0	1	1	0	1	0	1	0	1	0	51
11	1	0	1	1	0	1	0	0	1	0	1	1	0	1	0	63
12	1	0	1	1	0	1	0	1	0	1	0	0	1	0	1	47
13	1	1	0	0	1	1	0	0	1	1	0	0	1	1	0	64
14	1	1	0	0	1	1	0	1	0	0	1	1	0	0	1	65
15	1	1	0	1	0	0	1	0	1	1	0	1	0	0	1	68
16	1	1	0	1	0	0	1	1	0	0	1	0	1	1	0	56
기본표시	a	b	ab	c	ac	bc	abc	d	ad	bd	abd	cd	acd	bcd	$abcd$	$T=964$
배치	A	B	$A\times B$	C	e	e	e	D	e	e	F	$C\times D$	e	G	H	

1) 위험률 5%로 분산분석표를 작성하시오.

2) 수명을 가장 길게 하는 최적수준조합을 찾으시오.

3) 또한 이 조건에서 점추정치를 구하고, 수명의 95% 신뢰구간을 구하여라.

문제해결의 key point

$L_{16}(2^{15})$형의 직교배열표는 수준수가 2이고 실험횟수가 16회로 이루어지는 직교배열표이다. 이 표는 최대 인자배치수가 15개가 가능한 직교배열표인데, 실험특성값에 영향을 준다고 생각되는 많은 요인과 구하고자 하는 교호작용을 적은 실험을 통하여 배치 가능하도록 하는 장점을 갖고 있다. 직교배열표에 많은 요인을 배치하다 보면 배치된 요인의 제곱합이 "0"이 나오는 경우가 있는데 이때는 오차항에 풀링시켜 분산분석표를 작성하는 것이 요령이다. 또한 개략적인 실험의 형태를 갖고 있는 실험이므로 실험 목적상 유의치 않아 충분히 무시할 수 있다고 생각되는 요인은 오차항에 풀링시켜 검출력을 높이는 분산분석표를 재 작성한다.

**해설** 1) 분산분석표의 작성

① 제곱합 분해

$$S_T = \Sigma x_i^2 - \frac{T^2}{16} = 715$$

$$S_A = \frac{1}{16}(T_{A_1}^2 - T_{A_0})^2$$

$$= \frac{1}{16}(60+51+63+47+6+65+68+56$$

$$-59-59-65-51-69-61-71-55)^2 = 16$$

위와 같은 방법으로 요인이 배치된 각 열의 제곱합을 구하면 다음과 같다.

$$S_B = \frac{1}{16}(T_{B_1} - T_{B_0})^2 = 182.25$$

$$S_C = \frac{1}{16}(T_{C_1} - T_{C_0})^2 = 9$$

$$S_D = \frac{1}{16}(T_{D_1} - T_{D_0})^2 = 342.25$$

$$S_F = \frac{1}{16}(T_{F_1} - T_{F_0})^2 = 36$$

$$S_G = \frac{1}{16}(T_{G_1} - T_{G_0})^2 = 0$$

$$S_H = \frac{1}{16}(T_{H_1} - T_{H_0})^2 = 9$$

$$S_{A\times B} = \frac{1}{16}(T_{A\times B_1} - T_{A\times B_0})^2 = 6.25$$

$$S_{C\times D} = \frac{1}{16}(T_{C\times D_1} - T_{C\times D_0})^2 = 110.25$$

$$S_e = S_T - S_A - S_B - S_C - S_D - S_G - S_H - S_{A\times B} - S_{C\times D} = 4.0$$

② 분산분석표

요인 G의 제곱합이 "0"이므로 오차항에 풀링시켜 분산분석표를 작성하면 다음과 같다.

요 인	SS	DF	MS	F_0	$F_{0.95}$
A	16	1	16	27.99993*	5.59
B	182.25	1	182.25	318.93670*	5.59
C	9	1	9	15.74996*	5.59
D	342.25	1	342.25	598.93600*	5.59
F	36	1	36	62.99984*	5.59
H	9	1	9	15.74996*	5.59
$A\times B$	6.25	1	6.25	10.93747*	5.59
$C\times D$	110.25	1	110.25	192.93702*	5.59
e^*	4.00	7	0.57143		
T	715	15			

2) 최적조건의 설정

이 실험은 절연부품의 수명을 가장 길게 하는 조건이 최적조건이 된다. 따라서 이 실험의 분산분석결과 $A, B, C, D, F, H, A\times B, C\times D$가 유의하므로 AB의 2원표와 CD의 2원표 및 F의 1원표, H의 1원표에서 각각 최적조건을 구한 후 합성하여 최종적인 최적조합수준을 구하게 된다.

[AB 2원표]

B \ A	A_0	A_1	계
B_0	234	221	455
B_1	256	253	509
계	490	474	964

[CD 2원표]

D \ C	C_0	C_1	계
D_0	252	267	519
D_1	236	209	445
계	488	476	964

[F 1원표]

F_0	F_1
470	494

[H 1원표]

H_0	H_1
476	488

AB 2원표를 살펴보면 A_0B_1에서, CD 2원표를 살펴보면 C_1D_0에서, F의 1원표에는 F_1에서, H의 1원표에서는 H_1에서 각각 최적조건이 설정된다. 따라서 절연부품의 수명을 가장 길게 하는 최적조합수준은 $A_0B_1C_1D_0F_1H_1$에서 결정되게 된다.

3) 최적조건 $A_0B_1C_1D_0F_1H_1$에서의 95% 신뢰구간의 추정

① 최적수준조합의 점추정치

$$\begin{aligned}\hat{\mu}(A_0B_1C_1D_0F_1H_1) &= \hat{\mu}+a_0+b_1+c_1+d_0+f_1+h_1+(ab)_{01}+(cd)_{10}\\ &= [\hat{\mu}+a_0+b_1+(ab)_{01}]+[\hat{\mu}+c_1+d_0+(cd)_{10}]\\ &\quad +[\hat{\mu}+f_1]+[\hat{\mu}+h_1]-[3\hat{\mu}]\\ &= \hat{\mu}_{A_0B_1}+\hat{\mu}_{C_1D_0}+\hat{\mu}_{F_1}+\hat{\mu}_{H_1}-3\hat{\mu}\\ &= \frac{256}{4}+\frac{267}{4}+\frac{494}{8}+\frac{488}{8}-\frac{3\times 964}{16}\\ &= 72.750\end{aligned}$$

② 최적수준조합의 조합평균추정

$$\begin{aligned}\mu(A_0B_1C_1D_0F_1H_1) &= \hat{\mu}(A_0B_1C_1D_0F_1H_1) \pm t_{1-\alpha/2}(\nu_e^{\ *})\sqrt{\frac{V_e^{\ *}}{n_e}}\\ &= 72.750 \pm 2.365\times\sqrt{0.57143\times\frac{9}{16}}\\ &= 72.750 \pm 1.34083\\ &\rightarrow 71.40917 \sim 74.09083\end{aligned}$$

(단, $\frac{1}{n_e}=\frac{1}{4}+\frac{1}{4}+\frac{1}{8}+\frac{1}{8}-\frac{3}{16}=\frac{9}{16}$이다.)

07 제당공장에서 탄산포충공정중 당액 탈색률은 최종적으로 총 원가를 낮출 수 있고 품질 개선에 중요한 원인으로 판명되었다. 따라서 제당공장에서는 탈색률을 높이기 위하여 관련된 인자와 수준을 다음과 같이 구성하였다. 단 요인 A와 요인 B 간에는 교호작용이 있으리라고 판단되어 이를 함께 구하려는 실험을 $L_{16}(2^{15})$형 직교배열표에 배치를 하여 데이터를 다음 표와 같이 구하고 분산분석표를 작성하였다. 다음 물음에 답하시오.

[실험 조건]

A : 제1탑 pH(4수준) : $A_0=7.5$, $A_1=7.6$, $A_2=7.7$, $A_3=7.8$
B : 제1탑 온도(2수준) : $B_0=80$℃, $B_1=90$℃
C : 제2탑 pH(2수준) : $C_0=7.0$, $C_1=8.5$
D : 제2탑 온도(2수준) : $D_0=90$℃, $D_1=100$℃
F : 수조온도(2수준) : $F_0=80$℃, $F_1=90$℃
G : 포충시간(2수준) : $G_0=30$분, $G_1=32$분

[$L_{16}(2^{15})$ 직교배열표]

실험번호	실험순서	열번호 1	2	3	4	5	6	7	8	9	10	11	12	13	14	15	데이터 x [탈색률: %]
1	5	0	0	0	0	0	0	0	0	0	0	0	0	0	0	0	61.3
2	16	0	0	0	0	0	0	0	1	1	1	1	1	1	1	1	60.3
3	6	0	0	0	1	1	1	1	0	0	0	0	1	1	1	1	60.4
4	14	0	0	0	1	1	1	1	1	1	1	1	0	0	0	0	60.8
5	3	0	1	1	0	0	1	1	0	0	1	1	0	0	1	1	59.3
6	8	0	1	1	0	0	1	1	1	1	0	0	1	1	0	0	55.4
7	4	0	1	1	1	1	0	0	0	0	1	1	1	1	0	0	56.6
8	11	0	1	1	1	1	0	0	1	1	0	0	0	0	1	1	59.3
9	15	1	0	1	0	1	0	1	0	1	0	1	0	1	0	1	58.0
10	12	1	0	1	0	1	0	1	1	0	1	0	1	0	1	0	57.4
11	1	1	0	1	1	0	1	0	0	1	0	1	1	0	1	0	52.7
12	10	1	0	1	1	0	1	0	1	0	1	0	0	1	0	1	59.4
13	7	1	1	0	0	1	1	0	0	1	1	0	0	1	1	0	57.2
14	2	1	1	0	0	1	1	0	1	0	0	1	1	0	0	1	55.8
15	13	1	1	0	1	0	0	1	0	1	1	0	1	0	0	1	56.0
16	9	1	1	0	1	0	0	1	1	0	0	1	0	1	1	0	60.5
기본표시		a	b	ab	c	ac	bc	abc	d	ad	bd	abd	cd	acd	bcd	$abcd$	계: 930.4
배치		B	A	$A \times B$	A	$A \times B$	A	$A \times B$	C	D	e	e	G	e	e	F	

[분산분석표]

요 인	SS	DF	MS	F_0	$F_{0.90}$
A	10.9750	3	3.6583	3.8893	4.19
B	16.8100	1	16.8100	17.8716	4.54
C	3.4225	1	3.4225	3.6386	4.54
D	7.5625	1	7.5625	8.0400	4.54
F	2.7225	1	2.7225	2.8944	4.54
G	25.5025	1	25.5025	27.1130	4.54
$A\times B$	(　　)	(　　)	(　　)	(　　)	4.19
e	3.7625	4	0.9406		
T	85.0725	15			

1) 실험번호 9번의 실험은 어떠한 실험조건하에서 실시한 실험인가?
2) 교호작용 $A\times B$의 제곱합과 자유도, 분산 및 검정통계량 F_0값을 구하라.
3) 탈색률을 가장 크게하는 인자의 최적수준조합을 구하시오.
4) 최적수준조합에서 점추정치를 구하고, 모평균의 90% 신뢰구간을 구하시오.

문제해결의 key point

2수준계 직교배열표에 특정요인을 4수준의 배치를 한 실험이다. 2수준계 직교배열표에는 4수준의 실험을 할 수가 있는데, 아래의 문제에서 요인 A를 2열과 4열에 랜덤하게 배치했다면 곱의 성분인 6열에도 A의 제곱합이 나타나게 된다. 따라서 요인 A의 제곱합은 2, 4, 6열의 제곱합을 합한 것이 된다. 또한 교호작용 $A\times B$도 요인 B가 1열에 배치되었다면 요인 A의 배치열인 2, 4, 6열과의 곱의 성분열인 3, 5, 7열에 나타나게 되므로 $A\times B$의 제곱합은 3열의 제곱합, 5열의 제곱합, 7열의 제곱합의 합으로 나타난다. 여기서 2열과 4열의 수준조합을 보면 (0.0), (0.1),(1.0),(1.1)의 조합이 나타나는데 각각 A_0, A_1, A_2, A_3를 의미한다. 요인 A의 자유도는 4수준이므로 3이 된다.

해설 1) 실험조건

2열과 4열의 수준조합을 보면 (0.0), (0.1), (1.0), (1.1)의 조합은 각각 A_0, A_1, A_2, A_3를 의미하는데, 실험 9번의 실험조건은 2열과 4열의 조합이 (0.0)이므로 A_0 수준이 된다. 따라서 $A_0B_1C_0D_1G_0F_1$ 라는 조건에서의 실험이다.

2) 교호작용 $A\times B$의 검정통계량

① 교호작용 $A\times B$의 제곱합

$$S_{AB}=\frac{\Sigma\Sigma T_{AiBj}^2}{r}-CT$$
$$=\frac{121.6^2+121.2^2+\cdots+116.5^2}{2}-\frac{930.4^2}{16}=42.1$$
$$S_{A\times B}=S_{AB}-S_A-S_B$$
$$=42.1-10.9750-16.8100=14.3150$$

② 교호작용 $A\times B$의 분산

$$V_{A\times B}=\frac{14.3150}{3}=4.7717$$

③ 검정통계량 $F_0(A\times B)=\dfrac{4.7717}{0.9406}=5.0731$

참고 교호작용 $A\times B$의 제곱합은 3열의 제곱합, 5열의 제곱합, 7열의 제곱합을 합하여도 구해진다.

3) 최적조건의 설정

당액의 탈색률을 가장 높게 하는 조건이 최적조건이 된다. 따라서 이 실험의 분산분석결과 B, D, G, $A\times B$가 유의하므로 AB 2원표와 D의 1원표, G의 1원표에서 각각 최적조건을 구한 후 합성하여 최종적인 최적수준조합을 구하게 된다.

〔AB의 2원표〕

B \ A	A_0	A_1	A_2	A_3	T_{B_j}
B_0	121.6	121.2	114.7	115.9	473.4
B_1	115.4	112.1	113.0	116.5	457.0
T_{A_i}	237.0	233.3	227.7	232.4	930.4

〔D의1 원표〕

D_0	D_1
470.7	459.7

〔G의 1원표〕

G_0	G_1
475.8	454.6

AB 2원표를 살펴보면 A_0B_0에서 당액의 탈색률이 가장 크게 나타나고, D의 1원표에는 D_0에서, G의 1원표에서는 G_0에서 당액의 탈색률이 크게 나타난다. 따라서 당액의 탈색률을 최대로 하는 최적조건은 $A_0B_0D_0G_0$에서 결정되게 된다.

4) 최적조건 $A_0B_0D_0G_0$에서의 90% 신뢰구간의 추정

① 최적수준의 점추정치

$$\begin{aligned}\hat{\mu}(A_0B_0D_0G_0)&=\hat{\mu}+b_0+d_0+g_0+(ab)_{00}\\&=[\hat{\mu}+a_0+b_0+(ab)_{00}]+[\hat{\mu}+d_0]+[\hat{\mu}+g_0]-[\hat{\mu}+a_0]-\hat{\mu}\\&=\hat{\mu}_{A_0B_0}+\hat{\mu}_{D_0}+\hat{\mu}_{G_0}-\hat{\mu}_{A_0}-\hat{\mu}\\&=\frac{121.6}{2}+\frac{470.7}{8}+\frac{475.8}{8}-\frac{237.0}{4}-\frac{930.4}{16}=61.7125\end{aligned}$$

참고 여기서 요인 A는 검정결과 유의하지 않으므로 A의 효과 $a_0=0$으로 한다.

② 최적수준조합의 신뢰구간추정

$$\begin{aligned}\mu(A_0B_0D_0G_0)&=\hat{\mu}(A_0B_0D_0G_0)\pm t_{1-\alpha/2}(\nu_e)\sqrt{\frac{V_e}{n_e}}\\&=61.7125\pm 2.132\times\sqrt{0.9406\times\frac{7}{16}}\\&\rightarrow 60.34484\sim 63.08016\end{aligned}$$

(단, $\dfrac{1}{n_e}=\dfrac{1}{2}+\dfrac{1}{8}+\dfrac{1}{8}-\dfrac{1}{4}-\dfrac{1}{16}=\dfrac{7}{16}$이다.)

08 어떤 합성수지의 제조공정에 있어서 최근 클레임이 많아 특성 z의 개량을 위하여 z에 영향을 미친다고 생각되는 모수인자 A, B, C, D, F, G, H를 취하고 각기 2수준으로 하여 $L_{16}(2^{15})$형 직교배열표로 제조실험을 실시하였으며, 교호작용으로서는 $A\times B$, $A\times C$, $A\times D$, $A\times H$, $B\times C$만 검토하기로 하였다. 인자의 배당과 16회의 실험을 랜덤하게 실시한 결과는 다음의 표와 같다. 표를 이용하여 물음에 답하시오.

열	1	2	3	4	5	6	7	8	9	10	11	12	13	14	15	데이터
요 인	D	C	G	B	F			A							H	x
1	1	1	1	1	1	1	1	1	1	1	1	1	1	1	1	48
2	1	1	1	1	1	1	1	2	2	2	2	2	2	2	2	50
3	1	1	1	2	2	2	2	1	1	1	1	2	2	2	2	57
4	1	1	1	2	2	2	2	2	2	2	2	1	1	1	1	46
5	1	2	2	1	1	2	2	1	1	2	2	1	1	2	2	51
6	1	2	2	1	1	2	2	2	2	1	1	2	2	1	1	46
7	1	2	2	2	2	1	1	1	1	2	2	2	2	1	1	55
8	1	2	2	2	2	1	1	2	2	1	1	1	1	2	2	47
9	2	1	2	1	2	1	2	1	2	1	2	1	2	1	2	52
10	2	1	2	1	2	1	2	2	1	2	1	2	1	2	1	48
11	2	1	2	2	1	2	1	1	2	1	2	2	1	2	1	52
12	2	1	2	2	1	2	1	2	1	2	1	1	2	1	2	50
13	2	2	1	1	2	2	1	1	2	2	1	1	2	2	1	47
14	2	2	1	1	2	2	1	2	1	1	2	2	1	1	2	50
15	2	2	1	2	1	1	2	1	2	2	1	2	1	1	2	57
16	2	2	1	2	1	1	2	2	1	1	2	1	2	2	1	53
	a	b	a b	c	a c	b c	a b c	d	a d	b d	a b d	c d	a c d	b c d	a b c d	809

1) 상기 다섯 성분의 교호작용을 나타내는 열을 구하시오.
2) 분산분석을 실시하여 요인효과에 대하여 검토하시오. (단, 요인 A, B, D, H, $A\times B$, $A\times D$, $A\times H$, $B\times C$ 외에는 기술적 검토 후 풀링하여 α=0.10의 F검정을 하시오.)
3) 특성치가 높을수록 좋은 망대특성인 경우라면 최적조합수준은 어떻게 설정되는가?
4) 최적조합수준에서 점추정치를 구하고, 90% 신뢰율로 신뢰구간을 추정하시오.

문제해결의 Key point

오차항에 교호작용이나 유의하지 않은 요인을 풀링하는 경우 실험의 목적과 통계적 지식, 제2종 과오를 고려하여 풀링하게 되는데, 제2종 오류가 거의 발생하지 않는 경우가 요인의 검정통계량 F_0가 1보다 작은 경우이다. 이러한 경우 실험목적에 위배되지 않는 한 오차항에 풀링시켜 실험의 검출력을 높인다. 그러나 풀링 후의 오차분산이 풀링 전의 오차분산보다 작아져야 풀링의 의미가 있다.

해설 1) 교호작용의 배치

곱의 성분이 나타나는 열에 교호작용을 배치한다.

$A\times B = d\times c = dc$ → 12열에 배치한다.

$A\times C = d\times b = db$ → 10열에 배치한다.

$A\times D = d\times a = ad$ → 9열에 배치한다.

$A\times H = d\times abcd = abcd^2 = abc$ → 7열에 배치한다.

$B\times C = c\times b = cb$ → 6열에 배치한다.

2) 분산분석표의 작성

① 제곱합 분해

$$S_T = \Sigma x_i^2 - \frac{T^2}{16}$$

$$= 41{,}099 - \frac{809^2}{16} = 193.9375$$

$$S_A = \frac{1}{16}({T_{A_2}}^2 - T_{A_1})^2$$

$$= \frac{1}{16}(390 - 419)^2 = 52.5625$$

위와 같은 방법으로 요인이 배치된 각 열의 제곱합을 구하면 다음과 같다.

$$S_B = \frac{1}{16}(417 - 392)^2 = 39.0625$$

$$S_C = \frac{1}{16}(406 - 403)^2 = 0.5625$$

$$S_D = \frac{1}{16}(409 - 400)^2 = 5.0625$$

$$S_F = \frac{1}{16}(402 - 407)^2 = 1.5625$$

$$S_G = \frac{1}{16}(401 - 408)^2 = 3.0625$$

$$S_H = \frac{1}{16}(414 - 395)^2 = 22.5625$$

$$S_{A\times B} = \frac{1}{16}(415 - 394)^2 = 27.5625$$

$$S_{A\times C} = \frac{1}{16}(404 - 405)^2 = 0.0625$$

$$S_{A\times D} = \frac{1}{16}(397 - 412)^2 = 14.0625$$

$$S_{A\times H} = \frac{1}{16}(410 - 399)^2 = 7.5625$$

$$S_{B\times C} = \frac{1}{16}(399 - 410)^2 = 7.5625$$

$$S_e = S_T - S_A - S_B - S_C - S_D - S_F - S_G - S_H - S_{A\times B} - S_{A\times C}$$
$$- S_{A\times D} - S_{A\times H} - S_{B\times C} = 12.6875$$

② 분산분석표

요 인	SS	DF	MS	F_0	$F_{0.90}$
A	52.5625	1	52.5625	12.42856*	5.54
B	39.0625	1	39.0625	9.23645*	5.54
C	0.5625	1	0.5625	0.13301	5.54
D	5.0625	1	5.0625	1.19706	5.54
F	1.5625	1	1.5625	0.36946	5.54
G	3.0625	1	3.0625	0.72415	5.54
H	22.5625	1	22.5625	5.33497*	5.54
$A\times B$	27.5625	1	27.5625	6.51724*	5.54
$A\times C$	0.0625	1	0.0625	0.01478	5.54
$A\times D$	14.0625	1	14.0625	3.32512	5.54
$A\times H$	7.5625	1	7.5625	1.78817	5.54
$B\times C$	7.5625	1	7.5625	1.78817	5.54
e	12.6875	3	4.22917		
T	193.9375	15			

분산분석표에서 F_0값이 1보다 작은 요인은 제 2종 오류를 범할 우려가 없으므로, 오차항에 풀링시켜 분산분석표를 작성하면 다음과 같다.

[풀링 후의 분산분석표]

요 인	SS	DF	MS	F_0	$F_{0.90}$
A	52.5625	1	52.5625	20.51220*	3.59
B	39.0625	1	39.0625	15.24390*	3.59
D	5.0625	1	5.0625	1.97561	3.59
H	22.5625	1	22.5625	8.80488*	3.59
$A\times B$	27.5625	1	27.5625	10.75610*	3.59
$A\times D$	14.0625	1	14.0625	5.48780*	3.59
$A\times H$	7.5625	1	7.5625	2.95122	3.59
$B\times C$	7.5625	1	7.5625	2.95122	3.59
e^*	17.9375	7	2.5625		
T	193.9375				

참고 여기서 기술적으로 검토하여 요인 $A\times H$와 $B\times C$를 풀링할 수도 있겠으나, 풀링시킨 후의 오차분산이 3.6736로 풀링 전의 오차분산값인 2.5625보다 커지므로 실험의 목적과 제2종 오류를 고려하면 풀링하지 않는 것이 바람직하다.

3) 최적 조합수준의 설정(망대특성인 경우)

망대특성인 경우라면 특성값이 최대인 조건이 최적조건이 된다. 따라서 이 실험의 분산분석결과 A, B, H, $A\times B$, $A\times D$가 유의하므로 AB의 2원표, AD의 2원표, H의 1원표에서 각각 특성값이 최대가 되는 조건을 구한 후 합성하여 최종적인 최적 조합수준을 구하게 된다.

여기서 AB의 2원표와 AD의 2원표를 작성할 때는 요인 B는 4열에 요인 D는 1열에 요인 A는 8열에 배치되어 있으므로, AB 2원표는 8열과 4열을 AD 2원표는 8열과 1열을 조합하면 각각 〔A_1B_1, A_1B_2, A_2B_1, A_2B_2〕와 〔A_1D_1, A_1D_2, A_2D_1, A_2D_2〕라는 4개의 서로 다른 조합수준에서 각각 4개씩의 데이터를 구할 수가 있다. 또한 H는 15열에서 H_1, H_2 수준에서 각각 8개씩의 데이터를 구하게 된다.

[AB의 2원표]

B \ A	A_1	A_2	계
B_1	48 51 52 47	50 46 48 50	392
B_2	57 55 52 57	46 47 50 53	417
계	419	390	809

[H의 1원표]

H_1	H_2
48	50
46	57
46	51
55	47
48	52
52	50
47	50
53	57
395	414

[AD의 2원표]

D \ A	A_1	A_2	계
D_1	48 57 51 55	50 46 46 47	400
D_2	52 52 47 57	48 50 50 53	409
계	419	390	809

AB의 2원표를 살펴보면 A_1B_2에서 특성치의 최대값이 나타나고, AD의 2원표를 살펴보면 A_1D_1에서 특성치의 최대값이 나타나며, H의 1원표에서는 최대값이 H_2에서 나타난다. 따라서 특성값을 최대로 하는 최적조합수준은 $A_1B_2D_1H_2$에서 결정되게 된다.

4) 최적조합수준의 신뢰구간 추정

① 최적수준조합의 점추정치

$$\begin{aligned}\hat{\mu}(A_1B_2D_1H_2) &= \hat{\mu}+a_1+b_2+h_2+(ab)_{12}+(ad)_{11}\\ &= [\hat{\mu}+a_1+b_2+(ab)_{12}]+[\hat{\mu}+a_1+d_1+(ad)_{11}]\\ &\quad +[\hat{\mu}+h_2]-[\hat{\mu}+a_1]-[\hat{\mu}+d_1]\\ &= \hat{\mu}_{A_1B_2}+\hat{\mu}_{A_1D_1}+\hat{\mu}_{H_2}-\hat{\mu}_{A_1}-\hat{\mu}_{D_1}\\ &= \frac{221}{4}+\frac{211}{4}+\frac{414}{8}-\frac{419}{8}-\frac{400}{8}\\ &= 57.625\end{aligned}$$

② 최적수준조합의 신뢰구간 추정

$$\begin{aligned}\mu(A_1B_2D_1H_2) &= \hat{\mu}(A_1B_2D_1H_2) \pm t_{1-\alpha/2}(\nu_e^{\ *})\sqrt{\frac{V_e^{\ *}}{n_e}}\\ &= 57.625 \pm 1.895 \times \sqrt{2.5625 \times \frac{3}{8}}\\ &= 57.625 \pm 1.85762\\ &\quad \rightarrow 55.76738 \sim 59.48262\end{aligned}$$

(단, $\frac{1}{n_e}=\frac{1}{4}+\frac{1}{4}+\frac{1}{8}-\frac{1}{8}-\frac{1}{8}=\frac{3}{8}$ 이다.)

09 $L_8(2^7)$형의 직교배열법에 의한 타일(tile)의 각 실험에서 100개씩 동시에 만든 부적합품수가 다음 표와 같다. 적합품을 0, 부적합품을 1로 하여 다음을 구하시오.

No.	A 1	B 2	C 3	D 4	E 5	P 6	G 7	100개 중의 부적합품수
1	1	1	1	1	1	1	1	15
2	1	1	1	2	2	2	2	14
3	1	2	2	1	1	2	2	17
4	1	2	2	2	2	1	1	8
5	2	1	2	1	2	1	2	8
6	2	1	2	2	1	2	1	13
7	2	2	1	1	2	2	1	5
8	2	2	1	2	1	1	2	9
계								89

1) 총제곱합(S_T)

2) A 요인의 제곱합(S_A)

3) 총자유도(ν_T)

4) B 요인의 불편분산(V_B)

문제해결의 key point

계수형 분산분석은 데이터가 0과 1인 경우로 실험횟수가 충분히 커야 하는 실험이다.
이 문제는 각 조건의 실험을 100번씩 행한 상태로 총 실험횟수는 800회이다.

**해설** 1) $S_T = T - CT$

$$= 89 - \frac{89^2}{800} = 79.09875$$

2) $S_A = \frac{1}{N}(T_2 - T_1)^2$

$$= \frac{1}{800}(8+13+5+9-15-14-17-8)^2 = 0.45125$$

3) $\nu_T = 800 - 1 = 799$

4) $S_B = \frac{1}{N}(T_2 - T_1)^2$

$$= \frac{1}{800}(17+8+5+9-15-14-8-13)^2 = 0.15125$$

$$V_B = \frac{S_B}{\nu_B} = \frac{0.15125}{1} = 0.15125$$

10 실험에서 취한 인자가 수준수 3인 A, B, C 3개이고, 인자간에는 교호작용이 존재하지 않는다고 한다. A, B, C 주효과만을 구하기 위해 $L_9(3^4)$형 직교배열표의 4개의 열 중에서 3개의 열을 골라 A, B, C 인자와 각 수준도 0, 1, 2에 랜덤하게 배치시켜 9회 실험한 결과가 다음 표와 같다. 다음 물음에 답하시오.

[$L_9(3^4)$]

	열번호				실험조건	데이터
	1	2	3	4		
1	0	0	0	0	$A_0B_0C_0=(0, 0, 0)$	$y_{000}=8$
2	0	1	1	1	$A_0B_1C_1=(0, 1, 1)$	$y_{001}=12$
3	0	2	2	2	$A_0B_2C_2=(0, 2, 2)$	$y_{002}=10$
4	1	0	1	2	$A_1B_0C_2=(1, 0, 2)$	$y_{102}=10$
5	1	1	2	0	$A_1B_1C_0=(1, 1, 0)$	$y_{110}=12$
6	1	2	0	1	$A_1B_2C_1=(1, 2, 1)$	$y_{121}=15$
7	2	0	2	1	$A_2B_0C_1=(2, 0, 1)$	$y_{201}=22$
8	2	1	0	2	$A_2B_1C_2=(2, 1, 2)$	$y_{212}=18$
9	2	2	1	0	$A_2B_2C_0=(2, 2, 0)$	$y_{220}=18$
기본표시	a	b	ab	ab^2		$T=125$
배치	A	B	e	C		

1) 분산분석표를 작성하시오. (단, $\alpha=0.05$이다.)
2) 유의하지 않은 인자를 기술적 검토 후 오차항에 풀링시켜서 분산분석표를 재작성하시오.
3) 특성치를 가장 크게하는 최적조합수준에서 특성치의 모평균을 신뢰율 95%로 추정을 하시오.

문제해결의 key point

분산분석표를 작성하면 요인 A만 유의한 것으로 나타나며, 요인 B와 C는 유의하지 않은 것으로 나타난다. 그러나 요인 B와 C가 유의하지 않다고 무조건 오차에 풀링시키면 제2종 과오를 범하게 된다. 따라서 F_0 값이 작은 요인부터 오차항에 순차적으로 풀링시키는 것이 올바르게 분산분석표를 재 작성하는 방법이 된다. 여기서는 B의 F_0 값이 "1"보다 작은 값이 형성되므로 제2종 과오를 범할 우려가 거의 없다. 따라서 요인 B를 오차항에 풀링시켜 분산분석표를 재 작성하면 미처 검출되지 못한 요인 C가 검출되게 된다. 즉 풀링을 하는 이유는 정도 높은 분산분석표의 작성으로 요인의 검출력을 높이기 위한 목적이 있기 때문이다.

해설 1) 분산분석표의 작성

① 제곱합 분해

$$C_T = \frac{T^2}{N} = \frac{125^2}{9} = 1736.11111$$

$$S_T = \Sigma\Sigma\Sigma\, x_{ijk}^2 - CT$$

$$= 1{,}909 - \frac{125^2}{9} = 172.88889$$

$$S_A = \frac{T_0^2 + T_0^2 + T_2^2}{3} - CT$$

$$= \frac{30^2 + 37^2 + 58^2}{3} - \frac{125^2}{9} = 141.55556$$

$$S_B = \frac{T_0^2 + T_1^2 + T_2^2}{3} - CT$$

$$= \frac{40^2 + 42^2 + 45^2}{3} - \frac{125^2}{9} = 1.55556$$

$$S_C = \frac{T_0^2 + T_1^2 + T_2^2}{3} - CT$$

$$= \frac{38^2 + 49^2 + 38^2}{3} - \frac{125^2}{9} = 26.88889$$

$$S_e = \frac{T_0^2 + T_1^2 + T_2^2}{3} - CT$$

$$= \frac{41^2 + 40^2 + 44^2}{3} - \frac{125^2}{9} = 2.88888$$

② 자유도 분해

$\nu_T = N - 1 = 9 - 1 = 8$

$\nu_A = \nu_B = \nu_C = 2$

$\nu_e = 2$

③ 분산분석표의 작성

요 인	SS	DF	MS	F_0	$F_{0.95}$
A	141.55566	2	70.77778	49.00002*	19.0
B	1.55556	2	0.77778	0.53846	19.0
C	26.88889	2	13.44445	9.30772	19.0
e	2.88888	2	1.44444		
T	172.88889	8			

2) 풀링 후의 분산분석표의 재작성

요 인	SS	DF	MS	F_0	$F_{0.95}$
A	141.55556	2	70.77778	63.70007*	6.94
C	26.88889	2	13.44445	12.10002*	6.94
e^*	4.44444	4	1.11111		
T	172.88889	8			

3) 최적조건의 추정

특성치를 가장 크게하는 조건은 A, C가 유의하므로 A_2C_1에서 결정된다.

$$\mu(A_2C_1) = \hat{\mu}(A_2C_1) \pm t_{1-\alpha/2}(\nu_e^*)\sqrt{\frac{V_e^*}{n_e}}$$

$$= \left(\frac{58}{3} + \frac{49}{3} - \frac{125}{9}\right) \pm 2.776\sqrt{1.11111 \times \frac{5}{9}}$$

$$= 21.77778 \pm 2.18103$$

$$\rightarrow 19.59675 \sim 23.95881$$

11 인자 A, B, C, D, F, G, H의 주효과와 교호작용 $A\times B, A\times C, A\times D, G\times H$를 구하고 싶다. 다음 선점도를 이용하여 $L_{16}(2^{15})$형 직교배열표에 이를 배치하시오.

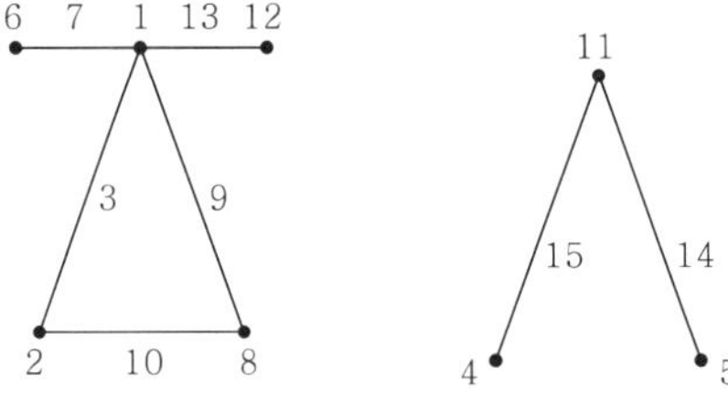

선점도란 많은 요인과 특정 교호작용을 교락없이 배치 가능하도록 만든 그림으로서 $L_{16}(2^{15})$형의 선점도는 모두 6개가 있는데, 위의 선점도는 그 중 하나인 선점도이다. 선점도상에서 점은 하나의 요인을, 점과 점 간의 선은 교호작용을 의미하고 있으며 점과 선에 부여된 번호는 직교배열표상의 열 번호를 의미하고 있다.

해설

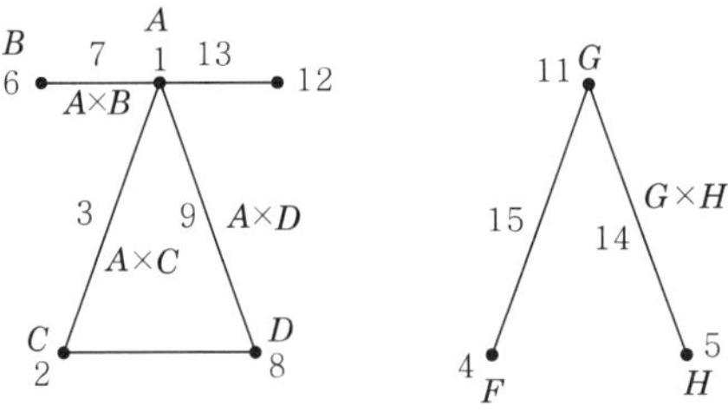

열번호	1	2	3	4	5	6	7	8	9	10	11	12	13	14	15
기본 표시	a	b	ab	c	ac	bc	abc	d	ad	bd	abd	cd	acd	bcd	$abcd$
배 치	A	C	$A\times C$	F	H	B	$A\times B$	D	$A\times D$		G			$G\times H$	

4-12 회귀분석과 직교분해

01 두 변수 x, y 간에 다음의 실험데이터가 얻어졌다. 직선방정식을 구할 때 회귀제곱합 S_R 은 얼마인가?

x_i	1	2	3	4	5	6	7	$\bar{x}=4$
y_i	2	3	5	7	8	10	14	$\bar{y}=7$

해설 $S_R=\dfrac{S_{xy}^2}{S_{xx}}=\dfrac{53^2}{28}=100.32143$

02 어떤 플라스틱제품의 인장강도가 온도에 따라 변화하는가를 조사하려고 4수준으로 각 7개의 시료를 만들어 측정하였더니 T_1=132, T_2=107, T_3=93, T_4=68이었다. A의 주효과를 1차, 2차, 3차 성분으로 분해하여 검정하려고 하는데 1차성분의 제곱합 S_{A_l} 의 값은 얼마인가? 또한 2차성분의 제곱합(S_{A_q})은 얼마인가?

계수 \ 수준수	$k=4$		
	b_1	b_2	b_3
W_1	−3	1	−1
W_2	−1	−1	3
W_3	1	−1	−3
W_4	3	1	1
$\lambda^2 S$	20	4	20
λS	10	4	6
S	5	4	9/5
λ	2	1	10/3

해설 ① $A_l=(-3)T_{1\cdot}+(-1)T_{2\cdot}+(1)T_{3\cdot}+(3)T_{4\cdot}$

② $A_q=(1)T_{1\cdot}+(-1)T_{2\cdot}+(-1)T_{3\cdot}+(1)T_{4\cdot}$

③ $S_{A_l}=\dfrac{(\Sigma W_i T_{i\cdot})^2}{(\lambda^2 S)\times r}$

$=\dfrac{((-3)\times 132+(-1)\times 107+1\times 93+3\times 68)^2}{20\times 7}=303.11$

④ $S_{A_q}=\dfrac{(\Sigma W_i T_{i\cdot})^2}{(\lambda^2 S)\times r}$

$=\dfrac{(1\times 132+(-1)\times 107+(-1)\times 93+1\times 68)^2}{4\times 7}=0$

03 다음 표는 회귀에 관한 분산분석표이다. 유의수준 0.05에서 검정을 하고 결정계수 r^2을 구하여 이로부터 상관계수 r를 구하시오.

요 인	제곱합	자유도	불편분산
회귀 잔차	18.9 8.1	1 3	18.9 2.7
계	27.0	4	4

	SS	DF	MS	F_0	$F_{0.95}$
회귀 잔차	18.9 8.1	1 3	18.9 2.7	7	10.1
계	27	4			

위 결과에서 볼때 1차회귀는 유의하지 않다.

$$r^2 = \frac{S_R}{S_T}$$

$$= \frac{18.9}{27} = 0.7 = 70\%$$

따라서 결정계수 r^2으로 상관계수 r을 추정하면$r = \pm 0.83666$이다.

참고 결정계수가 보편적으로 큰 값인데도 1차회귀가 성립하지 않는 이유는 n이 작기 때문이다.

04 어떤 섬유공정에서 합성섬유가 열을 가함에 따라 수축하는 것으로 나타났는데 수축률(%)을 알기 위하여 온도(인자 A)의 변화에 따라 측정한 결과의 데이터를 얻었다. 1차 회귀가 성립하는가를 분산분석표를 작성하고 유의수준 5%로 검정하시오.

온도(℃) x	A_1 100	A_2 120	A_3 140	A_4 160	A_5 180
수축률(%) y	2.9 2.1 3.1	3.5 3.1 3.8	5.2 4.2 4.6	5.9 6.2 5.6	6.4 6.5 7.3

 1) 단순회귀분석

① 제곱합 분해

$$S_{xx} = \left[\Sigma x_i^2 - \frac{(\Sigma x_i)^2}{l}\right] \times r = 12{,}000$$

$$S_{xy} = \Sigma x_i T_i - \frac{\Sigma x_i \Sigma T_i}{l} = 630$$

$$S_R = \frac{S_{xy}^2}{S_{xx}} = \frac{630^2}{12,000} = 33.075$$

$$CT = \frac{T^2}{lr} = \frac{70.4^2}{15} = 330.41$$

$$S_T = S_{yy} = \Sigma\Sigma y_i^2 - \frac{(\Sigma\Sigma y_i^2)}{N} = 35.27$$

$$S_A = \frac{\Sigma T_{i\cdot}^2}{r} - CT$$

$$= \frac{1}{3}(8.1^2 + 10.4^2 + \cdots + 20.2^2) - 330.41 = 33.289$$

$$S_e = S_T - S_A = 1.981$$

$$S_r = S_A - S_R$$

$$= 33.289 - 33.075 = 0.214$$

② 분산분석표

요 인	SS	DF	MS	F_0	$F_{0.95}$
(직선회귀)	33.075	1	33.075	167.05*	4.96
r (고차회귀)	0.214	3	0.071	0.36	3.71
A	33.289	4	8.222	42.03*	3.48
e	1.98	10	0.198		
T	35.27	14			

위의 결과에서 1차회귀로 볼 수 있다.

참고 $R^2 = \frac{S_R}{S_T} = \frac{33.075}{35.27} = 0.93777 = 93.777\%$

05 **자동차부품을 열처리하여 온도에 따른 인장강도의 변화를 조사하기 위해 $A_1 = 550$℃, $A_2 = 555$℃, $A_3 = 560$℃, $A_4 = 565$℃의 4조건에서 각각 5개씩의 시험편에 대하여 측정한 결과가 다음과 같을 때, A의 주효과에 몇 차의 다항식을 끼워맞출 것인가를 조사하기 위해 A의 주효과를 1차, 2차, 3차의 성분으로 분해하여 검정하고자 한다.**

1) 분산분석표를 작성하고 검정하시오. (단, $\alpha = 0.05$이고, 직교다항식 계수표는 수치표를 참고하시오.)
2) 또한 1차 회귀가 유의하다면 회귀직선의 추정을 하시오.

[인장강도의 데이터] (단위 : kg/mm)

A의 수준	데이터					계
A_1	43	50	45	45	47	230
A_2	41	42	45	45	47	220
A_3	32	38	40	40	40	190
A_4	32	34	34	35	35	170

해설 1) 분산분석표의 작성

① 제곱합 분해

$S_T = \Sigma\Sigma x_{ij}^2 - CT$

$= 33{,}366 - 810^2/20 = 561$

$S_A = \dfrac{\Sigma T_{i\cdot}^2}{r} - CT$

$= \dfrac{230^2 + 220^2 + 190^2 + 170^2}{5} - \dfrac{810^2}{20} = 455$

$S_{Al} = \dfrac{(\Sigma W_i T_{i\cdot})^2}{(\lambda^2 S) \times r}$

$= \dfrac{((-3) \times 230 + (-1) \times 220 + 1 \times 190 + 3 \times 170)^2}{20 \times 5} = 441$

$S_{Aq} = \dfrac{(\Sigma W_i T_{i\cdot})^2}{(\lambda^2 S) \times r}$

$= \dfrac{((1) \times 230 + (-1) \times 220 + (-1) \times 190 + 1 \times 170)^2}{4 \times 5} = 5$

$S_{Ac} = S_A - S_{Al} - S_{Aq} = 9$

$S_e = S_T - S_A = 106$

② 분산분석표의 작성

요 인	SS	DF	MS	F_0	$F_{0.95}$
A	455	3	151.66667	22.89308*	3.10
1차	$S(Al) = 441$	1	441	66.56604*	4.35
2차	$S(Aq) = 5$	1	5	0.75472	4.35
3차	$S(Ac) = 9$	1	9	1.35849	4.35
e	106	16	6.625		
T	561	19			

위의 결과에서 요인 A의 1차만이 매우 유의적이고 2차 및 3차는 유의하지 않다. 따라서 인장강도와 온도의 관계가 직선회귀로서 매우 유의하게 설명되고 있다.

2) 회귀직선의 추정

$y = a + bx$

① $a = \bar{y} - b\bar{x}$

$= 40.5 - (-0.84) \times 557.5 = 508.8$

② $b = \dfrac{\Sigma W_i T_i}{(\lambda S)\, r\, C}$

$= \dfrac{(-3) \times 230 + (-1) \times 220 + 1 \times 190 + 3 \times 170}{10 \times 5 \times 5} = -0.84$

$\therefore y = 508.8 - 0.84x$ 이다.

06 한국인 6명, 미국인 4명의 신장을 측정하였더니 다음과 같다. 이때 한국인과 미국인의 평균치의 차에 대한 선형식을 설계하고, 제곱합을 구한 후, $\alpha=0.05$로 분산분석표를 작성하시오. 또한 차의 신뢰구간을 95%의 신뢰율로 추정하시오. (단, $X_{ij}=x_{ij}-170$)

A_1(한국인)	−12	−8	−15	2	−10	−2
A_2(미국인)	16	2	6	10		

문제해결의 Key point

수준이 2수준인 실험에서 서로 직교하는 차의 선형식은 1개이다. 따라서 선형식 L의 제곱합은 요인 A의 제곱합이 되며 선형식은 $L=\frac{T_1}{6}-\frac{T_2}{4}$가 된다.

해설 1) 선형식의 제곱합

$$S_L=\frac{L^2}{D}$$

① $L=\frac{T_1}{6}-\frac{T_2}{4}$

$=-16$

② $D=\sum_{i=1}^{2} m_i c_i^2$

$=6\times\left(\frac{1}{6}\right)^2+4\times\left(-\frac{1}{4}\right)^2=0.41667$

$\therefore\ S_L=\frac{(-16)^2}{0.41667}=614.39508$이다.

2) 분산분석

① 제곱합 분해

$S_T=\Sigma\Sigma x_{ij}^2-CT$

$=937-\frac{(-11)^2}{10}=924.9$

$S_A=\Sigma\frac{T_{i\cdot}^2}{r_i}-\frac{T^2}{N}$

$=S_L=\frac{(-16)^2}{0.41667}=614.39508$

$S_e=S_T-S_A=310.50492$

② 분산분석표

요 인	SS	DF	MS	F_0	$F_{0.95}$
A	614.39508	1	614.39508	15.82957*	5.32
e	310.50492	8	38.81312		
T	924.9	9			

3) 차의 신뢰구간추정

$$\mu(A_1)-\mu(A_2)=[\hat{\mu}(A_1)-\hat{\mu}(A_2)]\pm t_{1-\alpha/2}(\nu)\sqrt{V_e\left(\frac{1}{r_i}+\frac{1}{r_i'}\right)}$$

$$=\left(\frac{T_{1\cdot}}{6}-\frac{T_{2\cdot}}{4}\right)\pm t_{0.975}(8)\sqrt{\frac{V_e}{r_1}+\frac{V_e}{r_2}}$$

$$=(-7.5-8.5)\pm 2.306\sqrt{\frac{38.81321}{6}+\frac{38.81321}{4}}$$

$$=(-16.0)\pm 9.27350$$

$$=-25.27350\sim -6.72650$$

PART 5

신뢰성관리

품질경영기사 실기

1. 신뢰성 척도 / 2. 지수분포의 신뢰성 시험 및 추정 / 3. 정규분포의 신뢰성 시험 및 추정
4. Weibull 분포의 신뢰성 시험 및 추정 / 5. 가속수명시험 / 6. 욕조곡선(Bath-tub curve)
7. 보전도와 가용도 / 8. 시스템 신뢰도 / 9. 고장목 분석(FTA) / 10. 간접이론과 안전계수

PART 5

신뢰성관리

PART 05 신뢰성관리

1 신뢰성 척도

규정된 조건하에서 의도된 기간동안 만족하게 작동할 확률을 신뢰도라고 정의한다.

$$R(t) = P(t \geq t_i)$$
$$= \int_t^{\infty} f(t)dt$$

1. 대시료 방법

① 신뢰도

$$R(t_i) = \frac{n(t_i)}{N}$$

② 불신뢰도

$$F(t_i) = 1 - R(t_i)$$

③ 고장밀도함수

$$f(t_i) = \frac{n(t_i) - n(t_i + \Delta t)}{N} \cdot \frac{1}{\Delta t}$$

④ 고장률함수

$$\lambda(t_i) = \frac{n(t_i) - n(t_i + \Delta t)}{n(t_i)} \cdot \frac{1}{\Delta t}$$

참고 $\Delta t \to 0,\ f(t) > 0$**인 경우**

① $R(t) = P(t \geq t_i) = \int_t^{\infty} f(t)dt$

② $F(t) = 1 - R(t)$

③ $f(t) = \frac{d}{dt}F(t) = -\frac{d}{dt}R(t)$

④ $\lambda(t) = \frac{f(t)}{R(t)}$

2. 소시료 방법

1) 메디안 랭크법

① $F(t_i) = \frac{i-0.3}{n+0.4}$

② $R(t_i) = \frac{n-i+0.7}{n+0.4}$

③ $f(t_i) = \frac{1}{(n+0.4)(t_{i+1}-t_i)}$

④ $\lambda(t_i) = \frac{1}{(n-i+0.7)(t_{i+1}-t_i)}$

2) 평균순위법

① $F(t_i) = \frac{i}{n+1}$

② $R(t_i) = 1-F(t_i) = \frac{n-i+1}{n+1}$

③ $f(t_i) = \frac{1}{n+1} \times \frac{1}{t_{i+1}-t_i}$

④ $\lambda(t_i) = \frac{f(t_i)}{R(t_i)} = \frac{1}{n-i+1} \times \frac{1}{\Delta t}$

3) 선험법

① $F(t_i) = \frac{i}{n}$

② $R(t_i) = 1-F(t_i) = \frac{n-i}{n}$

③ $f(t_i) = \frac{1}{n} \times \frac{1}{t_{i+1}-t_i}$

④ $\lambda(t_i) = \frac{f(t_i)}{R(t_i)} = \frac{1}{n-i} \times \frac{1}{\Delta t}$

2 지수분포의 신뢰성 시험 및 추정

1. 지수분포의 신뢰성 척도

① 고장밀도함수

$f(t)=\lambda e^{-\lambda t}$

② 신뢰도함수

$R(t)=e^{-\lambda t}$

③ 불신뢰도

$F(t)=1-e^{-\lambda t}$

④ 평균수명

$$E(t)=\int_0^{\infty} R(t)dt=\int_0^{\infty} e^{-\lambda t}dt=\frac{1}{\lambda}=MTBF$$

⑤ 분산

$$V(t)=\frac{1}{\lambda^2}=MTBF^2$$

2. 정시중단시험(Type 1 Censored test)

① 교체하지 않는 경우

$$MTBF=\frac{T}{r}$$

$$=\frac{\Sigma t_i+(n-r)t_0}{r}$$

② 교체하는 경우

$$MTBF=\frac{n\cdot t_0}{r}$$

③ $100(1-\alpha)\%$ 신뢰구간

$$\frac{2r\hat{\theta}}{\chi^2_{1-\alpha/2}(2(r+1))}\le\theta\le\frac{2r\hat{\theta}}{\chi^2_{\alpha/2}(2r)}$$

참고 신뢰구간의 추정이 아닌 한쪽추정의 신뢰한계값을 추정해야 할 경우 $1-\alpha$가 적용된다.

3. 정수중단시험(Type 2 Censored test)

① 교체하지 않는 경우

$$MTBF = \frac{T}{r} = \frac{\Sigma t_i + (n-r)t_r}{r}$$

② 교체하는 경우

$$MTBF = \frac{n \cdot t_r}{r}$$

③ $100(1-\alpha)\%$ 신뢰구간

$$\frac{2r\hat{\theta}}{\chi^2_{1-\alpha/2}(2r)} \le \theta \le \frac{2r\hat{\theta}}{\chi^2_{\alpha/2}(2r)}$$

※ 신뢰구간의 추정이 아닌 한쪽추정의 신뢰한계값을 추정해야 할 경우 $1-\alpha$가 적용된다.

4. 고장이 한 개도 발생하지 않는 경우

① 90% 신뢰수준

$$\lambda_U = -\frac{\ln 0.10}{T} \rightarrow MTBF_L = \frac{T}{2.3}$$

② 95% 신뢰수준

$$\lambda_U = -\frac{\ln 0.05}{T} \rightarrow MTBF_L = \frac{T}{2.99}$$

참고 위 식인 푸아송분포 대신 χ^2분포를 적용하면 다음과 같다.

$$MTBF_L = \frac{2r\hat{\theta}}{\chi^2_{0.90}(2(r+1))} = \frac{2r\hat{\theta}}{\chi^2_{0.90}(2)} = \frac{2T}{\chi^2_{0.90}(2)} = \frac{T}{4.61/2} = \frac{T}{2.3}$$

3 정규분포의 신뢰성 시험 및 추정

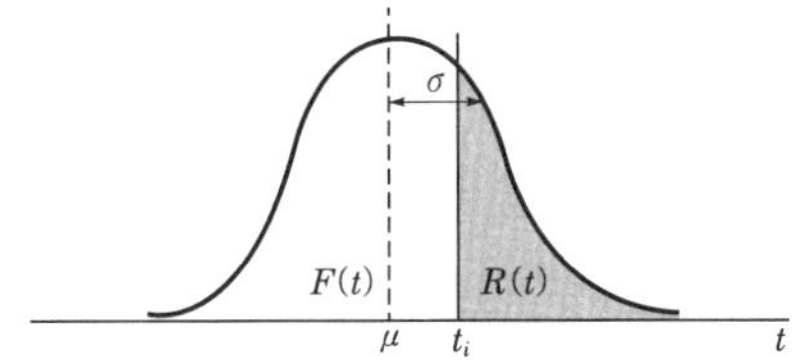

참고 t_i 시점 이후의 생존확률이 $R(t)$이다.

1. 중도중단실험의 모수 추정

① 모평균의 추정치

$$\hat{\mu} = \frac{\Sigma t_i + (n-r)t_{r/0}}{r} = \bar{t}$$

② 모분산의 추정치

$$\hat{\sigma}^2 = \frac{\Sigma(t_i - \bar{t})^2 + (n-r)(t_{r/0} - \bar{t})^2}{r-1}$$

참고 t_r은 정수중단방식, t_0는 정시중단방식을 함께 표현하여 $t_{r/0}$로 표기하였다.

2. 신뢰성 척도

1) 신뢰도

$$R(t) = \Pr(t \geq t_i) = \Pr\left(z > \frac{t_i - \mu}{\sigma}\right)$$

2) 불신뢰도(누적고장확률)

$$F(t) = \Pr(t \leq t_i) = \Pr\left(z < \frac{t_i - \mu}{\sigma}\right)$$

3) 고장확률밀도함수

$$f(t) = \frac{1}{\sigma\sqrt{2\pi}} e^{-\frac{(t-\mu)^2}{2\sigma^2}}$$

4) 고장확률밀도함수(표준정규분포)

$$f(z) = \phi(z) = \frac{1}{\sqrt{2\pi}} e^{\frac{-z^2}{2}}$$

5) 고장률함수

$$\lambda(t)=\frac{f(t)}{R(t)}=\frac{\phi(z)}{\sigma R(t)}$$

3. 조건부 신뢰도확률

t_i시간 사용된 것 중 Δt시간 사용한 뒤의 생존확률이다.

이때 $t_i'=t_0+\Delta t$를 의미한다.

$$R(t'_i/t_i)=\frac{\Pr(t\geq t_i')}{\Pr(t\geq t_i)}$$

4 Weibull 분포의 신뢰성 시험 및 추정

1. Weibull 분포의 신뢰성 척도

① 고장밀도함수

$$f(t)=\frac{m}{\eta}\left(\frac{t-r}{\eta}\right)^{m-1}e^{-\left(\frac{t-r}{\eta}\right)^m}$$

단, $\eta^m=t_0,\ r=0$인 경우는

$$f(t)=\frac{m}{t_0}t^{m-1}e^{-\frac{t^m}{t_0}}$$

- $m=1$이면 지수분포이다.

② 고장률함수

$$\lambda(t)=\frac{m}{t_0}t^{m-1}$$

③ 신뢰도함수

$$R(t)=e^{-\frac{t^m}{t_0}}$$

④ 평균수명

$$MTTF=t_0^{\frac{1}{m}}\Gamma\left(1+\frac{1}{m}\right)=\eta\Gamma\left(1+\frac{1}{m}\right)$$

⑤ 분산

$$\sigma^2=t_0^{\frac{2}{m}}\left[\Gamma\left(1+\frac{2}{m}\right)-\Gamma^2\left(1+\frac{1}{m}\right)\right]=\eta^2\left[\Gamma\left(1+\frac{2}{m}\right)-\Gamma^2\left(\frac{1}{m}\right)\right]$$

참고 감마함수의 특징

예 $\Gamma(1+x)=x\Gamma(x)$

2. 와이블분포의 간편법

① 평균수명과 분산을 계산한다.

$$\bar{t} = \frac{T}{r}$$
$$= \frac{\Sigma t_i + (n-r)t_r}{r}$$
$$= \frac{\Sigma t_i + (n-r)t_0}{r}$$
$$V_t = \frac{\Sigma(t_i - \bar{t})^2 + (n-r)(t_r - \bar{t})^2}{r-1}$$
$$= \frac{\Sigma(t_i - \bar{t})^2 + (n-r)(t_0 - \bar{t})^2}{r-1}$$

② 형상모수 m 을 계산한다.

변동계수 $CV = \frac{\sqrt{V_t}}{\bar{t}}$ 를 구하여 표에서 m 값을 거리비례법으로 구한다.

③ 특성수명을 계산한다.

$$t_0 = \frac{\Sigma t_i^{\,m}}{r}$$
$$= \frac{\Sigma t_i^{\,m} + (n-r)t_r^m}{r}$$
$$= \frac{\Sigma t_i^{\,m} + (n-r)t_0^m}{r}$$

④ 척도모수를 계산한다.

$$t_0 = \eta^m \rightarrow \eta = t_0^{\frac{1}{m}}$$

⑤ 평균과 분산의 기대가를 계산한다.

$$E(t) = \eta\Gamma\left(1 + \frac{1}{m}\right)$$
$$V(t) = \eta^2\left(\Gamma\left(1 + \frac{2}{m}\right) - \Gamma^2\left(1 + \frac{1}{m}\right)\right)$$

5 가속수명시험

1. 각 분포의 관계

1) 지수분포

① $\theta_n = AF \times \theta_s$

② $\lambda_n = \frac{1}{AF}\lambda_s$

2) 정규분포

① $\mu_n = AF \times \mu_s$

② $\sigma_n = \sigma_s$

3) 와이블분포

① $\theta_n = AF \times \theta_s$

② $m_n = m_s$, $\eta_n = AF \times \eta_s$

③ $\lambda_n(t) = \left(\frac{1}{AF}\right)^{m_s} \lambda_s(t)$

2. 10℃ 법칙

$\theta_n = 2^{\alpha}\theta_s$

(단, $\alpha = \frac{T_s - T_n}{10℃}$이다.)

3. α승 법칙

$$\theta_n = V^{\alpha}\theta_s = \left(\frac{V_s}{V_n}\right)^{\alpha}\theta_s$$

(단, V는 전압 또는 압력이다.)

6 욕조곡선(Bath-tub curve)

1. 고장률곡선의 개요

고장기	원 인	조 치	해당분포
초기 고장기 (DFR)	① 표준 이하의 재료 사용 ② 불충분한 품질관리 ③ 표준 이하의 작업자 솜씨 ④ 불충분한 Debugging ⑤ 빈약한 가공 및 취급 기술 ⑥ 조립상의 과오 ⑦ 오염 ⑧ 부적절한 조치 ⑨ 부적절한 시동 ⑩ 저장 운반중의 부품고장 ⑪ 부적절한 포장 및 수송	① 보전예방(MP) ② Debugging test : 시스템, 제품을 사용 개시 전에 작동시켜 부석합을 찾아 수정하여 초기에 높은 고장률을 줄인다. ③ Burn-in test : 장시간 모의실험을 하여 무사 통과한 구성품을 시스템에 사용한다. ④ Screening test	$m<1$ (DFR)
우발 고장기 (CFR)	① 안전계수가 낮기 때문에 ② stress가 strength보다 크기 때문에 ③ 사용자의 과오 때문에 ④ 최선의 검사방법으로도 탐지되지 않은 결함 때문에 ⑤ 디버깅 중에도 발견되지 않은 고장 때문에 ⑥ 예방보전에 의해서도 예방될 수 없는 고장 때문에 ⑦ 천재지변에 의한 고장 때문에	① 극한상황을 고려한 설계 ② 안전계수를 고려한 설계 ③ Derating 설계 : 구성부품에 걸리는 부하의 정격치에 여유를 두고 설계 ④ 사후보전(Break-down Maintenance : BM) ⑤ 개량보전(Corrective Maintenance : CM) : 고장난 후 설계변경, 재료의 개선으로 수명연장이나 수리가 용이하도록 설비 자체의 체질 개선	$m=1$ (CFR)
마모 고장기 (IFR)	① 부식 또는 산화 ② 마모 또는 피로 ③ 노화 및 퇴화 ④ 불충분한 정비 ⑤ 수축 또는 균열 ⑥ 부적절한 오버홀(over haul)	예방보전(Preventive Maintenance : PM)	$m>1$ (IFR)

7 보전도와 가용도

1. 평균수리시간(MTTR)

$$MTTR = \frac{\Sigma t_i}{n} \rightarrow \mu = \frac{1}{MTTR}$$

2. 보전도(Maintainability)

보전행위가 행해질 때 임의 시간 t 이전에 수리가 완료될 확률로 수리시간이 지수분포일 때 보전도함수는 다음과 같다.

$$M(t) = 1 - e^{-\mu t}$$
$$= 1 - e^{-\frac{t}{MTTR}}$$

3. 가용도

$$A = \frac{MTBF}{MTBF + MTTR} = \frac{\mu}{\lambda + \mu}$$

8 시스템 신뢰도

1. 정신뢰도

신뢰도가 시간 t에 관계없이 일정한 경우

1) 직렬연결

$$R_S = P(x_1 \cdot x_2 \cdot \cdots \cdot x_n)$$
$$= P(x_1)P(x_2)\cdots P(x_n) \text{ : 독립}$$
$$= R_1 \cdot R_2 \cdot R_3 \cdots R_n$$
$$= \prod_{i=1}^{n} R_i$$

2) 병렬연결

$$R_S = 1 - F_S$$
$$= 1 - F_1 \cdot F_2 \cdot \cdots \cdot F_n$$
$$= 1 - \prod_{i=1}^{n} F_i = 1 - \Pi(1 - R_i)$$

3) n 중 k 구조

$$R_S = \sum_{m=k}^{n} {}_nC_m R^m (1-R)^{n-m}$$

참고 ① 3중 2구조

$$R_S = 3R^2 - 2R^3$$

② 4중 3구조

$$R_S = 4R^3 - 3R^4$$

③ 4중 2구조

$$R_S = 6R^2 - 8R^3 + 3R^4$$

2. 동신뢰도

신뢰도가 시간 t가 변함에 따라 변하는 경우

1) 직렬연결

$$\begin{aligned} R_S(t) &= R_1(t) \cdot R_2(t) \cdot R_3(t) \cdot \cdots \cdot R_n(t) \\ &= \prod_{i=1}^{n} R_i(t) \\ &= e^{-(\lambda_1 + \lambda_2 + \ldots + \lambda_n)t} = e^{-\lambda st} \end{aligned}$$

① 시스템의 신뢰도

$$R_S(t) = R_1(t) \cdot R_2(t) \cdot \cdots \cdot R_n(t) = e^{-\Sigma \lambda_i t} = e^{-\lambda_S t}$$

② 시스템의 고장률

$$\lambda_S = \Sigma \lambda_i = \frac{1}{\theta_S}$$

2) 병렬연결

$$\begin{aligned} R_S(t) &= 1 - F_S(t) \\ &= 1 - F_1(t) \cdot F_2(t) \cdot F_3(t) \cdot \cdots \cdot F_n(t) \\ &= 1 - \prod_{i=1}^{n} F_i(t) \\ &= 1 - \Pi(1 - R_i(t)) \end{aligned}$$

① 부품 2개의 병렬시스템

㉠ 시스템의 신뢰도

$$\begin{aligned} R_S(t) &= 1 - (1 - R_1(t))(1 - R_2(t)) \\ &= R_1(t) + R_2(t) - R_1(t)R_2(t) \\ &= e^{-\lambda_1 t} + e^{-\lambda_2 t} - e^{-(\lambda_1 + \lambda_2)t} \end{aligned}$$

㉡ 시스템의 평균수명

$$\theta_S = \frac{1}{\lambda_1} + \frac{1}{\lambda_2} - \frac{1}{\lambda_1 + \lambda_2}$$

② 부품 3개의 병렬시스템

㉠ 시스템의 신뢰도

$$R_S(t) = 1-(1-R_1(t))(1-R_2(t))(1-R_3(t))$$
$$= R_1(t) + R_2(t) + R_3(t) - R_1(t)R_2(t) - R_1(t)R_3(t) - R_2(t)R_3(t) + R_1(t)R_2(t)R_3(t)$$

㉡ 시스템의 평균수명

$$\theta_S = \frac{1}{\lambda_1} + \frac{1}{\lambda_2} + \frac{1}{\lambda_3} - \frac{1}{\lambda_1 + \lambda_2} - \frac{1}{\lambda_1 + \lambda_3} - \frac{1}{\lambda_2 + \lambda_3} + \frac{1}{\lambda_1 + \lambda_2 + \lambda_3}$$

③ 부품이 $\lambda_1 = \lambda_2 = \cdots = \lambda_n$ 인 병렬시스템

㉠ 시스템의 신뢰도

$$R_S(t) = 1-(1-R_1(t))(1-R_2(t))\cdots(1-R_n(t))$$

㉡ 시스템의 평균수명

$$\theta_S = \frac{1}{\lambda_0}\left(1 + \frac{1}{2} + \cdots + \frac{1}{n}\right)$$

3) 대기구조

① 신뢰도

$$R_S(t) = (1+\lambda t)e^{-\lambda t}$$

② 평균수명

$$MTBF_S = \frac{n}{\lambda}\text{(단, } n=2\text{이다.)}$$

9 고장목 분석(FTA)

1. 특징

① System의 불신뢰도로 표현된다.

② 고장원인의 인과관계를 top down 방식으로 분석한다.

③ 불신뢰도로 표현되는 정량적 방식이다.

④ 논리회로를 사용한다.

⑤ M.A. Watson에 의해 제안되었으며, 같은 사상이 발생되면 불대수로 간소화하여 해석한다.

2. 논리회로

① ◇ : 생략사상

고려할 필요가 없거나 모를 때

② ○ : 기본사상

③ ▭ : 정상사상과 중간사상

④ ⬭ : 조건기호

3. AND gate와 OR gate

① AND 게이트

$F_S = F_1 \cdots F_n = \Pi F_i$

신뢰성 블록도상 병렬연결에 해당된다.

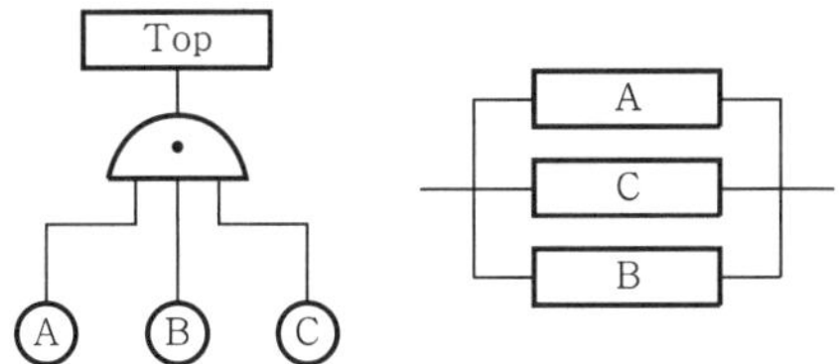

② OR 게이트

$F_S = 1-(1-F_1)\cdots(1-F_n) = 1-\Pi(1-F_i)$

신뢰성 블록도상 직렬연결에 해당된다.

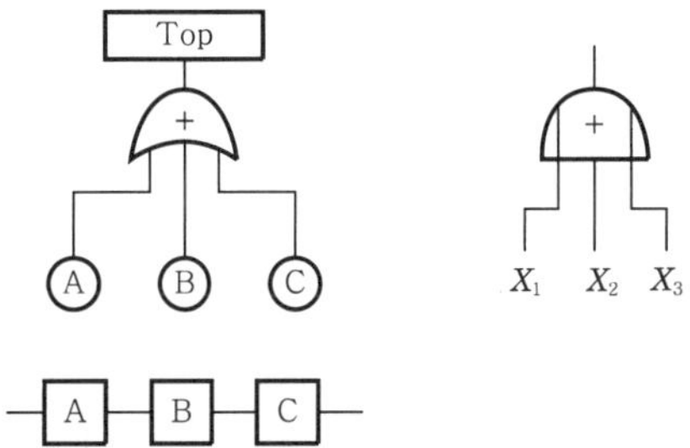

4. Booleon 대수법칙

1) 흡수법칙

① $A+(AB)=A$

② $A(AB)=AB$

③ $A(A+B)=A$

④ $A(1+B)=A$

2) 동정법칙

① $A+A=2A=A$

② $A\times A=A^2=A$

③ $1+A=1$

3) 분배법칙

① $A+(BC)=(A+B)(A+C)$

② $A(B+C)=AB+AC$

4) 예제

$$
\begin{aligned}
T &= AB(A+C) \\
&= A^2B+ABC \\
&= AB+ABC=AB(1+C)=AB
\end{aligned}
$$

10 간섭이론과 안전계수

1) 불신뢰도

$$
\begin{aligned}
P[\text{부하}(x)-\text{강도}(y)>0] &= P\left[u>\frac{0-(\mu_x-\mu_y)}{\sqrt{\sigma_x^2+\sigma_y^2}}\right] \\
&= P\left[u>\frac{\mu_y-\mu_x}{\sqrt{\sigma_x^2+\sigma_y^2}}\right]
\end{aligned}
$$

부하 $\sim N(\mu_x,\ \sigma_x^2)$, 강도 $\sim N(\mu_y,\ \sigma_y^2)$

2) 안전계수

$$m=\frac{\mu_y-n_y\sigma_y}{\mu_x+n_x\sigma_x}$$

3) 재료강도

$$\mu_y=n_y\sigma_y+m(\mu_x+n_x\sigma_x)$$

PART 05 적중문제

5-1 신뢰성 척도

01 800개에 대한 수명시험결과 3시간과 6시간 사이의 고장개수는 42개이다. 그리고 이 구간 초의 생존개수는 615개이고, 구간 말의 생존개수는 573개이다. 다음 물음에 답하시오.

1) 3시간에서의 신뢰도함수 $R(t)$는?
2) 3시간에서의 고장확률밀도함수 $f(t)$는?
3) 3시간에서의 고장률함수 $\lambda(t)$는?

문제해결의 Key point

신뢰도나 불신뢰도는 어떠한 t 시점에서 정확하게 값이 산출되지만, 고장밀도 함수값이나 고장률 함수값은 t 시점과 $t+\Delta t$ 시점까지의 확률을 미분한 개념이므로 $t+\Delta t$가 t로 수렴되게 된다. 따라서 다음과 같이 신뢰성 척도가 정의된다.

신뢰도 : $R(t)=\dfrac{n(t)}{N}$

불신뢰도(누적고장확률) : $F(t)=1-R(t)$

고장밀도함수 : $f(t)=\dfrac{n(t)-n(t+\Delta t)}{N}\dfrac{1}{\Delta t}=\lambda(t)R(t)$

고장률함수 : $\lambda(t)=\dfrac{n(t)-n(t+\Delta t)}{n(t)}\dfrac{1}{\Delta t}=\dfrac{f(t)}{R(t)}$

해설 1) 신뢰도

$$R(t=3)=\frac{n(t=3)}{N}=\frac{615}{800}=0.76876$$

2) 고장밀도함수

$$f(t=3)=\frac{n(t=3)-n(t=6)}{\Delta t\cdot N}=\frac{42}{3\times 800}=0.0175/\text{hr}$$

3) 고장률함수

$$\lambda(t=3)=\frac{n(t=3)-n(t=6)}{\Delta t\cdot n(t=3)}=\frac{42}{3\times 615}=0.022764/\text{hr}$$

02 90개의 샘플에 대한 60시간의 수명시험결과가 다음과 같다. 물음에 답하시오.

시험시간	0~10	10~20	20~30	30~40	40~50	50~60
고장개수	4	21	30	25	8	2

1) $t=20$에서 $R(t)$, $F(t)$, $f(t)$, $\lambda(t)$를 계산하시오.
2) $f(t)$, $\lambda(t)$를 구간별로 값을 구하시오.

해설 1) 신뢰성척도의 계산

① $R(t=20)=\dfrac{n(t=20)}{N}$

$=\dfrac{65}{90}=0.7222$

② $F(t=20)=1-R(t=20)$

$=1-0.7222=0.2778$

③ $f(t=20)=\dfrac{n(t=20)-n(t=30)}{\Delta t \cdot N}$

$=\dfrac{30}{10\times 90}=0.03333$

④ $\lambda(t=20)=\dfrac{n(t=20)-n(t=30)}{\Delta t \cdot n(t=20)}$

$=\dfrac{30}{10\times 65}=0.04615$

2) 구간별 $f(t)$, $\lambda(t)$의 계산표

시험시간	고장개수	$f(t)$	$\lambda(t)$
0~10	4	0.00444	0.00444
10~20	21	0.02333	0.02442
20~30	30	0.03333	0.04615
30~40	25	0.02778	0.07143
40~50	8	0.00889	0.08000
50~60	2	0.00222	0.10000

03 800개에 대한 수명시험결과 3시간과 6시간 사이의 고장개수는 42개이다. 그리고 이 구간 말의 생존개수는 573이다. 3시간에서의 신뢰도는?

해설 $R(t=3)=\dfrac{n(t=3)}{N}$

$=\dfrac{615}{800}=0.76875$

04 샘플 800개에 대한 수명시험결과 3시간과 6시간 사이의 고장개수는 42개이다. 3시간에서의 고장확률 $f(t)$는?

해설 $f(t=3) = \dfrac{n(t=3) - n(t=6)}{\Delta t \cdot N}$

$$= \frac{42}{3 \times 800} = 0.0175/\text{hr}$$

05 샘플 800개에 대한 수명시험 3시간과 6시간 사이의 고장개수는 42개이다. 그리고 이 구간 초의 생존개수는 615개이고, 구간 말의 생존개수는 573개이다. 3시간에서의 순간고장률 $\lambda(t)$는?

해설 $\lambda(t=3) = \dfrac{n(t=3) - n(t=6)}{\Delta t \cdot n(t=3)}$

$$= \frac{42}{3 \times 615} = 0.022764/\text{시간}$$

06 샘플수 n=5인 실험에서 다음과 같이 고장이 발생하였다. t=25에서 메디안 랭크법을 써서 $F(t)$, $R(t)$를 계산하시오.

25　　100　　40　　75　　15　(단위 : 시간)

신뢰성시험은 시간이나 비용의 문제 때문에 소시료인 경우가 많다. 이때의 신뢰성척도를 계산할 수 있는 다음과 같은 방법이 고안되었는데 수명시간이 어떠한 분포를 따르는가에 관계없이 비대칭 정규분포인 경우 가장 많이 사용하는 것이 Benard가 고안한 메디안 랭크법이다. 또한 수명시간이 정규분포를 따르고 있다고 판단되면 평균순위법을 사용한다.

- 선험법 : $F(t_i) = \dfrac{i}{n}$　　$R(t_i) = 1 - F(t_i) = \dfrac{n-i}{n}$
- 메디안 랭크법 : $F(t_i) = \dfrac{i-0.3}{n+0.4}$　　$R(t_i) = 1 - F(t_i) = \dfrac{n-i+0.7}{n+0.4}$
- 평균순위법 : $F(t_i) = \dfrac{i}{n+1}$　　$R(t_i) = 1 - F(t_i) = \dfrac{n-i+1}{n+1}$

해설 ① $F(t_i = 25) = \dfrac{i - 0.3}{n + 0.4}$

$$= \frac{2 - 0.3}{5 + 0.4} = 0.31481$$

② $R(t_i = 25) = \dfrac{n - i + 0.7}{n + 0.4}$

$$= \frac{5 - 2 + 0.7}{5 + 0.4} = 0.68519$$

07 샘플수 $n=5$인 실험에서 다음과 같이 고장이 발생하였다. $t=25$에서 메디안 순위법을 써서 $f(t)$, $\lambda(t)$ 를 계산하시오.

25 100 40 75 15 (단위 : 시간)

문제해결의 key point

위의 방법에서 $f(t)$는 $F(t)$를 시간미분한 상태이므로 $f(t)=\frac{d}{dt}F(t)=-\frac{d}{dt}R(t)$가 되며, $\lambda(t)$는 $f(t)$를 $R(t)$로 나눈 개념이므로 각 방법에 따른 표현식은 다음과 같이 정의된다.

- 선험법 : $f(t_i)=\frac{1}{n}\times\frac{1}{t_{i+1}-t_i}$

  $\lambda(t_i)=\frac{f(t_i)}{R(t_i)}=\frac{1}{n-i}\times\frac{1}{\Delta t}$
- 메디안 랭크법 : $f(t_i)=\frac{1}{n+0.4}\times\frac{1}{t_{i+1}-t_i}$

  $\lambda(t_i)=\frac{f(t_i)}{R(t_i)}=\frac{1}{n-i+0.7}\times\frac{1}{\Delta t}$
- 평균순위법 : $f(t_i)=\frac{1}{n+1}\times\frac{1}{t_{i+1}-t_i}$

  $\lambda(t_i)=\frac{f(t_i)}{R(t_i)}=\frac{1}{n-i+1}\times\frac{1}{\Delta t}$

(단, $\Delta t=t_{i+1}-t_i$ 이다.)

해설 ① 고장밀도함수

$$f(t_i=25)=\frac{1}{(n+0.4)(t_3-t_2)}$$

$$=\frac{1}{(5+0.4)(40-25)}=0.01235/\text{hr}$$

② 고장률함수

$$\lambda(t_i=25)=\frac{1}{(n-i+0.7)(t_3-t_2)}$$

$$=\frac{1}{(5-2+0.7)(40-25)}=0.01802/\text{hr}$$

5-2 신뢰성 분포

(1) 지수분포의 신뢰성 추정

01 샘플 10개에 대하여 교체없이 5,000시간 수명시험을 한 결과 1000, 2000, 3000, 4000 시간에 각각 한 개씩 고장이 났다. 그리고 나머지는 시험 중단시간까지 고장나지 않았다. 지수분포를 따를 때 평균수명의 점추정값을 구하고, 신뢰수준 90%에서의 평균수명의 구간추정을 하여라.

문제해결의 key point

교체없이 5,000시간 수명시험 후 중단하였으므로 정시중단시험이다.
중도중단시험 중 정시중단시험(t_0 시간까지 실험)의 경우 정수중단시험과는 달리 평균수명의 점추정치를 χ^2 분포로 변환시킬 때 $\chi^2 = \frac{2r\hat{\theta}}{\theta}$의 하측자유도는 $2r$을 따르지만, 상측자유도가 $2r$ 보다는 $2(r+1)$에 근사하는 특징이 있다. 이는 시험종료시간 t_0 시점 훨씬 이전에 r번째의 고장이 발생하기에, 시험종료시간 근처에서 고장이 하나가 더 있는 것으로 판단하기 때문이다.

해설 1) 평균수명의 점추정치

$$\hat{\theta} = \frac{T}{r} = \frac{\Sigma t_i + (n-r)t_o}{r}$$

$$= \frac{1,000 + \cdots + 4,000 + 6 \times 5,000}{4} = 10,000\text{hr}$$

2) 신뢰구간의 추정

① 신뢰하한값

$$\theta_L = \frac{2r\hat{\theta}}{\chi^2_{1-\alpha/2}(2(r+1))} = \frac{2 \times 4 \times 10,000}{\chi^2_{0.95}(10)} = 4369.19716\text{hr}$$

② 신뢰상한값

$$\theta_U = \frac{2r\hat{\theta}}{\chi^2_{\alpha/2}(2r)} = \frac{2 \times 4 \times 10,000}{\chi^2_{0.05}(8)} = 29304.02930\text{hr}$$

02 샘플 15개에 대하여 5개가 고장 날때까지 교체없이 수명시험을 하고 관측한 고장시간은 각각 17.5, 18.8, 21.0, 31.0, 42.3시간이다. 지수분포를 따르고 있는 경우, 평균수명의 점추정값과 90%의 신뢰구간을 추정하여라.

문제해결의 Key point

교체없이 샘플 5개가 고장 날때까지 시험 후 중단하였으므로 정수중단방식이다.

정수중단방식(t_r 시간까지 실험)은 평균수명의 점추정치를 χ^2 분포로 변환시킬 때 $\chi^2 = \frac{2r\hat{\theta}}{\theta}$의 상측자유도와 하측자유도는 모두 $2r$을 따른다.

해설 1) 평균수명의 점추정치

$$\hat{\theta} = \frac{T}{r} = \frac{\Sigma t_i + (n-r)t_r}{r}$$
$$= \frac{17.5 + \cdots + 42.3 + 10 \times 42.3}{5} = 110.72\text{hr}$$

2) 신뢰구간의 추정

① 신뢰하한값

$$\theta_L = \frac{2r\hat{\theta}}{\chi^2_{1-\alpha/2}(2r)}$$
$$= \frac{2 \times 5 \times 110.72}{\chi^2_{0.95}(10)} = 60.46969\text{hr}$$

② 신뢰상한값

$$\theta_U = \frac{2r\hat{\theta}}{\chi^2_{\alpha/2}(2r)}$$
$$= \frac{2 \times 5 \times 110.72}{\chi^2_{0.05}(10)} = 281.01523\text{hr}$$

03 샘플 10개에 대하여 고장 날때까지 수명시험을 한 결과 고장발생시간은 317, 735, 866, 25, 916, 1263, 1020, 586, 636, 830시간이었다. 지수분포를 따르는 경우, 평균수명의 95% 신뢰하한값은 얼마인가?

문제해결의 Key point

이 문제는 10개 모두 고장나는 경우의 정수중단시험으로, 신뢰상한값과 하한값 중 신뢰하한값을 물어보고 있는 한쪽 추정방식의 문제이다. 신뢰구간을 구하라고 하지 않고 신뢰한계값을 묻는 문제는 한쪽 추정이 기준이 된다.

해설

$$\theta_L = \frac{2r\hat{\theta}}{\chi^2_{1-\alpha}(2r)} = \frac{2T}{\chi^2_{1-\alpha}(2r)}$$
$$= \frac{2 \times 7{,}194}{\chi^2_{0.95}(20)} = \frac{2 \times 7{,}194}{31.41} = 458.07068\text{hr}$$

(단, 총작동시간 $T = \Sigma t_i = 7{,}194$시간이다.)

04

어떤 제품 $n=10$개의 샘플을 관측한 결과 500시간까지 고장이 한 개도 발생하지 않았다. 이 제품의 고장이 지수분포에 따른다고 보고 신뢰수준 90%에서의 $MTBF_L$를 추정하여라.

문제해결의 key point

정시중단시험에서 시험종료시간 t_0 시점까지 고장이 발생하지 않으면 고장개수 0개인 경우가 되는데, 이때는 푸아송분포를 이용하여 평균수명의 신뢰하한값만 추정할 수 있다.

이때의 평균수명의 신뢰하한값은 $MTBF_L = -\frac{T}{\ln\alpha}$로 추정되는데 신뢰율의 상태에 따라 다음과 같이 정의하여 사용한다.

① 신뢰율 90%인 경우 : $MTBF_L = \frac{T}{2.3}$

② 신뢰율 95%인 경우 : $MTBF_L = \frac{T}{2.99}$

또한 정시중단방식의 신뢰하한값의 한쪽 추정인 $\theta_L = \frac{2r\hat{\theta}}{\chi^2_{1-\alpha}(2(r+1))} = \frac{2T}{\chi^2_{1-\alpha}(2)}$을 사용할 수도 있다.

해설 $MTBF_L = \frac{T}{2.3} = \frac{10\times 500}{2.3} = 2173.91304\text{hr}$

05

정시중단시험 방식에서 제품 A는 총작동시간 2.0×10^5시간으로 무고장이며, 제품 B는 총동작시간 2.5×10^5시간으로 현재의 고장이 발생하였다. 제품들이 지수분포를 따르는 경우 신뢰수준 90%로 $MTBF$의 하한값을 비교하시오.

문제해결의 key point

$r=0$인 경우는 원리적으로 한쪽 추정방식이기에 제품 A와 제품 B의 평균수명의 비교는 한쪽 추정방식으로 비교해야 한다.

해설 ① 제품 A의 평균수명의 하한값($r=0$인 경우)

$$MTBF_L = \frac{T}{2.3} = \frac{2.0\times10^5}{2.3} = 86956.52174\text{시간}$$

② 제품 B의 평균수명의 하한값

$$MTBF_L = \frac{2T}{\chi^2_{1-\alpha}(2(r+1))} = \frac{2\times2.5\times10^5}{\chi^2_{0.90}(4)} = 64267.35219\text{시간}$$

③ 비교 : 제품 A의 평균수명이 제품 B의 평균수명보다 길다.

06 1,000개의 부품으로 구성된 기기를 1,000시간 사용하였을 때의 신뢰도를 0.9로 유지하고 싶다. 부품의 신뢰도가 지수분포에 따르는 경우 부품의 평균 고장률을 구하여라.

해설 $R(t=1{,}000)=0.9=e^{-n\lambda t}=e^{-1{,}000\times\lambda\times t}$

여기서 $0.9=e^{-1{,}000\times\lambda\times 1{,}000}$ 이다.

$\therefore\ \lambda=1.05361\times10^{-7}/\text{hr}$

07 어떤 제품의 수명은 지수분포를 따르며 평균수명이 10,000시간이고 이미 5,000시간을 사용하였다. 앞으로 1,000시간을 더 사용할 때 고장없이 작업을 수행할 신뢰도는 얼마인가?

문제해결의 Key point

지수분포를 따르는 경우에는 5,000시간 사용한 제품이 앞으로 1,000시간 더 사용할 확률이나 새로운 제품을 1,000시간 동안 고장없이 사용할 확률이나 확률값이 같다. 왜냐 하면 지수분포는 고장률이 일정하게 정의되는 분포이기 때문이다. 따라서 지수분포는 고장률함수가 IFR인 정규분포처럼 조건부확률이 존재하지 않는 분포이다.

해설 $R(t=1{,}000)=e^{-\lambda t}=e^{-\frac{1}{10{,}000}\times 1{,}000}=0.90484$

08 어떤 기계를 24시간 간격으로 점검하고 점검시간에 고장난 것과 고장 날만하여 새 것으로 교체한 부품수는 다음과 같다. 평균수명을 측정하시오.

t_i	r_i (고장수)	k_i(교체수)	t_i	r_i (고장수)	k_i(교체수)
48	0	2	168	2	3
72	0	3	192	1	1
96	1	2	216	1	1
120	1	1	264	2	1
144	2	2	288	1	3

문제해결의 Key point

지수분포이므로 고장나거나 교체한 것의 시간 모두 작동된 시간이고 고장개수만 고장난 것이므로, 평균수명은 단위고장당 작동시간이므로 총작동시간은 모두 합산하여 고장개수로 나눈다.

 해설 $\hat{\theta}=\dfrac{\Sigma r_i t_i+\Sigma k_i t_i}{\Sigma r_i}$

$$=\frac{48\times 2+72\times 3+\cdots+288\times 4}{11}=456\text{hr}$$

09 다음 데이터는 설계를 변경한 후 만든 어떤 전자기기 장치 10대를 수명시험에 걸어 고장 개수 $r=7$에서 중단한 시험의 결과이다. 이 데이터를 웨이블 확률지에 타점하여보니 형상 파라메타가 $m=1$이 되었다. 다음 물음에 답하시오. (단, 소수점 3자리로 답하시오.)

[Data] 3, 9, 12, 18, 27, 31, 43(시간)

1) 이 장치의 $MTBF$를 추정하시오.
2) 고장률을 추정하시오.
3) 이 장치의 시간 $t=10$ 에서의 신뢰도를 구하시오.
4) $MTBF$가 20.5라면 $MTBF$가 변화하였다고 할 수 있는가? (단, α=0.10)
5) 신뢰수준 90%에서의 $MTBF$의 신뢰구간을 구하시오.

 문제해결의 key point

웨이블 분포에서 형성모수가 1이면 지수분포를 따르게 된다. 따라서 지수분포를 적용하여 문제를 해결한다. 또한 양쪽 검정이므로 추정도 양쪽 신뢰구간이 설정된다.

해설 1) $MTBF$의 추정치

$$M\hat{T}BF=\frac{T}{r}=\frac{\Sigma t_i+(n-r)t_r}{r}$$

$$=\frac{3+\cdots+43+3\times 43}{7}=38.857\text{hr}$$

2) 고장률의 추정치

$$\hat{\lambda}=\frac{1}{M\hat{T}BF}=0.0257/\text{hr}$$

3) 신뢰도

$$R(t=10)=e^{-\lambda t}=e^{-0.0257\times 10}=0.7734$$

4) 평균수명의 검정

① 가설 : H_0 : $MTBF=20.5$시간, H_1 : $MTBF\neq 20.5$시간

② 유의수준 : $\alpha=0.10$

③ 검정통계량 : $\chi_0^2=\dfrac{2r\hat{\theta}}{\theta}=\dfrac{2\times 7\times 38.857}{20.5}=26.53649$

④ 기각치 : $\chi^2_{0.95}(14)=23.68$, $\chi^2_{0.05}(14)=6.57$

⑤ 판정 : $\chi_0^2>\chi^2_{0.95}(14)$이므로 H_0 기각

5) 평균수명의 추정

① 신뢰하한값

$$MTBF_L = \frac{2\,r\,\hat{\theta}}{\chi^2_{1-\alpha/2}(2r)}$$

$$= \frac{2\times 7\times 38.857}{\chi^2_{0.95}(14)} = 22.973$$

② 신뢰상한값

$$MTBF_U = \frac{2\,r\,\hat{\theta}}{\chi^2_{\alpha/2}(2r)}$$

$$= \frac{2\times 7\times 38.857}{\chi^2_{0.05}(14)} = 82.8$$

따라서 평균수명의 신뢰구간은 22.973시간 $\le \theta \le 82.80$ 시간이다.

참고 신뢰성공학에서 분포와 관계없이 일반적으로 평균수명을 θ로 통칭하는데, 지수분포인 경우 $\widehat{MTBF}$, 정규분포인 경우 μ로 표현한다.

(2) 정규분포의 신뢰성 추정

01 부품 A의 수명은 N(50, 16)의 정규분포에 따르고, 부품 B의 수명은 N(6, 36)의 정규분포에 따른다. 수명시간 45에서의 각 부품의 신뢰도를 구하여라. 그리고 이 부품 중 어느 하나라도 고장인 경우 시스템이 고장난다고 하면 전체 신뢰도는 얼마인가?

문제해결의 key point

정규분포에서 좌측 구역은 t시점에서 이미 고장이 발생한 누적고장확률로 정의되는 불신뢰도 $F(t)$이고, 우측 구역은 t시점에서 생존확률로 표시되는 신뢰도 $R(t)$이다.

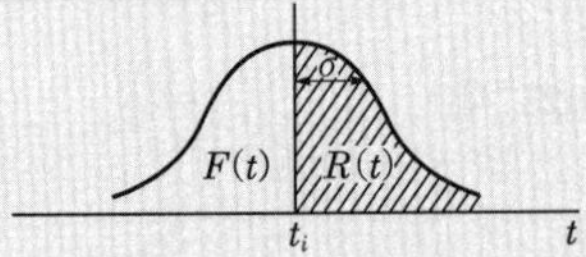

$$\hat{\mu} = \bar{t} = \frac{\Sigma t_i + (n-r)t_{r/0}}{r} \qquad \hat{\sigma} = \sqrt{\frac{\Sigma(t_i-\bar{t})^2 + (n-r)(t_{r/0}-\bar{t})^2}{r-1}}$$

정규분포의 신뢰도와 불신뢰도는 다음과 같다.

$$F(t) = \Pr(t \le t_i) = \Pr\left(z \le \frac{t_i - \hat{\mu}}{\sigma}\right) \qquad R(t) = \Pr(t \ge t_i) = \Pr\left(z \ge \frac{t_i - \hat{\mu}}{\sigma}\right)$$

해설 1) 부품의 신뢰도

$$R_A(t=45)=\Pr(t_A \geq 45)=\Pr\left(z \geq \frac{45-50}{4}\right)$$
$$=\Pr(z \geq -1.25)=0.8944$$
$$R_B(t=45)=\Pr(t_B \geq 45)=\Pr\left(z \geq \frac{45-60}{6}\right)$$
$$=\Pr(z \geq -2.5)=0.9938$$

2) 시스템의 신뢰도

$$R_S(t)=\Pi R_i(t)$$
$$=R_A(t=45)\cdot R_B(t=45)=0.88885$$

02 어떤 제품의 수명이 평균 450시간, 표준편차 50시간의 정규분포에 따른다고 한다. 이 제품 200개를 새로 사용하기 시작하였다면 지금부터 500~600시간 사이에서는 평균 몇 개가 고장나겠는가?

해설 500~600시간에서 고장날 확률은 다음과 같다.

$$=\Pr(500 \leq t \leq 600)=\Pr\left(\frac{500-450}{50} \leq z \leq \frac{600-450}{50}\right)$$
$$=\Pr(1 \leq z \leq 3)=0.1574$$

∴ 평균개수 $=200\times0.1574=31.48 \rightarrow 32$개

03 100[V]짜리 백열전구의 수명분포는 $\mu=100$시간, $\sigma=50$시간인 정규분포에 따른다고 하자. 다음 물음에 답하시오.

1) 새로 교환한 전구를 50시간 사용하였을 때 신뢰도를 구하시오.
2) 이미 100시간 사용한 전구를 앞으로 50시간 이상 사용할 수 있을 확률은?

문제해결의 key point

일정시간까지 사용된 것 중 다음 시간까지의 사용 확률은 생존개수를 기준으로 계산하므로 조건부확률이 적용된다. 조건부확률은 다음과 같다. (단, $t_1=t_0+\Delta t$이다.)

$$R(t_1/t_0)=\frac{\Pr(t\geq t_1)}{\Pr(t\geq t_0)}$$

해설 1) $R(t=50)=\Pr(t \geq 50)=\Pr\left(z \geq \frac{50-100}{50}\right)=\Pr(z \geq -1)=0.8413$

2) $R(t_1 \geq 150/t_0 \geq 100)=\frac{\Pr(t \geq 150)}{\Pr(t \geq 100)}=\frac{\Pr(z \geq 1)}{\Pr(z \geq 0)}=0.3174$

04 어떤 부품의 고장 시간의 분포가 $\mu=$ 20,000사이클, $\sigma=$2,000사이클인 정규분포를 한다면 $t=$19,000사이클일 때의 신뢰도와 순간고장률은?

 문제해결의 key point

순간고장률은 t 시점에서의 생존확률을 기준으로 t 시점의 고장확률을 계산한 값이므로, 고장밀도함수 $f(t)$를 신뢰도함수 $R(t)$로 나눈 개념이 된다.
따라서 $\lambda(t)=\dfrac{f(t)}{R(t)}=\dfrac{\phi(z)}{\sigma R(t)}$로 정의된다.

해설 ① 신뢰도

$$R(t)=\Pr(t\geq 19{,}000)=\Pr\left(z\geq \frac{19{,}000-20{,}000}{2{,}000}\right)$$
$$=\Pr(z\geq -0.5)=0.6915$$

② 고장률

$$\lambda(t)=\frac{\phi(z)}{\sigma R(t)}=\frac{\frac{1}{\sqrt{2\pi}}\,e^{-\frac{(-0.5)^2}{2}}}{2{,}000\times 0.6915}=\frac{0.35207}{2{,}000\times 0.6915}=2.54566\times 10^{-4}/\text{hr}$$

(3) 와이블분포의 신뢰성의 추정

01 100개의 샘플에 대한 수명시험을 500시간 실시한 후, 와이블 확률지를 이용하여 형상모수 0.7, 척도모수 8,667, 위치모수 0으로 추정하였다. $\Gamma(1.42)=0.8864$, $\Gamma(1.43)=0.8860$일 때 다음 물음에 답하시오.

1) 평균수명을 추정하시오.
2) 고장확률 밀도함수를 계산하시오.

문제해결의 key point

와이블분포의 고장밀도함수는 형상모수 m, 척도모수 η 및 위치모수 r에 의해 함수값이 결정되며 $f(t)=\lambda(t)\,R(t)=\dfrac{m}{\eta}\left(\dfrac{t-r}{\eta}\right)^{m-1}e^{-\left(\frac{t-r}{\eta}\right)^m}$로 정의되어진다. 또한 신뢰도함수와 고장률함수 및 기대가와 분산은 각각 다음과 같다.

- $R(t)=e^{-\left(\frac{t-r}{\eta}\right)^m}$
- $\lambda(t)=\dfrac{m}{\eta}\left(\dfrac{t-r}{\eta}\right)^{m-1}$
- $E(t)=\eta\Gamma\left(1+\dfrac{1}{m}\right)$
- $V(t)=\eta^2\left(\Gamma\left(1+\dfrac{2}{m}\right)-\Gamma^2\left(1+\dfrac{1}{m}\right)\right)$

(단, $\Gamma(1+x)=x\,\Gamma(x)$ 이다.)

해설 1) 평균수명

$$E(t) = \eta\Gamma\left(1+\frac{1}{m}\right)$$
$$= 8{,}667\,\Gamma(2.43) = 8{,}667\,\Gamma(1+1.43)$$
$$= 8{,}667 \times 1.43\Gamma(1.43)$$
$$= 8{,}667 \times 1.43 \times 0.8860 = 10980.91566\text{hr}$$

2) 고장밀도함수

$$f(t=500) = \frac{m}{\eta}\left(\frac{t-r}{\eta}\right)^{m-1} e^{-\left(\frac{t-r}{\eta}\right)^m}$$
$$= \frac{0.7}{8{,}667}\left(\frac{500-0}{8{,}667}\right)^{0.7-1} e^{-\left(\frac{500-0}{8{,}667}\right)^{0.7}}$$
$$= 1.9006 \times 10^{-4} \times 0.87305 = 1.65935 \times 10^{-4}/\text{hr}$$

02 어떤 부품의 고장시간분포가 형상모수 4, 척도모수 1,000, 위치모수 1,000인 와이블분포를 따를 때, 사용시간 1,500시간에서의 신뢰도와 고장률은 얼마인가?

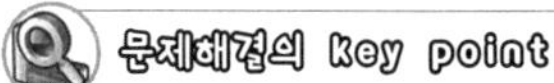

위치모수 r이 "0"이 아닌 경우의 문제로 위치모수 1,000을 고려해야 한다.

해설 ① 신뢰도

$$R(t=1{,}500) = e^{-\left(\frac{t-r}{\eta}\right)^m} = e^{-\left(\frac{1{,}500-1{,}000}{1{,}000}\right)^4} = 0.93941$$

② 고장률

$$\lambda(t=1{,}500) = \frac{m}{\eta}\left(\frac{t-r}{\eta}\right)^{m-1}$$
$$= \frac{4}{1{,}000}\left(\frac{1{,}500-1{,}000}{1{,}000}\right)^{4-1} = 5.0 \times 10^{-4}/\text{hr}$$

03 어떤 제품의 형상모수가 0.7이고, 척도모수가 8,667시간일 때 이 제품을 10,000시간 사용할 때, 0시점에서 10,000시점까지의 평균고장률을 구하여라. (단, 위치모수는 0이다.)

문제해결의 key point

평균고장률이란 임의 시간 t_1에서 t_2까지의 평균적인 고장률이므로, 일정 t시점에서의 누적고장률 $H(t)=\int_{t_1}^{t_2}\lambda(t)dt$ 를 구하여 Δt로 나눈값을 사용하여 구한다. 이 문제는 0시점에서 10,000 시점의 평균고장률이므로 $t_1=0$, $t_2=10{,}000$인 상태에서 다음과 같이 정의된다.

$$AFR(t_1,\, t_2)=\frac{H(t_2=t_i)-H(t_1=0)}{t_2-t_1}=\frac{\int_0^t \lambda(t)dt}{\Delta t}$$

해설 $\bar{\lambda}(t=10{,}000)=\dfrac{H(t=10{,}000)-H(t=0)}{\Delta t}$

$$=\frac{\left(\frac{10{,}000-0}{8{,}667}\right)^{0.7}-\left(\frac{0-0}{8{,}667}\right)^{0.7}}{10{,}000-0}=1.1053\times10^{-4}/\text{hr}$$

(단, $H(t)=-\ln R(t)=\left(\dfrac{t-r}{\eta}\right)^m$ 이다.)

04 절삭기 기계에 들어가는 피니언 기어 부품의 고장시간의 분포가 형상모수 $m=3$, 척도모수 $\eta=1000$, 위치모수 $r=0$의 웨이블분포를 따를 때 다음 물음에 답하시오.

1) 사용시간 $t=500$에서의 신뢰도를 구하시오.
2) 사용시간 $t=500$에서의 고장률을 구하시오.
3) 신뢰도를 0.90으로 하는 사용시간 t를 구하시오.

해설 1) 신뢰도

$$R(t=500)=e^{-\left(\frac{t-r}{\eta}\right)^m}$$
$$=e^{-\left(\frac{500-0}{1{,}000}\right)^3}=0.88250$$

2) 고장률

$$\lambda(t=500)=\frac{m}{\eta}\left(\frac{t-r}{\eta}\right)^{m-1}$$
$$=\frac{3}{1{,}000}\left(\frac{500-0}{1{,}000}\right)^{3-1}=7.5\times10^{-4}/\text{hr}$$

3) 사용시간

$$R(t)=e^{-\left(\frac{t-r}{\eta}\right)^m}=0.90$$

위의 식에서 양변에 자연로그 ln을 취하면

$\ln 0.90=-\left(\dfrac{t-0}{1000}\right)^3$이 된다.

따라서 사용시간 $t=472.30872$시간이다.

05 어떤 제품 $n=10$개가 전부 고장나기까지의 시간을 관찰하였더니 다음의 데이터를 얻었다. 간편법에 의거하여 와이블 분포의 모수 m, t_0, η 및 평균수명 μ, 표준편차 σ를 구하여라. (단, $\Gamma(1.20)=0.91817$, $\Gamma(1.60)=0.89352$이다.)

[Data] 3, 8, 10, 15, 25, 27, 32, 33, 35, 55(일)

CV	m	CV	m
2.0	0.55	0.5	2.10
1.5	0.71	0.45	2.35
1.0	1.00	0.35	3.11
0.75	1.35	0.25	4.55

해설 1) 형상모수 m의 추정

① 변동계수의 계산

$$CV=\frac{\sqrt{V_t}}{\bar{t}}=0.64488$$

② 형상모수의 추정(보간법)

$$m=2.10-0.75\times\frac{0.64488-0.5}{0.25}$$
$$=1.66535 \fallingdotseq 1.67$$

2) 척도모수η의 추정

$$t_0=\frac{\Sigma t_i^m}{n}=249.39289$$

따라서 $\eta=t_0^{\frac{1}{m}}=249.39289^{\frac{1}{1.67}}=27.24331$이다.

3) 기대가

$$E(t)=\eta\Gamma\left(1+\frac{1}{m}\right)$$
$$=27.24331\,\Gamma(1.59880)=27.24331\,\Gamma(1.60)$$
$$=27.24331\times 0.89352$$
$$=24.34244$$

따라서 $\theta=24.34244$(일)이다.

4) 분산

$$V(t)=\eta^2\left[\Gamma\left(1+\frac{2}{m}\right)-\Gamma^2\left(1+\frac{1}{m}\right)\right]$$
$$=27.24331^2\left[\Gamma\left(1+\frac{2}{1.67}\right)-\Gamma^2\left(1+\frac{1}{1.67}\right)\right]$$
$$=27.24331^2\,[\Gamma(2.20)-\Gamma^2(1.60)]$$
$$=27.24331^2\,[1.10180-0.89352^2]=225.19920$$

따라서 $\sigma^2=225.19920 \rightarrow \sigma \fallingdotseq 15.00664$(일)

(단, $\Gamma(1+x)=x\,\Gamma(x)$이다.)

5-3 가속수명시험

01 가속시험 전압 430V에서 얻은 고장시간은 평균수명 θ_s가 4,500시간으로 측정된 제품이 있다. 이 부품의 정상사용 전압은 210V이고, 이 제품의 활성계수(α)가 5인 경우 다음 물음에 답하시오.

1) 정상조건에서의 평균고장률은?
2) 40,000시간 사용을 사용하는 경우 누적고장확률은?

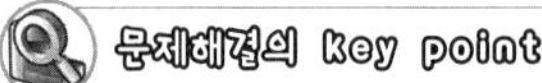

전압 혹은 압력이 제품수명에 영향을 주는 α승 법칙으로, $\theta_n = [\frac{V_s}{V_n}]^\alpha \theta_s$ 이다.

해설 1) 정상조건에서의 평균고장률

$$\theta_n = AF \times \theta_s = [\frac{V_s}{V_n}]^\alpha \times \theta_s = 35.99530 \times 4{,}500 = 161{,}978.85\text{시간}$$

$$\lambda_n = \frac{1}{\theta_n} = \frac{1}{161{,}978.85} = 6.71365 \times 10^{-6}/\text{시간}$$

2) 누적고장확률

$$F_n(t = 40{,}000) = 1 - e^{-\lambda_n t} = 0.23551$$

02 어떤 실험은 10℃ 법칙을 따른다고 한다. 정상온도(20℃)에서의 수명은 1,000시간일 때, 가속온도(100℃)에서 10시간 수명 실험을 한다면 생존확률은?

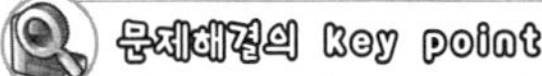

온도 10℃법칙 $AF = 2^\alpha$ (단, $\alpha = \frac{\text{가속온도} - \text{정상온도}}{10℃}$ 이다.)

해설 10℃ 법칙에서 $\theta_n = 2^\alpha \theta_s$

$$\theta_s = \frac{1}{2^\alpha}\theta_n = \frac{1}{2^8} \times 1{,}000 = 3.90625\text{hr}$$

$$R_s(t = 10) = e^{-\lambda_s t} = e^{-\frac{10}{3.90625}} = 0.0773$$

5-4 가용도와 보전도

01 다음은 어떤 전자장치의 보전시간을 집계한 표이다. $MTTR$ 및 $t=$2시간에서 보전도를 구하시오. (단, 보전시간은 지수분포를 따른다.)

보전시간	보전완료건수
0~1	20
1~2	11
2~3	5
3~4	3
4~5	2

문제해결의 key point

$MTTR$은 평균수리시간으로 총수리시간을 총수리건수로 나눈 단위당 수리시간을 의미한다. 이 문제는 수리시간이 지수분포를 따르는 경우로 수리율이 $\mu(t)=\mu$로 일정한 경우로 수리율의 역수가 $MTTR$로 정의된다. 또한 보전도는 규정된 시간 내에 보전을 완료할 확률로서 누적고장확률인 불신뢰도 $F(t)$를 생각하면 쉽게 응용할 수 있다.

해설 ① 평균수리시간

$$MTTR=\frac{\Sigma t_i f_i}{\Sigma f_i}$$

$$=\frac{1\times 20+\cdots+5\times 2}{41}=1.92683$$

② 보전도

$$M(t)=1-e^{-\mu t}$$

$$=1-e^{-\frac{t}{MTTR}}$$

$$=1-e^{-\frac{2}{1.92683}}=0.64583$$

참고 평균수리시간의 계산시 보전시간이 지수분포를 따르는 경우 보전시간은 구간말 시간값을 사용하고, 정규분포를 따르는 경우는 구간의 중심값을 사용한다.

02 어떤 기기의 평균고장률은 0.0125/시간이고, 이 기기가 고장나면 수리하는데 소요되는 평균시간은 20시간이다. 이 기기의 가동성을 구하여라.

문제해결의 key point

가용도란 시스템이 어떤 사용조건에서 기능을 유지하고 있을 확률을 의미한다.

따라서 $A = \dfrac{\text{동작가능시간}}{\text{동작가능시간} + \text{동작불가능시간}} = \dfrac{MTBF}{MTBF + MTTR} = \dfrac{\mu}{\lambda + \mu}$이다.

또한 수리 가능한 시스템의 가용도는 $A = R(t) + F(t)M(t)$로 정의되며, 수리 불가능한 설비의 가용도는 $A = R(t)$로 정의된다.

해설

$$A = \frac{MTBF}{MTBF + MTTR}$$
$$= \frac{\mu}{\mu + \lambda} = \frac{1/20}{1/20 + 0.0125} = 0.8$$

03 수리율 $\mu(t) = \mu$로 일정할 때 시간 $t = 1/\mu$까지 보전에 실패할 확률은?

문제해결의 key point

보전도는 주어진 조건에서 규정된 시간에 보전을 완료할 확률로서 수리시간 t가 지수분포를 따르는 경우 $M(t) = 1 - e^{-\mu t}$로 정의되며 $MTTR = \int_0^{\infty}(1 - M(t))dt = \dfrac{1}{\mu} = \dfrac{\Sigma t_i}{n}$이다. 이 문제는 수리율 $\mu(t) = \mu$로 일정한 경우이므로 지수분포를 따르고 있다.

해설

$$1 - M(t) = e^{-\frac{t}{MTTR}} = e^{-1} = 0.36788$$

5-5 시스템의 신뢰도

01 다음 그림과 같이 결합된 시스템을 200시간 사용하였을 경우 시스템의 평균수명과 시스템의 신뢰도는 얼마인가? (단, 부품의 고장은 상호독립이며, 고장분포는 지수분포를 따른다. 또한, λ_A=0.001/시간, λ_B=0.002/시간, λ_C=0.003/시간이다.)

문제해결의 key point

부품이 직렬연결이므로 시스템의 고장률은 부품의 고장률의 합으로 정의된다.

$\lambda_S = \Sigma\lambda = \lambda_A + \lambda_B + \lambda_C$

또한 시스템의 신뢰도는 $R_S(t) = e^{-\lambda_S t}$으로 정의된다.

해설 ① 시스템의 평균수명

$$\theta_S = \frac{1}{\lambda_S}$$

$$= \frac{1}{0.001+0.002+0.003} = \frac{1}{0.006} = 166.66667\text{hr}$$

② 시스템의 신뢰도

$$R_S(t=200) = e^{-\lambda_S t} = e^{-0.006\times 200} = 0.30119$$

02 지수분포를 따르는 λ=0.01인 부품 2개가 병렬로 결합되어 있다. 다음 물음에 답하시오.

1) 전체 평균수명 $MTBF_S$는 얼마인가?

2) 또한 100시간에서 시스템의 신뢰도는 얼마인가?

문제해결의 key point

부품 2개의 병렬연결인 시스템의 경우 시스템의 평균수명은 2개의 부품의 평균수명을 더한 값에서 곱의 평균수명을 뺀 값으로 정의된다. 따라서 $MTBF_S = \frac{1}{\lambda_1} + \frac{1}{\lambda_2} - \frac{1}{\lambda_1+\lambda_2}$이 되는데, $\lambda_1 = \lambda_2 = \lambda_0$인 경우는 $MTBF_S = \frac{1}{\lambda_0} + \frac{1}{\lambda_0} - \frac{1}{\lambda_0+\lambda_0} = \frac{3}{2\lambda_0} = \frac{3}{2}MTBF_0$가 된다. 또한 시스템의 신뢰도는 $R_S(t) = e^{-\lambda_1 t} + e^{-\lambda_2 t} - e^{-(\lambda_1+\lambda_2)t}$으로 정의된다.

해설 1) 시스템의 평균수명

$$MTBF_S = \frac{1}{\lambda_0}\left(1+\frac{1}{2}\right)$$
$$= \frac{3}{2\lambda_0} = \frac{3}{2}MTBF_0 = 150\text{hr}$$

2) 시스템의 신뢰도

$$R_S(t=100) = e^{-\lambda_1 t} + e^{-\lambda_2 t} - e^{-(\lambda_1+\lambda_2)t}$$
$$= 2e^{-\lambda t} - e^{-2\lambda t}$$
$$= 2e^{-0.01\times100} - e^{-2\times0.01\times100} = 0.60042$$

03 지수분포를 따르고 있는 3개의 부품이 병렬로 결합된 시스템의 평균수명을 구하시오. 또한 100시점에서 시스템의 신뢰도는 얼마가 되는가? (단, 각 부품의 고장률은 $\lambda_1=0.3\times10^{-3}$/시간, $\lambda_2=0.4\times10^{-3}$/시간, $\lambda_3=0.5\times10^{-3}$/시간이다.)

문제해결의 key point

부품 3개의 병렬연결인 시스템의 경우 시스템의 평균수명은 각 부품의 고장률이 동일하지 않은 경우 $MTBF_S = \frac{1}{\lambda_1}+\frac{1}{\lambda_2}+\frac{1}{\lambda_3}-\frac{1}{\lambda_1+\lambda_2}-\frac{1}{\lambda_1+\lambda_3}-\frac{1}{\lambda_2+\lambda_3}+\frac{1}{\lambda_1+\lambda_2+\lambda_3}$ 가 된다.

해설 ① 시스템의 평균수명

$$MTBF_S = \frac{1}{\lambda_1}+\frac{1}{\lambda_2}+\frac{1}{\lambda_3}-\frac{1}{\lambda_1+\lambda_2}-\frac{1}{\lambda_1+\lambda_3}-\frac{1}{\lambda_2+\lambda_3}+\frac{1}{\lambda_1+\lambda_2+\lambda_3}$$
$$= \left[\frac{1}{0.3}+\frac{1}{0.4}+\frac{1}{0.5}-\frac{1}{0.3+0.4}-\frac{1}{0.3+0.5}\right.$$
$$\left.-\frac{1}{0.4+0.5}+\frac{1}{0.3+0.4+0.5}\right]\times1,000$$
$$= 4876.98413\text{hr}$$

② 시스템의 신뢰도

$$R_S(t=100) = e^{-\lambda_1 t}+e^{-\lambda_2 t}+e^{-\lambda_3 t}-e^{-(\lambda_1+\lambda_2)t}-e^{-(\lambda_1+\lambda_3)t}-e^{-(\lambda_2+\lambda_3)t}+e^{-(\lambda_1+\lambda_2+\lambda_3)t}$$
$$= e^{-0.03}+e^{-0.04}+e^{-0.05}-e^{-0.07}-e^{-0.08}-e^{-0.09}+e^{-0.12} = 0.99994$$

04 지수분포를 따르는 λ=0.01인 부품 3개가 병렬로 결합되어 있다. 다음 물음에 답하시오.

1) 또한 100시간에서 시스템의 신뢰도는 얼마인가?

2) 시스템의 전체 평균수명 $MTBF_S$는 얼마인가?

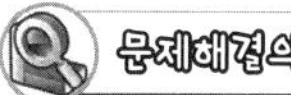

부품 2개의 병렬연결인 시스템의 경우 시스템의 평균수명은 $\lambda_1=\lambda_2=\lambda_0$인 경우는 $MTBF_S=\frac{1}{\lambda_0}+\frac{1}{\lambda_0}-\frac{1}{\lambda_0+\lambda_0}=\frac{3}{2\lambda_0}=\frac{3}{2}MTBF_0$가 된다. 또한 고장률이 동일한 부품 3개가 존재하는 병렬연결시스템의 평균수명은 $MTBF_s=\frac{11}{6\lambda_0}=\frac{11}{6}MTBF_0$가 되는데, 이 식을 응용하면 부품의 고장률이 동일한 n개의 병렬시스템의 평균수명은 다음과 같이 정의된다.

$$MTBF_s=\frac{1}{\lambda_0}\left(1+\frac{1}{2}+\frac{1}{3}+\cdots+\frac{1}{n}\right)$$

해설 1) 시스템의 신뢰도

$$R_S(t=100)=e^{-\lambda_1 t}+e^{-\lambda_2 t}+e^{-\lambda_3 t}-e^{-(\lambda_1+\lambda_2)t}-e^{-(\lambda_1+\lambda_3)t}-e^{-(\lambda_2+\lambda_3)t}+e^{-(\lambda_1+\lambda_2+\lambda_3)t}$$
$$=3e^{-\lambda t}-3e^{-2\lambda t}+e^{3\lambda t}=3e^{-0.01\times100}-3e^{-2\times0.01\times100}+e^{-3\times0.01\times100}$$
$$=0.74742$$

2) 시스템의 평균수명

$$MTBF_S=\frac{1}{\lambda_0}\left(1+\frac{1}{2}+\frac{1}{3}\right)$$
$$=\frac{11}{6\lambda_0}=\frac{11}{6}MTBF_0=183.33333\text{시간}$$

05 고장률이 $\lambda=10^{-3}$/hr인 동일한 세 개의 부품이 병렬로 구성된 시스템의 $MTBF_S$를 구하시오. (단, 부품의 고장은 상호독립이며, 지수분포를 따른다고 한다.)

해설

$$MTBF_S=\frac{1}{\lambda}\left(1+\frac{1}{2}+\frac{1}{3}\right)$$
$$=\frac{11}{6}\times\frac{1}{10^{-3}}=1833.33333\text{hr}$$

06 그림에서 부품 A의 평균고장률은 0.002/시간이고, 부품 B와 C의 평균고장률은 0.0015/시간이다. 100시간에서 시스템의 신뢰도를 계산하고, 시스템의 전체 평균수명을 구하라. (단, 부품의 고장은 상호독립이며, 지수분포를 따른다고 한다.)

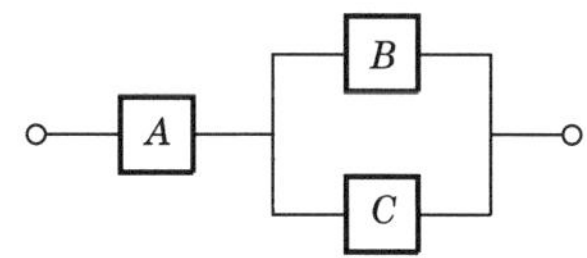

해설 ① 시스템의 신뢰도

$$R_S(t=100)=e^{-(\lambda_A+\lambda_B)t}+e^{-(\lambda_A+\lambda_B)t}-e^{-(\lambda_A+\lambda_B+\lambda_C)t}$$
$$=e^{-(0.0035\times100)}+e^{-(0.0035\times100)}+e^{-(0.005\times100)}=0.80285$$

② 시스템의 평균수명

$$MTBF_S=\frac{1}{\lambda_A+\lambda_B}+\frac{1}{\lambda_A+\lambda_C}-\frac{1}{\lambda_A+\lambda_B+\lambda_C}$$
$$=\frac{1}{0.002+0.0015}+\frac{1}{0.002+0.0015}-\frac{1}{0.002+0.0015+0.0015}$$
$$=\frac{1}{0.0035}+\frac{1}{0.0035}-\frac{1}{0.005}=371.42857\text{hr}$$

07 다음 그림과 같이 결합된 시스템에서 100시간 사용하였을 경우 시스템의 전체 신뢰도를 계산하고, 시스템의 평균수명을 구하라. (단, 각 부품의 고장률은 다음과 같다. $\lambda_A=0.3\times10^{-3}$/시간, $\lambda_B=0.4\times10^{-3}$/시간, $\lambda_C=0.8\times10^{-3}$/시간, $\lambda_D=0.1\times10^{-3}$/시간, 또한 각 부품의 고장은 지수분포에 따른다.)

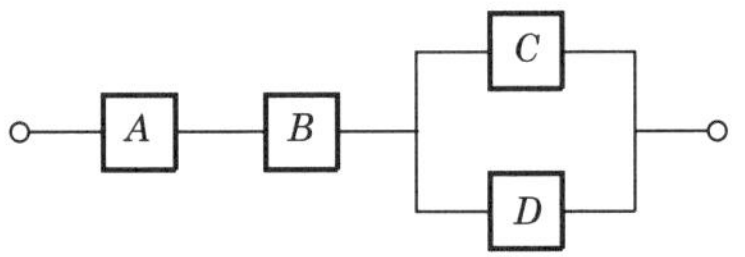

해설 ① 시스템의 신뢰도

$$R_S(t=100)=e^{-(\lambda_A+\lambda_B+\lambda_C)t}+e^{-(\lambda_A+\lambda_B+\lambda_D)t}-e^{-(\lambda_A+\lambda_B+\lambda_C+\lambda_D)t}$$
$$=e^{-1.5\times10^{-3}\times100}+e^{-0.8\times10^{-3}\times100}-e^{-1.6\times10^{-3}\times100}=0.93168$$

② 시스템의 평균수명

$$MTBF_S=\frac{1}{\lambda_A+\lambda_B+\lambda_C}+\frac{1}{\lambda_A+\lambda_B+\lambda_D}-\frac{1}{\lambda_A+\lambda_B+\lambda_C+\lambda_D}$$
$$=10^3\left(\frac{1}{0.3+0.4+0.8}+\frac{1}{0.3+0.4+0.1}-\frac{1}{0.3+0.4+0.8+0.1}\right)$$
$$=10^3\left(\frac{1}{1.5}+\frac{1}{0.8}-\frac{1}{1.6}\right)=1291.66667\text{hr}$$

08 각 신뢰도가 0.8888인 20개의 최소 부품으로 된 시스템의 신뢰도는 얼마나 되며 이 시스템을 3기 만들어 병렬로 결합하면 신뢰도는 어떻게 되겠는가?

**해설** ① 시스템의 신뢰도

$$R_S=R_i^{\,n}=0.8888^{20}=0.09464$$

② 병렬시스템의 신뢰도

$$R_S=1-(1-0.8888^{20})^3=0.2579$$

09 다음과 같이 구성된 시스템이 있다. 만약 어떤 시점 t에서 각 부품의 신뢰도가 모두 $R_i(t)=0.9$, $i=1, 2, \cdots, 8$이라면 이 시스템의 신뢰도는 시간 t에서 얼마인가?

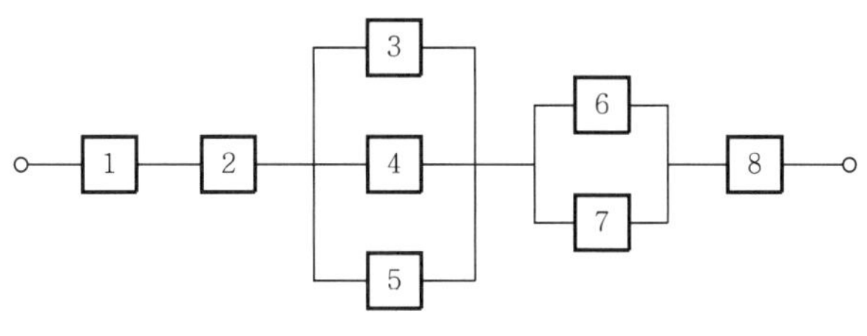

해설 $R_S(t)=R_1(t)\cdot R_2(t)\cdot(1-F_3(t)\cdot F_4(t)\cdot F_5(t))\cdot(1-F_6(t)\cdot F_7(t))\cdot R_8(t)$
$=0.72099$

10 신뢰도가 0.9인 미사일 4개가 설치된 미사일 발사시스템이 있다. 그런데 4개의 미사일 중 3개만 작동하면 이 미사일 발사시스템은 임무수행이 가능하다. 이 4개 중 3개 미사일 발사시스템의 신뢰도를 계산하여라. 또한 시스템의 평균수명은 어떻게 되는가?

문제해결의 key point

4개 중 3개 이상만 작동하면 되므로 n 중 k 시스템이다.

해설 ① $R_S=\sum_{m=k}^{n} {}_nC_m R^m(1-R)^{n-m}$
$={}_4C_3(0.9)^3(0.1)^1+{}_4C_4(0.9)^4(0.1)^0=0.9477$

② $\theta_S=\dfrac{1}{\lambda_S}=\dfrac{1}{\lambda}\left(\dfrac{1}{3}+\dfrac{1}{4}\right)=\dfrac{1}{\lambda}\times\dfrac{7}{12}=0.5833\,MTBF$

참고
- 4중 3구조
  $R_S=4R^3-3R^4$
  $=4\times0.9^3-3\times0.9^4=0.9477$
- 4중 2구조
  $R_S=6R^2-8R^3+3R^4$
  $=6\times0.9^2-8\times0.9^3+3\times0.9^4=0.9963$

5-6 고장목분석(FTA)

01 시스템의 FT도가 다음과 같을 때 이 시스템의 블록도를 그리시오.

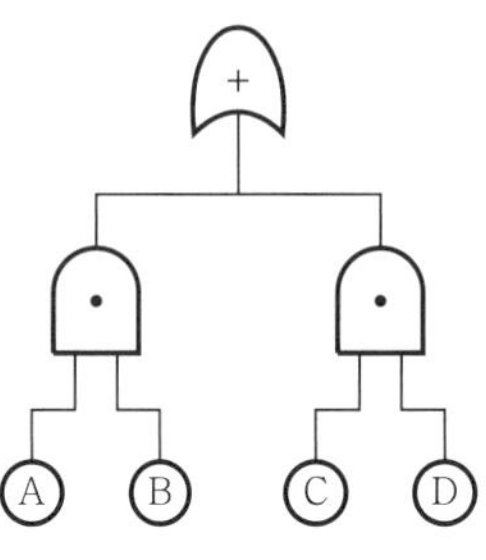

해설 1) AND 게이트의 신뢰성 블록도는 병렬연결이다.

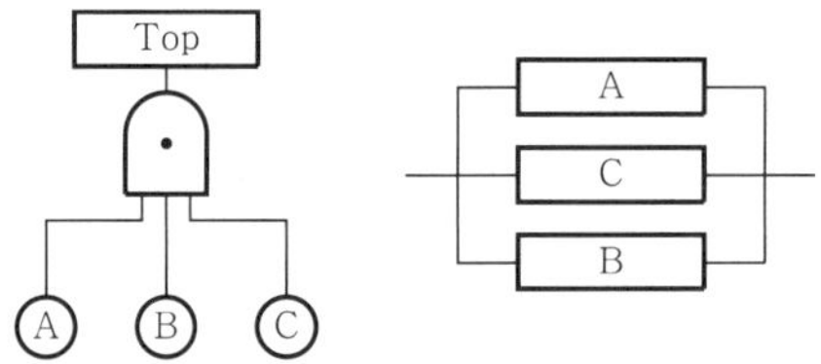

2) OR 게이트의 신뢰성 블록도는 직렬연결이다.

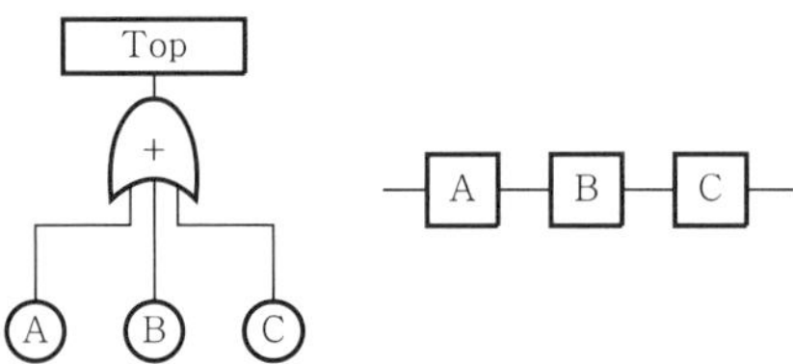

3) 신뢰성 블록도

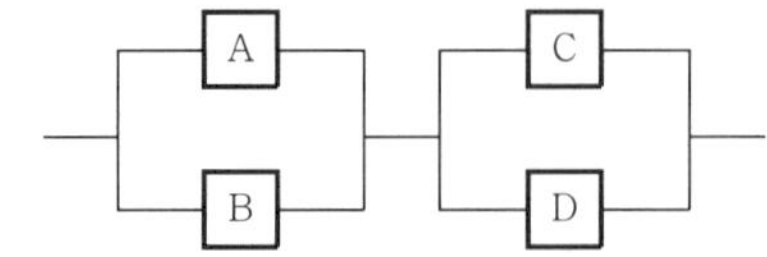

02 다음 고장목(FT도)에서 시스템의 신뢰도는?

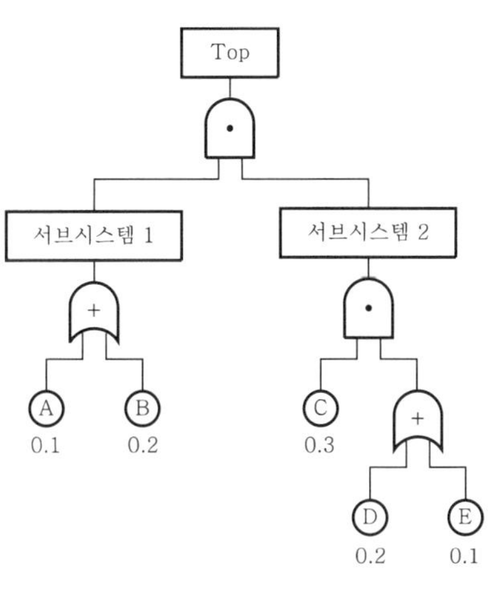

해설 ① 서브 시스템 1의 고장확률은

$F_{S_1} = 1-(1-0.1)(1-0.2) = 0.28$

② 서브 시스템 2의 고장확률은

$F_{S_2} = 0.3 \times (1-(1-0.2)(1-0.1)) = 0.3 \times 0.28 = 0.084$

③ 시스템의 고장확률은 $F_S = F_{S_1} \times F_{S_2} = 0.28 \times 0.084 = 0.02352$

∴ 시스템의 신뢰도 $R_S = 1 - F_S = 1 - 0.02352 = 0.97648$이다.

03 그림의 고장목(FT)에서 정상사상에서 고장이 발생할 확률은? (단, $P(a)$ =0.002, $P(b)$ = 0.003, $P(c)$ =0.004이다.)

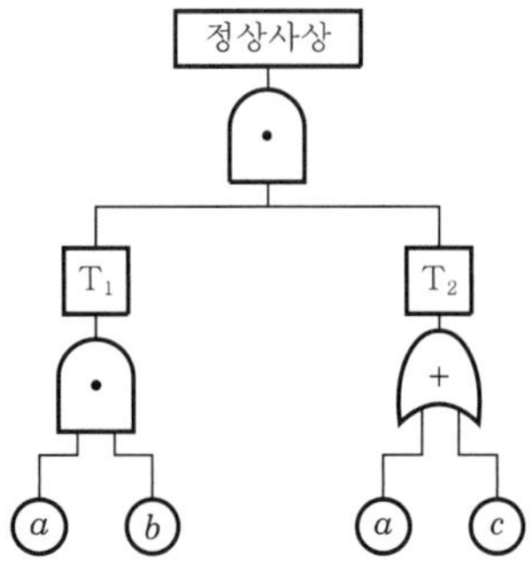

문제해결의 key point

Booleon 대수법칙 : 근원사상에 같은 사상이 나타나면 반드시 간소화 하여야 한다.

해설 먼저 Booleon 대수로 간소화 하면

$ab(a+c)=aba+abc=ab+abc=ab(1+c)=ab$

$F_S=F_a \times F_b=0.002 \times 0.003=6.0 \times 10^{-6}$

5-7 안전계수 및 고장확률 계산

01 어떤 재료의 강도는 평균 50kg, 표준편차 2kg의 정규분포에 따르고, 하중의 크기는 평균 45kg, 표준편차 2kg의 정규분포에 따른다고 한다. 이 재료가 파괴될 확률은 얼마인가?

해설 ① 합성확률변수의 분포

$\mu_z=\mu_x-\mu_y=45-50=-5$, $\sigma_z^2=\sigma_x^2+\sigma_y^2=2^2+2^2=8$

따라서 $z \sim N(-5, (\sqrt{8})^2)$의 정규분포를 따른다.

② 파괴될 확률$=\Pr(x-y>0)=\Pr\left(z>\dfrac{0-(-5)}{\sqrt{8}}\right)$

$=\Pr(z>1.76777) \fallingdotseq \Pr(z>1.77)=0.0384$

02 부하의 평균 $\mu_x=1$, 표준편차 $\sigma_x=0.4$, 재료강도의 표준편차 $\sigma_y=0.4$, $n_x=n_y=2$, 안전계수 $m=1.25$로 하고 싶다면, 재료의 평균강도(μ_y)는 얼마이어야 하는가?

해설 $m=\dfrac{\mu_y-n_y\sigma_y}{\mu_x+n_x\sigma_x}$

$\therefore \mu_y=m(\mu_x+n_x\sigma_x)+n_y\sigma_y=3.05$

03 어떤 부품의 수명은 평균 5시간, 표준편차 1시간의 대수 정규분포를 따른다고 한다. 이 부품이 1,000시간 동안 고장이 나지않을 확률은?

해설 $R(t=1{,}000)=\Pr(z>\ln t)=\Pr\left(z>\dfrac{\ln 1{,}000-5}{1}\right)$

$=\Pr(z>1.91)=0.0281$

PART 6

품질경영시스템

품질경영기사 실기

품질경영시스템 관련 적중문제 수록

PART

6

품질경영시스템

PART 06 품질경영시스템 적중문제

6-1 품질경영 개론

01 품질관리활동의 한 형태로 관리 사이클이 있는데, 이 관리 사이클의 단계를 순서대로 기술하시오.

해설 ① 계획(plan)
② 실행(do)
③ 검토[확인](check)
④ 조치(action)

02 다음 ( ) 속에 적당한 말을 보기에서 찾으시오.

[보기] ① 품질목표 ② 품질표준 ③ 보증품질 ④ 관리수준

1) 현재의 기술로는 도달하기 어렵지만 제반 요구에 의해 장래 도달하고 싶은 품질의 수준 ( )
2) 현재의 기술로서 관리하면 도달할 수 있는 품질의 수준 ( )
3) 현재의 기술, 공정관리, 검사에 의해 소비자에 대하여 보증할 수 있는 품질의 수준 ( )
4) 각 공정에 대해서 공정관리를 실시하기 위한 품질의 수준 ( )

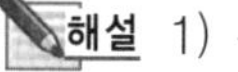

1) 품질목표
2) 품질표준
3) 보증품질
4) 관리수준

03 방침관리와 목표관리의 차이점을 간단히 설명하시오.

1) 방침관리 2) 목표관리

 1) 방침관리

조직계층별로 방침을 실행과 전개를 위하여 구체화해나가는 과정으로 결과보다는 일의 추진과정을 중시하며 추진과정이 잘 되면 결과도 좋게 된다는 것이다.

2) 목표관리

방침관리와 유사하나 일의 결과를 중시하는 것이 다르다.

04 품질관리의 업무를 크게 4가지로 분류하고, 간단히 설명하시오.

1) 신제품관리
2) 수입자재관리
3) 제품관리
4) 특별공정관리

 1) 신제품관리

제품에 대한 바람직한 코스트, 기능 및 신뢰성에 대한 품질표준을 확립하여 규정하는 동시에 본격적인 생산을 시작하기 전에 품질상의 문제가 될 만한 근원을 제거한다든가 또는 그 소재를 확인하는 것

2) 수입자재관리

시방요구에 알맞은 부품만을 가장 경제적인 품질수준으로 수입 및 보관하는 것

3) 제품관리

부적합품이 만들어지기 전에 품질시방으로부터 벗어나는 것을 시정하고, 시장에서 제품서비스를 원활히 하기 위해 생산현장이나 시장의 서비스를 통해 제품관리하는 것

4) 특별공정관리

부적합품의 원인을 규명한다든지 품질특성의 개량 가능성을 결정하기 위해 조사나 시험을 하는 것

05 공정의 품질 산포에 영향을 주는 4가지 요인을 4M이라고 하는데, 4M이란 무엇을 의미하는가?

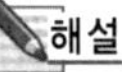 ① 작업자(man)

② 기계(machine)

③ 원재료(material)

④ 작업방법(method)

06

6시그마에서 품질 변동에 중요한 영향을 주는 원인으로 5M 1E를 들고 있다. 5M 1E는 무엇인가?

해설 ① 5M : 작업자(man), 기계(machine), 원재료(material), 작업방법(method), 측정(measurement)

② 1E : 환경(environment)

07

그래프의 종류를 표현 내용에 따라 쓰시오.

해설 ① 계통도표(예 : 공장조직도)

② 예정도표(예 : 분임조활동 실시계획표)

③ 기록도표(예 : 온도기록표)

④ 계산도표(예 : 이항확률지)

⑤ 통계도표(예 : 막대그래프, 꺾은선그래프, 원그래프, 기둥그래프, 삼각그래프, 점그래프, 그림그래프, 면적그래프 등)

08

카노(Kano)의 이원적 품질모델에서 그림의 1), 2), 3)은 각각 어떤 품질요소를 나타내는지 쓰시오.

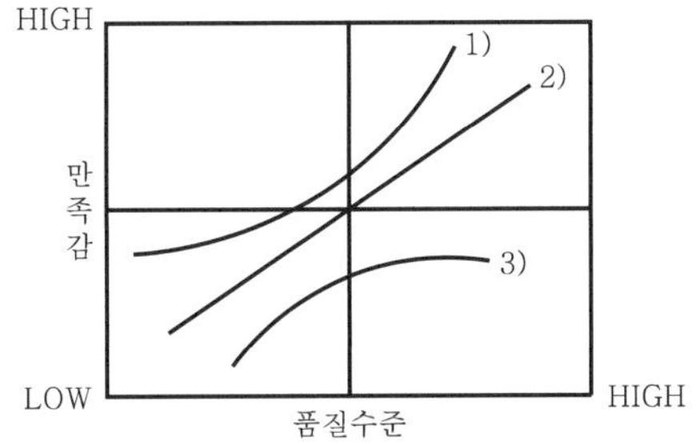

1) 고객이 미처 기대하지 못했던 것을 충족시켜 주거나, 고객이 기대했던 것이라도 고객의 기대를 훨씬 초과하는 만족을 주는 품질로서 고객감동(Customer Delight)의 원천이 되는 품질이기 때문에 충족이 되지 않더라도 불만을 느끼지 않는 품질 (　　　　)

2) 충족이 되면 만족, 충족되지 않으면 불만을 일으키는 품질로서 종래의 품질인식과 같은 품질 (　　　　)

3) 최소한 마땅히 있을 것으로 생각되는 기본적인 품질로서, 충족이 되면 당연한 것으로 생각되기 때문에 별다른 만족감을 주지 못하는 반면, 충족이 되지 않으면 불만을 일으키는 품질 (　　　　)

 1) 매력적 품질(Attractive Quality)
충족되는 경우 만족을 주지만 충족이 되지 않더라도 크게 불이익이 없는 품질
2) 일원적 품질(One-Dimensional Quality)
충족이 되면 만족하고 충족이 되지 않으면 고객들의 불만을 일으키는 품질
3) 당연적 품질(Must-be Quality)
반드시 있어야만 만족하는 품질

09 제조물의 결함이란 제조물이 통상적으로 갖추어야 할 안전성의 결여를 의미하는 것으로, 소비자가 제품에 통상적으로 기대하는 안전성이 부족한 상태를 말하는 것인데, 제조물 결함 중 과실책임의 유형 3가지를 서술하시오.

 1) 설계상의 결함
설계상의 결함이란 제조물의 설계 단계에서 안전성을 충분히 고려하지 않았기 때문에 제품에 안전성이 결여된 경우로, 동일 설계에 의해 제조된 제품은 모두 결함이 있는 것으로 간주한다.
2) 제조 · 가공상의 결함
제조 · 가공상의 결함이란 제조과정에서 부주의 등으로 인해 설계 사양이나 제조방법 등이 제대로 지켜지지 않아 안전성에 문제가 발생하는 경우를 의미한다.
3) 지시 · 경고상의 결함
지시 · 경고상의 결함이란 소비자가 사용 또는 취급상에서의 주의 부족이나 혹은 부적당한 사용을 함으로 해서 발생할 수 있는 위험에 대해 적절한 주의나 경고를 하지 않은 경우를 의미한다.

6-2 공차와 공정능력

01 $n=100$의 데이터에 대한 히스토그램을 그린 결과 정규분포 모양이 되었으며 $\bar{x}=44.873$ 및 $s=0.584$가 얻어졌다. 규격이 45.5 ± 2.00이라면 공정능력지수(C_P)를 구하고, 공정능력을 4등급으로 분류하여 평가하시오. 또한 바이어스를 고려한 최소 공정능력지수 C_{PK}는 얼마인가?

 1) 공정능력지수 산정 및 평가
① 공정능력지수

$$C_P=\frac{U-L}{6\sigma}=\frac{4}{6\times0.584}=1.14155$$

② 판정
$1\le C_P<1.33$ 치우침을 고려한 공정능력은 2등급으로 공정능력은 보통이다.

2) 치우침을 고려한 공정능력지수(최소 공정능력지수)

$$k = \frac{|\mu - M|}{\frac{T}{2}}$$

$$= \frac{\left|44.873 - \frac{1}{2}(47.5 + 43.5)\right|}{\frac{47.5 - 43.5}{2}} = 0.3135$$

$$\therefore\ C_{PK} = (1-k)\frac{U-L}{6\sigma}$$

$$= (1 - 0.3135) \times \frac{4}{6 \times 0.584} = 0.78368$$

02 관리상태에 있는 어떤 공정에서 100개 데이터를 취하여 불편분산을 구했더니 10.25^2이었다. $U=80$, $L=20$으로 규격이 주어져 있을 때 공정능력지수 C_P의 값을 구하시오. 그리고 공정능력지수 범위에 따른 공정등급을 분류하시오.

해설

$$C_P = \frac{U-L}{6\sigma} = \frac{U-L}{6 \times \frac{\overline{R}}{d_2}} = \frac{U-L}{6s}$$

$$= \frac{80 - 20}{6 \times 10.25} = 0.97561$$

$0.67 \le C_P < 1.00$ 공정능력은 3등급으로 부족하다고 할 수 있다.

03 y회사의 품질보증 부서에서는 생산하는 제품 A의 길이(mm)에 대한 특성치를 조사하여 $n=100$의 데이터에 대한 히스토그램을 그린 결과 정규분포 모양이 되었으며 시료평균 $\overline{x}= 44.873$mm, 시료분산 $s^2 = 0.584^2$mm가 얻어졌다. 이 회사의 제품 A에 대한 규격이 45.5 ± 2.0mm일 때 다음 각 물음에 답하시오.

1) 공정능력을 5등급으로 구분하여 평가하시오.
2) 최고공정능력지수(C_{PK})를 구하시오.

해설

1) $C_P = \frac{U-L}{6\hat{\sigma}} = \frac{U-L}{6s} = \frac{47.5 - 43.5}{6 \times 0.584} = 1.14155$

$0.67 \le C_P < 1.00$: 공정능력이 부족하다.(3등급)

2) 중심이 하한규격 쪽으로 치우쳤으므로 $C_{PK} = C_{PKL}$이다.

$C_{PK} = \min(C_{PKU},\ C_{PKL}) \rightarrow C_{PKL}$

$$\therefore\ C_{PKL} = \frac{\overline{x} - L}{3\sigma} = \frac{44.873 - 43.5}{3 \times 0.584} = 0.78368$$

04

관리상태에 있는 어떤 공정에서 100개 데이터를 취하여 평균과 불편분산을 구했더니 각각 55.0, 10.25^2이었다. U=100, L=20으로 규격이 주어져 있을 때 치우침을 고려한 최소 공정능력지수 C_{PK}의 값을 구하시오. 그리고 공정능력지수 범위에 따른 공정등급분류를 하시오.

해설 1) 공정능력지수의 계산

$$C_{PK} = (1-k)C_P = (1-k)\frac{U-L}{6\sigma}$$
$$= \left(1 - \frac{|\mu - M|}{T/2}\right)\frac{U-L}{6s}$$
$$= \left(1 - \frac{|55-60|}{80/2}\right)\frac{100-20}{6\times 10.25}$$
$$= 1.13821$$

2) 공정등급의 분류

$1 \le C_P < 1.33$ 공정능력은 2등급으로 보통이라고 할 수 있다.

05

컴퓨터 전동기의 회전축을 생산하고 있는 y회사의 품질관리팀에서는 축의 안지름을 품질특성으로 하여 군의 크기 5, 군의 수 20으로 데이터를 취하여 $\bar{x}-R$ 관리도를 작성하였더니 $\bar{\bar{x}}$=6.4297mm, $\bar{R}$=0.0273mm이었다. $\bar{x}$ 및 R 관리도는 관리상태이며 정규분포를 따르고 있다. 이 제품의 규격이 6.400~6.470mm일 경우 공정능력지수(process capability index) C_P를 구하시오.

해설

$$C_P = \frac{U-L}{6\sigma} = \frac{U-L}{6\times\frac{\bar{R}}{d_2}} = \frac{6.470-6.400}{6\times\frac{0.0273}{2.326}} = 0.99402$$

06

축과 베어링 사이의 틈새에 대하여 통계적 분석을 하려고 한다. 다음은 축(s : shaft)과 베어링(b : bearing)의 값이며 부품생산시 공정은 안정되어 있고 정규분포를 따른다. 이 조립품의 끼워맞춤 공차는 0.007~0.012이다. 다음 물음에 답하시오.

$$N_S(2.502,\ 0.0007^2),\ \ N_B(2.5115,\ 0.0006^2)$$

1) 조립품의 틈새의 평균치(μ_c)를 구하시오. (단, 소수 4째자리에서 맺음하시오.)
2) 조립품의 틈새의 표준편차(σ_c)를 구하시오. (단, 소수 4째자리에서 맺음하시오.)
3) 제품의 합격률을 추정하시오. (단, 소수 4째자리에서 맺음하시오.)

해설 1) $\mu_c = \mu_b - \mu_s$

$= 2.5115 - 2.502$

$= 0.0095$

2) $\sigma_c = \sqrt{\sigma_b^2 + \sigma_s^2}$

$= \sqrt{0.0006^2 + 0.0007^2}$

$= 0.0009$

3) $\Pr(0.007 < c < 0.012)$

$= 1 - [\Pr(c < 0.007) + \Pr(c > 0.012)]$

$= 1 - \left[\Pr\left(z < \dfrac{0.007 - 0.0095}{0.0009}\right) + \Pr\left(z > \dfrac{0.012 - 0.0095}{0.0009}\right)\right]$

$= 1 - \Pr(z < -2.78) + \Pr(z > 2.78)$

$= 1 - 2 \times 0.00272$

$= 0.9946$

07 어떤 제품은 A, B, C 3의 부품을 결합하여 만들어 진다. A의 길이는 제조 실적에 의하여 평균 20cm, 편차 0.02cm이고 B의 길이는 평균 45cm, 편차 0.03cm이며, C의 길이는 평균 60cm, 편차 0.04cm의 분포를 하고 있음을 알고 있다. A, B, C의 세 로트로부터 각각 랜덤하게 1개씩 취하여 제품을 만들 때 제품의 오차를 구하여라.

해설 $\sigma_T = \sqrt{\sigma_A^2 + \sigma_B^2 + \sigma_C^2} = \sqrt{0.02^2 + 0.03^2 + 0.04^2} = 0.05385$

08 축과 베어링 사이의 틈새에 대하여 통계적 분석을 하려고 한다. 다음은 축(s : shaft)과 베어링(b : bearing)의 값이며, 부품의 생산시 축과 베어링의 분포는 각각 정규분포를 따르고 있다고 알려져 있다. 이 조립품의 끼워맞춤 공차는 어떻게 설정되는가? (단, 축의 공차는 2.502±0.007이고, 베어링의 공차는 2.515±0.006이다.)

해설 1) 목표값의 계산

$\mu_c = \mu_b - \mu_s$

$= 2.515 - 2.502$

$= 0.013$

2) 공차의 계산

$\hat{\sigma}_c = \sqrt{{\sigma_b}^2 + {\sigma_s}^2}$

$= \sqrt{0.006^2 + 0.007^2}$

$= 0.00922$

3) 끼워맞춤 공차

0.013 ± 0.00922

09 공정이 관리상태하에 있는 경우 공정능력지수 $C_P=1$인 공정의 부적합품률을 PPM으로 환산하면 어떻게 표현되는가? 정규분포를 이용해서 설명하시오.

$C_P=\frac{U-L}{6\sigma}=1$이므로 규격을 벗어나는 확률은 0.0027이다. 따라서 이를 PPM으로 환산하면 2,700PPM이 된다.

10 어떤 제품을 생산하는 프로세스가 있다. 이 제품의 하한규격은 79.0kg/mm²라고 한다. 그런데 규격을 벗어나는 많은 부적합품(재손질 및 폐기처리제품)이 발생되고 있으므로, 4일 동안 하루에 생산되는 제품 중 시간 간격을 두고 5번씩 시료를 채취하여 다음과 같은 데이터를 얻었다. 아래의 물음에 답하시오.

시료군 번호(k)	시료 크기(n)	부적합품(np)	시료군 번호(k)	시료 크기(n)	부적합품(np)
1	300	4	11	300	7
2	300	4	12	300	4
3	300	6	13	300	3
4	300	4	14	300	6
5	300	6	15	400	9
6	200	2	16	400	4
7	200	4	17	400	3
8	200	3	18	400	4
9	200	5	19	400	5
10	200	3	20	400	2

1) 이 프로세스의 부적합품률의 추정치를 구하시오.
2) 이 프로세스의 치우침을 고려한 공정능력지수를 구하시오. (단, 정규분포를 이용하시오.)

해설 1) 프로세스 부적합품률의 추정치

$\Sigma np=88$, $\Sigma n=6,100$

$\hat{p}=\bar{p}=\frac{\Sigma np}{\Sigma n}=0.0144 \rightarrow 1.44\%$

2) C_{PKL}(치우침을 고려한 공정능력지수)

하한규격을 넘는 제품이 부적합품이 되므로 확률면적 0.0144에 대응되는 u값을 표준정규분포에서 찾으면 $u_{1-0.0143}=2.19$가 되므로 $\mu-L$의 거리값은 2.19σ가 된다.

$C_{PKL}=\frac{\mu-L}{3\sigma}=\frac{2.19\sigma}{3\sigma}=0.73$

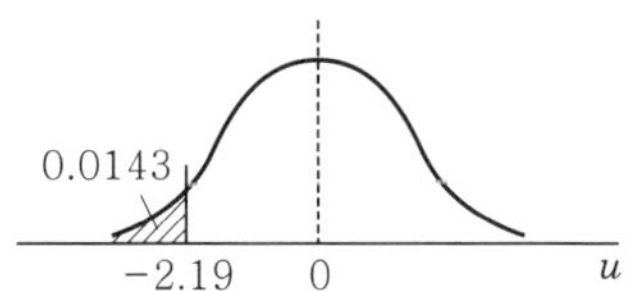

11 공정능력은 규격과 자연공차의 비교이다. 자연공차에 영향을 주는 6가지 인자는 무엇인가? 또한 공정성능지수에 대해 수식을 쓰고 공정능력지수와의 차이를 설명하시오.

해설 1) 5M 1E

① Man(작업자) ② Machine(기계) ③ Material(재료)
④ Method(작업방법) ⑤ Measurement(측정) ⑥ Environment(환경)

2) 공정성능지수(PPI)

공정성능지수는 $\sigma_T = \sqrt{\sigma_b^2 + \sigma_w^2}$ 로 하여 $P_P = \dfrac{U-L}{6\sigma_T}$ 로 계산된다. 이러한 공정성능지수는 단기적 기간의 프로세스 산포 σ_w^2를 기준으로 평가되는 공정능력지수 C_P와는 달리 장기간에 걸쳐 발생되는 공정의 시간적 변동을 모두 고려하여 측정된 값으로, 이상적인 프로세스라면 가급적 C_P에 근접하게 관리되어야 한다.

6-3 계측기 관리

01 어떤 제품의 특성치를 계측기로 측정할 때 발생되는 3가지 측정오차의 종류를 쓰시오.

해설 과실오차, 우연오차, 계통오차(교정오차)

02 측정시스템 변동원인 5가지를 기술하시오.

해설 ① 정확도 ② 재현성 ③ 반복성 ④ 직선성 ⑤ 안정성

03 다음 설명에 적합한 답을 기술하시오.

1) 정부는 제7조의 규정에 의한 국가표준기본계획 및 국가표준관련부처 간의 효율적인 업무조정에 관한 중요사항을 심의하기 위하여 (　　) 소속하에 국가표준심의회(이하 "심의회"라 한다)를 둔다.
2) 국가표준기본계획은 (　　)이 관련 중앙행정기관별 계획을 종합하여 수립하되, 심의회의 심의를 거쳐 이를 확정한다.
3) 국가측정표준원기의 유지·관리, 표준과학기술의 연구, 개발 및 보급, 각국 표준과학기술기관과의 교류 및 기타 정부가 위촉하는 사업은 정부출연 연구기관 등의 설립·운영 및 육성에 관한 법률에 의하여 설립된 (　　)이 수행한다.

해설 1) 국무총리 2) 산업통상자원부장관 3) 한국표준과학연구원

6-4 품질코스트

01 품질 Cost를 설명하고, 품질코스트의 특징과 품질과의 관계를 곡선으로 나타내시오.

1) 품질코스트
   ① 예방코스트
   ② 평가코스트
   ③ 실패코스트
2) 품질코스트 관계곡선

해설 1) 품질코스트(Q-cost)

요구된 품질(설계품질)을 실현하기 위한 원가이다. 따라서 제품 그 자체의 원가인 재료비나 직접 노무비는 품질코스트 안에 포함되지 않으며, 주로 제조경비로서 제조원가의 부분원가라 할 수 있다.

① 예방코스트(P-cost) : 처음부터 부적합품이 생기지 않도록 하는 데 소요되는 비용으로 소정의 품질수준의 유지 및 부적합품 발생의 예방에 요하는 비용

② 평가코스트(A-cost) : 제품의 품질을 정식으로 평가함으로써 회사의 품질수준을 유지하는 데 드는 비용

③ 실패코스트(F-cost) : 소정의 품질을 유지하는 데 실패하였기 때문에 생긴 부적합품, 부적합품 원료에 의한 손실비용

2) 품질코스트 관계곡선

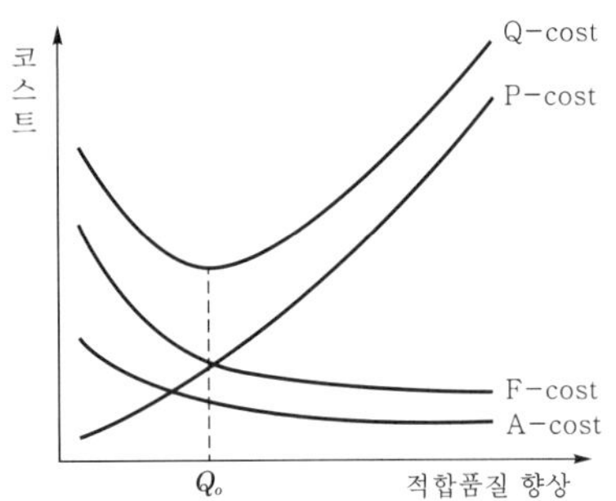

02 다음 데이터로 품질코스트를 측정하시오.

[데이터] (단위 : 원)

- PM 코스트(1,000)
- 시험 코스트(500)
- 불량대책 코스트(3,000)
- QC계획 코스트(150)
- 공정검사 코스트(1,500)
- QC사무 코스트(100)
- 재가공 코스트(1,500)
- 외주불량 코스트(4,000)
- 수입검사 코스트(1,000)
- 완제품검사 코스트(5,000)
- QC교육 코스트(250)
- 대품 코스트(2,000)

예방비용		평가비용		실패비용	
QC계획 코스트	150	PM 코스트	1,000	재가공 코스트	1,500
QC교육 코스트	250	시험 코스트	500	외주불량 코스트	4,000
QC사무 코스트	100	수입검사 코스트	1,000	불량대책 코스트	3,000
		완제품검사 코스트	5,000	대품 코스트	2,000
		공정검사 코스트	1,500		
	500		9,000		10,500

03 주어진 [보기]의 품질코스트 세부내용을 P · A · F cost로 구분하시오.

[보기]
① QC사무 코스트 ② 시험 코스트 ③ 현지서비스 코스트
④ QC교육 코스트 ⑤ PM 코스트 ⑥ 설계변경 코스트

1) P－cost
2) A－cost
3) F－cost

1) P－cost : ①, ④
2) A－cost : ②, ⑤
3) F－cost : ③, ⑥

6-5 소집단 활동

01 품질관리 활동을 수행하는 데 있어서 기본적인 QC 수법의 7가지를 열거하시오.

① 특성요인도
② 파레토그램
③ 체크시트
④ 히스토그램
⑤ 산점도
⑥ 꺾은선 그래프(관리도)
⑦ 층별

02 다음은 7가지 QC 기초 수법을 설명한 것이다. 설명에 해당되는 QC 수법을 기술하시오.

1) 집단을 구성하고 있는 많은 데이터를 어떤 특징에 따라서 몇 개의 부분집단으로 나누는 것
2) 주로 계수치의 데이터가 분류 항목별의 어디에 집중되어 있는가를 알아보기 쉽게 나타낸 그림 혹은 표
3) 계층 간의 소득분포곡선을 J.M. Juran이 수정·보완하여 사용한 수법
4) 길이, 무게, 인장강도 등과 같이 주로 계량치 데이터가 어떠한 분포를 하고 있는가를 알아보기 위한 그림
5) 결과에 원인이 어떻게 관계하고 있는가를 한눈에 알아볼 수 있도록 작성한 그림

 1) 층별 2) 체크시트 3) 파레토그램 4) 히스토그램 5) 특성요인도

03 품질관리 분임조(QCC)의 정의를 기술하시오.

 같은 직장 내에서 품질관리 활동을 자주적으로 실천하는 작은 그룹이다. 또 이 작은 그룹은 전사적 품질관리 활동의 일환으로서 자기개발, 상호개발을 실천하고, QC 수법을 활용하여 직장의 관리・개선을 계속적으로 전원이 참가하여 실천한다.

04 QC 활동에 효과적인 신 QC 7가지 도구를 기술하시오.

 ① 연관도 ② 애로우 다이어그램 ③ 계통도 ④ 친화도 ⑤ PDPC법 ⑥ 매트릭스도법 ⑦ 매트릭스 데이터해석법

05 다음은 신 QC 7가지 도구 중 하나이다. 간단히 설명하시오.

1) 연관도법
2) 매트릭스도법

해설 1) 연관도법(Relations diagram)

문제가 되는 사상(결과)에 대하여 요인(원인)이 복잡하게 엉켜있는 경우에 그 인과관계나 요인 상호관계를 밝힘으로써 원인의 탐색과 구조를 명확하게 하여 문제 해결의 실마리를 발견할 수 있는 방법이다. 또 어떤 목적을 달성하기 위한 수단을 전개하는 데도 효과적이다.

2) 매트릭스도법(Matrix diagram)
문제가 되고 있는 사상 가운데서 대응되는 요소를 찾아내어 이것을 행과 열로 배치하고, 그 교점에 각 요소 간의 관련 유무나 관련 정도를 표시하고 이 교점을 "착상의 포인트"로 하여 문제해결을 효과적으로 추진해가는 방법이다.

06 QC 분임조 활동을 전개해 나가는 과정에서 품질관리 활동의 6가지 필수사명 활동이 있다. 이 6가지 필수사명 활동, 즉 Q, C, D, P, S, M이란 무엇인가?

1) Q
2) C
3) D
4) P
5) S
6) M

해설 1) Q(Quality) : 품질을 유지·향상시킨다.
2) C(Cost) : 원가를 절감한다.
3) D(Delivery) : 납기를 개선한다.
4) P(Productivity) : 생산성을 향상시킨다.
5) S(Safety) : 안전을 확보한다.
6) M(Morale) : 직장의 사기를 향상시킨다.

07 분임토의 기본 진행절차는?

해설 ① 과제의 선정(동기와 이유 설명)
② 사실 조사분석
③ 목표 및 일정계획 수립
④ 대책방안의 설정
⑤ 실시
⑥ 성과분석
⑦ 사후관리
이상의 7단계를 분임활동 상황에 따라 업종, 기업규모, 생산방식 및 경영방침과 분임조능력에 따라 적절히 적용(추가 및 변용 등)하여 나간다.

08 분임조 활동의 기본 이념 3가지를 적으시오.

해설 ① 기업의 체질개선과 발전에 기여한다.
② 인간성을 존중하고 활력 있고 명랑한 직장을 만든다.
③ 인간의 능력을 발휘하고 무한한 가능성을 창출한다.

09 분임조 활동시 분임토의 기법으로서 사용되고 있는 집단착상법(brain storming)의 4가지 원칙을 적으시오.

① 비판엄금
② 연상의 활발한 전개(타인의 아이디어에 편승)
③ 다량의 발언을 유도한다.
④ 자유분방한 아이디어(사고)를 개진한다.(참석인원의 2~3배)

10 분임조 활동시 아이디어 발상에 이용될 수 있는 일반적인 기법을 4가지 이상 서술하시오.

브레인스토밍법, 고든법, 브레인라이팅법, 특성열거법, 체크리스트법, 희망점열거법, 결점열거법, 5W 1H법 등

11 그래프의 종류를 5가지 기술하고 설명하시오.

① 막대 그래프 : 일정 폭의 막대를 나열한 것으로 길이로 수량의 크기를 비교한다.
② 꺾은선 그래프 : 시간의 변화에 따라 변하는 수량의 상황을 나타낼 때 사용한다.
③ 면적 그래프 : 사물의 크기를 면적으로 비교한다.
④ 점 그래프 : 산점도 등 관계를 표현할 때 많이 사용된다.
⑤ 그림 그래프 : 외부 사람에게 흥미를 유발하고자 할 때 사용된다.

12 특성요인도는 결과에 원인이 어떻게 관계되며 영향을 미치고 있는가를 단번에 알아볼 수 있도록 그린 그림으로서 QC 분임조 활동현장에서 문제에 대한 개선의 실마리를 얻는 방법으로서 매우 큰 효과가 있는 방법이다. 이 특성요인도를 작성할 때 주의해야 할 사항 3가지를 쓰시오.

해설
① 전원의 지식이나 경험을 모으도록 작성할 것
② 관리적 요인을 잊지 말 것
③ 오차에 주의할 것
④ 요인을 층별할 것
⑤ 특성마다 몇 장의 특성요인도를 그릴 것
⑥ 해결에 중점을 둘 것

6-6 표준화

01 KS 표시인증 심사기준에서 정하고 있는 공장 심사항목 6가지를 기술하시오.

해설 ① 품질경영관리 ② 자재관리
③ 제품관리 ④ 공정 · 제조설비 관리
⑤ 시험 · 검사설비 관리 ⑥ 소비자 보호 및 환경 · 자원 관리

02 KS 표시인증 심사기준에서 정하고 있는 서비스인증의 경우는 사업장심사기준과 서비스심사기준이 있는데, 사업장심사기준 5가지 항목을 기술하시오.

해설 ① 서비스 품질경영관리 ② 서비스 운영체계
③ 서비스 운영 ④ 서비스 인적자원관리
⑤ 시설 장비, 환경 및 안전관리

03 한국 산업부문기호는 총 21개로 나누어져 있다. 이 중 아래에 해당되는 부문기호의 산업부문을 기입하시오.

1) KS B 2) KS Q
3) KS S 4) KS X

해설 1) KS B : 기계
2) KS Q : 품질경영
3) KS S : 서비스
4) KS X : 정보

04 다음은 한국산업규격의 부문기호를 나타낸 것이다. 분류기호가 의미하는 산업부문을 괄호 안에 쓰시오.

1) KS B ( )
2) KS G ( )
3) KS X ( )

해설 1) 기계
2) 일용품
3) 정보

05 다음은 한국산업규격의 부문기호를 나타낸 것이다. 분류기호가 의미하는 산업부문을 괄호 안에 쓰시오.

1) KS F ( )
2) KS I ( )
3) KS J ( )
4) KS T ( )
5) KS W ( )

해설 1) 건설
2) 환경
3) 생물
4) 물류
5) 항공 우주

06 다음 설명에서 괄호 안에 들어갈 내용을 [보기]에서 골라 채우시오.

KS 표시인증 심사기준의 표준화 일반사항에서 불만처리 및 로트추적에서 소비자의 불만을 처리하는 내부 규정에 의하여 (①), (②) 등에 대하여 로트를 추적하여 원인을 분석하고 이를 (③)하고 있어야 한다.

[보기] 불만사례, 조치, 시장정보, 로트, 품질관리

해설 ① 불만사례
② 시장정보
③ 조치

07 KS표시 인증 심사기준의 표준화 일반사항에서 표준화 및 품질경영의 추진에 대한 구비요건의 설명이다. 괄호 안에 들어갈 내용을 [보기]에서 골라 채우시오.

1) 경영간부가 표준화와 ( )의 중요성을 인식하고, 그 추진을 위한 ( )을 정하고 사내표준 및 관리규정을 정하는 등 ( ) 및 품질경영을 회사 전체적으로 추진하고 있어야 한다.
2) 사내표준화 및 품질경영의 ( )은 적절하고 해당 규격 및 규격별 ( )에 따라 합리적으로 활용하고 있어야 한다.

[보기] 경영방침, 추진계획, 심사기준, 표준화, 품질경영

해설 1) 품질경영, 경영방침, 표준화
2) 추진계획, 심사기준

08 한국산업규격(KS) 인증제품에는 인증번호 외에 표시해야 할 사항을 3가지만 열거하시오.

① 규격명 및 규격번호
② 품질의 종류, 등급 또는 호칭(정해진 경우에 한함)
③ 제조일
④ 제조명 또는 제조자를 나타내는 약호
⑤ 인증기관명
⑥ KS 표시도표(마크)

09 십진법에 따른 다음 수치에 대하여 답하시오.

1) 2.35(이 수치는 보기를 들면 2.347을 올려진 것이라는 것을 알고 있다고 한다.)를 유효숫자 2째자리로 맺음하시오.
2) 0.0625(이 수치는 소수점 이하 4째자리가 반드시 5인 것을 알고 있던가, 또한 버려진 것인가, 올려진 것인가를 모른다고 한다.)를 소수점 이하 3째자리로 맺음하시오.

1) 2.3
2) 0.062

6-7 TPM과 5S

01 제조현장의 전사적 생산보전의 3정 5행 운동의 3정에 대하여 각기 서술하고, 원칙을 기술하시오.

① 정품 : 대상
② 정량 : 수량
③ 정위치 : 위치

02 현장개선 활동에 효과적인 5S 활동에 대해 기술하고, 간단하게 설명하시오.

① 정리 : 불필요한 것을 버리는 것
② 정돈 : 사용하기 좋게 하는 것
③ 청소 : 더러움을 없애는 것
④ 청결 : 정리, 정돈, 청소 상태를 유지하는 것
⑤ 생활화 : 정리, 정돈 청소, 청결을 습관화하는 것

03 산업현장에서 작업환경 개선의 규범으로 많이 사용되며 산업현장 내의 각 부문에서 제반 낭비 요소를 제거하기 위해서 실행되는 3정 5S 활동에 대하여 쓰시오.

1) 3정
2) 5S

해설 1) 3정
① 정품 ② 정량 ③ 정위치
2) 5S
① 정리 ② 정돈 ③ 청소 ④ 청결 ⑤ 생활화

6-8 6시그마

01 다음 용어 설명에 대해 맞는 용어를 기입하시오.

1) 1기회당 부적합수
2) 단위당 부적합수
3) 100만 기회당 부적합수

해설 1) DPO 2) DPU 3) DPMO

02 다음은 6시그마 활동에서 활용되고 있는 용어에 대한 설명이다. 적합한 용어를 쓰시오.

1) 백만 기회당 부적합 수
2) 개선 프로젝트의 해결과 담당업무를 병행하는 문제해결의 전담자로서 프로젝트 추진, 고객의 요구사항의 조사 등을 수행하는 사람에게 주어지는 자격

해설 1) DPMO 2) BB

03 다음은 6시그마 활동에서 프로젝트의 추진시 6시그마가 지향하는 근본적 문제해결을 위하여 설계나 개발단계와 같이 초기단계부터 결함을 예방하는 6시그마 설계인 DFSS (Design For Six Sigma)가 필요한데, DFSS 추진시 DMADOV라는 절차가 보편적으로 사용된다. 또한 제조부문의 해결 프로젝트 접근방식으로 6개월 이내의 과제로 활동하는 DMAIC이 있는데, 여기서 DMADOV와 DMAIC는 무엇을 말하는가?

해설 ① DMADOV : 정의, 측정, 분석, 설계, 최적화, 검증
② DMAIC : 정의, 측정, 분석, 개선, 통제

04 6시그마에서 부적합(defect)에 대한 정의를 4가지로 압축하고 있다. 이를 기술하시오.

해설 ① 고객 불만을 유도하는 모든 것
② 정해진 기준과 일치하지 않은 모든 것
③ 정상적인 프로세스를 벗어나는 것
④ 고객의 요구사항과 어긋나는 모든 것

05 6시그마의 기본은 품질이 좋을수록 비용이 적게 소요된다는 원리에 바탕을 두고 있다. 이는 ZD를 주창한 크로스비의 철학이자, TQM이 중시하는 '처음에 올바로 행한다(DIRFT : Do It Right the First Time)'는 결함예방 철학에 입각한 것이라고 할 수 있는데, 6시그마에 자주 등장하는 다음 용어는 무엇인가?

1) CTQ
2) COPQ
3) DOE
4) FTY

해설 1) CTQ(Critical To Quality) :핵심품질특성
2) COPQ(Cost Of Poor Quality) : 저품질비용
3) DOE(Design Of Experiments) :실험계획법
4) FTY(First Time Yield) : 초기수율

06 0.0018을 PPM 단위로 환산하시오.

해설 0.0018×1,000,000=1,800PPM

07 0.004%를 PPB 단위로 환산하시오.

해설 PPM은 백만 단위당 개수를 의미하고, PPB는 십억개당 개수를 의미한다.

0.00004×1,000,000,000=40,000PPB

6-9 ISO 9001 : 2015

01 ISO 9001 : 2015 품질경영 7가지 원칙을 열거하시오.

해설
① 고객중시
② 리더십
③ 인원의 적극참여
④ 프로세스 접근법
⑤ 개선
⑥ 증거기반 의사결정
⑦ 관계관리/관계경영

02 다음의 보기는 ISO 9000 시리즈의 인증절차에 관한 것이다. 올바른 절차 순서를 쓰시오.

[보기]
① 문서에 의한 품질시스템의 실시
② 내부감사로 실시상황을 확인
③ 품질매뉴얼 관련문서의 작성
④ 프로젝트팀과 사무국을 조직
⑤ 취득을 위한 활동개시를 결정
⑥ 인증기관에 의한 실시등록
⑦ 품질시스템을 지속하면서 개량

(　) → (　) → (　) → (　) → (　) → (　) → (　)

해설 (⑤) → (④) → (③) → (①) → (②) → (⑥) → (⑦)

03 ISO 9000의 품질경영시스템의 문서화 요구사항의 요건 5가지를 기술하시오.

해설
① 문서화하여 표명된 품질방침과 목표
② 품질매뉴얼
③ 절차서 : 문서관리, 품질기록관리, 내부감사, 부적합제품관리, 시정조치, 예방조치
④ 프로세스의 효율적 기획, 운영, 관리를 위해 조직에 요구되는 문서
⑤ 요구하는 기록

04 제품은 활동 또는 공정의 결과이며 유형이거나 무형이거나 이들의 조합일 수 있다. 제품은 일반적인 속성분류에 입각하여 4가지 범주로 구분하는데, 이 4가지를 쓰시오.

해설 ① 하드웨어 ② 소프트웨어 ③ 소재(가공물질) ④ 서비스

05

다음은 ISO 9001 : 2015의 용어에 대한 설명이다. 해당되는 용어를 쓰시오.

1) 조직과 고객 간에 어떠한 행위/거래/처리도 없이 생산될 수 있는 조직의 출력
2) 최고 경영자에 의해 표명된 품질에 관한 조직의 전반적인 의도 및 방향

해설 1) 제품(product) 2) 품질방침(quality policy)

06

다음은 ISO 9001 : 2015의 용어에 관한 설명이다. 해당되는 용어를 쓰시오.

1) 특정 대상에 대해 적용시험과 책임을 정한 절차 및 연관된 자원에 관한 시방서
2) 부적합한 제품 또는 서비스에 대해 의도된 용도에 쓰일 수 있도록 하는 조치
3) 규정된 요구사항에 적합하지 않은 제품 또는 서비스를 사용하거나 불출하는 것에 대한 허가

해설 1) 품질계획서(quality plan) 2) 수리(repair) 3) 특채(concession)

07

다음은 ISO 용어에 관한 설명이다. 해당되는 용어는?

1) 부적합한 원인을 제거하고 재발을 방지하기 위한 조치
2) 규정된 요구사항에 적합하지 않는 제품 또는 서비스를 사용하거나 볼출하는 것에 대한 허가

해설 1) 시정조치
2) 특채

08

ISO 9001 : 2015의 용어에 관한 설명이다. 해당되는 용어를 쓰시오.

1) 개인 또는 조직을 위해 의도되거나 그들에 의해 요구되는 제품 또는 서비스를 받을 수 있거나 제공받는 개인 또는 조직
2) 의도된 결과를 만들어내기 위해 입력을 사용하여 상호 관련되거나 상호 작용하는 활동의 집합
3) 조직의 목표달성에 대한 책임, 권한 및 관계가 있는 자체의 기능을 가진 사람 또는 사람의 집단
4) 의사결정 또는 활동에 영향을 줄 수 있거나, 영향을 받을 수 있거나 또는 그들 자신이 영향을 받는다는 인식을 할 수 있는 사람 또는 조직
5) 제품 또는 서비스를 제공하는 조직

해설 1) 고객(customer) 2) 프로세스(process)
3) 조직(organization) 4) 이해관계자(interested party)
5) 공급자(provider/supplier)

09 ISO 9001 : 2015의 용어에 대한 설명이다. 해당되는 용어를 쓰시오.

1) 요구사항을 명시한 문서
2) 조직의 품질경영시스템에 대한 시방서
3) 특정 대상에 대해 적용시점과 책임을 정한 절차 및 연관된 자원에 관한 시방서
4) 달성된 결과를 명시하거나 수행한 활동의 증거를 제공하는 문서
5) 규정된 요구사항이 충족되었음을 객관적 증거 제시를 통하여 확인하는 것

해설 1) 시방서(specification)
2) 품질매뉴얼(quality manual)
3) 품질계획서(quality plan)
4) 기록(record)
5) 검증

10 ISO 9001 : 2015의 용어에 대한 설명이다. 해당되는 용어를 쓰시오.

1) 요구사항의 불충족
2) 의도되거나 규정된 용도에 관련된 부적합
3) 부적합한 제품 또는 서비스에 대해 요구사항에 적합하도록 하는 조치
4) 부적합한 제품 또는 서비스에 대해 의도된 용도에 쓰일 수 있도록 하는 조치
5) 부적합한 제품 또는 서비스에 대해 원래의 의도된 용도로 쓰이지 않도록 취하는 조치

해설 1) 부적합(nonconformity)
2) 결함(defect)
3) 재작업(rework)
4) 수리(repair)
5) 폐기(scrap)

11 ISO 9001 : 2015의 용어에 대한 설명이다. 해당되는 용어를 쓰시오.

1) 잠재적 부적합 또는 기타 원하지 않은 잠재적 상황의 원인을 제거하기 위한 조치
2) 부적합의 원인을 제거하고 재발을 방지하기 위한 조치
3) 발견된 부적합을 제거하기 위한 행위
4) 최초 요구사항과 다른 요구사항에 적합하도록 부적합한 제품 또는 서비스의 등급을 변경하는 것

해설 1) 예방조치(preventive action)
2) 시정조치(corrective action)
3) 시정(correction)
4) 재등급/등급변경(regrade)

12 ISO 9001 : 2015의 용어에 대한 설명이다. 해당되는 용어를 쓰시오.

1) 품질에 관한 경영
2) 품질목표를 세우고, 품질목표를 달성하기 위하여 필요한 운영 프로세스 및 관련 자원을 규정하는 데 중점을 둔 품질경영의 일부
3) 품질 요구사항이 충족될 것이라는 신뢰를 제공하는 데 중점을 둔 품질경영의 일부
4) 품질 요구사항을 충족하는 데 중점을 둔 품질경영의 일부
5) 품질 요구사항을 충족시키는 능력을 증진하는데 중점을 둔 품질경영의 일부

해설 1) 품질경영(quality management) 2) 품질기획(quality planning)
3) 품질보증(quality assurance) 4) 품질관리(quality control)
5) 품질개선(quality improvement)

13 ISO 9001 : 2015의 용어에 대한 설명이다. 해당되는 용어를 쓰시오.

1) 잠재적 부적합 또는 기타 원하지 않은 잠재적 상황의 원인을 제거하기 위한 조치
2) 부적합의 원인을 제거하고 재발을 방지하기 위한 조치
3) 발견된 부적합을 제거하기 위한 행위
4) 부적합한 제품 또는 서비스에 대해 요구사항에 적합하도록 하는 조치
5) 부적합한 제품 또는 서비스에 대해 의도된 용도에 쓰일 수 있도록 하는 조치
6) 부적합 제품 또는 서비스에 대해 원래의 의도된 용도로 쓰이지 않도록 취하는 조치

해설 1) 예방조치(preventive action) 2) 시정조치(corrective action)
3) 시정(correction) 4) 재작업(rework)
5) 수리(repair) 6) 폐기(scrap)

14 ISO 9001 : 2015의 용어에 대한 설명이다. 해당되는 용어를 쓰시오.

1) 프로세스의 다음 단계 또는 다음 프로세스로 진행하도록 허가
2) 실현되기 전의 제품 또는 서비스가 원래 규정된 요구사항을 벗어나는 것에 대한 허가
3) 시스템, 제품, 서비스 또는 활동의 상태를 확인 결정
4) 의도된 결과를 달성하기 위해 지식 및 스킬을 적용하는 능력

해설 1) 불출/출시/해제(release)
2) 규격완화(deviation permit)
3) 모니터링(monitoring)
4) 역량/적격성(competence)

15 KS Q ISO 9001 : 2015 품질경영시스템 요구사항 7가지를 기술하시오.

해설
① 조직상황(4항)
② 리더십(5항)
③ 기획(6항)
④ 자원(7항)
⑤ 운용(8항)
⑥ 성과 평가(9항)
⑦ 개선(10항)

16 자동차업계의 최고 지침으로 통용되거 있는 QS 9000 시스템에서 지향하는 3가지 목표를 기술하시오.

해설
① 결함의 예방
② 산포와 낭비의 감소
③ 지속적 개선

17 TQM 품질을 중심으로 하는 모든 구성원의 참여와 고객만족을 통한 장기적인 성공지향을 기본으로 하는데, TQM에 필요한 5가지 필수요소를 쓰시오.

해설
① 고객
② 공급자
③ 종업원
④ 프로세스
⑤ 경영자

18 다음의 용어는 무엇을 의미하는지, 용어의 뜻을 기술하시오.

1) Ac 2) AQL 3) AOQ

해설
1) Ac : 합격판정개수
2) AQL : 합격품질수준
3) AOQ : 합격출검품질

19 다음은 샘플링검사에서 사용되는 언어이다. 이 용어들이 무엇을 의미하는지 쓰시오.

1) CRQ 2) LQ 3) PR

해설
1) CRQ : 소비자 위험품질
2) LQ : 한계품질
3) PR : 생산자위험

부록 1

수험용 수치표

품질경영기사 실기

부록 1

수험용 수치표

Ⅰ 수험용 수치표 (1)

[정규분포표 Ⅰ]

양쪽의 경우(빗금확률면적 $\alpha/2$)　　한쪽의 경우(빗금확률면적 α)

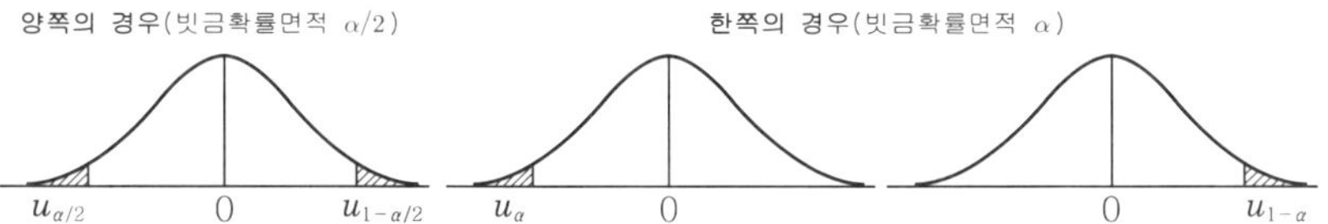

표준화 정규분포의 상측 빗금확률면적 α에 의한 상측 분위점 $u_{1-\alpha}$의 표

α	0	1	2	3	4	5	6	7	8	9
0.00*	∞	3.090	2.878	2.748	2.652	2.576	2.512	2.457	2.409	2.366
0.0*	∞	2.326	2.054	1.881	1.751	1.645	1.555	1.476	1.405	1.341
0.1*	1.282	1.227	1.175	1.126	1.080	1.036	.994	.954	.915	.878
0.2*	.842	.806	.772	.739	.706	.674	.643	.613	.583	.553
0.3*	.524	.496	.468	.440	.412	.385	.358	.358	.305	.279
0.4*	.253	.228	.202	.176	.151	.126	.100	.100	.075	.025

[정규분포표 Ⅱ]

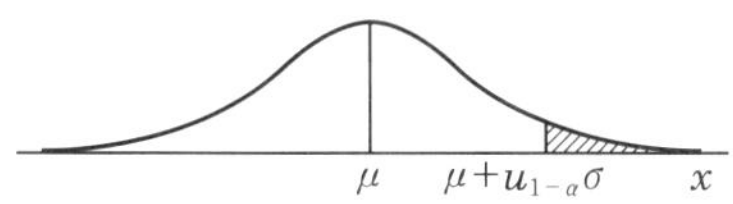

정규분포의 x가 $\mu+u_{1-\alpha}\sigma$ 이상의 값이 될 확률 α의 표(빗금확률면적은 α를 의미한다.)

u	.00	.01	.02	.03	.04	.05	.06	.07	.08	.09
0.0	.5000	.4960	.4920	.4880	.4840	.4801	.4761	.4721	.4681	.4641
0.1	.4602	.4562	.4522	.4483	.4443	.4404	.4364	.4325	.4286	.4247
0.2	.4207	.4168	.4129	.4090	.4052	.4013	.3974	.3936	.3897	.3859
0.3	.3821	.3783	.3745	.3707	.3669	.3632	.3594	.3557	.3520	.3483
0.4	.3446	.3409	.3372	.3336	.3300	.3264	.3228	.3192	.3156	.3121
0.5	.3085	.3050	.3015	.2981	.2946	.2912	.2877	.2843	.2810	.2776
0.6	.2743	.2709	.2676	.2643	.2611	.2578	.2546	.2514	.2483	.2451
0.7	.2420	.2389	.2358	.2327	.2297	.2266	.2236	.2206	.2177	.2148
0.8	.2119	.2090	.2061	.2033	.2005	.1977	.1949	.1922	.1894	.1867
0.9	.1841	.1814	.1788	.1762	.1736	.1711	.1685	.1660	.1635	.1611
1.0	.1587	.1562	.1539	.1515	.1492	.1469	.1446	.1423	.1401	.1379
1.1	.1357	.1335	.1314	.1292	.1271	.1251	.1230	.1210	.1190	.1170
1.2	.1151	.1131	.1112	.1093	.1075	.1056	.1038	.1020	.1003	.0985
1.3	.0968	.0951	.0934	.0918	.0901	.0885	.0869	.0853	.0838	.0823
1.4	.0808	.0793	.0778	.0764	.0749	.0735	.0721	.0708	.0694	.0681
1.5	.0668	.0655	.0643	.0630	.0618	.0606	.0594	.0582	.0571	.0559
1.6	.0548	.0537	.0526	.0516	.0505	.0495	.0485	.0475	.0465	.0455
1.7	.0446	.0436	.0427	.0418	.0409	.0401	.0392	.0384	.0375	.0367
1.8	.0359	.0351	.0344	.0336	.0329	.0322	.0314	.0307	.0301	.0294
1.9	.0287	.0281	.0274	.0268	.0262	.0256	.0250	.0244	.0239	.0233
2.0	.0228	.0222	.0217	.0212	.0207	.0202	.0197	.0192	.0188	.0183
2.1	.0179	.0174	.0170	.0166	.0162	.0158	.0154	.0150	.0146	.0143
2.2	.0139	.0136	.0132	.0129	.0125	.0122	.0119	.0116	.0113	.0110
2.3	.0107	.0104	.0102	.0099	.0096	.0094	.0091	.0089	.0087	.0084
2.4	.0082	.0080	.0078	.0075	.0073	.0071	.0069	.0068	.0066	.0064
2.5	.0062	.0060	.0059	.0057	.0055	.0054	.0052	.0051	.0049	.0048
2.6	$.0^{2}4661$	$.0^{2}4527$	$.0^{2}4396$	$.0^{2}4269$	$.0^{2}4145$	$.0^{2}4025$	$.0^{2}3907$	$.0^{2}3793$	$.0^{2}3681$	$.0^{2}3573$
2.7	$.0^{2}3467$	$.0^{2}3364$	$.0^{2}3264$	$.0^{2}3167$	$.0^{2}3072$	$.0^{2}2980$	$.0^{2}2890$	$.0^{2}2803$	$.0^{2}2718$	$.0^{2}2635$
2.8	$.0^{2}2555$	$.0^{2}2477$	$.0^{2}2401$	$.0^{2}2327$	$.0^{2}2250$	$.0^{2}2180$	$.0^{2}2118$	$.0^{2}2052$	$.0^{2}1988$	$.0^{2}1920$
2.9	$.0^{2}1866$	$.0^{2}1807$	$.0^{2}1750$	$.0^{2}1695$	$.0^{2}1041$	$.0^{2}1589$	$.0^{2}1538$	$.0^{2}1489$	$.0^{2}1441$	$.0^{2}1395$
3.0	$.0^{2}1350$	$.0^{2}1306$	$.0^{2}1264$	$.0^{2}1223$	$.0^{2}1183$	$.0^{2}1144$	$.0^{2}1107$	$.0^{2}1070$	$.0^{2}1035$	$.0^{2}1001$
3.1	$.0^{3}9676$	$.0^{3}9351$	$.0^{3}9043$	$.0^{3}8740$	$.0^{3}8447$	$.0^{3}8104$	$.0^{3}7888$	$.0^{3}7622$	$.0^{3}7364$	$.0^{3}7114$
3.2	$.0^{3}6871$	$.0^{3}6637$	$.0^{3}6410$	$.0^{3}6190$	$.0^{3}5976$	$.0^{3}5770$	$.0^{3}5571$	$.0^{3}5377$	$.0^{3}5190$	$.0^{3}5009$
3.3	$.0^{3}4834$	$.0^{3}4665$	$.0^{3}4501$	$.0^{3}4342$	$.0^{3}4189$	$.0^{3}4041$	$.0^{3}3897$	$.0^{3}3758$	$.0^{3}3624$	$.0^{3}3495$
3.4	$.0^{3}3369$	$.0^{3}3248$	$.0^{3}3131$	$.0^{3}3018$	$.0^{3}2909$	$.0^{3}2803$	$.0^{3}2701$	$.0^{3}2602$	$.0^{3}2507$	$.0^{3}2415$
3.5	$.0^{3}2326$	$.0^{3}2241$	$.0^{3}2158$	$.0^{3}2078$	$.0^{3}2001$	$.0^{3}1926$	$.0^{3}1854$	$.0^{3}1785$	$.0^{3}1718$	$.0^{3}1653$
3.6	$.0^{3}1591$	$.0^{3}1531$	$.0^{3}1473$	$.0^{3}1417$	$.0^{3}1363$	$.0^{3}1311$	$.0^{3}1261$	$.0^{3}1213$	$.0^{3}1166$	$.0^{3}1121$
3.7	$.0^{3}1078$	$.0^{3}1036$	$.0^{4}9961$	$.0^{4}9574$	$.0^{4}9201$	$.0^{4}8842$	$.0^{4}8496$	$.0^{4}8162$	$.0^{4}7841$	$.0^{4}7532$
3.8	$.0^{4}7235$	$.0^{4}6948$	$.0^{4}6673$	$.0^{4}6407$	$.0^{4}6152$	$.0^{4}5906$	$.0^{4}5669$	$.0^{4}5442$	$.0^{4}5223$	$.0^{4}5012$
3.9	$.0^{4}4810$	$.0^{4}4615$	$.0^{4}4427$	$.0^{4}4247$	$.0^{4}4074$	$.0^{4}3908$	$.0^{4}3747$	$.0^{4}3594$	$.0^{4}3446$	$.0^{4}3304$
4.0	$.0^{4}3167$	$.0^{4}3036$	$.0^{4}2910$	$.0^{4}2789$	$.0^{4}2673$	$.0^{4}2561$	$.0^{4}2454$	$.0^{4}2351$	$.0^{4}2252$	$.0^{4}2157$
4.1	$.0^{4}2066$	$.0^{4}1978$	$.0^{4}1894$	$.0^{4}1814$	$.0^{4}1737$	$.0^{4}1662$	$.0^{4}1591$	$.0^{4}1523$	$.0^{4}1458$	$.0^{4}1395$
4.2	$.0^{4}1335$	$.0^{4}1277$	$.0^{4}1222$	$.0^{4}1168$	$.0^{4}1118$	$.0^{4}1069$	$.0^{4}1022$	$.0^{5}9774$	$.0^{5}9345$	$.0^{5}8934$
4.3	$.0^{5}8540$	$.0^{5}8163$	$.0^{5}7801$	$.0^{5}7455$	$.0^{5}7124$	$.0^{5}6807$	$.0^{5}6503$	$.0^{5}6212$	$.0^{5}5934$	$.0^{5}5668$
4.4	$.0^{5}5419$	$.0^{5}5169$	$.0^{5}4935$	$.0^{5}4712$	$.0^{5}4498$	$.0^{5}4294$	$.0^{5}4098$	$.0^{5}3911$	$.0^{5}3732$	$.0^{5}3561$
4.5	$.0^{5}3398$	$.0^{5}3241$	$.0^{5}3092$	$.0^{5}2949$	$.0^{5}2813$	$.0^{5}2682$	$.0^{5}2558$	$.0^{5}2439$	$.0^{5}2325$	$.0^{5}2216$
5.0	$.0^{6}2867$	$.0^{6}2722$	$.0^{6}2584$	$.0^{5}2452$	$.0^{6}2328$	$.0^{6}2209$	$.0^{6}2096$	$.0^{6}1989$	$.0^{6}1887$	$.0^{6}1790$
5.5	$.0^{7}1899$	$.0^{7}1794$	$.0^{7}1695$	$.0^{7}1601$	$.0^{7}1512$	$.0^{7}1428$	$.0^{7}1349$	$.0^{7}1274$	$.0^{7}1203$	$.0^{7}1135$
6.0	$.0^{9}9899$	$.0^{9}9276$	$.0^{9}8721$	$.0^{9}8198$	$.0^{9}7706$	$.0^{9}7242$	$.0^{9}6806$	$.0^{9}6396$	$.0^{9}6009$	$.0^{9}5646$

[t 분포표]

양쪽의 경우(빗금확률면적 $\alpha/2$)

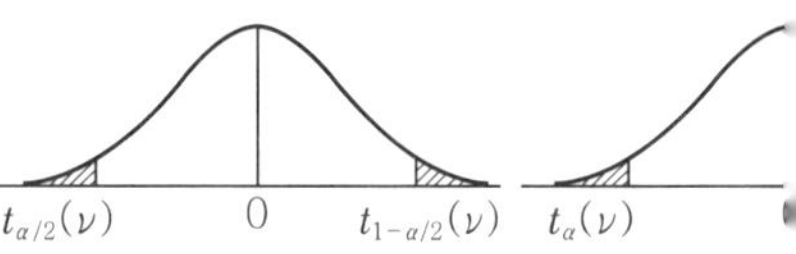

t 분포의 상측 분위점 $t_{1-\alpha}(\nu)$의 표

ν \ $1-\alpha$	0.75	0.80	0.85	0.90
1	1.000	1.376	1.963	3.078
2	0.816	1.061	1.386	1.886
3	0.765	0.978	1.250	1.638
4	0.741	0.941	1.109	1.533
5	0.727	0.920	1.156	1.476
6	0.718	0.906	1.134	1.440
7	0.711	0.896	1.119	1.415
8	0.706	0.889	1.108	1.397
9	0.703	0.883	1.100	1.383
10	0.700	0.879	1.093	1.372
11	0.697	0.876	1.088	1.363
12	0.695	0.873	1.083	1.356
13	0.694	0.870	1.079	1.350
14	0.692	0.868	1.076	1.345
15	0.691	0.866	1.074	1.341
16	0.690	0.865	1.071	1.337
17	0.689	0.863	1.069	1.333
18	0.688	0.862	1.067	1.330
19	0.688	0.861	1.066	1.328
20	0.687	0.860	1.064	1.325
21	0.686	0.859	1.063	1.323
22	0.686	0.858	1.061	1.321
23	0.685	0.858	1.060	1.319
24	0.685	0.857	1.059	1.318
25	0.684	0.856	1.058	1.316
26	0.684	0.856	1.058	1.315
27	0.684	0.855	1.057	1.314
28	0.683	0.855	1.056	1.313
29	0.683	0.854	1.055	1.311
30	0.683	0.854	1.055	1.310
31~40	0.681	0.851	1.050	1.303
41~60	0.679	0.848	1.046	1.296
61~120	0.677	0.845	1.041	1.289
121 이상	0.674	0.842	1.036	1.282

[r 분포표]

r 분포의 상측 분위점 $r_{1-\alpha}(\nu)$의 표

ν \ $1-\alpha$	0.95	0.975	0.99
10	.4973	.5760	.6581
11	.4762	.5529	.6339
12	.4575	.5324	.6120
13	.4409	.5139	.5923
14	.4259	.4973	.5742
15	.4124	.4821	.5577
16	.4000	.4683	.5425
17	.3887	.4555	.5285
18	.3783	.4438	.5155
19	.3687	.4329	.5034
20	.3598	.4227	.4921
25	.3233	.3809	.4451
30	.2960	.3494	.4093
35	.2746	.3246	.3810
40	.2573	.3044	.3578
50	.2306	.2732	.3218
60	.2108	.2500	.2948
70	.1954	.2319	.2737
80	.1829	.2172	.2565
90	.1726	.2050	.2422
100	.1638	.1946	.2301
근사치	$\frac{1.645}{\sqrt{\nu+1}}$	$\frac{1.960}{\sqrt{\nu+1}}$	$\frac{2.326}{\sqrt{\nu+2}}$

한쪽의 경우(빗금확률면적 α)

0 $t_{1-\alpha}(\nu)$

0.95	0.975	0.99	0.995	0.9995
6.314	12.706	31.821	63.657	636.619
2.920	4.303	6.965	9.925	31.598
2.353	3.182	4.541	5.841	12.941
2.132	2.776	3.747	4.604	8.610
2.015	2.571	3.365	4.032	6.859
1.943	2.447	3.143	3.707	5.959
1.895	2.365	2.998	3.499	5.405
1.860	2.306	2.896	3.355	5.041
1.833	2.262	2.821	3.250	4.781
1.812	2.228	2.764	3.169	4.587
1.796	2.201	2.718	3.106	4.437
1.782	2.179	2.681	3.055	4.318
1.771	2.160	2.650	3.012	4.221
1.761	2.145	2.624	2.977	4.140
1.753	2.131	2.602	2.947	4.073
1.746	2.120	2.583	2.921	4.015
1.740	2.110	2.567	2.898	3.965
1.734	2.101	2.552	2.878	3.922
1.729	2.093	2.539	2.861	3.883
1.725	2.086	2.528	2.845	3.850
1.721	2.080	2.518	2.831	3.819
1.717	2.074	2.508	2.819	3.792
1.714	2.069	2.500	2.807	3.767
1.711	2.064	2.492	2.797	3.745
1.708	2.060	2.485	2.787	3.725
1.706	2.056	2.479	2.779	3.707
1.703	2.052	2.473	2.771	3.690
1.701	2.048	2.467	2.763	3.674
1.699	2.045	2.462	2.756	3.659
1.697	2.042	2.457	2.750	3.646
1.684	2.021	2.423	2.704	3.551
1.671	2.000	2.390	2.660	3.460
1.658	1.980	2.358	2.617	3.373
1.645	1.960	2.326	2.576	3.291

[χ^2 분포표]

양쪽의 경우(빗금확률면적 $\alpha/2$)

$\chi^2_{\alpha/2}(\nu)$ $\chi^2_{1-\alpha/2}(\nu)$

한쪽의 경우(빗금확률면적 α)

$\chi^2_{\alpha}(\nu)$ $\chi^2_{1-\alpha}(\nu)$

χ^2 분포의 하측 · 상측 분위점 $\chi^2_{\alpha}(\nu)$와 $\chi^2_{1-\alpha}(\nu)$의 표

ν	α인 경우						$1-\alpha$인 경우				
	0.005	0.01	0.025	0.05	0.10	.50	0.90	0.95	0.975	0.99	0.995
1	$0.0^{4}39$	$0.0^{3}16$	$0.0^{3}98$	$0.0^{2}39$	0.0158	0.455	2.71	3.84	5.02	6.63	7.88
2	0.0100	0.0201	0.0506	0.103	0.211	1.386	4.61	5.99	7.38	9.21	10.60
3	0.0717	0.115	0.216	0.352	0.584	2.37	6.25	7.81	9.35	11.34	12.84
4	0.207	0.297	0.484	0.711	1.064	3.36	7.78	9.49	11.14	13.28	14.86
5	0.412	0.554	0.831	1.145	1.610	4.35	9.24	11.07	12.82	15.09	16.75
6	0.676	0.872	1.237	1.635	2.20	5.35	10.64	12.59	14.45	16.81	18.55
7	0.989	1.239	1.690	2.17	2.83	6.35	12.02	14.07	16.01	18.48	20.28
8	1.344	1.646	2.18	2.73	3.49	7.34	13.36	15.51	17.53	20.09	21.96
9	1.735	2.09	2.70	3.33	4.17	8.34	14.68	16.92	19.02	21.67	23.59
10	2.16	2.56	3.25	3.94	4.87	9.34	15.99	18.31	20.48	23.21	25.19
11	2.60	3.05	3.82	4.57	5.58	10.34	17.28	19.68	21.92	24.73	26.76
12	3.07	3.57	4.40	5.23	6.30	11.34	18.55	21.03	23.34	26.22	28.30
13	3.57	4.11	5.01	5.89	7.04	12.34	19.81	22.36	24.74	27.69	29.82
14	4.07	4.66	5.63	6.57	7.79	13.34	21.06	23.68	26.12	29.14	31.32
15	4.60	5.23	6.26	7.26	8.55	14.34	22.31	25.00	27.49	30.58	32.80
16	5.14	5.81	6.91	7.96	9.31	15.34	23.54	26.30	28.85	32.00	34.27
17	5.70	6.41	7.56	8.67	10.09	16.34	24.77	27.59	30.19	33.41	35.72
18	6.26	7.01	8.23	9.39	10.86	17.34	25.99	28.87	31.53	34.81	37.16
19	6.84	7.63	8.91	10.12	11.65	18.34	27.20	30.14	32.85	36.19	38.58
20	7.43	8.26	9.59	10.85	12.44	19.34	28.41	31.41	34.17	37.57	40.00
21	8.03	8.90	10.28	11.59	13.24	20.30	29.62	32.67	35.48	38.93	41.40
22	8.64	9.54	10.98	12.34	14.04	21.30	30.81	33.92	36.78	40.29	42.80
23	9.26	10.20	11.69	13.09	14.85	22.30	32.01	35.17	38.08	41.64	44.18
24	9.89	10.86	12.40	13.85	15.66	23.30	33.20	36.42	39.36	42.98	45.56
25	10.52	11.52	13.12	14.61	16.47	24.30	34.38	37.65	40.65	44.31	46.93
26	11.16	12.20	13.84	15.38	17.29	25.30	35.56	38.89	41.92	45.64	48.29
27	11.81	12.88	14.57	16.15	18.11	26.30	36.74	40.11	43.19	46.96	49.64
28	12.46	13.56	15.31	16.93	18.94	27.30	37.92	41.34	44.46	48.28	50.99
29	13.12	14.26	16.05	17.71	19.77	28.30	39.09	42.56	45.72	49.59	52.34
30	13.79	14.95	16.79	18.49	20.60	29.30	40.26	43.77	46.98	50.89	53.67
31~40	20.71	22.16	24.43	26.51	29.05	39.30	51.81	55.76	59.34	63.69	66.77
41~50	27.99	29.17	32.36	34.76	37.69	49.30	63.17	67.50	71.42	76.15	79.49
51~60	35.53	37.48	40.48	43.19	46.46	59.30	74.40	79.08	83.30	88.38	91.95
61~70	43.28	45.44	48.76	51.74	55.33	69.30	85.53	90.53	95.02	100.4	104.2
71~80	51.17	53.54	57.15	60.39	64.28	79.30	96.58	101.9	106.6	112.3	113.6
81~90	59.20	61.75	65.65	69.13	73.29	89.30	107.60	113.1	118.1	124.1	128.3
91~100	67.33	70.06	74.22	77.93	82.36	99.30	118.50	124.3	129.6	153.8	140.2

0.995
.7079
.6835
.6614
.6411
.6226
.6055
.5897
.5751
.5614
.5487
.5368
.4869
.4487
.4182
.3932
.3541
.3248
.3017
.2830
.2673
.2540
$\frac{2.576}{\sqrt{\nu+3}}$

양쪽의 경우(빗금확률면적 $\alpha/2$)

$r_{\alpha/2}(\nu)$ 0 $r_{1-\alpha/2}(\nu)$

한쪽의 경우(빗금확률면적 α)

$r_{\alpha}(\nu)$ 0

0 $r_{1-\alpha}(\nu)$

[범위를 사용하는 검정보조표]

(기울임체는 ν를, 고딕체는 c를 표시한다.)

n \ k	1	2	3	4	5	6~10	11~15	16~20	21~25	26~30	k>5
2	*1.0*	*1.9*	*2.8*	*3.7*	*4.6*	*9.0*	*13.4*	*17.8*	*22.2*	*26.5*	*0.876k + 0.25*
	1.41	1.28	1.23	1.21	1.19	1.16	1.15	1.14	1.14	1.14	1.128+0.32/k
3	*2.0*	*3.8*	*5.7*	*7.5*	*9.3*	*18.4*	*27.5*	*36.6*	*45.6*	*57.4*	*1.815k + 0.25*
	1.91	1.81	1.77	1.75	1.74	1.72	1.71	1.70	1.70	1.70	1.693+023/k
4	*2.9*	*5.7*	*8.4*	*11.2*	*13.9*	*27.6*	*41.3*	*55.0*	*68.7*	*82.4*	*2.738k + 0.25*
	2.24	2.15	2.12	2.11	2.10	2.08	2.07	2.06	2.06	2.06	2.059+0.19/k
5	*3.8*	*7.5*	*11.1*	*14.7*	*18.4*	*36.5*	*54.6*	*72.7*	*90.8*	*108.9*	*3.623k + 0.25*
	2.48	2.40	2.38	2.37	2.36	2.34	2.33	2.33	2.33	2.33	2.326+0.16/k
6	*4.7*	*9.2*	*13.6*	*18.1*	*22.6*	*44.9*	*67.2*	*89.6*	*111.9*	*134.2*	*4.466k + 0.25*
	2.67	2.60	2.58	2.57	2.56	2.55	2.54	2.54	2.54	2.54	2.534+0.14/k
7	*5.5*	*10.8*	*16.0*	*21.3*	*26.6*	*52.9*	*79.3*	*105.6*	*131.9*	*158.3*	*5.267k + 0.25*
	2.83	2.77	2.75	2.74	2.73	2.72	2.71	2.71	2.71	2.71	2.704+0.13/k
8	*6.3*	*12.3*	*18.3*	*24.4*	*30.4*	*60.6*	*90.7*	*120.9*	*151.0*	*181.2*	*6.031k + 0.25*
	2.96	2.91	2.89	2.88	2.87	2.86	2.85	2.85	2.85	2.85	2.847+0.12/k
9	*7.0*	*13.8*	*20.5*	*27.3*	*34.0*	*67.8*	*101.6*	*135.3*	*169.2*	*203.0*	*6.759k + 0.25*
	3.08	3.02	3.01	3.00	2.99	2.98	2.98	2.98	2.97	2.97	2.970+0.11/k
10	*7.7*	*15.1*	*22.6*	*30.1*	*37.5*	*74.8*	*112.0*	*149.3*	*186.6*	*223.8*	*7.453k + 0.25*
	3.18	3.13	3.11	3.10	3.10	3.09	3.08	3.08	3.08	3.08	3.078+0.10/k

Ⅱ 수험용 수치표(2)

1. KS Q 0001 계수규준형 1회 샘플링검사표

($\alpha \fallingdotseq 0.05$, $\beta \fallingdotseq 0.10$)

p_0(%) \ p_1(%)	0.71~0.91	0.91~1.12	1.13~1.40	1.41~1.80	1.81~2.24	2.25~2.80	2.81~3.55	3.56~4.50	4.51~5.60	5.61~7.10	7.11~9.00	9.01~11.2	11.3~14.0	14.1~18.0	18.1~22.4	22.5~28.0	28.1~35.5	p_1(%) / p_0(%)
0.090~0.112	*	400 1	↓	←	↓	→	60 0	50 0	←	↓	↓	←	↓	↓	↓	↓	↓	0.090~0.112
0.113~0.140	*	↓	300 1	↓	→	↓	→	↑	40 1	←	↓	↓	←	↓	↓	↓	↓	0.113~0.140
0.141~0.180	*	500 2	↓	250 1	↓	←	↓	→	↑	30 0	←	↓	↓	→	↓	↓	↓	0.141~0.180
0.181~0.224	*	*	400 2	↓	200 1	↓	←	↓	→	↑	25 0	←	↓	↓	←	↓	↓	0.181~0.224
0.225~0.280	*	*	500 3	300 2	↓	150 1	↓	←	↓	→	↑	20 0	←	↓	↓	←	↓	0.225~0.280
0.281~0.355	*	*	*	400 4	250 2	↓	120 1	↓	←	↓	→	↑	15 0	←	↓	↓	←	0.281~0.355
0.356~0.450	*	*	*	500 6	300 3	200 2	↓	100 1	↓	←	↓	→	↑	15 0	←	↓	↓	0.356~0.450
0.451~0.560	*	*	*	*	400 4	250 2	150 2	↓	80 1	↓	←	↓	→	↑	10 0	←	↓	0.451~0.560
0.561~0.710	*	*	*	*	500 6	300 4	200 3	120 2	↓	60 1	↓	←	↓	→	↑	7 0	←	0.561~0.710
0.711~0.900	*	*	*	*	*	400 6	250 4	150 4	100 2	↓	50 1	↓	←	↓	→	↑	5 0	0.711~0.900
0.901~1.12		*	*	*	*	*	300 6	200 6	120 3	80 2	↓	40 1	↓	←	↓	↑	↑	0.901~1.12
1.13~1.40			*	*	*	*	500 10	250 6	150 4	100 3	60 2	↓	30 1	↓	←	↓	↑	1.13~1.40
1.41~1.80				*	*	*	*	300 10	200 6	120 4	80 3	50 2	↓	25 1	↓	←	↓	1.41~1.80
1.81~2.24					*	*	*	*	250 10	150 6	100 4	60 3	40 2	↓	20 1	↓	←	1.81~2.24
2.25~2.80						*	*	*	*	250 10	120 6	70 4	50 3	30 2	↓	15 1	↓	2.25~2.80
2.81~3.55							*	*	*	*	200 10	100 6	60 4	40 3	25 2	↓	10 1	2.81~3.55
3.56~4.50								*	*	*	*	150 10	80 6	50 4	30 3	20 2	↓	3.56~4.50
4.51~5.60									*	*	*	*	120 10	60 6	40 4	25 3	15 2	4.51~5.60
5.61~7.10										*	*	*	*	100 10	50 6	30 4	20 3	5.61~7.10
7.11~9.00											*	*	*	*	70 10	40 6	25 4	7.11~9.00
9.01~11.2												*	*	*	*	60 10	30 6	9.01~11.2
p_0(%) / p_1(%)	0.71~0.90	0.91~1.12	1.13~1.40	1.41~1.80	1.81~2.24	2.25~2.80	2.81~3.55	3.56~4.50	4.51~5.60	5.61~7.10	7.11~9.00	9.01~11.2	11.3~14.0	14.1~18.0	18.1~22.4	22.5~28.0	28.1~35.5	p_0(%) \ p_1(%)

[KS Q 0001 샘플링검사 설계보조표]

p_1/p_0	c	n
17 이상	0	$2.56\ /\ p_0+115\ /\ p_1$
16~7.9	1	$17.8\ /\ p_0+194\ /\ p_1$
7.8~5.6	2	$40.9\ /\ p_0+266\ /\ p_1$
5.5~4.4	3	$68.3\ /\ p_0+344\ /\ p_1$
4.3~3.6	4	$98.5\ /\ p_0+400\ /\ p_1$
3.5~2.8	6	$164\ /\ p_0+527\ /\ p_1$
2.7~2.3	10	$308\ /\ p_0+700\ /\ p_1$
2.2~2.0	15	$502\ /\ p_0+1065\ /\ p_1$
1.99~1.86	20	$704\ /\ p_0+1350\ /\ p_1$

2. KS Q 0001 계량규준형 1회 샘플링검사표

[표 1. m_0, m_1을 근거로 하여 n, G_0를 구하는 표]

(α=0.05, β=0.10)

$\frac{\lvert m_1-m_0 \rvert}{\sigma}$	n	G_0
2.069 이상	2	1.163
1.690~2.068	3	0.950
1.463~1.686	4	0.822
1.309~1.462	5	0.736
1.195~1.308	6	0.672
1.106~1.194	7	0.622
1.035~1.105	8	0.582
0.975~1.034	9	0.548
0.925~0.974	10	0.520
0.882~0.924	11	0.469
0.845~0.881	12	0.475
0.812~0.844	13	0.456
0.772~0.811	14	0.440
0.756~0.771	15	0.425
0.732~0.755	16	0.411
0.710~0.731	17	0.399
0.690~0.709	18	0.383
0.671~0.689	19	0.377
0.654~0.670	20	0.368
0.585~0.653	25	0.329
0.534~0.584	30	0.300
0.495~0.533	35	0.278
0.463~0.494	40	0.260
0.436~0.462	45	0.245
0.414~0.435	50	0.233

3. KS Q 0001 계량규준형 샘플링검사표(σ기지)

[p_0, p_1을 기초로 하여 n, k를 구하는 표(부적합품률을 보증하는 경우)]

($\alpha \fallingdotseq 0.05$, $\beta \fallingdotseq 0.10$)

p_0(%) \ p_1(%) 대표치		0.80	1.00	1.25	1.60	2.00	2.50	3.15	4.00	5.00	6.30	8.00	10.0
대표치	범위	0.71~0.90	0.91~1.12	1.13~1.40	1.41~1.80	1.81~2.24	2.25~2.80	2.81~3.55	3.56~4.50	4.51~5.60	5.61~7.10	7.11~9.00	9.01~11.2
0.100	0.090~0.112	2.71 18	2.66 15	2.61 12	2.56 10	2.51 8	2.45 7	2.40 6	2.34 5	2.28 4	2.21 4	2.14 3	2.08 3
0.125	0.113~0.140	2.68 23	2.63 18	2.58 14	2.53 11	2.48 9	2.43 8	2.37 6	2.31 5	2.25 5	2.19 4	2.11 3	2.05 3
0.160	0.141~0.180	2.64 29	2.60 22	2.55 17	2.50 13	2.45 11	2.39 9	2.35 7	2.28 6	2.22 5	2.15 4	2.09 4	2.01 3
0.200	0.181~0.224	2.61 39	2.57 28	2.52 21	2.47 16	2.42 13	2.36 10	2.30 8	2.25 7	2.19 6	2.12 5	2.05 4	1.98 3
0.250	0.225~0.280	*	2.54 37	2.49 27	2.44 20	3.38 15	2.33 12	2.28 10	2.21 8	2.15 6	2.09 5	2.02 4	1.95 4
0.315	0.281~0.355	*	*	2.46 36	2.40 25	2.35 19	2.30 14	2.24 11	2.18 9	2.12 7	2.06 6	1.99 5	1.92 4
0.400	0.356~0.450	*	*	*	2.37 33	2.32 24	2.26 18	2.21 14	2.15 11	2.08 8	2.02 7	1.95 6	1.89 5
0.500	0.451~0.560	*	*	*	2.33 46	2.28 31	2.23 23	2.17 17	2.11 13	2.05 10	1.99 8	1.92 6	1.85 5
0.630	0.561~0.710	*	*	*	*	2.25 44	2.19 30	2.14 21	2.08 15	2.02 12	1.95 9	1.89 7	1.81 6
0.800	0.711~0.900	*	*	*	*	*	2.16 42	2.10 28	2.04 20	1.98 15	1.91 11	1.84 8	1.78 7
1.00	0.901~1.12		*	*	*	*	*	2.06 39	2.00 26	1.94 18	1.88 14	1.81 10	1.74 8
1.25	1.13~1.40			*	*	*	*	*	1.97 36	1.91 24	1.84 17	1.77 12	1.70 6
1.60	1.41~1.80				*	*	*	*	*	1.86 34	1.80 23	1.73 16	1.66 12
2.00	1.81~2.24					*	*	*	*	*	1.76 31	1.69 20	1.62 14
2.50	2.25~2.80						*	*	*	*	1.72 46	1.65 28	1.58 19
3.16	2.81~3.55							*	*	*	*	2.60 42	1.53 26
4.00	3.56~4.50								*	*	*	*	1.49 39
5.00	4.51~5.60									*	*	*	*
6.30	5.61~7.10										*	*	*
8.00	7.11~9.00											*	*
10.00	9.01~11.2												*

[주] 좌측은 k, 우측은 n

4. KS Q 0001 계량규준형 샘플링검사표(σ미지)

[p_0(%), p_1(%)을 기초로 하여 n과 k를 구하는 표]

($\alpha \fallingdotseq 0.05$, $\beta \fallingdotseq 0.10$)

p_0(%) \ p_1(%) 대표치	대표치	0.80	1.00	1.25	1.60	2.00	2.50	3.15	4.00	5.00	6.30	8.00	10.0	12.50	16.00	20.00	25.00	31.50
	범위	0.71~0.90	0.91~1.12	1.13~1.40	1.41~1.80	1.81~2.24	2.25~2.80	2.81~3.55	3.56~4.50	4.51~5.60	5.61~7.10	7.11~9.00	9.01~11.20	11.30~14.00	14.10~18.00	18.10~22.40	22.50~28.00	28.10~35.50
대표치	범위																	
0.100	0.090~0.112	2.71 87	2.67 68	2.62 54	2.57 42	2.52 34	2.47 28	2.42 23	2.36 19	2.31 16	2.24 13	2.19 11	2.11 9	2.07 8	1.95 6	1.87 5	1.87 5	1.77 4
0.125	0.113~0.140		2.64 80	2.59 62	2.54 48	2.49 38	2.44 31	2.39 25	2.32 20	2.28 17	2.21 14	2.16 12	2.10 10	2.02 8	1.97 7	1.90 6	1.82 5	1.72 4
0.160	0.141~0.180		2.60 98	2.56 74	2.50 56	2.46 44	2.40 35	2.35 28	2.30 23	2.23 18	2.18 15	2.10 12	2.04 10	2.00 9	1.91 7	1.85 6	1.77 5	1.67 4
0.200	0.181~0.224			2.53 90	2.47 66	2.43 51	2.37 40	2.32 31	2.26 25	2.20 20	2.14 16	2.08 13	2.02 11	1.95 9	1.86 7	1.80 6	1.72 5	1.63 4
0.250	0.225~0.280				2.44 79	2.39 59	2.34 46	2.28 35	2.23 28	2.17 22	2.12 18	2.04 14	1.99 12	1.93 10	1.86 8	1.75 6	1.67 5	1.53 4
0.315	0.281~0.355				2.41 98	2.36 71	2.31 54	2.25 41	2.19 31	2.14 25	2.07 19	2.00 15	1.94 12	1.88 10	1.80 8	1.75 7	1.62 5	1.53 4
0.400	0.356~0.450					2.32 89	2.27 65	2.22 48	2.16 36	2.10 28	2.04 22	1.98 17	1.92 14	1.85 11	1.78 9	1.69 7	1.64 6	1.47 4
0.500	0.451~0.560						2.23 80	2.18 57	2.12 42	2.07 32	2.00 24	1.94 19	1.88 15	1.81 12	1.72 9	1.64 7	1.58 6	1.51 5
0.630	0.561~0.710							2.14 71	2.08 50	2.03 37	1.97 28	2.90 21	1.83 16	1.77 13	1.69 10	1.62 8	1.52 6	1.45 5
0.800	0.711~0.900							2.10 92	2.05 62	1.99 44	1.92 32	2.86 24	1.79 18	1.72 14	1.66 11	1.56 8	1.51 7	1.39 5
1.000	0.901~1.120								2.01 79	1.95 54	1.89 38	1.83 28	1.76 21	1.69 16	1.62 12	1.53 9	1.45 7	1.33 5
1.250	1.130~1.400									1.91 69	1.85 47	1.78 32	1.72 24	1.65 18	1.57 13	1.50 10	1.39 7	1.33 6
1.600	1.410~1.800									1.87 95	1.80 60	1.74 40	1.67 28	1.60 20	1.35 15	1.45 11	1.35 8	1.26 6
2.000	1.810~2.240										1.76 81	1.69 50	1.63 34	1.56 24	1.48 17	1.40 12	1.32 9	1.19 6
2.500	2.250~2.800											1.65 67	1.59 43	1.52 29	1.43 19	1.36 14	1.27 10	1.17 7
3.150	2.810~3.550											1.61 96	1.54 57	1.47 36	1.39 23	1.31 16	1.22 11	1.13 8
4.000	3.560~4.500												1.49 83	1.42 48	1.34 29	1.25 19	1.17 13	1.08 9
5.000	4.510~5.600													1.37 69	1.29 38	1.20 23	1.11 15	1.02 10
6.300	5.610~7.100														1.23 53	1.15 30	1.07 19	0.97 12
8.000	7.110~9.000														1.18 87	1.10 44	1.00 24	0.89 14
10.000	9.010~11.200															1.04 68	0.95 34	0.84 18

[주] 왼쪽 아래의 숫자는 n, 오른쪽 숫자는 k

[비고] 공란에 대한 샘플링검사 방식은 없다.

5. ISO KS Q 2859-2 LQ 지표형 샘플링검사표

[부표 B. 한계품질 5.00%에 대한 1회 샘플링 방식(절차 B, 주샘플링표)]

검사수준에 대한 로트 크기					KS Q ISO 2859-1의 1회 샘플링 방식 (보통검사)			샘플 문자	합격확률(%)의 특정값에 대응하는 공정품질의 값(1) (부적합품퍼센트)					각 검사수준에 대한 한계품질(LQ)에서의 소비자 위험(β)의 최대값(2)		
S-1~S-3	S-4	Ⅰ	Ⅱ	Ⅲ	AQL	n	A_c		95.0	90.0	50.0	10.0	5.0	S-1~Ⅰ	Ⅱ	Ⅲ
81(3) 이상	81(3)~500,000	81(3)~10,000	81(3)~1,200	81(3)~500	0.65	80	1	J	0.446	0.667	2.09	4.78	5.79	8.6	7.9	6.9
	500,001 이상	10,001~35,000	1,201~3,200	501~1,200	1.00	125	3	K	1.10	1.40	2.93	5.27	6.09	12.4	11.9	11.0
		35,001~150,000	3,201~10,000	1,201~3,200	1.00	200	5	L	1.31	1.58	2.83	4.59	5.18	6.2	6.2	5.7
		150,001 이상	10,001 이상	3,201 이상	1.50	315	10	M	1.97	2.24	3.38	4.85	5.33	8.1	8.1	8.1

[주] (1) 공정품질의 값은 이항분포에 기초한다.

(2) 초기하분포에 의한 소비자 위험의 정확한 값은 로트 크기에 따라서 바뀐다. 여기서는 각 검사수준의 최대값을 부여한다.

(3) 81 미만의 로트에 대해서는 전수검사한다.

[OC 곡선]

(OC 곡선은 1회 샘플링 방식에 대한 것이다. 샘플 문자 및 A_c로 식별한다.)

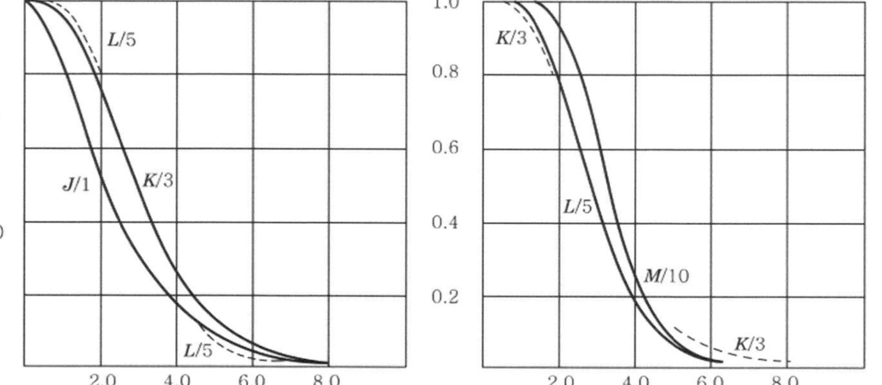

성공한 사람의 달력에는

"오늘(Today)"이라는 단어가

실패한 사람의 달력에는

"내일(Tomorrow)"이라는 단어가 적혀 있고,

성공한 사람의 시계에는

"지금(Now)"이라는 로고가

실패한 사람의 시계에는

"다음(Next)"이라는 로고가 찍혀 있다고 합니다.

☆

내일(Tomorrow)보다는 오늘(Today)을,
다음(Next)보다는 지금(Now)의 시간을 소중히 여기는
당신의 멋진 미래를 기대합니다. ^^

부록
2

중요 출제문제

품질경영기사 실기

시험에 자주 출제되는 기출문제 선별하여 수록

부록

2

중요 출제문제

시험에 자주 출제되는 중요 출제문제

1 공업통계학

[01] $n=64$인 데이터의 도수분포표가 다음과 같다. 이때 다음 물음에 답하시오. (단, 이 제품의 규격상한은 65, 규격하한은 35이다.)

급 번호	계급	대표값(x_i)	도수(f_i)	u_i	f_iu_i	$f_iu_i^2$
1	38.5~42.5	40.5	1	−3	−3	9
2	42.5~46.5	44.5	8	−2	−16	32
3	46.5~50.5	48.5	15	−1	−15	15
4	50.5~54.5	52.5	23	0	0	0
5	54.5~58.5	56.5	7	1	7	7
6	58.5~62.5	60.5	5	2	10	20
7	62.5~66.5	64.5	5	3	15	45
합계	-	-	64	-	−2	128

가. 위 도수분포표를 이용하여 평균과 표준편차를 구하시오.

나. 이 공정에서 규격 외의 제품이 나올 확률을 구하시오. (단, 표준 정규분포표를 이용한다.)

해설 가. 도수분포의 평균과 편차

① 평균

$$\bar{x}=x_0+h\times\frac{\Sigma f_iu_i}{\Sigma f_i}=52.5+4\times\frac{(-2)}{64}=52.3750$$

② 표준편차

$$s=h\sqrt{\frac{\Sigma f_iu_i^2-(\Sigma f_iu_i)^2/\Sigma f_i}{\Sigma f_i-1}}=4\times\sqrt{\frac{128-(-2)^2/64}{63}}=5.70018$$

나. 부적합품률

① 하한규격 밖으로 벗어날 확률

$$P(x\le S_L)=P\left(u\le\frac{S_L-\mu}{\sigma}\right)$$

$$=P\left(u\le\frac{35-52.3750}{5.70018}\right)=P(u\le-3.048)=0.001144$$

② 상한규격 밖으로 벗어날 확률

$$P(x \geq S_U) = P\left(u \geq \frac{S_U - \mu}{\sigma}\right)$$

$$= P\left(u \geq \frac{65 - 52.3750}{5.70018}\right) = P(u \geq 2.215) = 0.0136$$

$$\therefore\ P = 0.001144 + 0.0136 = 0.014744$$

[02] 다음 데이터는 어떤 화학제품의 수분함량을 측정한 결과를 도수표로 나타낸 것이다. 수분함량에 대한 규격은 5.00±0.30이다. 다음 물음에 답하여라.

계급	x_i	f_i	u_i	$f_i u_i$	$f_i u_i^2$
4.755~4.825	4.79	2	−3	−6	18
4.825~4.895	4.86	12	−2	−24	48
4.895~4.965	4.93	15	−1	−15	15
4.965~5.035	5.00	30	0	0	0
5.035~5.105	5.07	12	1	12	12
5.105~5.175	5.14	6	2	12	24
5.175~5.245	5.21	2	3	6	18
5.245~5.315	5.28	1	4	4	16
합계		80		−11	151

가. 평균과 표준편차를 구하여라.

나. 규격을 벗어나는 확률은 얼마인가? (단, 도수분포표는 정규분포를 따른다.)

다. 최소공정능력지수를 구하고 공정능력을 평가하라.

해설 가. $\bar{x} = x_0 + h\dfrac{\Sigma f_i u_i}{\Sigma f_i}$

$$= 5.00 + 0.07 \times \frac{-11}{80} = 4.99038$$

$$s = h\sqrt{\frac{\Sigma f_i u_i^{\ 2}}{\Sigma f_i - 1} - \frac{(\Sigma f_i u_i)^2}{\Sigma f_i(\Sigma f_i - 1)}}$$

$$= 0.07 \times \sqrt{\frac{151}{79} - \frac{(-11)^2}{80 \times 79}} = 0.09629$$

나. 부적합품률

$$P = \Pr(x > 5.3) + \Pr(x < 4.7)$$

$$= \Pr\left(z > \frac{5.3 - 4.99038}{0.09629}\right) + \Pr\left(z < \frac{4.7 - 4.99038}{0.09629}\right)$$

$$= \Pr(z > 3.21) + \Pr(z < -3.02)$$

$$= 0.0006637 + 0.001306 = 0.00197$$

다. $C_{PK} = (1-k)\,C_P = (1-k)\dfrac{S_U - S_L}{6s}$

$$= C_P - kC_P = 1.03853 - \left(\frac{|4.99038 - 5.0|}{0.6/2}\right) \times 1.03853 = 1.0052$$

따라서, $1 \leqq C_P < 1.33$: 공정능력이 보통이다.(2등급)

[03] $n=100$의 데이터에 대한 히스토그램을 그린 결과 정규분포 모양이 되었으며 $\bar{x}=44.873$ 및 $s=0.584$가 얻어졌다. 규격이 45.5 ± 2.00이라면 최대공정능력지수(C_P)를 구하고, 최대공정능력을 4등급으로 분류하여 평가하시오. 또한 바이어스를 고려한 최소공정능력지수(C_{PK})는 얼마인가?

해설 ① 공정능력지수 산정 및 평가

• 최대공정능력지수

$$C_P=\frac{S_U-S_L}{6\sigma}=\frac{47.5-43.5}{6\times0.584}=1.14155$$

• 판정

$1\le C_P<1.33$이므로 최대공정능력은 2등급으로 보통이라고 할 수 있다.

② 최소공정능력지수

$$k=\frac{|\mu-M|}{\frac{T}{2}}=\frac{\left|44.873-\frac{1}{2}(47.5+43.5)\right|}{\frac{47.5-43.5}{2}}=0.3135$$

$$C_{PK}=(1-k)\frac{S_U-S_L}{6\sigma}=(1-0.3135)\times\frac{4}{6\times0.584}=0.78368$$

참고 $C_{PKL}=C_P-\frac{\text{bias}}{3\sigma}=1.14155-\frac{0.627}{3\times0.584}=0.78368$

[04] 다음 각 물음에 답하시오.

가. $P=0.40$인 모집단의 크기는 50개이다. 5개의 시료를 취할 때, 2개의 부적합품이 나올 확률은?

나. $P=0.05$인 무한 모집단에서 5개의 시료를 취할 때, 2개 이하의 부적합품이 나올 확률은?

해설 가. $P(x=2)=\frac{\binom{M}{x}\binom{N-M}{n-x}}{\binom{M}{n}}=\frac{{}_{20}C_1\times{}_{30}C_1}{{}_{50}C_2}=0.36408$ (단, $M=NP$이다.)

나. $P(x\le2)=\sum_{x=0}^{2}\binom{n}{x}P^x(1-P)^{n-x}$

$=\binom{5}{0}0.05^0\times0.95^5+\binom{5}{1}0.05^1\times0.95^4+\binom{5}{2}0.05^2\times0.95^3=0.99884$

[05] 어떤 로트의 중간 제품 부적합품률이 3%이고, 중간 제품의 적합품만을 사용해서 가공했을 때 제품의 부적합품률이 5%라고 하면, 이 원료의 로트로부터 적합품이 얻어질 확률은?

해설 • 중간 공정의 적합품률 : $P(A)=0.97$ • 최종 공정의 적합품률 : $P(B)=0.95$

$\therefore P(A\cap B)=P(A)\cdot P(B)=0.97\times0.95=0.9215$

[06] 하나의 로트가 제품 $N=2{,}000$개로 구성되어 있고, 로트 부적합품률이 $P=2\%$라고 알려져 있다. 이 중 랜덤하게 80개를 추출하는 경우 시료 중 부적합품수가 2개 이상이 출현할 확률을 구하시오.

해설 $\Pr(X \geq 2) = 1 - \Pr(X \leq 1)$

$$= 1 - e^{-m}(1+m) = 1 - e^{-1.6}(1+1.6) = 0.47507$$

(단, $m = nP = 1.6$이다.)

[07] 어떤 공장에서 사고발생에 대한 분포가 푸아송(Poission) 분포를 이루며, 1년 동안 종업원 1인당 평균 2.0건의 사고가 발생한다고 한다. 이 공장의 종업원 중 1명을 임의로 추출했을 경우, 다음 각 물음에 답하시오. (단, 누적 푸아송분포표를 이용하여 구하시오.)

[누적 푸아송분포표]

c \ m	1.6	1.7	1.8	1.9	2.0
0	0.202	0.183	0.165	0.150	0.135
1	0.525	0.493	0.463	0.434	0.406
2	0.783	0.757	0.731	0.704	0.677
3	0.921	0.907	0.891	0.875	0.857
4	0.976	0.971	0.964	0.956	0.947
5	0.994	0.992	0.990	0.987	0.983
6	0.999	0.998	0.997	0.997	0.995
7	1.000	1.000	0.999	0.999	0.999
8			1.000	1.000	1.000

가. 한 건의 사고도 내지 않을 확률을 구하시오.
나. 적어도 2건의 사고를 낼 확률을 구하시오.

해설 $m=2$인 푸아송분포이다.

가. $P(c=0)=0.135$

나. $P(c \geq 2) = 1 - [P(c=0)+P(c=1)] = 1 - 0.406 = 0.594$

[08] A제약회사에서 생산하는 정제 알약은 1병당 1,000개로 구성되며, 한 병당 4개의 부적합이 나타나는 것으로 알려져 있다. 임의로 30개를 샘플링을 한다고 할 때 부적합이 1개 이하로 나타나면 검사에서 합격시키고자 한다. 푸아송분포를 이용하여 합격할 확률을 구하시오.

해설 합격될 확률 $\Pr(X \leq 1) = \dfrac{e^{-m}\, m^0}{0!} + \dfrac{e^{-m}\, m^1}{1!}$

$$= e^{-0.12}(1+0.12) = 0.99335$$

$\left(\text{단, 기대부적합수 } m = nP = 30 \times \dfrac{4}{1{,}000} = 0.12\right)$

[09] 축과 베어링 사이의 틈새에 대하여 통계적 분석을 하려고 한다. 다음은 축(s ; shaft)과 베어링(b ; bearing)의 값이며, 부품 생산 시 공정은 안정되어 있고 정규분포를 따른다. 이 조립품의 끼워맞춤 공차는 0.007~0.012이다. 다음 물음에 답하시오.

$$N_s(2.5020,\ 0.0007^2),\ N_b(2.5115,\ 0.0006^2)$$

가. 조립품 틈새의 평균치(μ_c)를 구하시오. (단, 소수점 4째 자리에서 맺음하시오.)

나. 조립품 틈새의 표준편차(σ_c)를 구하시오. (단, 소수점 4째 자리에서 맺음하시오.)

다. 제품의 합격률을 추정하시오. (단, 소수점 4째 자리에서 맺음하시오.)

해설 가. $\mu_c = \mu_b - \mu_s = 2.5115 - 2.5020 = 0.0095$

나. $\sigma_c = \sqrt{\sigma_b^2 + \sigma_s^2} = \sqrt{0.0006^2 + 0.0007^2} = 0.0009$

다. $\Pr(0.007 < c < 0.012)$

$$= 1 - [\Pr(c < 0.007) + \Pr(c > 0.012)]$$

$$= 1 - \left[\Pr\left(z < \frac{0.007 - 0.0095}{0.0009}\right) + \Pr\left(z > \frac{0.012 - 0.0095}{0.0009}\right)\right]$$

$$= 1 - [\Pr(z < 2.78) + \Pr(z > 2.78)]$$

$$= 1 - 2 \times 0.00272$$

$$= 0.99456$$

[10] 전동기를 조립하는 공장에서 전동기의 축과 베어링을 조립하는 공정이 있다. 베어링의 내경, 축의 외경은 평균치와 표준편차가 각각 $\mu_B =$ 30.15mm, $\sigma_B =$ 0.03mm, $\mu_S =$ 30.00mm, $\sigma_S =$ 0.04mm인 정규분포를 한다고 한다. 또한 베어링의 내경과 축의 외경 사이의 간격에 대한 규격한계선은 0.050mm, 0.200mm로 주어졌다. 이 간격이 규격하한치 0.050mm보다 작은 경우에는 축을 약간 연마하면 되므로 이런 한 부적합품은 1조당 1,000원의 손실비가 발생한다. 또 이와는 반대로 간격이 규격상한치 0.200mm보다 클 경우에는 폐품처리를 해야 하므로 1조당 10,000원의 손실비가 발생한다고 한다. 지금 이 회사에서는 전동기를 10,000대 생산할 계획을 세우고 있다. 몇 조의 베어링과 축을 생산하면 되겠는가?

해설 ① 간격의 평균과 편차

$$\mu_c = \mu_B - \mu_S = 30.15 - 30.00 = 0.15$$

$$\sigma_c{}^2 = \sigma_B{}^2 + \sigma_S{}^2 = 0.03^2 + 0.04^2 = 0.05^2$$

$c \sim N(0.15,\ 0.05^2)$의 정규분포를 한다.

② 폐기할 확률

$$P = \Pr(c > 0.2)$$

$$= \Pr\left(z > \frac{0.2 - 0.15}{0.05}\right) = \Pr(z > 1.0) = 0.1587$$

③ 생산대수

폐기될 확률이 0.1587이므로

$$n = \frac{10,000}{1-p} = \frac{10,000}{1-0.1587} = 11886.36634 \rightarrow 11,887\text{개}$$

참고 필요 가공수량이므로 소수점 이하는 올림으로 처리된다.

[11] A회사로부터 납품되고 있는 약품의 유황 함유율 산포의 표준편차는 0.35%이었다. 이번에 납품된 로트의 평균치를 신뢰도 95%, 정도 0.2%로 양쪽 구간추정하려면 몇 개의 샘플이 필요한가?

해설 $\beta_{\bar{x}} = u_{1-\alpha/2}\dfrac{\sigma}{\sqrt{n}}$

$$0.2 = 1.96 \times \frac{0.35}{\sqrt{n}}$$

$$\therefore\ n = \left(\frac{0.35 \times 1.96}{0.2}\right)^2 = 11.76 \rightarrow 12\text{개}$$

[12] 어떤 절삭공정에서 제작하는 부분품의 치수에 대한 모평균은 16.54mm이었다. 이 공정에서 $n=10$개의 샘플을 취해 다음과 같은 데이터를 얻은 경우, 확률 95%를 만족하는 시료평균 $\bar{x}$의 하측 한계값과 상측 한계값을 구하시오.

[데이터] (단위 : mm)

16.54, 16.57, 16.52, 16.56, 16.51, 16.53, 16.55, 16.56, 16.51, 16.58

해설 ① 하측 한계값

$$\bar{x}_L = \mu - t_{1-\alpha/2}(\nu)\frac{s}{\sqrt{n}}$$

$$= 16.54 - 2.262 \times \frac{0.02497}{\sqrt{10}} = 16.52214\text{mm}$$

② 상측 한계값

$$\bar{x}_U = \mu + t_{1-\alpha/2}(\nu)\frac{s}{\sqrt{n}}$$

$$= 16.54 - 2.262 \times \frac{0.02497}{\sqrt{10}} = 16.55786\text{mm}$$

[13] 철근을 생산하고 있는 Y회사의 품질관리 부서는 제품품질을 결정하는 철근의 길이의 정밀도에 관심을 갖고 있다. 현재 철근의 길이에 대한 표준편차는 2mm를 넘지 않는다고 알려져 있으나, 부적합품률이 증가하는 추세여서 이 회사의 품질경영기사인 K씨는 최근 만들어진 철근 15개를 조사하여 시료표준편차 3mm가 됨을 알았다. 다음 각 물음에 답하시오.

가. 최근 철근제품의 산포는 커졌다고 할 수 있는지를 유의수준 5%로 검정하시오.
나. 95%의 신뢰도로 모분산의 신뢰한계를 구하시오.

해설 가. 모분산의 검정

① $H_0 : \sigma^2 \leq \sigma_0^2$, $H_1 : \sigma^2 > \sigma_0^2$

② 유의수준 : $\alpha = 0.05$

③ 검정통계량 : $\chi_0^2 = \dfrac{S}{\sigma_0^2} = \dfrac{14 \times 3^2}{2^2} = 31.5$

④ 기각치 : $\chi_{0.95}^2(14) = 23.68$

⑤ 판정 : $\chi_0^2 > 23.68$ 이므로 모분산이 커졌다고 할 수 있다.

나. 모분산의 신뢰하한값의 추정

검정이 한쪽 검정이므로, 모분산이 커졌다가 입증되었으므로 신뢰하한값의 한쪽 추정을 행한다.

$$\sigma_L^2 = \frac{S}{\chi_{0.95}^2(14)} = \frac{14 \times 3^2}{23.68} = 5.32095$$

따라서 $\sigma^2 \geq 2.30672^2$mm이다.

[14] C제품의 모집단 중량분포는 $N(200,\ 4^2)$이었다. 중량을 줄이고자 TFT를 구성하여 개선을 진행한 후 효과가 있는지 시료를 측정한 결과가 다음 데이터와 같았다. 다음 각 물음에 답하시오. (단, $\alpha = 0.05$이다.)

[데이터] 190, 196, 195, 191, 205, 200, 194, 195, 194, 192 (단위 : g)

가. 분산이 달라졌는지 검정하시오.
나. 중량의 평균이 작아졌는지 검정하시오.
다. 모평균의 신뢰상한값을 추정하시오.

해설 가. 모분산의 검정

① 가설 : $H_0 : \sigma^2 = 4^2\text{g}$, $H_1 : \sigma^2 \neq 4^2\text{g}$

② 유의수준 : $\alpha = 0.05$

③ 검정통계량 : $\chi_0^2 = \dfrac{(n-1)s^2}{\sigma^2} = 11.10$

④ 기각치 : $\chi_{0.025}^2(9) = 2.70$, $\chi_{0.975}^2(9) = 19.02$

⑤ 판정 : $2.70 < \chi_0^2 < 19.02$ 이므로, H_0 채택
따라서, 분산은 달라졌다고 할 수 없다.

나. 모평균의 검정(σ 기지)
① 가설 : $H_0 : \mu \geq 200\text{g}$, $H_1 : \mu < 200\text{g}$
② 검정통계량 : $u_0 = \dfrac{\bar{x} - \mu}{\sigma / \sqrt{n}} = \dfrac{195.2 - 200}{4 / \sqrt{10}} = -3.79473$
③ 기각치 : $-u_{1-0.05} = -1.645$
④ 판정 : $u_0 < -1.645$ 이므로, H_0 기각
따라서, 평균값이 작아졌다고 할 수 있다.

다. 모평균의 추정(σ 기지)

$$\mu_u = \bar{x} + u_{1-\alpha}\frac{\sigma}{\sqrt{n}} = 195.2 + 1.645\frac{4}{\sqrt{10}} = 197.28078\text{g}$$

[15] 작업방법을 개선한 후 로트로부터 10개의 시료를 랜덤하게 샘플링하여 측정한 결과 다음 데이터를 얻었다. 이때 다음 물음에 답하시오.

[DATA] 10, 16, 18, 11, 18, 12, 14, 15, 14, 12

가. 모평균이 개선 전의 평균 10kg보다 커졌다고 할 수 있는가? (단, α =0.05)
나. 신뢰도 95%로 모평균의 신뢰한계값을 구하여라.

해설 가. 모평균의 검정
① 가설 : $H_0 : \mu \leq 10\text{kg}$, $H_1 : \mu > 10\text{kg}$
② 유의수준 : $\alpha = 0.05$
③ 검정통계량 : $t_0 = \dfrac{\bar{x} - \mu}{s / \sqrt{n}}$

$$= \frac{14 - 10}{2.78887 / \sqrt{10}} = 4.53557$$

(단, $\bar{x} = \dfrac{\Sigma x_i}{n} = \dfrac{(10 + 16 + \cdots + 130)}{10} = 14.0$, $s = 2.78887$ 이다.)
④ 기각치 : $t_{0.95}(9) = 1.833$
⑤ 판정 : $t_0 > 1.833 \rightarrow H_0$ 기각
즉, 공정변경 후 종전보다 커졌다고 할 수 있다.

나. 95% 신뢰한계(신뢰하한값)의 추정

$$\mu_L = \bar{x} - t_{1-\alpha}(n-1)\frac{s}{\sqrt{n}}$$

$$= 14 - t_{0.95}(9)\frac{2.78887}{\sqrt{10}} = 14 - 1.833 \times \frac{2.78887}{\sqrt{10}}$$

$$= 12.38344\text{kg}$$

[16] 철판 8매의 중앙과 가장자리의 두께가 아래 표와 같을 때, 다음 각 물음에 답하시오.

n	1	2	3	4	5	6	7	8
x_A	3.22	3.15	3.18	3.29	3.19	3.24	3.19	3.27
x_B	3.20	3.09	3.20	3.22	3.16	3.17	3.20	3.24
$d=x_A-x_B$	0.02	0.07	−0.02	0.07	0.03	0.07	−0.01	0.03

가. 철판의 중앙과 가장자리에는 차이가 있다고 할 수 있는가? (단, $\alpha=0.05$)
나. 철판의 중앙과 가장자리의 차를 $1-\alpha=95\%$로 양쪽 신뢰구간을 추정하시오.

해설 가. 대응이 있는 차에 관한 검정

① 가설 : $H_0 : \Delta=0$, $H_1 : \Delta\neq 0$ (단, $\Delta=\mu_A-\mu_B$이다.)

② 유의수준 : $\alpha=0.05$

③ 검정통계량 : $t_0=\dfrac{\bar{d}-\Delta}{s_d/\sqrt{n}}=\dfrac{0.0325-0}{0.03576/\sqrt{8}}=2.57058$ (단, $\bar{d}=0.0325$, $s_d=0.03576$)

④ 기각치 : $-t_{0.975}(7)=-2.365$, $t_{0.975}(7)=2.365$

⑤ 판정 : $t_0>2.365 \rightarrow H_0$ 기각

즉, 철판의 중앙과 가장자리에는 차이가 있다고 할 수 있다.

나. 95% 신뢰구간의 추정

$$\Delta=\bar{d}\pm t_{1-0.025}(7)\frac{s_d}{\sqrt{n}}$$
$$=0.0325\pm 2.365\times\frac{0.03576}{\sqrt{8}}$$
$$=0.0325\pm 0.02990$$
$$\therefore\ 0.0026\sim 0.0624$$

[17] 출하 측과 수입 측에서 어떤 금속의 함유량을 분석하게 되었다. 분석법에 차가 있는가 검토하기 위하여 표준시료를 10개 작성하여, 각각 2분하고 출하 측과 수입 측을 동시에 분석하여 다음 표와 같은 결과를 얻었다. 다음 각 물음에 답하시오.

표준시료 No.	1	2	3	4	5	6	7	8	9	10
출하 측	52.33	51.98	51.72	52.04	51.90	51.92	51.96	51.90	52.14	52.02
수입 측	52.11	51.90	51.78	51.89	51.60	51.87	52.07	51.76	51.82	51.91

가. 양측의 분석치에 차이가 있는가를 $\alpha=0.05$로 검정하시오. (단위 : %)
나. 차이가 있다면 그 차이를 신뢰수준 95%로 신뢰한계를 추정하시오.

해설 가. 대응이 있는 차에 관한 검정

표준시료 No.	1	2	3	4	5	6	7	8	9	10
d_i = 출하 측−수입 측	0.22	0.08	−0.06	0.15	0.30	0.05	−0.11	0.14	0.32	0.11

① 가설 : $H_0 : \Delta(\mu_{출하}-\mu_{수입})=0$, $H_1 : \Delta(\mu_{출하}-\mu_{수입})\neq 0$

② 유의수준 : $\alpha=0.05$

③ 검정통계량 : $t_0 = \dfrac{\bar{d} - \Delta}{s_d / \sqrt{n}}$

$= \dfrac{0.120 - 0}{0.13968 / \sqrt{10}} = 2.71673$ (단, $\bar{d} = 0.120$, $s_d = 0.13068$)

④ 기각치 : $-t_{0.975}(9) = -2.262$, $t_{0.975}(9) = 2.262$

⑤ 판정 : $t_0 > 2.262 \rightarrow H_0$ 기각

즉, 출하 측과 수입 측의 분석방법에는 차이가 있다.

나. 95% 신뢰한계(신뢰구간)의 추정

$\Delta = \bar{d} \pm t_{1-\alpha/2}(9)\dfrac{s_d}{\sqrt{n}}$

$= 0.120 \pm 2.262 \times \dfrac{0.13968}{\sqrt{10}} = 0.12 \pm 0.09991$

$\therefore$ 0.02009% ~ 0.21991%

[18] 값이 고가이면서 정밀도가 좋은 기계 A와 값이 저렴한 기계 B가 있다. A의 정밀도가 실제로 좋은가를 조사하기 위하여 각각의 기계에서 16개씩의 제품을 가공한 결과 불편분산은 각각 $V_A = 0.0036\text{mm}^2$, $V_B = 0.0146\text{mm}^2$이었다. 확실히 A기계의 정밀도가 좋다고 할 수 있는가를 검정하시오. (단, 유의수준은 5%이다.)

해설 두 집단 모분산비의 한쪽 검정

① 가설 : $H_0 : \sigma_A^{\ 2} \geq \sigma_B^{\ 2}$, $H_1 : \sigma_A^{\ 2} < \sigma_B^{\ 2}$

② 검정통계량 : $F_0 = \dfrac{V_A}{V_B} = \dfrac{0.0036}{0.0146} = 0.24658$

③ 기각치 : $F_\alpha(\nu_A, \nu_B) = F_{0.05}(15, 15) = \dfrac{1}{F_{0.95}(15, 15)} = \dfrac{1}{2.40} = 0.41667$

④ 판정 : $F_0 < 0.41667$로, H_0 기각

즉, 기계 A의 정밀도가 기계 B보다 높다고 할 수 있다.

[19] 치과용 마취제가 남자와 여자에게 미치는 영향의 차에 대해 알기 위하여 15명의 남자와 16명의 여자를 임의 추출하여 마취시간을 기록한 결과 평균시간과 표준편차가 아래표와 같을 때, 다음 각 물음에 답하시오. (단, 모집단의 표준편차는 남자는 0.3시간, 여자는 0.4시간으로 알려져 있다.)

구분	남자	여자
시료 평균	4.8	4.4
모표준편차	0.3	0.4

가. 치과용 마취제가 남자와 여자에게 미치는 영향이 다른가를 유의수준 5%로 검정하시오.

나. 남자와 여자의 평균마취시간의 차에 대한 95% 신뢰구간을 구하시오.

해설 가. 모평균 차의 검정

① 가설설정 : $H_0 : \mu_1 = \mu_2$, $H_1 : \mu_1 \neq \mu_2$

② 유의수준 : $\alpha = 0.05$

③ 검정통계량 : $u_0 = \dfrac{(\bar{x}_1 - \bar{x}_2) - \delta}{\sqrt{\dfrac{\sigma_1^2}{n_1} + \dfrac{\sigma_2^2}{n_2}}}$

$= \dfrac{(4.8 - 4.4) - 0}{\sqrt{\dfrac{0.3^2}{15} + \dfrac{0.4^2}{16}}} = 3.16228$

④ 기각치 : $-u_{0.975} = -1.96$, $u_{0.975} = 1.96$

⑤ 판정 $u_0 > 1.960 \rightarrow H_0$ 기각

즉, 마취제가 남자와 여자에게 미치는 영향이 다르다고 할 수 있다.

나. 모평균 차의 95% 신뢰구간의 추정

$\mu_1 - \mu_2 = (\bar{x}_1 - \bar{x}_2) \pm u_{1-\alpha/2} \sqrt{\dfrac{\sigma_1^2}{n_1} + \dfrac{\sigma_2^2}{n_2}}$

$= (4.8 - 4.4) \pm 1.96 \times \sqrt{\dfrac{0.3^2}{15} + \dfrac{0.4^2}{16}}$

$= 0.4 \pm 0.24792$시간

따라서, 0.15208시간~0.64792시간이다.

[20] 원료 A와 원료 B에 대한 매일의 제품 순도(%)는 다음과 같다. 등분산성의 검토 후 원료 A의 순도가 원료 B의 순도보다 더 낮다고 할 수 있는지 유의수준 5%로 검정하시오.

원료 A	74.9	73.9	74.7	74.3	75.8	74.2
원료 B	75.2	75.0	75.3	76.9	75.0	

해설 • 등분산성의 검정

① 가설 : $H_0 : \sigma_A^2 = \sigma_B^2$, $H_1 : \sigma_A^2 \neq \sigma_B^2$

② 유의수준 : $\alpha = 0.05$

③ 검정통계량 : $F_0 = \dfrac{V_A}{V_B} = \dfrac{0.67429^2}{0.80436^2} = 0.70274$

단, 원료 A : $\bar{x}_A = 74.63333$, $s_A = 0.67429$

원료 B : $\bar{x}_B = 75.48$, $s_B = 0.80436$

④ 기각치 : $F_{0.025}(5, 4) = 1/F_{0.975}(4, 5) = 1/7.39 = 0.13532$, $F_{0.975}(5, 4) = 9.36$

⑤ 판정 : $0.13532 < F_0 < 9.36 \rightarrow H_0$ 채택

즉, 등분산성이 성립한다.

• 모평균차의 검정

① 가설 : $H_0 : \mu_A \geq \mu_B$, $H_1 : \mu_A < \mu_B$

② 유의수준 : $\alpha = 0.05$

③ 검정통계량 : $t_0 = \dfrac{(\bar{x}_A - \bar{x}_B) - \delta}{\hat{\sigma}\sqrt{\dfrac{1}{n_A} + \dfrac{1}{n_B}}} = \dfrac{(74.63333 - 75.48) - 0}{0.73495 \times \sqrt{\dfrac{1}{6} + \dfrac{1}{5}}} = -1.90248$

$\left(\text{단, } \hat{\sigma} = \sqrt{\dfrac{S_1 + S_2}{n_A + n_B - 2}} = \sqrt{\dfrac{5 \times 0.67429^2 + 4 \times 0.80436^2}{6+5-2}} = 0.73495\right)$

④ 기각치 : $-t_{0.95}(9) = -1.833$

⑤ 판정 : $t_0 < -1.833 \rightarrow H_0$ 기각

즉, 원료 A의 순도가 더 낮다고 할 수 있다.

[21] A회사의 특정 제품은 온도 700℃와 800℃의 두 가지 방식에서 생산되고 있다. 이 중에서 각각 15개, 12개를 추출하여 제품의 특정 성분에 대한 함량을 조사하여 표와 같은 결과를 얻었다. 다음 물음에 답하시오.

온도	표본의 크기	표본평균	표본표준편차
700℃(x)	$n_x = 15$	$\bar{x} = 0.824$	$s_x = 0.090$
800℃(y)	$n_y = 12$	$\bar{y} = 0.910$	$s_y = 0.085$

가. 700℃에서 만들어진 제품의 성분 함량이 800℃에서 만들어진 제품의 성분 함량보다 적다고 할 수 있는가를 유의수준 5%로 검정하시오. (단, 두 집단의 산포는 같다.)

나. 검정 결과 유의하다면, 신뢰율 95%의 신뢰한계값을 추정하시오.

해설 가. 모평균 차의 검정

① 가설 : $H_0 : \mu_x \geq \mu_y$, $H_1 : \mu_x < \mu_y$

② 유의수준 : $\alpha = 0.05$

③ 검정통계량 : $t_0 = \dfrac{(\bar{x} - \bar{y}) - \delta}{\sqrt{\hat{\sigma}^2\left(\dfrac{1}{n_x} + \dfrac{1}{n_y}\right)}} = \dfrac{(0.824 - 0.910) - 0}{\sqrt{0.00772\left(\dfrac{1}{15} + \dfrac{1}{12}\right)}} = -2.52723$

$\left(\text{단, } \hat{\sigma}^2 = \dfrac{(n_x - 1)s_x^2 + (n_y - 1)s_y^2}{n_x + n_y - 2} = 0.00772\right)$

④ 기각치 : $-t_{0.95}(25) = -1.708$

⑤ 판정 : $t_0 < -1.708 \rightarrow H_0$ 기각

따라서, 700℃에서 만들어진 제품의 성분 함량이 800℃에서 만들어진 제품의 성분 함량보다 적다고 할 수 있다.

나. 모평균차의 95% 신뢰한계(신뢰상한값)

$\mu_x - \mu_y = (\bar{x} - \bar{y}) + t_{0.95}(25)\sqrt{\hat{\sigma}^2\left(\dfrac{1}{n_x} + \dfrac{1}{n_y}\right)}$

$= (0.824 - 0.910) + 1.708 \times \sqrt{0.00772\left(\dfrac{1}{15} + \dfrac{1}{12}\right)} = -0.02788$

[22] 어떤 부품의 제조공정에서 종래 장기간의 공정 평균 부적합품률은 9% 이상으로 집계되고 있다. 부적합품률을 낮추기 위해 최근 그 공정의 일부를 개선한 후 그 공정을 조사하였더니 167개의 샘플 중 8개가 부적합품이었다. 다음 물음에 답하시오.

가. 부적합품률이 낮아졌다고 할 수 있는가를 유의수준 5%로 검정하시오.
나. 검정결과가 유의하다면 신뢰율 95%의 신뢰한계값을 추정하시오.

해설 가. 모부적합품률의 검정

① 가설 : $H_0 : P \geq 0.09$, $H_1 : P < 0.09$

② 유의수준 : $\alpha = 0.05$

③ 검정통계량 : $u_0 = \dfrac{\hat{p} - P}{\sqrt{\dfrac{P(1-P)}{n}}} = \dfrac{0.04790 - 0.09}{\sqrt{\dfrac{0.09 \times (1-0.09)}{167}}} = -1.90107$

(단, $\hat{p} = \dfrac{X}{n} = \dfrac{8}{167} = 0.04790$이다.)

④ 기각치 : $-u_{0.95} = -1.645$

⑤ 판정 : $u_0 < -1.645$이므로 H_0 기각
즉, 공정의 부적합품률이 낮아졌다고 할 수 있다.

나. 모부적합품률의 95% 신뢰한계(신뢰상한값)의 추정

$$P_U = \hat{p} + u_{0.95}\sqrt{\frac{\hat{p}(1-\hat{p})}{n}}$$

$$= 0.04790 + 1.645\sqrt{\frac{0.0479 \times (1-0.0479)}{167}} = 0.07508$$

[23] 어떤 공정에서 원료의 산포가 제품의 품질 특성치에 큰 영향을 미치고 있는데 그 원료는 A, B 두 회사로부터 납품되고 있다. 이 두 회사의 원료에 대해서 제품에 미치는 부적합품률(회사 A, B의 부적합품률은 각각 P_A, P_B라 하자)에 차가 있으면 좋은 쪽 회사의 원료를 더 많이 구입하거나 나쁜 쪽 회사에 대해서는 감가를 요구하고 싶다. 부적합품률의 차를 조사하기 위하여 회사 A, 회사 B의 원료로 만들어지는 제품 중에서 각각 100개, 130개의 제품을 추출하여 부적합품수를 찾아보았더니 각각 12개, 5개였다. 다음 물음에 답하시오.

가. 가설 $H_0 : P_A \leq P_B$, $H_1 : P_A > P_B$를 $\alpha = 0.05$에서 검정하시오.
나. $P_A - P_B$의 95% 신뢰한계를 추정하시오.

해설 가. 모부적합품률 차의 검정

① 가설설정 : $H_0 : P_A \leq P_B$, $H_1 : P_A > P_B$

② 유의수준 : $\alpha = 0.05$

③ 검정통계량 : $u_0 = \dfrac{(p_A - p_B) - \delta_0}{\sqrt{\hat{p}(1-\hat{p})\left(\dfrac{1}{n_A} + \dfrac{1}{n_B}\right)}}$

$= \dfrac{(0.12 - 0.03846) - 0}{\sqrt{0.07391 \times (1 - 0.07391)\left(\dfrac{1}{100} + \dfrac{1}{130}\right)}} = 2.34315$

$\left(\text{단, } p_A = \dfrac{12}{100} = 0.12,\ p_B = \dfrac{5}{130} = 0.03846,\ \hat{p} = \dfrac{12+5}{100+130} = 0.07391\text{이다.}\right)$

④ 기각치 : $u_{0.95} = 1.645$

⑤ 판정 : $u_0 > 1.645 \rightarrow H_0$ 기각, 즉 A사의 부적합품률이 높다고 할 수 있다.

나. 모부적합품률 차의 신뢰하한값 추정

$$P_A - P_B = (p_A - p_B) - u_{1-\alpha}\sqrt{\frac{p_A(1-p_A)}{n_A} + \frac{p_B(1-p_B)}{n_B}}$$

$$= (0.12 - 0.03846) - 1.645\sqrt{\frac{0.12(1-0.12)}{100} + \frac{0.03846(1-0.03846)}{130}}$$

$$= 0.04702$$

$\therefore\ P_A - P_B \geq 0.04702$이다.

[24] A공장에서 형태가 약간씩 다른 세 종류의 냉장고를 생산하고 있다. 작년도에 이 공장의 월평균 치명 부적합의 발생건수는 12건으로 기록되어 있다. 그러나 최근 6개월간의 치명 부적합수의 발생건수가 44건으로 나타나고 있다. 다음 물음에 답하시오.

가. 작년도와 비교해서 월평균 치명 부적합의 발생건수가 줄었다고 할 수 있겠는가? (단, $\alpha = 0.01$이다.)

나. 이 공장의 월평균 부적합수의 최대발생건수는 어느 정도로 추정되는가? (단, 신뢰율은 99%이다.)

해설 가. 단위당 모부적합수의 검정

① 가설 설정 : $H_0 : u \geq 12$건, $H_1 : u < 12$건 (단, $u = m/n$이다.)

② 유의수준 : $\alpha = 0.01$

③ 검정통계량 : $u_0 = \dfrac{\hat{u} - u}{\sqrt{u/n}} = \dfrac{7.33333 - 12}{\sqrt{12/6}} = -3.29983$

$\left(\text{단, } \hat{u} = c/n = 44/6 = 7.33333 \text{ 건이다.}\right)$

④ 기각치 : $-u_{0.99} = -2.326$

⑤ 판정 : $u_0 < -2.326 \rightarrow H_0$를 기각한다.

즉, 월평균 치명부적합의 발생건수는 줄었다고 할 수 있다.

나. 단위당 모부적합수의 99% 신뢰한계(신뢰상한)의 추정

$$u_U = \hat{u} + u_{1-\alpha}\sqrt{\frac{\hat{u}}{n}}$$

$$= 7.33333 + 2.326\sqrt{\frac{7.33333}{6}} = 9.90482\text{건/월}$$

[25] A급 제품, B급 제품, C급 제품의 생산비율 P_1, P_2, P_3가 각각 0.6, 0.3, 0.1이었다. 공정개량 후에 이 생산비율이 달라졌는가를 알아보기 위하여 공정개량 후에 만들어진 제품 중에서 180개를 랜덤하게 채취하여 분류하여 보니 A, B, C급 제품이 각각 110개, 40개, 30개이었다. 공정개량 후의 생산비율이 종전과 다른지를 $\alpha=0.05$로 검정하시오.

해설 ① 가설 : $H_0 : P_A=0.6,\ P_B=0.3,\ P_C=0.1$

$H_1 : P_A \neq 0.6,\ P_B \neq 0.3,\ P_C \neq 0.1$

② 유의수준 : $\alpha=0.05$

③ 검정통계량 : $\chi_0^2=\Sigma\dfrac{(X_i-E_i)^2}{E_i}=\dfrac{(110-108)^2}{108}+\dfrac{(40-54)^2}{54}+\dfrac{(30-18)^2}{18}=11.66667$

④ 기각치 : $\chi^2_{0.95}(2)=5.99$

⑤ 판정 : $\chi_0^2>5.99 \rightarrow H_0$ 기각

즉, 공정개량 후 생산비율이 종전과 달라졌다고 할 수 있다.

[26] 어떤 전기부품의 납땜공정에서 작업자가 서서 작업한 공정에서 900개를, 앉아서 작업한 제품에서 1,100개를 뽑아 적합품과 부적합품으로 나누어 다음의 결과를 얻었다. 선 작업과 앉은 작업에서 부적합품률의 차가 있다고 할 수 있는지 유의수준 5%로 모부적합품률 차의 검정을 Pearson의 통계량으로 검정하시오.

구분	적합품	부적합품	합계
선 작업(A)	810	90	900
앉은 작업(B)	1,040	60	1,100
	1,850	150	2,000

해설 Pearson의 χ^2 통계량에 의한 동일성의 검정

① 가설 : $H_0 : P_A=P_B,\ H_1 : P_A \neq P_B$

② 유의수준 : $\alpha=0.05$

③ 검정통계량: $\chi_0{}^2=\Sigma\Sigma\dfrac{(X_{ij}-E_{ij})^2}{E_{ij}}=\dfrac{(90-90)^2}{90}+\cdots+\dfrac{(12-10)^2}{10}=14.74201$

구분		선 작업	앉은 작업
적합품	X_{ij}	810	1,040
	E_{ij}	832.5	1017.5
	$(X_{ij}-E_{ij})^2/E_{ij}$	0.60811	0.49754
부적합품	X_{ij}	90	60
	E_{ij}	67.5	82.5
	$(X_{ij}-E_{ij})^2/E_{ij}$	7.5	6.13636

참고 $\chi_0{}^2=\dfrac{\Sigma\Sigma(X_{ij}-E_{ij})^2}{E_{ij}}=\dfrac{(ad-bc)^2T}{T_1T_2T_AT_B}=14.74201$

④ 기각치 : $\chi^2_{0.95}(1)=3.84$

⑤ 판정 : $\chi_0^2 > 3.84 \rightarrow H_0$ 기각

즉, 선 작업과 앉은 작업에서의 부적합품률에 차이가 있다고 할 수 있다.

참고 2×2 분할표(Yates의 수정식)

$$\chi_0^2 = \frac{\left(|ad-bc| - \frac{T}{2}\right)^2 \times T}{T_1 \times T_2 \times T_A \times T_B}$$

$$= \frac{\left(|810 \times 60 - 1{,}040 \times 90| - \frac{2{,}000}{2}\right)^2 \times 2{,}000}{1{,}850 \times 150 \times 900 \times 1{,}100} = 14.09409$$

[27] 같은 제품이 3대의 기계에서 만들어지고 있다. 300개를 랜덤하게 뽑아 기계별로 1, 2, 3급품을 나누어 보니 다음 표와 같았다. 기계에 따라서 등급품이 나오는 비율에 차가 있는지를 $\alpha = 0.05$로 검정하시오.

기계 / 등급	기계 1	기계 2	기계 3	계
1급품	78	65	68	211
2급품	22	8	30	60
3급품	20	2	7	29
계	120	75	105	300

해설 ① 가설 : $H_0 : P_{ij} = P_i. \times P._j$, $H_1 : P_{ij} \neq P_i. \times P._j$

② 유의수준 : $\alpha = 0.05$

③ 검정통계량 : $\chi_0^2 = \sum_{i=1}^{3}\sum_{j=1}^{3} \frac{(X_{ij} - E_{ij})^2}{E_{ij}}$

$$= \frac{(78-84.4)^2}{84.4} + \cdots + \frac{(7-10.15)^2}{10.15} = 21.94606$$

구분		기계 1	기계 2	기계 3	$n._j$
1 급품	X_{ij}	78	65	68	211
	E_{ij}	84.4	52.75	73.85	
	$(X_{ij}-E_{ij})^2/E_{ij}$	0.48531	2.84479	0.46341	
2 급품	X_{ij}	22	8	30	60
	E_{ij}	24	15	21	
	$(X_{ij}-E_{ij})^2/E_{ij}$	0.16667	3.26667	3.85714	
3 급품	X_{ij}	20	2	7	29
	E_{ij}	11.6	7.25	10.15	
	$(X_{ij}-E_{ij})^2/E_{ij}$	6.08276	3.80172	0.97759	
$n_i.$		120	75	105	300

④ 기각치 : $\chi^2_{0.95}(4) = 9.49$

⑤ 판정 : $\chi_0^2 > 9.49 \rightarrow H_0$ 기각

즉, 기계에 따른 등급품의 비율에는 차가 있다.

[28] 어느 공장에서 종래에 생산되는 탄소강의 시험편의 지름과 항장력 사이의 상관계수 $\rho_0 = 0.749$였다. 최초 재료 중 일부가 변경되어 혹시 모상관계수가 달라지지 않았는가를 조사하기 위해 크기 100인 시험편에 대하여 지름과 항장력을 추정하여 상관계수를 계산하였더니 $r = 0.838$이었다. 재료가 바뀜으로서 모상관계수가 달라졌다고 할 수 있겠는가?

가. 유의수준 5%로 검정하시오.
나. 검정 결과 유의하다면, 모상관계수의 95% 신뢰구간을 구하시오.

해설 가. 모상관계수의 변화 유무 검정

① 가설 : $H_0 : \rho = 0.749$, $H_1 : \rho \neq 0.749$

② 유의수준 : $\alpha = 0.05$

③ 검정통계량

$$u_0 = \frac{\tanh^{-1} r - \tanh^{-1} \rho_0}{\sqrt{\frac{1}{n-3}}} = \frac{\tanh^{-1} 0.838 - \tanh^{-1} 0.749}{\sqrt{\frac{1}{100-3}}} = 2.40061$$

④ 기각치 : $-u_{0.975} = -1.96$, $u_{0.975} = 1.96$

⑤ 판정 : $u_0 > 1.96 \rightarrow H_0$ 기각

즉, 모상관계수는 0.749가 아니라고 할 수 있다.

나. 모상관계수의 신뢰구간 추정

$$z = \tanh^{-1} 0.838 = 1.21442$$

$$E(z)_L = z - u_{1-\alpha/2} \sqrt{\frac{1}{n-3}}$$

$$= 1.21442 - u_{1.96} \sqrt{\frac{1}{97}} = 1.21442 - 0.19901 = 1.01541$$

$$E(z)_U = z + u_{1-\alpha/2} \sqrt{\frac{1}{n-3}}$$

$$= 1.21442 + u_{1.96} \sqrt{\frac{1}{97}} = 1.21442 + 0.19901 = 1.41343$$

$$\rho_L = \tanh E(z)_L = \tanh 1.01541 = 0.76779$$

$$\rho_U = \tanh E(z)_U = \tanh 1.41343 = 0.88822$$

따라서, 모상관계수의 신뢰구간은 $0.76779 \leq \rho \leq 0.88822$이다.

[29] 어느 공장에서 절연부품에 영향을 미치는 주재료 PH값과 부재료 혼합비 간의 상관계수 $\rho_0 = 0.751$이었다. 최초 재료 중 일부가 변경되어 혹시 모상관계수가 달라지지 않았는가를 조사하기 위하여 절연부품 100개에 대하여 PH값과 혼합비간의 상관계수를 계산하였더니 $r = 0.838$이었다. 재료가 바뀜으로서 유의수준 5%로 모상관계수가 커졌다고 할 수 있겠는가?

해설 모상관계수의 변화 유무 검정

① 가설 : H_0 : $\rho \le 0.751$, H_1 : $\rho > 0.751$

② 유의수준 : $\alpha = 0.05$

③ 검정통계량 : $u_0 = \dfrac{\tanh^{-1}r - \tanh^{-1}\rho_0}{\sqrt{\dfrac{1}{n-3}}} = \dfrac{\tanh^{-1}0.838 - \tanh^{-1}0.751}{\sqrt{\dfrac{1}{100-3}}} = 2.35559$

④ 기각치 : $u_{0.95} = 1.645$

⑤ 판정 : $u_0 > 1.645 \rightarrow H_0$ 기각

즉, 모상관계수는 커졌다고 할 수 있다.

[30] 두 변수 X, Y에 대해 150개의 데이터에서 표본상관계수(r)를 구하였더니 0.691이었다. 이때 모상관계수(ρ)의 95% 신뢰구간을 구하시오.

해설 ① $E(z)$의 95% 신뢰구간

$$E(z) = \tanh^{-1} r \pm u_{1-\alpha/2} \times \sqrt{\frac{1}{n-3}}$$
$$= \tanh^{-1} 0.691 \pm 1.96 \times \sqrt{\frac{1}{147}}$$
$$= 0.84987 \pm 0.16166$$
$$= 0.68821 \sim 1.01153$$

② ρ로 변환

$$\rho = \tanh[E(z)_L] \sim \tanh[E(z)_U]$$
$$= \tanh\ 0.68821 \sim \tanh\ 1.01153 = 0.59683 \sim 0.76639$$

[31] 어떤 공장에서 생산되는 제품의 로트 크기에 따라 생산에 소요되는 시간을 측정하였더니 다음과 같았다. 각 물음에 답하시오.

x_i	30	20	60	80	40	50	60	30	70	80
y_i	73	50	128	170	87	108	135	69	148	132

가. 회귀방정식 $y = \hat{\beta}_0 + \hat{\beta}_1 x$에서 $\hat{\beta}_0$, $\hat{\beta}_1$의 최소제곱추정값를 구하시오.

나. 회귀에 의한 제곱합 S_R을 구하시오.

다. 회귀계수 β_1에 대한 95% 신뢰구간을 추정하시오.

해설 가. ① $\hat{\beta}_1 = \dfrac{S_{(xy)}}{S_{(xx)}} = \dfrac{7,240}{4,160} = 1.74038$

② $\hat{\beta}_0 = \bar{y} - \hat{\beta}_1 \bar{x} = 110 - 1.74038 \times 52 = 19.5$

나. 회귀에 의한 제곱합

$$S_R = \frac{S_{(xy)}^2}{S_{(xx)}} = \frac{7,240^2}{4,160} = 12600.38462$$

다. 회귀계수의 구간추정

$$\beta_1 = \hat{\beta}_1 \pm t_{1-\alpha/2}(n-2)\sqrt{\frac{V_{y/x}}{S_{(xx)}}}$$

$$= 1.74038 \pm 2.306 \times \sqrt{\frac{132.45192}{4,160}}$$

$$\therefore\ 1.32891 \leq \beta_1 \leq 2.15186$$

$$\left(\text{단, } V_{y/x} = \frac{S_T - S_R}{n-2} = \frac{13,660 - 12,600.38462}{10-2} = 132.45192 \text{이다.}\right)$$

[32] 아래 표의 데이터에 대하여 단순회귀모형이 x와 y 간의 관계를 설명하는 데 적절하다고 판단될 때, 위험률 5%로 1차 회귀의 유의성 검정을 하시오.

실험 번호	1	2	3	4	5	6	7	8	9	10
촉진제(x)	1	1	2	3	4	4	5	6	6	7
반응량(y)	2.1	2.5	3.1	3.0	3.8	3.2	4.3	3.9	4.4	4.8

해설 ① 가설 : $H_0 : {\sigma_R}^2 \leq {\sigma_{y/x}}^2$, $H_1 : {\sigma_R}^2 > {\sigma_{y/x}}^2$

② 유의수준 : $\alpha = 0.05$

③ 검정통계량 : $F_0 = \dfrac{V_R}{V_{y/x}} = 66.28416$

$$S_T = \Sigma y_i^2 - \frac{(\Sigma S y_i)^2}{n} = 6.849,\ S_R = \frac{S_{xy}^2}{S_{xx}} = 6.11140,$$

$$S_{y/x} = S_T - S_R = 0.73760,\ S_{xx} = \Sigma x_i^2 - \frac{(\Sigma x_i)^2}{n} = 40.9,$$

$$S_{xy} = \Sigma x_i y_i - \frac{\Sigma x_i \Sigma y_i}{n} = 15.81$$

[분산분석표]

	SS	DF	MS	F_0	$F_{0.95}$
R	6.11140	1	6.11140	66.28416	5.32
y/x	0.73760	8	0.09220		
T	6.849	9			

④ 판정 : $F_0 > 5.32 \rightarrow H_0$ 기각

따라서, 1차 회귀모형을 적합시킬 수 있다.

[33] 어떤 공장에서 생산되는 제품을 로트크기(lot size)에 따라 생산에 소요되는 시간(M/H)을 측정하여 다음과 같은 자료를 얻었다. 각 물음에 답하시오.

로트크기(x)	30	20	60	80	40	50	60	30	70	60
생산소요시간(y)	73	53	128	170	87	108	135	69	148	132

가. 유의수준 $\alpha=0.05$에서 가설 $H_0:\beta_1=0$, $H_1:\beta_1\neq 0$을 검정하시오.

나. 회귀직선의 기울기 β_1에 대한 95% 신뢰구간을 추정하시오.

해설 가. 방향계수의 검정($\beta_1=0$인 검정)

① 가설 : $H_0:\beta_1=0$, $H_1:\beta_1\neq 0$

② 유의수준 : $\alpha=0.05$

③ 검정통계량 : $t_0=\dfrac{\hat{\beta}_1-\beta_1}{\sqrt{\dfrac{V_{y/x}}{S_{xx}}}}=\dfrac{2.0-0}{\sqrt{\dfrac{7.5}{3,400}}}=42.58325$

(단, $V_{y/x}=\dfrac{S_{y/x}}{n-2}=\dfrac{60}{8}=7.5$)

④ 기각치 : $t_{0.975}(8)=-2.306$, $t_{0.975}(8)=2.306$

⑤ 판정 : $t_0>2.306\rightarrow H_0$ 기각, 즉 $\beta_1\neq 0$라고 할 수 있다.(1차 회귀이다.)

참고 $\beta_1=0$인 t검정은 1차 회귀의 유의성 검정인 $F_0=\dfrac{V_R}{V_{y/x}}$의 검정과 동일한 검정이다.

나. 방향계수의 95% 신뢰구간 추정

$$\beta_1=\hat{\beta}_1\pm t_{1-\alpha/2}(n-2)\sqrt{\frac{V_{y/x}}{S_{xx}}}$$

$$=2.0\pm t_{0.975}(8)\sqrt{\frac{7.5}{3,400}}=2.0\pm 0.10831$$

$\rightarrow$ (1.89169, 2.10831)

[34] 어떤 공장에서 생산되는 제품의 로트 크기에 따라 생산에 소요되는 시간을 측정하였더니 다음과 같았다. 각 물음에 답하시오.

x_i	30	20	60	80	40	50	60	30	70	60
y_i	73	50	128	170	87	108	135	69	148	132

가. 회귀직선 $y=\hat{\beta}_0+\hat{\beta}_1x$를 구하시오.

나. 회귀 관계가 성립하는가를 유의수준 5%로 검정하시오. (단, t분포를 이용)

다. 회귀계수 β_1에 대한 95% 구간추정을 행하시오.

해설 가. 회귀직선의 추정

① $\hat{\beta}_1 = \frac{S_{(xy)}}{S_{(xx)}} = \frac{6,800^2}{3,400} = 2$

② $\hat{\beta}_0 = \bar{y} - \hat{\beta}_1 \bar{x} = 110 - 2.0 \times 50 = 10$

③ $y = \hat{\beta}_0 + \hat{\beta}_1 x = 10 + 2x$

나. 1차 회귀의 유의성 검정

① 가설 : $H_0 : \beta_1 = 0$, $H_1 : \beta_1 \neq 0$

② 유의수준 : $\alpha = 0.05$

③ 검정통계량 : $t_0 = \frac{\hat{\beta}_1 - \beta_1}{\sqrt{\frac{V_{y/x}}{S_{xx}}}} = \frac{2-0}{\sqrt{\frac{7.5}{3,400}}} = 42.58325$

(단, $V_{y/x} = \frac{S_T - S_R}{n-2} = \frac{13660 - 13600}{8} = 7.5$이다.)

④ 기각치 : $t_{0.975}(8) = 2.306$, $-t_{0.975}(8) = -2.306$

⑤ 판정 : $t_0 > 2.306 \rightarrow H_0$ 기각

$\beta_1 \neq 0$이므로 1차 회귀 관계가 성립한다고 할 수 있다.

참고 $\beta_1 = 0$인 t검정은 1차 회귀의 유의성 검정의 $\nu_1 = 1$인 F검정에 해당된다.

다. 1차 회귀계수의 구간추정

$$\beta_1 = \hat{\beta}_1 \pm t_{1-\alpha/2}(n-2)\sqrt{\frac{V_{y/x}}{S_{(xx)}}}$$

$$= 2.0 \pm 2.306 \times \sqrt{\frac{7.5}{3400}}$$

$\therefore 1.89169 \leq \beta_1 \leq 2.10831$

[35] 어떤 공장에서 생산되는 제품을 로트크기(lot size)에 따라 생산에 소요되는 시간(M/H)을 측정하였더니, 다음과 같은 자료가 얻어졌다. $E(y) = \hat{\beta}_0 + \hat{\beta}_1 x$에서 $x_0 = 20$일 때 $E(y)$에 대한 95% 신뢰구간을 추정하시오.

로트크기(x)	30	20	60	80	40	50	60	30	70	60
생산소요시간(y)	73	50	128	170	87	108	135	69	148	132

해설 $E(y) = (\hat{\beta}_0 + \hat{\beta}_1 x_0) \pm t_{1-\alpha/2}(n-2)\sqrt{V_{y/x}\left(\frac{1}{n} + \frac{(x_0 - \bar{x})^2}{S_{xx}}\right)}$

$$= (10 + 2 \times 20) \pm t_{0.975}(8)\sqrt{7.5 \times \left(\frac{1}{10} + \frac{(20-50)^2}{3400}\right)}$$

$$= 50 \pm 3.81383 \rightarrow (46.18617,\ 53.81383)$$

$\left(\text{단, } V_{y/x} = \frac{S_T - S_R}{n-2} = 7.5\text{이다.}\right)$

2 관리도

[01] 다음 $\bar{x}-R$ 관리도의 데이터에 대한 물음에 답하시오. (단, $\Sigma R_i = 27.00$이고 $n=2$일 때 $d_2=1.128$, $n=4$일 때 $d_2=2.059$이다.)

시료군의 번호	측정값					
	x_1	x_2	x_3	x_4	$\bar{x}_i$	R_m
1	38.3	38.9	39.4	38.3	38.725	
2	39.1	39.8	38.5	39.0	39.100	0.375
3	38.6	38.0	39.2	39.9	38.925	0.175
4	40.6	38.6	39.0	39.0	39.300	0.375
5	39.0	38.5	39.3	39.4	39.050	0.250
6	38.8	39.8	38.3	39.6	39.125	0.075
7	38.9	38.7	41.0	41.4	40.000	0.875
8	39.9	38.7	39.0	39.7	39.325	0.675
9	40.6	41.9	38.2	40.0	40.175	0.850
10	39.2	39.0	38.0	40.5	39.175	1.000
11	38.9	40.8	38.7	39.8	39.550	0.375
12	39.0	37.9	37.9	39.1	38.475	1.075
13	39.7	38.5	39.6	38.9	39.175	0.700
14	38.6	39.8	39.2	40.8	39.600	0.425
15	40.7	40.7	39.3	39.2	39.975	0.375
합계					589.675	7.600

가. $\bar{x}-R$ 관리도의 관리선인 C_L, U_{CL}, L_{CL}을 구하고 판정하시오.

나. 군내변동(σ_w), 군간변동(σ_b)을 각각 구하시오.

다. 공정평균이 이상원인의 영향으로 상측으로 1.2만큼 변화하였다면, 1점을 타점시킬 때 $\bar{x}$관리도에서 이것을 탐지할 수 있는 능력을 구하시오.

해설 가. $\bar{x}-R$ 관리도의 관리선

① $\bar{x}$ 관리도

- $C_L = \dfrac{\Sigma \bar{x}}{k} = \dfrac{589.675}{15} = 39.31167$
- $U_{CL} = \bar{\bar{x}} + \dfrac{3\bar{R}}{d_2\sqrt{n}} = 39.31167 + \dfrac{3\times 1.80}{2.059\times\sqrt{4}} = 40.62299$
- $L_{CL} = \bar{\bar{x}} - \dfrac{3\bar{R}}{d_2\sqrt{n}} = 39.31167 - \dfrac{3\times 1.80}{2.059\times\sqrt{4}} = 38.00035$

② R 관리도

- $C_L = \dfrac{\Sigma R}{k} = \dfrac{27.0}{15} = 1.80$

- $U_{CL} = D_4\overline{R} = 2.282 \times 1.80 = 4.10760$
- $L_{CL} = D_3\overline{R} = -$ (고려하지 않음)

③ 판정

$\overline{x}$ 관리도, R 관리도 모두 관리한계선을 이탈하는 점이 없으므로 관리상태이다.

나. 군내변동과 군간변동

① 군내변동

$$\sigma_w = \frac{\overline{R}}{d_2} = \frac{1.80}{2.059} = 0.87421$$

② 군간변동

$$\sigma_{\overline{x}} = \frac{\overline{R}_m}{d_2} = \frac{0.54286}{1.128} = 0.48126$$

$$\left(\text{단, } \overline{R}_m = \frac{\Sigma R_m}{k-1} = \frac{7.600}{14} = 0.54286\text{이다.}\right)$$

$$\sigma_b = \sqrt{\sigma_{\overline{x}}^2 - \frac{\sigma_w^2}{n}} = \sqrt{0.48126^2 - \frac{0.87421^2}{4}} = 0.20137$$

다. 검출력

$$1-\beta = \Pr(\overline{x} \ge U_{CL}) + \Pr(\overline{x} \le L_{CL})$$
$$= \Pr\left(z \ge \frac{U_{CL} - \mu'}{\sigma/\sqrt{n}}\right) + 0$$
$$= \Pr\left(z \ge \frac{40.62299 - (39.31667 + 1.2)}{0.87421/\sqrt{4}}\right)$$
$$= \Pr(z \ge 0.24324) \fallingdotseq \Pr(z \ge 0.24)$$
$$= 0.4052$$

참고 상향 이동시 L_{CL}을 벗어날 확률은 0이다.

[02] 화학공업(주)에서는 3일에 1번씩 배취의 알코올 성분을 측정하여 아래의 자료를 얻었다. 다음 각 물음에 답하시오.

날 짜	측정치(x)	이동범위(R_m)	날 짜	측정치(x)	이동범위(R_m)
2006.3.03	1.09		2006.3.21	1.27	
2006.3.06	0.88		2006.3.24	1.73	
2006.3.09	1.29		2006.3.27	0.89	
2006.3.12	1.13		2006.3.30	1.10	
2006.3.15	1.23		2006.4.02	0.98	
2006.3.18	1.23				
합계				12.82	

가. 관리도의 중심선과 관리한계선을 구하시오.

나. 관리도를 작성하고, 판정하시오.

해설 가. 관리도의 중심선과 관리한계선

날 짜	측정치(x)	이동범위(R_m)	날 짜	측정치(x)	이동범위(R_m)
2006.3.03	1.09		2006.3.21	1.27	0.04
2006.3.06	0.88	0.21	2006.3.24	1.73	0.46
2006.3.09	1.29	0.41	2006.3.27	0.89	0.84
2006.3.12	1.13	0.16	2006.3.30	1.10	0.21
2006.3.15	1.23	0.10	2006.4.02	0.98	0.12
2006.3.18	1.23	0.00			
합계				12.82	2.55

• x 관리도

① 중심선(C_L)

$\Sigma x = 12.82$

$\bar{x} = \dfrac{12.82}{11} = 1.16545$

② 관리한계선(U_{CL}, L_{CL})

$U_{CL} = \bar{x} + 2.66\,\overline{R}_m$

$= 1.16545 + 2.66 \times 0.255 = 1.84375$

$L_{CL} = \bar{x} - 2.66\,\overline{R}_m$

$= 1.16545 - 2.66 \times 0.255 = 0.48715$

• R_m 관리도

① 중심선(C_L)

$\overline{R}_m = \dfrac{\Sigma R_m}{k-1} = 0.255$

② 관리한계선(U_{CL}, L_{CL})

$U_{CL} = 3.267\,\overline{R}_m$

$= 3.267 \times 0.255 = 0.83309$

L_{CL}은 음의 값이므로 고려하지 않는다.

나. 관리도의 작성 및 판정

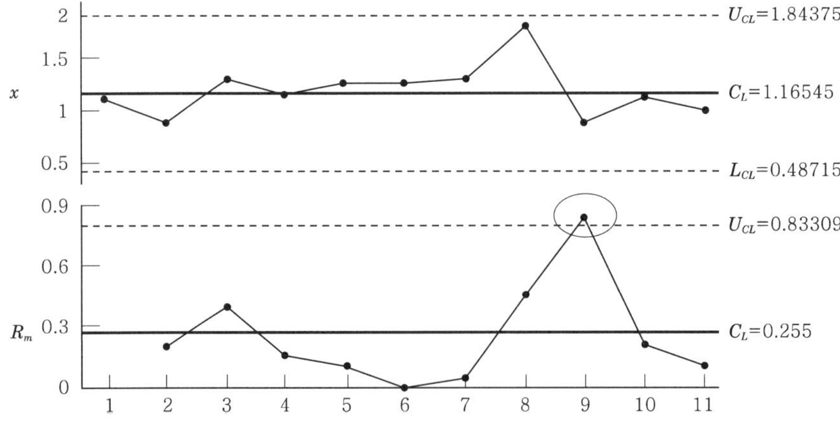

판정 > R_m 관리도의 9번째 군이 관리상한선을 이탈하므로 관리상태라 할 수 없다.

[03] 다음은 np 관리도의 데이터에 대한 표이다. 물음에 답하시오. (단, $n=100$이다.)

시료군 번호	부적합품	시료군 번호	부적합품	시료군 번호	부적합품	시료군 번호	부적합품
1	3	6	5	11	2	16	3
2	2	7	1	12	3	17	3
3	4	8	4	13	2	18	2
4	3	9	1	14	6	19	0
5	2	10	0	15	1	20	7

가. np 관리도의 관리한계선을 구하시오.
나. 관리도를 작성한 후 관리상태 여부를 판정하시오.

해설 가. 관리한계선

$\Sigma np=54$, $k=20$, $\bar{p}=\dfrac{\Sigma np}{\Sigma n}=\dfrac{54}{2{,}000}=0.072$

$C_L=\dfrac{\Sigma np}{k}=\dfrac{54}{20}=2.7$

- $U_{CL}=n\bar{p}+3\sqrt{n\bar{p}(1-\bar{p})}=2.7+3\sqrt{2.7\times(1-0.027)}=7.56250$
- $L_{CL}=n\bar{p}-3\sqrt{n\bar{p}(1-\bar{p})}=2.7-3\sqrt{2.7\times(1-0.027)}=-2.16250$

L_{CL}은 음의 값이므로 고려하지 않는다.

나. 관리도의 작성 및 판정

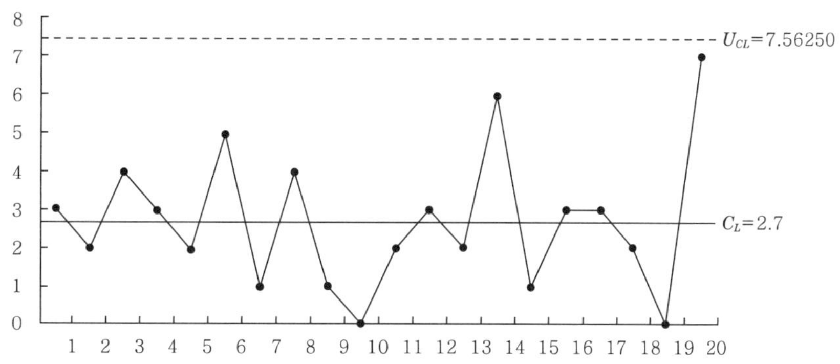

판정> 점이 벗어나거나 습관성이 없으므로 관리도는 관리상태라 할 수 있다.

[04] 다음은 매시간 실시되는 최종 제품에 대한 샘플링검사의 결과를 이용하여 얻은 것이다. 이때, 관리도를 작성하고, 공정이 안정상태인지를 판정하시오.

시간	1	2	3	4	5	6	7	8	9
검사개수	40	40	40	60	60	60	50	50	50
부적합품수	5	4	3	4	9	4	3	5	8

해설 검사개수가 변하므로 p 관리도에 해당한다.

- $U_{CL} = \bar{p} + 3\sqrt{\frac{\bar{p}(1-\bar{p})}{n}}$ $\left(단,\ \bar{p} = \frac{\Sigma np}{\Sigma n} = 0.1 이다.\right)$

  ① $n = 40$개인 경우 : $U_{CL} = 0.24230$

  ② $n = 50$개인 경우 : $U_{CL} = 0.22728$

  ③ $n = 60$개인 경우 : $U_{CL} = 0.21619$

- L_{CL}은 음의 값이므로 고려하지 않는다.

급 번호	검사개수	부적합품수	부적합품률	관리상한	관리하한
1	40	5	0.12500	0.24230	고려하지 않음
2	40	4	0.10000		
3	40	3	0.07500		
4	60	4	0.06667	0.21619	
5	60	9	0.15000		
6	60	4	0.06667		
7	50	3	0.06000	0.22728	
8	50	5	0.10000		
9	50	8	0.16000		
합계	450	45	0.10000		

〈 p 관리도 〉

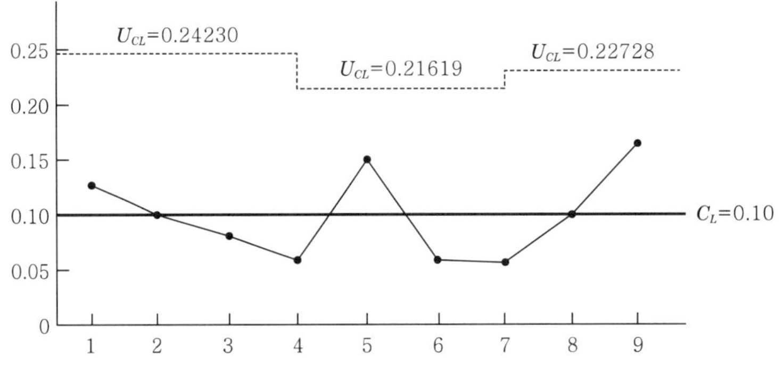

판정> 관리한계를 벗어나는 점이 없으므로 공정은 관리상태라 할 수 있다.

[05] 어떤 공장에서 같은 종류의 기계에서 일어나는 매주의 고장건수 합계는 다음과 같다. 각 물음에 답하시오.

주별 No.	1	2	3	4	5	6	7	8	9	10	11	12	13	14	15	16	17	18	19	20
고장건수	1	4	3	7	5	6	5	3	2	3	5	8	6	6	7	6	2	1	1	2

가. 어떤 관리도를 작성할 것인지를 결정하고 그 관리도의 C_L, U_{CL}, L_{CL}을 계산하시오.

나. 관리도를 작성하시오.

 가. ① 적용 관리도

c 관리도

② 중심선

$\bar{c} = \frac{\Sigma c}{k} = \frac{83}{20} = 4.15$

③ 관리한계선

- $U_{CL} = \bar{c} + 3\sqrt{\bar{c}} = 4.15 + 3\sqrt{4.15} = 10.26146$
- $L_{CL} = \bar{c} - 3\sqrt{\bar{c}} = 4.15 - 3\sqrt{4.15} = -1.96$ → 고려하지 않는다.

나. 관리도의 작성 및 판정

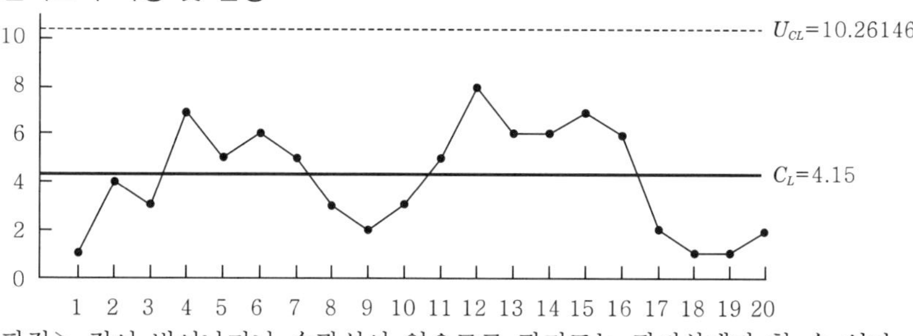

판정> 점이 벗어나거나 습관성이 없으므로 관리도는 관리상태라 할 수 있다.

[06] 에나멜 동선의 도장공정을 관리하기 위하여 핀홀의 수를 조사하였다. 시료의 길이가 종류에 따라 변하므로 시료 1,000m당 핀홀의 수를 사용하여 u 관리도를 작성하고자 다음과 같은 데이터 시료를 얻었다. 각 물음에 답하시오.

시료군의 번호	1	2	3	4	5	6	7	8	9	10
시료의 크기 n(1,000m)	1.0	1.0	1.0	1.0	1.0	1.3	1.3	1.3	1.3	1.3
결점 수	5	5	3	3	5	2	5	3	2	1

가. 부분군의 크기에 대한 관리한계를 구하시오.

나. 관리도를 그리고 판정하시오.

 가. ① 중심선

$C_L = \bar{u} = \frac{\Sigma c}{\Sigma n} = \frac{34}{11.5} = 2.95652$

② 관리상한선

- $n = 1.0$일 때 : $\bar{u} + 3\sqrt{\frac{\bar{u}}{n}} = 8.11488$
- $n = 1.3$일 때 : $\bar{u} + 3\sqrt{\frac{\bar{u}}{n}} = 7.48070$

③ 관리하한선

- $n = 1.0$일 때 : $\bar{u} - 3\sqrt{\frac{\bar{u}}{n}} = -2.20184 = -$ (고려하지 않음)
- $n = 1.3$일 때 : $\bar{u} - 3\sqrt{\frac{\bar{u}}{n}} = -1.56766 = -$ (고려하지 않음)

나. u 관리도 작성

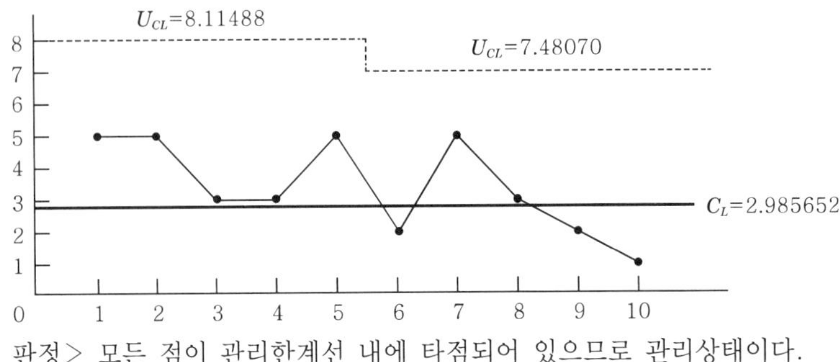

판정> 모든 점이 관리한계선 내에 타점되어 있으므로 관리상태이다.

[07] 다음 관리도 자료를 보고 물음에 답하시오.

시료군의 번호	시료의 크기 n(1,000m)	부적합수
1	1.0	5
2	1.0	3
3	1.0	3
4	1.3	3
5	1.3	2
6	1.3	4
7	1.3	3
8	1.3	4
9	1.0	2
10	1.0	4

가. 관리선을 구하시오.

나. 관리도를 작성하시오.

다. 작성한 관리도를 판정하시오.

해설 가. u관리도의 관리선

$\Sigma c = 33$, $\Sigma n = 11.5$

① 중심선(C_L)

$$\bar{u} = \frac{\Sigma c}{\Sigma n} = \frac{33}{11.5} = 2.86957$$

② 관리상한선(U_{CL})

• $n = 1.0$일 경우, $U_{CL} - \bar{u} + 3\sqrt{\frac{\bar{u}}{n}} = 2.86957 + 3\sqrt{\frac{2.86957}{1}} = 7.95151$

• $n = 1.3$일 경우, $U_{CL} = \bar{u} + 3\sqrt{\frac{\bar{u}}{n}} = 2.86957 + 3\sqrt{\frac{2.86957}{1.3}} = 7.32673$

③ L_{CL}은 모두 음수이므로 고려하지 않는다.

참고 관리도에서 관리선이란 C_L, U_{CL}, L_{CL}를 의미한다.

나. 관리도의 작성

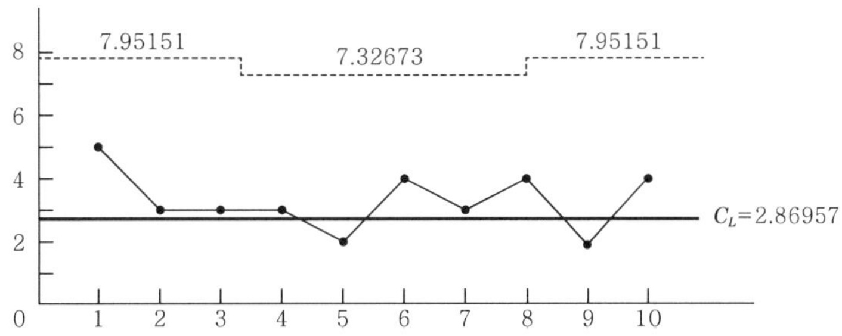

다. 관리도 판정

점이 벗어나거나 습관성이 없으므로, 관리도는 관리상태라 할 수 있다.

[08] 다음 관리도의 자료를 보고 관리선을 구한 후, 관리도를 그리고 판정하시오.

(단위 : n=1,000m)

k	시료크기(n)	부적합수	k	시료크기(n)	부적합수	k	시료크기(n)	부적합수
1	1.0	2	6	1.3	5	11	1.2	4
2	1.0	5	7	1.3	2	12	1.2	1
3	1.0	3	8	1.3	4	13	1.7	8
4	1.0	2	9	1.3	2	14	1.7	3
5	1.3	1	10	1.2	6	15	1.7	8

해설 ① 중심선

$\Sigma c = 56$, $\Sigma n = 19.2$

$$C_L = \bar{u} = \frac{\Sigma c}{\Sigma n} = \frac{56}{19.2} = 2.91667$$

② 관리한계선

$$U_{CL} = \bar{u} + 3\sqrt{\frac{\bar{u}}{n}}$$

• $n = 1.0$인 경우 : $U_{CL} = 2.91667 + 3\sqrt{\frac{2.91667}{1}} = 8.04014$

• $n = 1.2$인 경우 : $U_{CL} = 2.91667 + 3\sqrt{\frac{2.91667}{1.2}} = 7.59374$

• $n = 1.3$인 경우 : $U_{CL} = 2.91667 + 3\sqrt{\frac{2.91667}{1.3}} = 7.41026$

• $n = 1.7$인 경우 : $U_{CL} = 2.91667 + 3\sqrt{\frac{2.91667}{1.7}} = 6.84620$

L_{CL}은 모두 음수이므로 고려하지 않는다.

k	시료크기(n)	부적합수(c)	u	U_{CL}	L_{CL}
1	1.0	2	2.00000		고려하지 않는다.
2	1.0	5	5.00000		
3	1.0	3	3.00000		
4	1.0	2	2.00000	8.04014	
5	1.3	1	0.76923		
6	1.3	5	3.84615		
7	1.3	2	1.53846		
8	1.3	4	3.07692		
9	1.3	2	1.53846	7.41025	
10	1.2	6	5.00000		
11	1.2	4	3.33333		
12	1.2	1	0.83333	7.59374	
13	1.7	8	4.70588		
14	1.7	3	1.76471		
15	1.7	8	4.70588	6.84619	
합계	19.2	56.0			

③ 관리도의 작성 및 판정

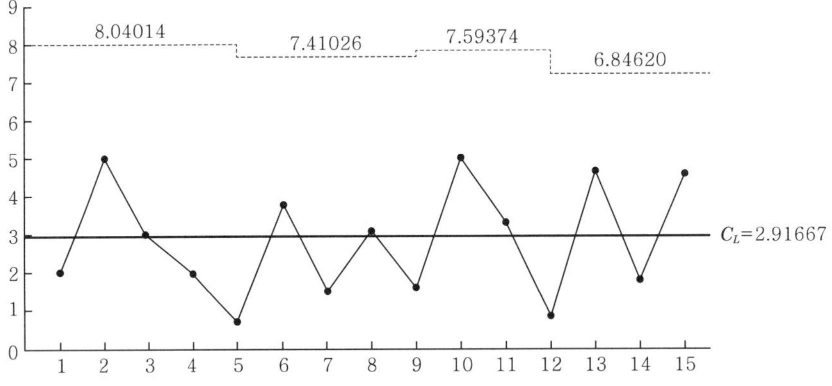

판정> 점이 벗어나거나 습관성이 없으므로 관리도는 관리상태라 할 수 있다.

[09] 다음 표의 데이터는 어느 직물공장에서 직물에 나타난 흠의 수를 조사한 결과이다. 아래의 물음에 답하시오.

로트 번호		1	2	3	4	5	6	7	8	9	10	11	12	13	14	15	합계
ⓐ 시료의 수(n)		10	10	15	15	20	20	20	20	20	10	10	10	15	15	15	225
흠의 수	얼룩의 수(개소)	12	16	12	15	21	15	13	32	23	16	17	6	13	22	16	249
	구멍이 난 수(개소)	5	3	5	6	4	6	6	8	8	6	4	1	4	6	6	78
	실이 트인 곳의 수(개소)	6	1	6	7	2	7	10	9	9	7	2	1	10	11	8	96
	색상이 나쁜 곳(개소)	10	1	8	10	2	9	8	12	11	11	2	2	9	12	12	119
	기타	2	-	2	4	-	3	-	2	1	1	-	-	-	1	1	17
	ⓑ 합계	35	21	33	42	29	40	37	63	52	41	25	10	36	52	43	559
ⓑ ÷ ⓐ		3.50	2.10	2.20	2.80	1.45	2.00	1.85	3.15	2.60	4.10	2.50	1.00	2.40	3.47	2.87	

가. 이 데이터로 관리도를 작성하고자 한다. C_L의 값은 얼마인가? 또한 n이 10일 경우의 U_{CL}과 L_{CL}의 값을 구하고, $n=10$에서 관리한계를 벗어난 로트 번호가 있으면 지적하시오.

① C_L

② U_{CL}

③ L_{CL}

④ 관리한계를 벗어난 로트 번호

나. 위의 데이터에서 종류(유형)별로 분류해 놓은 흠의 통계를 가지고 파레토(pareto)도를 작성하시오.

해설 가. ① C_L : $\bar{u} = \frac{\Sigma c}{\Sigma n} = \frac{559}{225} = 2.48444$

② U_{CL} : $\bar{u} + 3\sqrt{\frac{\bar{u}}{n}} = 2.48444 + 3\sqrt{\frac{2.48444}{10}} = 3.97976$

③ L_{CL} : $\bar{u} - 3\sqrt{\frac{\bar{u}}{n}} = 2.48444 - 3\sqrt{\frac{2.48444}{10}} = 0.98912$

④ 관리한계를 벗어난 로트 번호 : 10번

나. 파레토도

흠의 항목	흠의 수	백분율	누적수	누적 백분율
얼룩의 수	249	44.544	249	44.544
색상이 나쁜 곳	119	21.288	368	65.832
실이 트인 곳의 수	96	17.174	464	83.006
구멍이 난 수	78	13.953	542	96.959
기타	17	3.041	559	100
계	559	100		

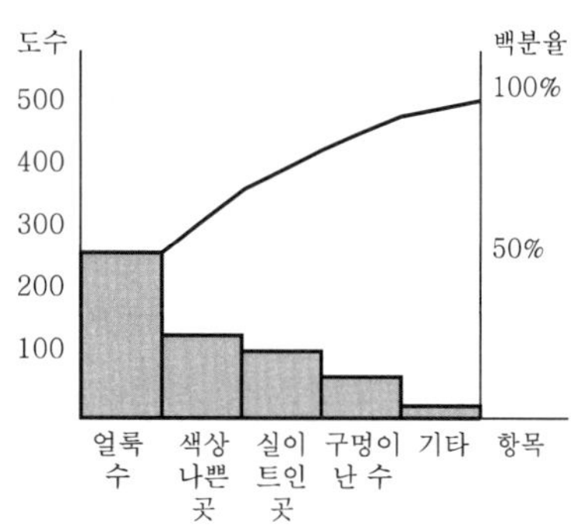

[10] 어떤 제품을 생산하는 공정이 있다. 이 제품에 대한 치수의 규격은 750±40mm라고 한다. 그런데 많은 부적합품(재손질 및 폐기처리 제품)이 발생되고 있으므로, 관리도를 활용하여 공정을 해석하고 안정된 상태로 관리하고자 3일에 걸쳐 다음과 같은 예비 데이터를 얻었다. 물음에 답하여라.

k	x_1	x_2	x_3	x_4	x_5	$\bar{x}$	R
1	772	804	779	719	777	770.2	85
2	756	787	733	742	734	750.4	54
3	756	773	722	760	745	751.2	51
4	744	780	754	774	774	765.2	36
5	802	726	748	758	744	755.6	76
6	783	807	791	762	757	780.0	50
7	747	766	753	758	767	758.2	20
8	788	750	784	769	762	770.6	38
9	757	747	741	746	747	747.6	16
10	713	730	710	705	727	717.0	25
11	780	730	752	735	751	749.6	50
12	746	727	763	734	730	740.0	36
13	749	762	778	787	771	769.4	38
14	771	758	769	770	771	767.8	13
15	771	758	769	770	771	767.8	13
16	767	769	770	794	786	777.2	27
합계						12137.8	628

가. 위 데이터에 의하여 $\bar{x}-R$ 관리도를 작성하니 R 관리도에서 1번째 점이 관리상한선을 이탈하여 원인규명 후 관리도를 재 작성하였다. 재 작성된 관리도를 보니 R 관리도는 관리상태이나, $\bar{x}$ 관리도에서 6번째 군과 10번째 군이 관리한계선을 이탈하여 관리한계를 벗어난 점들에 대하여 원인규명 및 개선조치를 취하였다고 한다. 이때, 이들 점을 제외한 상태에서 관리도를 재 작성하시오.

나. 관리상태인 경우 다음 달을 위한 관리용 관리도를 작성하려고 한다. 표준값 μ_0와 σ_0를 구하고, $\bar{x}-R$ 관리도의 관리한계(목표관리한계)를 구하시오.

해설 가. 관리도의 재작성

1번째, 6번째, 10번째 군을 제거한 후 재작성된 $\bar{x}-R$ 관리도

① R 관리도의 재작성

- $C_L{}' = \bar{R}' = \dfrac{\Sigma R_i - R_1 - R_6 - R_{10}}{k-k_d} = \dfrac{628-85-50-25}{16-3} = 36.0$
- $U_{CL}{}' = D_4\bar{R}' = 2.114 \times 36.0 = 76.104$
- $L_{CL}{}' = D_3\bar{R}'$: $n \le 6$이므로, 고려하지 않는다.

따라서, R 관리도는 관리상태이다.

② $\overline{x}$ 관리도의 재작성

- $C_L{}' = \overline{\overline{x}}{}' = \dfrac{\Sigma \overline{x}_i - \overline{x}_1 - \overline{x}_6 - \overline{x}_{10}}{k - k_d}$

$= \dfrac{12137.8 - 770.2 - 780.0 - 717.0}{16 - 3} = 759.27692$

- $U_{CL}{}' = \overline{\overline{x}}{}' + A_2 \overline{R}{}' = 759.27692 + 0.577 \times 36.0 = 780.04892$
- $L_{CL}{}' = \overline{\overline{x}}{}' - A_2 \overline{R}{}' = 759.27692 - 0.577 \times 36.0 = 738.50492$

따라서, $\overline{x}$ 관리도는 관리상태이다.

나. 관리용 관리도의 관리한계 설정

① 표준값 설정

- 모평균값(μ_0)

$\mu_0 = \overline{\overline{x}}{}' = \dfrac{12137.8 - 770.2 - 780.0 - 717.0}{16 - 3} = 759.27692$

- 표준편차(σ_0)

$\sigma_0 = \dfrac{\overline{R}{}'}{d_2} = \dfrac{(628 - 85 - 50 - 25)/(16 - 3)}{2.326} = 15.47721$

② $\overline{x}$ 관리도의 관리한계선

- $U_{CL} = \mu_0 + A\sigma_0 = 759.27692 + 1.342 \times 15.47721 = 780.04734$
- $L_{CL} = \mu_0 - A\sigma_0 = 759.27692 - 1.342 \times 15.47721 = 738.50650$

③ R 관리도의 관리한계선

- $U_{CL} = D_2\,\sigma_0 = 4.918 \times 15.47721 = 76.11692$
- L_{CL}은 $n \le 6$의 경우 음의 값이므로 고려하지 않는다.

[11] 다음은 매시간 실시되는 최종 제품에 대한 샘플링검사의 결과를 정리하여 얻은 데이터이다. 다음 각 물음에 답하시오. (단, 소수점 두 자리까지 구하시오.)

시간	1	2	3	4	5	6	7	8	9	10
검사개수	48	46	50	28	28	50	46	48	28	50
부적합품수	5	1	3	4	9	4	3	2	8	3

가. 관리선을 계산하시오.

나. 해석용 p관리도를 작성하고, 공정이 관리상태인지를 판정하시오.

다. 비관리상태인 경우 이상원인을 제거 후 관리도를 재작성한다면, 검사개수 50에서 관리한계선은 어떻게 설정되는가?

해설 가. 관리선의 계산

① C_L의 계산

$\Sigma np = 42$, $\Sigma n = 422$

$\overline{p} = \dfrac{\Sigma np}{\Sigma n} = 0.09953 \rightarrow 0.10$

② U_{CL}, L_{CL}의 계산

$$U_{CL}=\bar{p}+3\sqrt{\frac{\bar{p}(1-\bar{p})}{n_i}}$$

• $n=28$일 때

$$U_{CL}=0.10+3\sqrt{\frac{0.1\times0.9}{28}}=0.27008 \rightarrow 0.27$$

• $n=46$일 때

$$U_{CL}=0.10+3\sqrt{\frac{0.1\times0.9}{46}}=0.23270 \rightarrow 0.23$$

• $n=48$일 때

$$U_{CL}=0.10+3\sqrt{\frac{0.1\times0.9}{48}}=0.22990 \rightarrow 0.23$$

• $n=50$일 때

$$U_{CL}=0.10+3\sqrt{\frac{0.1\times0.9}{50}}=0.22728 \rightarrow 0.23$$

단, L_{CL}은 음의 값이므로 모두 고려하지 않는다.

k	검사개수	부적합품수	p	U_{CL}	L_{CL}
1	48	5	0.10	0.23	고려하지 않음
2	46	1	0.02	0.23	
3	50	3	0.06	0.23	
4	28	4	0.14	0.27	
5	28	9	0.32	0.27	
6	50	4	0.08	0.23	
7	46	3	0.07	0.23	
8	48	2	0.04	0.23	
9	28	8	0.29	0.27	
10	50	3	0.06	0.23	
합계	422	42			

나. 관리도의 작성 및 판정

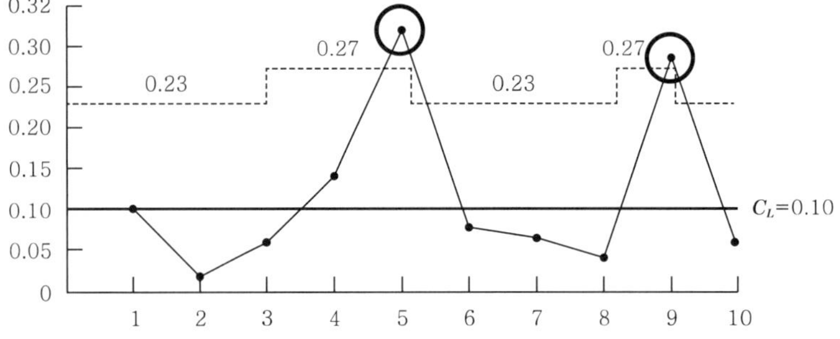

판정> 5번군, 9번군이 관리한계선을 이탈하므로 비관리상태이다.

다. 관리도의 재작성

① C_L'의 계산

$\Sigma np=42$, $\Sigma n=422$

$$\bar{p}'=\frac{\Sigma np-np_d}{\Sigma n-n_d}=\frac{42-9-8}{422-28-28}=0.06831 \rightarrow 0.07$$

② U_{CL}', L_{CL}'의 계산

$$U_{CL}' = \bar{p}' + 3\sqrt{\frac{\bar{p}'(1-\bar{p}')}{n_i}}$$

$$= 0.07 + 3\sqrt{\frac{0.07(1-0.07)}{50}} = 0.17825 \rightarrow 0.18$$

$$U_{CL}' = \bar{p}' - 3\sqrt{\frac{\bar{p}'(1-\bar{p}')}{n_i}}$$

$$= 0.07 - 3\sqrt{\frac{0.07(1-0.07)}{50}} = -0.03825 \rightarrow \text{고려하지 않는다.}$$

[12] 전기 헤어드라이어 송풍장치를 생산하는 Y업체에서 크기 300개의 부분군 25개를 구하여 부적합품률 관리도를 작성하였더니 19번째 군이 관리상한선을 이탈하는 비관리상태로 판명되었다. 원인을 규명하여 보니 접촉 불량에 의해 문제가 발생한 것으로, 이를 시정조치하고 관리도를 재작성하려고 한다. 재작성된 부적합품률 관리도의 관리선(중심선 및 관리한계선)을 구하시오. (단, 25개 부분군의 부적합품수 총합은 138개이고 19번째 부분군의 부적합품수는 16개이다.)

해설 ① 재작성된 중심선

$$\bar{p}' = \frac{\Sigma np - np_d}{\Sigma n - n_d} = \frac{138-16}{7{,}500-300} = 0.01694$$

② 재작성된 관리한계선

$$U_{CL}' = \bar{p}' + 3\sqrt{\frac{\bar{p}'(1-\bar{p}')}{n}}$$

$$= 0.01694 + 3\sqrt{\frac{0.01694 \times 0.98306}{300}} = 0.03929$$

$$L_{CL}' = \bar{p}' - 3\sqrt{\frac{\bar{p}'(1-\bar{p}')}{n}}$$

$$= 0.01694 - 3\sqrt{\frac{0.01694 \times 0.98306}{300}} = -0.00541 = -\text{(고려하지 않음)}$$

[13] $\bar{x}$의 표준편차 $\sigma_{\bar{x}} = 5.57$이고 군간변동 $\sigma_b = 5.20$, $n = 5$일 때 개개의 데이터 산포 σ_T는?

해설 $\sigma_{\bar{x}}^2 = \frac{\sigma_w^2}{n} + \sigma_b^2$

$$\sigma_w = \sqrt{n(\sigma_{\bar{x}}^2 - \sigma_b^2)} = \sqrt{5 \times (5.57^2 - 5.20^2)} = 4.46369$$

$$\therefore \ \sigma_T = \sqrt{\sigma_b^2 + \sigma_w^2} = \sqrt{5.20^2 + 4.46369^2} = 6.85307$$

[14] 어느 공정 특성에 대하여 x 관리도, $\bar{x}-R$ 관리도($n=5$)를 병용하여 양자의 검출력을 비교하고 있다. 각 관리한계가 아래와 같은 경우, 각 관리도별 공정평균이 95가 되었을 때 1점 타점시 관리한계 밖으로 나갈 확률은 얼마인가? (단, R 관리도는 관리상태이다.)

x 관리도	$C_L=100.0$, $U_{CL}=130.0$, $L_{CL}=70.0$
$\bar{x}$ 관리도	$C_L=100.0$, $U_{CL}=113.4$, $L_{CL}=86.6$
R 관리도	$C_L=23.3$, $U_{CL}=49.3$, $L_{CL}=$고려하지 않음

가. x 관리도

나. $\bar{x}$ 관리도

해설 가. x 관리도의 검출력

$$\sigma_x=\frac{U_{CL}-L_{CL}}{6}=\frac{130-70}{6}=10$$

$$1-\beta=\Pr(x\geq U_{CL})+\Pr(x\leq L_{CL})$$
$$=\Pr\left(z\geq\frac{U_{CL}-\mu'}{\sigma}\right)+\Pr\left(z\leq\frac{L_{CL}-\mu'}{\sigma}\right)$$
$$=\Pr\left(z\geq\frac{130.0-95}{10}\right)+\Pr\left(z\leq\frac{70.0-95}{10}\right)$$
$$=\Pr(z\geq 3.5)+\Pr(z\leq -2.5)$$
$$=0.000+0.0062=0.0062$$

나. $\bar{x}$ 관리도의 검출력

같은 공정 특성이므로 $\mu=95$, $\sigma=10$이다.

$$1-\beta=\Pr(\bar{x}\geq U_{CL})+\Pr(\bar{x}\leq L_{CL})$$
$$=\Pr\left(z\geq\frac{U_{CL}-\mu'}{\sigma/\sqrt{n}}\right)+\Pr\left(z\leq\frac{L_{CL}-\mu'}{\sigma/\sqrt{n}}\right)$$
$$=\Pr\left(z\geq\frac{113.4-95}{10/\sqrt{5}}\right)+\Pr\left(z\leq\frac{86.6-95}{10/\sqrt{5}}\right)$$
$$=\Pr(z\geq 4.11)+\Pr(z\leq -1.88)$$
$$=0.0000+0.0301=0.0301$$

참고 하향이동시 U_{CL}을 벗어날 확률은 0이다.

[15] 어떤 공정의 특성을 x 관리도로 관리하려고 하였더니, 3σ 관리도법에 따른 관리한계선이 $C_L=100.0$, $U_{CL}=130.0$, $L_{CL}=70.0$이 되었다. 공정평균이 95가 되었을 때 1점 타점시 검출력은 얼마나 되겠는가?

해설 하측 치우침이 발생하였으므로 $P(x \geq U_{CL}) \fallingdotseq 0$이다.

$$1-\beta = P(x \geq U_{CL}) + P(x \leq L_{CL})$$
$$= P\left(z \geq \frac{130-95}{10}\right) + P\left(z \leq \frac{70-95}{10}\right)$$
$$= P(z \geq 3.5) + P(z \leq -2.5)$$
$$= 0.000 + 0.00620 = 0.00620$$

참고 검정력(Test power)은 검출력($1-\beta$)의 또 다른 표현이다.

[16] 공정평균이 μ_0에서 $\mu = \mu_0 + 2\sigma$로 변했을 경우 x 관리도에서 시료 1개가 관리한계선 밖으로 나갈 확률은 0.1587이다. 이 공정을 x 관리도로 관리할 경우 5점을 연속으로 타점시킬 때 이 변화를 탐지하지 못할 확률을 구하시오.

해설 5점이 연속 검출되지 않을 확률이므로 모두 관리선 안에 나타나는 제2종 오류(β)이다.

그러므로, $\beta_T = {}_5C_0 P^0(1-P)^5 = (1-0.1587)^5 = 0.42146$

혹은, $\beta_T = \beta_i^k = (1-0.1587)^5 = 0.42146$

[17] $\overline{x}$ 관리도에서 $U_{CL} = 43.42$, $L_{CL} = 16.58$, $n = 5$이다. 만약 이 관리도에서 공정의 분포가 $N(30,\ 10^2)$이라면 이 관리도에서 평균이 34로 증가할 경우의 1점 타점시 검출력은?

해설

$$1-\beta = \Pr(\overline{x} \geqq U_{CL}) + \Pr(\overline{x} \leqq L_{CL})$$
$$= \Pr\left(z \geqq \frac{U_{CL}-\mu'}{\sigma/\sqrt{n}}\right) + \Pr\left(z \leqq \frac{L_{CL}-\mu'}{\sigma/\sqrt{n}}\right)$$
$$= \Pr\left(z \geqq \frac{43.42-34}{10/\sqrt{5}}\right) + \Pr\left(z \leqq \frac{16.58-34}{10/\sqrt{5}}\right)$$
$$= \Pr(z \geqq 2.11) + \Pr(z \leqq -3.90)$$
$$= 0.0174 + 0.0000 = 0.01740$$

참고 공정평균의 상향이동시 L_{CL}을 벗어날 확률은 0이다.

[18] 어떤 제조공정의 중요한 품질 특성치는 인장강도이며, 지금까지의 특성치 분포는 $N(100,\ 2.0^2)$이었다. 수입원료 일부의 기준치 미달로 특성치 평균이 2kg/mm^{2}만큼 높아졌다면 이 공정에서 3σ 관련 기법으로 사용하고 있는 $n = 4$의 $\overline{x}$관리도 상에서의 1점 타점시 검출력은 얼마나 되겠는가? (단, 산포는 변화하지 않았다.)

해설 $1-\beta = \Pr(\bar{x} \geq U_{CL}) + \Pr(\bar{x} \leq L_{CL})$

$$= \Pr\left(z \geq \frac{U_{CL}-\mu'}{\sigma/\sqrt{n}}\right) + \Pr\left(z \leq \frac{L_{CL}-\mu'}{\sigma/\sqrt{n}}\right)$$

$$= \Pr\left(z > \frac{103-102}{2/\sqrt{4}}\right) + \Pr\left(z \leq \frac{97-102}{2/\sqrt{4}}\right)$$

$$= \Pr(z \geq 1.0) + \Pr(z \leq -5.0)$$

$$= 0.1587 + 0 = 0.15870$$

[19] 어느 공정에서 data를 뽑아 특성치를 관리하려고 한다. 이 공정은 정규분포를 하며, 평균치가 130, 표준편차가 14.8이다. $n=4$인 data를 15조 뽑아 $\bar{x}$ 관리도를 2σ법으로 작성하였더니 $U_{CL}=144.8$, $L_{CL}=115.2$가 되었다. 공정평균이 이상원인의 영향에 의해 U_{CL}쪽으로 1σ만큼 변화하였다. 다음 물음에 답하시오.

가. 1점 타점 시, $\bar{x}$ 관리도의 검출력은 얼마인가?

나. 연속 10점 타점 시, $\bar{x}$ 관리도의 검출력은 얼마인가?

해설 가. 1점 타점 시 검출력

공정평균 $\mu' = \mu + \sigma = 130 + 14.8 = 144.8$로 상향 이동된 경우로 관리하한선을 벗어나는 확률은 거의 0이 된다.

$$1-\beta = \Pr(\bar{x} \geq U_{CL}) = \Pr\left(z \geq \frac{144.8-144.8}{14.8/\sqrt{4}}\right)$$

$$= P(z \geq 0) = 0.50$$

나. 10점 타점 시 검출력

$$1-\beta_T = 1-\beta_i^{\,k} = 1-0.5^{10} = 0.99902$$

[20] 부분군으로 시료 크기가 동일하게 $n=100$인 관리용 p 관리도의 $U_{CL}=0.15$이고, L_{CL}은 고려하지 않는다고 할 때, 공정의 부적합품률 $\bar{p}=0.13$이라면 1점 타점 시 시료 부적합품률이 관리한계선를 넘어갈 확률은 얼마인가?

해설 변화된 공정 부적합품률 $\bar{p}' = 0.13$이다.

$1-\beta = \Pr(p \geq U_{CL})$

$$= \Pr\left(z \geq \frac{U_{CL}-\bar{p}'}{\sqrt{\frac{\bar{p}'(1-\bar{p}')}{n}}}\right) = \Pr\left(z \geq \frac{0.15-0.13}{\sqrt{\frac{0.13\times(1-0.13)}{100}}}\right)$$

$$= \Pr(z > 0.59) = 0.2776$$

[21] 부적합품률 관리도로서 공정을 관리할 경우, 설비변동으로 인하여 공정 부적합품률이 $P=0.02$에서 $P'=0.07$로 변했을 때 이를 1회의 샘플로서 탐지할 확률이 0.50 이상이 되게 하려면 샘플의 크기를 대략 얼마 이상으로 하여야 하는가? (단, 정규분포근사값을 사용하여라.)

해설 검출력이 50%이려면 $1-\beta=\Pr(z\geq 0.0)=0.5$이므로 $P'=U_{CL}$이 된다.

$$P'=P+3\sqrt{\frac{P(1-P)}{n}}$$

$$0.07=0.02+3\sqrt{\frac{0.02\times 0.98}{n}}$$

$$0.05^2=3^2\times\frac{0.02\times 0.98}{n}$$

$$\therefore\ n=\left(\frac{3^2}{0.05^2}\right)\times 0.02\times 0.98=70.56\ \rightarrow\ 71\text{개}$$

[22] 공정 부적합품률이 $\bar{p}=0.03$인 공정에 p 관리도를 적용하고 있다. 이 공정 부적합품률이 0.05로 변화할 때 이 변화를 1회의 샘플로써 탐지하는 확률이 0.5가 되기를 원한다면 샘플의 크기는 얼마나 되어야 하는가?

해설 ① 검출력이 50% 이상이어야 하므로

$$1-\beta=\Pr(z\geq 0.0)=0.50$$

② 공정 부적합품률이 커졌으므로 U_{CL} 쪽으로의 검출력을 검토하면

$$1-\beta=\Pr(p\geq U_{CL})=\Pr\left(z\geq\frac{0.03+3\sqrt{\frac{0.03\times 0.97}{n}}-0.05}{\sqrt{\frac{0.05\times 0.95}{n}}}\right)=0.50$$

③ ①항과 ②항에서 z값이 서로 동일하므로

$$\frac{0.03+3\sqrt{\frac{0.03\times 0.97}{n}}-0.05}{\sqrt{\frac{0.05\times 0.95}{n}}}=0$$

$$0.03+3\sqrt{\frac{0.03\times 0.97}{n}}=0.05$$

$$\therefore\ n=\left(\frac{3}{0.02}\right)^2\times 0.03\times 0.97=654.75\ \rightarrow\ 655\text{개}$$

[23] 층별한 조(組) 관리도 $\bar{x}-R$에서 A 관리도는 $n_A=5$, $k_A=20$, $\overline{R}_A=27.4$, $\overline{\overline{x}}_A=29.9$, B 관리도는 $n_B=5$, $k_B=15$, $\overline{R}_B=26.0$, $\overline{\overline{x}}_B=28.1$이다. A, B 관리도는 각각 관리상태에 있고 정규분포를 따르고 있다. 두 관리도의 산포에 차이가 없다면 μ_A와 μ_B 사이의 차이를 LSD를 이용하여 검정하시오.

해설 ① 가설 : $H_0 : \mu_A-\mu_B=0$, $H_1 : \mu_A-\mu_B\neq 0$

② 유의수준 : $\alpha=0.0027$

③ 관측통계량 : $D=\left|\overline{\overline{x}}_A-\overline{\overline{x}}_B\right|=1.8$

④ 최소유의차 : $LSD=A_2\overline{R}\sqrt{\dfrac{1}{k_A}+\dfrac{1}{k_B}}$

$$=0.577\times 26.8\times\sqrt{\frac{1}{20}+\frac{1}{15}}=5.28183$$

(단, $\overline{R}=\dfrac{k_A\overline{R}_A+k_B\overline{R}_B}{k_A+k_B}=\dfrac{20\times 27.4+15\times 26}{20+15}=26.8$이다.)

⑤ 판정 : $D<LSD\rightarrow H_0$ 채택

따라서 두 관리도의 평균에는 차이가 없다고 할 수 있다.

3 샘플링검사

[01] 검사의 목적 중 3가지를 쓰시오.

해설 ① 다음 공정이나 고객에게 부적합품의 전달 방지
② 품질에 대한 정보 제공
③ 생산자의 생산의욕 고취
④ 소비자에 대한 신뢰감 고양
* 이 중 3개만 기술하면 된다.

[02] 샘플링검사를 실시할 경우 전제조건을 5가지 기술하시오.

해설 ① 제품이 로트로서 처리될 수 있는 것
② 합격로트 중에는 어느 정도 부적합품의 혼입을 허용할 것
③ 품질기준이 명확할 것
④ 계량 샘플링검사에서는 로트검사 단위의 특성치 분포를 알고 있을 것
⑤ 시료의 샘플링은 랜덤하게 될 것

[03] 규준형 샘플링검사를 실시할 경우 전제조건을 4가지 이상 기술하시오.

해설 ① 제품이 로트로서 처리될 수 있는 것
② 합격로트 중에는 부적합품의 혼입을 허용할 것
③ 품질기준이 명확할 것
④ 계량 샘플링검사에서는 로트검사 단위의 특성치 분포를 개략적으로 알고 있을 것
⑤ 시료의 샘플링은 랜덤하게 될 것
* 이 중 4개만 기술하면 된다.

[04] 검사단위의 품질 표시방법 중 시료의 품질 표시방법을 5가지 적으시오.

해설 ① 평균값
② 표준편차
③ 부적합품률
④ 단위당 평균부적합수
⑤ 범위

[05] 로트의 품질표시방법 4가지를 간략히 기술하시오.

해설 ① 로트의 평균치
② 로트의 표준편차
③ 로트의 부적합품률
④ 로트 내의 검사단위당 평균 부적합수

[06] 제품당 검사비용이 10원, 부적합품 1개당 손실비용이 500원이라 하자. 이에 검사 중 발견되는 부적합품에 대해서는 재가공하기로 하고, 이때 재가공비용은 제품당 100원이라 한다. 지금 공정의 부적합품률이 2%로 추정되면 무검사와 검사 중 어느 것이 더 유리한가?

해설 $P_b = \dfrac{a}{b-c} = \dfrac{10}{500-100} = 0.0250 \sim 2.5\%$

따라서, 공정의 부적합품률 $P < 2.5\%$이므로, 무검사가 더 유리하다.

[07] $n=50$, $Ac=0$인 샘플링검사에서 로트의 합격확률 0.8을 보증할 수 있는 로트의 부적합품률을 구하시오.

해설 ① 이항분포의 적용 시

$L(P) = P(X=0) = (1-P)^n = 0.80$

양변에 로그를 취하면

$n\log(1-P) = \log 0.80$이므로,

$\log(1-P) = \dfrac{\log 0.80}{50} = -0.0019382$이다.

따라서, $(1-P) = 10^{-0.0019382}$

$P = 1 - 10^{-0.0019382} = 4.4529 \times 10^{-3} \rightarrow 0.445\%$

② 푸아송분포의 적용 시

$L(P) = P(X=0) = e^{-nP} = 0.80$

양변에 자연로그를 취하면

$-nP = \ln 0.80 \rightarrow P = -\dfrac{\ln 0.80}{n}$이다.

따라서, $P = -\dfrac{\ln 0.80}{50} = 4.4629 \times 10^{-3} \rightarrow 0.446\%$

[08] 어떤 로트에서 5개의 제품을 랜덤하게 샘플링하여 각 4회씩 측정하였을 때 이 데이터의 정밀도 $\sigma_{\bar{x}}^2$은 얼마인가 구하시오. (단, $\sigma_s^2 = 0.15$, $\sigma_m^2 = 0.20$이다.)

해설 로트의 크기 N이 무한모집단인 경우이므로 복원추출의 개념이다.

$\sigma_{\bar{x}}^2 = \dfrac{1}{n}\sigma_s^2 + \dfrac{1}{nk}\sigma_m^2 = \dfrac{1}{5} \times 0.15 + \dfrac{1}{5 \times 4} \times 0.2 = 0.04$

[09] 다음의 경우 어떤 샘플링 방법을 사용하는가?

가. 한 상자에 부품 100개가 들어있는 50상자에서, 500개 샘플링
나. 볼트 500개가 들어있는 100상자의 각 상자로부터 랜덤으로 5개씩 샘플링
다. 부품 50개가 들어있는 100상자의 로트로부터 5상자를 랜덤으로 샘플링하고, 뽑힌 5상자는 모두 조사
라. 열차 1대당 10톤을 적재한 50대 차량의 광석으로부터 4대의 차량을 랜덤으로 샘플링하고 샘플링된 4대의 차량으로부터 5인크리먼트씩 샘플링

해설 가. 랜덤 샘플링 : $N=5{,}000$, $n=500$
나. 층별 샘플링 : $M=100$, $\Sigma n_i=500$
다. 집락 샘플링 : $M=100$, $m=5$, $\Sigma n_i=250$
라. 2단계 샘플링 : $M=50$, $m=4$, $\Sigma n_i=20$

[10] 같은 부품이 50개씩 들어있는 100개의 상자가 있다. 이 로트에서 각 부품들의 평균무게 μ를 알고 있다. 상자 간 무게의 산포를 $\sigma_b=0.8$kg이라 하고, 상자 내 부품 간의 산포를 $\sigma_w=0.5$kg이라 하자. 이때 5상자를 랜덤하게 뽑고, 각 상자에서 부품을 4개씩 랜덤하게 샘플링하여 모두 20개의 부품이 샘플링되었다. 다음 물음에 답하시오.

가. 각 부품의 무게를 측정할 때 측정오차를 무시할 수 있다면(즉, $\sigma_m=0$) $\bar{\bar{x}}$의 분산은 얼마인가?
나. 위 '가'를 근거로 하여, 신뢰율 95%로 모평균에 대한 추정 정밀도를 구하시오.
다. 위 '가'의 질문에서 만약 분석의 정밀도 $\sigma_m=0.4$kg이라면 $\bar{\bar{x}}$의 분산은 얼마인가?

해설 2단계 샘플링인 경우($M=100$, $m=5$, $\bar{n}=4$)

가. $V(\bar{\bar{x}})=\dfrac{\sigma_b^2}{m}+\dfrac{\sigma_w^2}{m\bar{n}}=\dfrac{0.8^2}{5}+\dfrac{0.5^2}{5\times 4}=0.14050\text{kg}$

나. $\beta_{\bar{\bar{x}}}=u_{1-\alpha/2}\sqrt{\dfrac{\sigma_b^2}{m}+\dfrac{\sigma_w^2}{m\bar{n}}}=1.96\sqrt{\dfrac{0.8^2}{5}+\dfrac{0.5^2}{5\times 4}}=0.73467\text{kg}$

다. $V(\bar{\bar{x}})=\dfrac{\sigma_b^2}{m}+\dfrac{\sigma_w^2}{m\bar{n}}+\dfrac{\sigma_m^2}{m\bar{n}}=\dfrac{0.8^2}{5}+\dfrac{0.5^2}{5\times 4}+\dfrac{0.4^2}{5\times 4}=0.14850\text{kg}$

[11] 15kg들이 화학약품이 60상자가 입하되었다. 약품의 순도를 조사하려고 우선 5상자를 랜덤 샘플링하고 각각의 상자에서 6인크리멘트씩 각각 랜덤 샘플링하였다. 다음 각 물음에 답하시오. (단, 1인크리멘트는 15g이며, 축분정밀도 $\sigma_R=0.10\%$, 측정정밀도 $\sigma_m=0.15\%$임을 알고 있다.)

가. 약품의 순도는 종래의 실험에서 상자 간 산포 $\sigma_b=0.20\%$, 상자 내 산포 $\sigma_w=0.35\%$임을 알고 있을 때 샘플링의 정밀도를 구하라.
나. 각각의 상자에서 취한 인크리멘트는 혼합 축분하고 반복 2회 측정하였다. 이 경우 순도에 대한 모평균의 추정정밀도 $\beta_{\bar{x}}$를 구하라. (단, 신뢰율은 95%이다.)

해설 가. $\sigma_{\bar{\bar{x}}}^2 = \dfrac{\sigma_b^{\ 2}}{m} + \dfrac{\sigma_w^{\ 2}}{m\bar{n}}$

$= \dfrac{1}{5} \times 0.2^2 + \dfrac{1}{5 \times 6} \times 0.35^2 = 0.01208\%$

나. $\sigma_{\bar{\bar{x}}}^2 = \dfrac{\sigma_b^{\ 2}}{m} + \dfrac{\sigma_w^{\ 2}}{m\bar{n}} + \sigma_R^{\ 2} + \dfrac{\sigma_m^{\ 2}}{k}$

$= \dfrac{0.2^2}{5} + \dfrac{0.35^2}{30} + 0.10^2 + \dfrac{0.15^2}{2} = 0.03333\%$

따라서, 추정정밀도는 다음과 같다.

$\beta = u_{1-\alpha/2}\sqrt{\dfrac{\sigma_b^{\ 2}}{m} + \dfrac{\sigma_w^{\ 2}}{m\bar{n}} + \sigma_R^{\ 2} + \dfrac{\sigma_m^{\ 2}}{k}}$

$= 1.96 \times \sqrt{0.03333} = 0.35783\%$

[12] 부선으로 석탄이 입하되었다. 부선은 5척이며, 각각 500톤, 700톤, 1,500톤, 1,800톤, 1,000톤씩 싣고 있다. 각 부선으로부터 석탄을 하역할 때 100톤 간격으로 1인크리멘트를 떠서 이것을 대량 시료로 혼합한 경우 샘플링의 정밀도는 얼마가 되는가? (단, 석탄 로트에 대하여 100톤 간격으로 채취한 인크리멘트의 산포 $\sigma_w = 0.8\%$, 인크리멘트 간의 산포 $\sigma_b = 0.2\%$이다.)

해설 $\sigma_{\bar{\bar{x}}}^{\ 2} = \dfrac{\sigma_w^{\ 2}}{\Sigma n_i} = \dfrac{0.8^2}{(5+7+15+18+10)} = 0.01164\%$

[13] 드럼관에 든 고형 가성소다 중의 Fe_2O_3는 낮은 편이 좋다. 로트의 평균치가 0.0040% 이하이면 합격으로 하고, 0.0050% 이상이면 불합격으로 하는 $\overline{X}_U$를 구하시오. (단, 로트의 표준편차 $\sigma = 0.0006\%$이고, $\alpha = 0.05$, $\beta = 0.10$으로 한다.)

$\dfrac{\lvert m_1 - m_0 \rvert}{\sigma}$	n	G_0
2.069 이상	2	1.163
1.690~2.068	3	0.950
1.463~1.686	4	0.822
1.309~1.462	5	0.736
1.195~1.308	6	0.672

해설 ① $\dfrac{\lvert m_1 - m_0 \rvert}{\sigma} = \dfrac{\lvert 0.005 - 0.004 \rvert}{0.0006} = 1.67$

② 표에 의해서 n, G_0를 구한다.($n=4$, $G_0=0.822$)

③ $\overline{X}_U = m_0 + G_0\sigma = 0.0040 + 0.822 \times 0.0006 = 0.00449\%$

[14] 평균치가 500g 이하인 로트는 될 수 있는 한 합격시키고 싶고, 평균치가 520g 이상인 로트는 될 수 있는 한 불합격시키고 싶다. 과거의 데이터로부터 판단하여 볼 때 품질 특성치는 정규분포를 따르며 표준편차는 20g으로 알려져 있다. 다음 각 물음에 답하시오.

가. $\alpha=0.05$, $\beta=0.10$을 만족시키는 샘플링 검사방식을 설계하라.

나. 이 검사방식에 대한 OC 곡선을 그려라.

해설 가. 샘플링 검사방식의 설계

① $n=\left(\dfrac{k_\alpha+k_\beta}{m_0-m_1}\right)^2\sigma^2$

$=\left(\dfrac{1.645+1.282}{500-520}\right)^2\times 20^2=8.56733\rightarrow 9$개

② $\overline{X}_U=m_0+G_0\sigma=m_0+k_\alpha\dfrac{\sigma}{\sqrt{n}}$

$=500+1.645\times\dfrac{20}{\sqrt{9}}=510.96667\text{g}$

③ $\overline{x}\le 510.96667\text{g}$이면 로트를 합격,

$\overline{x}>510.96667\text{g}$이면 로트를 불합격시킨다.

나. OC 곡선

$m_0=500$, $m_1=520$을 포함하여 m의 값을 500g, 511g($\overline{X}_U$), 520g으로 지정하고, 표준정규분포를 이용하여 다음의 표를 작성한다.

m	$K_{L(m)}=\sqrt{n}(m-\overline{X}_U)/\sigma$	$L(m)$
500	$\sqrt{9}(500-510.96667)/20=-1.645$	0.95
511	$\sqrt{9}(511-510.96667)/20=0.000$	0.50
520	$\sqrt{9}(520-510.96667)/20=1.35$	0.0885

위의 결과로, m은 가로축, $L(m)$은 세로축으로 하여 OC 곡선을 그리면 다음과 같다.

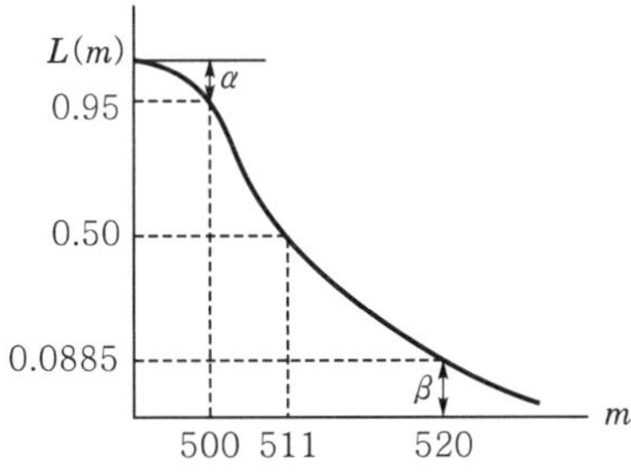

[15] 계량규준형 1회 샘플링검사의 OC 곡선을 작성하려고 한다. 다음과 같은 조건이 지정되어 있을 때 물음에 답하시오.

> [조건] $\alpha=0.05$, $\beta=0.10$, $k_\alpha=1.645$, $k_\beta=1.282$, $\overline{X}_U=500\text{g}$, $\sigma=10\text{g}$, $n=4$

가. α, β를 만족하는 m_0 및 m_1를 구하시오. (단, 소수 이하 셋째 자리에서 맺음하시오.)

나. m_0, m_1, $\overline{X}_U$의 $L(m)$값을 구한 후, α, β, m_0, m_1, $\overline{X}_U$의 값을 기입하여 OC 곡선을 완성하시오.

해설 가. ① $\overline{X}_U=m_0+k_\alpha\dfrac{\sigma}{\sqrt{n}}$ 에서

$$m_0=\overline{X}_U-k_\alpha\frac{\sigma}{\sqrt{n}}=500-1.645\times\frac{10}{\sqrt{4}}=491.775\text{g}$$

② $\overline{X}_U=m_1-k_\beta\dfrac{\sigma}{\sqrt{n}}$ 에서

$$m_1=\overline{X}_U+k_\beta\frac{\sigma}{\sqrt{n}}=500+1.282\times\frac{10}{\sqrt{4}}=506.410\text{g}$$

나. OC 곡선

m	$K_{L(m)}=\dfrac{\sqrt{n}(m-\overline{X}_U)}{\sigma}$	$L(m)$
491.775	$\dfrac{\sqrt{4}(491.775-500)}{10}=-1.645$	0.95
500	$\dfrac{\sqrt{4}(500-500)}{10}=0$	0.50
506.410	$\dfrac{\sqrt{4}(506.410-500)}{10}=1.282$	0.10

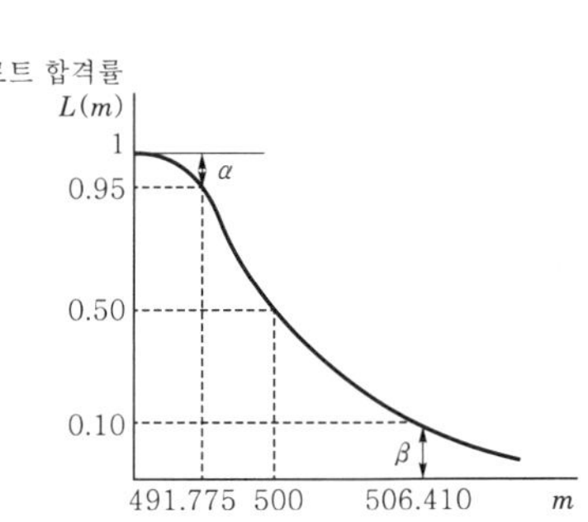

[16] 제품에 사용되는 유황의 색도는 낮을수록 좋다고 하여, 제조자와 합의 후 $m_0=13\%$, $m_1=17\%$로 하였다. 표준편차 $\sigma=4.5\%$일 때 다음 물음에 답하시오.

가. $\alpha=0.05$, $\beta=0.10$을 만족하는 샘플링 방식의 검사개수를 구하시오.

나. 만약 n개의 시료를 측정한 결과 $\Sigma x=160.82\%$가 되었다면, 이 로트에 대한 판정을 하시오.

해설 가. 검사개수

$$n=\left(\frac{k_\alpha+k_\beta}{m_1-m_0}\right)^2\sigma^2=\left(\frac{2.927}{\Delta m}\right)^2\sigma^2$$

$$=\left(\frac{1.645+1.282}{4}\right)^2\times4.5^2=10.84302\rightarrow 11\text{개}$$

나. 로트의 판정

$$\overline{X}_U = m_0 + k_\alpha \frac{\sigma}{\sqrt{n}}$$

$$= 13 + 1.645 \frac{4.5}{\sqrt{11}} = 15.23193\%$$

$(\overline{x} = 14.62) < (\overline{X}_U = 15.23193)$이므로, lot를 합격시킨다.

[17] A정제 로트의 성분에서 특성치는 정규분포를 따르고 표준편차 $\sigma = 1.5$mg인 것을 알고 있다. 이 로트의 검사에서 $m_0 = 10.0$mg, $\alpha = 0.05$, $m_1 = 8.0$mg, $\beta = 0.10$인 계량 규준형 1회 샘플링검사를 행하기로 하였다. 다음 물음에 답하시오.

가. 이 조건을 만족하는 합격 하한치 $\overline{X}_L$을 구하시오.

나. 이 샘플링검사 방식에서 평균치 9.0mg의 로트가 합격하는 확률은 약 얼마인가?

해설 가. $\overline{X}_L = m_0 - k_\alpha \frac{\sigma}{\sqrt{n}} = 10 - 1.645 \times \frac{1.5}{\sqrt{5}} = 8.89650\text{mg}$

(단, $n = \left(\frac{2.927}{m_0 - m_1}\right)^2 \sigma^2 ≒ 5$개다.)

나. $K_{L(m)} = \frac{\left(\overline{X}_L - m\right)\sqrt{n}}{\sigma} = \frac{(8.89650 - 9.0)\sqrt{5}}{1.5}$

$= -0.15428 \rightarrow -0.15$

따라서 $L(m) = 0.5595$이다.

[18] 어떤 금속판의 조립품 기본 두께 치수가 5mm인 것을 구입하려고 한다. 두께의 평균값이 5±0.2mm 이내의 로트는 합격이고, 5±0.5mm 이상의 로트는 불합격시키고자 하는 계량규준형 1회 샘플링검사를 적용하려고 한다. 다음 물음에 답하시오. (단, 로트의 표준편차 $\sigma = 0.3$, $\alpha = 0.05$, $\beta = 0.10$이다.)

가. 검사개수를 구하시오.

나. 합격판정치를 구하시오.

다. 만약 검사대상의 로트에서 구한 시료평균이 4.62mm라면 로트의 판정은?

해설 가. 검사개수

$m_0' = 4.8$, $m_0'' = 5.2$, $m_1' = 4.5$, $m_1'' = 5.5$

$$n = \left(\frac{k_\alpha + k_\beta}{m_1' - m_0'}\right)^2 \sigma^2 = \left(\frac{2.927}{\Delta m}\right)^2 \sigma^2$$

$$= \left(\frac{1.645 + 1.282}{0.3}\right)^2 \times 0.3^2 = 8.56733 \rightarrow 9\text{개}$$

나. 합격판정치

$$\overline{X}_U = m_0'' + k_\alpha \frac{\sigma}{\sqrt{n}} = 5.2 + 1.645 \frac{0.3}{\sqrt{9}} = 5.3645\text{mm}$$

$$\overline{X}_L = m_0' - k_\alpha \frac{\sigma}{\sqrt{n}} = 4.8 - 1.645 \times \frac{0.3}{\sqrt{9}} = 4.6355\,\text{mm}$$

다. 판정

$\overline{x} = 4.62\,\text{mm}$로, $\overline{x} < 4.6355\,\text{mm}$이므로 로트 불합격시킨다.

[19] $P_0 = 1\%$, $P_1 = 10\%$, $\alpha = 0.05$, $\beta = 0.10$을 만족시키는 로트의 부적합품률을 보증하는 계량형 샘플링검사 방식에서 상한 규격치 $S_U = 45$mg, 표준편차 $\sigma = 1.5$mg가 주어지는 망소특성이며, 품질 특성치는 정규분포에 따른다고 가정한다. 검사개수와 합격판정치를 구하시오.

해설 ① 검사개수

$$n = \left(\frac{k_\alpha + k_\beta}{k_{p_0} - k_{p_1}}\right)^2 = \left(\frac{k_{0.05} + k_{0.10}}{k_{0.01} - k_{0.05}}\right)^2$$

$$= \left(\frac{1.645 + 1.282}{2.326 - 1.645}\right)^2 = 18.47359 \rightarrow 19\text{개}$$

② 합격판정치

$$\overline{X}_U = S_U - k\sigma = 45 - 1.94327 \times 1.5 = 42.0810\,\text{mg}$$

$$\left(\text{단, } k = \frac{k_{P_0} k_\beta + k_{P_1} k_\alpha}{k_\alpha + k_\beta} = \frac{k_{0.01} k_{0.10} + k_{0.05} k_{0.05}}{k_{0.05} + k_{0.10}} = \frac{2.326 \times 1.282 + 1.645 \times 1.645}{1.645 + 1.282} = 1.94327\right)$$

[20] 어떤 부품의 강도는 175kg/cm^2 이상으로 규정되어 있다. KS Q 0001에 의하여 $n = 8$, $k = 1.74$의 계량 규준형 1회 샘플링 검사를 행한 결과 다음의 데이터를 얻었다. 이 결과로부터 로트의 합격 · 불합격을 판정하시오. (단, 표준편차 $\sigma = 1.4$g/cm임을 알고 있다.)

[데이터] 175.3, 176.5, 175.8, 178.0, 176.0, 174.8, 175.5, 177.2 (단위 : g/cm)

해설

- $\overline{x} = \frac{\Sigma x_i}{n} = \frac{1}{8}(175.3 + 176.5 + \cdots + 177.2) = 176.1375\,\text{g/cm}$
- $\overline{X}_L = S_L + k\sigma = 175 + 1.74 \times 1.4 = 177.436\,\text{g/cm}$

[판정] $\overline{x} < \overline{X}_L$ 이므로, 로트를 불합격시킨다.

[21] 어떤 시계태엽의 토르크는 75g/cm 이하로 규정되어 있다. KS Q 0001에 의하여 $n = 8$, $k = 1.74$의 계량규준형 1회 샘플링검사를 행한 결과 다음의 데이터를 얻었다. 이 결과로부터 로트의 합격 · 불합격을 판정하시오. (단, 표준편차 $\sigma = 1.4$g/cm임을 알고 있다.)

[데이터] 73.2, 74.5, 73.8, 76.0, 74.0, 72.8, 73.5, 75.2 (단위 : g/cm)

해설 ① $\bar{x}=\dfrac{\Sigma x_i}{n}=\dfrac{1}{8}(73.2+74.5+\cdots+75.2)=74.125\,\text{g/cm}$

② $\overline{X}_U=S_U-k\sigma=75-1.74\times1.4=72.564\,\text{g/cm}$

③ $\bar{x}>\overline{X}_U$ 이므로 로트를 불합격시킨다.

[22] 어느 재료의 인장강도가 75kg/mm^2 이상으로 규정된 계량 규준형 1회 샘플링검사에서 $n=8$, $k=1.74$의 값을 얻어 데이터를 취하였더니 결과가 다음과 같았다. 이 결과에서 로트의 합격 · 불합격을 판정하시오. (단, 표준편차 $\sigma=2$kg/mm^{2}이다.)

[데이터] 79.0, 75.5, 77.5, 76.5, 77.0, 79.5, 77.0, 75.0

해설 부적합품률을 보증하는 경우(S_L이 주어진 경우)

① 합격판정선

$\overline{X}_L=S_L+k\sigma=75+1.74\times2=78.480\text{kg/mm}^2$

② 시료평균

$\bar{x}=\dfrac{\Sigma x_i}{n}=\dfrac{617.0}{8}=77.1250\text{kg/mm}^2$

③ 판정

$\bar{x}<\overline{X}_L$이므로, 로트를 불합격시킨다.

[23] 어떤 정밀기계 부품인 나사못의 직경에 대한 상한 규격이 5.01mm이다. 이 부품의 생산 공정에서 규격 내에 들지 못하는 부적합품률이 1% 이하인 로트는 합격시키고, 부적합품률이 10%를 초과한 로트는 불합격시키는 계량규준형 1회 샘플링검사를 설계하고자 한다. 이때 특성치는 정규분포를 하며 $\sigma=0.003$mm이다. $\alpha=0.05$, $\beta=0.10$으로 하여 다음 물음에 답하시오.

가. 샘플의 크기 n 및 합부판정계수 k를 구하시오.

나. 합격판정치 $\overline{X}_U$은 어떻게 되는가?

다. 로트의 합격여부를 판정하는 기준은 어떻게 되는가?

해설 가. 샘플의 크기와 합부판정계수

① $n=\left(\dfrac{k_\alpha+k_\beta}{k_{p0}-k_{p1}}\right)^2=\left(\dfrac{k_{0.05}+k_{0.10}}{k_{0.01}-k_{0.10}}\right)^2$

$=\left(\dfrac{1.654+1.282}{2.326-1.282}\right)^2=7.86040\ \rightarrow$ 8개

② $k=\dfrac{k_{p0}k_\beta+k_{p1}k_\alpha}{k_\alpha+k_\beta}=\dfrac{k_{0.01}k_{0.10}+k_{0.10}k_{0.05}}{k_{0.05}+k_{0.10}}$

$=\dfrac{2.326\times1.282+1.282\times1.645}{1.645+1.282}=1.73926$

나. 합격판정치의 계산
$\overline{X}_U = S_U - k\sigma = 5.01 - 1.73926 \times 0.003 = 5.00478\text{mm}$

다. 판정
$\bar{x} \leqq 5.00478$mm이면 로트를 합격시키고, $\bar{x} > 5.00478$mm이면 로트를 불합격시킨다.

[24] 규격이 60±2mm로 정해진 제품이 있다. 제품 품질을 보증하기 위해 로트 부적합품률이 0.40% 이하인 로트는 통과시키고, 6.3% 이상인 로트는 통과시키지 않는 계량규준형 1회 샘플링검사 방식을 설계하시오. (단, 로트의 표준편차 $\sigma = 0.75$mm이고, $\alpha = 5\%$, $\beta = 10\%$로 하며, 수치표를 활용하시오.)

* 좌 : k, 우 : n ($\alpha \fallingdotseq 0.05$, $\beta \fallingdotseq 0.10$)

P_1(%) \ P_0(%)	대표치	5.00		6.30		8.00	
대표치	범위 \ 범위	4.51~5.60		5.61~7.10		7.11~9.00	
0.400	0.356~0.450	2.08	8	2.02	7	1.95	6
0.500	0.451~0.560	2.05	10	1.99	8	1.92	6
0.630	0.561~0.710	2.02	12	1.95	9	1.89	7

해설 샘플링방식의 설계

① 검사개수와 합부판정계수
$P_0 = 0.40\%$와 $P_1 = 6.8\%$가 만나는 칸에서 $n = 7$, $k = 2.02$를 구한다.

② 합격판정선
- $\overline{X}_U = S_U - k\sigma = 62 - 2.02 \times 0.75 = 60.485\text{mm}$
- $\overline{X}_L = S_L + k\sigma = 58 + 2.02 \times 0.75 = 59.515\text{mm}$

③ 판정
7개의 시료로부터 $\bar{x}$를 구하여 $59.515\text{mm} \leq \bar{x} \leq 60.485$mm이면 로트를 합격시키고, 그렇지 않으면 로트를 불합격시킨다.

[25] 어떤 강재의 인장강도는 75±5kg/mm^{2}로 규정되어 있다. 이 규격의 1% 이하인 로트는 합격시키고 6% 이하인 로트는 불합격시키고자 할 때, $\alpha = 0.05$, $\beta = 0.10$을 만족시키는 계량 규준형 1회 샘플링검사 방식을 설계하시오. (단, $\sigma = 0.8$kg/mm^{2}이다.)

해설 부적합품률을 보증하는 경우(양쪽 규격 지정)

① 검사개수(n)

$$n = \left(\frac{k_\alpha + k_\beta}{k_{p_0} - k_{p_1}}\right)^2 = \left(\frac{2.927}{2.326 - 1.555}\right)^2 = 14.41 \sim 15\text{개}$$

② 합부판정계수(k)

$$k = \frac{k_{p_0}k_\beta + k_{p_1}k_\alpha}{k_\alpha + k_\beta} = \frac{2.326 \times 1.282 + 1.555 \times 1.645}{2.927} = 1.89269$$

③ 합격판정선

- $\overline{X}_U = S_U - k\sigma = 80 - 1.89269 \times 0.8 = 78.48585\text{kg/mm}^2$
- $\overline{X}_L = S_L + k\sigma = 70 + 1.9269 \times 0.8 = 71.51415\text{kg/mm}^2$

④ 판정

$n = 15$개의 시료를 취해 평균을 계산한 후, $71.51415\text{kg/mm}^2 \le \bar{x} \le 78.48585\text{kg/mm}^2$이면 로트를 합격시키고, 그렇지 않으면 로트를 불합격시킨다.

[26] A사는 어떤 부품의 수입검사에 계수값 샘플링검사인 KS Q ISO 2859-1의 보조표인 분수 샘플링검사를 적용하고 있다. 적용조건은 $AQL = 1.0\%$, 통상검사수준 G-2에서 엄격도는 보통검사, 샘플링 형식은 1회로 시작하였다. 다음 표의 (　　) 안을 로트별로 완성하시오.

로트번호	N	샘플문자	n	당초의 Ac	합부판정점수 (검사 전)	적용하는 Ac	부적합품수	합부판정	합부판정점수 (검사 후)
1	200	G	32	1/2	(　)	(　)	0	(　)	(　)
2	150	F	20	(　)	(　)	(　)	1	(　)	(　)
3	250	G	32	(　)	(　)	(　)	0	합격	(　)

로트번호	N	샘플문자	n	당초의 Ac	합부판정점수 (검사 전)	적용하는 Ac	부적합품수	합부판정	합부판정점수 (검사 후)
1	200	G	32	1/2	(5)	(0)	0	(합격)	(5)
2	150	F	20	(1/3)	(8)	(0)	1	(불합격)	(0)
3	250	G	32	(1/2)	(5)	(0)	0	합격	(5)

[27] Y사는 어떤 부품의 수입검사에 계수값 샘플링검사인 KS Q ISO 2859-1을 사용하고 있다. 적용조건은 $AQL = 1.0\%$, 검사수준 Ⅱ로 1회 샘플링검사를 하고 있으며 처음 로트의 엄격도는 보통검사에서 시작하여 15로트가 진행되었으며, 예시문은 그 중 11번째 로트부터 나타낸 것이다. 다음 표의 (　　)를 채우고, 15번째 로트의 검사결과와 16번째 로트에 수월한 검사를 적용할 조건이 되는가를 판정하시오.

로트	N	샘플문자	n	Ac	Re	부적합품수	합부판정	전환점수
11	300	H	50	1	2	1	합격	21
12	500	H	50	1	2	0	(　)	(　)
13	300	H	50	1	2	1	(　)	(　)
14	800	J	80	2	3	0	(　)	(　)
15	1,000	J	80	2	3	1	(　)	(　)

해설 ① $AQL = 1.0\%$, 검사수준 Ⅱ, 1회 샘플링검사, 보통검사

로트	N	샘플문자	n	Ac	Re	부적합품수	합부판정	전환점수
11	300	H	50	1	2	1	합격	21
12	500	H	50	1	2	0	(합격)	(23)
13	300	H	50	1	2	1	(합격)	(25)
14	800	J	80	2(1)	3	0	(합격)	(28)
15	1,000	J	80	2(1)	3	1	(합격)	(31)

참고 ( )속의 숫자는 한단계 엄격한 AQL에서 합격판정개수이다.

② 15번째 로트까지 전환점수(s_s)가 30점 이상이므로, 16번째 로트부터 수월한 검사로 전환할 조건이 성립된다.

[28] A사는 어떤 부품의 수입검사에 있어 계수값 샘플링 검사인 KS Q ISO 2859-1을 사용하고 있다. 검토 후 $AQL = 1.5\%$이고, 검사수준 Ⅱ로 1회 샘플링 검사를 채택하고 있으며, 80번째 로트 검사 시 수월한 검사가 진행되고 있다. 다음 각 물음에 답하시오.

가. KS Q ISO 2859-1의 주 샘플링 검사표를 사용하여 답안지 표의 빈칸을 채우시오.

로트	시료문자	n	Ac	부적합품수	합격판정	엄격도 적용
80	K	50	3	3	합격	수월한 검사 속행
81	J	32	2	3	불합격	( )
82	K	125	( )	3	( )	( )
83	J	80	( )	5	( )	( )
84	K	125	( )	2	( )	( )
85	J	80	( )	4	( )	( )
86	K	125	( )	4	( )	( )

나. 로트의 엄격도 전환을 결정하시오.

해설 가. 샘플링 검사 작성표

로트	시료문자	n	Ac	부적합품수	합격판정	엄격도 적용
80	K	50	3	3	합격	수월한 검사 속행
81	J	32	2	3	불합격	(보통검사로 전환)
82	K	125	(5)	3	(합격)	(보통검사 속행)
83	J	80	(3)	5	(불합격)	(보통검사 속행)
84	K	125	(5)	2	(합격)	(보통검사 속행)
85	J	80	(3)	4	(불합격)	(까다로운 검사로 전환)
86	K	125	(3)	4	(불합격)	(까다로운 검사 속행)

나. 엄격도 전환

검사로트 81번째에서 수월한 검사에서 불합격되었으므로 82번째 로트부터는 보통검사가 진행되며, 82번 로트부터 85번 로트까지 4로트 중 2로트가 불합격되었으므로 86번째 로트부터는 까다로운 검사가 진행된다.

[29] A사는 어떤 부품의 수입검사에 계수값 샘플링검사 ISO 2859-1의 보조표인 분수 샘플링검사를 적용하고 있다. 적용조건은 $AQL=1.5\%$이며, 통상검사수준 G-2에서 엄격도는 보통검사, 샘플링형식은 1회로 시작하였다. 다음 물음에 답하시오.

가. 답안지 표의 샘플문자 n, 당초의 Ac, 합부판정점수(검사 전 · 후), 적용하는 Ac, 합부판정, 전환점수를 기입하시오.

로트번호	N	샘플문자	n	당초의 Ac	합부판정점수(검사 전)	적용하는 Ac	부적합품수 d	합부판정	합부판정점수(검사 후)	전환점수
11	200	G	32	1	7	1	1	합격	0	2
12	250	G	32	1	( )	( )	0	( )	( )	( )
13	600	J	80	3	( )	( )	1	( )	( )	( )
14	80	E	13	1/3	( )	( )	0	( )	( )	( )
15	120	F	20	1/2	( )	( )	0	( )	( )	( )

나. 15로트의 검사 결과 다음 로트에 적용되는 엄격도를 결정하시오.

해설 가.

로트번호	N	샘플문자	n	당초의 Ac	합부판정점수(검사 전)	적용하는 Ac	부적합품수 d	합부판정	합부판정점수(검사 후)	전환점수
11	200	G	32	1	7	1	1	합격	0	22
12	250	G	32	1	(7)	(1)	0	(합격)	(7)	(24)
13	600	J	80	3	(14)	(3)	1	(합격)	(0)	(27)
14	80	E	13	1/3	(3)	(0)	0	(합격)	(3)	(29)
15	120	F	20	1/2	(8)	(0)	0	(합격)	(0*)	(31)

나. 전환점수(S_S)가 30점 이상이므로 생산진도가 안정되고, 소관권한자가 인정하면 수월한 검사가 진행된다.

[30] A사는 어떤 부품의 수입검사에 계수값 샘플링검사인 KS Q ISO 2859-1의 보조표인 분수 샘플링검사를 적용하고 있다. 적용조건은 $AQL=1.0\%$, 통상검사수준 G-2에서 엄격도는 보통검사, 샘플링 형식은 1회로 시작하였다. 다음 물음에 답하시오.

가. 다음 표의 (　　) 안을 로트별로 완성하시오.

나. 로트번호 5의 검사결과 다음 로트에 적용되는 로트번호 6의 엄격도를 결정하시오.

로트번호	N	샘플문자	n	당초의 Ac	합부판정점수(검사 전)	적용하는 Ac	부적합품수 d	합부판정	합부판정점수(검사 후)	전환점수
1	200	G	32	1/2	5	0	1	불합격	0	0
2	250	G	32	1/2	5	0	0	합격	5	2
3	600	(①)	(③)	(⑤)	(⑦)	(⑨)	1	(⑪)	(⑬)	(⑮)
4	80	(②)	(④)	(⑥)	(⑧)	(⑩)	0	(⑫)	(⑭)	(⑯)
5	120	F	20	1/3	(⑰)	(⑱)	0	합격	(⑲)	(⑳)

해설 가.

로트번호	N	샘플문자	n	당초의 Ac	합부판정점수(검사 전)	적용하는 Ac	부적합품수 d	합부판정	합부판정점수(검사 후)	전환점수
1	200	G	32	1/2	5	0	1	불합격	0	0
2	250	G	32	1/2	5	0	0	합격	5	2
3	600	(J)	(80)	(2)	(12)	(2)	1	(합격)	(0)	(5)
4	80	(E)	(13)	(0)	(0)	(0)	0	(합격)	(0)	(7)
5	120	F	20	1/3	(3)	(0)	0	합격	(3)	(9)

참고 3번 로트에서 $Ac \geq 2$인 검사는 한 단계 엄격한 AQL검사인 $Ac=1$에서 합격되어야 전환점수 3점이 가산되며, 불합격되면 0점으로 처리한다. 만약 부적합품수가 2개였다면 로트는 합격되겠지만 전환점수는 0점으로 처리된다.

나. 로트번호 6은 보통검사를 실시한다.

[31] A사는 어떤 부품의 수입검사에 계수값 샘플링검사인 KS Q ISO 2859-1의 보조표인 분수 샘플링검사를 적용하고 있다. 적용조건은 $AQL = 1.0\%$, 통상검사수준 G-2에서 엄격도는 까다로운 검사, 샘플링 형식은 1회로 시작하였다. 다음 표의 (   ) 안을 로트별로 완성하시오.

로트번호	N	샘플문자	n	당초의 Ac	합부판정점수(검사 전)	적용하는 Ac	부적합품수 d	합부판정	합부판정점수(검사 후)	전환점수
1	200	G	32	1/3	3	0	1	불합격	0	( )
2	250	G	32	1/3	3	0	0	합격	( )	( )
3	600	( )	( )	( )	( )	( )	1	( )	( )	( )
4	80	( )	( )	( )	( )	( )	0	( )	( )	( )
5	500	( )	( )	( )	( )	( )	0	( )	( )	( )

해설 $AQL = 1.0\%$, 검사수준 Ⅱ, 까다로운 검사, 1회 샘플링, 분수합격판정개수 샘플링검사이다.

로트번호	N	샘플문자	n	당초의 Ac	합부판정점수(검사 전)	적용하는 Ac	부적합품수	합부판정	합부판정점수(검사 후)	전환점수
1	200	G	32	1/3	3	0	1	불합격	0	(—)
2	250	G	32	1/3	3	0	0	합격	(3)	(—)
3	600	(J)	(80)	(1)	(10)	(1)	1	(합격)	(0)	(—)
4	80	(F)	(20)	(0)	(0)	(0)	0	(합격)	(0)	(—)
5	500	(H)	(50)	(1/2)	(5)	(0)	0	(합격)	(5)	(—)

[32] 어느 조립식 책장을 납품하는 데 있어 나사를 10개씩 패킹하여 첨부하여야 한다. 이때 나사의 수는 정확히 팩당 10개이어야 하지만 약간의 부적합품을 인정하기로 하되 나사의 개수가 부족한 팩이 1%가 넘어서는 안 된다. 생산계획은 5,000세트이며 로트 크기는 1,250으로 하기로 하였다. 공급자와 소비자는 상호 협의에 의해 1회 거래로 한정하고 한계품질수준을 3.15%로 하기로 합의하였다. 다음 각 물음에 답하시오.

가. 이를 만족시킬 수 있는 샘플링검사 절차는 무엇인가?

나. 샘플링검사 방식을 기술하고 설계하시오.

해설 가. 상호간에 1회 거래로 한정하였으므로 고립로트인 경우 사용하는 샘플링검사로 "KS A ISO 2859-2 : 〔절차 A〕를 따르는 LQ지표형 샘플링검사"이다.

나. 로트크기 $N=1,250$, LQ=3.15%를 활용하여 KS A ISO 2859-2 〔부표 A〕에서 수표를 찾으면 $n=125$, $Ac=1$인 검사방식이 설계된다.
즉, 125개의 시료를 검사해서 부적합품이 1개 이하이면 로트를 합격시킨다.

[33] 어떤 제품의 절연전압이 300kV로 규정되어 있다. $\alpha=5\%$, $\beta=10\%$, $Q_{PR}=5\%$, $Q_{CR}=10\%$일 때 계수값 축차 샘플링검사에서 다음의 물음에 답하시오. (단, 수치표상의 계수값 축차샘플링 검사표를 이용하시오.)

가. n_t를 구하시오.

나. A_t를 구하시오.

해설 계수 축차 샘플링검사표에서 $Q_{PR}=5\%$, $Q_{CR}=10\%$에 해당되는 칸에서
$h_A=3.013$, $h_R=3.868$, $g=0.0724$가 구해진다.

가. $n_t=\dfrac{2h_Ah_R}{g(1-g)}=\dfrac{2\times3.013\times3.868}{0.0724\times(1-0.0724)}=347.15910=348$개(소수점 올림)

나. $A_t=gn_t=0.0724\times348=25.19520=25$개(소수점 버림)

[34] $P_A=1\%$, $P_R=8\%$, $\alpha=0.05$, $\beta=0.10$을 만족하는 KS Q ISO 28591의 부적합품률 검사를 위한 계수값 축차샘플링검사 방식을 설계하려 한다. 다음 각 물음에 답하시오.

가. 위 요구사항을 만족하는 계수값 축차 샘플링 검사방식의 파라미터를 구하시오.

나. $n_{cum}<n_t$에서 합격판정선과 불합격판정선을 구하시오.

다. 검사중지값 n_t와 판정기준 A_t와 R_t를 구하고 해석하시오.

해설 가. KS Q ISO 28591의 〔부표 1-A〕에서 $P_A=1\%$, $P_R=8\%$를 교차시켜
$h_A=1.046$, $h_R=1.343$, $g=0.0341$를 구한다.

나. $n_{cum}<n_t$의 조건에서
$A=-h_A+gn_{cum}=-1.046+0.0341\times n_{cum}$
$R=h_R+gn_{cum}=1.343+0.0341\times n_{cum}$

다. 누계검사개수 중지치(n_t)와 판정기준 및 해석

① 누계검사개수 중지치(n_t)

$$n_t = \frac{2h_A h_R}{g(1-g)} = \frac{2\times 1.046 \times 1.343}{0.0341\times(1-0.0341)} = 85.30042 \rightarrow 86\text{개}$$

② 판정기준

$A_t = gn_t = 0.0341\times 86 = 2.9326 \rightarrow 2$개

$R_t = A_t + 1 = 3$개

③ 해석

누계샘플크기 86개가 진행될 때까지 합격·불합격의 결과가 나오지 않는 경우, 누계부적합품수(D_t)가 2개 이하이면 합격시키고, 3개 이상이면 불합격으로 처리한다.

[35] $Q_{PR}=1\%$, $Q_{CR}=8\%$, $\alpha=0.05$, $\beta=0.10$을 만족하는 KS Q ISO 28591의 부적합품률 검사를 위한 계수값 축차 샘플링 검사방식을 설계하려 한다. 대응되는 1회 샘플링 방식을 알지 못할 때, 축차 샘플링 검사 시 판정이 나지 않을 경우의 불가피한 조치인 누계검사개수 중지치(n_t)와 판정기준(A_t, R_t)을 구하고 판정하시오.

해설 ① 누계검사개수 중지치(n_t)

$$n_t = \frac{2h_A h_R}{g(1-g)} = \frac{2\times 1.046 \times 1.343}{0.0341\times(1-0.0341)} = 85.30042 \rightarrow 86\text{개}$$

② 판정기준(A_t)

$A_t = gn_t = 0.0341\times 86 = 2.9326 \rightarrow 2$개

$R_t = A_t + 1 = 3$개

③ 판정

86개의 검사가 진행될 때까지 합격, 불합격의 판정결과가 나오지 않는 경우, 누계부적합품수가 2개 이하이면 합격시키고, 3개 이상이면 불합격으로 처리한다.

[36] $P_A=1\%$, $P_R=10\%$, $\alpha=0.05$, $\beta=0.10$을 만족시키는 로트의 부적합품률을 보증하는 계량값 축차샘플링검사 방식(KS Q ISO 39511)을 적용하려 한다. 단, 품질특성치 무게는 대체로 정규분포를 따르고 있으며, 상한규격치 $U=200$kg만 존재하는 망소특성으로 표준편차(σ)는 2kg으로 알려져 있다. 물음에 답하시오.

가. 누계샘플사이즈의 중지값(n_t)과 그때의 합격판정치(A_t)을 구하시오.

나. 누계샘플개수 n_{cum}일 때의 합격·불합격 판정선을 설계하시오. (단, $n_{cum} < n_t$이다.)

다. 진행된 로트에 대해 다음 표를 채우고 합부 여부를 판정하시오.

누계샘플 사이즈	측정값 x(kg)	여유치 y	불합격 판정치 R	누계여유치 Y	합격 판정치 A
1	194.5	5.5	−1.924	5.5	7.918
2	196.5	(　　)	(　　)	(　　)	(　　)
3	201.0	(　　)	(　　)	(　　)	(　　)
4	197.8	(　　)	(　　)	(　　)	(　　)
5	198.0	(　　)	(　　)	(　　)	(　　)

해설 가. ① KS Q 39511의 표1에서 파라미터를 구하면

$h_A = 2.155$, $h_R = 2.766$, $g = 1.804$, $n_t = 13$

② $n_t = 13$에서의 합격판정기준

$A_t = g\sigma n_t = 1.804 \times 2 \times 13 = 46.904\text{kg}$

즉, 13개의 시료까지 판정이 나지 않으면 검사를 중단한 후 누계여유치 $Y \geq A_t$이면 로트를 합격시키고, 아니면 불합격 처리한다.

나. $n_{cum} < n_t$일 때의 합부판정기준

• $A = h_A\sigma + g\sigma n_{cum}$

$= 2.155 \times 2 + 1.804 \times 2 \times n_{cum} = 4.31 + 3.608 n_{cum}$

• $R = -h_R\sigma + g\sigma n_{cum}$

$= -2.766 \times 2 + 1.804 \times 2 \times n_{cum} = -5.532 + 3.608 n_{cum}$

다. 판정

n_{cum}	측정치 x(kg)	여유치 y	불합격 판정치 R	누계여유치 Y	합격 판정치 A
1	194.5	5.5	−1.924	5.5	7.918
2	196.5	3.5	1.684	9.0	11.526
3	201.0	−1.0	5.292	8.0	15.134
4	197.8	2.2	8.900	10.2	18.742
5	198.0	2.0	12.508	12.2	22.350

$n_{cum} = 5$에서 누계여유치 Y가 불합격 판정치 R보다 작으므로 로트는 불합격으로 처리한다.

[37] 굵기 10mm의 염화비닐관에 관한 수압검사를 KS A ISO 39511 계량값 축차 샘플링검사 방식으로 설계하고 싶다. 이때, 하한규격치 $S_L = 100\text{kg/cm}^2$이며, 과거의 데이터에 의해 산포는 $\sigma = 8.0\text{kg/cm}^2$로 추정되고 있다. 다음 각 물음에 답하시오.

가. 누계 검사개수 중지치(n_t)와 합격판정치(A_t)를 구하고 판정기준을 설명하라. (단, $\alpha = 0.05$, $\beta = 0.10$인 조건에서 $P_A = 1\%$, $P_R = 5\%$이다.)

나. 누계검사개수가 n_{cum}일 때의 합격, 불합격 판정선을 설계하라. (단, $n_{cum} < n_t$이다.)

다. 또한 7번째 시료까지 속행된 측정치를 계산한 누계 여유치 Y가 100kg/cm^2였다면 검사로트의 판정은 어떻게 되는가?

해설 가. ① KS Q 39511 〔표 1〕에서 파라미터를 구하면

$h_A = 3.303$, $h_R = 4.241$, $g = 1.986$, $n_t = 29$

② 누계검사개수 중지치 $n_t = 29$에서의 합격판정기준

$A_t = g\sigma n_t$

$= 1.986 \times 8 \times 29 = 460.752\text{kg/cm}^2$

즉, 29개의 시료를 취하는 동안 로트의 합격과 불합격의 판정이 나지 않으면 검사를 중단한 후 누계여유치 $Y \geq A_t$이면 로트를 합격시키고 아니면 불합격 처리한다.

나. $n_{cum} < n_t$일 때의 합부판정선

$A = h_A\sigma + g\,\sigma n_{cum}$

$= 3.303 \times 8 + 1.986 \times 8 \times n_{cum} = 26.424 + 15.888 n_{cum}$

$R = -h_R\sigma + g\,\sigma n_{cum}$

$= -4.241 \times 8 + 1.986 \times 8 \times n_{cum} = -33.928 + 15.888 n_{cum}$

다. $n_{cum} = 7$에서의 판정

$A = 26.424 + 15.888 n_{cum}$

$= 26.424 + 15.888 \times 7 = 137.64\text{kg/cm}^2$

$R = -33.928 + 15.888 n_{cum}$

$= -33.928 + 15.888 \times 7 = 77.288\text{kg/cm}^2$

$R < Y < A$ 이므로 검사를 속행한다.

(단, 누계여유치 $Y = 100\text{kg/cm}^2$ 이다.)

참고 하한규격이나 양쪽규격이 설정되는 경우 누계여유치는 $Y = \Sigma(x_i - L)$로 구하고, 상한규격이 설정되는 경우 $Y = \Sigma(U - x_i)$로 구한다.

[38] 어떤 기계부품의 치수에 대한 시방은 상한규격 208mm, 하한규격 200mm로 규정되어 있다. 생산은 안정되어 있고 로트내의 치수의 분포는 정규분포를 따른다는 것이 확인되어 있으며, 로트내의 표준편차(σ)는 1.2mm로 알려져 있다. 공급자와 소비자는 서로 합의하에 연결식 양쪽규정을 적용하며 P_A=0.5%, P_R=2%로 하여 계량값 축차샘플링 방식을 적용하였다. 다음 물음에 답하시오. (단, $\sigma < LPSD$이고, $n_t = 49$이다.)

가. 누계검사개수 n_{cum}일 때의 상·하한 합격, 불합격 판정선을 설계하여라.(단, $n_{cum} < n_t$ 이다.)

나. 다음 빈 칸을 채우고 판정하여라.

n_{cum}	측정치 x	여유치 y	하측불합격 R_L	하측합격 A_L	누계여유치 Y	상측합격 A_U	상측불합격 R_U
1	205.5	5.5	−3.8652	7.9524*	5.5	0.0476*	11.8652
2	203.5						
3	204.0						
4	202.2						
5	204.3						

해설 가. ① KS Q 39511 표 1에서 파라메터를 구하면

$h_A = 4.312$, $h_R = 5.536$, $g = 2.315$, $n_t = 49$

② $n_{cum} < n_t$ 일 때의 상한 합부판정선

• $A_U = -h_A\sigma + (U - L - g\sigma)\,n_{cum}$

$= -4.312 \times 1.2 + (8 - 2.315 \times 1.2) \times n_{cum} = -5.1744 + 5.222 n_{cum}$

• $R_U = h_R\sigma + (U - L - g\sigma)\,n_{cum}$

$= 5.536 \times 1.2 + (8 - 2.315 \times 1.2) \times n_{cum} = 6.6432 + 5.222 n_{cum}$

③ 하한 합부판정선

- $A_L = h_A \sigma + g\sigma\, n_{cum}$
  $= 4.312 \times 1.2 + 2.315 \times 1.2 \times n_{cum} = 5.1744 + 2.778 n_{cum}$
- $R_L = -h_R \sigma + g\sigma\, n_{cum}$
  $= -5.536 \times 1.2 + 2.315 \times 1.2 \times n_{cum} = -6.6432 + 2.778 n_{cum}$

나. 판정

n_{cum}	측정치 x	여유치 y	하측불합격 R_L	하측합격 A_L	누계여유치 Y	상측합격 A_U	상측불합격 R_U
1	205.5	5.5	−3.8652	7.9524*	5.5	0.0476*	11.8652
2	203.5	3.5	−1.0872	10.7304*	9.0	5.2696*	17.0872
3	204.0	4.0	1.6908	13.5084*	13.0	10.4916*	22.3092
4	202.2	2.2	4.4688	16.2864*	15.2	15.7136*	27.5312
5	204.3	4.3	7.2468	19.0644	19.5	20.9356	32.7532

① 4번째 시료까지는 $A_L > A_U$이므로 로트합격의 경우는 없으므로 불합격 여부만 판단한다. 그리고, 누계여유치 Y는 $R_L < Y < R_U$을 만족하므로 검사를 속행한다. 즉 5번째 시료로 검사를 속행한다.

② 5번째 시료에서 $A_L < Y(=19.5) < A_U$를 만족하므로 로트는 합격이다.

4 실험계획법

[01] 어떤 화학공정에서 생산되는 제품의 강도를 높이기 위한 실험을 하고자, 인자로서 반응온도(A)를 택하고, 이의 최적 조업조건을 찾아내기 위하여 수준으로서 $A_1=120℃$, $A_2=140℃$, $A_3=160℃$, $A_4=180℃$ 수준을 택하였다. 각 수준에서의 반복수는 5로 하고, 총 20회의 실험을 랜덤하게 순서를 정해 실시하고 얻어진 실험데이터를 정리하니 다음과 같았다. 다음 각 물음에 답하시오.

수준	A_1	A_2	A_3	A_4
1	7.9	8.0	8.3	8.3
2	7.5	8.6	8.9	7.8
3	7.6	8.1	8.5	7.8
4	7.6	8.4	8.4	7.9
5	7.7	8.1	8.4	8.1

가. 유의수준 5%로 분산분석표를 작성하시오.

나. 최적수준 A_3에서 모평균의 신뢰구간을 추정하시오. (단, $1-\alpha=0.95$이다.)

해설 가. 분산분석표의 작성

① 제곱합 분해

$$S_T=\Sigma\Sigma {x_{ij}}^2-CT=2.6895$$

$$S_A=\Sigma\frac{{T_i.}^2}{r}-CT=1.9375$$

$$S_e=S_T-S_A=0.752$$

② 자유도 분해

$$\nu_T=lr-1=19$$

$$\nu_A=l-1=3$$

$$\nu_e=l(r-1)=16$$

③ 분산분석표

요인	SS	DF	MS	F_0	$F_{0.95}$
A	1.9375	3	0.64583	13.74016	3.10*
e	0.752	16	0.047		
T	2.6895	19			

나. 최적수준의 신뢰구간 추정

강도가 클수록 좋으므로 망대특성이며, 최적조건은 A_3에서 결정된다.

① 최적조건의 추정치

$$\hat{\mu}(A_3) = \bar{x}_{3\cdot} = \frac{T_{3\cdot}}{r} = 8.5$$

② 최적조건의 구간추정

$$\mu(A_3) = \hat{\mu}(A_3) \pm t_{0.975}(16)\sqrt{\frac{V_e}{r}}$$

$$= 8.5 \pm 2.120\sqrt{\frac{0.047}{5}} = 8.29446 \sim 8.70554$$

[02] 4종류 플라스틱 제품 A_1(자기 회사 제품), A_2(국내 C회사 제품), A_3(국내 D회사 제품), A_4(외국 제품)에 대하여, 각각 10개, 6개, 6개, 2개씩의 표본을 취하여 강도(kg/cm^2)를 측정하였다. 이 실험의 목적은 4종류의 제품 간에 다음과 같은 구체적인 사항을 비교하는 것이다. 다음의 데이터로부터 아래 각 물음에 답하시오. (단, 제곱합은 소수점 이하를 반올림하고, 분산분석표는 소수점 2자리로 수치맺음하시오.)

〈비교사항〉
- L_1 : 외국 제품과 한국 제품의 차이
- L_2 : 자기 회사 제품과 국내 타 회사 제품의 차이
- L_3 : 국내 타 회사 제품 간의 차이

A의 수준	데이터	표본의 크기	계
A_1	20 18 19 17 17 22 18 13 16 15	10	175
A_2	25 23 28 26 19 26	6	147
A_3	24 25 18 22 27 24	6	140
A_4	14 12	2	26
계		24	488

가. 대비의 선형식 L_1, L_2, L_3를 구하시오.

나. 대비의 제곱합을 구하시오.

다. 유의수준 5%와 1%로 분산분석표를 작성하시오.

해설 가. 선형식

$$L_1 = \frac{T_{4\cdot}}{2} - \frac{T_{1\cdot} + T_{2\cdot} + T_{3\cdot}}{22} = \frac{26}{2} - \frac{175 + 147 + 140}{22} = -8.0$$

$$L_2 = \frac{T_{1\cdot}}{10} - \frac{T_{2\cdot} + T_{3\cdot}}{12} = \frac{175}{10} - \frac{147 + 140}{12} = -6.41667$$

$$L_3 = \frac{T_{2\cdot}}{6} - \frac{T_{3\cdot}}{6} = \frac{147}{6} - \frac{140}{6} = 1.2$$

나. 선형식 제곱합

$$S_{L_1} = \frac{{L_1}^2}{\sum_{i=1}^{4} m_i {c_i}^2} = \frac{(-8.0)^2}{(2)\left(\frac{1}{2}\right)^2 + (10)\left(-\frac{1}{22}\right)^2 + (6)\left(-\frac{1}{22}\right)^2 + (6)\left(-\frac{1}{22}\right)^2} = 117$$

$$S_{L_2} = \frac{(-6.4)^2}{(10)\left(\frac{1}{10}\right)^2 + (6)\left(-\frac{1}{12}\right)^2 + (6)\left(-\frac{1}{12}\right)^2} = 225$$

$$S_{L_3} = \frac{(1.2)^2}{(6)\left(\frac{1}{6}\right)^2 + (6)\left(-\frac{1}{6}\right)^2} = 4$$

다. 분산분석표의 작성

① 제곱합 분해

$$S_T = (20)^2 + (18)^2 + \cdots + (12)^2 - \frac{(488)^2}{24} = 503$$

$$S_A = \Sigma \frac{{T_{i\cdot}}^2}{r_i} - \frac{T^2}{N} = \frac{(175)^2}{10} + \frac{(147)^2}{6} + \frac{(140)^2}{6} + \frac{(26)^2}{2} - \frac{(488)^2}{24} = 346$$

$$S_e = S_T - S_A = 157$$

② 분산분석표

요인	SS	DF	MS	F_0	$F_{0.95}$	$F_{0.99}$
A	346	3	115.33	14.69*	3.10	4.94
L_1	117	1	117	14.90*	4.35	8.10
L_2	225	1	225	28.66*	4.35	8.10
L_3	4	1	4	0.51	4.35	8.10
e	157	20	7.85			
T	503	23				

[03] 다음 표는 $X_{ij} = (x_{ij} - 85.0) \times 10$으로 수치변환된 반복이 없는 2요인 배치로 제품의 수율에 대한 실험이다. 다음 물음에 답하시오.

B \ A	A_1	A_2	A_3	A_4
B_1	41	51	53	53
B_2	46	50	52	54
B_3	49	57	58	59

가. 원데이터에 대한 유의수준 5%의 분신분석표(ANOVA)를 작성하시오.

나. 최적조건의 점추정치를 구하시오.

다. 최적조건의 구간추정을 95% 신뢰율로 계산하시오.

해설 가. 분산분석표의 작성

① 제곱합 분해

$$CT=\frac{T^2}{lm}=\frac{(623)^2}{4\times 3}=32344.08333$$

$$S_T=\left(\sum_i\sum_j X_{ij}^{\ 2}-CT\right)\frac{1}{h^2}=(32{,}631-CT)\times\frac{1}{10}=2.86917$$

$$S_A=\left(\Sigma\frac{T_{i\cdot}^{\ 2}}{m}-CT\right)\frac{1}{h^2}=\left(\frac{136^2+158^2+163^2+166^2}{3}-CT\right)\times\frac{1}{10^2}=1.84250$$

$$S_B=\left(\Sigma\frac{T_{\cdot j}^{\ 2}}{l}-CT\right)\frac{1}{h^2}=\left(\frac{198^2+202^2+223^2}{4}-CT\right)\times\frac{1}{10^2}=0.90167$$

$$S_e=S_T-S_A-S_B=0.1250$$

② 자유도 분해

$\nu_T=lm-1=11$, $\nu_A=l-1=3$, $\nu_B=m-1=3$, $\nu_e=6$

③ 분산분석표 작성

요인	SS	DF	MS	F_0	$F_{0.95}$
A	1.84250	3	0.61417	29.48488*	4.76
B	0.90167	2	0.45083	21.64330*	
e	0.1250	6	0.02083		
T	2.86917	11			

∴ 인자 A, B 모두 유의수준 5%로 유의하다.

나. 최적조건의 점추정치

$$\hat{\mu}_{A_4B_3}=\bar{x}_{A_4}+\bar{x}_{B_3}-\bar{\bar{x}}$$

$$=\left(\frac{166}{3}+\frac{223}{4}-\frac{623}{12}\right)\times\frac{1}{10}+85.0=90.91667$$

다. 최적조건의 신뢰구간 추정

$$\mu_{A_4B_3}=\hat{\mu}_{A_4B_3}\pm t_{1-\alpha/2}(\nu_e)\sqrt{\frac{V_e}{n_e}}$$

$$=90.91667\pm 2.447\times\sqrt{\frac{0.02083}{2}}$$

$$=90.66694\sim 91.16640$$

(단, 수율은 높을수록 좋은 망대특성이다.)

[04] 어떤 화학공장에서 제품의 수율[yield(%)]에 영향을 미칠 것으로 생각되는 반응온도와 원료를 인자로 취하고, 반응온도와 원료 간에는 교호작용이 없다고 생각되어 요인 A는 4수준, 요인 B는 3수준의 반복 없는 2원배치의 실험을 계획하였다. 실험은 12회를 완전 랜덤하게 순서를 결정하여 실험을 한 후 아래와 같은 데이터를 얻게 되었다. 다음 물음에 답하라.

- 반응온도(A) : $A_1=180$℃, $A_2=190$℃, $A_3=200$℃, $A_4=210$℃
- 원료(B) : $B_1=$미국 M사 원료, $B_2=$일본 Q사 원료, $B_3=$국내 P사 원료

B \ A	A_1	A_2	A_3	A_4
B_1	97.6	98.6	99.0	98.0
B_2	97.3	98.2	98.0	97.7
B_3	96.7	96.9	97.9	96.5

가. 유의수준 5%로 분산분석표를 작성하라.
나. 최적조건인 A_3B_1 조합수준에서의 모평균을 추정하라. (단, $1-\alpha=95\%$이다.)

해설 가. 분산분석표의 작성

① 제곱합 분해

$$S_T=\Sigma\Sigma x_{ij}^2-CT=6.22$$

$$S_A=\Sigma\frac{T_{i\cdot}^2}{m}-CT=2.22$$

$$S_B=\Sigma\frac{T_{\cdot j}^2}{l}-CT=3.44$$

$$S_e=S_T-S_A-S_B=0.56$$

② 자유도 분해

$$\nu_T=lm-1=11$$

$$\nu_A=l-1=3$$

$$\nu_B=m-1=2$$

$$\nu_e=(l-1)(m-1)=6$$

③ 분산분석표

요인	SS	DF	MS	F_0	$F_{0.95}$
A	2.22	3	0.74	7.92885*	4.76
B	3.44	2	1.72	18.42923*	5.14
e	0.56	6	0.09333		
T	6.22	11			

나. 추정

① A_3B_1 수준의 점추정치

$$\hat{\mu}(A_3B_1)=\bar{x}_{3\cdot}+\bar{x}_{\cdot 1}-\bar{\bar{x}}$$

$$=\frac{294.9}{3}+\frac{393.2}{4}-\frac{1172.4}{12}=98.9$$

② 최적조건의 구간추정

$$\mu(A_3B_1) = \hat{\mu}(A_3B_1) \pm t_{0.975}(6)\sqrt{\frac{V_e}{n_e}}$$
$$= 98.9 \pm 2.447 \times 0.21602$$
$$= 98.37140\% \sim 99.42860\%$$
$$\left(\text{단, } n_e = \frac{lm}{l+m-1} = 2\text{이다.}\right)$$

[05] 어떤 섬유공정에서 생산되고 있는 면사의 장력에 문제가 있어, 장력을 높이기 위한 대책으로 원인을 조사하였더니 냉각 시의 온도에 문제가 있는 것으로 밝혀졌다. 따라서 온도의 적정 범위가 250~265℃에 있다는 것을 알아내고, 실험에 채택한 인자로는 온도(A)를 택하여 250℃, 255℃, 260℃, 265℃ 4개의 온도를 골랐다. 그리고 이 공장에서는 하루에 4번 실험을 하는 것이 가장 경제적이므로 실험이 편한 날 4일을 랜덤하게 택해 난귀법의 실험을 행하였다. 이때, 유의수준 5%로 분산분석표를 작성하시오. (단, $S_T = 14.19938$이다.)

A \ B	B_1	B_2	B_3	B_4
A_1	77.7	77.1	77.4	77.7
A_2	78.3	78.2	78.2	78.6
A_3	79.3	79.6	80.1	78.7
A_4	77.0	78.0	78.1	77.1

해설 분산분석표의 작성

① 제곱합 분해

$$S_T = \Sigma\Sigma x_{ij}^2 - CT = 14.19938$$
$$S_A = \frac{\Sigma T_{i\cdot}^2}{m} - CT = 12.50688$$
$$S_B = \frac{\Sigma T_{\cdot j}^2}{l} - CT = 0.28688$$
$$S_e = S_T - S_A - S_B = 1.40562$$

② 자유도 분해

$$\nu_T = lm - 1 = 15$$
$$\nu_A = l - 1 = 3$$
$$\nu_B = m - 1 = 3$$
$$\nu_e = (l-1)(m-1) = 9$$

③ 분산분석표

요인	SS	DF	MS	F_0	$F_{0.95}$
A	12.50688	3	4.16896	26.69320*	3.86
B	0.28688	3	0.09563	0.61227	3.86
e	1.40562	9	0.15618		
T	14.19938	15			

[06] 다음은 개량 콩 품종 A, B, C의 수확량을 비교하기 위해 2개의 블록을 이용한 난괴법 배치를 나타낸 것이다. 여기서 기록된 숫자는 수확량을 나타내고 있다. 이때 오차분산을 구하시오.

[블록 1]

B	C	A
15	10	18

[블록 2]

A	B	C
15	12	8

해설 ① 제곱합 분해

$S_T = \Sigma\Sigma x_{ij}^2 - CT = 68$

$S_A = \dfrac{\Sigma T_{i\cdot}^2}{m} - CT = \dfrac{33^2 + 27^2 + 18^2}{2} - \dfrac{78^2}{6} = 57$

$S_B = \dfrac{\Sigma T_{\cdot j}^2}{l} - CT = \dfrac{43^2 + 35^2}{3} - \dfrac{78^2}{6} = 10.66667$

$S_e = S_T - S_A - S_B = 68 - 57 - 10.66667 = 0.33333$

② 오차분산

$V_e = \dfrac{S_e}{\nu_e} = \dfrac{0.33333}{2} = 0.16667$

참고 여기서 품종은 모수인자 A이고 블록은 변량인자 B이다.

[07] 어떤 제품의 중합반응에서 약품의 흡수속도가 빠를수록 제조시간이 상대적으로 짧아지며, 제조시간이 길수록 원가상승에 큰 영향을 주고 있다는 것을 알고 있다. 원가를 최소화하기 위해 약품의 흡수속도에 대한 큰 요인이라고 생각되는 촉매량 A와 반응온도 B를 취급하여 다음의 실험조건으로 2회 반복하여 4×3×2=24회의 실험을 랜덤하게 행한 결과 표와 같은 데이터를 얻었다. 등분산의 가정을 검토하여 이 실험의 관리상태 여부를 답하시오.

[실험조건]

- 촉매량(%) : $A_1 = 0.3$, $A_2 = 0.4$, $A_3 = 0.5$, $A_4 = 0.6$
- 반응온도(℃) : $B_1 = 80$, $B_2 = 90$, $B_3 = 100$

[흡수속도(g/hr)]

B \ A	A_1	A_2	A_3	A_4
B_1	94 87	95 101	99 107	91 98
B_2	99 108	114 108	112 117	109 103
B_3	116 111	121 127	125 131	116 122

해설 등분산성의 검토

$\Sigma R_{ij} = 77,\ \overline{\overline{R}} = \frac{77}{12} = 6.41667$

$U_{CL} = D_4\overline{\overline{R}} = 3.267 \times 6.41667 = 20.96326$

$L_{CL} = D_3\overline{\overline{R}} = -$ (고려하지 않음)

모든 수준에서 R_{ij}가 U_{CL}보다 작으므로 등분산이 성립한다.

[08] A(모수)와 B(모수)의 두 인자에 대해 반복수가 2인 2원배치의 실험 결과 다음과 같은 데이터를 얻었다. 물음에 답하시오.

B \ A	A_1	A_2	A_3
B_1	11.8 12.5	12.4 12.2	13.1 13.9
B_2	13.2 12.8	12.7 12.5	13.3 13.0
B_3	13.3 13.5	13.5 14.0	13.2 14.1
B_4	14.2 13.9	14.0 13.9	14.5 14.8

가. S_{AB}를 구하시오.

나. 유의수준 5%와 1%로 분산분석표를 작성하시오.

다. 교호작용 $A \times B$를 오차항에 풀링한 후 A_3B_4에서 신뢰율 95%의 조합평균의 추정을 하시오.

해설 가. $S_{AB} = \frac{\Sigma\Sigma T_{ij.}^2}{r} - CT$

$= \frac{24.3^2 + 24.6^2 + \cdots + 27.9^2 + 29.3^2}{2} - CT$

$= 4286.8350 - 4274.67042 = 12.16458$

나. 분산분석표 작성

① 제곱합 분해

$S_T = \sum_i\sum_j\sum_k x_{ijk}^2 - CT = 4288.210000 - 4274.67042 = 13.53958$

$S_A = \sum_i \frac{T_{i..}^2}{mr} - CT = 4276.51125 - 4274.67042 = 1.84083$

$S_B = \sum_j \frac{T_{.j.}^2}{lr} - CT = 4283.618333 - 4274.670417 = 8.94791$

$S_{AB} = \sum_i\sum_j \frac{T_{ij.}^2}{r} - CT = 4286.8350 - 4274.67042 = 12.16458$

$S_{A\times B} = S_{AB} - S_A - S_B = 12.16458 - 1.84083 - 8.94791 = 1.37584$

$S_e = S_T - (S_A + S_B + S_{A\times B}) = S_T - S_{AB} = 13.53958 - 12.16458 = 1.3750$

② 자유도 분해

$\nu_T = lmr-1=23$, $\nu_A=2$, $\nu_B=3$, $\nu_{A\times B}=(l-1)(m-1)=6$, $\nu_e=12$

③ 분산분석표 작성

요인	SS	DF	MS	F_0	$F_{0.95}$	$F_{0.99}$
A	1.84083	2	0.92042	8.03299**	3.89	6.93
B	8.94791	3	2.98264	26.03107**	3.49	5.95
$A\times B$	1.37584	6	0.22931	2.00131	3.00	4.82
e	1.3750	12	0.11458			
T	13.53958	23				

∴ 위 실험에서 인자 A와 인자 B는 유의수준 1%로 매우 유의하며, 교호작용 $A\times B$는 유의하지 않다.

다. 조합평균의 추정

$$\mu_{A_3B_4} = \bar{x}_{A_3B_4} \pm t_{1-\alpha/2}(\nu_e{}^*)\sqrt{\frac{V_e^*}{n_e}}$$

① $\bar{x}_{A_3B_4} = \dfrac{109.9}{8} + \dfrac{85.3}{6} - \dfrac{320.3}{24} = 14.60833$

② $t_{0.975}(18) = 2.101$

③ $V_e^* = \dfrac{1.3750+1.37584}{12+6} = 0.15282$

④ $\dfrac{1}{n_e} = \dfrac{1}{8} + \dfrac{1}{6} - \dfrac{1}{24} = \dfrac{6}{24}$

따라서, $\mu_{A_3B_4} = 14.60833 \pm 0.41006$

$= 14.19827 \sim 15.01839$

[09] 제품의 탄력성을 높이기 위한 주요인자로 두 종류의 온도(A_0, A_1)와 두 종류의 배합률(B_0, B_1)을 택하여, 다음과 같이 총 12회의 실험을 랜덤하게 결정해 실험한 후 탄력성를 측정한 데이터는 아래표와 같다. 다음 각 물음에 답하시오.

B \ A	A_0	A_1	합 계
B_0	94 88 92	102 100 105	581
B_1	98 99 95	110 108 113	623
합계	566	638	1204

가. 각 인자의 주효과와 교호작용의 효과를 구하여라.

나. 분산분석표를 작성하여라. (단, $\alpha=0.05$이다.)

다. 유의하지 않은 교호작용을 풀링하여 분산분석표를 재작성하시오.

라. 탄력성을 최대로 하는 망대특성의 조합수준 평균을 신뢰율 95%로 추정하시오.

해설 가. 효과 분해

$$A \text{ 효과} = \frac{1}{N/2}(a+ab-(1)-b)$$
$$= \frac{1}{6}(638-566)=12$$

$$B \text{ 효과} = \frac{1}{N/2}(b+ab-(1)-a)$$
$$= \frac{1}{6}(623-581)=7$$

$$A \times B \text{ 효과} = \frac{1}{N/2}((1)+ab-a-b)$$
$$= \frac{1}{6}(274+331-307-292)=1$$

나. 분산분석표의 작성

① 제곱합 분해

$$S_T = \Sigma\Sigma\Sigma x_{ijk}^2 - CT = 634.66667$$
$$S_A = \frac{1}{12}[638-566]^2 = 432$$
$$S_B = \frac{1}{12}[623-581]^2 = 147$$
$$S_{A\times B} = \frac{1}{12}[274+331-307-292]^2 = 3$$
$$S_e = S_T - (S_A + S_B + S_{A\times B}) = 52.66667$$

② 자유도 분해

$$\nu_T = lmr - 1 = 11$$
$$\nu_A = l-1 = 1$$
$$\nu_B = m-1 = 1$$
$$\nu_{A\times B} = (l-1)(m-1) = 1$$
$$\nu_e = lm(r-1) = 8$$

③ 분산분석표

요 인	SS	DF	MS	F_0	$F_{0.95}$
A	432	1	432	65.62029*	5.32
B	147	1	147	22.32913*	5.32
$A\times B$	3	1	3	0.45570	5.32
e	52.66667	8	6.58333		
T	634.66667	11			

위의 결과에서 A, B는 유의하고, $A\times B$는 유의하지 않다.

다. 분산분석표의 재작성

요 인	SS	DF	MS	F_0	$F_{0.95}$
A	432	1	432	69.84426*	5.12
B	147	1	147	23.76645*	5.12
e^*	55.66667	9	6.18519		
T	634.66667	11			

라. 최적 조합수준의 추정

① 최적 조합수준의 점추정치

$$\hat{\mu}_{11.} = \hat{\mu} + a_1 + b_1 = [\hat{\mu} + a_1] + [\hat{\mu} + b_1] - \hat{\mu}$$

$$= \frac{638}{6} + \frac{623}{6} - \frac{1204}{12} = 109.83333$$

② 최적 조합수준의 신뢰구간 추정

$$\mu_{11.} = \hat{\mu}_{11.} \pm t_{1-\alpha/2}(\nu_e^*)\sqrt{\frac{V_e^*}{n_e}}$$

$$= 109.83333 \pm 2.262\sqrt{6.18519 \times \frac{3}{12}}$$

$$= 109.83333 \pm 2.81280$$

$$\rightarrow 107.02053 \sim 112.64613$$

(단, $n_e = \frac{1}{6} + \frac{1}{6} - \frac{1}{12} = \frac{3}{12}$ 이다.)

[10] 합금의 표면처리 유무와 합금의 크롬량의 변화에 따른 내산성이 증가하는가의 여부를 알고자 하여 다음과 같은 실험을 행하였다. 이 실험은 합금 중에 크롬량이 포함된 것이 서로 다른 4가지 상태에 대하여 표면처리를 행한 것과 안한 것에 따른 8가지의 실험조건을 설정한 후 반복있는 2요인배치의 실험으로 16회의 실험을 랜덤하게 실시한 결과 내산성을 나타낸 실험 데이터값이다. 다음 물음에 답하시오. (단, 등분산성 검토 후 관리상태이다.)

크롬량(A) / 표면처리(B)	A_1 (1%)	A_2 (2%)	A_3 (3%)	A_4 (4%)
실시 전 B_1	1.2 1.3	1.0 0.9	0.8 0.7	0.8 0.7
실시 후 B_2	1.1 1.1	1.2 1.3	0.9 1.0	1.0 0.9

가. 기대평균제곱($E(V)$)를 포함한 분산분석표를 작성하시오. (단, α=0.05, 0.01이다.)

나. 최적조건을 결정하시오. (단, 여러 상황에 대한 경제적 검토 후 표면처리를 하는 것이 이득이라고 결론지어 졌다.)

다. 최적조건하에서 조합평균의 점추정치를 구하여라.

라. 최적조건하에서 조합평균의 신뢰구간을 추정하시오. (단, 신뢰율은 95%이다.)

해설 가. 분산분석표

① 제곱합 분해

$$CT = \frac{T^2}{lmr} = \frac{15.9^2}{16} = 15.80063$$

$$S_T = \Sigma\Sigma\Sigma x_{ijk}^2 - CT = 0.56938$$

$$S_A = \frac{\Sigma T_{i..}^2}{mr} - CT$$
$$= \frac{1}{4}(4.7^2 + 4.4^2 + 3.4^2 + 3.4^2) - 15.80063 = 0.34188$$
$$S_B = \frac{\Sigma T_{.j.}^2}{lr} - CT$$
$$= \frac{1}{8}(7.4^2 + 8.5^2) - 15.80063 = 0.07563$$
$$S_{AB} = \frac{\Sigma\Sigma T_{ij.}^2}{r} - CT$$
$$= \frac{1}{2}(2.5^2 + 1.9^2 + \cdots + 1.9^2) - 15.80063 = 0.53438$$
$$S_{A\times B} = S_{AB} - S_A - S_B$$
$$= 0.53438 - 0.34188 - 0.07563 = 0.11687$$
$$S_e = S_T - (S_A + S_B + S_{A\times B})$$
$$= 0.035$$

② 자유도 분해

$\nu_T = lmr - 1 = 15$

$\nu_A = l - 1 = 3$

$\nu_B = m - 1 = 1$

$\nu_{A\times B} = (l-1)(m-1) = 3$

$\nu_e = lm(r-1) = 8$

③ 분산분석표

요 인	SS	DF	MS	F_0	$F_{0.95}$	$F_{0.99}$	$E(V)$
A	0.34188	3	0.11396	26.01826**	4.07	7.59	$\sigma_e^2 + 4\sigma_A^2$
B	0.07563	1	0.07563	17.26712**	5.32	11.3	$\sigma_e^2 + 8\sigma_B^2$
$A\times B$	0.11687	3	0.03896	8.89498**	4.07	7.59	$\sigma_e^2 + 2\sigma_{A\times B}^2$
e	0.0350	8	0.00438				σ_e^2
T	0.56938						

나. 최적조건의 결정

(A)크롬량과 표면처리(B)의 교호작용이 매우 유의하므로 A, B의 2원표에서 최적조건을 구하면 내산성이 가장 큰 조건은 A_1B_1과 A_2B_2 조건에서 각각 평균값이 1.25로 나타난다. 그러나 이 문제는 표면처리를 하는 것이 유리하다고 했으므로 최적조건은 A_2B_2 조건이 된다.

다. 최적조건의 점추정치

$$\hat{\mu}(A_2B_2) = \hat{\mu} + a_2 + b_2 + (ab)_{22}$$
$$= \bar{x}_{22.} = \frac{T_{22.}}{r} = 1.25$$

라. 최적조건의 신뢰구간 추정

$$\mu(A_2B_2) = \hat{\mu}(A_2B_2) \pm t_{1-\alpha/2}(\nu_e)\sqrt{\frac{V_e}{n_e}}$$
$$= 1.25 \pm 2.306\sqrt{\frac{0.00438}{2}}$$
$$= 1.25 \pm 0.10791 = 1.14209 \sim 1.35791$$

[11] A를 모수인자, B를 변량인자로 하여 반복이 있는 2요인배치 실험을 실시하여 다음과 같은 분산분석표를 얻었다. 분산성분의 추정치 $\hat{\sigma}_B^2$을 구하시오. (단, $\alpha = 0.05$로 유의하지 않은 요인은 풀링한 후 분산분석표를 재작성하시오.)

요인	SS	DF	MS
A	327	3	109
B	181	2	90.5
$A \times B$	35	6	5.8
e	305	12	25.4
T	848	23	

해설 $F_o(A \times B) < 1$로 $A \times B$가 유의하지 않으므로 오차항에 풀링시켜 분산분석표를 재작성하면 다음과 같다.

요인	SS	DF	MS	F_0	$F_{0.95}$
A	327	3	109	5.77059*	3.86
B	181	2	90.5	4.79118*	4.46
e^*	340	18	18.88889		
	848	23			

$$\therefore \hat{\sigma}_B^2 = \frac{V_B - V_e^*}{lr} = \frac{90.5 - 18.88889}{4 \times 2} = 8.95139$$

[12] 어떤 화학제품의 합성반응공정에서 수율(%)을 향상시킬 수 있는가를 검토하기 위하여 합성반응의 중요한 인자라고 생각되는 다음의 3인자를 선택하였다.

- 반응압력(kg/cm²) : $A_1 = 8$, $A_2 = 10$, $A_3 = 12$
- 성형시간(hr) : $B_1 = 1.5$, $B_2 = 2.0$, $B_3 = 2.5$
- 가공온도(℃) : $C_1 = 160$, $C_2 = 162$, $C_3 = 164$

반복이 없는 3원배치 모수모형의 실험으로 총 12회 실험을 완전 랜덤하게 실시하여 다음의 데이터를 얻었다. 현재 사용되고 있는 합성조건은 반응압력 8kg/cm²(A_1), 성형시간 1.5hr (B_1), 가공온도 160℃(C_1)인데 이들의 값을 약간 변화를 가하는 것이 수율을 향상시킬 수 있을 것이라고 예측하고 위와 같은 수준들을 선택하여 실험한 것이다. 다음 물음에 답하라.

구분		A_1	A_2	A_3
B_1	C_1	95	83	90
	C_2	94	81	88
B_2	C_1	92	96	90
	C_2	93	94	91

가. 위험률 5%로 분산분석표를 작성하시오. (단, 유의하지 않은 요인은 풀링하시오.)
나. 최적조건하에서 모평균을 신뢰율 95%로 추정하라.

해설 가. 분산분석표의 작성

① 보조표의 작성

〈$T_{ij}.$ 의 보조표〉

	A_1	A_2	A_3	$T_{\cdot j \cdot}$
B_1	189	164	178	531
B_2	185	190	181	556
$T_{i\cdot\cdot}$	374	354	359	1,087

〈$T_{i\cdot k}$의 보조표〉

	A_1	A_2	A_3	$T_{\cdot\cdot k}$
C_1	187	179	180	546
C_2	187	175	179	541
$T_{i\cdot\cdot}$	374	354	359	1,087

〈$T_{\cdot jk}$의 보조표〉

	B_1	B_2	$T_{\cdot\cdot k}$
C_1	268	278	546
C_2	263	278	541
$T_{\cdot j \cdot}$	531	556	1,087

② 제곱합의 계산

- $CT = \dfrac{T^2}{N} = \dfrac{(1{,}087)^2}{(3\times2\times2)} = 98464.08$
- $S_T = \Sigma\Sigma\Sigma x_{ijk}{}^2 - CT = 236.91667$
- $S_A = \Sigma\dfrac{T_{i\cdot\cdot}{}^2}{mn} - CT = 54.16667$
- $S_B = \Sigma\dfrac{T_{\cdot j\cdot}{}^2}{ln} - CT = 52.08333$
- $S_C = \Sigma\dfrac{T_{\cdot\cdot k}{}^2}{lm} - CT = 2.08333$
- $S_{AB} = \Sigma\dfrac{T_{ij\cdot}{}^2}{n} - CT = 229.41667$
- $S_{A\times B} = S_{AB} - S_A - S_B = 123.16667$
- $S_{BC} = \Sigma\dfrac{T_{\cdot jk}{}^2}{l} - CT = 56.25$
- $S_{B\times C} = S_{BC} - S_B - S_C = 2.08333$
- $S_{AC} = \Sigma\dfrac{T_{i\cdot k}{}^2}{m} - CT = 58.41667$
- $S_{A\times C} = S_{AC} - S_A - S_C = 2.16667$
- $S_e = S_T - (S_A + S_B + S_C + S_{A\times B} + S_{A\times C} + S_{B\times C}) = 1.16667$

③ 분산분석표의 작성

요인	SS	DF	MS	F_0	$F_{0.95}$
A	54.16667	2	27.08333	46.42883*	19.0
B	52.08333	1	52.08333	89.28662*	18.5
C	2.08333	1	2.08333	3.57143	18.5
$A\times B$	123.16667	2	61.58333	105.57143*	19.0
$A\times C$	2.16667	2	1.08333	1.85714	19.0
$B\times C$	2.08333	1	2.08333	3.57144	18.5
e	1.16667	2	0.58333		
T	236.91667	11			

④ 재작성된 분산분석표

위의 결과에서 교호작용 $A\times C$, $B\times C$와 요인 C는 유의하지 않으므로, 이를 오차항에 풀링시킨 후 분산분석표를 재작성하면 다음과 같다.

요인	SS	DF	MS	F_0	$F_{0.95}$
A	54.16667	2	27.08333	21.66667*	5.14
B	52.08333	1	52.08333	41.66667*	5.99
$A\times B$	123.16667	2	61.58333	49.26667*	5.14
e	7.5	6	1.250		
T	236.91667	11			

나. 최적조건에서의 95% 신뢰구간의 추정

수율을 가장 높게 하는 조건이 최적조건이므로, 교호작용 $A\times B$가 유의한 경우 최적조건은 AB의 2원표에서 조합수준 A_2B_2가 된다.

① $\hat{\mu}(A_2B_2)=\hat{\mu}+a_2+b_2+(ab)_{22}$

$$=\bar{x}_{22\cdot}=\frac{T_{22\cdot}}{r}=\frac{190}{2}=95$$

② $\mu(A_2B_2)=\bar{x}_{22\cdot}\pm t_{1-\alpha/2}(\nu_e^*)\sqrt{\frac{V_e^*}{r}}$

$$=95\pm t_{0.975}(6)\sqrt{1.250\times\frac{1}{2}}$$

$$=93.06547\sim 96,93453$$

[13] 어떤 반응공정에서 수율을 올릴 목적으로 반응시간(A), 반응온도(B), 성분의 양(C)의 3가지 인자를 택해 라틴방격법 실험을 하여 다음 데이터를 얻었다. 유의수준 10%로 하는 분산분석표를 작성하시오.

$$X_{ijk}=(x_{ijk}-85.0)\times 10$$

B \ A	A_1	A_2	A_3
B_1	$C_1=-75$	$C_2=-7$	$C_3=14$
B_2	$C_3=10$	$C_1=69$	$C_2=32$
B_3	$C_2=51$	$C_3=98$	$C_1=43$

해설 분산분석(ANOVA)

① 제곱합 분해

$$S_T=[\Sigma\Sigma\Sigma x_{ijk}{}^2-CT]\times\frac{1}{10^2}=196.72889$$

$$S_A=\left[\frac{\Sigma T_{i\cdot\cdot}{}^2}{k}-CT\right]\times\frac{1}{10^2}=51.02889$$

$$S_B=\left[\frac{\Sigma T_{\cdot j\cdot}{}^2}{k}-CT\right]\times\frac{1}{10^2}=118.00222$$

$$S_C=\left[\frac{\Sigma T_{\cdot\cdot k}{}^2}{k}-CT\right]\times\frac{1}{10^2}=12.06889$$

$$S_e=S_T-S_A+S_B+S_C=15.62889$$

② 자유도 분해

$$\nu_T=k^2-1=8,\ \nu_A=\nu_B=\nu_C=k-1=2,\ \nu_e=(k-1)(k-2)=2$$

③ 분산분석표의 작성

요인	SS	DF	MS	F_0	$F_{0.90}$
A	51.02889	2	25.51445	3.265	9.00
B	118.00222	2	59.00111	7.550	9.00
C	12.06889	2	6.03445	—	9.00
e	15.62889	2	7.81445		
T	196.72889	8			

참고 $F_o(C) < 1$이므로 요인 C를 오차항에 풀링시켜 분산분석표를 재작성하면, 요인 A와 B는 유의미한 결과를 얻을 수 있다.

[14] 어떤 화학반응공정의 수율을 올릴 목적으로 반응압력(A), 반응온도(B), 성분의 양(C)의 3가지 인자를 택해 라틴방격법 실험을 하여 다음 데이터를 얻었다. 다음 물음에 답하시오.

B \ A	A_1	A_2	A_3
B_1	$C_1=78$	$C_2=84$	$C_3=86$
B_2	$C_3=83$	$C_1=91$	$C_2=88$
B_3	$C_2=90$	$C_3=94$	$C_1=89$

가. 유의수준 $\alpha=0.10$에서 분산분석표를 작성하시오.

나. 유의하지 않은 요인을 오차항에 풀링 후 분산분석표를 재작성하시오.

다. 망대특성일 경우 최적수준조합에서 $1-\alpha=90\%$의 조합평균을 추정하시오. (단, 유의한 요인에서 특성치를 최대로 하는 최적조건은 A_2와 B_3이다.)

해설 가. 분산분석(ANOVA)

① 제곱합 분해

$$S_T=\Sigma\Sigma\Sigma x_{ijk}^2-CT=186$$

$$S_A=\frac{\Sigma T_{i}..^2}{k}-CT=\frac{(251)^2+(269)^2+(263)^2}{3}-\frac{783^2}{9}=56$$

$$S_B=\frac{\Sigma T_{.j.}^2}{k}-CT=\frac{(248)^2+(262)^2+(273)^2}{3}-\frac{783^2}{9}=104.66667$$

$$S_C=\frac{\Sigma T_{..k}^2}{k}-CT=\frac{(258)^2+(262)^2+(263)^2}{3}-\frac{783^2}{9}=4.66667$$

$$S_e=S_T-S_A-S_B-S_C=20.66666$$

② 자유도 분해

$$\nu_T=N-1=8$$

$$\nu_A=\nu_B=\nu_C=3-1=2$$

$$\nu_e=(k-2)(k-1)=2$$

③ 분산분석표

요인	SS	DF	MS	F_0	$F_{0.90}$
A	56	2	28	2.70968	9.00
B	104.66667	2	42.33334	5.06452	9.00
C	4.66667	2	2.33334	—	
e	20.66666	2	10.33333		
T	186	8			

나. 재작성된 분산분석표

요인	SS	DF	MS	F_0	$F_{0.90}$
A	56	2	28	4.43105*	4.32
B	104.66667	2	52.33334	8.26316*	4.32
e^*	25.33333	4	6.33333		
T	186	8			

다. 조합평균의 추정

$$\mu_{23}. = \mu_{23}. \pm t_{1-0.05}(\nu_e^{\ *})\sqrt{\frac{V_e^{\ *}}{n_e}}$$

$$= \left(\frac{269}{3} + \frac{273}{3} - \frac{783}{9}\right) \pm 2.132 \times \sqrt{6.33333 \times \frac{5}{9}}$$

$$= 89.66752 \sim 97.66581$$

[15] 어떤 제조공장에서 제품의 수명을 높이기 위하여 제품 수명에 크게 영향을 미치는 모수 인자를 3개를 선정하여 각 인자 5수준으로 하여 라틴방격법에 의한 실험을 행하였다. 실험에 배치된 인자 간에는 교호작용을 거의 무시할 수 있으며, 25개의 실험조건을 랜덤하게 순서를 정해 실험하여 다음과 같은 결론을 얻었다. 물음에 답하시오.

[$(X_{ijk} = x_{ijk} - 70)$으로 변수변환된 자료]

B \ A	A_1	A_2	A_3	A_4	A_5
B_1	$C_1(-2)$	$C_2(4)$	$C_3(-7)$	$C_4(-6)$	$C_5(0)$
B_2	$C_2(-6)$	$C_3(0)$	$C_4(-5)$	$C_5(-12)$	$C_1(2)$
B_3	$C_3(1)$	$C_4(9)$	$C_5(0)$	$C_1(-1)$	$C_2(6)$
B_4	$C_4(1)$	$C_5(4)$	$C_1(-1)$	$C_2(-4)$	$C_3(0)$
B_5	$C_5(2)$	$C_1(11)$	$C_2(-2)$	$C_3(-5)$	$C_4(8)$

가. 기대평균제곱을 포함한 분산분석표를 작성하시오. (단, $\alpha = 0.05$이다.)

나. 수명을 높이는 최적조합수준을 결정하고 최적조합수준에서의 점추정치 및 신뢰구간을 신뢰율 95%로 추정하시오.

해설 가. 분산분석표 작성

① 제곱합 분해

$S_T = \Sigma x_{ijk}{}^2 - CT = 684.64$

$S_A = \Sigma \frac{T_{i\cdot\cdot}{}^2}{k} - CT = 412.64$

$S_B = \Sigma \frac{T_{\cdot j \cdot}{}^2}{k} - CT = 196.24$

$S_C = \Sigma \frac{T_{\cdot\cdot k}{}^2}{k} - CT = 57.84$

$S_e = S_T - S_A - S_B - S_C = 17.92$

② 자유도 분해

$\nu_T = k^2 - 1 = 24$

$\nu_A = \nu_B = \nu_C = k - 1 = 4$

$\nu_e = (k-1)(k-2) = 12$

③ 분산분석표

요인	SS	DF	MS	F_0	$F_{0.95}$	$E(V)$
A	412.64	4	103.16	69.08051*	3.26	$\sigma_e^2 + 5\sigma_A^2$
B	196.24	4	49.06	32.85275*	3.26	$\sigma_e^2 + 5\sigma_B^2$
C	57.84	4	14.46	9.68306*	3.26	$\sigma_e^2 + 5\sigma_C^2$
e	17.92	12	1.49333			σ_e^2
T	684.64	24				

나. 최적조건의 추정

분산분석 결과 A, B, C 3요인 모두 유의차가 있으므로, A의 1원표, B의 1원표, C의 1원표에서 각각 수명을 높이는 각 인자의 수준을 구하면, A는 A_2수준에서, B는 B_3수준에서, C는 C_1수준에서 결정된다. 따라서 최적조합수준은 $A_2B_3C_1$으로 결정된다.

① 점추정치

$$\hat{\mu}(A_2B_3C_1) = \bar{x}_{2\cdot\cdot} + \bar{x}_{\cdot 3 \cdot} + \bar{x}_{\cdot\cdot 1} - 2\bar{\bar{x}}$$
$$= \left(\frac{28}{5} + \frac{15}{5} + \frac{9}{5} - 2 \times \frac{(-3)}{25}\right) + 70$$
$$= 80.64$$

② 신뢰구간의 추정

$$\mu(A_2B_3C_1) = \hat{\mu}(A_2B_3C_1) \pm t_{1-\alpha/2}(\nu_e)\sqrt{\frac{V_e}{n_e}}$$
$$= 80.64 \pm 2.179\sqrt{1.49333 \times \frac{13}{25}}$$
$$= 78.71984 \sim 82.56016$$

$\left(\text{단, } n_e = \frac{k^2}{3k-2} = \frac{25}{13} \text{이다.}\right)$

[16] 나일론실의 방사과정에서 나일론실의 끊어짐이 자주 발생하여 제조시간에 문제가 나타나고 있다. 이를 조사해보니 나일론실의 장력에 문제가 있어 실 끊어짐이 발생하는 것으로 조사되었다. 나일론실의 장력을 향상시키기 위하여 나일론실의 장력이 어떤 인자에 의해 크게 영향을 받는가를 대략적으로 알아보기 위하여 4인자 A, B, C, D를 각각 다음과 같이 4수준으로 잡고 총 16회의 실험을 4×4그레코라틴방격법으로 행하였다. 다음 물음에 답하라. (단, S_T는 844.9이고, S_D는 276.7이다.)

- A(연신온도) : $A_1=250$℃, $A_2=260$℃, $A_3=270$℃, $A_4=280$℃
- B(회전수) : $B_1=10{,}000$rpm, $B_2=10{,}500$rpm, $B_3=11{,}000$rpm, $B_4=11{,}500$rpm
- C(원료의 종류) : C_1, C_2, C_3, C_4
- D(연신비) : $D_1=2.5$, $D_2=2.8$, $D_3=3.1$, $D_4=3.4$

B \ A	A_1	A_2	A_3	A_4
B_1	$C_2D_3=15$	$C_1D_1=4$	$C_3D_4=8$	$C_4D_2=19$
B_2	$C_4D_1=5$	$C_3D_3=19$	$C_1D_2=9$	$C_2D_4=16$
B_3	$C_1D_4=15$	$C_2D_2=16$	$C_4D_3=19$	$C_3D_1=17$
B_4	$C_3D_2=19$	$C_4D_4=26$	$C_2D_1=14$	$C_1D_3=34$

가. 요인분산의 기대가를 포함하는 분산분석표를 $\alpha=0.05$에서 작성하시오. (단, 분산분석표는 소수점 1자리로 수치맺음을 하시오.)

나. 나일론실의 장력이 최대가 되는 최적조건에서 점추정치 및 95% 신뢰구간을 추정하시오.

해설 가. 분산분석표의 작성

① 제곱합 분해

- $CT=\dfrac{T^2}{k^2}=\dfrac{(255)^2}{16}=4064.1$
- $S_T=\Sigma\Sigma\Sigma\Sigma x_{ijlp}{}^2-CT$
  $=(15)^2+(5)^2+(15)^2+\cdots+(17)^2+(34)^2-4064.1=844.9$
- $S_A=\Sigma\dfrac{T_{i\cdots}{}^2}{k}-CT=\dfrac{1}{4}\left[(54)^2+(65)^2+(50)^2+(86)^2\right]-4064.1=195.2$
- $S_B=\Sigma\dfrac{T_{\cdot j\cdot\cdot}{}^2}{k}-CT=\dfrac{1}{4}\left[(46)^2+(49)^2+(67)^2+(93)^2\right]-4064.1=349.7$
- $S_C=\Sigma\dfrac{T_{\cdot\cdot k\cdot}{}^2}{k}-CT=\dfrac{1}{4}\left[(62)^2+(61)^2+(63)^2+(69)^2\right]-4064.1=9.7$
- $S_D=\Sigma\dfrac{T_{\cdot\cdot\cdot p}{}^2}{k}-CT=\dfrac{1}{4}\left[(40)^2+(63)^2+(87)^2+(65)^2\right]-4064.1=276.7$
- $S_e=S_T-(S_A+S_B+S_C+S_D)=844.9-(195.2+349.7+9.7+276.7)=13.6$

② 분산분석표

요인	SS	DF	MS	F_0	$F_{0.95}$	$E(V)$
A	195.2	3	65.1	14.5*	9.28	$\sigma_e^2+4\sigma_A^2$
B	349.7	3	116.6	25.9*	9.28	$\sigma_e^2+4\sigma_B^2$
C	9.7	3	3.2	0.7	9.28	$\sigma_e^2+4\sigma_C^2$
D	276.7	3	92.2	20.5*	9.28	$\sigma_e^2+4\sigma_D^2$
e	13.6	3	4.5			σ_e^2
T	844.9	15				

나. 최적조건의 추정

분산분석 결과 A, B, D 3요인 모두 유의하므로, 장력이 최대가 되는 각 인자의 최적수준을 아래의 표에서 구하면 A는 A_4 수준에서, B는 B_4 수준에서, D는 D_3 수준에서 각각 결정되므로 최적조합수준은 $A_4B_4D_3$로 결정된다.

[A의 1원표]

요인	A_1	A_2	A_3	A_4
1	15	4	8	19
2	5	19	9	16
3	15	16	19	17
4	19	26	14	34

[B의 1원표]

요인	B_1	B_2	B_3	B_4
1	15	5	15	19
2	4	19	16	26
3	8	9	19	14
4	19	16	17	34

[D의 1원표]

요인	D_1	D_2	D_3	D_4
1	5	19	15	15
2	4	16	19	26
3	14	9	19	8
4	17	19	34	16

① 점추정치

$$\hat{\mu}(A_4B_4D_3)=\bar{x}_{4\cdots}+\bar{x}_{\cdot 4\cdot\cdot}+\bar{x}_{\cdots 3}-2\bar{\bar{x}}$$
$$=\frac{86}{4}+\frac{93}{4}+\frac{87}{4}-2\times\frac{255}{16}=34.625$$

② 신뢰구간의 추정

$$\mu(A_4B_4D_3)=\hat{\mu}(A_4B_4D_3)\pm t_{1-\alpha/2}(\nu_e)\sqrt{\frac{V_e}{n_e}}$$
$$=34.625\pm 3.182\sqrt{4.5\times\frac{10}{16}}$$
$$=34.625\pm 5.33638=29.28662\sim 39.96138$$
$$\left(\text{단, } n_e=\frac{k^2}{3k-2}=\frac{16}{10}\right)$$

참고 이 실험은 $F_0(C)<1$로 요인 C가 유의하지 않으므로, 실무상에서는 요인 C를 오차항에 풀링시켜 해석하는 것이 효율적이다. 그러나 시험문제에서는 그것을 요구하지 않았으므로 굳이 풀링해서 해석하지 않았다.

[17] 어떤 윤활유 정제공정에 있어서 장치(A)가 4대, 원료(B)가 4종류, 부원료(C)가 4종류, 혼합시간(D)이 4종류란 조건으로 실험을 하였는데, 대체적인 배치된 요인의 영향력을 파악하기 위하여 우선 4×4그레코라틴방격법으로 실험하였다. 각 인자와 그의 수준들은 모두 랜덤하게 배치하였고, 실험결과 다음의 데이터에서 구한 인자들의 제곱합은 다음과 같다. 아래 각 물음에 답하시오. (단, 특성치는 망대특성이다.)

$$S_T = 659.75,\ S_A = 25.25,\ S_B = 127.25,\ S_C = 187.25,\ S_D = 288.75$$

B \ A	A_1	A_2	A_3	A_4
B_1	$C_1D_1=49$	$C_2D_3=38$	$C_3D_4=48$	$C_4D_2=38$
B_2	$C_2D_2=40$	$C_1D_4=53$	$C_4D_3=33$	$C_3D_1=54$
B_3	$C_3D_3=42$	$C_4D_1=45$	$C_1D_2=53$	$C_2D_4=54$
B_4	$C_4D_4=42$	$C_3D_2=40$	$C_2D_1=41$	$C_1D_3=40$

가. 유의하지 않은 인자는 유의수준 10%에서 기술적으로 오차항에 풀링하여 분산분석표를 작성하시오. (단, 분산분석표는 소수점 2자리로 수치맺음을 하시오.)

나. 유의수준 10%에서 유의한 인자들의 최적수준조합을 구하시오.

다. 이 최적조합수준에서 특성치의 모평균에 대한 90% 신뢰구간을 구하라.

해설 가. 분산분석표의 작성

요인	SS	DF	MS	F_0	$F_{0.90}$
A	25.25	3	8.42	0.81	6.39
B	127.25	3	42.42	4.07	6.39
C	187.25	3	62.42	5.99	6.39
D	288.75	3	96.25	9.24*	6.39
e	31.25	3	10.42		
T	659.75	15			

유의하지 않은 요인 중 $F_0(A)=0.81$로 1보다 작으므로, 요인 A를 오차항에 풀링하여 분산분석표를 재작성하면 유의수준 $\alpha=0.10$에서 유의한 인자는 B, C, D가 된다.

요인	SS	DF	MS	F_0	$F_{0.90}$
B	127.25	3	42.42	4.50*	3.29
C	187.25	3	62.42	6.84*	3.29
D	288.75	3	96.25	10.22*	3.29
e^*	56.50	6	9.42		
T	659.75	15			

나. 최적조건의 추정

분산분석 결과 B, C, D 3요인이 유의하므로, 장력이 최대가 되는 각 인자의 최적수준을 아래의 표에서 구하면 요인 B는 B_3수준에서, 요인 C는 C_1수준에서, 요인 D는 D_4수준에서 각각 결정되므로 최적조합수준은 $B_3C_1D_4$로 결정된다.

[B의 1원표]

요인	B_1	B_2	B_3	B_4
1	49	40	42	42
2	38	53	45	40
3	48	33	53	41
4	38	54	54	40

[C의 1원표]

요인	C_1	C_2	C_3	C_4
1	49	40	42	42
2	53	38	40	45
3	53	41	48	33
4	40	54	54	38

[D의 1원표]

요인	D_1	D_2	D_3	D_4
1	49	40	42	42
2	45	40	38	53
3	41	53	33	48
4	54	38	40	54

다. 최적조건의 신뢰구간 추정

① 점추정치

$$\hat{\mu}(B_3C_1D_4) = \bar{x}_{\cdot 3 \cdot\cdot} + \bar{x}_{\cdot\cdot 1 \cdot} + \bar{x}_{\cdot\cdot\cdot 4} - 2\bar{\bar{x}}$$
$$= \frac{194}{4} + \frac{195}{4} + \frac{197}{4} - 2 \times \frac{710}{16} = 57.75$$

② 신뢰구간의 추정

$$\mu(B_3C_1D_4) = \hat{\mu}(B_3C_1D_4) \pm t_{1-\alpha/2}(\nu_e^*)\sqrt{\frac{V_e^*}{n_e}}$$
$$= 57.75 \pm 1.943\sqrt{9.42 \times \frac{10}{16}}$$
$$= 53.03547 \sim 62.46543$$
$$\left(\text{단, } \frac{1}{n_e} = \frac{1}{4} + \frac{1}{4} + \frac{1}{4} - \frac{2}{16} = \frac{10}{16} \text{ 이다.}\right)$$

[18] 수율에 대하여 영향을 주고 있는 원료와 가공방법의 최적조건을 구하기 위하여 현재 거래를 하고 있는 5개 회사에서 구입한 원료를 표시인자로 사용하고, 4가지 가공방법을 제어인자로 설정하여 2회의 블록 반복을 행한 1차 단위가 1요인배치인 단일분할법의 실험을 행한 결과가 아래의 표와 같이 작성되었다. 블록요인의 제곱합을 구하시오.

R \ A	A_1	A_2	A_3	A_4	A_5
R_1	270	321	335	335	328
R_2	311	324	300	322	293

해설 $S_R = \frac{1}{N}(T_{R_2} - T_{R_1})^2 = \frac{1}{40}(1{,}550 - 1{,}589)^2 = 38.025$

[19] 접착제의 접착성을 증가시킬 목적으로 1차 인자로 건조온도(A)를 3수준 택하고, 2차 인자로 접착제의 혼합비(B)를 4수준 잡아 블록반복 2회의 단일 분할법을 사용하여 다음의 데이터를 얻었다. 분산분석표의 빈칸을 완성하시오. (단, $\alpha=0.05$)

[데이터] $S_T=340$, $S_A=248$, $S_R=24$, $S_{AR}=280$, $S_B=30$, $S_{AB}=297$

요인	SS	DF	MS	F_0	$F_{0.95}$
A					
R					
e_1					
B					
$A\times B$					
e_2					
T					

해설 ① 제곱합 및 자유도의 계산

$S_{e_1}=S_{AR}-S_A-S_R=280-248-24=8$

$S_{A\times B}=S_{AB}-S_A-S_B=297-248-30=19$

$S_{e_2}=S_T-S_{AR}-S_B-S_{A\times B}=340-280-30-19=11$

$\nu_A=l-1=2$, $\nu_{e_1}=(l-1)(r-1)=2\times1=2$

$\nu_B=m-1=3$, $\nu_{A\times B}=(l-1)(m-1)=2\times3=6$

$\nu_{e_2}=l\times(m-1)(r-1)=3\times3\times1=9$

② 분산분석표

요인	SS	DF	MS	F_0	$F_{0.95}$
A	248	2	124	31*	19.0
R	24	1	24	6	18.5
e_1	8	2	4	3.27273	4.26
B	30	3	10	8.18183*	3.86
$A\times B$	19	6	3.16667	2.59092	3.37
e_2	11	9	1.22222		
T	340	23			

참고 e_1은 e_2로 검정하고 1차 단위인자 A, R은 e_1으로, 2차 단위인자 B, $A\times B$는 e_2로 검정한다.

[20] 인자 A, B, C는 각각 변량인자로서 A는 일간인자이고, B는 일별로 두 대의 트럭을 랜덤하게 선택한 것이며, C는 트럭 내에서 랜덤하게 두 삽을 취한 것으로, 각 삽에서 두 번에 걸쳐 모래의 염도를 측정한 변량모형 실험이다. 다음 물음에 답하시오.

B \ C \ A		A_1	A_2	A_3	A_4
B_1	C_1	1.30 1.33	1.89 1.82	1.35 1.39	1.30 1.38
	C_2	1.53 1.55	2.14 2.12	1.59 1.53	1.44 1.45
B_2	C_3	1.04 1.05	1.56 1.54	1.10 1.06	1.03 0.94
	C_4	1.22 1.20	1.76 1.84	1.29 1.34	1.12 1.15

가. 다음과 같이 분산분석표를 작성하였다. 빈칸을 완성시키시오.

요인	SS	DF	MS	F_0	$F_{0.95}$	$E(V)$
A	1.8950					
$B(A)$	0.7458					
$C(AB)$	0.3409					
e	0.0193					
T	3.0010					

나. 유의하게 판정된 요인들의 분산성분을 추정하시오.

해설 가. 분산분석표의 작성

① 자유도 분해

$\nu_T = lmnr - 1 = 4\times 2\times 2\times 2 - 1 = 31$

$\nu_A = l - 1 = 3$

$\nu_{B(A)} = l(m-1) = 4$

$\nu_{C(AB)} = lm(n-1) = 8$

$\nu_e = lmn(r-1) = 16$

② 분산분석표 작성

요인	SS	DF	MS	F_0	$F_{0.95}$	$E(V)$
A	1.8950	3	0.63167	3.38788	6.59	$\sigma_e^2 + 2\sigma_{C(AB)}^2 + 4\sigma_{B(A)}^2 + 8\sigma_A^2$
$B(A)$	0.7458	4	0.18645	4.37471*	3.84	$\sigma_e^2 + 2\sigma_{C(AB)}^2 + 4\sigma_{B(A)}^2$
$C(AB)$	0.3409	8	0.04261	35.21488*	2.45	$\sigma_e^2 + 2\sigma_{C(AB)}^2$
e	0.0193	16	0.00121			σ_e^2
T	3.0010	31				

나. 요인들의 분산성분 추정

① $\hat{\sigma}_{B(A)}^2 = \dfrac{V_{B(A)} - V_{C(AB)}}{nr} = \dfrac{0.18645 - 0.04261}{4} = 0.03596$

② $\hat{\sigma}_{C(AB)}^2 = \dfrac{V_{C(AB)} - V_e}{r} = \dfrac{0.04261 - 0.00121}{2} = 0.02070$

[21] A는 모래를 납품하고 있는 회사에서 임의로 4개의 회사를 선택한 것이고, B는 회사별로 두 대의 트럭을 랜덤하게 선택한 것이며, C는 트럭 내에서 랜덤하게 두 삽을 취한 후 각 삽에서 두 번에 걸쳐 모래의 염도(%)를 측정한 것으로 데이터는 다음 표와 같다. 이 실험은 A_1, A_2, A_3 및 A_4에서 수준을 랜덤하게 선택한 후, 선택한 A수준에서 B_1과 B_2를 랜덤하게 선택하여 랜덤하게 두 삽을 취해 2회 측정한 후 데이터를 얻고, 나머지 A수준에서도 같은 방법으로 8회의 실험을 행하여 데이터를 얻은 후, 분산분석을 행하였더니 요인의 제곱합이 다음과 같았다. 이때, 자유도를 구하고, 기대평균제곱 $E(V)$를 포함한 분산분석표를 작성하시오.

$$X_{ijk} = (x_{ijk} - 55.4) \times 100$$

B \ C \ A		A_1	A_2	A_3	A_4
B_1	C_1	−10 −7	49 42	−5 −1	−10 −2
	C_2	13 15	74 72	19 13	4 5
B_2	C_1	−36 −35	16 14	−30 −34	−37 −46
	C_2	−18 20	36 44	−11 −6	−28 −25

요인	SS	DF	MS	F_0	$F_{0.95}$	$E(V)$
A	1.79828					
$B(A)$	0.64584					
$C(AB)$	0.44683					
e	0.09135					
T	2.98230					

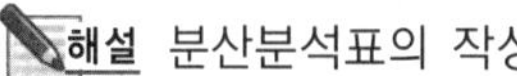

해설 분산분석표의 작성

① 자유도 분해

$\nu_T = lmnr - 1 = 31$

$\nu_A = l - 1 = 3$

$\nu_{B(A)} = \nu_{AB} - \nu_A = l(m-1) = 4$

$\nu_{C(AB)} = \nu_{ABC} - \nu_{AB} = lm(n-1) = 8$

$\nu_e = \nu_T - \nu_{ABC} = lmn(r-1) = 16$

② F_0 검정

인자 A는 인자 B로 검정하고, 인자 B는 인자 C로, 인자 C는 오차 e로 검정한다.

③ 분산분석표

요인	SS	DF	MS	F_0	$F_{0.95}$	$E(V)$
A	1.79828	3	0.59943	3.71256	6.59	${\sigma_e}^2+2{\sigma_{C(AB)}}^2+4{\sigma_{B(A)}}^2+8{\sigma_A}^2$
$B(A)$	0.64584	4	0.16146	2.89096	3.84	${\sigma_e}^2+2{\sigma_{C(AB)}}^2+4{\sigma_{B(A)}}^2$
$C(AB)$	0.44683	8	0.05585	9.78109*	2.45	${\sigma_e}^2+2{\sigma_{C(AB)}}^2$
e	0.09135	16	0.00571			${\sigma_e}^2$
T	2.98230	31				

요인 C가 매우 유의하다. 즉 트럭 내 모래의 염분 함량에 차이가 있다.

[22] 아래의 계수치 데이터에 대한 결과를 얻었다. 다음 각 물음에 답하시오. (단, 200개 제품 중에서 적합품이면 0, 부적합품이면 1로 처리하였다.)

가. 분산분석표를 작성하시오

나. 최적조건 A_4수준에서 모부적합품률을 신뢰도 95%로 추정하시오.

기 계	A_1	A_2	A_3	A_4
적합품	180	175	190	195
부적합품	20	25	10	5
계	200	200	200	200

요 인	SS	DF	MS	F_0	$F_{0.95}$
A					
e					
T					

해설 가. 분산분석표 작성

① 제곱합 분해

$$S_T = T - CT = 60 - \frac{60^2}{800} = 55.5$$

$$S_A = \frac{\Sigma T_{i\cdot}^2}{r} - CT$$

$$= \frac{20^2+25^2+10^2+5^2}{200} - \frac{60^2}{800} = 1.25$$

$$S_e = S_T - S_A = 54.25$$

② 자유도

$\nu_T = lr - 1 = 799$

$\nu_A = l - 1 = 3$

$\nu_e = l(r-1) = 796$

③ 분산분석표의 작성

요 인	SS	DF	MS	F_0	$F_{0.95}$
A(기계간)	1.25	3	0.41667	6.11401*	2.60
e(오차)	54.25	796	0.06815		
T	55.5	799			

나. 최적수준 A_4의 신뢰구간 추정

최적수준은 부적합품률이 작을수록 좋으므로 A_4가 된다.

$$
\begin{aligned}
P(A_4) &= \hat{p}(A_4) \pm u_{1-\alpha/2}\sqrt{\frac{V_e}{r}} \\
&= 0.025 \pm 1.96\sqrt{\frac{0.06815}{200}} \\
&= 0.025 \pm 0.0360 \\
&= -0.0110 \sim 0.0610
\end{aligned}
$$

따라서, $P(A_4) \le 0.0610$이다.

[23] 기계를 A인자로, 열처리온도를 B인자로 잡아 각각 3수준을 설정한 후 9개의 실험조건을 랜덤하게 순서를 결정한 후 설정된 조건에서 반복을 100번으로 취한 후 데이터를 조사하니 다음과 같았다. 아래 각 물음에 답하시오. (단, 데이터는 0, 1 데이터이다.)

열처리 \ 기계	A_1		A_2		A_3		계
	적합품	부적합품	적합품	부적합품	적합품	부적합품	
B_1	95	5	97	3	92	8	16
B_2	92	8	95	5	87	13	26
B_3	90	10	94	6	85	15	31
계	23		14		36		73

가. $\alpha=0.05$로 분산분석표를 작성하시오. (단, e_1이 유의치 않다면 e_2에 풀링하시오.)

나. 부적합품을 최소로 하는 조합수준에서 모부적합품률을 신뢰율 95%로 추정하시오.

해설 가. 분산분석

① 제곱합 분해

- $CT = \dfrac{T^2}{lmr} = \dfrac{(73)^2}{(3)(3)(100)} = 5.92111$
- $S_T = \Sigma\Sigma\Sigma x_{ijk}{}^2 - CT = \Sigma\Sigma\Sigma x_{ijk} - CT = T - CT$
  $= 100 - 5.92111 = 67.07889$
- $S_A = \Sigma\dfrac{T_{i..}{}^2}{mr} - CT = \dfrac{1}{300}\left[(23)^2 + (14)^2 + (36)^2\right] - 5.92111 = 0.81556$
- $S_B = \Sigma\dfrac{T_{.j.}{}^2}{lr} - CT = 0.38889$
- $S_{AB} = \Sigma\Sigma\dfrac{T_{ij.}{}^2}{r} - CT = \dfrac{1}{100}\left[(5)^2 + (8)^2 + \cdots + (15)^2\right] - 5.92111 = 1.24889$
- $S_{e_1} = S_{A\times B} = S_{AB} \quad S_A \quad S_B = 0.04444$
- $S_{e_2} = S_T - S_{AB} = 67.07889 - 1.24889 = 65.83$

② 자유도분해

- $\nu_T = lmr - 1 = 899$
- $\nu_A = l - 1 = 2$

- $\nu_B = m-1=2$
- $\nu_{e_1} = (l-1)(m-1)=4$
- $\nu_{e_2} = lm(r-1)=891$

③ 분산분석표의 작성

요인	SS	DF	MS	F_0	$F_{0.95}$
A	0.81556	2	0.40788	36.71287*	6.94
B	0.38889	2	0.19445	17.50225*	6.94
e_1	0.04444	4	0.01111	0.15038	2.37
e_2	65.83	891	0.07388		
T	67.07889	899			

e_1이 유의하지 않으므로 e_2에 Pooling시켜 분산분석표를 재작성한다.

요인	SS	DF	MS	F_0	$F_{0.95}$
A	0.81556	2	0.40788	5.54185*	3.0
B	0.38889	2	0.19445	2.64198*	3.0
e^*	65.87444	895	0.07360		
T	67.07889	899			

나. 최적조건 A_2B_1의 95% 신뢰구간 추정

① 점추정치

$$\hat{p}(A_2B_1) = \frac{14}{300}+\frac{16}{300}-\frac{73}{900}=0.01889$$

② 신뢰구간의 추정

$$P(A_2B_1) = \hat{p}(A_3B_1) \pm u_{1-\alpha/2}\sqrt{\frac{V_e^*}{n_e}}$$

$$=0.01889 \pm 1.96\sqrt{0.0736\times\frac{8}{900}} = 0.01889 \pm 0.05013$$

따라서 $P(A_3B_1) \le 0.06902$이다.

참고 부적합품률의 하한값은 음의 값이므로 의미가 없다.

[24] 합금의 제조에 관한 실험에서 교호작용 $A\times B$를 구하고 싶다. 그리고 이 실험을 2개의 블록으로 나누어 교락법에 의해 실험하고 싶다. 다음 물음에 답하시오.

[블록 1]	[블록 2]
(1)=5	b=9
bc=5	c=10
ac=5	abc=8
ab=15	a=9

가. 위의 두개의 블록과 교락된 교호작용은 무엇인가?

나. 교호작용의 제곱합 $S_{A\times C}$을 구하시오.

해설 가. 효과 분해

$$R=\frac{1}{4}(abc+a+b+c-ab-ac-bc-1)$$
$$=\frac{1}{4}(a-1)(b-1)(c-1)=A\times B\times C$$

따라서, 정의대비(Ⅰ)가 $A\times B\times C$이므로, $A\times B\times C$의 효과가 블록에 교락되어 있다.

나. 제곱합 분해

$$S_{A\times C}=\frac{1}{8}[abc+ac+b+(1)-ab-bc-a-c]^2$$
$$=\frac{1}{8}[8+5+9+5-15-5-9-10]^2=18$$

[25] 2^4형 실험에서 2개의 블록으로 나누어 교락법 실험을 하려고 한다. 최고차항의 교호작용 $A\times B\times C\times D$ 를 블록과 교락시켜 실험을 하는 경우 실험 배치를 하시오.

해설 ① 정의대비

$I=A\times B\times C\times D$

② 효과분해

$$A\times B\times C\times D=(a-1)(b-1)(c-1)(d-1)$$
$$=\frac{1}{8}(abcd+ab+ac+ad+bc+bd+cd+1$$
$$-abc-abd-acd-bcd-a-b-c-d)$$

③ 블록배치 :

[BLOCK 1]	[BLOCK 2]
1	a
ab	b
ac	c
ad	d
bc	abc
bd	abd
cd	acd
$abcd$	bcd

$I=A\times B\times C\times D$

[26] 요인 A를 4수준으로 하고 각 수준에서 실험 반복을 5회 취하여 분산분석을 작성하였다. 괄호 안의 값을 구하고, 유의하지 않은 회귀변동은 풀링 후 오차분산을 구하시오.

요인	SS	DF	MS	F_0	$F_{0.95}$
A	65	(　)	21.66667	9.90476*	3.10
l(1차)	(　)	(　)	59	26.97143*	4.35
q(2차)	4	(　)	4	1.82857	4.35
c(3차)	2	(　)	2	—	4.35
e	(　)	(　)	2.1875		
T	100	19			

해설

요인	SS	DF	MS	F_0	$F_{0.95}$
A	65	(3)	21.66667	9.90476*	3.10
l(1차)	(59)	(1)	59	26.97143*	4.35
q(2차)	4	(1)	4	1.82857	4.35
c(3차)	2	(1)	2	—	4.35
e	(35)	(16)	2.1875		
T	100	19			

2차, 3차 회귀변동은 유의하지 않으므로 오차항에 풀링시키면,

$$V_e^* = \frac{S_e + S_{Aq} + S_{Ac}}{\nu_e + \nu_{Aq} + \nu_{Ac}} = \frac{35+4+2}{16+1+1} = 2.27778$$

[27] 자동차 부품을 열처리하여 온도에 따른 인장강도의 변화를 조사하기 위해 $A_1 = 550$℃, $A_2 = 555$℃, $A_3 = 560$℃, $A_4 = 565$℃의 4조건에서 각각 5개씩의 시험편에 대하여 측정한 결과가 다음과 같을 때, A의 주효과에 몇 차의 다항식을 끼워 맞출 것인가를 조사하기 위해 A의 주효과를 1차, 2차, 3차의 성분으로 분해하여 검정하고자 한다. 분산분석표를 작성하고 검정하시오. (단, $\alpha = 0.05$이고 직교다항식 계수표는 수치표를 참고하시오.)

[인장강도의 데이터(단위 : kg/mm)]

A의 수준	데이터	계
A_1	43 50 45 45 47	230
A_2	41 42 45 45 47	220
A_3	32 38 40 40 40	190
A_4	32 34 34 35 35	170

해설 ① 제곱합 분해

$$S_T = \Sigma\Sigma x_{ij}^2 - CT = 33366 - 810^2/20 = 561$$

$$S_A = \frac{\Sigma T_i.^2}{r} - CT = \frac{33366}{5} - \frac{810^2}{20} = 455$$

$$S_{A_l} = \frac{(\Sigma W_i T_i.)^2}{(\lambda^2 S)\cdot r} = \frac{((-3)\times 230 + (-1)\times 220 + 1\times 190 + 3\times 170)^2}{20\times 5} = 441$$

$$S_{Aq} = \frac{(\Sigma W_i T_i.)^2}{(\lambda^2 S)\cdot r} = \frac{((1)\times 230 + (-1)\times 220 + (-1)\times 190 + 1\times 170)^2}{4\times 5} = 5$$

$$S_{Ac} = S_A - S_{A_l} - S_{Aq} = 9$$

$$S_e = S_T - S_A = 106$$

② 분산분석표 작성

요인	SS	DF	MS	F_0	$F_{0.95}$
A	455	3	151.66667	22.89308*	3.24
1차(l)	441	1	441	66.56604*	4.49
2차(q)	5	1	5	0.75472	4.49
3차(c)	9	1	9	1.35849	4.49
e	106	16	6.625		
T	561	19			

위의 결과에서 요인 A의 1차만이 매우 유의적이고 2차 및 3차는 유의하지 않다. 따라서 인장강도와 온도의 관계가 직선회귀로서 유의하게 설명되고 있다.

[28] 다음 $L_8(2^7)$형 직교배열표는 어떤 화학실험에서 촉매가 반응공정에서의 합성률에 미치는 영향에 대하여 얻은 데이터이다. 이때, A인자(촉매)를 3열에, B인자(합성온도)를 6열에 배치하였다. 다음 물음에 답하시오.

배치			A			B		실험데이터
No./열 번호	1	2	3	4	5	6	7	x_i
1	1	1	1	1	1	1	1	13
2	1	1	1	2	2	2	2	12
3	1	2	2	1	1	2	2	21
4	1	2	2	2	2	1	1	18
5	2	1	2	1	2	1	2	22
6	2	1	2	2	1	2	1	19
7	2	2	1	1	2	2	1	20
8	2	2	1	2	1	1	2	17
성분	a	b	a b	c	a c	b c	a b c	$T=142$

가. 교호작용 $A\times B$는 몇 열에 배치되어야 하는가?

나. 교호작용의 제곱합 $S_{A\times B}$를 구하시오.

해설 가. $A\times B=ab\times bc=ab^2c=ac$ → 5열

(단, $a^2=b^2=c^2=1$이다.)

나. $S_{A\times B}=\dfrac{1}{8}[T_2-T_1]^2$

$$=\frac{1}{8}[(12+18+22+20)-(13+21+19+17)]^2=0.50$$

[29] $L_8(2^7)$형 직교배열표에 다음과 같이 A, B, C의 3인자와 $A \times B$의 교호작용을 배치하고 실험순서를 랜덤하게 결정한 후 실험을 행하여 표와 같은 수명 데이터를 얻었다. 다음 각 물음에 답하시오. (단, 수명은 클수록 좋으며, 소수점 3자리로 수치맺음을 하시오.)

가. 위험률(α) 10%로 분산분석표를 작성하시오.

나. 최적 조건에서 신뢰율 90%로 조합평균의 신뢰구간을 추정하시오.

[$L_8(2^7)$형 직교배열표]

	1	2	3	4	5	6	7	데이터
1	0	0	0	0	0	0	0	35
2	0	0	0	1	1	1	1	48
3	0	1	1	0	0	1	1	21
4	0	1	1	1	1	0	0	38
5	1	0	1	0	1	0	1	50
6	1	0	1	1	0	1	0	43
7	1	1	0	0	1	1	0	31
8	1	1	0	1	0	0	1	22
배치		A	$A \times B$	C	B			288

해설 가. 분산분석표의 작성

$$S_T = \Sigma x_i^{\ 2} - \frac{(\Sigma x_i)^2}{n} = 840$$

$$S_A = \frac{1}{8}(21+38+31+22-35-48-50-43)^2 = 512$$

$$S_B = \frac{1}{8}(48+38+50+31-35-21-43-22)^2 = 264.5$$

$$S_C = \frac{1}{8}(48+38+43+22-35-21-50-31)^2 = 24.5$$

$$S_{A\times B} = \frac{1}{8}(21+38+50+43-35-48-31-22)^2 = 32$$

$$S_e = S_T - S_A - S_B - S_C - S_{A\times B} = 7$$

요인	SS	DF	MS	F_0	$F_{0.90}$
A	512	1	512	219.460 *	5.54
B	264.5	1	264.5	113.373 *	5.54
C	24.5	1	24.5	10.502 *	5.54
$A \times B$	32	1	32	13.716 *	5.54
e	7	3	2.333		
T	840	7			

나. 최적 조건의 추정

교호작용 $A\times B$가 유의하므로 AB의 2원표를 작성하여 수명이 가장 긴 최적조건을 구하고, C의 1원표에서 최적조건을 구한 후 2개를 합성시킨다.

① 최적 조건의 결정

[A, B의 2원표]

B \ A	A_0	A_1
B_0	35 43	21 22
B_1	48 50	38 31

최적 조건 → A_0B_1

[C의 1원표]

C	C_0	C_1
1	35	48
2	21	38
3	50	43
4	31	22
	137	151

최적 조건 → C_1

따라서 수명을 가장 길게 하는 최적 조건은 $A_0B_1C_1$이 된다.

② 점추정치

$$\bar{x}_{A_0B_1C_1}=\hat{\mu}+a_0+b_1+c_1+(ab)_{01}$$
$$=\left[\hat{\mu}+a_0+b_1+(ab)_{01}\right]+\left[\hat{\mu}+c_1\right]-\hat{\mu}$$
$$=\frac{T_{A_0B_1}}{2}+\frac{T_{C_1}}{4}-\frac{T}{8}=\frac{98}{2}+\frac{151}{4}-\frac{288}{8}=50.75$$

③ 신뢰구간의 추정

$$\mu_{A_0B_1C_1}=\bar{x}_{A_0B_1C_1}\pm t_{1-0.05}(3)\sqrt{\frac{V_e}{n_e}}=50.75\pm 2.353\times\sqrt{2.333\times\frac{5}{8}}$$
$$=50.75\pm 2.841=47.909\sim 53.591\quad\left(\text{단, }\frac{1}{n_e}=\frac{1}{2}+\frac{1}{4}-\frac{1}{8}=\frac{5}{8}\right)$$

참고 이 문제는 교호작용$A\times B$가 3열에 나타날 수 없다. A가 2열, B가 5열이면 $A\times B$는 7열에 나타나게 되므로, 구성된 문제는 근본적인 오류를 갖고 있다.

[30] 다음의 $L_{16}(2^{15})$형 직교배열표에서 각 열 번호에 따른 기본표시를 완성시키시오.

열 번호	1	2	3	4	5	6	7	8	9	10	11	12	13	14	15
기본표시	a	b		c				d							$abcd$

해설

열 번호	1	2	3	4	5	6	7	8	9	10	11	12	13	14	15
기본표시	a	b	ab	c	ac	bc	abc	d	ad	bd	abd	cd	acd	bcd	$abcd$

[31] 합성수지의 절연부품을 제조하고 있는 공정에서 이 절연부품의 수명을 길게 하기 위해, $L_{16}(2^{15})$형 직교배열표를 이용하여 실험하기로 하였다. 제조공정상에 수명에 영향을 미친다고 생각되어 취급된 인자는 7개로 A : 주원료의 pH값, B : 부재료의 혼합비, C : 반응온도, D : 성형온도, F : 성형압력, G : 성형시간, H : 냉각온도이며, 요인 A와 B, 요인 C와 D는 기술적인 측면에서 볼 때 서로 독립이 아닐 것이라고 판단되어 교호작용을 구하기로 하였다. 실험은 16회의 전체실험을 랜덤하게 순서를 정하여 실시하여 수명을 측정한 결과 다음의 데이터를 얻어 작성된 분산분석표는 다음과 같았다. 물음에 답하시오. (단, 요인 G의 제곱합이 "0"이므로 오차항에 풀링시켜 분산분석표를 작성하였다.)

실험번호	1	2	3	4	5	6	7	8	9	10	11	12	13	14	15	데이터 (y)
1	0	0	0	0	0	0	0	0	0	0	0	0	0	0	0	59
2	0	0	0	0	0	0	0	1	1	1	1	1	1	1	1	59
3	0	0	0	1	1	1	1	0	0	0	0	1	1	1	1	65
4	0	0	0	1	1	1	1	1	1	1	1	0	0	0	0	51
5	0	1	1	0	0	1	1	0	0	1	1	0	0	1	1	69
6	0	1	1	0	0	1	1	1	1	0	0	1	1	0	0	61
7	0	1	1	1	1	0	0	0	0	1	1	1	1	0	0	71
8	0	1	1	1	1	0	0	1	1	0	0	0	0	1	1	55
9	1	0	1	0	1	0	1	0	1	0	1	0	1	0	1	60
10	1	0	1	0	1	0	1	1	0	1	0	1	0	1	0	51
11	1	0	1	1	0	1	0	0	1	0	1	1	0	1	0	63
12	1	0	1	1	0	1	0	1	0	1	0	0	1	0	1	47
13	1	1	0	0	1	1	0	0	1	1	0	0	1	1	0	64
14	1	1	0	0	1	1	0	1	0	0	1	1	0	0	1	65
15	1	1	0	1	0	0	1	0	1	1	0	1	0	0	1	68
16	1	1	0	1	0	0	1	1	0	0	1	0	1	1	0	56
기본표시	a	b	ab	c	ac	bc	abc	d	ad	bd	abd	cd	acd	bcd	$abcd$	$T=964$
배치	A	B	$A\times B$	C	e	e	e	D	e	e	F	$C\times D$	e	G	H	

[분산분석표]

요 인	SS	DF	MS	F_0	$F_{0.95}$
A	16	1	16	27.99993	5.59
B	182.25	1	182.25	318.93670	5.59
C	9	1	9	15.74996	5.59
D	342.25	1	342.25	598.93600	5.59
F	36	1	36	62.99984	5.59
H	9	1	9	15.74996	5.59
$A\times B$	6.25	1	6.25	10.93747	5.59
$C\times D$	110.25	1	110.25	192.93702	5.59
e^*	4.00	7	0.57143		
T	715	15			

가. 수명을 가장 길게 하는 최적수준조합을 찾으시오.

나. 또한 이 조건에서 점추정치를 구하고, 수명의 95% 신뢰구간을 구하여라.

해설 가. 최적조건의 설정

이 실험은 절연부품의 수명을 가장 길게 하는 조건이 최적조건이 된다. 따라서 이 실험의 분산분석결과 $A, B, C, D, F, H, A\times B, C\times D$가 유의하므로 AB의 2원표와 CD의 2원표 및 F의 1원표, H의 1원표에서 각각 최적조건을 구한 후 합성하여 최종적인 최적조합수준을 구하게 된다.

[AB 2원표]

B \ A	A_0	A_1	계
B_0	234	221	455
B_1	256	253	509
계	490	474	964

[CD 2원표]

D \ C	C_0	C_1	계
D_0	252	267	519
D_1	236	209	445
계	488	476	964

[F 1원표]

F_0	F_1
470	494

[H 1원표]

H_0	H_1
476	488

AB 2원표를 살펴보면 A_0B_1에서, CD 2원표를 살펴보면 C_1D_0에서, F의 1원표에는 F_1에서, H의 1원표에서는 H_1에서 각각 최적조건이 설정된다. 따라서 절연부품의 수명을 가장 길게 하는 최적조합수준은 $A_0B_1C_1D_0F_1H_1$에서 결정되게 된다.

나. 최적조건 $A_0B_1C_1D_0F_1H_1$에서의 95% 신뢰구간의 추정

① 최적수준조합의 점추정치

$$\begin{aligned}\hat{\mu}(A_0B_1C_1D_0F_1H_1) &= \hat{\mu}+a_0+b_1+c_1+d_0+f_1+h_1+(ab)_{01}+(cd)_{10} \\ &= [\hat{\mu}+a_0+b_1+(ab)_{01}]+[\hat{\mu}+c_1+d_0+(cd)_{10}] \\ &\quad +[\hat{\mu}+f_1]+[\hat{\mu}+h_1]-[3\hat{\mu}] \\ &= \hat{\mu}_{A_0B_1}+\hat{\mu}_{C_1D_0}+\hat{\mu}_{F_1}+\hat{\mu}_{H_1}-3\hat{\mu} \\ &= \frac{256}{4}+\frac{267}{4}+\frac{494}{8}+\frac{488}{8}-\frac{3\times 964}{16} \\ &= 72.750\end{aligned}$$

② 최적수준조합의 조합평균추정

$$\begin{aligned}\mu(A_0B_1C_1D_0F_1H_1) &= \hat{\mu}(A_0B_1C_1D_0F_1H_1) \pm t_{1-\alpha/2}(\nu_e^{\ *})\sqrt{\frac{V_e^{\ *}}{n_e}} \\ &= 72.750 \pm 2.365\times\sqrt{0.57143\times\frac{9}{16}} \\ &= 72.750 \pm 1.34083 \\ &\quad \rightarrow 71.40917 \sim 74.09083\end{aligned}$$

(단, $\frac{1}{n_e}=\frac{1}{4}+\frac{1}{4}+\frac{1}{8}+\frac{1}{8}-\frac{3}{16}=\frac{9}{16}$이다.)

[32] 제당공장에서 탄산포충 공정 중 당액 탈색률은 최종적으로 총 원가를 낮출 수 있고 품질 개선에 중요한 원인으로 판명되었다. 따라서 제당공장에서는 탈색률을 높이기 위하여 관련된 인자와 수준을 아래와 같이 구성하였다. 단, 요인 A와 요인 B 간에는 교호작용이 있으리라고 판단되어 이를 함께 구하려는 실험을 $L_{16}(2^{15})$형 직교배열표에 배치하여 데이터를 다음 표와 같이 구하고 분산분석표를 작성하였다. 다음 물음에 답하시오.

[실험조건]

A : 제1탑 pH(4수준) B : 제1탑 온도(2수준) C : 제2탑 pH(2수준)
D : 제2탑 온도(2수준) F : 수조 온도(2수준) G : 포충 시간(2수준)

[$L_{16}(2^{15})$ 직교배열표]

실험번호	실험순서	열번호 1	2	3	4	5	6	7	8	9	10	11	12	13	14	15	데이터 y (탈색률, %)
1	5	0	0	0	0	0	0	0	0	0	0	0	0	0	0	0	61.3
2	16	0	0	0	0	0	0	0	1	1	1	1	1	1	1	1	60.3
3	6	0	0	0	1	1	1	1	0	0	0	0	1	1	1	1	60.4
4	14	0	0	0	1	1	1	1	1	1	1	1	0	0	0	0	60.8
5	3	0	1	1	0	0	1	1	0	0	1	1	0	0	1	1	59.3
6	8	0	1	1	0	0	1	1	1	1	0	0	1	1	0	0	55.4
7	4	0	1	1	1	1	0	0	0	0	1	1	1	1	0	0	56.6
8	11	0	1	1	1	1	0	0	1	1	0	0	0	0	1	1	59.3
9	15	1	0	1	0	1	0	1	0	1	0	1	0	1	0	1	58.0
10	12	1	0	1	0	1	0	1	1	0	1	0	1	0	1	0	57.4
11	1	1	0	1	1	0	1	0	0	1	0	1	1	0	1	0	52.7
12	10	1	0	1	1	0	1	0	1	0	1	0	0	1	0	1	59.4
13	7	1	1	0	0	1	1	0	0	1	1	0	0	1	1	0	57.2
14	2	1	1	0	0	1	1	0	1	0	0	1	1	0	0	1	55.8
15	13	1	1	0	1	0	0	1	0	1	1	0	1	0	0	1	56.0
16	9	1	1	0	1	0	0	1	1	0	0	1	0	1	1	0	60.5
기본표시		a	b	ab	c	ac	bc	abc	d	ad	bd	abd	cd	acd	bcd	$abcd$	계 : 930.4
배치		B	A	$A \times B$	A	$A \times B$	A	$A \times B$	C	D	e	e	G	e	e	F	

가. 실험번호 9번은 어떠한 실험조건하에서 실시한 실험인가?

나. 탈색률을 가장 크게 하는 인자의 최적수준조합을 구하시오.

다. 최적수준조합에서 점추정치를 구하고, 모평균의 90% 신뢰구간을 구하시오.

[분산분석표]

요인	SS	DF	MS	F_0	$F_{0.90}$
A	10.9750	3	3.6583	3.89	4.19
B	16.8100	1	16.8100	17.87	4.54
C	3.4225	1	3.4225	3.64	4.54
D	7.5625	1	7.5625	8.04	4.54
F	2.7225	1	2.7225	2.89	4.54
G	25.5025	1	25.5025	27.11	4.54
$A\times B$	14.3150	3	4.7717	5.07	4.19
e	3.7625	4	0.9406		
T	85.0725	15			

해설 가. 실험조건

2열과 4열의 수준조합을 보면 〔0.0〕, 〔0.1〕, 〔1.0〕, 〔1.1〕의 조합은 각각 A_0, A_1, A_2, A_2를 의미하는데, 실험 9번의 실험조건은 2열과 4열의 조합이 〔0.0〕이므로 A_0수준이 된다. 따라서 $A_0B_1C_0D_1G_0F_1$라는 조건에서의 실험이다.

나. 최적조건의 설정

당액의 탈색률을 가장 높게 하는 조건이 최적조건이 된다. 따라서 이 실험의 분산분석 결과 B, D, G, $A\times B$가 유의하므로 A, B 2원표와 D의 1원표, G의 1원표에서 각각 최적조건을 구한 후 합성하여 최종적인 최적수준조합을 구하게 된다.

[A, B의 2원표]

B \ A	A_0	A_1	A_2	A_2	T_{B_j}
B_0	121.6	115.9	114.7	121.2	473.4
B_1	115.4	116.5	113.0	112.1	457.0
T_{A_i}	237.0	232.4	227.7	233.3	930.4

[D의 1원표]

D_0	D_1
470.7	459.7

[G의 1원표]

G_0	G_1
475.8	454.6

A, B 2원표를 살펴보면 A_0B_0에서 당액의 탈색률이 가장 크게 나타나고, D의 1원표에는 D_0에서, G의 1원표에서는 G_0에서 당액의 탈색률이 크게 나타난다. 따라서 당액의 탈색률을 최대로 하는 최적조건은 $A_0B_0D_0G_0$에서 결정하게 된다.

다. 최적조건 $A_0B_0D_0G_0$에서의 90% 신뢰구간의 추정

① 최적수준의 점추정치

$$\begin{aligned}\hat{\mu}(A_0B_0D_0G_0) &= \hat{\mu}+a_0+b_0+d_0+g_0+(ab)_{00}\\ &= \hat{\mu}+b_0+d_0+g_0+(ab)_{00}\\ &= [\hat{\mu}+a_0+b_0+(ab)_{00}]+[\hat{\mu}+d_0]+[\hat{\mu}+g_0]-[\hat{\mu}+a_0]-\hat{\mu}\\ &= \hat{\mu}_{A_0B_0}+\hat{\mu}_{D_0}+\hat{\mu}_{G_0}-\hat{\mu}_{A_0}-\hat{\mu}\\ &= \frac{121.6}{2}+\frac{470.7}{8}+\frac{475.8}{8}-\frac{237.0}{4}-\frac{930.4}{16}=61.7125\end{aligned}$$

참고 여기서, 요인 A는 검정결과 유의하지 않으므로 A의 효과 a_0=0으로 처리된다.

② 최적수준조합의 신뢰구간 추정

$$\mu(A_0B_0D_0G_0) = \hat{\mu}(A_0B_0D_0G_0) \pm t_{1-\alpha/2}(\nu_e)\sqrt{\frac{V_e}{n_e}}$$
$$= 61.7125 \pm 2.132 \times \sqrt{0.9406 \times \frac{7}{16}}$$
$$= 60.34484 \sim 63.08016$$
$$\left(\text{단, } \frac{1}{n_e} = \frac{1}{2} + \frac{1}{8} + \frac{1}{8} - \frac{1}{4} - \frac{1}{16} = \frac{7}{16} \text{ 이다.}\right)$$

참고 문제상에 유의하지 않은 요인을 풀링시키라는 말이 없어 오차항에 풀링시키지 않았지만, 이러한 실험에서는 유의하지 않은 요인은 검토 후 오차항에 풀링시켜 추정능력을 높이는 것이 바람직하다.

[33] 2^7형 요인배치법은 직교배열표 $L_8(2^7)$에 7요인을 배치한 경우보다 실험을 몇 배 더 하는가?

해설 ① K^n형 실험횟수 : $N = 2^7 = 128$회
② $L_8(2^7)$형 실험횟수 : $N = 8$회

따라서 $\frac{2^7}{8} = 16$배 실험을 더 하게 된다.

[34] 실험에서 취한 인자가 수준수 3인 A, B, C 3개이고, 인자간에는 교호작용이 존재하지 않는다고 한다. A, B, C 주효과만을 구하기 위해 $L_9(3^4)$형 직교배열표의 4개의 열 중에서 3개의 열을 골라 A, B, C 인자와 각 수준도 0, 1, 2에 랜덤하게 배치시켜 9회 실험한 결과가 다음 표와 같다. 다음 물음에 답하시오.

[$L_9(3^4)$]

	열번호				실험조건	데이터
	1	2	3	4		
1	0	0	0	0	$A_0B_0C_0 = (0, 0, 0)$	$y_{000} = 8$
2	0	1	1	1	$A_0B_1C_1 = (0, 1, 1)$	$y_{001} = 12$
3	0	2	2	2	$A_0B_2C_2 = (0, 2, 2)$	$y_{002} = 10$
4	1	0	1	2	$A_1B_0C_2 = (1, 0, 2)$	$y_{102} = 10$
5	1	1	2	0	$A_1B_1C_0 = (1, 1, 0)$	$y_{110} = 12$
6	1	2	0	1	$A_1B_2C_1 = (1, 2, 1)$	$y_{121} = 15$
7	2	0	2	1	$A_2B_0C_1 = (2, 0, 1)$	$y_{201} = 22$
8	2	1	0	2	$A_2B_1C_2 = (2, 1, 2)$	$y_{212} = 18$
9	2	2	1	0	$A_2B_2C_0 = (2, 2, 0)$	$y_{220} = 18$
기본표시	a	b	a b	a b^2		$T = 125$
배치	A	B	e	C		

가. 분산분석표를 작성하시오. (단, $\alpha = 0.05$이다.)
나. 유의하지 않은 인자를 기술적 검토 후 오차항에 풀링시켜서 분산분석표를 재작성하시오.
다. 특성치를 가장 크게하는 최적조합수준에서 특성치의 모평균을 신뢰율 95%로 추정을 하시오.

해설 가. 분산분석표의 작성

① 제곱합 분해

$$C_T = \frac{T^2}{N} = \frac{125^2}{9} = 1736.11111$$

$$S_T = \Sigma\Sigma\Sigma\, x_{ijk}^2 - CT$$
$$= 1,909 - 1736.11111 = 172.88889$$

$$S_A = \frac{T_0^2 + T_0^2 + T_2^2}{3} - CT$$
$$= \frac{30^2 + 37^2 + 58^2}{3} - 1736.11111 = 141.55556$$

$$S_B = \frac{T_0^2 + T_1^2 + T_2^2}{3} - CT$$
$$= \frac{40^2 + 42^2 + 45^2}{3} - 1736.11111 = 1.55556$$

$$S_C = \frac{T_0^2 + T_1^2 + T_2^2}{3} - CT$$
$$= \frac{38^2 + 49^2 + 38^2}{3} - 1736.11111 = 26.88889$$

$$S_e = \frac{T_0^2 + T_1^2 + T_2^2}{3} - CT$$
$$= \frac{41^2 + 40^2 + 44^2}{3} - 1736.11111 = 2.88888$$

② 자유도 분해

$\nu_T = N - 1 = 9 - 1 = 8$

$\nu_A = \nu_B = \nu_C = 2$

$\nu_e = 2$

③ 분산분석표의 작성

요 인	SS	DF	MS	F_0	$F_{0.95}$
A	141.55566	2	70.77778	49.00002*	19.0
B	1.55556	2	0.77778	0.53846	19.0
C	26.88889	2	13.44445	9.30772	19.0
e	2.88888	2	1.44444		
T	172.88889	8			

나. 풀링 후의 분산분석표의 재작성

요 인	SS	DF	MS	F_0	$F_{0.95}$
A	141.55556	2	70.77778	63.70007*	6.94
C	26.88889	2	13.44445	12.10002*	6.94
e^*	4.44444	4	1.11111		
T	172.88889	8			

다. 최적조건의 추정

특성치를 가장 크게하는 조건은 A, C가 유의하므로 A_2C_1에서 결정된다.

$$\mu(A_2C_1) = \ddot{\mu}(A_2C_1) \pm t_{1-\alpha/2}(\nu_e^*)\sqrt{\frac{V_e^*}{n_e}}$$
$$= \left(\frac{58}{3} + \frac{49}{3} - \frac{125}{9}\right) \pm 2.776\sqrt{1.11111 \times \frac{5}{9}}$$
$$= 21.77778 \pm 2.18103$$
$$\rightarrow 19.59675 \sim 23.95881$$

5 신뢰성관리

[01] 어느 회사에서 제조된 엔진 실린더의 마모시험을 실시하기 위해 8개를 임의 추출하여 시험한 결과, 다음과 같은 자료를 얻었다. 평균순위법에 의한 고장순번 5번째의 신뢰성 척도 $F(t)$, $R(t)$를 각각 구하시오.

고장순번(i)	1	2	3	4	5	6	7	8
고장시간(hr)	270	288	290	328	380	390	430	440

해설 ① $F(t=380)=\dfrac{i}{n+1}=\dfrac{5}{8+1}=0.55556$

② $R(t=380)=1-F(t)=\dfrac{(n+1)-i}{n+1}=0.44444$

[02] 샘플 수 $n=5$인 실험에서 다음과 같이 고장이 발생하였다. $t=25$에서 메디안랭크법을 써서 $F(t)$, $R(t)$를 계산하시오.

[보기] 25 100 40 75 15 (단위 : 시간)

해설 ① $F(t_i=25)=\dfrac{i-0.3}{n+0.4}=\dfrac{2-0.3}{5+0.4}=0.31481$

② $R(t_i=25)=\dfrac{n-i+0.7}{n+0.4}=\dfrac{5-2+0.7}{5+0.4}=0.68519$

[03] 샘플 100개를 뽑아 수명시험을 하여 구간별 고장개수를 조사하였더니 다음과 같은 데이터를 얻었다. $t=50$ 시점에서의 $\lambda(t)$를 구하시오.

시간 간격	0~10	10~30	30~50	50~70	70~90
생존 개수	95	89	67	50	37

해설 $\lambda(t=50)=\dfrac{n(t=50)-n(t=70)}{n(t=50)\cdot \Delta t}=\dfrac{17}{67\times 20}=0.01268$

[04] 800개에 대한 수명시험 결과, 3시간과 6시간 사이의 고장 개수는 42개이고, 이 구간 초의 생존 개수는 615개, 구간 말의 생존 개수는 573개이다. 다음 각 물음에 답하시오.

가. 3시간에서의 신뢰도 $R(t)$는?
나. 3시간에서의 고장확률 $f(t)$는?
다. 3시간에서의 고장률 $\lambda(t)$는?

해설 가. 신뢰도

$$R(t=3)=\frac{n(t=3)}{N}=\frac{615}{800}=0.76876$$

나. 고장확률

$$f(t=3)=\frac{n(t=3)-n(t=6)}{\Delta t\cdot N}=\frac{42}{3\times 800}=0.0175/\mathrm{hr}$$

다. 고장률

$$\lambda(t=3)=\frac{n(t=3)-n(t=6)}{\Delta t\cdot n(t=3)}=\frac{42}{3\times 615}=0.022764/\mathrm{hr}$$

[05] T사에 설치된 전자부품의 평균수명은 300시간으로 알려져 있다. 이 회사에 형광등이 600개 설치되었다면 평균고장개수는 얼마인가? (단, 전자부품은 지수분포를 따른다.)

해설 평균고장개수는 시간당 발생하는 600개 중의 고장개수를 의미한다.

$$n\lambda=n\times\frac{1}{\theta}=600\times\frac{1}{300}=2\text{개/시간}$$

[06] 어떤 제품의 수명은 지수분포를 따르며 평균수명이 10,000시간이고 이미 5,000시간을 사용하였다. 앞으로 1,000시간을 더 사용할 때 고장 없이 작업을 수행할 신뢰도는 얼마인가?

해설 지수분포는 조건부 확률이 존재하지 않으므로

$$R(t=1{,}000)=e^{-\lambda t}=e^{-\frac{1}{10{,}000}\times 1{,}000}=0.90484$$

[07] 고장시간이 지수분포를 따르고 있는 샘플 10개에 대하여 고장 날 때까지 수명시험을 한 결과 고장발생시간은 317, 735, 866, 25, 916, 1,263, 1,020, 586, 636, 830시간이었다. 평균수명의 95% 신뢰하한값은 얼마인가?

해설

$$\theta_L=\frac{2r\hat{\theta}}{\chi^2_{1-\alpha}(2r)}=\frac{2T}{\chi^2_{1-\alpha}(2r)}$$

$$=\frac{2\times 7{,}194}{\chi^2_{0.95}(20)}=\frac{2\times 7{,}194}{31.41}=458.07068\mathrm{hr}$$

(단, 총작동시간 $T=\Sigma t_i=7{,}194$시간이다.)

[08] 고장시간이 지수분포를 따르고 있는 샘플 10개에 대하여 교체 없이 5,000시간 수명시험을 한 결과 1,000, 2,000, 3,000, 4,000시간에 각각 한 개씩 고장이 났다. 그리고 나머지는 시험 중단시간까지 고장 나지 않았다. 평균수명의 점추정값을 구하고, 신뢰수준 90%에서의 평균수명의 구간추정을 하라.

해설 ① 평균수명의 점추정치

$$\hat{\theta} = \frac{T}{r} = \frac{\sum_{i=1}^{r} t_i + (n-r)t_o}{r} = \frac{1{,}000 + \cdots + 4{,}000 + 6 \times 5{,}000}{4} = 10{,}000\,\text{hr}$$

② 신뢰구간의 추정

㉠ 신뢰하한값

$$\theta_L = \frac{2\,r\,\hat{\theta}}{\chi^2_{1-\alpha/2}[2(r+1)]} = \frac{2 \times 4 \times 10{,}000}{\chi^2_{0.95}(10)} = 4369.19716\,\text{hr}$$

㉡ 신뢰상한값

$$\theta_U = \frac{2\,r\,\hat{\theta}}{\chi^2_{\alpha/2}(2r)} = \frac{2 \times 4 \times 10{,}000}{\chi^2_{0.05}(8)} = 29304.02930\,\text{hr}$$

[09] 고장시간이 지수분포를 따르고 있는 샘플 15개에 대하여 5개가 고장 날 때까지 교체 없이 수명시험을 하고 관측한 고장시간은 각각 17.5, 18.8, 21.0, 31.0, 42.3시간이다. 평균수명의 점추정치와 90%의 신뢰구간을 추정하라.

해설 ① 평균수명의 점추정치

$$\hat{\theta} = \frac{T}{r} = \frac{\Sigma t_i + (n-r)t_r}{r}$$

$$= \frac{(17.5 + \cdots + 42.3) + 10 \times 42.3}{5} = 110.72\text{hr}$$

② 신뢰구간의 추정

㉠ 신뢰하한값 : $\theta_L = \dfrac{2\,r\,\hat{\theta}}{\chi^2_{1-\alpha/2}(2r)}$

$$= \frac{2 \times 5 \times 110.72}{\chi^2_{0.95}(10)} = 60.46969\text{hr}$$

㉡ 신뢰상한값 : $\theta_U = \dfrac{2\,r\,\hat{\theta}}{\chi^2_{\alpha/2}(2r)}$

$$= \frac{2 \times 5 \times 110.72}{\chi^2_{0.05}(10)} = 281.01523\text{hr}$$

[10] 어떤 제품이 평균수명이 200시간인 지수분포를 따를 때, 다음 물음에 답하시오.

가. 제품을 50시간 동안 사용했을 때의 신뢰도를 구하시오.

나. 200시간 사용 후, 50시간 더 사용했을 때의 신뢰도를 구하시오.

다. 설비의 신뢰도를 높이기 위해 부품을 정기적으로 교체할 필요가 있는지 지수분포의 특성을 이용하여 설명하시오.

해설 가. $R(t=50)=e^{-\frac{t}{MTBF}}=e^{-\frac{50}{200}}=0.77880$

나. $R(t=250/t=200)=R(t=50)=0.77880$

다. 지수분포는 고장률이 일정한 우발고장기에서 일어나는 분포이기에, 부품을 정기적으로 교체하는 예방보전(PM)은 의미가 없으며, 사후보전(BM)이나 개량보전(CM)을 행한다.

[11] 고장시간 t_i가 지수분포를 따르고 있는 정시중단시험 방식에서 제품 A는 총작동시간 2.0×10^5시간으로 무고장이며, 제품 B는 총동작시간 2.0×10^5시간으로 현재의 고장이 발생하였다. 신뢰수준 90%로 MTBF의 하한값을 비교하시오.

해설 ① 제품 A의 평균수명 하한값($r=0$인 경우)

$$MTBF_L=\frac{T}{2.3}=\frac{2.0\times10^5}{2.3}=86956.52174\text{시간}$$

② 제품 B의 평균수명 하한값

$$MTBF_L = \frac{2T}{x^2_{1-\alpha}[2(r+1)]}=\frac{2\times2.5\times10^5}{x^2_{0.90}(4)}=64267.35219\text{시간}$$

[비교] 제품 A의 평균수명이 제품 B의 평균수명보다 길다.

[12] 100V짜리 백열전구의 수명분포는 $\mu=100$시간이고, $\sigma=50$시간인 정규분포를 따를 경우, 다음 물음에 답하시오.

가. 새로 교환한 전구를 50시간 사용하였을 때의 신뢰도를 구하시오.
나. 이미 100시간 사용한 전구를 앞으로 50시간 이상 사용할 수 있을 확률을 구하시오.

해설 $R(t_1/t_0)=\dfrac{\Pr(t\geq t_1)}{\Pr(t\geq t_0)}$

가. $R(t=50)=\Pr(t\geq50)=\Pr\left(z\geq\dfrac{50-100}{50}\right)=\Pr(z\geq-1)=0.8413$

나. $R(t_1=150/t_0=100)=\dfrac{\Pr(t\geq150)}{\Pr(t\geq100)}=\dfrac{\Pr(z\geq1)}{\Pr(z\geq0)}=0.3174$

[13] 어떤 실험은 10℃ 법칙을 따른다고 한다. 정상온도(20℃)에서의 수명이 1,000시간일 때, 가속온도(100℃)에서 10시간 수명실험을 한다면 생존율은?

해설 10℃ 법칙에서 $\theta_n=2^\alpha\theta_s$

$$\theta_s=\frac{1}{2^\alpha}\theta_n=\frac{1}{2^8}\times1,000=3.90625\text{hr}$$

$$\therefore R_s(t=10)=e^{-\lambda_s t}=e^{-\frac{10}{3.90625}}=0.07730$$

[14] 가속시험온도인 125℃에서 얻은 고장시간은 평균수명 θ_s가 4,500시간인 지수분포를 따른다. 이 부품의 정상사용온도는 25℃이고, 이 두 온도 간의 가속계수(AF)의 값이 35일 경우, 다음 물음에 답하시오.

가. 정상조건에서의 평균고장률은?

나. 정상조건에서 40,000시간을 사용할 경우 누적고장확률은?

해설 가. 정상조건에서의 평균고장률

$$\theta_n = AF \times \theta_s = 35 \times 4.500 = 157,500$$

$$\lambda_n = \frac{1}{\theta_n} = \frac{1}{157,500} = 6.34921 \times 10^{-6}/\text{시간}$$

나. 정상조건에서의 누적고장확률

$$F_n(t = 40,000) = 1 - e^{-\lambda_n \cdot t} = 0.22428(22.428\%)$$

[15] 100개의 샘플에 대한 수명시험을 500시간 실시한 후 와이블 확률지를 이용하여 형상모수 0.7, 척도모수 8,667로 추정하였다. 위치모수는 0이고 $\Gamma(1.42) = 0.8864$, $\Gamma(1.43) = 0.8860$일 때 다음 물음에 답하시오.

가. 평균수명을 추정하시오.

나. 고장확률밀도함수를 계산하시오.

해설 가. 평균수명

$$E(t) = \eta\Gamma\left(1 + \frac{1}{m}\right)$$
$$= 8,667\,\Gamma(2.43) = 8,667\,\Gamma(1 + 1.43)$$
$$= 8,667 \times 1.43\Gamma(1.43)$$
$$= 8,667 \times 1.43 \times 0.8860 = 10980.91566\text{hr}$$

나. 고장확률밀도함수

$$f(t = 500) = \frac{m}{\eta}\left(\frac{t - r}{\eta}\right)^{m-1} e^{-\left(\frac{t-r}{\eta}\right)^m}$$
$$= \frac{0.7}{8,667}\left(\frac{500 - 0}{8,667}\right)^{0.7-1} e^{-\left(\frac{500-0}{8,667}\right)^{0.7}}$$
$$= 1.9006 \times 10^{-4} \times 0.87305 = 1.65935 \times 10^{-4}/\text{hr}$$

[16] 어떤 부품의 고장시간 분포가 형상모수 4, 척도모수 1,000, 위치모수 1,000인 와이블 분포를 따른다. 다음 물음에 답하시오.

가. 사용시간 1,500시간에서의 신뢰도와 고장률은 얼마인가?

나. 신뢰도 90%가 되는 사용시간은 몇 시간이 되는가?

해설 가. 신뢰도와 고장률

㉠ 신뢰도 $R(t=1{,}500)=e^{-\left(\frac{t-r}{\eta}\right)^m}=e^{-\left(\frac{1{,}500-1{,}000}{1{,}000}\right)^4}=0.93941$

㉡ 고장률 $\lambda(t=1{,}500)=\frac{m}{\eta}\left(\frac{t-r}{\eta}\right)^{m-1}=\frac{4}{1{,}000}\left(\frac{1{,}500-1{,}000}{1{,}000}\right)^{4-1}=5.0\times10^{-4}/\text{hr}$

나. 사용시간

$R(t)=e^{-\left(\frac{t-r}{\eta}\right)^m}=e^{-\left(\frac{t-1{,}000}{1{,}000}\right)^4}=0.90$

양변에 자연로그를 취하면, $-\left(\frac{t-1{,}000}{1{,}000}\right)^4=\ln 0.90$

따라서, $t=1569.73050$ 시간이다.

[17] 어떤 부품의 고장시간 분포가 형상모수 4, 척도모수 1,000, 위치모수 1,000인 와이블 분포를 따를 때 사용시간 1,500시간에서의 신뢰도와 고장률은 얼마인가?

해설 ① 신뢰도

$R(t=1{,}500)=e^{-\left(\frac{t-r}{\eta}\right)^m}=e^{-\left(\frac{1{,}500-1{,}000}{1{,}000}\right)^4}=0.93941$

② 고장률

$\lambda(t=1{,}500)=\frac{m}{\eta}\left(\frac{t-r}{\eta}\right)^{m-1}=\frac{4}{1{,}000}\left(\frac{1{,}500-1{,}000}{1{,}000}\right)^{4-1}=5.0\times10^{-4}/\text{hr}$

[18] 절삭기 기계에 들어가는 피니언 기어 부품의 고장시간의 분포가 형상모수 $m=4$, 척도모수 $\eta=1{,}500$, 위치모수 $r=1{,}000$의 와이블분포를 따를 때, 다음 각 물음에 답하시오.

가. 사용시간 $t=1{,}500$에서의 신뢰도를 구하시오.

나. 사용시간 $t=1{,}500$에서의 누적고장확률을 구하시오.

해설 가. 신뢰도

$R(t=1{,}500)=e^{-\left(\frac{t-r}{\eta}\right)^m}=e^{-\left(\frac{1{,}500-1{,}000}{1{,}500}\right)^4}=0.98773$

나. 누적고장확률

$F(t=1{,}500)=1-e^{-\left(\frac{t-r}{\eta}\right)^m}=1-e^{-\left(\frac{1{,}500-1{,}000}{1{,}500}\right)^4}=0.01227$

[19] 어떤 제품의 형상모수가 0.7이고 척도모수가 8,667시간일 때(위치모수는 0일 경우) 다음 물음에 답하시오.

가. 사용시간 $t=10{,}000$에서의 신뢰도를 구하시오.

나. 사용시간 $t=10{,}000$에서의 고장률을 구하시오.

해설 가. 신뢰도

$$R(t=10{,}000)=e^{-\left(\frac{t-r}{\eta}\right)^m}$$

$$=e^{-\left(\frac{10{,}000-0}{8{,}667}\right)^{0.7}}=0.33110$$

나. 고장률

$$\lambda(t=10{,}000)=\frac{m}{\eta}\left(\frac{t-r}{\eta}\right)^{m-1}$$

$$=\frac{0.7}{8{,}667}\left(\frac{10{,}000-0}{8{,}667}\right)^{0.7-1}=7.73731\times10^{-5}/\text{hr}$$

[20] 절삭기 기계에 들어가는 피니언 기어 부품의 고장시간의 분포가 형상모수 $m=3$, 척도모수 $\eta=1{,}000$, 위치모수 $r=0$의 와이블분포를 따를 때 다음 각 물음에 답하시오.

가. 사용시간 $t=500$에서의 신뢰도를 구하시오.
나. 사용시간 $t=500$에서의 고장률을 구하시오.
다. 신뢰도 0.90인 사용시간 t를 구하시오.

해설 가. 신뢰도

$$R(t=500)=e^{-\left(\frac{t-r}{\eta}\right)^m}=e^{-\left(\frac{500-0}{1{,}000}\right)^3}=0.88250$$

나. 고장률

$$\lambda(t=500)=\frac{m}{\eta}\left(\frac{t-r}{\eta}\right)^{m-1}$$

$$=\frac{3}{1{,}000}\left(\frac{500-0}{1{,}000}\right)^{3-1}=7.5\times10^{-4}/\text{hr}$$

다. 사용시간(t)

$$R(t)=e^{-\left(\frac{t-r}{\eta}\right)^m}=0.90$$

위의 식에서 양변에 자연로그 ln을 취하면

$\ln 0.90=-\left(\frac{t-0}{1{,}000}\right)^3$이 되므로, 시간 t에 관하여 정리하면 $t=472.30872$시간이다.

[21] 와이블분포를 따르는 제품의 신뢰도를 측정해 보니, 300시간에서 $R(t=300)=0.739$, 500시간에서 $R(t=500)=0.637$로 측정되었다. 300시간과 500시간 사이의 평균고장률은 얼마가 되는가? (단, 형상모수는 0.70이다.)

해설

$$AFR(t_1=300,\ t_2=500)=\frac{H(t=500)-H(t=300)}{\Delta t}$$

$$=\frac{-\ln 0.637-(-\ln 0.739)}{500-300}=7.42641\times10^{-4}/\text{시간}$$

(단, 와이블분포에서 $H(t)=-\ln R(t)=\left(\frac{t-r}{\eta}\right)^m$ 이다.)

[22] 어떤 제품의 총 작동시간은 50시간이며 수리 제한시간은 0.25시간이다. $\lambda=0.10$/hr, $\mu=2.0$/hr이고, $R(t)=e^{-\lambda t}$, $M(t)=1-e^{-\mu t}$를 따를 때 가용도는 얼마인지 구하시오.

해설 $A=\dfrac{MTBF}{MTBF+MTTR}=\dfrac{\dfrac{1}{0.10}}{\dfrac{1}{0.10}+\dfrac{1}{2.0}}=0.95238$

[23] 다음 그림과 같이 결합된 시스템을 200시간 사용하였을 경우 시스템의 평균수명과 시스템의 신뢰도는 얼마인가? (단, 부품의 고장은 상호독립이며, 고장분포는 지수분포를 따른다. 또한, λ_A=0.001/시간, λ_B=0.002/시간, λ_C=0.003/시간이다.)

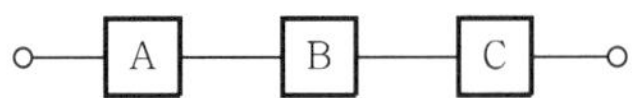

해설 ① 시스템의 평균수명

$$\theta_S=\frac{1}{\lambda_S}$$

$$=\frac{1}{0.001+0.002+0.003}=\frac{1}{0.006}=166.66667\text{hr}$$

② 시스템의 신뢰도

$$R_S(t=200)=e^{-\lambda_S t}=e^{-0.006\times 200}=0.30119$$

[24] 지수분포를 따르고 있는 3개의 부품이 병렬로 결합된 시스템의 평균수명을 구하시오. 또한 100시점에서 시스템의 신뢰도는 얼마가 되는가? (단, 각 부품의 고장률은 $\lambda_1=0.3\times10^{-3}$/시간, $\lambda_2=0.4\times10^{-3}$/시간, $\lambda_3=0.5\times10^{-3}$/시간이다.)

해설 ① 시스템의 평균수명

$$MTBF_S=\frac{1}{\lambda_1}+\frac{1}{\lambda_2}+\frac{1}{\lambda_3}-\frac{1}{\lambda_1+\lambda_2}-\frac{1}{\lambda_1+\lambda_3}-\frac{1}{\lambda_2+\lambda_3}+\frac{1}{\lambda_1+\lambda_2+\lambda_3}$$

$$=\left[\frac{1}{0.3}+\frac{1}{0.4}+\frac{1}{0.5}-\frac{1}{0.3+0.4}-\frac{1}{0.3+0.5}-\frac{1}{0.4+0.5}+\frac{1}{0.3+0.4+0.5}\right]\times 1{,}000$$

$$=4876.98413\text{hr}$$

② 시스템의 신뢰도

$$R_S(t=100)$$

$$=e^{-\lambda_1 t}+e^{-\lambda_2 t}+e^{-\lambda_3 t}-e^{-(\lambda_1+\lambda_2)t}-e^{-(\lambda_1+\lambda_3)t}-e^{-(\lambda_2+\lambda_3)t}+e^{-(\lambda_1+\lambda_2+\lambda_3)t}$$

$$=e^{-0.03}+e^{-0.04}+e^{-0.05}-e^{-0.07}-e^{-0.08}-e^{-0.09}+e^{-0.12}=0.99994$$

[25] 다음 그림과 같이 구성된 시스템이 있다. 만약 어떤 시점 t에서 각 부품의 신뢰도가 모두 $R_i(t)=0.9$, $i=1.2, \cdots, 8$이라면 이 시스템의 신뢰도는 시각 t에서 얼마인가?

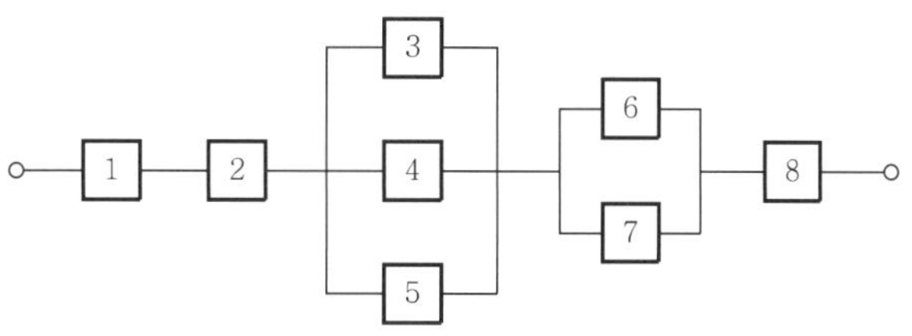

해설 $R_S(t)=R_1(t)\cdot R_2(t)\cdot[1-F_3(t)\cdot F_4(t)\cdot F_5(t)]\cdot[1-F_6(t)\cdot F_7(t)]\cdot R_8(t)$

$=0.72099$

[26] 다음 그림과 같이 결합된 시스템의 평균수명을 구하고, 시스템을 100시간 사용하였을 경우 시스템의 전체 신뢰도를 계산하시오. (단, 각 부품의 고장률은 $\lambda_A=0.3\times10^{-3}$/시간, $\lambda_B=0.4\times10^{-3}$/시간, $\lambda_C=0.8\times10^{-3}$/시간, $\lambda_D=0.1\times10^{-3}$/시간이며, 또한 각 부품의 고장은 지수분포에 따른다.)

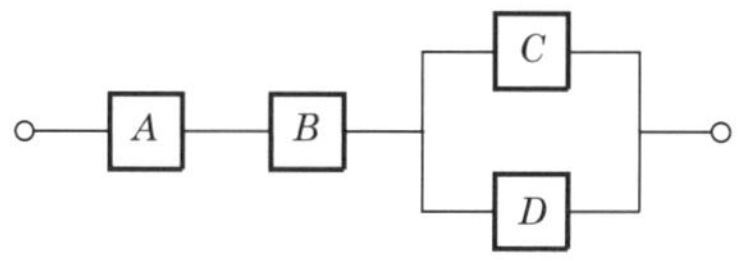

해설 ① 시스템의 평균수명

$$MTBF_S=\frac{1}{\lambda_A+\lambda_B+\lambda_C}+\frac{1}{\lambda_A+\lambda_B+\lambda_D}-\frac{1}{\lambda_A+\lambda_B+\lambda_C+\lambda_D}$$

$$=10^3\left(\frac{1}{0.3+0.4+0.8}+\frac{1}{0.3+0.4+0.1}-\frac{1}{0.3+0.4+0.8+0.1}\right)$$

$$=10^3\left(\frac{1}{1.5}+\frac{1}{0.8}-\frac{1}{1.6}\right)=1291.66667\text{hr}$$

② 시스템의 신뢰도

$$R_S(t=100)=e^{-(\lambda_A+\lambda_B+\lambda_C)t}+e^{-(\lambda_A+\lambda_B+\lambda_D)t}-e^{-(\lambda_A+\lambda_B+\lambda_C+\lambda_D)t}$$

$$=e^{-1.5\times10^{-3}\times100}+e^{-0.8\times10^{-3}\times100}-e^{-1.6\times10^{-3}\times100}$$

$$=0.93168$$

[27] 신뢰도가 0.9인 미사일 4개가 설치된 미사일 발사시스템이 있다. 이 발사시스템은 4개의 미사일 중 3개만 작동하면 임무 수행이 가능하다고 한다. 이때 4개 중 3개 미사일 시스템의 신뢰도를 계산하라.

해설 $R_S = \sum_{m=3}^{4} {}_nC_m \times r^m \times (1-r)^{n-m}$

$= {}_4C_3(0.9)^3(0.1)^1 + {}_4C_4(0.9)^4(0.1)^0 = 0.9477$

혹은, $R_S = 4R^3 - 3R^4 = 0.9477$이다.

참고 2/4 시스템도 시험에 출제되기 시작하였다.

$R_S = 6R^2 - 8R^3 + 3R^4$

[28] 어떤 부품의 수명은 평균 5시간, 표준편차 1시간의 대수정규분포를 따른다고 한다. 이 부품이 1,000시간 동안 고장이 나지 않을 확률은?

해설 $R(t=1{,}000) = \Pr(z > \ln t) = \Pr\left(z > \frac{\ln 1{,}000 - 5}{1}\right) = \Pr(z > 1.91) = 0.0281$

6 품질경영시스템

[01] 5M 1E에 대해 쓰시오.

해설 ① 5M : 작업자(Man), 기계(Machine), 원재료(Material), 작업방법(Method), 작업측정(Measurement)
② 1E : 환경(Environment)

[02] 다음은 6시그마 활동에서 프로젝트의 추진시 6시그마가 지향하는 근본적 문제해결을 위하여 설계나 개발단계와 같이 초기단계부터 결함을 예방하는 6시그마 설계인 DFSS(Design For Six Sigma)가 필요한데, DFSS 추진시 DMADOV라는 절차가 보편적으로 사용된다. 또한 제조부문의 해결 프로젝트 접근방식으로 6개월 이내의 과제로 활동하는 DMAIC이 있는데, 여기서 DMADOV와 DMAIC는 무엇을 말하는가?

해설 ① DMADOV : 정의, 측정, 분석, 설계, 최적화, 검증
② DMAIC : 정의, 측정, 분석, 개선, 통제

[03] 측정시스템 변동원인 5가지를 기술하시오.

해설 ① 정확도 ② 반복성 ③ 재현성 ④ 직선성 ⑤ 안정성

[04] 측정시스템 변동원인 5가지 중 반복성과 재현성에 대해 간단히 기술하시오.

해설 ① 반복성 : 동일한 시료를 동일 측정자가 반복 측정하여 얻어진 데이터의 변동으로 정밀도라고 하며, 변동이 작을수록 반복성이 좋아진다.
② 재현성 : 동일한 계측기로 동일한 시료를 두 명 이상의 다른 측정자가 반복 측정할 때 발생하는 측정 평균값의 차이를 재현성이라고 하며, 차이가 클수록 재현성이 떨어진다.

참고 반복성과 재현성을 Gage R&R이라고 한다.

[05] 제품의 특성치를 계측기로 측정할 때 발생하는 3가지 측정오차를 쓰시오.

해설 ① 과실오차 ② 우연오차 ③ 계통오차(교정오차)

[06] 현장 개선활동에 효과적인 5S 활동에 대해 기술하고 간단하게 설명하시오

해설 ① 정리 : 불필요한 것을 버리는 것
② 정돈 : 사용하기 좋게 하는 것
③ 청소 : 더러움을 없애는 것
④ 청결 : 정리, 정돈, 청소 상태를 유지하는 것
⑤ 생활화 : 정리, 정돈, 청소, 청결을 습관화하는 것

[07] 다음의 품질 코스트를 P, A, F 코스트로 분류하시오.

- QC 기술코스트
- PM 코스트
- 설계변경 코스트
- 시험 코스트
- 현지서비스 코스트
- QC 교육 코스트

해설 ① P 코스트 : QC 기술코스트, QC 교육 코스트
② A 코스트 : 시험 코스트, PM 코스트
③ F 코스트 : 현지서비스 코스트, 설계변경 코스트

[08] 어떤 제품을 생산하는 프로세스가 있다. 이 제품의 하한규격은 79.0kg/mm^{2}라고 한다. 그런데 규격을 벗어나는 많은 부적합품(재손질 및 폐기처리제품)이 발생되고 있으므로, 4일 동안 하루에 생산되는 제품 중 시간 간격을 두고 5번씩 시료를 채취하여 다음과 같은 데이터를 얻었다. 아래의 물음에 답하시오.

시료군 번호(k)	시료 크기(n)	부적합품(np)	시료군 번호(k)	시료 크기(n)	부적합품(np)
1	300	4	11	300	7
2	300	4	12	300	4
3	300	6	13	300	3
4	300	4	14	300	6
5	300	6	15	400	9
6	200	2	16	400	4
7	200	4	17	400	3
8	200	3	18	400	4
9	200	5	19	400	5
10	200	3	20	400	2

가. 이 프로세스의 부적합품률의 추정치를 구하시오.
나. 이 프로세스의 치우침을 고려한 공정능력지수를 구하시오. (단, 정규분포를 이용하시오.)

해설 가. 프로세스 부적합품률의 추정치

$\Sigma np = 88$, $\Sigma n = 6{,}100$

$$\hat{p} = \bar{p} = \frac{\Sigma np}{\Sigma n} = 0.0144 \rightarrow 1.44\%$$

나. C_{PKL}(치우침을 고려한 공정능력지수)

하한규격을 넘는 제품이 부적합품이며 확률면적 0.0144에 대응되는 u값을 표준정규분포에서 찾으면 $u_{1-0.0143} = 2.19$가 되므로 $\mu - L$의 거리값은 2.19σ가 된다.

$$C_{PKL} = \frac{\mu - L}{3\sigma} = \frac{2.19\sigma}{3\sigma} = 0.73$$

[09] 히스토그램을 작성하는 이유를 3가지만 쓰시오.

해설 ① 데이터의 흩어진 모양(분포)을 알고 싶은 경우
② 평균과 편차를 알기 위한 경우
③ 규격과 대조하여 공정능력을 알고 싶은 경우

[10] 품질관리 활동을 수행하는 데 있어서 기본적인 QC 수법의 7가지를 열거하시오.

해설 ① 특성요인도
② 파레토그램
③ 체크시트
④ 히스토그램
⑤ 산점도
⑥ 꺾은선 그래프(관리도)
⑦ 층별

[11] 분임조 활동시 분임조의 기법으로 사용되고 있는 브레인스토밍의 4가지 원칙을 쓰시오.

해설 ① 비판금지
② 다량의 발언 유도
③ 남의 아이디어에 편승
④ 자유분방한 사고(연상의 활발한 전개)

[12] QC 활동에 효과적인 신 QC 7가지 도구를 기술하시오.

해설 ① 연관도 ② 애로우 다이어그램 ③ 계통도 ④ 친화도
⑤ PDPC법 ⑥ 매트릭스도법 ⑦ 매트릭스 데이터해석법

[13] 품질경영을 위한 7원칙을 열거하시오.

해설 ① 고객중시
② 리더십
③ 인원의 적극 참여
④ 프로세스 접근법
⑤ 개선
⑥ 증거기반의 의사결정
⑦ 관계관리/관계경영

[14] KS 표시 인증심사기준(제품, 가공기술 인증)에서 정하고 있는 공장 심사항목 6가지를 기술하시오.

해설 ① 품질경영관리
② 자재관리
③ 공정・제조설비 관리
④ 제품관리
⑤ 시험・검사설비 관리
⑥ 소비자 보호 및 환경・자원관리

[15] 사내표준 요건 7가지 중 6가지를 쓰시오.

해설 ① 기여도가 큰 것부터 중점적으로 취급할 것
② 실행 가능한 내용일 것
③ 당사자의 의견을 고려할 것
④ 기록의 내용이 구체적이고 객관적일 것
⑤ 직관적으로 보기 쉬운 표현으로 할 것
⑥ 정확・신속하게 개정할 것
⑦ 장기적인 방침 및 체계하에서 추진할 것

* 이 중 6개만 기술하면 된다.

[16] 다음은 ISO 9001의 용어에 대한 설명이다. 설명하는 각각의 용어는?

가. 의도한 결과를 만들어내기 위하여 입력을 사용하여 상호 관련되거나 상호 작용하는 활동의 집합
나. 활동 또는 프로세스를 수행하기 위하여 규정된 방식
다. 최고 경영자에 의해 공식적으로 표명된 조직의 의도 및 방향

해설 가. 프로세스
나. 절차
다. 방침

[17] 다음은 ISO 9001의 용어에 관한 설명이다. 설명에 해당되는 용어를 각각 쓰시오.

가. 부적합의 원인을 제거하고 재발을 방지하기 위한 조치
나. 규정된 요구사항에 적합하지 않는 제품 또는 서비스를 사용하거나 불출하는 것에 대한 허가
다. 프로세스의 다음 단계 또는 다음 프로세스로 진행하도록 허가

해설 가. 시정조치
나. 특채
다. 불출/출시/해제

[18] ISO 9001에 규정된 문서에 관한 다음 각 설명에 해당되는 용어는?

가. 특정 프로젝트에 대하여 적용시점과 책임을 정한 절차 및 연관된 자원에 관한 절차서
나. 조직의 품질경영시스템에 대한 시방서
다. 대상의 고유특성 집합이 요구사항을 충족시키는 정도

해설 가. 품질계획서
나. 품질매뉴얼
다. 품질

[19] 다음은 ISO 9001에 규정된 용어에 대한 설명이다. 알맞은 용어를 보기에서 골라 쓰시오.

[보기] ① 요구사항 ② 등급 ③ 결함 ④ 부적합 ⑤ 절차

가. 동일한 기능으로 사용되는 대상에 대하여 상이한 요구사항으로 부여되는 범주 또는 순위
나. 활동 또는 프로세스를 수행하기 위하여 규정된 방식
다. 요구사항의 불충족

해설 가. ② 나. ⑤ 다. ④

참고 결함(Defect)이란 의도되거나 규정된 용도에 관련된 부적합을 뜻한다.

[20] 다음은 ISO 9001에 규정된 용어에 관한 설명이다. 각 설명에 해당되는 용어는?

가. 요구사항에 적합하도록 부적합 제품 또는 서비스에 취해지는 조치
나. 의도된 용도에 쓰일 수 있도록 부적합제품 또는 서비스에 대해 취하는 조치
다. 규정된 요구사항에 적합하지 않는 제품 또는 서비스를 사용하거나 불출하는 것에 대한 허가

해설 가. 재작업
나. 수리
다. 특채

[21] 다음은 ISO 9001에 규정된 문서에 관한 설명이다. 각 설명에 해당되는 용어는?

가. 특정 프로젝트에 대하여 어떤 절차와 관련된 자원이 누구에 의해 언제 적용되는지를 기술한 문서

나. 조직의 품질방침을 명시하고 품질시스템을 기술한 문서

다. 활동 또는 프로세스를 수행하기 위한 절차를 기술한 문서

라. 권고 또는 제안을 명시하는 절차상의 하위 문서

마. 규정된 요구사항이 충족되어 있음을 객관적 증거제시를 통하여 확인하는 것

가. 품질계획서
나. 품질매뉴얼
다. 시방서
라. 기록
마. 검증

[22] 다음은 ISO 9001에 규정된 문서에 관한 설명이다. 각각의 설명에 해당되는 용어를 쓰시오.

가. 고객의 기대가 어느 정도까지 충족되었는지에 대한 고객의 인식

나. 조직과 고객 간에 어떠한 행위, 거래, 처리 없이 생산될 수 있는 조직의 출력

다. 특정 대상에 대하여 적용시점과 책임을 정한 절차 및 연관된 자원에 관한 기록서

가. 고객만족
나. 제품
다. 품질계획서

[23] 제조물 결함의 유형은 과실책임, 보증책임, 엄격책임(무과실책임)이 있는데 과실책임의 3가지를 쓰시오.

① 설계상의 결함
② 제조·가공상의 결함
③ 지시·경고상의 결함

부록 3

과년도 출제문제

품질경영기사 실기

최근 출제된 품질경영기사 실기 기출문제 수록

부록 3

과년도 출제문제

2021 제1회 품질경영기사

[01] 산업현장에서 작업환경 개선의 규범으로 많이 사용되며 산업현장 내의 각 부문에서 제반 낭비요소를 제거하기 위해서 실행되는 3정 5행 활동에 대하여 쓰시오.

가. 3정
나. 5S

해설 가. 정위치, 정품, 정량
나. 정리, 정돈, 청소, 청결, 생활화

[02] 다음 데이터는 설계를 변경한 후 만든 어떤 전자기기 장치 10대를 수명시험에 걸어 고장개수 $r=7$에서 중단한 시험의 결과이다. 이 데이터를 웨이블 확률지에 타점하여 보니 형상 파라메터가 $m=1$이 되었다. 다음 물음에 답하시오.

[데이터] 3, 9, 12, 18, 27, 31, 43 (단위 : 시간)

가. 이 장치의 평균수명 추정치를 구하시오.
나. 고장률을 추정하시오.
다. 이 장치의 시간 $t=10$에서의 신뢰도를 구하시오.

해설 가. $MTBF$의 추정치

$$\hat{\theta}=\frac{T}{r}=\frac{\sum_{i=1}^{r}t_i+(n-r)t_r}{r}=\frac{3+\cdots+43+3\times 43}{7}=38.85714\text{hr}$$

나. 고장률의 추정치

$$\hat{\lambda}=\frac{1}{\hat{\theta}}=0.02573/\text{hr}$$

다. 신뢰도

$$R(t=10)=e^{-\lambda t}=e^{-0.02573\times 10}=0.77314$$

[03] 어떤 제조공장에서 제품의 수명을 높이기 위하여 제품 수명에 크게 영향을 미치는 모수인자 3개를 선정하여 각 인자 5수준으로 하여 라틴방격법에 의한 실험을 행하였다. 실험에 배치된 인자 간의 교호작용은 거의 무시될 수 있으며, 25개의 실험조건을 랜덤하게 순서를 정해 실험하여 아래와 같은 결론을 얻었다. 다음 각 물음에 답하시오.

[$(X_{ijk}=x_{ijk}-70)$으로 변수 변환된 자료]

B \ A	A_1	A_2	A_3	A_4	A_5
B_1	$C_1(-2)$	$C_2(4)$	$C_3(-7)$	$C_4(-6)$	$C_5(0)$
B_2	$C_2(-6)$	$C_3(0)$	$C_4(-5)$	$C_5(-12)$	$C_1(2)$
B_3	$C_3(1)$	$C_4(9)$	$C_5(0)$	$C_1(-1)$	$C_2(6)$
B_4	$C_4(1)$	$C_5(4)$	$C_1(-1)$	$C_2(-4)$	$C_3(0)$
B_5	$C_5(2)$	$C_1(11)$	$C_2(-2)$	$C_3(-5)$	$C_4(8)$

가. 평균제곱의 기대치를 포함한 분산분석표를 유의수준 5%로 작성하시오.

나. 수명을 최대로 하는 최적조건을 구하고, 최적조건에서의 점추정치 및 신뢰구간을 신뢰율 95%로 추정하시오.

해설 가. 분산분석표 작성

① 제곱합 분해

$$S_T=\Sigma\Sigma\Sigma x_{ijk}^{\ 2}-CT=684.64$$

$$S_A=\Sigma\frac{T_{i..}^{\ 2}}{k}-CT=412.64$$

$$S_B=\Sigma\frac{T_{.j.}^{\ 2}}{k}-CT=196.24$$

$$S_C=\Sigma\frac{T_{..k}^{\ 2}}{k}-CT=57.84$$

$$S_e=S_T-S_A-S_B-S_C=17.92$$

② 자유도

$$\nu_T=k^2-1=24$$

$$\nu_A=\nu_B=\nu_C=k-1=4$$

$$\nu_e=(k-1)(k-2)=12$$

③ 분산분석표

요 인	SS	DF	MS	F_0	$F_{0.95}$	$E(V)$
A	412.64	4	103.16	69.08051*	3.26	$\sigma_e^{\ 2}+5\sigma_A^{\ 2}$
B	196.24	4	49.06	32.85275*	3.26	$\sigma_e^{\ 2}+5\sigma_B^{\ 2}$
C	57.84	4	14.46	9.68306*	3.26	$\sigma_e^{\ 2}+5\sigma_C^{\ 2}$
e	17.92	12	1.49333			$\sigma_e^{\ 2}$
T	684.64	24				

나. 최적조건의 추정

분산분석 결과 A, B, C 3요인 모두 유의차가 있으므로, A의 1원표, B의 1원표, C의 1원표에서 각각 수명을 최대로 하는 각 인자의 수준을 구하면, A는 A_2수준에서, B는 B_3수준에서, C는 C_1수준에서 결정된다. 따라서 최적조합수준은 $A_2B_3C_1$으로 결정된다.

① 점추정치

$$\hat{\mu}(A_2B_3C_1) = \bar{x}_{2\cdot\cdot} + \bar{x}_{\cdot 3 \cdot} + \bar{x}_{\cdot\cdot 1} - 2\bar{\bar{x}}$$
$$= \left(\frac{28}{5} + \frac{15}{5} + \frac{9}{5} - 2\times\frac{(-3)}{25}\right) + 70$$
$$= 80.64$$

② 신뢰구간의 추정

$$\mu(A_2B_3C_1) = \hat{\mu}(A_2B_3C_1) \pm t_{1-\alpha/2}(\nu_e)\sqrt{\frac{V_e}{NR}}$$
$$= 80.64 \pm 2.179\sqrt{1.49333\times\frac{13}{25}}$$
$$= 78.71984 \sim 82.56016$$

(단, $NR = \frac{k^2}{3k-2} = \frac{25}{13}$ 이다.)

[04] 어느 공장에서 종래의 생산되는 탄소강의 시험편의 지름과 항장력 사이의 상관계수 $\rho_0 = 0.749$였다. 최초 재료 중 일부가 변경되어 혹시 모상관계수가 달라지지 않았는가를 조사하기 위해 크기 100인 시험편에 대하여 지름과 항장력을 추정하여 상관계수를 계산하였더니 $r = 0.838$이었다. 재료가 바뀜으로써 모상관계수가 달라졌다고 할 수 있겠는가?

가. 유의수준 5%로 검정하시오.

나. 검정결과 유의하다면 모상관계수의 95% 신뢰구간을 구하시오.

해설 가. 모상관계수의 변화 유무 검정

① 가설 : $H_0 : \rho = 0.749$, $H_0 : \rho \neq 0.749$

② 유의수준 : $\alpha = 0.05$

③ 검정통계량 $u_0 = \dfrac{\tanh^{-1}r - \tanh^{-1}\rho_0}{\sqrt{\dfrac{1}{n-3}}}$

$$= [\tanh^{-1}0.838 - \tanh^{-1}0.749]\sqrt{100-3} = 2.40061$$

④ 기각역 : $-u_{0.975} = -1.96$, $u_{0.975} = 1.96$

⑤ 판정 : $u_0 > 1.96 \rightarrow H_0$ 기각, 즉 모상관계수는 달라졌다고 할 수 있다.

나. 모상관계수의 신뢰구간 추정

$$Z = \tanh^{-1}0.838 = 1.21442$$
$$E(Z)_L = Z - u_{1-\alpha/2}\sqrt{\frac{1}{n-3}} = 1.21442 - u_{0.975}\sqrt{\frac{1}{97}} = 1.21442 - 0.19901 = 1.01541$$
$$E(Z)_U = Z + u_{1-\alpha/2}\sqrt{\frac{1}{n-3}} = 1.41343$$
$$\rho_L = \tanh E(Z)_L = \tanh 1.01541 = 0.76779$$
$$\rho_U = \tanh E(Z)_U = \tanh 1.41343 = 0.88822$$

따라서 모상관계수의 신뢰구간은 $0.76779 \leq \rho \leq 0.88822$이다.

[05] 절삭기 기계에 들어가는 피니언 기어 부품의 고장시간의 분포가 형상모수 $m=3$, 척도모수 $\eta=1{,}000$, 위치모수 $\gamma=0$의 웨이블 분포를 따를 때, 다음 각 물음에 답하시오.

가. 사용시간 $t=500$에서의 신뢰도를 구하시오.

나. 사용시간 $t=500$에서의 고장률을 구하시오.

다. 신뢰도 0.90인 사용시간 t를 구하시오.

해설 가. 신뢰도

$$R(t=500)=e^{-\left(\frac{t-r}{\eta}\right)^m}=e^{-\left(\frac{500-0}{1{,}000}\right)^3}=0.88250$$

나. 고장률

$$\lambda(t=500)=\frac{m}{\eta}\left(\frac{t-r}{\eta}\right)^{m-1}=\frac{3}{1{,}000}\left(\frac{500-0}{1{,}000}\right)^{3-1}=7.5\times10^{-4}/\text{hr}$$

다. 사용시간

$$R(t)=e^{-\left(\frac{t-r}{\eta}\right)^m}=0.90$$

위 식에서 양변에 자연로그 ln을 취하면

$\ln 0.90=-\left(\frac{t-0}{1{,}000}\right)^3$이 되므로, 시간 t에 관하여 정리하면 $t=472.30872$시간이다.

[06] Y사는 어떤 부품의 수입검사에 계수값 샘플링검사인 KS Q ISO 2859-1을 사용하고 있다. 적용조건은 $AQL=1.0\%$, 검사수준 Ⅱ로 1회 샘플링검사를 하고 있으며 처음 로트의 엄격도는 보통검사에서 시작하여 15로트가 진행되었으며 예시문은 그 중 11번째 로트로부터 나타낸 것이다. 표의 빈칸을 채우고, 15번째 로트의 검사결과 16번 로트에 수월한 검사를 적용할 조건이 되는가 판정하시오.

로트	N	샘플문자	n	Ac	Re	부적합품수	합격판정	전환점수
11	300	H	50	1	2	1	합격	21
12	500	H	50	1	2	0	(　　)	(　　)
13	300	H	50	1	2	1	(　　)	(　　)
14	800	J	80	2	3	0	(　　)	(　　)
15	1,000	J	80	2	3	2	(　　)	(　　)

해설 ① $AQL=1.0\%$, 검사수준 II, 1회 샘플링검사, 보통검사

로트	N	샘플문자	n	Ac	Re	부적합품수	합격판정	전환점수
11	300	H	50	1	2	1	합격	21
12	500	H	50	1	2	0	(합격)	(23)
13	300	H	50	1	2	1	(합격)	(25)
14	800	J	80	2(1)	3	0	(합격)	(28)
15	1,000	J	80	2(1)	3	2	(합격)	(0)

② 15번째 로트는 한단계 엄격한 AQL 검사인 $Ac=1$에서 불합격되므로, 전환점수(Ss)가 0점으로 처리된다. 따라서 16번째 로트에서도 보통검사가 진행된다.

[07] 2^3형 실험에서 2개의 블록으로 나누어 단독교락의 실험을 하려고 한다. 최고차항의 교호작용 $A\times B\times C$를 블록과 교락시켜 실험하는 경우 실험배치를 하시오.

해설 ① 정의 대비

$I=A\times B\times C$

② 효과 분해

$$A\times B\times C=\frac{1}{4}(a-1)(b-1)(c-1)$$

$$=\frac{1}{4}(abc+a+b+c-ab-ac-bc-1)$$

③ 블록배치

I	II
1	a
ab	b
ac	c
bc	abc

$I=A\times B\times C$

[08] A는 모래를 납품하고 있는 회사에서 임의로 4개의 회사를 선택하고, B는 회사별로 각각 두 대의 트럭을 랜덤하게 선택한 것이며, C는 트럭 내에서 랜덤하게 두 삽을 취한 것이고, 각 삽에서 두 번에 걸쳐 모래의 염도(%)를 측정한 것으로 데이터는 다음 표와 같다. 이 실험은 A_1, A_2, A_3 및 A_4에서 수준을 랜덤하게 선택한 후 선택한 A수준에서 B_1과 B_2를 랜덤하게 선택하여 랜덤하게 두 삽을 취해 측정을 2회 한 후 데이터를 얻고, 나머지 A수준에서도 같은 방법으로 8회의 실험을 한 후 분산분석을 행하였더니 요인의 제곱합이 다음과 같았다. 요인분산의 기대가를 포함한 분산분석표를 작성하시오.

$[X_{ijk}=(x_{ijk}-55.4)\times 100]$

B \ C \ A		A_1	A_2	A_3	A_4
B_1	C_1	−10 −7	49 42	−5 −1	−10 −2
	C_2	13 15	74 72	19 13	4 5
B_2	C_1	−36 −35	16 14	−30 −34	−37 −46
	C_2	−18 20	36 44	−11 −6	−28 −25

요인	SS	DF	MS	F_0	$F_{0.95}$	$E(V)$
A	1.79828					
$B(A)$	0.64584					
$C(AB)$	0.44683					
e	0.09135					
T	2.98230					

해설 분산분석표의 작성

① 자유도 분해

$\nu_T = lmnr-1=31$

$\nu_A = l-1=3$

$\nu_{B(A)}=\nu_{AB}-\nu_A=l(m-1)=4$

$\nu_{C(AB)}=\nu_{ABC}-\nu_{AB}=lm(n-1)=8$

$\nu_e=\nu_T-\nu_{ABC}=lmn(r-1)=16$

② F_0 검정

인자 A는 인자 B로 검정하고, 인자 B는 인자 C로, 인자 C는 오차 e로 검정한다.

③ 분산분석표의 작성

요인	SS	DF	MS	F_0	$F_{0.95}$	$E(V)$
A	1.79828	3	0.59943	3.71256	6.59	$\sigma_e^2+2\sigma_{C(AB)}^2+4\sigma_{B(A)}^2+8\sigma_A^2$
$B(A)$	0.64584	4	0.16146	2.89096	3.84	$\sigma_e^2+2\sigma_{C(AB)}^2+4\sigma_{B(A)}^2$
$C(AB)$	0.44683	8	0.05585	9.78109*	2.59	$\sigma_e^2+2\sigma_{C(AB)}^2$
e	0.09135	16	0.00571			σ_e^2
T	2.98230	31				

요인 C가 매우 유의하다. 즉 트럭 내 모래의 염분 함량에는 큰 차이가 있다.

[09] 다음 $\bar{x}-R$ 관리도의 데이터에 대한 물음에 답하시오. (단, $\Sigma R_i=27.00$이고 $n=2$일 때 $d_2=1.128$, $n=4$일 때 $d_2=2.059$이다.)

시료군의 번호	측정값					
	x_1	x_2	x_3	x_4	$\bar{x}_i$	R_m
1	38.3	38.9	39.4	38.3	38.725	
2	39.1	39.8	38.5	39.0	39.100	0.375
3	38.6	38.0	39.2	39.9	38.925	0.175
4	40.6	38.6	39.0	39.0	39.300	0.375
5	39.0	38.5	39.3	39.4	39.050	0.250
6	38.8	39.8	38.3	39.6	39.125	0.075
7	38.9	38.7	41.0	41.4	40.000	0.875
8	39.9	38.7	39.0	39.7	39.325	0.675
9	40.6	41.9	38.2	40.0	40.175	0.850
10	39.2	39.0	38.0	40.5	39.175	1.000
11	38.9	40.8	38.7	39.8	39.550	0.375
12	39.0	37.9	37.9	39.1	38.475	1.075
13	39.7	38.5	39.6	38.9	39.175	0.700
14	38.6	39.8	39.2	40.8	39.600	0.425
15	40.7	40.7	39.3	39.2	39.975	0.375
합계					589.675	7.600

가. $\bar{x}-R$ 관리도의 C_L, U_{CL}, L_{CL}을 구하시오.

나. 군내변동(σ_w), 군간변동(σ_b)을 각각 구하시오.

해설 가. $\bar{x}-R$ 관리도의 관리선

① $\bar{x}$ 관리도

㉠ $C_L=\dfrac{\Sigma\bar{x}}{k}=\dfrac{589.675}{15}=39.31167$

㉡ $U_{CL}=\bar{\bar{x}}+\dfrac{3\bar{R}}{d_2\sqrt{n}}=39.31167+\dfrac{3\times1.80}{2.059\times\sqrt{4}}=40.62299$

㉢ $L_{CL}=\bar{\bar{x}}-\dfrac{3\bar{R}}{d_2\sqrt{n}}=39.31167-\dfrac{3\times1.80}{2.059\times\sqrt{4}}=38.00035$

② R 관리도

㉠ $C_L=\dfrac{\Sigma R}{k}=\dfrac{27.0}{15}=1.80$

㉡ $U_{CL}=D_4\bar{R}=2.282\times1.80=4.10760$

㉢ $L_{CL}=D_3\bar{R}=$ — (고려하지 않음)

나. ① 군내변동

$$\sigma_w=\frac{\bar{R}}{d_2}=\frac{1.80}{2.059}=0.87421$$

② 군간변동

$$\sigma_{\bar{x}} = \frac{\overline{R}_m}{d_2} = \frac{0.54286}{1.128} = 0.48126$$

$$\left(\text{단, } \overline{R}_m = \frac{\Sigma R_m}{k-1} = \frac{7.600}{14} = 0.54286\text{이다.}\right)$$

$$\sigma_b = \sqrt{\sigma_{\bar{x}}^2 - \frac{\sigma_w^2}{n}} = \sqrt{0.48126^2 - \frac{0.87421^2}{4}} = 0.20137$$

[10] 4종류 플라스틱 제품 A_1(자기 회사 제품), A_2(국내 C회사 제품), A_3(국내 D회사 제품), A_4(외국 제품)에 대하여, 각각 10개, 6개, 6개, 2개씩의 표본을 취하여 강도(kg/cm^2)를 측정하였다. 이 실험의 목적은 4종류의 제품 간에 다음과 같은 구체적인 사항을 비교하는 것이다. 아래의 데이터로부터 대비의 변동을 포함한 분산분석표를 $\alpha=0.05$로 작성하라. (단, 선형식의 제곱합은 정수처리 후, 분산분석표는 소수점 2자리로 수치맺음을 하시오.)

〈비교사항〉
- L_1 : 외국 제품과 한국 제품의 차이
- L_2 : 자기 회사 제품과 국내 타 회사 제품의 차이
- L_3 : 국내 타 회사 제품 간의 차이

A의 수준	데이터	표본의 크기	계
A_1	20 18 19 17 17 22 18 13 16 15	10	175
A_2	25 23 28 26 19 26	6	147
A_3	24 25 18 22 27 24	6	140
A_4	14 12	2	26
계		24	488

해설 ① 선형식

- $L_1 = \frac{T_{4\cdot}}{2} - \frac{T_{1\cdot}+T_{2\cdot}+T_{3\cdot}}{22} = \frac{26}{2} - \frac{175+147+140}{22} = -8.0$
- $L_2 = \frac{T_{1\cdot}}{10} - \frac{T_{2\cdot}+T_{3\cdot}}{12} = \frac{175}{10} - \frac{147+140}{12} = -6.41667$
- $L_3 = \frac{T_{2\cdot}}{6} - \frac{T_{3\cdot}}{6} = \frac{147}{6} - \frac{140}{6} = 1.2$

② 선형식 제곱합

- $S_{L_1} = \frac{{L_1}^2}{\sum_{i=1}^{4} m_i {c_i}^2} = \frac{(-8.0)^2}{(2)\left(\frac{1}{2}\right)^2 + (10)\left(-\frac{1}{22}\right)^2 + (6)\left(-\frac{1}{22}\right)^2 + (6)\left(-\frac{1}{22}\right)^2} = 117$

- $S_{L_2} = \dfrac{(-6.4)^2}{(10)\left(\frac{1}{10}\right)^2 + (6)\left(-\frac{1}{12}\right)^2 + (6)\left(-\frac{1}{12}\right)^2} = 225$
- $S_{L_3} = \dfrac{(1.2)^2}{(6)\left(\frac{1}{6}\right)^2 + (6)\left(-\frac{1}{6}\right)^2} = 4$

③ 제곱합 분해

- $S_T = (20)^2 + (18)^2 + \cdots + (12)^2 - \dfrac{(488)^2}{24} = 503$
- $S_A = \sum \dfrac{T_{i.}^{\,2}}{r_i} - \dfrac{T^2}{N} = \dfrac{(175)^2}{10} + \dfrac{(147)^2}{6} + \dfrac{(140)^2}{6} + \dfrac{(26)^2}{2} - \dfrac{(488)^2}{24} = 346$
- $S_e = S_T - S_A = 157$

④ 분산분석표

요인	SS	DF	MS	F_0	$F_{0.95}$
A	346	3	115.33	14.69*	3.10
L_1	117	1	117	14.90*	4.35
L_2	225	1	225	28.66*	4.35
L_3	4	1	4	0.51	4.35
e	157	20	7.85		
T	503	23			

[11] 평균치가 500g 이하인 로트는 될 수 있는 한 합격시키고 싶고, 평균치가 520g 이상인 로트는 될 수 있는 한 불합격시키고 싶다. 과거의 데이터로부터 판단하여 볼 때 품질 특성치는 정규분포를 따르며 표준편차는 20g으로 알려져 있다. 다음 각 물음에 답하시오.

가. $\alpha = 0.05$, $\beta = 0.10$을 만족시키는 계량규준형 샘플링검사 방식을 설계하라.

나. 이 검사방식에 대한 OC곡선을 그려라.

해설 가. 계량규준형 샘플링 검사방식의 설계

① $n = \left(\dfrac{k_\alpha + k_\beta}{m_0 - m_1}\right)^2 \sigma^2$

$= \left(\dfrac{1.645 + 1.282}{500 - 520}\right)^2 \times 20^2 = 8.56733 \rightarrow 9$개

② $\overline{X}_U = m_0 + G_0\sigma = m_0 + k_\alpha \dfrac{\sigma}{\sqrt{n}}$

$= 500 + 1.645 \times \dfrac{20}{\sqrt{9}} = 510.96667\text{g}$

③ $\bar{x} \leq 510.96667\text{g}$이면 로트를 합격,

$\bar{x} > 510.96667\text{g}$이면 로트를 불합격시킨다.

나. OC 곡선

$m_0 = 500$, $m_1 = 520$을 포함하여 m의 값을 500g, 511g($\overline{X}_U$), 520g으로 지정하고, 표준정규분포를 이용하여 다음의 표를 작성한다.

m	$K_{L(m)} = \sqrt{n}(m - \overline{X}_U) / \sigma$	$L(m)$
500	$\sqrt{9}(500 - 510.96667) / 20 = -1.645$	0.95
511	$\sqrt{9}(511 - 510.96667) / 20 = 0.000$	0.5
520	$\sqrt{9}(520 - 510.96667) / 20 = 1.35$	0.0885

위의 결과로, m은 가로축, $L(m)$은 세로축으로 하여 OC 곡선을 그리면 다음과 같다.

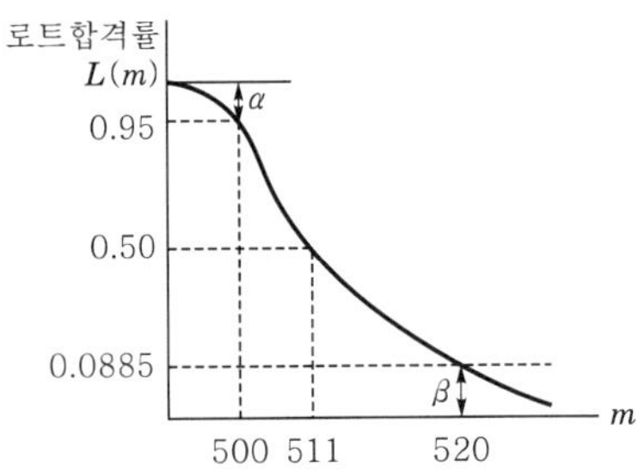

[12] AQL 지표형 검사인 계수값 샘플링검사(ISO KS Q 2859-1)에서 엄격도 조정 절차를 기술하시오.

해설 ① 보통검사 → 까다로운 검사

연속 5로트 중 2로트 불합격

② 보통검사 → 수월한 검사

㉠ 전환점수(s_s) 30점 이상 또는 최초검사에서 연속 10로트 합격

㉡ 생산진도 안정

㉢ 소관권한자 인정

③ 수월한 검사 → 보통검사

㉠ 불합격 로트 발생

㉡ 생산 불규칙

㉢ 기타 보통검사로 복귀 필요성이 있는 경우

④ 까다로운 검사 → 보통검사

연속 5로트 합격

⑤ 검사 중지

불합격 로트의 누계가 5로트 이상

[13] 주어진 [보기]의 품질 코스트 세부내용을 P·A·F cost로 구분하시오.

[보기]	① QC 사무 코스트	② 시험 코스트
	③ 현지서비스 코스트	④ QC 교육 코스트
	⑤ PM 코스트	⑥ 설계변경 코스트

가. P-cost

나. A-cost

다. F-cost

가. P−cost : ①, ④

나. A−cost : ②, ⑤

다. F-cost : ③, ⑥

[14] 크기 $N=5{,}000$의 로트에서 샘플의 크기 $n=100$의 시료를 샘플링하여 합격판정개수 $Ac=2$인 1회 샘플링검사를 행할 때 부적합품률 1%, 2%, 3%, 4%, 5%인 로트가 합격하는 확률은 얼마인가?

$P(\%)$	$m=nP$	$L(P)=P(x\le 2)=\dfrac{e^{-m}\ m^x}{x\,!}$
1	1	$\sum_{x=0}^{2}\dfrac{e^{-1}1^x}{x\,!}=e^{-1}\times\left(1+1.0+\dfrac{1.0^2}{2!}\right)=0.91970$
2	2	$\sum_{x=0}^{2}\dfrac{e^{-2}2^x}{x\,!}=e^{-2}\times\left(1+2.0+\dfrac{2.0^2}{2!}\right)=0.67668$
3	3	$\sum_{x=0}^{2}\dfrac{e^{-3}3^x}{x\,!}=e^{-3}\times\left(1+3.0+\dfrac{3.0^2}{2!}\right)=0.42319$
4	4	$\sum_{x=0}^{2}\dfrac{e^{-4}4^x}{x\,!}=e^{-4}\times\left(1+4.0+\dfrac{4.0^2}{2!}\right)=0.23810$
5	5	$\sum_{x=0}^{2}\dfrac{e^{-5}5^x}{x\,!}=e^{-5}\times\left(1+5.0+\dfrac{5.0^2}{2!}\right)=0.12465$

2021 제2회 품질경영기사

[01] 어떤 공장에서 제품을 제조할 때 사용하는 원료의 투입량(A), 처리온도(B), 처리시간(C)을 모두 3수준으로 해서 라틴방격법으로 제품 인장강도를 측정한 결과가 다음과 같다. 물음에 답하시오.

B \ A	A_1	A_2	A_3
B_1	$C_1=65$	$C_2=70$	$C_3=74$
B_2	$C_2=73$	$C_3=81$	$C_1=70$
B_3	$C_3=83$	$C_1=71$	$C_2=75$

가. 기대평균제곱($E(V)$)을 포함한 분산분석표를 $\alpha=0.05$로 작성하시오.
나. C_3의 모평균에 대한 95% 신뢰수준을 구간 추정하시오.

해설 가. ① 제곱합 분해

㉠ $S_T=\Sigma\Sigma\Sigma x_{ijl}{}^2-CT=252.22222$

㉡ $S_A=\dfrac{\Sigma T_{i\cdot\cdot}{}^2}{k}-CT=\dfrac{(221)^2+(222)^2+(219)^2}{3}-\dfrac{662^2}{9}=1.55556$

㉢ $S_B=\Sigma\dfrac{T_{\cdot j\cdot}{}^2}{k}-CT=\dfrac{(209)^2+(224)^2+(229)^2}{3}-\dfrac{662^2}{9}=72.22222$

㉣ $S_C=\Sigma\dfrac{T_{\cdot\cdot l}{}^2}{k}-CT=\dfrac{(206)^2+(218)^2+(238)^2}{3}-\dfrac{662^2}{9}=174.22222$

㉤ $S_e=S_T-S_A-S_B-S_C=4.22222$

② 분산분석표 작성

요 인	SS	DF	MS	F_0	$F_{0.95}$	$E(V)$
A	1.55556	2	0.77778	0.36842	19.00	$\sigma_e{}^2+3\sigma_A{}^2$
B	72.22222	2	36.11111	17.10527*	19.00	$\sigma_e{}^2+3\sigma_B{}^2$
C	174.22222	2	87.11111	41.26317*	19.00	$\sigma_e{}^2+3\sigma_C{}^2$
e	4.22222	2	2.11111			$\sigma_e{}^2$
T	252.22222	8				

나. $\mu_{\cdot\cdot 3}=\bar{x}_{\cdot\cdot 3}\pm t_{1-\alpha/2}(\nu_e)\sqrt{\dfrac{V_e}{k}}=79.33333\pm 4.303\times\sqrt{\dfrac{2.11111}{3}}$

$=79.33333\pm 3.60966$

따라서, C_3의 모평균에 대한 95% 신뢰구간은 75.72367~82.94299이다.

참고 유의하지 않은 요인 A를 풀링시켜 해석하면 추정의 정도를 높일 수 있으나, 지문상에서 풀링하라는 조건이 없으므로 그냥 해석을 한다. 하지만 실무상에는 풀링시켜 해석하는 것이 바람직하다.

[02] 어느 제강회사가 생산한 철판 $20m^2$당 부적합수를 조사한 결과, 다음과 같은 데이터를 얻었다. 물음에 답하시오.

샘플군(k)	1	2	3	4	5	6	7	8	9	10	계
부적합수	5	6	5	8	7	4	3	5	4	7	
샘플군(k)	11	12	13	14	15	16	17	18	19	20	90
부적합수	7	2	4	1	3	5	4	3	2	5	

가. 주어진 데이터가 어떤 분포를 따르는지 살펴보고, 관리선을 구하여 관리도를 작성하고 판정하시오.

나. 작성된 관리도의 공정평균 부적합수가 6.6으로 변하였을 때의 1점 타점시 검출력을 구하고, 연속 20점을 타점하였을 때 공정평균 변화를 파악하지 못할 확률을 구하시오.

해설 가. ① 주어진 데이터는 철판 $20m^2$당 부적합수를 나타내고 있으므로 푸아송분포를 따른다.

② 관리선

㉠ $C_L = \bar{c} = \dfrac{\sum c}{k} = \dfrac{90}{20} = 4.5$

㉡ $U_{CL} = \bar{c} + 3\sqrt{\bar{c}} = 4.5 + 3 \times \sqrt{4.5} = 10.86396$

㉢ $L_{CL} = \bar{c} - 3\sqrt{\bar{c}} = 4.5 - 3 \times \sqrt{4.5} = -$(고려하지 않음)

③ 관리도 작성

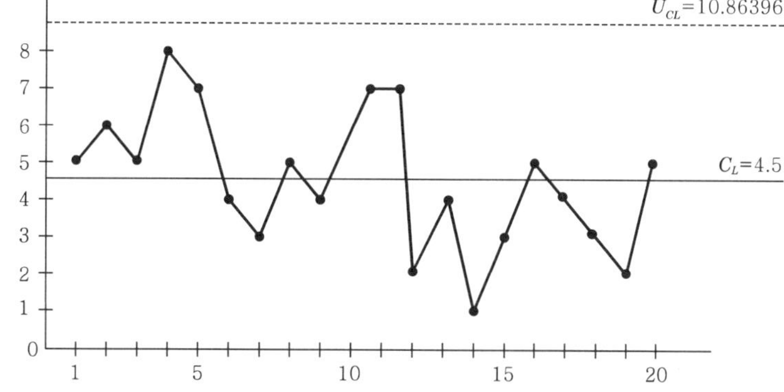

④ 판정

작성된 관리도는 습관적 패턴이나 관리한계선을 벗어난 점이 없으므로 관리상태에 있다고 할 수 있다.

나. ① 1점 타점시 검출력$(1-\beta)$

$$1-\beta = P_r\left(u > \dfrac{U_{CL} - \bar{c}'}{\sqrt{\bar{c}'}}\right) = P_r\left(u > \dfrac{10.86396 - 6.6}{\sqrt{6.6}}\right) = P_r(u > 1.66) = 0.0485$$

② 제 2종 오류(β_T)

$\beta_T = \beta_i^{\,k} = (1-0.0485)^{20} = 0.36998$

[03] 원료 A, B가 있다. 각각을 사용하여 생성된 어떤 약품의 수량을 계산한 결과 다음의 표를 얻었다. 이때 다음 물음에 답하시오.

구 분	A	B
n	9	16
$\bar{x}$	25.0	20.0
S	350	225

가. H_0 : $\sigma_A^2 = \sigma_B^2$를 H_1 : $\sigma_A^2 \neq \sigma_B^2$에 대하여 검정하시오. (단, $\alpha = 0.05$)

나. H_0 : $\mu_A = \mu_B$를 H_1 : $\mu_A \neq \mu_B$에 대하여 검정하시오. (단, $\alpha = 0.05$)

다. 모평균의 95%의 양쪽신뢰구간을 구하시오.

해설 가. 등분산성의 검정

① 가설 설정 : $H_0 : \sigma_A^2 = \sigma_B^2$, H_1 : $\sigma_A^2 \neq \sigma_B^2$

② 유의수준 : $\alpha = 0.05$

③ 검정통계량 : $F_0 = \dfrac{V_A}{V_B} = 2.91667$

(단, $V_A = \dfrac{S_A}{n_A - 1} = \dfrac{350}{8} = 43.75$, $V_B = \dfrac{S_B}{n_B - 1} = \dfrac{225}{15} = 15$이다.)

④ 기각치 : $F_{0.025}(8, 15) = \dfrac{1}{F_{0.975}(15, 8)} = \dfrac{1}{4.10} = 0.24390$

$F_{0.975}(8, 15) = 3.20$

⑤ 판정 : $0.24390 < F_0 < 3.20 \rightarrow H_0$ 채택

즉, 등분산인 경우로 판정할 수 있다.

나. 모평균 차의 검정(σ가 같다고 생각되는 경우)

① 가설 : $H_0 : \mu_A - \mu_B = 0$, H_1 : $\mu_A - \mu_B \neq 0$

② 유의수준 : $\alpha = 0.05$

③ 검정통계량 : $t_0 = \dfrac{(\bar{x}_A - \bar{x}_B) - \delta}{\hat{\sigma}\sqrt{\dfrac{1}{n_A} + \dfrac{1}{n_B}}}$ (단, $\delta_0 = \mu_A - \mu_B = 0$이다.)

$= \dfrac{(25.0 - 20.0) - 0}{5\sqrt{\dfrac{1}{9} + \dfrac{1}{16}}} = 2.4$

(단, $\hat{\sigma} = s = \sqrt{\dfrac{S_A + S_B}{n_A + n_B - 2}} = \sqrt{\dfrac{350 + 225}{9 + 16 - 2}} = 5$이다.)

④ 기각치 : $-t_{0.975}(23) = -2.069$, $t_{0.975}(23) = 2.069$

⑤ 판정 : $t_0 > 2.069 \rightarrow H_0$ 기각

즉, 두 집단의 모평균에는 차이가 있다고 할 수 있다.

다. 모평균차의 95% 신뢰구간의 추정

$$\mu_A - \mu_B = (\bar{x}_A - \bar{x}_B) \pm t_{0.975}(23)\ \hat{\sigma}\sqrt{\frac{1}{n_A} + \frac{1}{n_B}}$$

$$= (25.0 - 20.0) \pm 2.069 \times 5\sqrt{\frac{1}{9} + \frac{1}{16}} = 5 \pm 4.31042$$

$\therefore$ $0.68958 \sim 9.31042$이다.

[04] 핸드폰 제조사는 부품 수입검사에 계수값 샘플링검사 KS Q ISO 2859-1의 보조표인 분수 샘플링검사를 적용하고 있다. 적용조건은 $AQL=1.0\%$, 통상검사수준 Ⅱ에서 엄격도는 보통 검사, 샘플링 형식은 1회로 시작하였다. 다음 물음에 답하시오.

가. 다음 표의 ( ) 안을 완성하시오.

로트번호	N	샘플문자	n	당초의 Ac	합부판정점수 (검사 전)	적용하는 Ac	부적합품수 d	합부판정	합부판정점수 (검사 후)	전환점수
1	200	G	32	1/2	5	0	1	불합격	0	0
2	250	G	32	1/2	5	0	0	합격	5	2
3	600	(①)	(③)	(⑤)	(⑦)	(⑨)	1	(⑪)	(⑬)	(⑮)
4	80	(②)	(④)	(⑥)	(⑧)	(⑩)	0	(⑫)	(⑭)	(⑯)
5	120	F	20	1/3	(⑰)	(⑱)	0	(⑲)	(⑳)	(㉑)

나. 로트번호 5의 검사 결과, 다음 로트에 적용되는 로트번호 6의 엄격도를 결정하시오.

해설 가.

로트번호	N	샘플문자	n	당초의 Ac	합부판정점수 (검사 전)	적용하는 Ac	부적합품수 d	합부판정	합부판정점수 (검사 후)	전환점수
1	200	G	32	1/2	5	0	1	불합격	0	0
2	250	G	32	1/2	5	0	0	합격	5	2
3	600	(J)	(80)	(2)	(12)	(2)	1	(합격)	(0)	(5)
4	80	(E)	(13)	(0)	(0)	(0)	0	(합격)	(0)	(7)
5	120	F	20	1/3	(3)	(0)	0	(합격)	(3)	(9)

나. 로트번호 6의 엄격도는 보통검사가 진행된다.

[05] 어떤 제품의 형상모수가 0.7이고, 척도모수가 8,667시간일 때 이 제품을 10,000시간 사용할 때, 0시점에서 10,000시점까지의 평균고장률을 구하여라. (단, 위치모수는 0이고, 고장시간은 와이블 분포를 따른다.)

해설

$$\overline{\lambda}(t=10{,}000)=\frac{H(t=10{,}000)-H(t=0)}{\Delta t}$$

$$=\frac{\left(\frac{10{,}000-0}{8{,}667}\right)^{0.7}-\left(\frac{0-0}{8{,}667}\right)^{0.7}}{10{,}000-0}=1.1053\times10^{-4}/\text{hr}$$

(단, $H(t)=-\ln R(t)=\left(\frac{t-r}{\eta}\right)^{m}$ 이다.)

[06] 타이어를 제조하고 있는 제조공정에서 타이어의 밸런스를 높이기 위한 주요인자로 두 종류의 고무배합(A_0, A_1)과 두 종류의 mold(B_0, B_1)를 택하여, 다음과 같이 총 16회의 실험을 랜덤하게 결정해 실험한 후 타이어의 밸런스를 측정한 데이터는 아래표와 같다. 다음 각 물음에 답하시오.

	A_0	A_1	합 계
B_0	31 45 46 43	82 110 88 72	517
B_1	22 21 18 23	30 37 38 29	218
합계	249	486	735

가. 각 인자의 주효과와 교호작용의 효과를 구하여라.

나. 분산분석표를 작성하여라. (단, $\alpha=0.05$, 0.01이다.)

다. 최적수준의 점추정치를 구하고, 신뢰율 95%로 모평균값을 추정하시오.

해설 가. 효과 분해

$$A\text{ 효과}=\frac{1}{8}(a+ab-(1)-b)$$

$$=\frac{1}{8}(352+134-165-84)=29.625$$

$$B\text{ 효과}=\frac{1}{8}(b+ab-(1)-a)$$

$$=\frac{1}{8}(84+134-165-352)=-37.375$$

$$A\times B\text{ 효과}=\frac{1}{8}((1)+ab-a-b)$$

$$=\frac{1}{8}(165+134-84-352)=-17.125$$

나. 분산분석표의 작성

① 제곱합 분해

$$S_T=\Sigma\Sigma\Sigma x_{ijk}^2-CT=11270.9375$$

$$S_A=\frac{1}{16}[a+ab-(1)-b]^2$$

$$-\frac{1}{16}[352+134\quad 165\quad 84]^2=3510.5625$$

$$S_B=\frac{1}{16}[b+ab-(1)-a]^2$$

$$=\frac{1}{16}[84+134-165-352]^2=5587.5625$$

$$S_{A\times B} = \frac{1}{16}[(1)+ab-a-b]^2$$
$$= \frac{1}{16}[165+134-84-352]^2 = 1173.0625$$
$$S_e = S_T - (S_A + S_B + S_{A\times B}) = 999.75$$

② 자유도 분해

$\nu_T = lmr - 1 = 15$

$\nu_A = l - 1 = 1$

$\nu_B = m - 1 = 1$

$\nu_{A\times B} = (l-1)(m-1) = 1$

$\nu_e = lm(r-1) = 12$

③ 분산분석표

요 인	SS	DF	MS	F_0	$F_{0.95}$	$F_{0.99}$
A	3510.5625	1	3510.5625	42.13728**	4.75	9.33
B	5587.5625	1	5587.5625	67.06752**	4.75	9.33
$A\times B$	1173.0625	1	1173.0625	14.08027**	4.75	9.33
e	999.750	12	83.3125			
T	11270.9375	15				

위의 결과에서 A, B, $A\times B$ 모두 매우 유의하다.

다. 최적조건의 추정

A_0B_0 수준, A_0B_1 수준, A_1B_0 수준, A_1B_1 수준 4개의 수준 중 타이어의 밸런스가 가장 높게 나타나는 수준은 A_1B_0 수준에서 결정된다.

① 최적조건의 점추정치

$$\hat{\mu}(A_1B_0) = \hat{\mu} + a_1 + b_0 + (ab)_{10}$$
$$= \bar{x}_{10\cdot} = \frac{T_{10\cdot}}{r} = \frac{352}{4} = 88$$

② 최적조건의 신뢰구간 추정

$$\mu(A_1B_0) = \hat{\mu}(A_1B_0) \pm t_{0.975}(12)\sqrt{\frac{V_e}{r}}$$
$$= 88 \pm 2.179\sqrt{\frac{83.3125}{4}}$$
$$= 88 \pm 9.94449$$
$$= 78.05551 \sim 97.94449$$

[07] 어떤 공장에서 생산되는 제품을 로트 크기(lot size)에 따라 생산에 소요되는 시간(M/H)을 측정하였더니, 다음과 같은 자료가 얻어졌다. 이때 다음 물음에 답하시오.

로트 크기(x)	30	20	60	80	40	50	60	30	70	60
생산 소요시간(y)	73	50	128	170	87	108	135	69	148	132

가. 유의수준 $\alpha = 0.05$에서 가설 $H_0 : \beta_1 = 1.5$, $H_1 : \beta_1 \neq 1.5$를 검정하시오.

나. 회귀직선의 기울기 β_1에 대한 95% 신뢰구간을 추정하시오.

해설 가. 방향계수의 검정

① 가설 : $H_0 : \beta_1 = 1.5$, $H_1 : \beta_1 \neq 1.5$

② 유의수준 : $\alpha = 0.05$

③ 검정통계량 : $t_0 = \dfrac{\hat{\beta}_1 - \beta_1}{\sqrt{\dfrac{V_{y/x}}{S_{xx}}}} = \dfrac{2.0 - 1.5}{\sqrt{\dfrac{7.5}{3,400}}} = 10.64581$

(단, $V_{y/x} = \dfrac{S_{y/x}}{n-2} = \dfrac{60}{8} = 7.5$이다.)

④ 기각치 : $-t_{0.975}(8) = -2.306$, $t_{0.975}(8) = 2.306$

⑤ 판정 : $t_0 > 2.306 \rightarrow H_0$ 기각

즉, $\beta_1 \neq 1.5$라고 할 수 있다.

나. 방향계수의 95% 신뢰구간추정

$$\beta_1 = \hat{\beta}_1 \pm t_{1-\alpha/2}(n-2)\sqrt{\frac{V_{y/x}}{S_{xx}}}$$

$$= 2.0 \pm t_{0.975}(8)\sqrt{\frac{7.5}{3,400}} = 2.0 \pm 0.10831 \rightarrow [1.89169,\ 2.10831]$$

[08] 15kg들이 화학약품이 60상자가 입하되었다. 약품의 순도를 조사하려고 우선 5상자를 랜덤샘플링하고 각각의 상자에서 6인크리멘트씩 각각 랜덤샘플링하였다. 다음 물음에 답하시오. (단, 1인크리멘트는 15g이다.)

가. 약품의 순도는 종래의 실험에서 상자간 산포 $\sigma_b = 0.20\%$, 상자내 산포 $\sigma_w = 0.35\%$임을 알고 있을 때 샘플링의 정밀도를 구하여라.

나. 각각의 상자에서 취한 인크리멘트는 혼합 축분하고 반복 2회 측정하였다. 이 경우 순도에 대한 모평균의 추정정밀도 $\beta_{\bar{\bar{x}}}$를 구하여라. (단, 신뢰율은 95%이고, 축분정밀도 $\sigma_r = 0.10\%$, 측정정밀도 $\sigma_m = 0.15\%$임을 알고 있다.)

해설 가. $V(\overline{\overline{x}}) = \dfrac{\sigma_b^2}{m} + \dfrac{\sigma_w^2}{m\overline{n}}$

$$= \frac{1}{5} \times 0.2^2 + \frac{1}{5 \times 6} \times 0.35^2 = 0.01208\%$$

나. $V(\overline{\overline{x}}) = \dfrac{\sigma_b^2}{m} + \dfrac{\sigma_w^2}{m\overline{n}} + \sigma_r^2 + \dfrac{\sigma_m^2}{k}$

$$= \frac{0.2^2}{5} + \frac{0.35^2}{30} + 0.10 + \frac{0.15^2}{2} = 0.03333\%$$

따라서 추정정밀도 $\beta_{\overline{\overline{x}}}$는

$$\beta_{\overline{\overline{x}}} = u_{1-\alpha/2}\sqrt{\frac{\sigma_b^2}{m} + \frac{\sigma_w^2}{m\overline{n}} + \sigma_R^2 + \frac{\sigma_m^2}{k}}$$

$$= 1.96 \times \sqrt{0.03333} = 0.35783\%$$

[09] ISO 9000에서 다음의 설명은 어떤 용어에 대한 정의인가?

가. 요구사항의 불충족

나. 활동 또는 프로세스를 수행하기 위하여 규정된 방식

다. 동일한 기능으로 사용되는 대상에 대하여 상이한 요구사항으로 부여되는 범주 또는 순위

해설 가. 부적합

나. 절차

다. 등급

[10] 어떤 공장에서 제조되는 특수 제품은 공정온도 100℃에서 제어되어 생산되고 있는데, 이때 제품의 평균강도는 200g/mm^2, 편차는 2.5g/mm^{2}의 정규분포를 따르고 있다. 만약 공정온도가 조금이라도 달라지는 경우 제품의 강도는 온도에 민감한 반응을 보이게 되며 부적합품이 발생한다. 생산된 제품 중 10개를 임으로 추출해 제품의 강도를 측정한 데이터가 다음과 같을 경우, 물음에 답하시오.

[데이터]	202	197	195	190	191	196	199	194	200	195

가. 온도변화에 따라 정밀도가 변화하였는지를 유의수준 5%로 검정하시오.

나. 공정온도가 100℃에서 제어되고 있는지를 유의수준 5%로 검정하시오.

다. 제품 강도에 대한 신뢰한계를 신뢰율 95%로 추정하시오.

해설 가. 모분산의 검정

① 가설 : $H_0 : \sigma^2 = 2.5^2 \text{g/mm}^2$, $H_1 : \sigma^2 \neq 2.5^2 \text{g/mm}^2$

② 유의수준 : $\alpha = 0.05$

③ 검정통계량 : $\chi_0^2 = \dfrac{(n-1)s^2}{\sigma^2} = \dfrac{9 \times 3.78447^2}{2.5^2} = 20.62399$

④ 기각치 : $\chi^2_{0.025}(9) = 2.70$, $x^2_{0.975}(9) = 19.02$

⑤ 판정 : $\chi_0^2 > 19.02$이므로 H_0 기각(정밀도가 변화하였다.)

나. 모평균의 검정(σ 미지)

① 가설 : $H_0 : \mu = 200 \text{g/mm}^2$, $H_1 : \mu \neq 200 \text{g/mm}^2$

② 유의수준 : $\alpha = 0.05$

③ 검정통계량

$\bar{x} = 195.9$, $s = 3.78447$

$$t_0 = \frac{\bar{x} - \mu}{s/\sqrt{n}} = \frac{195.9 - 200}{3.78447/\sqrt{10}} = -3.42593$$

④ 기각역 : $-t_{0.975}(9) = -2.262$, $t_{0.975}(9) = 2.262$

⑤ 판정 : $t_0 < -2.262$이므로 H_0 기각

즉, 공정온도는 100℃에서 제어되고 있지 않다.

다. 모평균의 신뢰구간 추정

$$\mu = \bar{x} \pm t_{0.975}(9) \frac{s}{\sqrt{n}}$$

$$195.9 \pm 2.262 \times \frac{3.78447}{\sqrt{10}} = 195 \pm 2.70706 \text{g/mm}^2$$

$\therefore$ $193.19294 \text{g/mm}^2 \sim 198.60706 \text{g/mm}^2$

[11] 공정이 관리상태하에 있는 경우 공정능력지수 $C_P = 1$인 공정의 부적합품률을 PPM으로 환산하면 어떻게 표현되는가? (단, 정규분포를 이용해서 설명하시오.)

해설 $C_P = \dfrac{U-L}{6\sigma} = 1$이므로 규격을 벗어나는 확률은 0.0027이다. 따라서 이를 PPM으로 환산하면 2,700PPM이 된다.

[12] 생산제품 로트로부터 추출된 제품 10개를 대상으로 50시간까지 시험한 결과, 7개 제품에서 시험 도중 고장이 발생하였고, 그 고장시간 데이터는 다음과 같다. 물음에 답하시오.

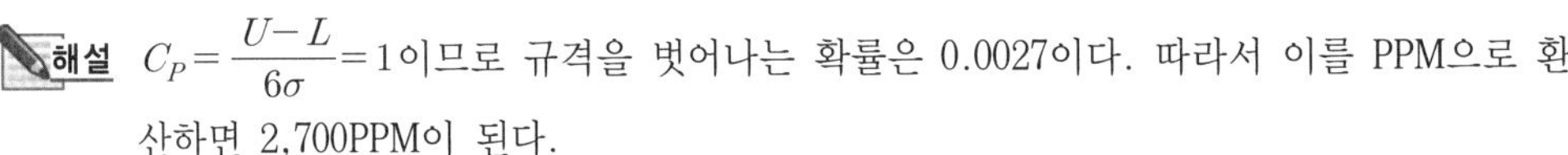
[데이터] 1 5 17 18 20 32 45

가. 평균수명을 구하시오.

나. 평균고장률을 구하시오.

다. 사용시간 40에서의 신뢰도를 구하시오.

해설 50시간까지 정시중단시험을 실시하였다.

가. 평균수명

$$\hat{\theta} = \frac{\Sigma t_r + (n-r)t_0}{r} = \frac{138 + (10-7) \times 50}{7} = 41.14286\text{시간}$$

나. 평균고장률

$$\hat{\lambda} = \frac{1}{\hat{\theta}} = \frac{1}{41.14286} = 0.02431/\text{시간}$$

다. 신뢰도

$$R(t=40) = e^{-\frac{t}{\theta}} = e^{-\frac{40}{41.14286}} = 0.37824$$

[13] 샘플링검사를 위한 전제조건 5가지를 기술하시오.

해설 ① 품질기준이 명확할 것

② 시료 추출이 랜덤하게 이루어질 것

③ 제품이 로트로써 처리될 수 있을 것

④ 합격된 로트 내에 부적합품의 허용을 인정할 것

⑤ 검사단위의 특성치 분포를 개략적으로 알고 있을 것

[14] 어느 재료의 인장강도가 75kg/mm^2 이하로 규정되는 경우, 즉 계량규준형 1회 샘플링 검사에서 $n=8$, $k=1.74$의 값을 얻어 데이터를 취했더니 아래와 같다. 다음 각 물음에 답하시오. (단, 표준편차 $\sigma=2$kg/mm^2)

가. 상한 합격판정치($\overline{X}_U$)를 구하시오.

나. 다음은 로트에서 샘플링한 측정데이터이다. 로트의 합격·불합격을 판정하시오.

79.0	75.5	77.5	76.5
77.0	79.5	77.0	75.0

해설 가. $\overline{X}_U = S_U - k\sigma = 75 - 1.74 \times 2 = 71.52\text{kg/mm}^2$

나. $\overline{x} = \frac{\Sigma x_i}{n} = \frac{617.0}{8} = 77.125\text{kg/mm}^2$이므로

$\overline{x} > \overline{X}_U$이므로 로트를 불합격시킨다.

2021 제4회 품질경영기사

[01] 나일론실의 방사과정에서 나일론실의 끊어짐이 자주 발생하여 제조시간에 문제가 나타나고 있다. 이를 조사해보니 나일론실의 장력에 문제가 있어 실 끊어짐이 발생하는 것으로 조사되었다. 나일론실의 장력을 향상시키기 위하여 나일론실의 장력이 어떤 인자에 의해 크게 영향을 받는가를 대략적으로 알아보기 위하여 4개의 연신온도, 회전수, 원료의 종류, 연신비를 A, B, C, D로 정한 후 각각 4수준으로 잡고 총 16회의 실험을 4×4 그레코라틴방격법으로 행하였다. 다음 물음에 답하라.

- A(연신온도) : $A_1=250$℃, $A_2=260$℃, $A_3=270$℃, $A_4=280$℃
- B(회전수) : $B_1=10{,}000$rpm, $B_2=10{,}500$rpm, $B_3=11{,}000$rpm, $B_4=11{,}500$rpm
- C(원료의 종류) : C_1, C_2, C_3, C_4
- D(연신비) : $D_1=2.5$, $D_2=2.8$, $D_3=3.1$, $D_4=3.4$

B \ A	A_1	A_2	A_3	A_4
B_1	$C_2D_3=15$	$C_1D_1=4$	$C_3D_4=8$	$C_4D_2=19$
B_2	$C_4D_1=5$	$C_3D_3=19$	$C_1D_2=9$	$C_2D_4=16$
B_3	$C_1D_4=15$	$C_2D_2=16$	$C_4D_3=19$	$C_3D_1=17$
B_4	$C_3D_2=19$	$C_4D_4=26$	$C_2D_1=14$	$C_1D_3=34$

가. 분산분석표를 $\alpha=0.05$에서 작성하시오. (단, 분산분석표는 소수점 1자리로 수치맺음을 하시오.)

나. 나일론실의 장력이 최대가 되는 최적조건에서 점추정치 및 95% 신뢰구간을 추정하시오.

해설 가. 분산분석표의 작성

① 제곱합 분해

$$CT=\frac{T^2}{k^2}=\frac{(255)^2}{16}=4064.1$$

$$S_T=\Sigma\Sigma\Sigma\Sigma x_{ijkp}{}^2-CT$$
$$=(15)^2+(5)^2+(15)^2+\cdots+(17)^2+(34)^2-4064.1=844.9$$

$$S_A=\Sigma\frac{T_{i\cdots}{}^2}{k}-CT=\frac{1}{4}\left[(54)^2+(65)^2+(50)^2+(86)^2\right]-4064.1=195.2$$

$$S_B=\Sigma\frac{T_{\cdot j\cdot\cdot}{}^2}{k}-CT=\frac{1}{4}\left[(46)^2+(49)^2+(67)^2+(93)^2\right]-4064.1=349.7$$

$$S_C = \Sigma \frac{T_{..k.}^{\ 2}}{k} - CT = \frac{1}{4}\left[(62)^2 + (61)^2 + (63)^2 + (69)^2\right] - 4064.1 = 9.7$$

$$S_D = \Sigma \frac{T_{...p}^{\ 2}}{k} - CT = \frac{1}{4}\left[(40)^2 + (63)^2 + (87)^2 + (65)^2\right] - 4064.1 = 276.7$$

$$S_e = S_T - (S_A + S_B + S_C + S_D) = 844.9 - (195.2 + 349.7 + 9.7 + 276.7) = 13.6$$

② 분산분석표

요인	SS	DF	MS	F_0	$F_{0.95}$
A	195.2	3	65.1	14.5*	9.28
B	349.7	3	116.6	25.9*	9.28
C	9.7	3	3.2	0.7	9.28
D	276.7	3	92.2	20.5*	9.28
e	13.6	3	4.5		
T	844.9	15			

나. 최적조건의 추정

분산분석 결과 A, B, D 3요인 모두 유의하므로, 장력이 최대가 되는 각 인자의 최적수준을 아래의 표에서 구하면 A는 A_4 수준에서, B는 B_4 수준에서, D는 D_3 수준에서 각각 결정되므로 최적조합수준은 $A_4B_4D_3$로 결정된다.

[A의 1원표]

요인	A_1	A_2	A_3	A_4
1	15	4	8	19
2	5	19	9	16
3	15	16	19	17
4	19	26	14	34

[B의 1원표]

요인	B_1	B_2	B_3	B_4
1	15	5	15	19
2	4	19	16	26
3	8	9	19	14
4	19	16	17	34

[D의 1원표]

요인	D_1	D_2	D_3	D_4
1	5	19	15	15
2	4	16	19	26
3	14	9	19	8
4	17	19	34	16

① 점추정치

$$\hat{\mu}(A_4B_4D_3) = \bar{x}_{4...} + \bar{x}_{.4..} + \bar{x}_{...3} - 2\bar{\bar{x}}$$

$$= \frac{86}{4} + \frac{93}{4} + \frac{87}{4} - 2 \times \frac{255}{16} = 34.625$$

② 신뢰구간의 추정

$$\mu(A_4B_4D_3) = \hat{\mu}(A_4B_4D_3) \pm t_{1-\alpha/2}(\nu_e)\sqrt{\frac{V_e}{n_e}}$$

$$= 34.625 \pm 3.182\sqrt{4.5 \times \frac{10}{16}}$$

$$= 34.625 \pm 5.33638 = 29.28662 \sim 39.96138$$

$$\left(\text{단, } n_e = \frac{k^2}{3k-2} = \frac{16}{10}\right)$$

참고 이 실험은 $F_0(C) < 1$로 요인 C가 유의하지 않으므로, 실무상에서는 요인 C를 오차항에 풀링시켜 해석하는 것이 효율적이다. 그러나 시험문제에서는 그것을 요구하지 않았으므로 굳이 풀링해서 해석하지 않았다.

[02] A사는 어떤 부품의 수입검사에 계수값 샘플링검사인 KS Q ISO 2859-1의 보조표인 분수샘플링검사를 적용하고 있다. 적용조건은 $AQL=1.0\%$, 통상검사수준 G-2에서 엄격도는 보통검사, 샘플링형식은 1회로 시작하였다. 다음 표의 ( ) 안을 로트별로 완성하고, 로트번호 5의 검사결과 다음 로트에 적용되는 엄격도를 결정하시오.

로트번호	N	샘플문자	n	당초의 Ac	합부판정 점수 (검사 전)	적용하는 Ac	부적합품수 d	합부판정	합부판정 점수 (검사 후)	전환점수
1	200	G	32	1/2	5	0	1	불합격	0	0
2	250	G	32	1/2	5	0	0	합격	( )	( )
3	600	( )	( )	( )	( )	( )	1	( )	( )	( )
4	80	( )	( )	( )	( )	( )	0	( )	( )	( )
5	120	( )	( )	( )	( )	( )	0	( )	( )	( )

해설 ① 분수 합격판정개수 샘플링검사표의 작성

$AQL=1.0\%$, 검사수준 Ⅱ, 보통검사, 1회샘플링으로 분수샘플링검사의 경우이다.

로트번호	N	샘플문자	n	당초의 Ac	합부판정 점수 (검사 전)	적용하는 Ac	부적합품수 d	합부판정	합부판정 점수 (검사 후)	전환점수
1	200	G	32	1/2	5	0	1	불합격	0	0
2	250	G	32	1/2	5	0	0	합격	(5)	(2)
3	600	(J)	(80)	(2)	(12)	(2)	1	(합격)	(0)	(5)
4	80	(E)	(13)	(0)	(0)	(0)	0	(합격)	(0)	(7)
5	120	(F)	(20)	(1/3)	(3)	(0)	0	(합격)	(3)	(9)

② 보통검사를 적용한다.

[03] 두 종류의 고무배합(A_0, A_1)을 두 종류의 mold(B_0, B_1)를 사용하여 타이어를 만들 때 얻어지는 타이어의 밸런스(balance)를 4회씩 측정한 2^2요인실험 데이터는 다음과 같다. 다음 각 물음에 답하시오.

[데이터]

B \ A	A_0		A_1		합 계
B_0	31 45 46 43	165	82 110 88 72	352	517
B_1	22 21 18 23	84	30 37 38 29	134	218
합 계	249		486		735

가. 주 효과 B

나. 교호작용의 제곱합 $S_{A\times B}$

해설 가. 효과 분해

$$B=\frac{1}{N/2}(T_{\cdot 1\cdot}-T_{\cdot 0\cdot})=\frac{1}{8}(218-517)=-37.375$$

나. 교호작용의 제곱합

$$S_{A\times B}=\frac{1}{N}(T_{11\cdot}-T_{10\cdot}-T_{01\cdot}+T_{00\cdot})^2$$
$$=\frac{1}{16}(134-352-84+165)^2=1173.0625$$

[04] A회사의 특정 제품은 온도 700℃와 800℃의 두 가지 방식에서 생산되고 있다. 이들 제품 중 700℃와 800℃에서 생산된 제품 중 각각 15개, 12개를 추출하여 제품의 특정 성분에 대한 함량을 조사하였더니 다음과 같은 결과를 얻었다. 물음에 답하시오.

온도	표본의 크기	표본평균	표본표준편차
700℃(x)	$n_x=15$	$\bar{x}=0.824$	$s_x=0.090$
800℃(y)	$n_y=12$	$\bar{y}=0.910$	$s_y=0.085$

가. 온도에 따른 성분 함량의 산포는 다르다고 할 수 있는가를 유의수준 5%로 검정하시오.
나. 700℃에서 만들어진 제품의 성분함량이 800℃에서 만들어진 제품의 성분함량보다 적다고 할 수 있는가를 유의수준 5%로 검정하시오.
다. 검정결과 유의하다면 신뢰율 95%의 신뢰한계값을 추정하시오.

해설 가. 등분산성의 검정

① 가설 : $H_0 : \sigma_x^2=\sigma_y^2$, $H_1 : \sigma_x^2\neq\sigma_y^2$

② 유의수준 : $\alpha=0.05$

③ 검정통계량 : $F_0=\dfrac{s_x^2}{s_y^2}=\dfrac{0.090^2}{0.085^2}=1.12111$

④ 기각역 : $F_{0.025}(14,\ 11)=\dfrac{1}{3.09}=0.32362$, $F_{0.975}(14,\ 11)=3.33$

⑤ 판정 : $0.32362<F_0<3.33 \rightarrow H_0$ 채택
즉, 등분산성이 성립한다.

나. 모평균차의 검정

① 가설 : $H_0 : \mu_x\geq\mu_y$, $H_1 : \mu_x<\mu_y$

② 유의수준 : $\alpha=0.05$

③ 검정통계량 : $t_0=\dfrac{\bar{x}-\bar{y}}{\sqrt{\hat{\sigma}^2\left(\dfrac{1}{n_x}+\dfrac{1}{n_y}\right)}}$

$$=\frac{0.824-0.910}{\sqrt{0.00772\left(\dfrac{1}{15}+\dfrac{1}{12}\right)}}$$

$$=-2.52723$$

단, $\hat{\sigma}^2=\dfrac{(n_x-1)s_x^2+(n_y-1)s_y^2}{n_x+n_y-2}=0.00772$

④ 기각역 : $-t_{0.95}(25) = -1.708$

⑤ 판정 : $t_0 < -1.708 \rightarrow H_0$ 기각

따라서 700℃에서 만들어진 제품의 성분함량이 800℃에서 만들어진 제품의 성분함량보다 적다고 할 수 있다.

다. 모평균차의 95% 신뢰한계(신뢰상한값)

$$\mu_x - \mu_y = (\bar{x}_x - \bar{x}_y) + t_{0.95}(25)\sqrt{\hat{\sigma}^2\left(\frac{1}{n_x} + \frac{1}{n_y}\right)}$$

$$= (0.824 - 0.910) + 1.708 \times \sqrt{0.00772\left(\frac{1}{15} + \frac{1}{12}\right)}$$

$$= -0.02788$$

[05] Y회사는 발전소에 들어가는 터빈 축의 표면경도를 높이고자 침탄로에서 침탄 처리하여 표면의 경도를 향상시키는 열처리 회사이다. 이 회사의 품질경영 부서에서는 침탄의 수율에 영향을 미칠 것으로 생각되는 반응온도(A)와 원료(B)를 모수인자로 취하여 반복이 없는 2요인배치 실험을 하고, 데이터를 $X_{ij} = (x_{ij} - 95) \times 10$으로 변환하여 아래 데이터를 얻었다. 다음 각 물음에 답하시오.

[수치변환된 데이터(X_{ij}표)]

B \ A	A_1	A_2	A_3	A_4
B_1	6	16	20	10
B_2	3	12	10	7
B_3	−3	−1	9	−5

가. 원래의 데이터로 분산분석표를 작성하시오. (단, $\alpha = 0.05$이다.)

나. 최적 조건을 찾고, 그 조건에서 점추정치와 신뢰율 95%의 구간추정을 구하시오.

해설 가. 분산분석표

① 제곱합 분해

$$S_T = [\Sigma\Sigma X_{ij}^2 - CT] \times \frac{1}{100} = 6.22$$

$$S_A = \left[\Sigma\frac{T_{i\cdot}^2}{m} - CT\right] \times \frac{1}{100} = 2.22$$

$$S_B = \left[\Sigma\frac{T_{\cdot j}^2}{l} - CT\right] \times \frac{1}{100} = 3.44$$

$$S_e = S_T - S_A - S_B = 0.56$$

② 자유도 분해

$\nu_T = lm - 1 = 11$

$\nu_A = l - 1 = 3$

$\nu_B = m - 1 = 2$

$\nu_e = (l-1)(m-1) = 6$

③ 분산분석표

요 인	SS	DF	MS	F_0	$F_{0.95}$
A	2.22	3	0.74	7.92885*	4.76
B	3.44	2	1.72	18.42923*	5.14
e	0.56	6	0.09333		
T	6.22	11			

나. 조합평균의 추정

① 최적조건의 점추정치

수율(%)을 최대로 하는 조건은 요인 A는 A_3수준에서, 요인 B는 B_1수준에서 각각 나타나므로 최적수준의 조합은 A_3B_1에서 결정된다.

$$\hat{\mu}(A_3B_1) = \bar{x}_{3.} + \bar{x}_{.1} - \bar{\bar{x}}$$

$$= \left[\left(\frac{39}{3} + \frac{52}{4} - \frac{84}{12}\right)\frac{1}{10} + 97\right] = 98.9\%$$

② 최적조건의 신뢰구간추정

$$\mu(A_3B_1) = \hat{\mu}(A_3B_1) \pm t_{0.975}(6)\sqrt{\frac{V_e}{n_e}}$$

$$= \left[\left(\frac{39}{3} + \frac{52}{4} - \frac{84}{12}\right)\frac{1}{10} + 97\right] \pm 2.447\sqrt{\frac{0.09333}{2}}$$

$$= 98.9 \pm 0.52860$$

$$= 98.37140\% \sim 99.42860\%$$

(단, $n_e = \dfrac{12}{4+3-1} = 2$ 이다.)

[06] 전동기를 조립하는 공장에서 전동기의 축과 베어링을 조립하는 공정이 있다. 베어링의 내경, 축의 외경은 평균치와 표준편차가 각각 $\mu_B = 30.15$mm, $\sigma_B = 0.03$mm, $\mu_S = 30.00$mm, $\sigma_S = 0.04$mm인 정규분포를 한다고 한다. 또한 베어링의 내경과 축의 외경 사이의 간격에 대한 규격한계선은 0.050mm, 0.200mm로 주어졌다. 이 간격이 규격하한치 0.050mm보다 작은 경우에는 축을 약간 연마하면 되므로 이런 한 부적합품은 1조당 1,000원의 손실비가 발생한다. 또 이와는 반대로 간격이 규격상한치 0.200mm보다 클 경우에는 폐품처리를 해야 하므로 1조당 10,000원의 손실비가 발생한다고 한다. 지금 이 회사에서는 전동기를 10,000대 생산할 계획을 세우고 있다. 몇 조의 베어링과 축을 생산하면 되겠는가?

해설 ① 간격의 평균과 편차

$\mu_c = \mu_B - \mu_S = 30.15 - 30.00 = 0.15$

${\sigma_c}^2 = {\sigma_B}^2 + {\sigma_S}^2 = 0.03^2 + 0.04^2 = 0.05^2$

$c \sim N(0.15,\ 0.05^2)$의 정규분포를 한다.

② 폐기할 확률

$$P = \Pr(c > 0.2) = \Pr\left(z > \frac{0.2 - 0.15}{0.05}\right) = \Pr(z > 1.0) = 0.1587$$

③ 생산대수

폐기될 확률이 0.1587이므로

$$n = \frac{10,000}{1-p} = \frac{10,000}{1-0.1587} = 11886.36634 \rightarrow 11,887\text{조}$$

참고 필요 가공수량이므로 소수점 이하는 올림으로 처리된다.

[07] 어떤 공장에서 생산되는 제품을 로트크기(lot size)에 따라 생산에 소요되는 시간(M/H)을 측정하였더니, 다음과 같은 자료가 얻어졌다. 물음에 답하시오.

로트크기(x)	30	20	60	80	40	50	60	30	70	60
생산소요시간(y)	73	50	128	170	87	108	135	69	148	132

가. 회귀에 의하여 설명되는 제곱합 S_R은 얼마인가?

나. 회귀에 의하여 설명되지 않는 제곱합 $S_{y/x}$를 구하면 얼마인가?

해설 가. 회귀에 의하여 설명되는 제곱합(1차 회귀변동)

① 제곱합 분해

$$S_{xx} = \Sigma {x_i}^2 - \frac{(\Sigma x_i)^2}{n} = 3,400$$

$$S_{yy} = \Sigma {y_i}^2 - \frac{(\Sigma y_i)^2}{n} = 13,660$$

$$S_{xy} = \Sigma x_i y_i - \frac{\Sigma x_i y_i}{n} = 6,800$$

② 1차 회귀변동

$$S_R = \frac{(S_{xy})^2}{S_{xx}} = \frac{6,800^2}{3,400} = 13,600$$

나. 회귀에 의하여 설명되지 않는 제곱합(잔차 회귀변동)

$$S_{y/x} = S_T - S_R = 13,660 - 13,600 = 60$$

[08] 신뢰도가 0.9인 미사일 4개가 설치된 미사일 발사시스템이 있다. 그런데 4개의 미사일 중 2개만 작동하면 이 미사일 발사시스템은 임무수행이 가능하다. 이 4개 중 2개의 미사일 발사시스템의 신뢰도를 계산하시오.

해설 $R_S = \sum_{i=2}^{4} {}_nC_i \, R^i(1-R)^{n-i}$

$= 6R^2 - 8R^3 + 3R^4$

$= 6 \times 0.9^2 - 8 \times 0.9^3 + 3 \times 0.9^4 = 0.9963$

[09] 다음은 ISO 9001 : 2015의 용어에 대한 설명이다. 해당되는 용어를 쓰시오.

가. 잠재적 부적합 또는 기타 원하지 않은 잠재적 상황의 원인을 제거하기 위한 조치
나. 부적합의 원인을 제거하고 재발을 방지하기 위한 조치
다. 발견된 부적합을 제거하기 위한 행위
라. 부적합한 제품 또는 서비스에 대해 요구사항에 적합하도록 하는 조치
마. 부적합한 제품 또는 서비스에 대해 의도된 용도에 쓰일 수 있도록 하는 조치
바. 부적합 제품 또는 서비스에 대해 원래의 의도된 용도로 쓰이지 않도록 취하는 조치

해설 가. 예방조치(preventive action) 나. 시정조치(corrective action)
다. 시정(correction) 라. 재작업(rework)
마. 수리(repair) 바. 폐기(scrap)

[10] 샘플수 $n=5$인 실험에서 다음과 같이 고장이 발생하였다 $t=25$에서 메디안 랭크법을 이용해서 $F(t)$, $R(t)$, $f(t)$, $\lambda(t)$를 구하시오.

[데이터] 25, 100, 40, 75, 15 (단위 : 시간)

해설 $F(t=25) = \dfrac{i-0.3}{n+0.4} = \dfrac{2-0.3}{5+0.4} = 0.31481$

$R(t=25) = \dfrac{n-i+0.7}{n+0.4} = \dfrac{5-2+0.7}{5+0.4} = 0.68519$

$f(t=25) = \dfrac{1}{n+0.4} \cdot \dfrac{1}{\Delta t} = \dfrac{1}{5+0.4} \cdot \dfrac{1}{40-25} = 0.01235$

$\lambda(t=25) = \dfrac{1}{n-i+0.7} \cdot \dfrac{1}{\Delta t} = \dfrac{1}{5-2+0.7} \cdot \dfrac{1}{40-25} = 0.01802/\text{시간}$

[11] 제품에 사용되는 유황의 색도는 낮을수록 좋다고 하여, 제조자와 합의 후 $m_0 = 13\%$, $m_1 = 17\%$로 하였다. 표준편차 $\sigma = 4.5\%$일 때 다음 물음에 답하시오.

가. $\alpha = 0.05$, $\beta = 0.10$을 만족하는 샘플링방식의 검사개수를 구하시오.

나. 만약 n개의 시료를 측정한 결과 $\Sigma x = 160.82\%$가 되었다면, 이 로트에 대한 판정을 하시오.

해설 가. 검사개수

$$n = \left(\frac{k_\alpha + k_\beta}{m_1 - m_0}\right)^2 \sigma^2 = \left(\frac{2.927}{\Delta m}\right)^2 \sigma^2$$

$$= \left(\frac{1.645 + 1.282}{4}\right)^2 \times 4.5^2 = 10.84302 \rightarrow 11\text{개}$$

나. 로트의 판정

$$\overline{X}_U = m_0 + k_\alpha \frac{\sigma}{\sqrt{n}}$$

$$= 13 + 1.645 \frac{4.5}{\sqrt{11}} = 15.23194\text{g}$$

$(\overline{x} = 14.62) < (\overline{X}_U = 15.23193)$이므로, 로트를 합격시킨다.

[12] 어떤 실험은 10℃ 법칙을 따른다고 한다. 정상온도(20℃)에서의 수명이 1,000시간일 때, 가속온도(100℃)에서 10시간 수명실험을 한다면 생존율은?

해설 10℃ 법칙에서 $\theta_n = 2^\alpha \theta_s$

$$\theta_s = \frac{1}{2^\alpha}\theta_n = \frac{1}{2^8} \times 1{,}000 = 3.90625\text{hr}$$

$$\therefore \; R_s(t=10) = e^{-\lambda_s t} = e^{-\frac{10}{3.90625}} = 0.0773$$

[13] 다음의 품질 코스트를 P, A, F 코스트로 분류하시오.

• QC 계획 코스트	• 시험 코스트
• PM 코스트	• 현지서비스 코스트
• 설계변경 코스트	• QC 교육 코스트

해설 ① P 코스트 : QC 계획 코스트, QC 교육 코스트

② A 코스트 : 시험 코스트, PM 코스트

③ F 코스트 : 현지서비스 코스트, 설계변경 코스트

[14] 다음 $\overline{x}-R$ 관리도 데이터에 대한 요구에 답하시오.

[$\overline{x}-R$ 관리도 자료표(Data Sheet)]

순번	x_1	x_2	x_3	x_4	합계	평균($\overline{x}$)	범위(R)
1	50	53	50	53	206		
2	52	48	50	50	200		
3	51	49	53	52	205		
4	51	47	47	48	193		
5	50	51	51	47	199		
6	49	51	50	50	200		
7	51	51	50	52	204		
8	49	50	49	51	199		
9	49	50	49	53	201		
10	50	52	53	50	205		
11	50	47	50	52	199		
12	49	51	48	49	197		
13	48	47	53	50	198		
14	47	50	48	49	194		
15	49	52	50	53	204		
합계					3,004		

가. $\overline{x}-R$ 관리도의 관리선(C_L, U_{CL}, L_{CL})을 구하라.
나. 관리도를 작성하고 판정하시오.
다. 다음달을 위한 표준값(μ_o, σ_o)을 설정하시오.

해설 가. $\overline{x}-R$ 관리도의 관리선의 계산

순번	x_1	x_2	x_3	x_4	합계	평균($\overline{x}$)	범위(R)
1	50	53	50	53	206	51.5	3
2	52	48	50	50	200	50.0	4
3	51	49	53	52	205	51.3	4
4	51	47	47	48	193	48.3	4
5	50	51	51	47	199	49.8	4
6	49	51	50	50	200	50.0	2
7	51	51	50	52	204	51.0	2
8	49	50	49	51	199	49.8	2
9	49	50	49	53	201	50.3	4
10	50	52	53	50	205	51.3	3
11	50	47	50	52	199	49.8	5
12	49	51	48	49	197	49.3	3
13	48	47	53	50	198	49.5	6
14	47	50	48	49	194	48.5	3
15	49	52	50	53	204	51.0	4
합계					3,004	751.4	53

① $\bar{x}$ 관리도의 관리선

㉠ $C_L = \bar{\bar{x}} = \dfrac{\Sigma \bar{x}_i}{k} = \dfrac{751.4}{5} = 50.09333$

㉡ $U_{CL} = \bar{\bar{x}} + A_2 \bar{R} = \dfrac{\Sigma \bar{x}_i}{k} + A_2 \dfrac{\Sigma R_i}{k}$

$= \dfrac{751.4}{15} + 0.729 \times \dfrac{53}{15} = 52.64247$

㉢ $L_{CL} = \bar{\bar{x}} - A_2 \bar{R}$

$= \dfrac{751.4}{15} - 0.729 \times \dfrac{53}{15} = 47.49087$

② R 관리도의 관리선

㉠ $C_L = \bar{R} = \dfrac{\Sigma R_i}{k} = \dfrac{53}{15} = 3.53333$

㉡ $U_{CL} = D_4 \bar{R} = 2.282 \times \dfrac{53}{15} = 8.06307$

㉢ L_{CL}은 $n \leq 6$이므로 존재하지 않는다.

나. 관리도의 작성 및 판정

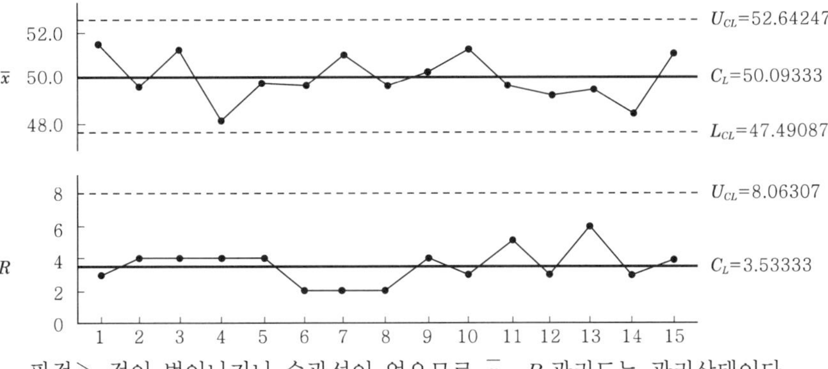

판정> 점이 벗어나거나 습관성이 없으므로 $\bar{x}-R$ 관리도는 관리상태이다.

다. 표준값의 설정

① $\mu_o = \bar{\bar{x}} = \dfrac{\Sigma \bar{x}_i}{k} = 50.09333$

② $\sigma_o = \dfrac{\bar{R}}{d_2} = \dfrac{3.53333}{2.059} = 1.71604$

참고 작성된 관리도가 관리상태이므로 $\bar{x}-R$ 관리도 중심선(C_L)을 표준값으로 사용한다.

2022 제1회 품질경영기사

[01] 접착제의 접착성을 증가시킬 목적으로 1차 인자로 건조온도(A)를 3수준 택하고, 2차 인자로 접착제의 혼합비(B)를 4수준 잡아 블록반복 2회의 분할법을 사용하여 다음의 데이터를 얻었다. 분산분석표의 빈칸을 완성하고, 결과를 해석하시오. (단, $\alpha=0.05$)

[데이터] $S_T=355$, $S_A=248$, $S_R=24$, $S_{AR}=280$, $S_B=30$, $S_{AB}=291$

[데이터]

요 인	SS	DF	MS	F_0
A				
R				
e_1				
B				
$A\times B$				
e_2				
T				

해설 ① 제곱합 및 자유도의 계산

$S_{e_1}=S_{AR}-S_A-S_R=280-248-24=8$

$S_{A\times B}=S_{AB}-S_A-S_B=291-248-30=13$

$S_{e_2}=S_T-S_{AR}-S_B-S_{A\times B}=355-280-30-13=32$

$\nu_{e_1}=(l-1)(r-1)=2\times 1=2$

$\nu_{A\times B}=(l-1)(m-1)=2\times 3=6$

$\nu_{e_2}=l(m-1)(r-1)=3\times 3\times 1=9$

② 분산분석표

요 인	SS	DF	MS	F_0
A	248	2	124	31
R	24	1	24	6
e_1	8	2	4	1.1250
B	30	3	10*	2.81250
$A\times B$	13	6	2.16667	0.60938
e_2	32	9	3.55556	
T	355	23		

③ 인자의 해석

$F_0(A) > F_{0.95}(2,2)=19.0$ 인자 A는 유의하다.

$F_0(R) < F_{0.95}(1,2)=18.5$ 인자 R은 유의하지 않으므로 2차 오차에 풀링한다.

$F_0(e_1) < F_{0.95}(2,9)=4.26$ 1차 오차는 유의하지 않으므로 2차 오차에 풀링한다.

$F_0(B) < F_{0.95}(3, 9) = 3.86$ 인자 B는 유의하지 않다.

$F_0(A \times B) < F_{0.95}(6, 9) = 3.37$ 인자 $A \times B$는 유의하지 않다.

따라서 R과 e_1을 e_2에 풀링 후 인자 A, B, $A \times B$의 유의성 여부를 다시 검정한다.

[02] 절삭기 기계에 들어가는 피니언 기어 부품의 고장시간의 분포가 형상모수 m=4, 척도모수 η=1,500, 위치모수 r=1,000의 와이블분포를 따를 때 다음 각 물음에 답하시오.

가. 사용시간 t=1,500에서의 신뢰도를 구하시오.

나. 사용시간 t=1,500에서의 고장률을 구하시오.

해설 가. $R(t=1{,}500) = e^{-\left(\frac{t-r}{\eta}\right)^m}$

$$= e^{-\left(\frac{1500-1000}{1500}\right)^4} = 0.98773$$

나. $\lambda(t=1{,}500) = \dfrac{m}{\eta}\left(\dfrac{t-r}{\eta}\right)^{m-1}$

$$= \frac{4}{1{,}500}\left(\frac{1{,}500-1{,}000}{1{,}500}\right)^{4-1} = 9.87654 \times 10^{-5}/\text{hr}$$

[03] 특성치가 100아이템당 부적합품수로 어느 로트에 대해 가능한 한 합격시키고 싶은 품질수준을 2%, 되도록이면 불합격시키고 싶은 품질수준을 10%로 합의한 계수값 축차샘플링검사(KS Q ISO 28591)에서 다음의 각 물음에 답하시오.

가. 1회 샘플링검사의 검사개수를 모르고 있는 경우의 누계검사개수 중지치(n_t)을 구하시오.

나. 누계검사개수 중지치에 대응하는 합격판정개수(A_t)를 구하시오.

해설 Q_{PR}=2%, Q_{CR}=10%이고, 부적합품률 보증방식이므로

$h_A = 1.329$, $h_R = 1.706$, $g = 0.0503$이다.

가. $n_t = \dfrac{2h_A h_R}{g(1-g)} = \dfrac{2 \times 1.329 \times 1.706}{0.0503 \times (1-0.0503)} = 94.92478 \rightarrow 95$개

나. $A_t = gn_t = 0.0503 \times 95 = 4.7785 \rightarrow 4$개

[04] 철근을 생산하고 있는 Y회사의 품질관리 부서는 철근의 길이의 산포에 대한 관심을 갖고 있다. 이제까지 철근 길이에 대한 표준편차는 2mm 이하로 알려져 있다. 이 회사의 품질경영기사인 K씨는 이를 확인하기 위하여 최근 만들어진 철근 15개를 조사한 결과 표준편차는 3mm가 됨을 알았다. 다음 각 물음에 답하시오.

가. 최근 철근 제품의 산포는 커졌다고 할 수 있는지를 유의수준 5%로 검정하시오.

니. 95%의 신뢰도로 모분산의 신뢰한계를 구하시오.

해설 가. 모분산의 검정

① $H_0 : \sigma^2 \leq 2^2\text{mm}$, $H_1 : \sigma^2 > 2^2\text{mm}$

② 유의수준 : $\alpha = 0.05$

③ 검정통계량 : $\chi_0^2 = \dfrac{S}{\sigma^2} = \dfrac{14 \times 3^2}{2^2} = 31.5$

④ 기각치 : $\chi_{0.95}^2(14) = 23.68$

⑤ 판정 : $\chi_0^2 > 23.68$ 이므로

모분산이 유의수준 5%로 종전보다 커졌다고 할 수 있다.

나. 모분산의 신뢰하한값의 추정

$$\sigma_L^2 = \frac{S}{\chi_{0.95}^2(14)} = \frac{14 \times 3^2}{23.68} = 5.32095$$

따라서 $\sigma^2 \geq 2.30672^2\text{mm}$라고 할 수 있다.

[05] 어떤 공장에서 제품의 신도에 영향을 주는 중요한 요인 A, B, C 3인자를 선택하고 비용이 크게 발생하는 각 인자의 현재 조건인 1수준 이외에 신도를 높일 수 있는 다른 수준에서 개선된 최적수준을 찾고자, 각 인자의 수준을 5수준으로 하는 라틴방격법의 실험을 실시하였다. 다음 각 물음에 답하시오. (단, 실험에 채택한 3인자는 모수인자이며, 교호작용은 없는 것으로 알려져 있다.)

[수치 변환 데이터($X_{ijk} = x_{ijk} - 60$)]

$B \backslash A$	A_1	A_2	A_3	A_4	A_5
B_1	$C_1(-2)$	$C_2(4)$	$C_3(-7)$	$C_4(-6)$	$C_5(0)$
B_2	$C_2(-6)$	$C_3(0)$	$C_4(-5)$	$C_5(-12)$	$C_1(2)$
B_3	$C_3(1)$	$C_4(10)$	$C_5(0)$	$C_1(-1)$	$C_2(6)$
B_4	$C_4(1)$	$C_5(4)$	$C_1(-1)$	$C_2(-4)$	$C_3(0)$
B_5	$C_5(2)$	$C_1(10)$	$C_2(-2)$	$C_3(-5)$	$C_4(8)$

가. 분산분석표를 작성하고 결과를 판정하시오. (단, $\alpha = 0.05$이다.)

요 인	SS	DF	MS	F_0	$F_{0.95}$

나. 수율을 높게 하는 최적수준조합에서의 조합평균의 추정치를 구하시오.

다. 최적수준에서의 조합평균을 신뢰도 95%로서 추정하시오.

해설 가. 분산분석표의 작성

A	A_1	A_2	A_3	A_4	A_5
T_{A_i}	-4	28	-15	-28	16

B	B_1	B_2	B_3	B_4	B_5
T_{B_j}	-11	-21	16	0	13

C	C_1	C_2	C_3	C_4	C_5
T_{C_k}	8	-2	-11	8	-6

① 제곱합 분해

$$CT = \frac{T^2}{k^2} = \frac{(-3)^2}{5^2} = 0.36$$

$$S_T = \Sigma\Sigma\Sigma x_{ijk}^2 - CT = 683 - 0.36 = 682.64$$

$$S_A = \frac{\Sigma\Sigma T_{i..}^2}{k} - CT = 412.64$$

$$S_B = \frac{\Sigma\Sigma T_{.j.}^2}{k} - CT = 197.4 - 0.36 = 197.04$$

$$S_C = \frac{\Sigma\Sigma T_{..k}^2}{k} - CT = 57.8 - 0.36 = 57.44$$

$$S_e = S_T - S_A - S_B - S_C = 15.52$$

② 자유도 분해

$$\nu_T = k^2 - 1 = 24$$

$$\nu_A = \nu_B = \nu_C = k - 1 = 4$$

$$\nu_e = (k-1)(k-2) = 12$$

③ 분산분석표

요 인	SS	DF	MS	F_0	$F_{0.95}$
A	412.64	4	103.16	79.76309*	3.26
B	197.04	4	49.26	38.08773*	3.26
C	57.44	4	14.36	11.10312*	3.26
e	15.52	12	1.29333		
T	682.64	24			

인자 A, B, C는 모두 유의하므로, 수율에 영향을 미치는 인자이다.

나. 조합평균의 점추정치

신도는 높을수록 좋은 망대특성이므로 인자 A와 B는 A_2와 B_3에서, 그리고 인자 C는 현재 조건인 1수준을 제외한 다른 수준에서 구하면 C_4에서 나타난다.

$$\hat{\mu}(A_2 B_3 C_4) = \bar{x}_{2..} + \bar{x}_{.3.} + \bar{x}_{..4} - 2\bar{\bar{x}}$$

$$= 60 + \left(\frac{28}{5} + \frac{16}{5} + \frac{8}{5} - 2 \times \frac{(-3)}{25}\right) = 70.64$$

다. 조합평균의 신뢰구간의 추정

$$\mu(A_2 B_3 C_4) = (\bar{x}_{2..} + \bar{x}_{.3.} + \bar{x}_{..4} - 2\bar{\bar{x}}) \pm t_{1-\alpha/2}(\nu_e)\sqrt{\frac{V_e}{n_e}}$$

$$= 70.64 \pm t_{0.975}(12)\sqrt{\frac{V_e}{n_e}}$$

$$= 70.64 \pm 2.179 \times \sqrt{1.29333 \times \frac{13}{25}} = 70.64 \pm 1.78695$$

$\rightarrow$ 68.85305% ~ 72.42695%

(단, $n_e = \dfrac{k^2}{3k-2} = \dfrac{25}{3 \times 5 - 2} = \dfrac{25}{13}$ 이다.)

[06] 폴리에스테르를 이용하여 직물을 제조하는 Y회사의 품질경영 부서에서는 직물의 신율이 가장 중요한 품질특성으로 강조되어, 원료의 특성(x)에 따른 직물제품의 특성(y)에 관한 신율을 조사하여 다음 데이터를 얻었다. 이 회사의 품질경영 부서에서는 다음 물음의 각 사항에 관심을 갖고 있다. 물음에 답하시오.

[데이터]

x	30	20	60	80	40	50	60	30	70	60
y	73	50	128	170	87	108	135	69	148	132

가. 단순회귀모형 $y_i = \beta_0 + \beta_1 x_1 + e_i$ 을 가정하고 이를 적합시키고자 한다. β_0, β_1 에 대한 최소제곱 추정치를 구하시오.

나. β_1 에 대한 신뢰구간을 신뢰율 95%로 추정하시오.

해설 가. 최소제곱추정치의 계수값

① $S_{xx} = \Sigma x_i^2 - \dfrac{(\Sigma x_i)^2}{n} = 3,400$

$S_{yy} = \Sigma y_i^2 - \dfrac{(\Sigma y_i)^2}{n} = 13,660$

$S_{xy} = \Sigma x_i y_i - \dfrac{\Sigma x_i y_i}{n} = 6,800$

② $\hat{\beta_1} = \dfrac{S_{xy}}{S_{xx}} = \dfrac{6,800}{3,400} = 2$

③ $\hat{\beta_0} = \bar{y} - \hat{\beta_1}\,\bar{x} = 110 - 2.0 \times 50 = 10$

나. 방향계수의 95% 신뢰구간 추정

① $S_R = \dfrac{(S_{xy})^2}{S_{xx}} = \dfrac{6,800^2}{3,400} = 13,600$

$S_{y/x} = S_T - S_R = 13,660 - 13,600 = 60$

$V_{y/x} = \dfrac{S_{y/x}}{n-2} = \dfrac{60}{8} = 7.5$

② 방향계수의 추정

$$\beta_1 = \hat{\beta_1} \pm t_{1-\alpha/2}(n-2)\sqrt{\frac{V_{y/x}}{S_{xx}}}$$

$$= 2.0 \pm t_{0.975}(8)\sqrt{\frac{7.5}{3,400}} = 2.0 \pm 0.10831$$

$\rightarrow 1.89169 \sim 2.10831$

[07] 어떤 금속판의 조립품 기본 두께 치수가 5mm인 것을 구입하려고 한다. 두께의 평균값이 5±0.2mm 이내의 로트는 합격이고, 5±0.5mm 이상의 로트는 불합격시키고자 하는 계량규준형 1회 샘플링검사를 적용하려고 한다. 다음 물음에 답하시오. (단, 로트의 표준편차 $\sigma = 0.3$, $\alpha = 0.05$, $\beta = 0.10$이다.)

가. 검사개수를 구하시오.

나. 합격판정치를 구하시오.

다. 만약 검사대상의 로트에서 구한 시료평균이 4.62mm라면 로트의 판정은?

해설 가. 검사개수

$m_0' = 4.8$, $m_0'' = 5.2$, $m_1' = 4.5$, $m_1'' = 5.5$

$$n = \left(\frac{k_\alpha + k_\beta}{m_1' - m_0'}\right)^2 \sigma^2 = \left(\frac{2.927}{\Delta m}\right)^2 \sigma^2$$

$$= \left(\frac{1.645 + 1.282}{0.3}\right)^2 \times 0.3^2 = 8.56733 \rightarrow 9\text{개}$$

나. 합격판정치

$$\overline{X}_U = m_0'' + k_\alpha \frac{\sigma}{\sqrt{n}} = 5.2 + 1.645\frac{0.3}{\sqrt{9}} = 5.3645\,\text{mm}$$

$$\overline{X}_L = m_0' - k_\alpha \frac{\sigma}{\sqrt{n}} = 4.8 - 1.645 \times \frac{0.3}{\sqrt{9}} = 4.6355\,\text{mm}$$

다. 판정

$\overline{x} = 4.62\,\text{mm}$로, $\overline{x} < 4.6355\,\text{mm}$이므로 로트 불합격시킨다.

[08] A사는 어떤 부품의 수입검사에 계수값 샘플링검사인 KS Q ISO 2859-1의 보조표인 분수 샘플링검사를 적용하고 있다. 적용조건은 AQL= 1.0%, 통상검사수준 G-2에서 엄격도는 보통검사, 샘플링형식은 1회로 시작하였다. 다음 표의 ( ) 안을 로트별로 완성하고, 로트번호 5의 검사결과 다음 로트에 적용되는 엄격도를 결정하시오.

로트 번호	N	샘플 문자	n	당초의 Ac	합부판정 점수 (검사 전)	적용하는 Ac	부적합품수 d	합부 판정	합부판정 점수 (검사 후)	전환 점수
1	200	G	32	1/2	5	0	1	불합격	0	0
2	250	G	32	1/2	5	0	0	합격	( )	( )
3	600	( )	( )	( )	( )	( )	1	( )	( )	( )
4	80	( )	( )	( )	( )	( )	0	( )	( )	( )
5	120	( )	( )	( )	( )	( )	0	( )	( )	( )

해설 ① 분수 합격판정개수 샘플링검사표의 작성

AQL= 1.0%, 검사수준 Ⅱ, 보통검사, 1회 샘플링으로 KSQ ISO 2859-1의 부표 11-A를 이용하는 분수 합격판정개수 샘플링검사이다.

로트 번호	N	샘플 문자	n	당초의 Ac	합부판정 점수 (검사 전)	적용하는 Ac	부적합품수 d	합부 판정	합부판정 점수 (검사 후)	전환 점수
1	200	G	32	1/2	5	0	1	불합격	0	0
2	250	G	32	1/2	5	0	0	합격	(5)	(2)
3	600	(J)	(80)	(2)	(12)	(2)	1	(합격)	(0)	(5)
4	80	(E)	(13)	(0)	(0)	(0)	0	(합격)	(0)	(7)
5	120	(F)	(20)	(1/3)	(3)	(0)	0	(합격)	(3)	(9)

② 전환점수가 30점보다 작으므로 6번째 로트는 보통검사를 적용한다.

[09] Y회사에서는 지하철 전동차에 소요되는 크고 작은 스프링을 제조하여 납품을 하는데 납품회사는 승객들의 안전을 생각하여 스프링의 수명을 현재보다 연장시키기를 원하고 있다. 따라서 Y회사의 제품 개발실에서는 소재와 공정을 개선하여 현재 사용되는 스프링보다 성능이 우수한 신제품을 개발하여 시작품을 만든 후에 그 중에서 8개의 스프링에 대하여 수명시험을 한 결과 고장이 발생한 사이클 수는 다음과 같다. 95% 신뢰수준에서 평균수명에 대한 신뢰구간을 추정하시오. (단, 고장발생은 지수분포에 따른다고 한다.)

[고장이 발생한 사이클 수]
8,712 21,915 39,400 54,613 79,000 110,200 151,208 204,312

해설 $\hat{\theta} = \dfrac{\Sigma t_i}{r} = \dfrac{669{,}360}{8} = 83{,}670$이므로

$$\frac{2r\hat{\theta}}{\chi^2_{0.975}(2r)} \le \theta \le \frac{2r\hat{\theta}}{\chi^2_{0.025}(2r)}$$

$$\frac{2 \times 669{,}360}{28.85} \le \theta \le \frac{2 \times 669{,}360}{6.91}$$

따라서 $46402.77296 \le \theta \le 193736.6136$이다.

[10] 두 종류의 고무배합(A_0, A_1)을 두 종류의 mold(B_0, B_1)를 사용하여 타이어를 만들 때 얻어지는 타이어의 밸런스(balance)를 4회씩 측정한 2^2요인 실험데이터는 다음과 같다. 물음에 답하시오.

[데이터]

B \ A	A_0		A_1		합 계
B_0	31 45 46 43	165	82 110 88 72	352	517
B_1	22 21 18 23	84	30 37 38 29	134	218
합 계	249		486		735

가. 주 효과 B를 구하시오

나. 유의수준 5%로 하는 분산분석표를 작성하시오.

다. 최적조건의 점추정치를 구하시오.

해설 가. 효과 분해

$$B = \frac{1}{N/2}(T_1 - T_0) = \frac{1}{8}(218 - 517) = -37.375$$

나. 분산분석표의 작성

① 제곱합 분해

$$CT = \frac{T^2}{lmr} = \frac{735^2}{16} = 33764.0625$$

$$S_T = \Sigma\Sigma\Sigma x_{ijk}^2 - CT = 11270.9375$$

$$S_A = \frac{1}{16}[a + ab - (1) - b]^2$$

$$= \frac{1}{16}[352 + 134 - 165 - 84]^2 = 3510.5625$$

$$S_B = \frac{1}{16}[b + ab - (1) - a]^2$$

$$= \frac{1}{16}[84 + 134 - 165 - 352]^2 = 5587.5625$$

$$S_{A\times B} = \frac{1}{16}[(1) + ab - a - b]^2$$

$$= \frac{1}{16}[165 + 134 - 84 - 352]^2 = 1173.0625$$

$$S_e = S_T - (S_A + S_B + S_{A\times B}) = 999.75$$

② 자유도 분해

$\nu_T = lmr - 1 = 15$

$\nu_A = l - 1 = 1$

$\nu_B = m - 1 = 1$

$\nu_{A\times B} = (l-1)(m-1) = 1$

$\nu_e = lm(r-1) = 12$

③ 분산분석표

요 인	SS	DF	MS	F_0	$F_{0.95}$
A	3510.5625	1	3510.5625	42.13728*	4.75
B	5587.5625	1	5587.5625	67.06752*	4.75
$A\times B$	1173.0625	1	1173.0625	14.08027*	4.75
e	999.750	12	83.3125		
T	11270.9375	15			

위의 결과에서 A, B, $A\times B$ 모두 유의하다.

다. 최적조건의 점추정치

A_0B_0 수준, A_0B_1 수준, A_1B_0 수준, A_1B_1 수준 4개의 수준 중 타이어의 밸런스가 가장 높게 나타나는 수준은 A_1B_0 수준에서 결정된다.

$$\hat{\mu}(A_1B_0) = \hat{\mu} + a_1 + b_0 + (ab)_{10}$$

$$= \bar{x}_{10\cdot} = \frac{T_{10\cdot}}{r} = \frac{352}{4} = 88$$

[11] 다음의 데이터는 매 시간마다 실시되는 최종제품에 대한 샘플링검사의 결과를 이용하여 얻은 것이다. 중심선(C_L)과 관리한계선(U_{CL}, L_{CL})을 구한 후 관리도를 작성하고, 공정이 안정상태인지를 판정하시오.

[데이터]

시간	1	2	3	4	5	6	7	8	9
검사개수	40	40	40	60	60	60	50	50	50
부적합품수	5	4	3	4	9	4	3	5	8

해설 ① 중심선과 관리한계선의 계산

㉠ $\bar{p} = \dfrac{\Sigma np}{\Sigma n} = \dfrac{45}{450} = 0.10$

㉡ $U_{CL} = \bar{p} + 3\sqrt{\dfrac{\bar{p}(1-\bar{p})}{n}}$

- $n = 40$인 경우 : $U_{CL} = 0.24230$
- $n = 50$인 경우 : $U_{CL} = 0.22728$
- $n = 60$인 경우 : $U_{CL} = 0.21619$

㉢ L_{CL}은 음의 값이므로 고려치 않는다.

* 검사개수가 변하므로 p관리도에 해당한다.

급번호	검사개수	부적합품수	부적합품률	관리상한선	관리하한선
1	40	5	0.12500	0.24230	고려하지 않음
2	40	4	0.10000		
3	40	3	0.07500		
4	60	4	0.06667	0.21619	
5	60	9	0.15000		
6	60	4	0.06667		
7	50	3	0.06000	0.22728	
8	50	5	0.10000		
9	50	8	0.16000		
합계	450	45	0.10000		

② 관리도의 작성

p관리도

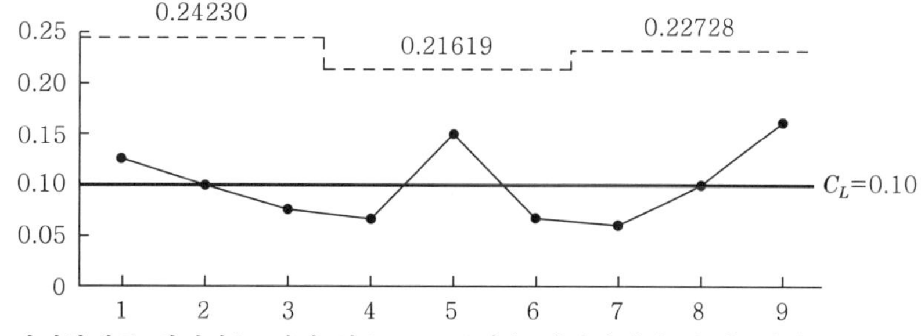

③ 관리한계를 벗어나는 점이 없으므로 공정은 관리상태라 할 수 있다.

[12] L산업(주)는 새로운 제조공정에 의한 건전지를 생산하고자 기존의 공장에 2개의 공정라인을 신설하여 동 종류의 건전지를 제조하고 있다. 이 회사의 품질경영 부서에서 2개의 공정라인에서 생산되는 제품의 품질이 어떤지를 확인하고자 2개의 공정으로부터 랜덤하게 12개씩의 시료를 뽑아 품질특성인 전압을 측정한 데이터는 아래 표와 같다. 다음 각 물음에 답하시오.

[데이터]

제1 라인	1.43	1.67	1.58	1.46	1.62	1.46	1.58	1.58	1.72	1.35	1.61	1.54
제2 라인	1.40	1.50	1.59	1.51	1.56	1.32	1.54	1.45	1.56	1.57	1.59	1.52

가. 제1 라인과 제2 라인의 등분산성을 유의수준 $\alpha = 0.05$로 검정하시오.

나. 제1 라인의 모평균이 제2 라인의 모평균보다 크다고 할 수 있는지 유의수준 $\alpha = 0.05$로 검정하시오.

해설 가. 등분산성의 검정

① 가설 설정 : $H_0 : \sigma_1^2 = \sigma_2^2$, $H_1 : \sigma_1^2 \neq \sigma_2^2$

② 유의수준 : $\alpha = 0.05$

③ 검정통계량

$$F_0 = \frac{V_1}{V_2} = \frac{0.10669^2}{0.08218^2} = 1.68545$$

구분	1라인	2라인
평균($\bar{x}$)	1.550	1.50917
분산(s^2)	0.10669^2	0.08218^2

④ 기각치

$F_{0.025}(11, 11) = 1/F_{0.975}(11, 11) = 1/3.48 = 0.28736$, $F_{0.975}(11, 11) = 3.48$

⑤ 판정

$F_{0.025}(11, 11) < F_0 < F_{0.975}(11, 11)$이므로 분산은 서로 다르다고 할 수 없다. 따라서 등분산이라 할 수 있다.

나. 모평균차의 검정

① 가설 설정 : $H_0 : \mu_1 \leq \mu_2$, $H_1 : \mu_1 > \mu_2$

② 유의수준 : $\alpha = 0.05$

③ 검정통계량

$$t_0 = \frac{(\bar{x}_1 - \bar{x}_2) - \delta}{\hat{\sigma}\sqrt{\frac{1}{n_1} + \frac{1}{n_2}}} = \frac{(1.550 - 1.50917) - 0}{0.09523\sqrt{\frac{1}{12} + \frac{1}{12}}} = 1.05022$$

(단, $\hat{\sigma}^2 = \frac{S_1 + S_2}{\nu_1 + \nu_2} = \frac{11 \times 0.10669^2 + 11 \times 0.08218^2}{11 + 11} = 0.09523^2$)

④ 기각치

$t_{0.95}(22) = 1.717$

⑤ 판정

$t_0 < 1.717$이므로 H_0를 채택한다.

즉, 1라인의 모평균이 2라인의 모평균보다 크다고 할 수 없다.

[13] 다음은 ISO 용어에 관한 설명이다. 해당되는 용어를 쓰시오.

가. 부적합한 원인을 제거하고 재발을 방지하기 위한 조치

나. 규정된 요구사항에 적합하지 않은 제품 또는 서비스를 사용하거나 불출하는 것에 대한 허가

해설 가. 시정조치

나. 특채

[14] 어떤 전선 1,000m의 평균부적합(결점)수 $\bar{c}=4.5$로 추정되며, 이 공정을 c 관리도로 관리하고 있다. 이 공정의 평균부적합(결점)수가 9.0으로 변화할 때, 1점 타점시 이를 탐지하지 못할 확률을 구하시오.

해설 $\beta = P(c < U_{CL}) = P\left(z < \dfrac{U_{CL} - m'}{\sqrt{m'}}\right)$

$= P\left(z < \dfrac{10.864 - 9.0}{\sqrt{9}}\right) = P(z < 1.0762)$

$\fallingdotseq P(z < 1.08) = 0.8599$

(단, $U_{CL} = \bar{c} \pm 3\sqrt{\bar{c}} = 4.5 + 3\sqrt{4.5} = 10.864$이다.)

2022 제2회 품질경영기사

[01] 어떤 화학약품의 제조에 상표가 다른 2종류의 원료를 사용하고 있다. 각 원료에서 그 주성분 A의 함량은 다음과 같다. 상표 1의 주성분 A의 평균 함량을 μ_1, 상표 2의 평균 함량을 μ_2라고 할 때 다음 물음에 답하시오.

(단위 : %)

상표 1	80.4	78.2	80.1	77.1	79.6	80.4	81.6	79.9	84.4	80.9	83.1
상표 2	79.5	80.7	79.0	77.5	75.6	76.5	79.6	79.4	78.3	80.3	

가. 유의수준 5%로 등분산성의 검정을 하시오.

나. 평균함량 μ_1이 μ_2에 비해 함량의 차이가 0.4%보다 크다고 할 수 있는지를 유의수준 5%로 검정하시오.

다. 유의하다면 차의 신뢰한계값을 추정하시오.

해설 가. 등분산성의 검정

① 가설 : $H_0 : \sigma_1^2 = \sigma_2^2$, $H_1 : \sigma_1^2 \neq \sigma_2^2$

② 유의수준 : $\alpha = 0.05$

③ 검정통계량 : $F_0 = \dfrac{V_1}{V_2} = \dfrac{2.03805^2}{1.65341^2} = 1.51939$

	$\bar{x}$	s
상표 1	80.51818	2.03805
상표 2	78.64	1.65341

④ 기각치 : $F_{0.025}(10,\ 9) = 1/3.78 = 0.26455$, $F_{0.975}(10,\ 9) = 3.96$

⑤ 판정 : $0.26455 < F_0 < 3.96 \rightarrow H_0$ 채택

즉, 등분산성이 성립한다.

나. 모평균 차의 검정

① 가설 : $H_0 : \mu_1 - \mu_2 \leq 0.4\ \%$, $H_1 : \mu_1 - \mu_2 > 0.4\ \%$

② 유의수준 : $\alpha = 0.05$

③ 검정통계량 : $t_0 = \dfrac{(\bar{x}_1 - \bar{x}_2) - \delta}{\hat{\sigma}\sqrt{\dfrac{1}{n_1} + \dfrac{1}{n_2}}}$

$$= \frac{(80.51818 - 78.64) - 0.4}{1.86576\sqrt{\dfrac{1}{11} + \dfrac{1}{10}}} - 1.81325$$

(단, $\hat{\sigma} = \sqrt{\dfrac{10 \times 2.03805^2 + 9 \times 1.65341^2}{11 + 10 - 2}} = 1.86576$이다.)

④ 기각치 : $t_{0.95}(19)=1.729$

⑤ 판정 : $t_0 > 1.729 \rightarrow H_0$ 기각

따라서, 상표 1의 성분 A의 함량이 상표 2에 비해 0.4%를 초과한다고 할 수 있다.

다. 모평균 차의 95% 신뢰한계(신뢰하한값)

$$\mu_1-\mu_2=(\bar{x}_1-\bar{x}_2)-t_{0.95}(19)\hat{\sigma}\sqrt{\frac{1}{n_1}+\frac{1}{n_2}}$$

$$=(80.51818-78.64)-1.729\times1.86576\times\sqrt{\frac{1}{11}+\frac{1}{10}}$$

$$=0.46868\%$$

따라서, 모평균차의 신뢰하한값은 0.46868%이다.

[02] $U_{CL}=130$, $L_{CL}=70$인 x관리도가 있다. 만약 산포는 정상적 상태이고 공정의 평균이 120으로 변화되었다면, 1점 타점시 관리도의 검출력은 얼마인가?

해설 $1-\beta=\Pr(x\geq U_{CL})+\Pr(x\leq L_{CL})$

$$=\Pr\left(z\geq\frac{130-120}{10}\right)+\Pr\left(z\leq\frac{70-120}{10}\right)$$

$$=\Pr(z\geq 1)+\Pr(z\leq -5)$$

$$=0.1587+0.0000=0.1587\rightarrow 15.87\%$$

[03] $N(100,\ \sigma^2=?)$인 모집단에서 시료 15개를 랜덤으로 샘플링하여 시료평균 $\bar{x}$를 계산할 때, $\bar{x}$의 값이 $100\pm k$값 밖으로 나갈 확률을 10%라고 하면 k값은 얼마인가? (단, 시료분산은 16이다.)

해설 $k=t_{1-0.05}(14)\frac{s}{\sqrt{n}}$

$$=1.761\times\frac{4}{\sqrt{15}}=1.81875$$

[04] 어떤 공장에서 생산되는 제품을 로트크기(lot size)에 따라 생산에 소요되는 시간(M/H)을 측정하였더니, 다음과 같은 자료가 얻어졌다. $E(y)=\hat{\beta}_0+\hat{\beta}_1x$에서 $x_0=20$일 때 $E(y)$에 대한 95% 신뢰구간을 추정하시오.

로트크기(x)	30	20	60	80	40	50	60	30	70	60
생산소요시간(y)	73	50	128	170	87	108	135	69	148	132

해설 $E(y) = (\hat{\beta}_0 + \hat{\beta}_1 x_0) \pm t_{1-\alpha/2}(n-2)\sqrt{V_{y/x} \times \left(\frac{1}{n} + \frac{(x_0 - \bar{x})^2}{S_{xx}}\right)}$

$$= (10 + 2 \times 20) \pm t_{0.975}(8)\sqrt{7.5 \times \left(\frac{1}{10} + \frac{(20-50)^2}{3400}\right)} = 50 \pm 3.81383$$

$\rightarrow (46.18617,\ 53.81383)$

$\left(\text{단, } V_{y/x} = \frac{S_T - S_R}{n-2} = 7.5\text{이다.}\right)$

[05] Y회사에서는 제품 1개당 소요되는 C원료의 투입량을 15.8kg으로 세팅하고 있다. 수율을 높이기 위하여 투입밸브의 치수를 변경한 후, 제조과정에서 제품 1개당 발생하는 낭비량을 측정하였더니 다음과 같은 데이터를 얻었다. 다음 각 물음에 답하시오.

[데이터] 1.2 1.2 1.5 1.4 1.4 1.0 1.1 1.8 1.8 1.6 (단위 : kg)

가. 종전의 C원료 평균 낭비량이 1.8kg이었다면, 공정 변경 후 낭비량은 감소하였다고 볼 수 있는지 유의수준 5%로 검정하시오.

나. 평균 낭비량에 대하여 신뢰율 95%로 신뢰상한값을 추정하시오.

해설 가. 모평균의 검정

① 가설 설정 : $H_0 : \mu \geq \mu_0$, $H_1 : \mu < \mu_0$ (단, $\mu_0 = 1.8\text{kg}$)

② 유의수준 : $\alpha = 0.05$

③ 검정통계량 : $t_0 = \frac{\bar{x} - \mu}{s / \sqrt{n}} = \frac{1.4 - 1.8}{0.27889 / \sqrt{10}} = -4.53552$

④ 기각치 : $-t_{0.95}(9) = -1.833$

⑤ 판정 : $t_0 < -t_{0.95}(9)$ 이므로 H_0를 기각한다.

즉, 낭비량은 감소하였다고 할 수 있다.

나. 신뢰상한값의 추정

$\mu_u = \bar{x} + t_{0.95}(9)\frac{s}{\sqrt{n}}$

$= 1.4 + 1.833 \times \frac{0.27889}{\sqrt{10}} = 1.56166\text{kg}$

그러므로 $\mu \leq 1.56166\text{kg}$이다.

[06] 합리적인 군 구분이 불가능한 경우 $k=25$, $\Sigma x_i = 152.3$, $\Sigma R_{m_i} = 10.2$라면, x 관리도의 C_L 및 U_{CL}, L_{CL}의 값을 구하시오.

해설 $\bar{x} = \Sigma x_i / k = 152.3/25 = 6.092$

$\overline{R}_m = \Sigma R_{m_i} / k - 1 = 10.2/24 = 0.425$

① 중심선(C_L)

$\bar{x} = 6.092$

② 관리한계선(U_{CL}, L_{CL})

$$U_{CL} = \overline{x} + 2.66\,\overline{R}_m$$
$$= 6.092 + 2.66 \times 0.425 = 7.22250$$
$$L_{CL} = \overline{x} - 2.66\,\overline{R}_m$$
$$= 6.092 - 2.66 \times 0.425 = 4.9615$$

[07] 다음 데이터는 어떤 화학제품의 수분함량을 측정한 결과를 도수표로 나타낸 것이다. 수분함량에 대한 규격은 5.00±0.30이다. 다음 물음에 답하여라.

계급	x_i	f_i	u_i	f_iu_i	$f_iu_i^2$
4.755~4.825	4.79	2	−3	−6	18
4.825~4.895	4.86	12	−2	−24	48
4.895~4.965	4.93	15	−1	−15	15
4.965~5.035	5.00	30	0	0	0
5.035~5.105	5.07	12	1	12	12
5.105~5.175	5.14	6	2	12	24
5.175~5.245	5.21	2	3	6	18
5.245~5.315	5.28	1	4	4	16
합계		80		−11	151

가. 평균과 표준편차를 구하여라.
나. 규격을 벗어나는 확률은 얼마인가? (단, 도수분포표는 정규분포를 따른다.)
다. 최소공정능력지수를 구하고, 공정능력을 평가하라.

 해설 가. $\overline{x} = x_0 + h\dfrac{\Sigma f_i u_i}{\Sigma f_i}$

$$= 5.00 + 0.07 \times \frac{-11}{80} = 4.99038$$

$$s = h\sqrt{\frac{\Sigma f_i {u_i}^2}{\Sigma f_i - 1} - \frac{(\Sigma f_i u_i)^2}{\Sigma f_i(\Sigma f_i - 1)}}$$

$$= 0.07 \times \sqrt{\frac{151}{79} - \frac{(-11)^2}{80 \times 79}} = 0.09629$$

나. 부적합품률

$$P(\%) = \Pr(x > 5.3) + \Pr(x < 4.7)$$
$$= \Pr\left(z > \frac{5.3 - 4.99038}{0.09629}\right) + \Pr\left(z < \frac{4.7 - 4.99038}{0.09629}\right)$$
$$= \Pr(z > 3.21) + \Pr(z < -3.02)$$
$$= 0.0006637 + 0.001306 = 0.00197$$

다. $C_{PK} = (1-k)\,C_P = (1-k)\dfrac{S_U - S_L}{6s}$

$$= C_P - kC_P = 1.03853 - \left(\frac{|4.99038 - 5.0|}{0.6/2}\right) \times 1.03853 = 1.0052$$

따라서, $1 \le C_P < 1.33$: 공정능력이 보통이다.(2등급)

[08] 기본치수 규격이 18±0.05mm이며, 부적합품률 1%인 로트는 통과시키고 부적합품률 10%인 로트는 통과시키지 않을 때 $\overline{X}_U$ 및 $\overline{X}_L$ 을 구하시오. (단, $\sigma=0.015$mm, $\alpha=0.05$, $\beta=0.10$, $k=1.74$, $n=8$이다.)

해설 $\overline{X}_U = S_U - k\sigma$

$= 18.05 - 1.74 \times 0.015 = 18.0239\text{mm}$

$\overline{X}_L = S_L + k\sigma$

$= 17.95 + 1.74 \times 0.015 = 17.9761\text{mm}$

[09] 와이블분포를 따르는 제품의 신뢰도를 측정해 보니, 300시간에서 $R(t=300)=0.739$, 500시간에서 $R(t=500)=0.637$로 측정되었다. 300시간과 500시간 사이의 평균고장률은 얼마가 되는가? (단, 형상모수는 0.7이다.)

해설 $AFR(t_1=300,\ t_2=500) = \dfrac{H(t=500)-H(t=300)}{\Delta t}$

$= \dfrac{-\ln 0.637-(-\ln 0.739)}{500-300} = 7.42641\times 10^{-4}/\text{시간}$

(단, 와이블분포에서 $H(t) = -\ln R(t) = \left(\dfrac{t-r}{\eta}\right)^m$ 이다.)

[10] 고장률이 $\lambda=1.05361\times 10^{-7}$/hr인 1,000개의 부품으로 구성된 기기를 사용할 때 신뢰도가 0.9가 되는 사용시간을 구하시오. (단, 부품은 지수분포에 따른다.)

해설 $R(t=1{,}000) = 0.9 = e^{-n\lambda t} = e^{-1{,}000\times\lambda\times t}$

여기서, $0.9 = e^{-1{,}000\times 1.05361\times 10^{-7}\times t}$ 이므로

$\ln 0.90 = -1{,}000\times 1.05361\times 10^{-7}\times t$

$\therefore\ t = 999.99540\text{hr}$이다.

[11] A사는 어떤 부품의 수입검사에 계수값 샘플링검사인 KS Q ISO 2859-1의 보조표인 분수 샘플링검사를 적용하고 있다. 적용조건은 $AQL = 1.0\%$, 통상검사수준 G-2에서 엄격도는 보통검사, 샘플링 형식은 1회로 시작하였다. 다음 물음에 답하시오.

가. 다음 표의 (   ) 안을 로트별로 완성하시오.

나. 로트번호 5의 검사결과 다음 로트에 적용되는 로트번호 6의 엄격도를 결정하시오.

로트번호	N	샘플문자	n	당초의 Ac	합부판정점수 (검사 전)	적용하는 Ac	부적합품수 d	합부판정	합부판정점수 (검사 후)	전환점수
1	200	G	32	1/2	5	0	1	불합격	0	0
2	250	G	32	1/2	5	0	0	합격	5	2
3	600	(①)	(③)	(⑤)	(⑦)	(⑨)	1	(⑪)	(⑬)	(⑮)
4	80	(②)	(④)	(⑥)	(⑧)	(⑩)	0	(⑫)	(⑭)	(⑯)
5	120	F	20	1/3	(⑰)	(⑱)	0	합격	(⑲)	(⑳)

해설 가.

로트번호	N	샘플문자	n	당초의 Ac	합부판정점수 (검사 전)	적용하는 Ac	부적합품수 d	합부판정	합부판정점수 (검사 후)	전환점수
1	200	G	32	1/2	5	0	1	불합격	0	0
2	250	G	32	1/2	5	0	0	합격	5	2
3	600	(J)	(80)	(2)	(12)	(2)	1	(합격)	(0)	(5)
4	80	(E)	(13)	(0)	(0)	(0)	0	(합격)	(0)	(7)
5	120	F	20	1/3	(3)	(0)	0	합격	(3)	(9)

참고 3번 로트에서 $Ac = 2$인 검사는 한단계 엄격한 AQL 검사의 $Ac = 1$에서 합격되어야 전환점수 3점이 가산되며, 불합격되면 0점으로 처리한다.

나. 로트번호 6은 보통검사를 실시한다.

[12] 확률변수 X의 확률분포가 아래와 같다. Y의 함수식이 $Y = 2X + 8$로 정의되는 경우 Y의 기대가와 분산은?

X	1	2	3	4	5
$P(X)$	0.1	0.2	0.4	0.2	0.1

해설

$$E[Y] = 2E(X) + 8 = 2\Sigma\, XP(X) + 8$$
$$= 2(1\times0.1 + 2\times0.2 + 3\times0.4 + 4\times0.2 + 5\times0.1) + 8 = 14$$
$$V[Y] = 2^2 V(X) = 2^2 \sum_{x=1}^{5} [X - E(X)]^2 P(X)$$
$$= 2^2[(1-3)^2\times0.1 + (2-3)^2\times0.2 + \cdots\cdots + (5-3)^2\times0.1] = 4.8$$

[13] 사내 표준요건 7가지 중 6가지를 쓰시오.

 ① 기여도가 큰 것부터 중점적으로 취급할 것
② 실행 가능한 내용일 것
③ 당사자의 의견을 고려할 것
④ 기록의 내용이 구체적이고 객관적일 것
⑤ 직관적으로 보기 쉬운 표현으로 할 것
⑥ 정확・신속하게 개정할 것
⑦ 장기적인 방침 및 체계 하에서 추진할 것

* 이 중 6개만 기술하면 된다.

[14] $L_8(2^7)$형 직교배열표에 다음과 같이 A, B, C의 3인자와 $A \times B$의 교호작용을 배치하고 실험순서를 랜덤하게 결정한 후 실험을 행하여 표와 같은 수명 데이터를 얻었다. 다음 각 물음에 답하시오. (단, 수명은 클수록 좋으며, 소수점 3자리로 수치맺음을 하시오.)

가. 위험률(α) 10%로 분산분석표를 작성하시오.

나. 최적 조건에서 신뢰율 90%로 조합평균의 신뢰구간을 추정하시오.

[$L_8(2^7)$형 직교배열표]

	1	2	3	4	5	6	7	데이터
1	0	0	0	0	0	0	0	35
2	0	0	0	1	1	1	1	48
3	0	1	1	0	0	1	1	21
4	0	1	1	1	1	0	0	38
5	1	0	1	0	1	0	1	50
6	1	0	1	1	0	1	0	43
7	1	1	0	0	1	1	0	31
8	1	1	0	1	0	0	1	22
배치		A	$A \times B$	C	B			

 가. 분산분석표의 작성

$$S_T = \Sigma x_i^{\ 2} - \frac{(\Sigma x_i)^2}{n} = 840$$

$$S_A = \frac{1}{8}(21+38+31+22-35-48-50-43)^2 = 512$$

$$S_B = \frac{1}{8}(48+38+50+31-35-21-43-22)^2 = 264.5$$

$$S_C = \frac{1}{8}(48+38+43+22-35-21-50-31)^2 = 24.5$$

$$S_{A\times B} = \frac{1}{8}(21+38+50+43-35-48-31-22)^2 = 32$$

$S_e = S_T - S_A - S_B - S_C - S_{A \times B} = 7$

요인	SS	DF	MS	F_0	$F_{0.90}$
A	512	1	512	219.460*	5.54
B	264.5	1	264.5	113.373*	5.54
C	24.5	1	24.5	10.502*	5.54
$A \times B$	32	1	32	13.716*	5.54
e	7	3	2.333		
T	840	7			

나. 최적 조건의 추정

교호작용 $A \times B$가 유의하므로 AB의 2원표를 작성하여 수명이 가장 긴 최적조건을 구하고, C의 1원표에서 최적조건을 구한 후 2개를 합성시킨다.

① 최적 조건의 결정

[A, B의 2원표]

B \ A	A_0	A_1
B_0	35	21
	43	22
B_1	48	38
	50	31

[C의 1원표]

\ C	C_0	C_1
1	35	48
2	21	38
3	50	43
4	31	22
	137	151

최적 조건 → A_0B_1

최적 조건 → C_1

따라서 수명을 가장 길게 하는 최적 조건은 $A_0B_1C_1$이 된다.

② 점추정치

$$\begin{aligned}\bar{x}_{A_0B_1C_1} &= \hat{\mu} + a_0 + b_1 + c_1 + (ab)_{01} \\ &= [\hat{\mu} + a_0 + b_1 + (ab)_{01}] + [\hat{\mu} + c_1] - \hat{\mu} \\ &= \frac{T_{A_0B_1}}{2} + \frac{T_{C_1}}{4} - \frac{T}{8} \\ &= \frac{98}{2} + \frac{151}{4} - \frac{288}{8} \\ &= 50.75\end{aligned}$$

③ 신뢰구간의 추정

$$\begin{aligned}\mu_{A_0B_1C_1} &= \bar{x}_{A_0B_1C_1} \pm t_{1-0.05}(3)\sqrt{\frac{V_e}{n_e}} \\ &= 50.75 \pm 2.353 \times \sqrt{2.333 \times \frac{5}{8}} \\ &= 50.75 \pm 2.841 \\ &= 47.909 \sim 53.591\end{aligned}$$

$\left(\text{단, } \frac{1}{n_e} = \frac{1}{2} + \frac{1}{4} - \frac{1}{8} = \frac{5}{8}\right)$

참고 이 문제는 출제상의 오류가 있다. A를 2열, B를 5열에 배치하면 교호작용 $A \times B$는 3열이 아닌 7열에 나타난다.

2022 제4회 품질경영기사

[01] 인자 A, B, C는 각각 변량인자로서 A는 1달 중 랜덤하게 4일을 택한 일간 인자이고, B는 일별로 두 대의 트럭을 랜덤하게 선택한 것이며, C는 트럭 내에서 랜덤하게 두 삽을 취한 것으로, 각 삽에서 두 번에 걸쳐 모래의 염도를 측정한 변량모형의 실험을 행하여, 아래와 같은 제곱합이 구해졌다. 다음 물음에 답하시오.

가. 다음과 같이 분산분석표를 작성하였다. 빈칸을 완성시키시오.

요인	SS	DF	MS	F_0
A	1.8950			
$B(A)$	0.7458			
$C(AB)$	0.3409			
e	0.0193			
T	3.0010			

나. 검정 결과와 관계없이 각 요인들의 분산성분을 추정하시오.

해설 가. 분산분석표의 작성

① 자유도 분해

$\nu_T = lmnr - 1 = 4 \times 2 \times 2 \times 2 - 1 = 31$

$\nu_A = l - 1 = 3$

$\nu_{B(A)} = l(m-1) = 4$

$\nu_{C(AB)} = lm(n-1) = 8$

$\nu_e = lmn(r-1) = 16$

② 분산분석표 작성

요인	SS	DF	MS	F_0
A	1.8950	3	0.63167	3.38788
$B(A)$	0.7458	4	0.18645	4.37471
$C(AB)$	0.3409	8	0.04261	35.21488
e	0.0193	16	0.00121	
T	3.0010	31		

나. 변량요인의 분산성분 추정

① $\hat{\sigma}_A^2 = \dfrac{V_A - V_{B(A)}}{mnr} = \dfrac{0.63167 - 0.18645}{8} = 0.05565$

② $\hat{\sigma}_{B(A)}^2 = \dfrac{V_{B(A)} - V_{C(AB)}}{nr} = \dfrac{0.18645 - 0.04261}{4} = 0.03596$

③ $\hat{\sigma}_{C(AB)}^2 = \dfrac{V_{C(AB)} - V_e}{r} = \dfrac{0.04261 - 0.00121}{2} = 0.02070$

[02] 다음 설명 중 옳으면 ○표, 틀리면 ×표를 하시오.

가. 불충분한 전수검사보다 샘플링검사의 신뢰도가 더 높다. (　)

나. 샘플링검사는 우연원인을 관리하기 위한 검사이다. (　)

다. 샘플링검사는 하나 하나를 개별적으로 판정하기 위한 검사이다. (　)

라. N과 n이 비례되어 변하면 샘플링검사의 OC곡선은 거의 변하지 않는다. (　)

마. 합격판정개수와 검사개수가 2배가 되면 OC곡선은 변화가 없다. (　)

해설 가. ○　나. ×　다. ×　라. ×　마. ×

틀린 부분을 바르게 고치면 다음과 같다.

나. 샘플링검사는 이상원인을 관리하기 위한 검사이다.

다. 전수검사는 하나 하나를 개별적으로 판정하기 위한 검사이다.

라. N과 n이 비례되어 변하면 샘플링검사의 OC곡선은 변화가 크다.

마. 합격판정개수와 검사개수가 2배가 되면 OC곡선은 변화가 매우 크다.

[03] 어떤 부품의 제조공정에서 종래 장기간의 공정 평균 부적합품률은 9% 이상으로 집계되고 있다. 부적합품률을 낮추기 위해 TFT를 구성하고 공정의 일부를 개선한 후 그 공정을 조사하였더니 167개의 샘플 중 8개가 부적합품이었다. 다음 물음에 답하시오.

가. 부적합품률이 낮아졌다고 할 수 있는가를 유의수준 5%로 검정하시오.

나. 부적합품률의 신뢰한계값을 신뢰율 95%로 추정하시오.

해설 가. 모부적합품률의 검정

① 가설 : $H_0 : P \geq 0.09$, $H_1 : P < 0.09$

② 유의수준 : $\alpha = 0.05$

③ 검정통계량 : $u_0 = \dfrac{\hat{p} - P}{\sqrt{\dfrac{P(1-P)}{n}}} = \dfrac{0.0479 - 0.09}{\sqrt{\dfrac{0.09 \times (1-0.09)}{167}}} = -1.90107$

(단, $\hat{p} = \dfrac{X}{n} = \dfrac{8}{167} = 0.0479$이다.)

④ 기각치 : $-u_{0.95} = -1.645$

⑤ 판정 : $u_0 < -1.645$이므로 H_0 기각

즉, 공정의 부적합품률이 낮아졌다고 할 수 있다.

나. 모부적합품률의 95% 신뢰한계(신뢰상한값)의 추정

$$P_U = \hat{p} + u_{0.95}\sqrt{\frac{\hat{p}(1-\hat{p})}{n}}$$

$$= 0.0479 + 1.645\sqrt{\frac{0.0479 \times (1-0.0479)}{167}} = 0.07508$$

[04] 어떤 공장에서 생산되는 제품의 로트 크기에 따라 생산에 소요되는 시간을 측정하였더니 다음과 같았다. 각 물음에 답하시오.

x_i	30	20	60	80	40	50	60	30	70	80
y_i	73	50	128	170	87	108	135	69	148	132

가. 회귀직선 $y=\widehat{\beta_0}+\widehat{\beta_1}x$를 구하시오.

나. 회귀 관계가 성립하는가를 유의수준 5%로 검정하시오. (단, t분포를 이용)

다. 회귀계수 β_1에 대한 신뢰율 95%의 구간추정을 행하시오.

해설 가. 회귀직선의 추정

① $\widehat{\beta_1}=\dfrac{S_{(xy)}}{S_{(xx)}}=\dfrac{7,240}{4,160}=1.74038$

② $\widehat{\beta_0}=\overline{y}-\widehat{\beta_1}\ \overline{x}=110-1.74038\times 52=19.5$

③ $y=\widehat{\beta_0}+\widehat{\beta_1}\ x=19.5+1.74038x$

나. 1차회귀의 유의성 검정

① 가설 : H_0 : $\beta_1=0$, H_1 : $\beta_1\neq 0$

② 유의수준 : $\alpha=0.05$

③ 검정통계량 : $t_0=\dfrac{\widehat{\beta_1}-\beta_1}{\sqrt{\dfrac{V_{y/x}}{S_{xx}}}}=\dfrac{1.74038-0}{\sqrt{\dfrac{132.45192}{4,160}}}=9.75353$

(단, $V_{y/x}=\dfrac{S_T-S_R}{n-2}=\dfrac{13,660-12,600}{8}=132.45192$이다.)

④ 기각치 : $-t_{0.975}(8)=-2.306$, $t_{0.975}(8)=2.306$

⑤ 판정 : $t_0>2.306\rightarrow H_0$ 기각

$\beta_1\neq 0$이므로 1차 회귀 관계가 성립한다고 할 수 있다.

* $\beta_1=0$인 t검정은 1차 회귀의 유의성 검정의 $\nu_1=1$인 F검정에 해당된다.

다. 1차 회귀계수의 구간 추정

$\beta_1=\widehat{\beta_1}\pm t_{1-\alpha/2}(n-2)\sqrt{\dfrac{V_{y/x}}{S_{(xx)}}}$

$=1.74038\pm 2.306\times\sqrt{\dfrac{132.45192}{4,160}}$

$\therefore\ 1.32891\leq\beta_1\leq 2.15186$

[05] 다음 $\bar{x}-R$ 관리도의 데이터에 대한 물음에 답하시오. (단, $\Sigma R_i = 27.00$ 이고 $n=2$일 때 $d_2 = 1.128$, $n=4$일 때 $d_2 = 2.059$이다.)

시료군의 번호	측정값					
	x_1	x_2	x_3	x_4	$\bar{x}_i$	R_m
1	38.3	38.9	39.4	38.3	38.725	
2	39.1	39.8	38.5	39.0	39.100	0.375
3	38.6	38.0	39.2	39.9	38.925	0.175
4	40.6	38.6	39.0	39.0	39.300	0.375
5	39.0	38.5	39.3	39.4	39.050	0.250
6	38.8	39.8	38.3	39.6	39.125	0.075
7	38.9	38.7	41.0	41.4	40.000	0.875
8	39.9	38.7	39.0	39.7	39.325	0.675
9	40.6	41.9	38.2	40.0	40.175	0.850
10	39.2	39.0	38.0	40.5	39.175	1.000
11	38.9	40.8	38.7	39.8	39.550	0.375
12	39.0	37.9	37.9	39.1	38.475	1.075
13	39.7	38.5	39.6	38.9	39.175	0.700
14	38.6	39.8	39.2	40.8	39.600	0.425
15	40.7	40.7	39.3	39.2	39.975	0.375
합계					589.675	7.600

가. $\bar{x}-R$ 관리도의 관리선인 C_L, U_{CL}, L_{CL}을 구하시오.

나. 군내변동(σ_w), 군간변동(σ_b)을 각각 구하시오.

다. 공정평균이 이상원인의 영향으로 상측으로 1.2만큼 변화하였다면, 1점을 타점시킬 때 $\bar{x}$관리도에서 이것을 탐지할 수 있는 능력을 구하시오.

해설 가. $\bar{x}-R$ 관리도의 관리선

① $\bar{x}$ 관리도

㉠ $C_L = \frac{\Sigma \bar{x}}{k} = \frac{589.675}{15} = 39.31167$

㉡ $U_{CL} = \bar{\bar{x}} + \frac{3\bar{R}}{d_2\sqrt{n}} = 39.31167 + \frac{3 \times 1.80}{2.059 \times \sqrt{4}} = 40.62299$

㉢ $L_{CL} = \bar{\bar{x}} - \frac{3\bar{R}}{d_2\sqrt{n}} = 39.31167 - \frac{3 \times 1.80}{2.059 \times \sqrt{4}} = 38.00035$

② R 관리도

㉠ $C_L = \frac{\Sigma R}{k} = \frac{27.0}{15} = 1.80$

㉡ $U_{CL} = D_4\bar{R} = 2.282 \times 1.80 = 4.10760$

㉢ $L_{CL} = D_3\bar{R} =$ — (고려하지 않음)

나. 군내변동과 군간변동

① 군내변동

$$\sigma_w = \frac{\overline{R}}{d_2} = \frac{1.80}{2.059} = 0.87421$$

② 군간변동

$$\sigma_{\bar{x}} = \frac{\overline{R}_m}{d_2} = \frac{0.54286}{1.128} = 0.48126$$

$$\left(\text{단, } \overline{R}_m = \frac{\Sigma R_m}{k-1} = \frac{7.600}{14} = 0.54286\text{이다.}\right)$$

$$\sigma_b = \sqrt{\sigma_{\bar{x}}^2 - \frac{\sigma_w^2}{n}} = \sqrt{0.48126^2 - \frac{0.87421^2}{4}} = 0.20137$$

다. 검출력

$$1-\beta = \Pr\left(\bar{x} \geq U_{CL}\right) + \Pr\left(\bar{x} \leq L_{CL}\right)$$
$$= \Pr\left(z \geq \frac{U_{CL} - \mu'}{\sigma/\sqrt{n}}\right) + 0$$
$$= \Pr\left(z \geq \frac{40.62299 - (39.31667 + 1.2)}{0.87421/\sqrt{4}}\right)$$
$$= \Pr(z \geq 0.24324) \fallingdotseq \Pr(z \geq 0.24)$$
$$= 0.4052$$

참고 상향 이동시 L_{CL}을 벗어날 확률은 0이다.

[06] 축과 베어링 사이의 틈새에 대하여 통계적 분석을 하려고 한다. 다음은 축(s ; shaft)과 베어링(b ; bearing)의 값이며, 부품 생산 시 공정은 안정되어 있고 정규분포를 따른다. 이 조립품의 끼워맞춤 공차는 0.007~0.012이다. 다음 물음에 답하시오.

$N_s(2.5020,\ 0.0007^2)$, $N_b(2.5115,\ 0.0006^2)$

가. 조립품 틈새의 평균치(μ_c)를 구하시오. (단, 소수점 4자리로 수치맺음 하시오.)

나. 조립품 틈새의 표준편차(σ_c)를 구하시오. (단, 소수점 4자리로 수치맺음 하시오.)

다. 제품의 적합품률을 추정하시오. (단, 소수점 4자리로 수치맺음 하시오.)

해설 가. $\mu_c = \mu_b - \mu_s = 2.5115 - 2.5020 = 0.0095$

나. $\sigma_c = \sqrt{\sigma_b^2 + \sigma_s^2} = \sqrt{0.0006^2 + 0.0007^2} = 0.0009$

다. $\Pr(0.007 < c < 0.012)$

$$= 1 - [\Pr(c < 0.007) + \Pr(c > 0.012)]$$
$$= 1 - \left[\Pr\left(z < \frac{0.007 - 0.0095}{0.0009}\right) + \Pr\left(z > \frac{0.012 - 0.0095}{0.0009}\right)\right]$$
$$= 1 - [\Pr(z < 2.78) + \Pr(z > 2.78)]$$
$$= 1 - 2 \times 0.00272$$
$$= 0.99456$$

[07] A사는 어떤 부품의 수입검사에 계수값 샘플링검사인 KS Q ISO 2859-1의 보조표인 분수 샘플링검사를 적용하고 있다. 적용조건은 $AQL = 1.0\%$, 통상검사수준 G-2에서 엄격도는 까다로운 검사, 샘플링 형식은 1회로 시작하였다. 다음 표의 (　) 안을 로트별로 완성하시오.

로트 번호	N	샘플 문자	n	당초의 Ac	합부판정 점수 (검사 전)	적용하는 Ac	부적합품 수 d	합부 판정	합부판정 점수 (검사 후)	전환 점수
1	200	G	32	1/3	3	0	1	불합격	0	(　)
2	250	G	32	1/3	3	0	0	합격	(　)	(　)
3	600	(　)	(　)	(　)	(　)	(　)	1	(　)	(　)	(　)
4	100	(　)	(　)	(　)	(　)	(　)	0	(　)	(　)	(　)
5	500	(　)	(　)	(　)	(　)	(　)	0	(　)	(　)	(　)

해설 $AQL = 1.0\%$, 검사수준 Ⅱ, 까다로운 검사, 1회 샘플링으로 분수 합격판정 샘플링검사이다.

로트 번호	N	샘플 문자	n	당초의 Ac	합부판정 점수 (검사 전)	적용하는 Ac	부적합품수	합부 판정	합부판정 점수 (검사 후)	전환 점수
1	200	G	32	1/3	3	0	1	불합격	0	(—)
2	250	G	32	1/3	3	0	0	합격	(3)	(—)
3	600	(J)	(80)	(1)	(10)	(1)	1	(합격)	(0)	(—)
4	100	(F)	(20)	(0)	(0)	(0)	0	(합격)	(0)	(—)
5	500	(H)	(50)	(1/2)	(5)	(0)	0	(합격)	(5)	(—)

참고 까다로운 검사 진행시에는 전환점수(S_S)를 계산하지 않는다.

[08] 100V짜리 백열전구의 수명분포는 $\mu = 100$시간, $\sigma = 50$시간인 정규분포에 따른다고 할 때 다음 물음에 답하시오.

가. 새로 교환한 전구를 50시간 사용하였을 때 신뢰도를 구하시오.

나. 이미 100시간 사용한 전구를 앞으로 50시간 이상 사용할 수 있을 확률은?

해설 가. $R(t=50) = \Pr(t \geq 50) = \Pr\left(z \geq \dfrac{50-100}{50}\right) = \Pr(z \geq -1) = 0.8413$

나. $R(t_1 \geq 150 / t_0 \geq 100) = \dfrac{\Pr(t \geq 150)}{\Pr(t \geq 100)} = \dfrac{\Pr(z \geq 1)}{\Pr(z \geq 0)} = 0.3174$

[09] 15kg들이 화학약품이 60상자가 입하되었다. 약품의 순도를 조사하려고 우선 5상자를 랜덤하게 샘플링하고 각각의 상자에서 6인크리멘트씩 랜덤하게 취한 후, 혼합 축분하고 반복 2회 측정하였다. 다음 물음에 답하시오. (단, 약품의 순도는 종래의 실험에서 상자간 산포 $\sigma_b = 0.20\%$, 상자내 산포 $\sigma_w = 0.35\%$, 축분정밀도 $\sigma_R = 0.10\%$, 측정정밀도 $\sigma_m = 0.15\%$임을 알고 있으며, 1인크리멘트는 15g이다.)

가. 샘플링 오차분산($\sigma_{\bar{\bar{x}}}^2$)을 구하시오.

나. 순도에 대한 모평균의 추정 정밀도를 신뢰율 95%로 구하시오.

해설 가. $\sigma_{\bar{\bar{x}}}^2 = \dfrac{\sigma_b^2}{m} + \dfrac{\sigma_w^2}{m\bar{n}} + \sigma_R^2 + \dfrac{\sigma_m^2}{k}$

$= \dfrac{0.20^2}{5} + \dfrac{0.35^2}{30} + 0.10^2 + \dfrac{0.15^2}{2} = 0.03333\%$

나. $\beta = u_{1-\alpha/2}\sqrt{\dfrac{\sigma_b^2}{m} + \dfrac{\sigma_w^2}{m\bar{n}} + \sigma_R^2 + \dfrac{\sigma_m^2}{k}}$

$= 1.96 \times \sqrt{0.03333} = 0.35783\%$

[10] 가속시험 온도인 75℃에서 얻은 고장시간은 평균수명 θ_s가 4,500시간인 지수분포를 따른다. 이 부품의 정상사용온도는 25℃일 때, 10℃ 법칙을 따르는 경우 다음 물음에 답하시오.

가. 정상조건에서의 평균고장률은?

나. 정상조건에서 40,000시간을 사용할 경우 누적고장확률은?

해설 가. 정상조건에서의 평균고장률

$\theta_n = 2^{\alpha} \times \theta_s = 2^5 \times 4.500 = 144,000$

$\lambda_n = \dfrac{1}{\theta_n} = \dfrac{1}{144,000} = 6.94444 \times 10^{-6}/\text{시간}$

나. 정상조건에서의 누적고장확률

$F_n(t = 40,000) = 1 - e^{-\lambda_n \cdot t} = 0.24253$

[11] 어떤 화학제품의 합성반응공정에서 수율(%)을 향상시킬 수 있는가를 검토하기 위하여 합성반응의 중요한 인자라고 생각되는 다음의 3인자를 선택하였다.

- 반응압력(kg/cm^2) : $A_1=8$, $A_2=10$, $A_3=12$
- 성형시간(hr) : $B_1=1.5$, $B_2=2.0$, $B_3=2.5$
- 가공온도(℃) : $C_1=160$, $C_2=162$, $C_3=164$

반복이 없는 3원배치 모수모형의 실험으로 총 12회 실험을 완전 랜덤하게 실시하여 다음의 데이터를 얻었나. 현새 사용되고 있는 합성조긴은 반응압력 8kg/cm^2(A_1), 성형시간 1.5hr(B_1), 가공온도 160℃(C_1)인데, 이들의 값에 약간 변화를 가하는 것이 수율을 향상시킬 수 있을 것이라고 예측하고 위와 같은 수준들을 선택하여 실험한 것이다. 다음 물음에 답하라. (단, $S_T=236.91667$, $S_{AB}=229.41667$, $S_{AC}=58.41667$이다.)

B	C \ A	A_1	A_2	A_3
B_1	C_1	95	83	90
	C_2	94	81	88
B_2	C_1	92	96	90
	C_2	93	94	91

가. 위험률 5%로 분산분석표를 작성하시오. (단, 유의하지 않은 요인은 풀링하시오.)
나. 최적조건에서 모평균을 신뢰율 95%로 추정하시오.

해설 가. 분산분석표의 작성

① 보조표의 작성

〈$T_{ij}.$의 보조표〉

	A_1	A_2	A_3	$T_{\cdot j\cdot}$
B_1	189	164	178	531
B_2	185	190	181	556
$T_{i\cdot\cdot}$	374	354	359	1,087

〈$T_{i\cdot k}$의 보조표〉

	A_1	A_2	A_3	$T_{\cdot\cdot k}$
C_1	187	179	180	546
C_2	187	175	179	541
$T_{i\cdot\cdot}$	374	354	359	1,087

〈$T_{\cdot jk}$의 보조표〉

	B_1	B_2	$T_{\cdot\cdot k}$
C_1	268	278	546
C_2	263	278	541
$T_{\cdot j\cdot}$	531	556	1,087

② 제곱합의 계산

- $CT=\dfrac{T^2}{N}=\dfrac{(1,087)^2}{(3\times2\times2)}=98464.08$
- $S_T=\Sigma\Sigma\Sigma x_{ijk}{}^2-CT=236.91667$
- $S_A=\Sigma\dfrac{T_{i\cdot\cdot}{}^2}{mn}-CT=54.16667$
- $S_B=\Sigma\dfrac{T_{\cdot j\cdot}{}^2}{ln}-CT=52.08333$
- $S_C=\Sigma\dfrac{T_{\cdot\cdot k}{}^2}{lm}-CT=2.08333$
- $S_{AB}=\Sigma\dfrac{T_{ij\cdot}{}^2}{n}-CT=229.41667$
- $S_{A\times B}=S_{AB}-S_A-S_B=123.16667$
- $S_{BC}=\Sigma\dfrac{T_{\cdot jk}{}^2}{l}-CT=56.25$
- $S_{B\times C}=S_{BC}-S_B-S_C=2.08333$
- $S_{AC}=\Sigma\dfrac{T_{i\cdot k}{}^2}{m}-CT=58.41667$
- $S_{A\times C}=S_{AC}-S_A-S_C=2.16667$

- $S_e = S_T - (S_A + S_B + S_C + S_{A\times B} + S_{A\times C} + S_{B\times C}) = 1.16667$

③ 분산분석표의 작성

요인	SS	DF	MS	F_0	$F_{0.95}$
A	54.16667	2	27.08333	46.42833*	19
B	52.08333	1	52.08333	89.28662*	18.5
C	2.08333	1	2.08333	3.57143	18.5
$A\times B$	123.16667	2	61.58333	105.57143*	19
$A\times C$	2.16667	2	1.08333	1.85714	19
$B\times C$	2.08333	1	2.08333	3.57144	18.5
e	1.16667	2	0.58335		
T	236.91667	11			

위의 결과에서 교호작용 $A\times C$, $B\times C$와 요인 C는 유의하지 않으므로, 이를 오차항에 풀링시킨 후 새로이 분산분석표를 작성하면 다음과 같다.

요인	SS	DF	MS	F_0	$F_{0.95}$
A	54.16667	2	27.08333	21.66667*	5.14
B	52.08333	1	52.08333	41.66667*	5.99
$A\times B$	123.16667	2	61.58333	49.26667*	5.14
e	7.50	6	1.250		
T	236.91667	11			

나. 최적조건에서의 95% 신뢰구간의 추정

수율을 가장 높게 하는 조건이 최적조건이므로, 요인 A, B, 교호작용 $A\times B$가 유의한 경우 최적조건은 $A_2 B_2$에서 결정된다.

① 점추정치

$$\hat{\mu}(A_2B_2) = \hat{\mu} + a_2 + b_2 + (ab)_{22}$$
$$= \bar{x}_{22\cdot} = \frac{T_{22\cdot}}{r} = \frac{190}{2} = 95$$

② 신뢰구간의 추정

$$\mu(A_2B_2) = \bar{x}_{22\cdot} \pm t_{1-\alpha/2}(\nu_e^{\ *})\sqrt{\frac{V_e^{\ *}}{n_e}}$$
$$= 95 \pm t_{0.975}(6)\sqrt{1.250\times\frac{1}{2}}$$
$$= 93.06547 \sim 96{,}93453\%$$

[12] 다음은 개량 콩 품종 A, B, C의 수확량을 비교하기 위해 2개의 블록을 이용한 난괴법 배치를 나타낸 것이다. 여기서 기록된 숫자는 수확량을 나타내고 있다. 이때 오차분산을 구하시오.

[블록 1]

B	C	A
15	10	18

[블록 2]

A	B	C
15	12	8

해설 ① 제곱합 분해

$S_T = \Sigma\Sigma x_{ij}^2 - CT = 68$

$S_A = \frac{\Sigma T_{i\cdot}^2}{m} - CT = \frac{33^2 + 27^2 + 18^2}{2} - \frac{78^2}{6} = 57$

$S_B = \frac{\Sigma T_{\cdot j}^2}{l} - CT = \frac{43^2 + 35^2}{3} - \frac{78^2}{6} = 10.66667$

$S_e = S_T - S_A - S_B = 68 - 57 - 10.66667 = 0.33333$

② 오차분산

$V_e = \frac{S_e}{\nu_e} = \frac{0.33333}{2} = 0.16667$

참고 여기서 품종은 모수인자 A이고 블록은 변량인자 B이다.

[13] $P_A = 1\%$, $P_R = 10\%$, $\alpha = 0.05$, $\beta = 0.10$을 만족시키는 로트의 부적합품률을 보증하는 계량값 축차샘플링검사 방식인 KS Q ISO 39511을 적용하려 한다. 단, 품질특성치의 무게는 대체로 정규분포를 따르고 있으며, 상한규격 200kg만 존재하는 망소특성으로 표준편차(σ)는 2kg으로 알려져 있다. 물음에 답하시오.

가. 누계검사개수 n_{cum}일 때의 합격 · 불합격 판정선을 설계하시오. (단, $n_t = 13$개이다.)

나. 진행된 로트에 대해 다음 표를 채우고, 합부 여부를 판정하시오.

누계샘플 사이즈	측정값(kg)	여유치 y	불합격 판정치 R	누계여유치 Y	합격 판정치 A
1	194.5	5.5	−1.924	5.5	7.918
2	196.5	(　　)	(　　)	(　　)	(　　)
3	201.0	(　　)	(　　)	(　　)	(　　)
4	197.8	(　　)	(　　)	(　　)	(　　)
5	198.0	(　　)	(　　)	(　　)	(　　)

해설 가. $n_{cum} < n_t$ 일 때의 합부 판정기준

① $A = h_A\sigma + g\,\sigma n_{cum} = 2.155 \times 2 + 1.804 \times 2 \times n_{cum} = 4.31 + 3.608 n_{cum}$

② $R = -h_R\sigma + g\,\sigma n_{cum} = -2.766 \times 2 + 1.804 \times 2 \times n_{cum} = -5.532 + 3.608 n_{cum}$

나.

n_{cum}	측정값(kg)	여유치 y	불합격 판정치 R	누계여유치 Y	합격 판정치 A
1	194.5	5.5	−1.924	5.5	7.918
2	196.5	(3.5)	(1.684)	(9.0)	(11.526)
3	201.0	(−1.0)	(5.292)	(8.0)	(15.134)
4	197.8	(2.2)	(8.900)	(10.2)	(18.742)
5	198.0	(2.0)	(12.508)	(12.2)	(22.350)

$n_{cum} = 5$에서 누계여유치 Y가 불합격 판정치 R보다 작으므로 로트는 불합격으로 처리한다.

인생의 희망은

늘 괴로운 언덕길 너머에서 기다린다.

-폴 베를렌(Paul Verlaine)-

☆

어쩌면 지금이 언덕길의 마지막 고비일지도 모릅니다.

다시 힘을 내서 힘차게 넘어보아요.

희망이란 녀석이 우릴 기다리고 있을 테니까요.^^

2023 제1회 품질경영기사

[01] 15kg들이 화학약품이 60상자가 입하되었다. 약품의 순도를 조사하려고 우선 5상자를 랜덤샘플링하고 각각의 상자에서 6인크리멘트씩 각각 랜덤샘플링하였다(1인크리멘트는 15g이다). 각각의 상자에서 취한 인크리멘트는 혼합 축분하고 반복 2회 측정하였다. 이 경우 평균 순도에 대한 신뢰율 95%의 추정정밀도를 구하여라. (단, 상자간 산포 $\sigma_b=$ 0.20%, 상자내 산포 $\sigma_w=0.35\%$, 축분정밀도 $\sigma_r=0.10\%$, 측정정밀도 $\sigma_m=0.15\%$이다.)

해설 $V(\bar{\bar{x}})=\dfrac{\sigma_b^2}{m}+\dfrac{\sigma_w^2}{m\bar{n}}+\sigma_r^2+\dfrac{\sigma_m^2}{k}$

$$=\frac{0.20^2}{5}+\frac{0.35^2}{30}+0.10^2+\frac{0.15^2}{2}=0.03333\%$$

따라서 추정정밀도 β는

$$\beta=u_{1-\alpha/2}\sqrt{\frac{\sigma_b^2}{m}+\frac{\sigma_w^2}{m\bar{n}}+\sigma_r^2+\frac{\sigma_m^2}{k}}$$

$$=1.96\times\sqrt{0.03333}=0.35783\%$$

[02] 제품 중 특정 성분의 평균 함유량은 낮은 편이 좋으며, 로트의 평균치가 0.0040g 이하이면 합격으로 하고, 0.0050g 이상이면 불합격으로 하고 싶다. 이 특정 성분은 정규분포를 따르며, 로트의 표준편차 $\sigma=0.0006$g로 알려져 있다. 다음 각 물음에 답하시오.

가. $\alpha=0.05$, $\beta=0.10$으로 하는 규준형 샘플링검사 방식을 설계하라.

나. 로트의 평균치 0.0040g, 0.0045g, 0.0050g에서 로트의 합격확률을 구하고, OC곡선을 작성하라.

$\dfrac{\lvert m_1-m_0\rvert}{\sigma}$	n	G_0
2.069 이상	2	1.163
1.687~2.068	3	0.950
1.463~1.686	4	0.822
1.309~1.462	5	0.736

해설 가. 샘플링검사 방식 설계

① $\dfrac{|m_1-m_0|}{\sigma}=\dfrac{|0.005-0.004|}{0.0006}=1.67$

② 표에 의해서 n, G_0를 구한다.($n=4$, $G_0=0.822$)

③ $\overline{X}_U=m_0+G_0\sigma$
$=0.0040+0.822\times0.0006$
$=0.00449\%$

④ $\bar{x}\le\overline{X}_U$이면 로트를 합격시키고, 그렇지 않으면 로트를 불합격시킨다.

나. ① 로트의 합격확률

m	$K_{L(m)}=\sqrt{n}\,(m-\overline{X}_U)$	$L(m)$
0.0040	$\sqrt{4}\,(0.0040-0.00449)/0.0006=-1.63$	0.9484
0.0045	$\sqrt{4}\,(0.0045-0.00449)/0.0006=0.03$	0.4880
0.0050	$\sqrt{4}\,(0.0050-0.00449)/0.0006=1.70$	0.0446

② OC곡선

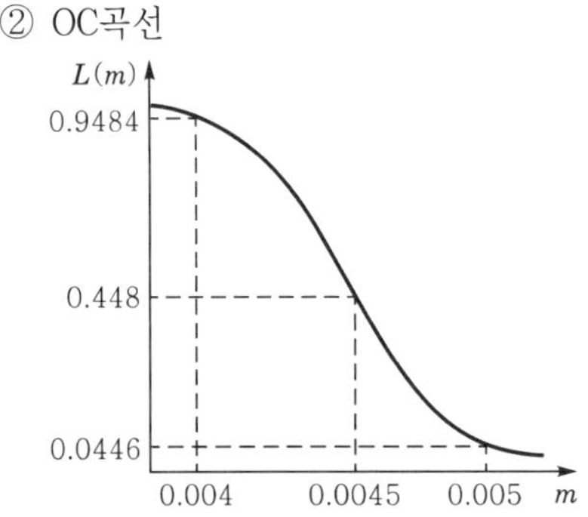

[03] A사는 어떤 부품의 수입검사에 계수값 샘플링검사인 KS Q ISO 2859-1의 보조표인 분수 샘플링검사를 적용하고 있다. 적용조건은 $AQL=1.0\%$, 통상검사수준 G-2에서 샘플링 형식은 1회이며, 31번째 로트부터 엄격도는 까다로운 검사가 적용되었다. 다음 각 물음에 답하시오.

가. 다음 표의 ( ) 안을 로트별로 완성하시오.

나. 36번째 로트의 엄격도를 결정하시오.

로트 번호	N	샘플 문자	n	당초의 Ac	합부판정 점수 (검사 전)	적용하는 Ac	부적합품수 d	합부 판정	합부판정 점수 (검사 후)	전환 점수
31	200	G	32	1/3	3	0	0	합격	3	—
32	250	( )	( )	( )	( )	( )	0	( )	( )	( )
33	600	( )	( )	( )	( )	( )	1	( )	( )	( )
34	80	( )	( )	( )	( )	( )	0	( )	( )	( )
35	500	( )	( )	( )	( )	( )	0	( )	( )	( )

해설 가. $AQL = 1.0\%$, 검사수준 Ⅱ, 까다로운 검사, 1회 샘플링으로 분수 합격판정 샘플링 검사이다.

로트 번호	N	샘플 문자	n	당초의 Ac	합부판정 점수 (검사 전)	적용하는 Ac	부적합 품수 d	합부 판정	합부판정 점수 (검사 후)	전환 점수
31	200	G	32	1/3	3	0	0	합격	3	—
32	250	(G)	(32)	(1/3)	(6)	(0)	0	(합격)	(6)	(—)
33	600	(J)	(80)	(1)	(13)	(1)	1	(합격)	(0)	(—)
34	80	(F)	(20)	(0)	(0)	(0)	0	(합격)	(0)	(—)
35	500	(H)	(50)	(1/2)	(5)	(0)	0	(합격)	(5)	(—)

참고 까다로운 검사가 진행되는 경우는 전환점수(S_S)를 계산하지 않는다.

나. 연속 5로트가 합격되었으므로 36번째 로트는 보통검사가 적용된다.

[04] A(처리온도)를 5수준, B(압력)를 6수준으로 반복 2회의 실험을 랜덤하게 행하여 분산분석을 행한 결과 교호작용은 유의하지 않아 기술적 검토 후 풀링하여 분산분석표를 재작성하였다. 빈칸을 채우고, 유의성 검정을 하시오.

[Pooling 후 분산분석표]

요 인	SS	DF	MS	F_0	$F_{0.95}$
A	280				
B	390				
e^*	180				
T	850				

요 인	SS	DF	MS	F_0	$F_{0.95}$
A	280	4	70	19.44444*	2.53
B	390	5	78	21.66667*	2.37
e^*	180	50	3.6		
T	850	59			

따라서 요인 A와 B는 모두 실험값에 영향을 미치는 유의한 인자다.

[05] 다음 고장목(FT도)에서 시스템의 정상사상의 확률은?

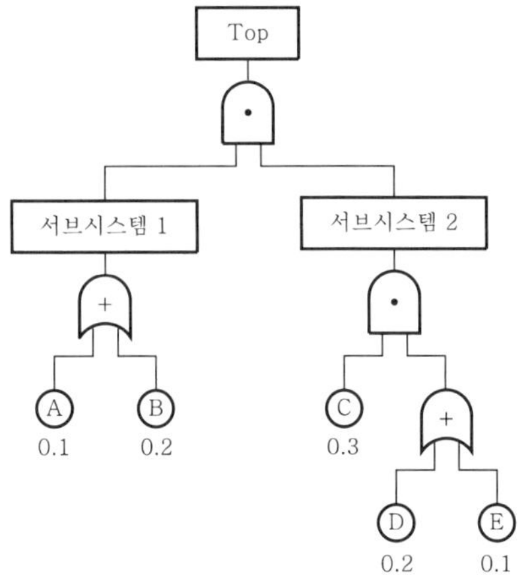

해설 ① 서브 시스템 1의 고장확률

$F_{S_1} = 1 - (1-0.1)(1-0.2) = 0.28$

② 서브 시스템 2의 고장확률

$F_{S_2} = 0.3 \times (1-(1-0.2)(1-0.1)) = 0.3 \times 0.28 = 0.084$

③ 시스템의 고장확률

$F_{\text{Top}} = F_{S_1} \times F_{S_2} = 0.28 \times 0.084 = 0.02352$

[06] 계측기의 측정오차 3가지를 쓰시오.

해설 ① 과실오차
② 우연오차
③ 계통오차(교정오차)

[07] 어떤 공정에서 원료의 산포가 제품의 품질 특성치에 큰 영향을 미치고 있는데 그 원료는 A, B 두 회사로부터 납품되고 있다. 이 두 회사의 원료에 대해서 제품에 미치는 부적합품률에 차가 있으면 좋은쪽 회사의 원료를 더 많이 구입하거나 나쁜쪽 회사에 대해서는 감가를 요구하고 싶다. 부적합품률의 차를 조사하기 위하여 회사 A, 회사 B의 원료로 만들어지는 제품 중에서 각각 100개, 130개의 제품을 추출하여 부적합품수를 찾아보았더니 각각 12개, 5개였다. 이때 다음 물음에 답하시오.

가. 가설 $H_0 : P_A - P_B$, $H_1 : P_A \neq P_B$를 $\alpha = 0.05$에서 검정하시오.

나. $P_A - P_B$의 95% 신뢰한계를 추정하시오.

해설 가. 모부적합품률의 검정

① 가설 설정 : $H_0 : P_A = P_B$, $H_1 : P_A \neq P_B$

② 유의수준 : $\alpha = 0.05$

③ 검정통계량 : $u_0 = \dfrac{(p_A - p_B) - \delta_0}{\sqrt{\hat{p}(1-\hat{p})\left(\dfrac{1}{n_A} + \dfrac{1}{n_B}\right)}}$

$$= \frac{(0.12 - 0.03846) - 0}{\sqrt{0.07391 \times (1 - 0.07391)\left(\dfrac{1}{100} + \dfrac{1}{130}\right)}} = 2.34315$$

(단, $p_A = \dfrac{12}{100} = 0.12$, $p_B = \dfrac{5}{130} = 0.03846$,

$\hat{p} = \dfrac{12+5}{100+130} = 0.07391$, $\delta_0 = P_A - P_B$이다.)

④ 기각치 : $-u_{0.975} = -1.96$, $u_{0.975} = 1.96$

⑤ 판정 : $u_0 > 1.96 \rightarrow H_0$ 기각

즉, A사의 원료와 B사의 원료의 사용에 대한 부적합품률에는 차이가 있다.

나. 모부적합품률차의 신뢰한계(신뢰구간)의 추정

$$P_A - P_B = (p_A - p_B) \pm u_{1-\alpha/2}\sqrt{\frac{p_A(1-p_A)}{n_A} + \frac{p_B(1-p_B)}{n_B}}$$

$$= (0.12 - 0.03846) \pm 1.96\sqrt{\frac{0.12(1-0.12)}{100} + \frac{0.03846(1-0.03846)}{130}}$$

$$= 0.08154 \pm 0.07176$$

$\therefore\ 0.00978 \leq P_A - P_B \leq 0.15330$이다.

[08] **샘플수 $n=7$인 수명시험에서 다음과 같이 고장이 발생하였다. $t=25$에서 평균순위법을 사용하여 $F(t)$와 $R(t)$를 계산하시오.**

25	100	40	145	210	75	15	(단위 : 시간)

해설 ① $F(t_i = 25) = \dfrac{i}{n+1}$

$$= \frac{2}{7+1} = 0.25$$

② $R(t_i = 25) = \dfrac{n-i+1}{n+1}$

$$= \frac{7-2+1}{7+1} = 0.75$$

참고 고장시간을 순서대로 배열하면 $t=25$는 2번째 고장시간이다.

[09] 어떤 제품의 평균수명은 200시간이며 지수분포를 따르고 있다. 다음 각 물음에 답하시오.

가. $t=50$시간에서 신뢰도를 구하시오.

나. 이 제품을 이미 200시간 사용하였다. 앞으로 50시간을 더 사용할 때 고장없이 사용할 확률은?

다. 이 제품의 신뢰도를 높이기 위하여 예방보전을 실시해야 하는지에 대해 설명하시오.

해설 가. $R(t=50)=e^{-\lambda t}=e^{-\frac{1}{200}\times 50}=0.77880$

나. 지수분포는 조건부 확률이 존재하지 않으므로

$$R(t=250/t=200)=R(t=50)=e^{-\lambda t}=e^{-\frac{1}{200}\times 50}=0.77880$$

다. 지수분포는 조건부확률이 존재하지 않는 비기억성 분포이므로 새것과 중고의 고장확률은 동일하다. 따라서 예방보전은 의미가 없고 고장이 발생하면 수리를 행하는 사후보전을 한다.

[10] 어떤 로트에서 5개의 제품을 랜덤하게 샘플링하여 각 4회씩 측정하였을 때 이 데이터의 정밀도 $\sigma_{\bar{x}}^2$은 얼마인지 구하시오. (단, $\sigma_s^2=0.15$, $\sigma_m^2=0.20$이다.)

해설 $\sigma_{\bar{x}}^2=\dfrac{1}{n}\sigma_s^2+\dfrac{1}{nk}\sigma_m^2$

$$=\frac{1}{5}\times 0.15+\frac{1}{5\times 4}\times 0.2=0.04$$

[11] 제품의 탄력성을 높이기 위한 주요인자로 두 종류의 온도(A_0, A_1)와 두 종류의 배합률(B_0, B_1)을 택하여, 다음과 같이 총 12회의 실험을 랜덤하게 결정해 실험한 후 탄력성를 측정한 데이터는 아래표와 같다. 다음 각 물음에 답하시오.

B \ A	A_0		A_1		합 계
B_0	94 88 92	274	102 100 105	307	581
B_1	98 99 95	292	110 108 113	331	623
합계	566		638		1204

가. 각 인자의 주효과와 교호작용의 효과를 구하여라.

나. 분산분석표를 작성하여라. (단, $\alpha=0.05$이다.)

다. 유의하지 않은 교호작용을 풀링하여 분산분석표를 재작성하시오.

라. 탄력성을 최대로 하는 망대특성의 조합수준 평균을 신뢰율 95%로 추정하시오.

해설 가. 효과 분해

$$A\ \text{효과} = \frac{1}{N/2}(a+ab-(1)-b)$$
$$= \frac{1}{6}(638-566) = 12$$
$$B\ \text{효과} = \frac{1}{N/2}(b+ab-(1)-a)$$
$$= \frac{1}{6}(623-581) = 7$$
$$A\times B\ \text{효과} = \frac{1}{N/2}((1)+ab-a-b)$$
$$= \frac{1}{6}(274+331-307-292) = 1$$

나. 분산분석표의 작성

① 제곱합 분해

$$S_T = \Sigma\Sigma\Sigma x_{ijk}^2 - CT = 634.66667$$
$$S_A = \frac{1}{12}[638-566]^2 = 432$$
$$S_B = \frac{1}{12}[623-581]^2 = 147$$
$$S_{A\times B} = \frac{1}{12}[274+331-307-292]^2 = 3$$
$$S_e = S_T - (S_A + S_B + S_{A\times B}) = 52.66667$$

② 자유도 분해

$$\nu_T = lmr - 1 = 11$$
$$\nu_A = l - 1 = 1$$
$$\nu_B = m - 1 = 1$$
$$\nu_{A\times B} = (l-1)(m-1) = 1$$
$$\nu_e = lm(r-1) = 8$$

③ 분산분석표

요 인	SS	DF	MS	F_0	$F_{0.95}$
A	432	1	432	65.62029*	5.32
B	147	1	147	22.32913*	5.32
$A\times B$	3	1	3	0.45570	5.32
e	52.66667	8	6.58333		
T	634.66667	11			

위의 결과에서 A, B는 유의하고, $A\times B$는 유의하지 않다.

다. 분산분석표의 재작성

요 인	SS	DF	MS	F_0	$F_{0.95}$
A	432	1	432	69.84426*	5.12
B	147	1	147	23.76645*	5.12
e^*	55.66667	9	6.18519		
T	634.66667	11			

라. 최적 조합수준의 추정

① 최적 조합수준의 점추정치

$$\hat{\mu}_{11\cdot} = \hat{\mu} + a_1 + b_1 = [\hat{\mu} + a_1] + [\hat{\mu} + b_1] - \hat{\mu}$$
$$= \frac{638}{6} + \frac{623}{6} - \frac{1204}{12} = 109.83333$$

② 최적 조합수준의 신뢰구간 추정

$$\mu_{11\cdot} = \hat{\mu}_{11\cdot} \pm t_{1-\alpha/2}(\nu_e^*)\sqrt{\frac{V_e^*}{n_e}}$$
$$= 109.83333 \pm 2.262\sqrt{6.18519 \times \frac{3}{12}}$$
$$= 109.83333 \pm 2.81280$$
$$\rightarrow 107.02053 \sim 112.64613$$

(단, $n_e = \frac{1}{6} + \frac{1}{6} - \frac{1}{12} = \frac{3}{12}$ 이다.)

[12] ISO 9001의 품질경영 7가지 원칙을 열거하시오.

해설

① 고객중시 ② 리더십
③ 인원의 적극참여 ④ 프로세스 접근법
⑤ 개선 ⑥ 증거기반 의사결정
⑦ 관계관리/관계경영

[13] 제품의 로트 크기에 따른 생산소요시간을 측정하여, 아래와 같은 5조의 데이터를 얻었다. 다음 각 물음에 답하시오.

x	2	3	4	5	6	$\bar{x}=4$
y	4	7	6	8	10	$\bar{y}=7$

가. 상관계수를 구하시오.

나. 분산분석표를 작성하여 $H_1 : \beta_1 \neq 0$인 1차 회귀검정을 하시오. (단, $\alpha = 0.05$)

다. 1차 회귀직선을 구하시오.

해설 가. 표본상관계수

$$S_{xx} = \Sigma x_i^2 - \frac{(\Sigma x_i)^2}{n} = 10$$

$$S_{yy} = \Sigma y_i^2 - \frac{(\Sigma y_i)^2}{n} = 20$$

$$S_{xy} = \Sigma x_i y_i - \frac{\Sigma x_i y_i}{n} = 13$$

$$\therefore \ r = \frac{S_{xy}}{\sqrt{S_{xx}S_{yy}}} = \frac{13}{\sqrt{10 \times 20}} = 0.91924$$

나. 1차 회귀검정

$$S_R = \frac{(S_{xy})^2}{S_{xx}} = \frac{13^2}{10} = 16.9$$

	SS	DF	MS	F_0	$F_{0.95}$
회귀(R)	16.9	1	16.9	16.35484	10.1
잔차(y/x)	3.1	3	1.03333		
T	20	4			

판정 $F_0 > 10.1 \rightarrow H_0$ 기각

즉, 1차 회귀직선으로 볼 수 있다.

다. 1차 회귀직선

$$\widehat{\beta_1} = \frac{S_{xy}}{S_{xx}} = \frac{13}{10} = 1.3$$

$$\widehat{\beta_0} = \bar{y} - \widehat{\beta_1}\ \bar{x} = 7 - 1.3 \times 4 = 1.8$$

$$\therefore\ \hat{y} = \widehat{\beta_0} + \widehat{\beta_1} x = 1.8 + 1.3x$$

참고 $H_0 : \beta_1 = 0$, $H_1 : \beta_1 \neq 0$는 1차 회귀관계가 성립하는가를 묻는 문제이다. 여기서는 $F_0 = \frac{V_R}{V_{y/x}}$ 검정을 하고 있으나, $\beta_1 = 0$로 하는 $t_0 = \frac{\widehat{\beta_1} - \beta_1}{\sqrt{V_{y/x}/S_{xx}}}$인 1차 방향계수의 검정을 하여도 동일하다.

[14] 아래 표는 매시간 실시되는 최종제품에 대한 샘플링검사의 결과를 정리하여 얻은 데이터이다. 다음 각 물음에 답하시오.

시 간	1	2	3	4	5	6	7	8	9	10
검사개수	300	300	300	350	350	200	200	200	400	400
부적합품수	5	4	3	6	2	4	1	3	2	7

가. 중심선과 관리한계선을 구하시오.

나. 관리도를 그리고, 판정하시오.

다. 공정평균이 0.02로 변하였다면 1점 타점시 부분군 $n = 350$에서 관리한계선을 벗어날 확률을 구하시오.

라. 2σ법 관리도로 공정을 관리할 때, 1종 오류를 범할 확률을 구하시오.

해설 가. 중심선과 관리한계선

① C_L의 계산

$\Sigma np = 37$, $\Sigma n = 3000$

$$\bar{p} = \frac{\Sigma np}{\Sigma n} = 0.01233$$

② U_{CL}, L_{CL}의 계산

$$U_{CL} = \bar{p} + 3\sqrt{\frac{\bar{p}(1-\bar{p})}{n}}$$

$n=200$일 때

$$U_{CL}=0.01233+3\sqrt{\frac{0.01233\times0.98762}{200}}=0.03574$$

$n=300$일 때

$$U_{CL}=0.01233+3\sqrt{\frac{0.01233\times0.98762}{300}}=0.03144$$

$n=350$일 때

$$U_{CL}=0.01233+3\sqrt{\frac{0.01233\times0.98762}{350}}=0.03003$$

$n=400$일 때

$$U_{CL}=0.01233+3\sqrt{\frac{0.01233\times0.98762}{400}}=0.02888$$

단, L_{CL}은 음의 값이 나타나므로 모두 고려하지 않는다.

k	검사개수	부적합품수	p	U_{CL}	L_{CL}
1	300	5	0.01667	0.03144	
2	300	4	0.01333	0.03144	
3	300	3	0.01000	0.03144	
4	350	6	0.01714	0.03003	
5	350	2	0.00571	0.03003	고려하지 않음
6	200	4	0.02000	0.03574	
7	200	1	0.00500	0.03574	
8	200	3	0.01500	0.03574	
9	400	2	0.00500	0.02888	
10	400	7	0.01750	0.02888	
합계	3000	37			

나. 관리도의 작성 및 판정

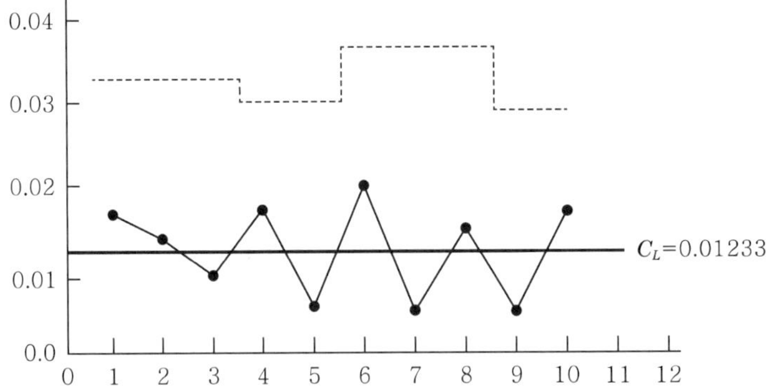

다. 검출력

$$1-\beta = \Pr(p \geq U_{CL}) + \Pr(p \leq L_{CL})$$

$$= \Pr[z \geq \frac{U_{CL} - \bar{p}'}{\sqrt{\frac{\bar{p}'(1-\bar{p}')}{n}}}] + 0$$

$$= \Pr\left(z \geq \frac{0.03003 - 0.02}{\sqrt{\frac{0.02(1-0.02)}{350}}}\right)$$

$$= \Pr(z \geq 1.34) = 0.0901$$

참고 p관리도는 관리하한선이 음인 경우 고려치 않는다.

라. 1종 오류

$$\alpha = \Pr(p \geq U_{CL}) + \Pr(p \leq L_{CL})$$

$$= \Pr[z \geq \frac{U_{CL} - \bar{p}}{\sqrt{\frac{\bar{p}(1-\bar{p})}{n}}}] + 0$$

$$= \Pr(z \geq 2) = 0.0228$$

(단, $U_{CL} = \bar{p} + 2\sqrt{\frac{\bar{p}(1-\bar{p})}{n}}$ 이다.)

2023 제2회 품질경영기사

[01] 어느 공장에서 생산되는 제품의 로트크기에 따른 생산소요시간을 측정하였더니 아래와 같은 자료가 나타났다. 다음 각 물음에 답하시오.

> [자료] $\Sigma x_i = 106.43$, $\Sigma x_i^2 = 363.09690$, $\Sigma y_i = 464.97$, $\Sigma y_i^2 = 4325.88008$, $\Sigma x_i y_i = 999.89964$, $n = 50$

가. 상관계수를 구하시오.
나. 상관관계가 있다고 할 수 있는가를 t분포를 이용하여 유의수준 5%로 검정하시오.
다. 모상관계수를 신뢰율 95%로 추정하시오.

해설 가. 표본상관계수

$$S_{xx} = \Sigma x_i^2 - \frac{(\Sigma x_i)^2}{n} = 136.550$$

$$S_{yy} = \Sigma y_i^2 - \frac{(\Sigma y_i)^2}{n} = 1.93806$$

$$S_{xy} = \Sigma x_i y_i - \frac{\Sigma x_i y_i}{n} = 10.16450$$

$$\therefore\ r = \frac{S_{xy}}{\sqrt{S_{xx} S_{yy}}} = \frac{10.1645}{\sqrt{136.550 \times 1.93806}} = 0.62482$$

나. 모상관계수 유무의 검정($\rho = 0$인 검정)

① 가설 : $H_0 : \rho = 0$, $H_1 : \rho \neq 0$

② 기각치 : $\alpha = 0.05$

③ 검정통계량 : $t_0 = \dfrac{r - 0}{\sqrt{\dfrac{1 - r^2}{n - 2}}} = \dfrac{0.62482 - 0}{\sqrt{\dfrac{1 - 0.62482^2}{50 - 2}}} = 5.54438$

④ 기각치 : $-t_{0.975}(48) = -2.000$, $t_{0.975}(48) = 2.000$

⑤ 판정 $t_0 > 2.000 \rightarrow H_0$ 기각
즉, 상관관계가 있다.

다. 모상관계수의 신뢰구간의 추정

$$z = \tan h^{-1} 0.62482 = 0.73287$$

$$E(z)_L = z - u_{1-\alpha/2} \sqrt{\frac{1}{n-3}}$$

$$= 0.73287 - 1.96 \sqrt{\frac{1}{47}} = 0.73287 - 0.28590 = 0.44697$$

$E(z)_U = 0.73287 + 1.96\sqrt{\frac{1}{47}} = 0.73287 + 0.28590 = 1.01877$

$E(z)$를 ρ로 변환하면

$\rho_L = \tan h\, E(z)_L = \tan h\, 0.44697 = .0.41941$

$\rho_U = \tan h\, E(z)_U = \tan h\, 1.01877 = 0.76937$

따라서 모상관계수의 신뢰구간은 $0.44697 \leq \rho \leq 0.76937$이다.

[02] 어떤 제품은 500시점에서 신뢰도가 0.864이고, 800시점에서의 신뢰도는 0.725로 나타나고 있다. 500시점과 800시점 사이의 평균고장률을 유효숫자 3자리로 계산하시오.

해설

$$AFR(t_1, t_2) = \frac{H(t_2 = 800) - H(t_1 = 500)}{t_2 - t_1}$$
$$= \frac{-\ln R(t_2 = 800) - (-\ln R(t_1 = 500))}{t_2 - t_1}$$
$$= \frac{-\ln 0.725 - (-\ln 0.864)}{800 - 500} = 5.85 \times 10^{-4}/\text{시간}$$

[03] 주어진 [보기]의 품질코스트 세부내용을 P・A・F cost로 구분하시오.

[보기]		
	① QC 사무 코스트	② 시험 코스트
	③ 현지서비스 코스트	④ QC 교육 코스트
	⑤ PM 코스트	⑥ 설계변경 코스트

가. P-cost　　나. A-cost　　다. F-cost

해설 가. P-cost : ①, ④

나. A-cost : ②, ⑤

다. F-cost : ③, ⑥

[04] Y제품에 가해지는 부하(stress)는 평균 3,000kg/mm^2, 표준편차 300kg/mm^{2}이며, 강도는 평균 4,000kg/mm^2, 표준편차 400kg/mm^{2}인 정규분포를 따른다. 부품의 신뢰도는 약 얼마인가?

해설

$$P(x - y < 0) = P(z < 0)$$
$$= P\left(u < \frac{0 - (\mu_x - \mu_y)}{\sqrt{{\sigma_x}^2 + {\sigma_y}^2}}\right)$$
$$= P\left(u < \frac{4{,}000 - 3{,}000}{\sqrt{300^2 + 400^2}}\right)$$
$$= P(u < 2) = 0.9772$$

(단, x : 부하, y : 강도이다.)

[05] 어떤 화학약품의 제조에 상표가 다른 2종류의 원료를 사용하고 있다. 각 원료에서 그 주성분 A의 함량을 각각 11개와 10개를 측정하여 구한 통계량은 아래표와 같다. 다음 각 물음에 답하시오. (단, 등분산의 검정결과 유의하지 않은 것으로 판명되었다.)

구 분	$\bar{x}$	s
상표 1	80.51818	2.03805
상표 2	78.64	1.65341

가. 모평균차의 검정을 위한 편차추정치를 구하시오.

나. 모평균차의 검정을 위한 검정통계량을 구하시오.

해설 가. 편차추정치

$$\hat{\sigma} = \sqrt{\frac{\nu_1 \times s_1^2 + \nu_2 \times s_2^2}{n_1 + n_2 - 2}}$$

$$= \sqrt{\frac{10 \times 2.03805^2 + 9 \times 1.65341^2}{11 + 10 - 2}} = 1.86576$$

나. 검정통계량

$$t_0 = \frac{(\bar{x}_1 - \bar{x}_2) - \delta}{\hat{\sigma}\sqrt{\frac{1}{n_1} + \frac{1}{n_2}}}$$

$$= \frac{(80.51818 - 78.64) - 0}{1.86576\sqrt{\frac{1}{11} + \frac{1}{10}}} = 2.30392$$

[06] 화학공업(주)에서는 3일에 1번씩 배취의 알코올 성분을 측정하여 아래의 자료를 얻었다. 다음 각 물음에 답하시오.

날 짜	측정치(x)	이동범위(R_m)	날 짜	측정치(x)	이동범위(R_m)
2006.3.03	1.09		2006.3.21	1.27	
2006.3.06	0.88		2006.3.24	1.73	
2006.3.09	1.29		2006.3.27	0.89	
2006.3.12	1.13		2006.3.30	1.10	
2006.3.15	1.23		2006.4.02	0.98	
2006.3.18	1.23				
합계				12.82	

가. 관리도의 중심선과 관리한계선을 구하시오.

나. 관리도를 작성하고, 판정하시오.

해설 가. 관리도의 중심선과 관리한계선

• 관리선의 계산

날 짜	측정치(x)	이동범위(R_m)	날 짜	측정치(x)	이동범위(R_m)
2006.3.03	1.09		2006.3.21	1.27	0.04
2006.3.06	0.88	0.21	2006.3.24	1.73	0.46
2006.3.09	1.29	0.41	2006.3.27	0.89	0.84
2006.3.12	1.13	0.16	2006.3.30	1.10	0.21
2006.3.15	1.23	0.10	2006.4.02	0.98	0.12
2006.3.18	1.23	0.00			
합계				12.82	2.55

• x 관리도

① 중심선(C_L)

$\Sigma x = 12.82$

$\bar{x} = \dfrac{12.82}{11} = 1.16545$

② 관리한계선(U_{CL}, L_{CL})

$U_{CL} = \bar{x} + 2.66\,\overline{R}_m$

$= 1.16545 + 2.66 \times 0.255 = 1.84375$

$L_{CL} = \bar{x} - 2.66\,\overline{R}_m$

$= 1.16545 - 2.66 \times 0.255 = 0.48715$

• R_m 관리도

① 중심선(C_L)

$\overline{R}_m = \dfrac{\Sigma R_m}{k-1} = 0.255$

② 관리한계선(U_{CL}, L_{CL})

$U_{CL} = 3.267\,\overline{R}_m$

$= 3.267 \times 0.255 = 0.83309$

L_{CL}은 음의 값이므로 고려하지 않는다.

나. 관리도의 작성 및 판정

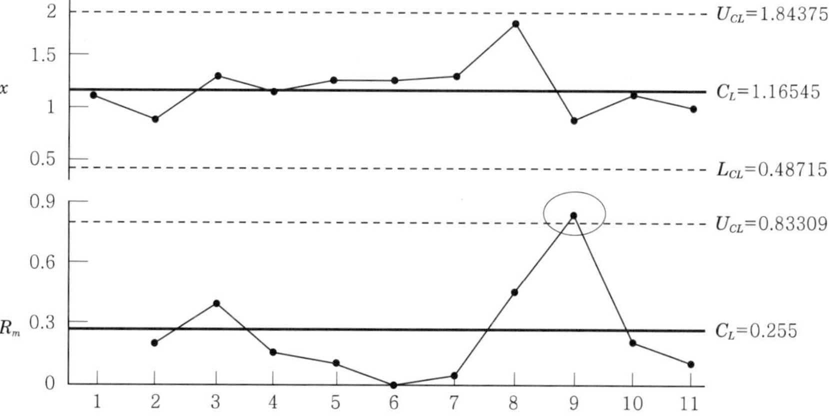

판정 > R_m 관리도의 9번째 군이 관리상한선을 벗어나므로 관리도는 관리상태라 할 수 없다.

[07] 어떤 기계부품의 치수에 대한 규격은 205±5mm로 규정되어 있다. 생산은 안정되어 있고 치수의 분포는 정규분포를 따르며 로트내의 표준편차(σ)는 1.2mm로 알려져 있다. 공급자와 소비자는 상호 합의하에 연결식 양쪽규격을 채택하기로 하고, $P_A=0.5\%$, $P_R=2\%$로 하며 KS Q ISO 39511 계량값 축차샘플링 방식을 적용하기로 하였다. 다음 물음에 답하시오.

가. PRQ=0.5%일 때 $\psi=0.165$라면 LPSD(한계프로세스 표준편차) 값을 구하고 축차샘플링 방식을 적용할 수 있는지 검토하여라.

나. 누계검사개수 중지치와 그때의 상 · 하한 합격판정선을 구하여라.

다. 누계검사개수 n_{cum}일 때 상한 및 하한 합격, 불합격 판정선을 설계하여라. (단, $n_{cum} < n_t$이다.)

해설 가. LPSD(한계프로세스 표준편차)를 통한 검증

$LPSD=\psi\times(U-L)$

$=0.165\times(210-200)=1.65$

$LPSD>\sigma$이므로 축차샘플링검사의 적용이 가능하다.

나. $n_{cum}=n_t$인 경우

① KS Q 39511 표 1에서 파라메터를 구하면

$h_A=4.312$, $h_R=5.536$, $g=2.315$, $n_t=49$

② $n_{cum}=n_t=49$에서의 합격판정기준

㉠ $A_{t\cdot U}=(U-L-g\sigma)\,n_t$

$=(10-2.315\times1.2)\times49=353.878\text{mm}$

㉡ $A_{t\cdot L}=g\sigma n_t$

$=2.315\times1.2\times49=136.122\text{mm}$

참고 49개의 시료까지 판정이 나지 않으면 검사를 중단한 후, 누계여유치 Y가 $A_{t.L}\le Y\le A_{t.U}$이면 로트를 합격시키고 아니면 불합격 처리한다.
양쪽규격이 주어지는 경우 누계여유치는 $Y=\Sigma(x_i-L)$로 구한다.

다. $n_{cum}<n_t$일 때의 합격판정기준

① 상한 합부판정선

㉠ $A_U=-h_A\sigma+(U-L-g\sigma)\,n_{cum}$

$=-4.312\times1.2+(10-2.315\times1.2)\times n_{cum}=-5.1744+7.222n_{cum}$

㉡ $R_U=h_R\sigma+(U-L-g\sigma)\,n_{cum}$

$=5.536\times1.2+(10-2.315\times1.2)\times n_{cum}=6.6432+7.222n_{cum}$

② 하한 합부판정선

㉠ $A_L=h_A\sigma+g\sigma\,n_{cum}$

$=4.312\times1.2+2.315\times1.2\times n_{cum}=5.1744+2.778n_{cum}$

㉡ $R_L=-h_R\sigma+g\sigma n_{cum}$

$=-5.536\times1.2+2.315\times1.2\times n_{cum}=-6.6432+2.778n_{cum}$

[08] ISO 9001의 용어에 대한 설명이다. 해당되는 용어를 쓰시오.

가. 요구사항을 명시한 문서
나. 조직의 품질경영시스템에 대한 시방서
다. 특정 대상에 대해 적용시점과 책임을 정한 절차 및 연관된 자원에 관한 시방서
라. 달성된 결과를 명시하거나 수행한 활동의 증거를 제공하는 문서
마. 규정된 요구사항이 충족되었음을 객관적 증거를 통하여 확인하는 것

해설 가. 시방서(specification)
나. 품질매뉴얼(quality manual)
다. 품질계획서(quality plan)
라. 기록(record)
마. 검증(verification)

[09] Y사는 어떤 부품의 수입검사에 계수값 샘플링검사인 KS Q ISO 2859-1을 사용하고 있다. 적용조건은 $AQL=1.0\%$, 검사수준 Ⅱ로 1회 샘플링검사를 하고 있으며, 처음 로트의 엄격도는 보통검사에서 시작하여 15로트가 진행되었다. 예시문은 그 중 11번째 로트로부터 나타낸 것이다. 표의 빈칸을 채우고, 15번째 로트의 검사결과 16번 로트에 수월한 검사를 적용할 조건이 되는가 판정하시오.

로트	N	샘플문자	n	Ac	Re	부적합품수	합격판정	전환점수
11	300	H	50	1	2	1	합격	21
12	500	H	50	1	2	0	(　)	(　)
13	300	H	50	1	2	1	(　)	(　)
14	800	J	80	2	3	0	(　)	(　)
15	1,000	J	80	2	3	2	(　)	(　)

해설 ① 샘플링검사표의 작성

로트	N	샘플문자	n	Ac	Re	부적합품수	합격판정	전환점수
11	300	H	50	1	2	1	합격	21
12	500	H	50	1	2	0	(합격)	(23)
13	300	H	50	1	2	1	(합격)	(25)
14	800	J	80	2(1)	3	0	(합격)	(28)
15	1,000	J	80	2(1)	3	2	(합격)	(0)

② 판정

15번째 로트는 한 단계 엄격한 AQL인 $Ac=1$에서 불합격되므로, 전환점수(S_S)가 0으로 처리된다. 따라서 16번째 로트에서도 보통검사가 진행된다.

[10] A는 모래를 납품하고 있는 회사에서 임의로 4개의 회사를 선택하고, B는 회사별로 각각 두 대의 트럭을 랜덤하게 선택한 것이며, C는 트럭내에서 랜덤하게 두 삽을 취한 것이고, 각 삽에서 두 번에 걸쳐 모래의 염도(%)를 측정한 것으로 데이터는 다음 표와 같다. 이 실험은 A_1, A_2, A_3 및 A_4에서 수준을 랜덤하게 선택한 후, 선택한 A수준에서 B_1과 B_2를 랜덤하게 선택하여 두 삽을 취해 측정을 2회 한 후 데이터를 얻고, 나머지 A수준에서도 같은 방법으로 8회의 실험을 행하여 데이터를 얻었다. 다음 물음에 답하시오. (단, $X_{ijk}=(x_{ijk}-55.4)\times 100$이다.)

B \ C \ A		A_1	A_2	A_3	A_4
B_1	C_1	−10 −7	49 42	−5 −1	−10 −2
	C_2	13 15	74 72	19 13	4 5
B_2	C_1	−36 −35	16 14	−30 −34	−37 −46
	C_2	−18 20	36 44	−11 −6	−28 −25

가. 분산분석을 행하였더니 요인의 제곱합이 다음과 같았다. 자유도와 F_0 검정 방법을 설명하고, 분산분석표를 작성하시오.

요 인	SS	DF	MS	F_0	$F_{0.95}$
A	1.79828				
$B(A)$	0.64584				
$C(AB)$	0.44683				
e	0.09135				
T	2.98230				

나. 유의하게 판정되는 요인 C의 분산성분을 추정하시오.

다. 요인 A의 기대평균제곱을 쓰시오.

해설 가. 분산분석표의 작성

① 자유도 분해

$\nu_T = lmnr-1=31$

$\nu_A = l-1=3$

$\nu_{B(A)}=\nu_{AB}-\nu_A = l(m-1)=4$

$\nu_{C(AB)}=\nu_{ABC}-\nu_{AB}=lm(n-1)=8$

$\nu_e=\nu_T-\nu_{ABC}=lmn(r-1)=16$

② F_0 검정

인자 A는 인자 B로 검정하고, 인자 B는 인자 C로, 인자 C는 오차 e로 검정한다.

③ 분산분석표의 작성

요 인	SS	DF	MS	F_0	$F_{0.95}$
A	1.79828	3	0.59943	3.71256	6.59
$B(A)$	0.64584	4	0.16146	2.89096	3.84
$C(AB)$	0.44683	8	0.05585	9.78109*	2.45
e	0.09135	16	0.00571		
T	2.98230	31			

나. 요인 C의 분산성분 추정

$$\hat{\sigma}^2_{C(AB)} = \frac{V_{C(AB)} - V_e}{r}$$

$$= \frac{0.05585 - 0.00571}{2} = 0.02507$$

다. 요인 A의 기대평균제곱

$$E(V_A) = \sigma_e^2 + 2\sigma_{C(AB)}^2 + 4\sigma_{B(A)}^2 + 8\sigma_A^2$$

참고 여기서 $\widehat{\sigma_A}^2 = \dfrac{V_A - V_{B(A)}}{mnr}$ 이고, $\widehat{\sigma_{B(A)}}^2 = \dfrac{V_{B(A)} - V_{C(AB)}}{nr}$ 로 추정된다.

[11] 콘테이너를 제작하고 있는 회사에서는 철판의 표면경도의 하한 규격치가 로크웰 경도 70 이상으로 규정되고 있다. 로크웰 경도 70 이하인 것이 0.5%인 로트는 통과시키고 그것이 4% 이상되는 로트는 통과시키지 않도록 하는 계량규준형 1회 샘플링검사 방식을 채택하고 있다. 다음 각 물음에 답하시오. (단, $\alpha = 0.05$, $\beta = 0.10$이고, $\sigma = 3$이다.)

[KS Q 0001 계량규준형 1회 샘플링 검사표]

P_0(%) \ P_1(%)	대표치	4.00		5.00		6.30		8.00	
대표치	범위 \ 범위	3.56~4.50		4.51~5.60		5.61~7.10		7.11~9.00	
0.400	0.356~0.450	2.15	11	2.08	8	2.02	7	1.95	6
0.500	0.451~0.560	2.11	13	2.05	10	1.99	8	1.92	6
0.630	0.561~0.710	2.08	15	2.02	12	1.95	9	1.89	7

가. 계량규준형 1회 샘플링 방식을 설계하시오.

나. P=0.5%, 1%, 2%, 3%, 4%인 로트의 합격 확률을 구하시오.

$P(\%)$	K_P	$K_{L(P)} = \sqrt{n}(k - K_P)$	$L(P)$
0.5			
1.0			
2.0			
3.0			
4.0			

해설 가. 샘플링검사 방식의 설계

① n과 k의 설정

$P_0 = 0.5\%$, $P_1 = 4\%$이므로 KS Q 0001의 샘플링검사 표에서 $n = 13$, $k = 2.11$이다.

② 합격판정선

$\overline{X}_U = S_U - k\sigma = 70 - 2.11 \times 3 = 63.67$

③ 로트의 합부판정

$\overline{x} \leq \overline{X}_U$이므로 로트를 합격시키고, 그렇지 않으면 불합격시킨다.

나. 로트의 합격확률

$P(\%)$	K_P	$K_{L(P)} = \sqrt{n}\,(k - K_P)$	$L(P)$
0.5	2.576	−1.68019 = −1.68	0.9535
1.0	2.326	−0.77880 = −0.78	0.7823
2.0	2.054	0.20191 = 0.20	0.4207
3.0	1.881	0.82567 = 0.83	0.2033
4.0	1.751	1.29439 = 1.29	0.0985

[12] 아래의 계수치 데이터에 대한 결과를 얻었다. 다음 각 물음에 답하시오. (단, 200개 제품 중에서 적합품이면 0, 부적합품이면 1로 처리하였다.)

가. 분산분석표를 작성하시오

나. 최적조건 A_4수준에서 모부적합품률을 신뢰도 95%로 추정하시오.

기 계	A_1	A_2	A_3	A_4
적합품	180	175	190	195
부적합품	20	25	10	5
계	200	200	200	200

요 인	SS	DF	MS	F_0	$F_{0.95}$
A					
e					
T					

해설 가. 분산분석표 작성

① 제곱합 분해

$$S_T = T - CT = 60 - \frac{60^2}{800} = 55.5$$

$$S_A = \frac{\Sigma T_{i\cdot}^2}{r} - CT$$

$$= \frac{20^2 + 25^2 + 10^2 + 5^2}{200} - \frac{60^2}{800} = 1.25$$

$$S_e = S_T - S_A = 54.25$$

② 자유도

$\nu_T = lr - 1 = 799$

$\nu_A = l - 1 - 3$

$\nu_e = l(r-1) = 796$

③ 분산분석표의 작성

요 인	SS	DF	MS	F_0	$F_{0.95}$
A(기계간)	1.25	3	0.41667	6.11401*	2.60
e(오차)	54.25	796	0.06815		
T	55.5	799			

나. 최적수준 A_4의 신뢰구간 추정

최적수준은 부적합품률이 작을수록 좋으므로 A_4가 된다.

$$P(A_4) = \hat{p}(A_4) \pm u_{1-\alpha/2}\sqrt{\frac{V_e}{r}}$$
$$= 0.025 \pm 1.96\sqrt{\frac{0.06815}{200}}$$
$$= 0.025 \pm 0.03618 = -0.01118 \sim 0.06118$$

따라서, $P(A_4) \le 0.06118$이다.

참고 부적합품률은 음의 값을 취할 수 없으므로 신뢰상한값만 처리한다.

[13] 다음과 같이 구성된 시스템이 있다. 만약 어떤 시점 t에서 각 부품의 신뢰도가 모두 $R_i(t) = 0.9$, $i = 1, 2, \cdots, 8$이라면 이 시스템의 신뢰도는 시간 t에서 얼마인가?

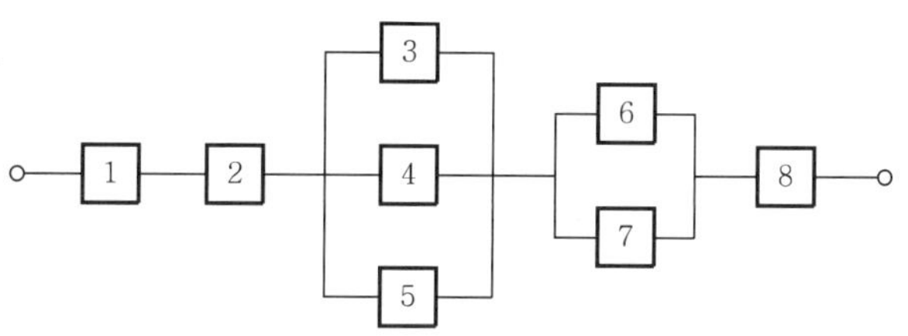

해설 $R_S(t) = R_1(t) \cdot R_2(t) \cdot [1 - F_3(t) \cdot F_4(t) \cdot F_5(t)] \cdot [1 - F_6(t) \cdot F_7(t)] \cdot R_8(t)$
$= 0.72099$

[14] $L_8(2^7)$형에 다음과 같이 A, B, C, D의 4인자와 $B \times C$, $B \times D$의 교호작용을 배치하여 랜덤한 순서로 실험하여 다음 표와 같은 데이터를 얻었다. 유의수준 10%로 분산분석표를 작성하시오. (단, 소수점 3자리로 수치맺음을 하시오.)

[$L_8(2^7)$형 직교배열표]

	1	2	3	4	5	6	7	데이터
1	0	0	0	0	0	0	0	35
2	0	0	0	1	1	1	1	48
3	0	1	1	0	0	1	1	21
4	0	1	1	1	1	0	0	38
5	1	0	1	0	1	0	1	50
6	1	0	1	1	0	1	0	43
7	1	1	0	0	1	1	0	31
8	1	1	0	1	0	0	1	22
배치	B	C	$B \times C$	D	$B \times D$	A		

해설 ① 제곱합 분해

$$S_T = \Sigma x_i^2 - \frac{(\Sigma x_i)^2}{n} = 840$$

$$S_A = \frac{1}{8}(48+21+43+31-35-38-50-22)^2 = 0.5$$

$$S_B = \frac{1}{8}(50+43+31+22-35-48-21-38)^2 = 2$$

$$S_C = \frac{1}{8}(21+38+31+22-35-48-50-43)^2 = 512$$

$$S_D = \frac{1}{8}(48+38+43+22-35-21-50-31)^2 = 24.5$$

$$S_{B\times C} = \frac{1}{8}(21+38+50+43-35-48-31-22)^2 = 32$$

$$S_{B\times D} = \frac{1}{8}(48+38+50+31-35-21-43-22)^2 = 264.5$$

$$S_e = \frac{1}{8}(48+21+50+22-35-38-43-31)^2 = 4.5$$

② 분산분석표의 작성

요 인	SS	DF	MS	F_0	$F_{0.90}$
A	0.5	1	0.5	0.111	39.9
B	2	1	2	0.444	39.9
C	512	1	512	113.778*	39.9
D	24.5	1	24.5	5.444	39.9
$B\times C$	32	1	32	7.111	39.9
$B\times D$	264.5	1	264.5	54.778*	39.9
e	4.5	1	4.5		
T	840	7			

2023 제4회 품질경영기사

[01] 인자 A, B, C는 각각 변량인자로서 A는 랜덤하게 4일을 선택한 일간인자이고, B는 일별로 두 대의 트럭을 랜덤하게 선택한 것이며, C는 트럭 내에서 랜덤하게 두 삽을 취한 것으로, 각 삽에서 두 번에 걸쳐 모래의 염도를 측정한 변량모형의 실험으로, 아래와 같은 분산분석표가 작성되었다. 다음 각 물음에 답하시오.

요인	SS	DF	MS	F_0	$F_{0.95}$
A	1.8950				
$B(A)$	0.7458				
$C(AB)$	0.3409				
e	0.0193				
T	3.0010				

가. 분산분석표의 빈칸을 완성시키시오.
나. 유의하게 판정된 요인들의 분산성분을 추정하시오.

해설 가. 분산분석표의 작성

① 자유도 분해

$\nu_T = lmnr - 1 = 4 \times 2 \times 2 \times 2 - 1 = 31$

$\nu_A = l - 1 = 3$

$\nu_{B(A)} = l(m-1) = 4$

$\nu_{C(AB)} = lm(n-1) = 8$

$\nu_e = lmn(r-1) = 16$

② 분산분석표

요 인	SS	DF	MS	F_0	$F_{0.95}$
A	1.8950	3	0.63167	3.38788	6.59
$B(A)$	0.7458	4	0.18645	4.37471*	3.84
$C(AB)$	0.3409	8	0.04261	35.21488*	2.45
e	0.0193	16	0.00121		
T	3.0010	31			

나. 분산성분 추정

① $\hat{\sigma}_{B(A)}^2 = \dfrac{V_{B(A)} - V_{C(AB)}}{nr} = \dfrac{0.18645 - 0.04261}{4} = 0.03596$

② $\hat{\sigma}_{C(AB)}^2 = \dfrac{V_{C(AB)} - V_e}{r} = \dfrac{0.04261 - 0.00121}{2} = 0.02070$

[02] A(처리온도)를 3수준, B(압력)를 4수준으로 반복 2회의 실험을 랜덤하게 행하여 분산분석을 행한 결과 다음과 같은 분산분석표를 얻었다. 다음 각 물음에 답하시오. (단, 교호작용이 유의하지 않은 경우 기술적 검토 후 풀링하라.)

요 인	SS	DF	MS	F_0
A	280	2	140	10.77
B	390	3	130	10
$A\times B$	24	6	4	0.31
e	156	12	13	
T	850	23		

가. $\alpha=0.05$로 분산분석표를 재작성하시오.

나. 최적조건 A_2B_3에서 조합평균을 95% 신뢰율로 추정하시오. (단, $\hat{\mu}(A_2B_3)=80$이다.)

해설 가. 분산분석표의 재작성

$F_0=\dfrac{V_{A\times B}}{V_e}<1$로 $A\times B$가 유의하지 않으므로, 오차항에 풀링시켜 분산분석표를 재 작성한다.

요 인	SS	DF	MS	F_0	$F_{0.95}$
A	280	2	140	14*	3.49
B	390	3	130	13*	3.10
e^*	180	18	10		
T	850	23			

나. 조합평균의 추정

① 점추정치

$$\hat{\mu}(A_2B_3)=\bar{x}_{2..}+\bar{x}_{.3.}-\bar{\bar{x}}=80$$

② 신뢰구간의 추정

$$\mu(A_2B_3)=\hat{\mu}(A_2B_3)\pm t_{1-\alpha/2}(\nu_e^*)\sqrt{\frac{V_e^*}{n_e}}$$

$$=80\pm t_{0.975}(18)\sqrt{\frac{10}{4}}$$

$$=76.67802\sim 83.32197$$

(단, $n_e=\dfrac{lmr}{l+m-1}=4$이다.)

[03] 에나멜 동선의 도장공정을 관리하기 위해 핀홀의 수를 조사하였다. 시료의 길이가 종류에 따라 변하므로 시료 1,000m당 핀홀의 수를 사용하여 관리도를 작성하고자 아래와 같은 데이터 시료를 얻었다. 다음 각 물음에 답하시오.

시료군의 번호	1	2	3	4	5	6	7	8	9	10
시료의 크기 n(1,000m)	1.0	1.0	1.0	1.0	1.0	1.3	1.3	1.3	1.3	1.3
결점 수	5	5	3	3	5	2	5	3	2	1

가. 어떠한 관리도가 적용될 수 있는가?

나. 이 관리도가 적용되는 이유를 설명하시오.

다. 부분군의 크기에 따른 관리선을 구하고, 관리도를 작성한 후 해석하시오.

라. KS Q 3251에 기술된 관리도 해석을 위한 8가지 기준을 쓰시오.

해설 가. u 관리도

나. 핀홀수는 푸아송분포를 따르고, 부분군의 크기가 다르므로 u 관리도가 적용된다.

다. 관리선의 계산 및 관리도의 작성

① $C_L = \bar{u} = \dfrac{\Sigma c}{\Sigma n} = \dfrac{34}{11.5} = 2.956522$

㉠ $n = 1.0$인 경우

- $U_{CL} = \bar{u} + 3\sqrt{\dfrac{\bar{u}}{n}} = 8.11488$
- $L_{CL} = \bar{u} - 3\sqrt{\dfrac{\bar{u}}{n}} = -2.201840 = $ — (고려하지 않음)

㉡ $n = 1.3$인 경우

- $U_{CL} = \bar{u} + 3\sqrt{\dfrac{\bar{u}}{n}} = 7.48071$
- $L_{CL} = \bar{u} - 3\sqrt{\dfrac{\bar{u}}{n}} = -1.567661 = $ — (고려하지 않음)

③ u 관리도 작성 및 판정

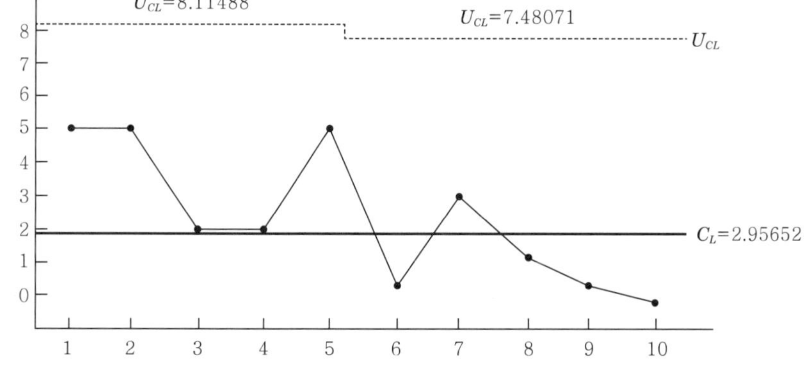

판정> u 관리도에서 관리상한을 이탈하는 점이 없으므로 관리상태라 할 수 있다.

라. 관리도 비관리상태 판정을 위한 8가지 기준

① 1점이 관리한계선을 이탈하고 있다.(Out of Control)

② 9점이 중심선에 대하여 같은 쪽에 있다.(길이 9의 연)

③ 6점이 연속적으로 증가 또는 감소하고 있다.(길이 6의 경향)

④ 14점이 교대로 증감하고 있다.

⑤ 연속하는 3점 중 2점이 $2\sigma \sim 3\sigma$ 사이에 타점되고 있다.

⑥ 연속하는 5점 중 4점이 $1\sigma \sim 3\sigma$ 사이에 타점되고 있다.

⑦ 연속하는 15점이 $\pm 1\sigma$ 사이에 존재한다.

⑧ 연속하는 8점이 상하 관계없이 $\pm 1\sigma$를 넘는 영역에 있다.

참고 KS Q에는 8점이라고 기술되었지만 5점인 경우가 제1종 오류와 더 일치한다.

[04] 어느 공장에서 종래에 생산되는 탄소강 시험편의 지름과 항장력 사이의 상관관계를 조사하기 위해서 크기 50인 시험편에 대하여 지름과 항장력을 추정하여 상관계수를 계산하였더니 $r=0.61$이었다. 다음 물음에 답하시오.

가. 상관관계가 있다고 할 수 있는가를 t분포를 이용하여 유의수준 5%로 검정하시오.

나. 모상관계수를 신뢰율 95%로 추정하시오.

해설 가. 모상관계수 유무의 검정($\rho=0$인 검정)

① 가설 : $H_0 : \rho=0$, $H_1 : \rho \neq 0$

② 기각치 : $\alpha=0.05$

③ 검정통계량 : $t_0 = \dfrac{r-0}{\sqrt{\dfrac{1-r^2}{n-2}}} = \dfrac{0.61-0}{\sqrt{\dfrac{1-0.61^2}{50-2}}} = 5.33341$

④ 기각치 : $-t_{0.975}(48) = -2.00$, $t_{0.975}(48) = 2.00$

⑤ 판정 $t_0 > 2.00 \rightarrow H_0$ 기각

즉, 상관관계가 존재한다.

나. 모상관계수의 신뢰구간의 추정

$z = \tanh^{-1} 0.61 = 0.70892$

$E(z)_L = z - u_{1-\alpha/2}\sqrt{\dfrac{1}{n-3}}$

$= 0.70892 - 1.96\sqrt{\dfrac{1}{47}} = 0.70892 - 0.28590 = 0.42302$

$E(z)_U = 0.70892 + 1.96\sqrt{\dfrac{1}{47}} = 0.99482$

$\rho_L = \tanh E(z)_L = \tanh 0.42302 = 0.39947$

$\rho_U = \tanh E(z)_U = \tanh 0.99482 = 0.75941$

그러므로 모상관계수의 신뢰구간은 $0.39947 \leq \rho \leq 0.75941$이다.

[05] 출하 측과 수입 측에서 어떤 금속의 함유량을 분석하게 되었다. 분석법에 차가 있는가 검토하기 위하여 표준시료를 10개 작성하여, 각각 2분하여 출하 측과 수입 측에서 동시에 분석하여 다음 결과를 얻었다. 이때 다음 물음에 답하시오. (단위 : %)

표준시료 No.	1	2	3	4	5	6	7	8	9	10
출하 측	52.33	51.98	51.72	52.04	51.90	51.92	51.96	51.90	52.14	52.02
수입 측	52.11	51.90	51.78	51.89	51.60	51.87	52.07	51.76	51.82	51.91

가. 양측의 분석치에 차가 있는가를 $\alpha=0.05$로 검정하시오.

나. 차가 있다면 그 차를 신뢰수준 95%로 신뢰한계를 추정하시오.

해설 가. 대응이 있는 모평균차에 관한 검정

d_i =출하 측－수입 측

: 0.22, 0.08, −0.06, 0.15, 0.30, 0.05, −0.11, 0.14, 0.32, 0.11

① 가설 : $H_0 : \Delta=0$, $H_1 : \Delta \neq 0$ (단, $\Delta=\mu_{출하}-\mu_{수입}$이다.)

② 유의수준 : $\alpha=0.05$

③ 검정통계량 : $t_0=\dfrac{\bar{d}-\Delta}{s_d/\sqrt{n}}$

$$=\frac{0.12-0}{0.13968/\sqrt{10}}=2.71673$$

(단, $\bar{d}=0.12$, $s_d=0.13968$이다.)

④ 기각치 : $-t_{0.975}(9)=-2.262$, $t_{0.975}(9)=2.262$

⑤ 판정 : $t_0>2.262 \rightarrow H_0$ 기각

즉, 출하 측과 수입 측의 분석방법에는 차이가 있다.

나. 95% 신뢰한계(신뢰구간)의 추정

$$\Delta=\bar{d}\pm t_{1-\alpha/2}(9)\,\frac{s_d}{\sqrt{n}}$$

$$=0.12\pm 2.262\times\frac{0.13968}{\sqrt{10}}=0.12\pm 0.09991$$

∴ 0.02009% ~ 0.21991%이다.

[06] 어떤 부품의 수입검사에 계수값 샘플링검사인 KS Q ISO 2859-1의 주샘플링검사 보조표를 적용하고 있다. 적용조건은 $AQL = 1.0\%$, 검사수준 Ⅱ의 1회 샘플링검사를 하고 있으며, 11번째 로트의 엄격도는 보통검사가 진행되고 있다. 다음 각 물음에 답하시오.

로트 번호	N	샘플 문자	n	당초의 Ac	합부판정 점수 (검사 전)	적용하는 Ac	부적합 품수 d	합격 판정	합부판정 점수 (검사 후)	전환 점수
11	200	G	32	1/2	5	0	1	불합격	0	0
12	250	G	32	1/2	( )	( )	0	( )	( )	( )
13	200	( )	( )	( )	( )	( )	1	( )	( )	( )
14	80	( )	( )	( )	( )	( )	0	( )	( )	( )
15	120	( )	( )	( )	( )	( )	1	( )	( )	( )

가. 표의 (   ) 안의 공란을 채우시오.

나. 15번째 로트 검사 결과 다음 로트부터 적용되는 엄격도는?

해설 가.

로트 번호	N	샘플 문자	n	당초의 Ac	합부판정 점수 (검사 전)	적용하는 Ac	부적합 품수 d	합격 판정	합부판정 점수 (검사 후)	전환 점수
11	200	G	32	1/2	5	0	1	불합격	0	0
12	250	G	32	1/2	(5)	(0)	0	(합격)	(5)	(2)
13	200	(G)	(32)	(1/2)	(10)	(1)	1	(합격)	(0)	(4)
14	80	(E)	(13)	(0)	(0)	(0)	0	(합격)	(0)	(6)
15	120	(F)	(20)	(1/3)	(3)	(0)	1	(불합격)	(0)	(0)

나. 연속 5로트 중 2로트가 불합격되었으므로, 16번째 로트부터 까다로운 검사가 진행된다.

[07] 어떤 전자회로는 고장률이 5×10^{-6}인 트랜지스터 5개, 고장률이 2×10^{-6}인 저항기 20개, 고장률이 4×10^{-6}인 정류기 4개가 직렬 결합된 시스템이다. 다음 각 물음에 답하시오.

가. 시스템의 평균수명을 구하시오.

나. $t = 1{,}000$시점에서 신뢰도를 구하시오.

해설 가. 시스템의 평균수명

$$\theta_S = \frac{1}{\lambda_S}$$

$$= \left(\frac{1}{5\times5+2\times20+4\times4}\right)\times10^6 = 12345.67901\text{hr}$$

나. 시스템의 신뢰도

$$R_S(t=1{,}000) = e^{-\lambda_S t} = e^{-\frac{1}{12345.67901}\times1{,}000} = 0.92219$$

[08] 어떤 제품의 형상모수가 0.7이고, 척도모수가 8,667시간이다. 이 제품을 10,000시간 사용할 때, 다음 물음에 답하시오. (단, 위치모수는 0이다.)

가. 10,000시점에서 신뢰도를 구하여라.

나. 10,000시점까지의 평균고장률을 구하여라.

해설 가. 신뢰도

$$R(t=10{,}000)=e^{-\left(\frac{t-r}{\eta}\right)^m}$$
$$=e^{-\left(\frac{10000-0}{8667}\right)^{0.7}}=0.33110$$

나. 평균고장률

$$AFR(t=10{,}000)=\frac{H(t=10{,}000)-H(t=0)}{\Delta t}$$
$$=\frac{\left(\frac{10{,}000-0}{8{,}667}\right)^{0.7}-\left(\frac{0-0}{8{,}667}\right)^{0.7}}{10{,}000-0}=1.1053\times10^{-4}/\text{hr}$$

(단, $H(t)=-\ln R(t)=\left(\frac{t-r}{\eta}\right)^m$ 이다.)

[09] 다음 각 항은 어떠한 샘플링 방법에 해당되는지 명칭을 쓰시오.

가. 신제품의 반응을 위하여 각 대리점에 속한 소매상을 각각 10개씩 선정

나. 전구 100개들이 50상자 중 3상자를 선정하여 모두 점등 테스트

다. 100개들이 50상자에서 무작위로 30개를 선정

라. 100개들이 50상자에서 5상자를 선정하고 각 상자에서 6개씩 무작위로 선정

해설 가. 층별샘플링

나. 집락샘플링(취락샘플링)

다. 단순 랜덤샘플링

라. 2단계샘플링

[10] 현장개선 활동에 효과적인 5S 활동에 대해 기술하고, 간단하게 설명하시오.

해설 ① 정리 : 불필요한 것을 버리는 것

② 정돈 : 사용하기 좋게 하는 것

③ 청소 : 더러움을 없애는 것

④ 청결 : 정리, 정돈, 청소 상태를 유지하는 것

⑤ 생활화 : 정리, 정돈, 청소, 청결을 습관화하는 것

[11] $AQL=0.40\%$, 샘플문자 G로 하여 보통검사를 적용하였다. AQL 품질의 로트 합격확률을 구하여라.

해설 〈풀이 1 : KS Q ISO 2859-10의 활용〉

$AQL=0.40\%$, 샘플문자 G이면 $n=32$, $Ac=0$이 된다.

$100P_a(\%)=100-n\times 100P$

$=100-32\times 100\times 0.004=87.2\%$

즉, AQL 품질의 로트가 합격될 확률은 87.2%이다.

〈풀이 2 : 푸아송분포의 활용〉

$AQL=0.40\%$, 샘플문자 G이면 $n=32$, $Ac=0$이 된다.

AQL은 매우 작은 부적합품률이므로

$m=n\times AQL=32\times 0.004=0.128$인 푸아송분포에 근사한다.

$\Pr(X=0)=e^{-m}=e^{-0.128}=0.87985(87.985\%)$

참고 2개의 풀이 중 어느 것으로 풀어도 정답으로 인정된다. 그러나 푸아송분포로 풀이하라는 지문이 있는 경우 풀이 1은 정답으로 인정받지 못한다.

[12] 인조섬유의 장력을 향상시키기 위하여, 장력에 영향을 준다고 생각되는 4개의 인자 A, B, C, D를 택하고 각각 다음과 같이 4수준으로 잡아 총 16회 실험을 4×4그레코 라틴방격법으로 실험을 행하였다. 다음 물음에 답하여라. (단, 각 요인간의 교호작용은 없는 것으로 확인되었다.)

- A(연신온도) : $A_1=250℃$, $A_2=260℃$, $A_3=270℃$, $A_4=280℃$
- B(회전수) : $B_1=10{,}000$rpm, $B_2=10{,}500$rpm, $B_3=11{,}000$rpm, $B_4=11{,}500$rpm
- C(원료의 종류) : C_1, C_2, C_3, C_4
- D(연신비) : $D_1=2.5$, $D_2=2.8$, $D_3=3.1$, $D_4=3.4$

B \ A	A_1	A_2	A_3	A_4
B_1	$C_2D_3=15$	$C_1D_1=4$	$C_3D_4=8$	$C_4D_2=19$
B_2	$C_4D_1=5$	$C_3D_3=19$	$C_1D_2=9$	$C_2D_4=16$
B_3	$C_1D_4=15$	$C_2D_2=16$	$C_4D_3=19$	$C_3D_1=17$
B_4	$C_3D_2=19$	$C_4D_4=26$	$C_2D_1=14$	$C_1D_3=34$

가. 기대평균제곱을 포함한 분산분석표를 작성하시오. (단, 유의수준 $\alpha=0.10$이다.)

나. 장력이 최대가 되는 최적 조합조건에서 점추정치 및 90% 신뢰구간을 추정하시오.

**해설** 가. 분산분석표의 작성

① 제곱합 분해

$$S_T = \Sigma\Sigma\Sigma\Sigma x_{ijkp}^2 - CT$$

$$= (15)^2 + (5)^2 + (15)^2 + \cdots + (17)^2 + (34)^2 - \frac{255^2}{16} = 844.9375$$

$$S_A = \Sigma\frac{T_{i\cdots}^2}{k} - CT$$

$$= \frac{1}{4}\left[(54)^2 + (65)^2 + (50)^2 + (86)^2\right] - \frac{255^2}{16} = 195.1875$$

$$S_B = \Sigma\frac{T_{\cdot j\cdot\cdot}^2}{k} - CT$$

$$= \frac{1}{4}\left[(46)^2 + (49)^2 + (67)^2 + (93)^2\right] - \frac{255^2}{16} = 349.6875$$

$$S_C = \Sigma\frac{T_{\cdot\cdot k\cdot}^2}{k} - CT$$

$$= \frac{1}{4}\left[(62)^2 + (61)^2 + (63)^2 + (69)^2\right] - \frac{255^2}{16} = 9.6875$$

$$S_D = \Sigma\frac{T_{\cdots p}^2}{k} - CT$$

$$= \frac{1}{4}\left[(40)^2 + (63)^2 + (87)^2 + (65)^2\right] - \frac{255^2}{16} = 276.6875$$

$$S_e = S_T - (S_A + S_B + S_C + S_D)$$

$$= 844.9 - (195.2 + 349.7 + 9.7 + 276.7) = 13.6875$$

② 분산분석표

요 인	SS	DF	MS	F_0	$F_{0.90}$	$E(V)$
A	195.1875	3	65.06250	14.26027*	6.39	$\sigma_e^2 + 4\sigma_A^2$
B	349.6875	3	116.56250	25.54795*	6.39	$\sigma_e^2 + 4\sigma_B^2$
C	9.6875	3	3.22917	0.70775	6.39	$\sigma_e^2 + 4\sigma_C^2$
D	279.6875	3	92.22917	20.21461*	6.39	$\sigma_e^2 + 4\sigma_D^2$
e	13.6875	3	4.56250			σ_e^2
T	844.9375	15				

나. 최적 조합조건의 추정

분산분석결과 A, B, D 3요인 모두 유의하므로, 장력이 최대가 되는 각 인자의 최적수준을 다음의 표에서 구하면 A는 A_4 수준에서, B는 B_4수준에서, D는 D_3수준에서 각각 결정되므로 최적 조합수준은 $A_4B_4D_3$로 결정된다.

〔A의 1원표〕

요인	A_1	A_2	A_3	A_4
	15	4	8	19
	5	19	9	16
	15	16	19	17
	19	26	14	34

〔B의 1원표〕

요인	B_1	B_2	B_3	B_4
	15	5	15	19
	4	19	16	26
	8	9	19	14
	19	16	17	34

〔D의 1원표〕

요인	D_1	D_2	D_3	D_4
	5	19	15	15
	4	16	19	26
	14	9	19	8
	17	19	34	16

① 점추정치

$$\hat{\mu}(A_4B_4D_3)=\bar{x}_{4\cdot\cdot\cdot}+\bar{x}_{\cdot4\cdot\cdot}+\bar{x}_{\cdot\cdot\cdot3}-2\bar{\bar{x}}$$

$$=\frac{86}{4}+\frac{93}{4}+\frac{87}{4}-2\times\frac{255}{16}=34.625$$

② 신뢰구간의 추정

$$\mu(A_4B_4D_3)=\hat{\mu}(A_4B_4D_3)\pm t_{1-\alpha/2}(\nu_e)\sqrt{\frac{V_e}{n_e}}$$

$$=34.625\pm 2.353\sqrt{4.56250\times\frac{10}{16}}$$

$$=34.625\pm 3.97341$$

$$\rightarrow 30.65159\sim 38.59841$$

(단, $n_e=\frac{k^2}{3k-2}=\frac{16}{10}$ 이다.)

참고 여기서 유의하지 않은 요인 C는 $F_0<1$이므로 오차항에 풀링시켜 추정의 정도를 높이는 것이 원칙이나, 문제 상에서 풀링시킨다는 지문이 없으므로 그대로 해석을 하고 있다.

[13] 다음은 ISO 9001의 용어에 관한 설명이다. 해당되는 용어를 쓰시오.

가. 의도된 결과를 만들어내기 위해 입력을 사용하여 상호 관련되거나 상호 작용하는 활동의 집합

나. 활동 또는 프로세스를 수행하기 위하여 규정된 방식

다. 상호 관련되거나 상호 작용하는 요소들의 집합

라. 최고 경영자에 의해 표명된 품질에 관한 조직의 전반적인 의도 및 방향

**해설** 가. 프로세스(process)

나. 절차(procedure)

다. 시스템(system)

라. 품질방침(quality policy)

[14] 절삭 가공되는 어느 부품의 규격은 50.0±2.0mm로 정해져 있다. 그리고 과거의 데이터로부터 $\sigma=0.3$mm인 정규분포를 하고 있으며, R관리도도 안정되어 있음을 알고 있다. $P_0=0.6\%$, $P_1=3.0\%$, $\alpha=0.05$, $\beta=0.10$을 만족하는 계량규준형 1회 샘플링검사 방식을 적용하려고 한다. 다음 물음에 답하시오.

가. 검사개수와 합부판정계수를 구하시오.

나. 합격판정선을 구하시오.

해설 가. 검사개수와 합부판정계수

① 검사개수

$$n=\left(\frac{k_\alpha+k_\beta}{k_{P_0}-k_{P_1}}\right)^2 z$$

$$=\left(\frac{1.645+1.282}{2.512-1.881}\right)^2=21.51725 \rightarrow 22\text{개}$$

② 합부판정계수

$$k=\frac{k_\alpha\, k_{P_1}+k_\beta\, k_{P_0}}{k_\alpha+k_\beta}$$

$$=\frac{1.645\times1.881+1.282\times2.512}{1.645+1.282}=2.15737$$

나. 합격판정선

$$\overline{X}_U=S_U-k\sigma$$

$$=52-2.15737\times0.3=51.35279\text{mm}$$

$$\overline{X}_L=S_L+k\sigma$$

$$=48+2.15737\times0.3=48.64721\text{mm}$$

현실이라는 땅에 두 발을 딛고
이상인 하늘의 별을 향해 두 손을 뻗어
착실히 올라가야 한다.

-반기문-

☆

꿈을 이루기 위해서는,
냉엄한 현실을 바탕으로 한 치밀한 전략,
그리고 뜨거운 열정이라는 두 발이 필요합니다.
우선 그 두 발로 현실을 딛고, 하늘의 별을 따기 위해
한 계단 한 계단 올라가 보십시오.
그러면 어느 순간 여러분도 모르게 하늘의 별이
여러분의 손에 쥐어져 있을 것입니다. ^^

2024 제1회 품질경영기사

[01] 고장시간이 지수분포를 따르고 있는 표본 10개에 대하여 교체 없이 100시간 수명시험을 한 결과 10, 28, 50, 61, 75, 90시간에 각각 한 개씩 고장이 났다. 그리고 나머지는 시험중단시간까지 고장 나지 않았다. 다음 물음에 답하시오.

가. 평균수명의 점추정치를 구하시오.

나. 이 조건에서 신뢰도 95%를 만족시키는 작동시간을 구하시오.

해설 가. 평균수명의 점추정치

$$\hat{\theta} = \frac{T}{r} = \frac{\sum_{i=1}^{r} t_i + (n-r)t_o}{r} = \frac{(10+\cdots+90)+4\times 100}{4} = 119\,\text{hr}$$

나. 작동시간

$R(t=t_o) = e^{-\frac{t_o}{\theta}} = e^{-\frac{t_o}{119}} = 0.95$로

양변에 자연로그를 취하면

$$-\frac{t_o}{119} = \ln 0.95 \rightarrow t_o = 6.10390\,\text{hr}$$

[02] 다음은 샘플링검사에 사용되는 기호 또는 용어이다. 〈예〉와 같이 용어의 명칭을 쓰시오.

〈예〉 QC : 품질관리(Qaulity control)

가. AQL

나. α

다. m_0

라. m_1

**해설** 가. 합격품질한계(Acceptable Qaulity limit) 혹은 합격품질수준(Acceptable Qaulity level)

나. 제1종 오류 혹은 생산자위험

다. 합격시키고 싶은 로트의 평균치(바람직한 품질의 로트 평균치)

라. 불합격시키고 싶은 로트의 평균치(바람직하지 않은 품질의 로트 평균치)

[03] 제품의 품질특성에 영향을 미치는 2요인인 온도(A_0, A_1)와 촉매량(B_0, B_1)을 택한 후, 각 조건에서 4회씩 반복하는 6회의 실험을 랜덤하게 실시하였다. 측정한 실험데이터가 아래와 같을 때, 다음 물음에 답하시오.

B \ A	A_0	A_1	합계
B_0	31 45 46 43	82 110 88 72	517
B_1	22 21 18 23	30 37 38 29	218
합 계	249	486	735

가. 유의수준 5%로 하는 분산분석표를 작성하시오.

나. 품질특성이 망대특성인 경우 최적해와 최적해에 대한 95% 신뢰한계를 구하시오.

해설 가. 분산분석표의 작성

① 제곱합 분해

$$CT = \frac{T^2}{lmr} = \frac{735^2}{16} = 33764.0625$$

$$S_T = \Sigma\Sigma\Sigma x_{ijk}^2 - CT = 11270.9375$$

$$S_A = \frac{1}{16}[a + ab - (1) - b]^2$$

$$= \frac{1}{16}[352 + 134 - 165 - 84]^2 = 3510.5625$$

$$S_B = \frac{1}{16}[b + ab - (1) - a]^2$$

$$= \frac{1}{16}[84 + 134 - 165 - 352]^2 = 5587.5625$$

$$S_{A\times B} = \frac{1}{16}[(1) + ab - a - b]^2$$

$$= \frac{1}{16}[165 + 134 - 84 - 352]^2 = 1173.0625$$

$$S_e = S_T - (S_A + S_B + S_{A\times B}) = 999.75$$

② 자유도 분해

$$\nu_T = lmr - 1 = 15$$

$$\nu_A = l - 1 = 1$$

$$\nu_B = m - 1 = 1$$

$$\nu_{A\times B} = (l-1)(m-1) = 1$$

$$\nu_e = lm(r-1) = 12$$

③ 분산분석표

요 인	SS	DF	MS	F_0	$F_{0.95}$
A	3510.5625	1	3510.5625	42.13728*	4.75
B	5587.5625	1	5587.5625	67.06752*	4.75
$A\times B$	1173.0625	1	1173.0625	14.08027*	4.75
e	999.750	12	83.3125		
T	11270.9375	15			

위의 결과에서 A, B, $A\times B$ 모두 유의하다.

나. 최적조건의 추정

① 최적조건의 점추정치

A_0B_0 수준, A_0B_1 수준, A_1B_0 수준, A_1B_1 수준 4개의 수준 중 특성치가 가장 높게 나타나는 수준은 A_1B_0 수준에서 결정된다.

$$\hat{\mu}(A_1B_0)=\hat{\mu}+a_1+b_0+(ab)_{10}$$
$$=\bar{x}_{10\cdot}=\frac{T_{10\cdot}}{r}=\frac{352}{4}=88$$

② 최적조건의 신뢰구간 추정

$$\mu(A_1B_0)=\hat{\mu}(A_1B_0)\ \pm\ t_{0.975}(12)\sqrt{\frac{V_e}{r}}$$
$$=88\pm2.179\sqrt{\frac{83.3125}{4}}$$
$$=88\pm9.94449$$
$$=78.05551\sim97.94449$$

[04] 어떤 설비의 수리시간을 측정한 표이다. $MTTR$ 및 $t=$ 400시간에서 보전도를 구하시오. (단, 수리시간은 지수분포를 따른다.)

번 호	보전시간
1	50
2	70
3	130
4	270
5	300

해설 ① 평균수리시간

$$MTTR=\frac{\Sigma t_i}{n}$$
$$=\frac{50+70+130+270+300}{5}=164\text{hr}$$

② 보전도

$$M(t)=1-e^{-\mu t}$$
$$=1-e^{-\frac{t}{MTTR}}$$
$$=1-e^{-\frac{400}{164}}=0.91275$$

[05] 측정시스템의 변동원인 5가지를 기술하시오.

해설 ① 정확성 ② 반복성 ③ 재현성 ④ 직선성 ⑤ 안정성

[06] 다음은 ISO 9001의 용어에 대한 설명이다. 설명하는 각각의 용어를 쓰시오.

가. 의도한 결과를 만들어내기 위하여 입력을 사용하여 상호 관련되거나 상호 작용하는 활동의 집합

나. 활동 또는 프로세스를 수행하기 위하여 규정된 방식

다. 규정된 요구사항에 적합하지 않은 제품 또는 서비스를 사용하거나 불출하는 것에 대한 허가

라. 의도되거나 규정된 용도에 관련된 부적합

마. 심사기준에 충족되는 정도를 결정하기 위하여 객관적 증거를 수집하고 평가하기 위한 체계적이고 독립적이며 문서화된 프로세스

해설 가. 프로세스
나. 절차
다. 특채
라. 결함
마. 심사

[07] 자사 제품의 품질 경쟁력을 확인하기 위하여 다음과 같은 실험을 전개하였다. A_1(자기 회사 제품), A_2(국내 C회사 제품), A_3(국내 D회사 제품), A_4(외국 제품)에 대하여, 각각 10개, 6개, 6개, 2개씩의 표본을 취하여 중요 품질특성인 강도를 측정하였다. 이 실험의 목적은 4종류의 제품 간에 다음과 같은 구체적인 사항을 비교한다. 다음의 데이터로부터 아래 각 물음에 답하시오.

[비교사항] • L_1 : 외국 제품과 한국 제품의 차이
• L_2 : 자기 회사 제품과 국내 타 회사 제품의 차이
• L_3 : 국내 타 회사 제품 간의 차이

A의 수준	데이터	표본의 크기	계
A_1	20 18 19 17 17 22 18 13 16 15	10	175
A_2	25 23 28 26 19 26	6	147
A_3	24 25 18 22 27 24	6	140
A_4	14 12	2	26
계		24	488

가. 대비의 선형식 L_1, L_2, L_3를 구하시오.

나. 대비의 제곱합을 구하시오.

다. 유의수준 5%로 3개의 선형식의 제곱합을 포함한 분산분석표를 작성하시오.

해설 가. 선형식

- $L_1 = \frac{T_{4\cdot}}{2} - \frac{T_{1\cdot} + T_{2\cdot} + T_{3\cdot}}{22} = \frac{26}{2} - \frac{175+147+140}{22} = -8.0$
- $L_2 = \frac{T_{1\cdot}}{10} - \frac{T_{2\cdot} + T_{3\cdot}}{12} = \frac{175}{10} - \frac{147+140}{12} = -6.41667$
- $L_3 = \frac{T_{2\cdot}}{6} - \frac{T_{3\cdot}}{6} = \frac{147}{6} - \frac{140}{6} = 1.16667$

나. 대비의 제곱합

- $S_{L_1} = \frac{{L_1}^2}{\sum_{i=1}^{4} r_i\, {c_i}^2}$

$$= \frac{(-8.0)^2}{(2)\left(\frac{1}{2}\right)^2 + (10)\left(-\frac{1}{22}\right)^2 + (6)\left(-\frac{1}{22}\right)^2 + (6)\left(-\frac{1}{22}\right)^2} = 117.33333$$

- $S_{L_2} = \frac{(-6.41667)^2}{(10)\left(\frac{1}{10}\right)^2 + (6)\left(-\frac{1}{12}\right)^2 + (6)\left(-\frac{1}{12}\right)^2} = 224.58357$
- $S_{L_3} = \frac{(1.16667)^2}{(6)\left(\frac{1}{6}\right)^2 + (6)\left(-\frac{1}{6}\right)^2} = 4.08310$

다. 분산분석표의 작성

① 제곱합 분해

- $S_T = (20)^2 + (18)^2 + \cdots + (12)^2 - \frac{(488)^2}{24} = 503.33333$
- $S_A = \Sigma \frac{T_{i\cdot}^{\ 2}}{r_i} - \frac{T^2}{N} = \frac{(175)^2}{10} + \frac{(147)^2}{6} + \frac{(140)^2}{6} + \frac{(26)^2}{2} - \frac{(488)^2}{24} = 346$
- $S_e = S_T - S_A = 157.33333$

② 분산분석표

요 인	SS	DF	MS	F_0	$F_{0.95}$
A	346	3	115.33333	14.66101*	3.10
L_1	117.33333	1	117.33333	14.91525*	4.35
L_2	224.58357	1	224.58357	28.54875*	4.35
L_3	4.08310	1	4.08310	0.51904	4.35
e	157.33333	20	7.86667		
T	503.33333	23			

[08] $P_A = 1\%$, $P_R = 10\%$, $\alpha = 0.05$, $\beta = 0.10$을 만족시키는 로트의 부적합품률을 보증하는 계량형 축차샘플링검사 방식(KS Q ISO 39511)을 적용하려 한다. 단, 품질특성치인 무게는 정규분포를 따르고 있으며, 상한규격치 $U = 200$kg만 존재하는 망소특성으로 표준편차(σ)는 2kg으로 알려져 있다. 다음 물음에 답하시오.

가. 누계검사개수 중지치(n_t)와 그때의 합격판정치(A_t)를 구하시오.

나. 누계검사개수 $n_{cum} < n_t$일 때의 합격판정선과 불합격판정선을 설계하시오.

다. 진행된 로트에 대해 다음 표를 채우고, 합부판정을 하시오.

누계샘플 사이즈	측정치 x(kg)	여유치 y	불합격판정치 R	누계여유치 Y	합격판정치 A
1	194.5	5.5	−1.924	5.5	7.918
2	196.5	(　　)	(　　)	(　　)	(　　)
3	201.0	(　　)	(　　)	(　　)	(　　)
4	197.8	(　　)	(　　)	(　　)	(　　)
5	198.0	(　　)	(　　)	(　　)	(　　)

해설 가. ① KS Q 39511의 표1에서 파라미터를 구하면

$h_A = 2.155$, $h_R = 2.766$, $g = 1.804$, $n_t = 13$

② $n_t = 13$에서의 합격판정치

$A_t = g\sigma n_t = 1.804 \times 2 \times 13 = 46.904$kg

참고 13개의 누계검사개수(n_t)까지 판정이 나지 않으면 검사를 중단한 후, 누계여유치 $Y \geq A_t$이면 로트를 합격시키고 아니면 불합격 처리한다.

나. $n_{cum} < n_t$일 때의 합부판정 기준

- $A = h_A\sigma + g\sigma n_{cum}$
  $= 2.155 \times 2 + 1.804 \times 2 \times n_{cum} = 4.31 + 3.608\, n_{cum}$
- $R = -h_R\sigma + g\sigma n_{cum}$
  $= -2.766 \times 2 + 1.804 \times 2 \times n_{cum} = -5.532 + 3.608\, n_{cum}$

다. 판정

n_{cum}	측정치 x(kg)	여유치 y	불합격판정치 R	누계여유치 Y	합격판정치 A
1	194.5	5.5	−1.924	5.5	7.918
2	196.5	3.5	1.684	9.0	11.526
3	201.0	−1.0	5.292	8.0	15.134
4	197.8	2.2	8.900	10.2	18.742
5	198.0	2.0	12.508	12.2	22.350

$n_{cum} = 5$에서 누계여유치 Y가 불합격판정치 R보다 작으므로 로트는 불합격으로 처리한다.

[09] 고장률이 $\lambda = 0.001$/시간인 지수분포를 따르는 부품이 있다. 이 부품 2개를 신뢰도 100%인 스위치를 사용하여 대기결합모델의 시스템을 구성하였을 경우, 다음 물음에 답하시오.

가. 시스템의 평균수명을 구하시오.
나. 이 시스템을 100시간 사용하였을 경우 신뢰도는 얼마인지 구하시오.

해설 가. 시스템의 평균수명

$$\theta_S = \frac{n}{\lambda}$$
$$= \frac{2}{0.001} = 2{,}000\,\mathrm{hr}$$

나. 시스템의 신뢰도

$$R_S(t=200) = (1+\lambda t)\,e^{-\lambda t} = (1+0.001\times 100)\,e^{-0.001\times 100} = 0.99532$$

[10] A사와 B사의 재료에 대하여 각각 10개와 8개의 시료를 구하여 측정한 강도는 아래와 같다. 다음 물음에 답하시오. (단, 두 집단은 등분산성의 조건이 성립한다.)

가. 평균치에 차이가 있는지 유의수준 5%로 검정하시오.
나. 평균치 차에 대한 95%의 신뢰구간을 구하시오. (단, 유의하지 않은 경우 "의미없음"으로 답하시오.)

재료 A	74.2	74.3	73.6	72.9	74.2	74.0	74.1	73.6	74.2	73.6
재료 B	73.2	73.7	73.1	72.5	73.3	72.5	73.1	73.1		

해설 가. 모평균 차의 검정

① 가설 : $H_0 : \mu_A = \mu_B$, $H_1 : \mu_A \neq \mu_B$

② 유의수준 : $\alpha = 0.05$

③ 검정통계량 : $t_0 = \dfrac{(\bar{x}_A - \bar{x}_B) - \delta}{\hat{\sigma}\sqrt{\dfrac{1}{n_A}+\dfrac{1}{n_B}}} = \dfrac{(73.87-73.0625)-0}{0.42277\times\sqrt{\dfrac{1}{10}+\dfrac{1}{8}}} = 4.02668$

단, $\hat{\sigma} = \sqrt{\dfrac{S_A+S_B}{n_A+n_B-2}} = 0.42277$이다.

④ 기각치 : $-t_{0.975}(16) = -2.120$, $t_{0.975}(16) = 2.120$

⑤ 판정 : $t_0 > 2.120 \rightarrow H_0$ 기각

(단, 재료 A : $\bar{x}_A = 73.87$, $s_A = 0.43982$
재료 B : $\bar{x}_B = 73.0625$, $s_B = 0.39978$이다.)

나. 모평균 차의 추정

$$\mu_A - \mu_B = (\bar{x}_A - \bar{x}_B) \pm t_{0.975}(16)\,\hat{\sigma}\sqrt{\frac{1}{n_A}+\frac{1}{n_B}}$$
$$= (73.87-73.0625) \pm 2.120\times 0.42277\times\sqrt{\frac{1}{10}+\frac{1}{8}}$$
$$= 0.8075 \pm 0.42514$$
$$= 0.38236 \sim 1.23264$$

[11] 전자레인지의 최종검사에서 20대를 랜덤하게 추출하여 각각에 대하여 부적합수를 조사하였더니 아래와 같았다. 다음 물음에 답하시오.

시료군 번호	1	2	3	4	5	6	7	8	9	10	11	12
부적합수	5	4	3	2	4	3	4	2	3	3	11	4

가. 위의 데이터에 적합한 관리도를 결정하시오.

나. 해당되는 관리도의 중심선과 관리한계선을 구하시오.

다. 관리도를 작성하고 판정하시오.

라. 다음 관리도의 명칭을 쓰시오.

① 측정값이 하나밖에 없는 부분군으로 관리하는 관리도

② 평균과 표준편차를 관리하기 위한 관리도

③ 평균치의 민감도를 관리하기 위한 관리도로 지수 λ를 활용하는 관리도

④ V마스크를 활용하여 평균치의 미세한 변화를 관리하는 관리도

⑤ 부분군에서 최대값과 최소값을 사용하여 작성하는 관리도

해설 가. c관리도

나. 중심선과 관리한계선

$C_L = \bar{c} = \frac{\Sigma c}{k} = \frac{48}{12} = 4$

$U_{CL} = \bar{c} + 3\sqrt{\bar{c}} = 10$

$L_{CL} = \bar{c} - 3\sqrt{\bar{c}} = -2$ → L_{CL}은 음의 값이므로 고려하지 않는다.

다. 관리도의 작성 및 판정

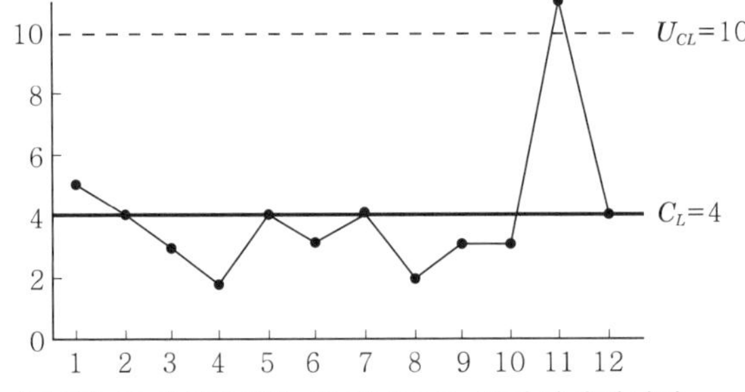

〈판정〉 관리상한선을 벗어나므로 비관리상태이다.

라. 관리도의 명칭

① x-R_m 관리도

② $\bar{x}$-s 관리도

③ EWMA 관리도(지수가중이동평균 관리도)

④ 누적합 관리도(CUSUM 관리도)

⑤ H-L 관리도

[12] 계수값 샘플링검사(ISO 2859-1)의 엄격도 전환절차를 쓰시오.

가. 보통검사에서 수월한 검사로 전환되는 전제조건

나. 수월한 검사에서 보통검사로 전환되는 전제조건

다. 까다로운 검사에서 보통검사로 전환되는 전제조건

라. 까다로운 검사에서 검사중지로 전환되는 전제조건

해설 가. 보통검사에서 수월한 검사로 전환되는 전제조건

① 전환점수(Ss)가 30점 이상인 경우
또는 최초검사에서 연속 10로트가 합격되는 경우

② 생산진도가 안정되어 있는 경우

③ 소관권한자가 인정하는 경우

나. 수월한 검사에서 보통검사로 전환되는 전제조건

① 1로트라도 불합격인 경우

② 생산진도가 불안정한 경우

③ 보통검사로 복귀 필요성이 발생하는 경우

다. 까다로운 검사에서 보통검사로 전환되는 전제조건

연속 5로트가 합격되는 경우

라. 까다로운 검사에서 검사중지로 전환되는 전제조건

불합격 로트의 누계가 5로트가 되는 경우

[13] 금속판의 두께에 대한 하한규격은 75mm로 규정되어 있다. 이 제품에 대하여 계량규준형 1회 샘플링검사를 적용하여 $n=8$, $k=1.74$의 값이 설계되었다. 다음과 같은 측정치가 구해졌을 때, 로트의 합부판정을 하시오. (단, 표준편차 $\sigma=2$mm이다.)

[측정 데이터] 79.0, 75.5, 77.5, 76.5, 77.0, 79.5, 77.0, 75.0

해설 ① 합격판정선

$\overline{X}_L = S_L + k\sigma = 75 + 1.74 \times 2 = 78.480\text{kg/mm}^2$

② 시료평균

$\bar{x} = \dfrac{\Sigma x_i}{n} = \dfrac{617.0}{8} = 77.1250\text{kg/mm}^2$

③ 판정

$\bar{x} < \overline{X}_L$이므로, 로트를 불합격시킨다.

[14] 어떤 공장에서 생산되는 제품의 로트 크기에 따라 생산에 소요되는 시간(M/H)을 측정하였더니 다음과 같은 자료가 얻어졌다. 각 물음에 답하시오.

x_i	30	20	60	80	40	50	60	30	70	60
y_i	73	50	128	170	87	108	135	69	148	132

가. 회귀선을 구하시오.

나. 회귀관계가 성립하는가를 유의수준 5%로 검정하시오.

다. 회귀직선의 기울기 β_1에 대한 신뢰율 95%의 구간추정을 하시오.

해설 가. 회귀선의 추정

① $\hat{\beta}_1 = \dfrac{S_{(xy)}}{S_{(xx)}} = \dfrac{6,800}{3,400} = 2$

② $\hat{\beta}_0 = \bar{y} - \hat{\beta}_1 \bar{x} = 110 - 2.0 \times 50 = 10$

③ $y = \hat{\beta}_0 + \hat{\beta}_1 x = 10 + 2x$

나. 1차 회귀의 유의성 검정

① 가설 : $H_0 : \beta_1 = 0,\ H_1 : \beta_1 \neq 0$

② 유의수준 : $\alpha = 0.05$

③ 검정통계량 : $t_0 = \dfrac{\hat{\beta}_1 - \beta_1}{\sqrt{\dfrac{V_{y/x}}{S_{xx}}}} = \dfrac{2-0}{\sqrt{\dfrac{7.5}{3,400}}} = 42.58325$

(단, $V_{y/x} = \dfrac{S_T - S_R}{n-2} = \dfrac{13,660 - 13,600}{8} = 7.5$ 이다.)

④ 기각치 : $t_{0.975}(8) = 2.306,\ -t_{0.975}(8) = -2.306$

⑤ 판정 : $t_0 > 2.306 \rightarrow H_0$ 기각

$\beta_1 \neq 0$ 이므로 1차 회귀관계가 성립한다고 할 수 있다.

참고 $\beta_1 = 0$ 인 t검정은 1차 회귀의 유의성 검정의 $\nu_1 = 1$인 F검정에 해당된다.

다. 1차 회귀계수의 신뢰구간추정

$$\beta_1 = \hat{\beta}_1 \pm t_{1-\alpha/2}(n-2)\sqrt{\frac{V_{y/x}}{S_{(xx)}}}$$

$$= 2.0 \pm 2.306 \times \sqrt{\frac{7.5}{3400}}$$

$\therefore\ 1.89169 \leq \beta_1 \leq 2.10831$

2024 제2회 품질경영기사

[01] 대응되는 두 확률변수 x와 y에 대하여 아래와 같은 5조의 데이터를 얻었다. 다음 물음에 답하시오.

x	5.5	6.5	5.8	7.2	6.8	$\bar{x}=6.36$
y	6.5	7.0	7.2	6.9	7.8	$\bar{y}=7.08$

가. 표본상관계수를 구하시오.

나. 회귀직선식을 구하시오.

다. 위험률 5%로 모상관계수의 신뢰상한(상측신뢰한계값)을 추정하시오. (단 데이터 수가 작음은 무시하시오.)

해설 가. 표본상관계수

$$S_{xx}=\Sigma x_i^2-\frac{(\Sigma x_i)^2}{n}=1.972$$

$$S_{yy}=\Sigma y_i^2-\frac{(\Sigma y_i)^2}{n}=0.908$$

$$S_{xy}=\Sigma x_i y_i-\frac{\Sigma x_i y_i}{n}=0.586$$

$$\therefore\ r=\frac{S_{xy}}{\sqrt{S_{xx}S_{yy}}}=\frac{0.586}{\sqrt{1.972\times 0.908}}=0.43793$$

나. 회귀직선식

$$\hat{\beta}_1=\frac{S_{xy}}{S_{xx}}=\frac{0.586}{1.972}=0.29716$$

$$\hat{\beta}_0=\bar{y}-\hat{\beta}_1\bar{x}=5.19006$$

$$\therefore\ \hat{y}=\hat{\beta}_0+\hat{\beta}_1 x=5.19006+0.29716x$$

다. 모상관계수의 신뢰상한값 추정

$$z=\tan h^{-1}0.43793=0.46967$$

$$E(z)_U=z+u_{1-\alpha}\sqrt{\frac{1}{n-3}}$$

$$=0.46967+1.645\sqrt{\frac{1}{2}}=1.63286$$

$E(z)$를 ρ로 변환하면

$$\rho_U=\tan h\,E(z)_U=\tan h\,1.63286=0.92647$$

참고 추정시 신뢰상한값 혹은 신뢰하한값을 추정하라는 문제는 한쪽 추정방식을 적용하는 것이 원칙이다.

[02] KS 표시인증 심사기준에서 정하고 있는 공장 심사항목 중 5가지만 기술하시오.

① 품질경영관리
② 자재관리
③ 제품관리
④ 공정 · 제조설비 관리
⑤ 시험 · 검사설비 관리
⑥ 소비자 보호 및 환경 · 자원 관리

* 이 중 5개만 기술하면 된다.

[03] ISO 9001의 9항의 성과평가에서 "조직은 모니터링 및 측정에서 나온 데이터와 정보를 분석하고 평가하여야 한다."고 되어 있다. 평가항목을 5가지만 쓰시오.

① 제품 및 서비스의 적합성
② 고객만족도
③ 품질경영시스템의 성과 및 효과성
④ 기획의 효과적인 실행 여부
⑤ 리스크 및 기회를 다루기 위하여 취해진 조치의 효과성
⑥ 외부공급자의 성과
⑦ 품질경영시스템의 개선 필요성

* 이 중 5개만 기술하면 된다.

[04] 다음 물음에 답하시오.

1) 어떤 생산공장에서 하루에 4개씩 25군의 시료를 측정하여 $\overline{x}$ 관리도를 3σ 법으로써 작성한 결과 $U_{CL}=14.25$, $L_{CL}=11.75$가 되었다. 작성된 관리도는 관리상태이고, 만약에 군간변동 $\sigma_b=0$라면, 개개의 데이터 변동인 ${\sigma_H}^2$를 구하시오.

2) 아래의 데이터는 변량생산방식으로 생산되는 로트별 최종제품에 대한 샘플링검사의 결과를 정리하여 얻은 것이다. 다음 물음에 답하시오.

시 간	1	2	3	4	5	6	7	8	9	10
검사개수	40	40	50	30	30	50	40	40	30	50
부적합품수	5	1	3	4	9	4	2	3	8	3

가. 적용되는 관리도의 중심선(C_L)과 관리한계선(U_{CL}, L_{CL})을 구하시오.

나. 관리도를 작성하고, 공정이 안정상태인지를 판정하시오.

해설 1) $\sigma_H{}^2 = \sigma_w{}^2 + \sigma_b{}^2 = 0.83333^2 + 0^2 = 0.69444$

(단, $U_{CL} - L_{CL} = 6\dfrac{\sigma_w}{\sqrt{n}} = 14.25 - 11.75 = 2.5$이므로

$\sigma_w = \dfrac{2.5 \times \sqrt{4}}{6} = 0.83333$이다.)

2) p관리도의 작성

가. 중심선과 관리한계선의 계산

㉠ $\bar{p} = \dfrac{\Sigma np}{\Sigma n} = \dfrac{42}{400} = 0.105$

㉡ $U_{CL} = \bar{p} + 3\sqrt{\dfrac{\bar{p}(1-\bar{p})}{n}}$

- $n = 30$인 경우 : $U_{CL} = 0.27291$
- $n = 40$인 경우 : $U_{CL} = 0.25041$
- $n = 50$인 경우 : $U_{CL} = 0.23506$

㉢ L_{CL}은 음의 값이므로 고려치 않는다.

나. 관리도의 작성 및 판정

㉠ 관리도 시트

급번호	검사개수	부적합품수	부적합품률	관리상한선	관리하한선
1	40	5	0.12500	0.25041	고려하지 않음
2	40	1	0.02500		
3	50	3	0.06000	0.23506	
4	30	4	0.13333	0.27291	
5	30	9	0.30000		
6	50	4	0.08000	0.23506	
7	40	2	0.05000	0.25041	
8	40	3	0.07500		
9	30	8	0.26667	0.27291	
10	50	3	0.06000	0.23506	
합계	400	42	0.10500		

㉡ 관리도의 작성

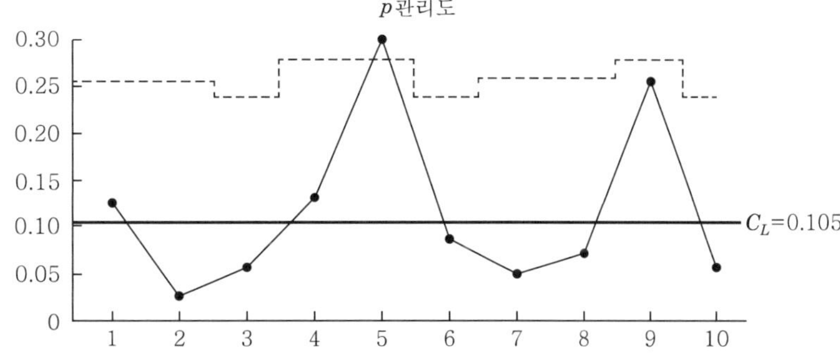

㉢ 5번군이 관리상한선을 벗어나므로, 공정은 비관리상태라 할 수 있다.

[05] 자사 제품의 품질 경쟁력을 확인하기 위하여 다음과 같은 실험을 전개하였다. A_1(자기 회사 제품), A_2(국내 C회사 제품), A_3(국내 D회사 제품), A_4(외국 제품)에 대하여, 각각 10개, 6개, 6개, 2개씩의 표본을 취하여 중요 품질특성인 강도를 측정하였다. 이 실험의 목적은 4종류의 제품 간에 다음과 같은 구체적인 사항을 비교한다. 다음의 데이터로부터 아래 각 물음에 답하시오.

[비교사항] • L_1 : 외국 제품과 한국 제품의 차이
• L_2 : 자기 회사 제품과 국내 타 회사 제품의 차이
• L_3 : 국내 타 회사 제품 간의 차이

A의 수준	데이터	표본의 크기	계
A_1	20 18 19 17 17 22 18 13 16 15	10	175
A_2	25 23 28 26 19 26	6	147
A_3	24 25 18 22 27 24	6	140
A_4	14 12	2	26
계		24	488

가. 대비의 선형식 L_1, L_2, L_3를 구하시오.
나. 대비의 제곱합을 구하시오.
다. 유의수준 5%로 3개의 선형식의 제곱합을 포함한 분산분석표를 작성하시오.

해설 가. 선형식

• $L_1 = \frac{T_{4\cdot}}{2} - \frac{T_{1\cdot} + T_{2\cdot} + T_{3\cdot}}{22} = \frac{26}{2} - \frac{175 + 147 + 140}{22} = -8.0$

• $L_2 = \frac{T_{1\cdot}}{10} - \frac{T_{2\cdot} + T_{3\cdot}}{12} = \frac{175}{10} - \frac{147 + 140}{12} = -6.41667$

• $L_3 = \frac{T_{2\cdot}}{6} - \frac{T_{3\cdot}}{6} = \frac{147}{6} - \frac{140}{6} = 1.16667$

나. 대비의 제곱합

• $$S_{L_1} = \frac{{L_1}^2}{\sum_{i=1}^{4} r_i\, {c_i}^2}$$

$$= \frac{(-8.0)^2}{(2)\left(\frac{1}{2}\right)^2 + (10)\left(-\frac{1}{22}\right)^2 + (6)\left(-\frac{1}{22}\right)^2 + (6)\left(-\frac{1}{22}\right)^2} = 117.33333$$

• $$S_{L_2} = \frac{(-6.41667)^2}{(10)\left(\frac{1}{10}\right)^2 + (6)\left(-\frac{1}{12}\right)^2 + (6)\left(-\frac{1}{12}\right)^2} = 224.58357$$

• $$S_{L_3} = \frac{(1.16667)^2}{(6)\left(\frac{1}{6}\right)^2 + (6)\left(-\frac{1}{6}\right)^2} = 4.08310$$

다. 분산분석표의 작성

① 제곱합 분해

- $S_T=(20)^2+(18)^2+\cdots+(12)^2-\dfrac{(488)^2}{24}=503.33333$
- $S_A=\Sigma\dfrac{T_{i\cdot}^{\ 2}}{r_i}-\dfrac{T^2}{N}=\dfrac{(175)^2}{10}+\dfrac{(147)^2}{6}+\dfrac{(140)^2}{6}+\dfrac{(26)^2}{2}-\dfrac{(488)^2}{24}=346$
- $S_e=S_T-S_A=157.33333$

② 분산분석표

요 인	SS	DF	MS	F_0	$F_{0.95}$
A	346	3	115.33333	14.66101*	3.10
L_1	117.33333	1	117.33333	14.91525*	4.35
L_2	224.58357	1	224.58357	28.54875*	4.35
L_3	4.08310	1	4.08310	0.51904	4.35
e	157.33333	20	7.86667		
T	503.33333	23			

[06] H 부품 제조공장이 있다. 이 공장에서 10개의 제품을 표본으로 임의 발취해서 치수를 측정한 결과 아래와 같은 데이터를 얻었다. 과거의 자료에서 이 공정 치수의 표준편차(σ)는 0.02mm임을 알고 있을 때, 다음 물음에 답하시오.

[데이터] 5.48, 5.47, 5.50, 5.51, 5.50, 5.51, 5.50, 5.51, 5.52, 5.51 (mm)

가. 위험률 5%로 공정의 모분산이 변화되었다고 할 수 있는가?

나. 제품치수의 평균에 대한 95%의 신뢰한계를 구하시오.

해설 가. 모분산에 관한 검정

① 가설 : $H_0: \sigma^2=0.02^2\text{mm}$, $H_1: \sigma^2\neq 0.02^2\text{mm}$

② 유의수준 : $\alpha=0.05$

③ 검정통계량 : $\chi_o^2=\dfrac{(n-1)s^2}{\sigma^2}=\dfrac{9\times 0.01524^2}{0.02^2}=5.22580$

(단, $\bar{x}=5.501$, $s=0.01524$이다.)

④ 기각치 : $\chi^2_{0.025}(9)=2.70$, $\chi^2_{0.975}(9)=19.02$

⑤ 판정 : $2.70<\chi_o^2<19.02\rightarrow H_0$ 채택

즉, 모분산은 변했다고 할 수 없다.

나. 모평균의 신뢰구간 추정(σ기지)

$$\mu=\bar{x}\pm u_{1-\alpha/2}\frac{\sigma}{\sqrt{n}}=5.501\pm 1.96\times\frac{0.02}{\sqrt{10}}=5.501\pm 0.01240$$

$\therefore$ 5.48860mm ~ 5.51340mm이다.

[07] 절삭기 기계에 들어가는 피니언 기어 부품의 고장시간의 분포가 형상모수 $m=3$, 척도모수 $\eta=1{,}000$, 위치모수 $\gamma=0$의 웨이블 분포를 따를 때, 다음 각 물음에 답하시오.

가. 사용시간 $t=500$에서의 신뢰도를 구하시오.

나. 사용시간 $t=500$에서의 고장률을 구하시오.

다. 신뢰도 0.90인 사용시간 t를 구하시오.

해설 가. 신뢰도

$$R(t=500)=e^{-\left(\frac{t-r}{\eta}\right)^m}=e^{-\left(\frac{500-0}{1,000}\right)^3}=0.88250$$

나. 고장률

$$\lambda(t=500)=\frac{m}{\eta}\left(\frac{t-r}{\eta}\right)^{m-1}=\frac{3}{1,000}\left(\frac{500-0}{1,000}\right)^{3-1}=7.5\times10^{-4}/\text{hr}$$

다. 사용시간

$$R(t)=e^{-\left(\frac{t-r}{\eta}\right)^m}=0.90$$

위 식에서 양변에 자연로그 ln을 취하면

$\ln 0.90=-\left(\frac{t-0}{1,000}\right)^3$이 되므로, 시간 t에 관하여 정리하면 $t=472.30872$시간이다.

[08] 신뢰도가 0.95인 독립부품 5개로 구성된 시스템에서 부품 4개 이상이 작동되면 시스템의 임무수행이 가능하다. 이 시스템의 신뢰도를 계산하시오.

해설 $R_S=\Sigma_n C_i\ R^i(1-R)^{n-i}=5R^4-4R^5=5\times0.95^4-4\times0.95^5=0.97741$

[09] 가속시험온도 125℃에서 얻은 고장시간은 평균수명 θ_s가 4,500시간으로 측정된 지수분포를 따르는 부품이 있다. 이 부품의 정상사용 전압은 25℃이고 이 부품의 가속계수(AF)가 35인 경우, 다음 물음에 답하시오.

가. 정상조건에서의 순간고장률은?

나. 40,000시간 사용을 사용하는 경우 누적고장확률은?

해설 가. 정상조건에서의 순간고장률

$$\theta_n=AF\times\theta_s=35\times4{,}500=157{,}500\text{시간}$$

$$\lambda_n=\frac{1}{\theta_n}=\frac{1}{157,500}=6.34921\times10^{-6}/\text{시간}$$

나. 누적고장확률

$$F_n(t=40{,}000)=1-e^{-\lambda_n t}=0.22428$$

참고 지수분포는 고장률과 순간고장률, 그리고 평균고장률이 동일한 분포이다.

[10] 인구가 각각 $N_1=40$만, $N_2=20$만, $N_3=30$만의 세 도시를 대상으로 국가 정책에 대한 국정지지도를 조사하기 위해 표본으로 400명을 구하고자 한다. 각 도시의 분산이 $\sigma_1^2=20^2$, $\sigma_2^2=12^2$, $\sigma_3^2=14^2$인 경우에 네이만 샘플링을 적용한 각 도시의 최적할당을 구하시오.

해설 ① N_1 의 경우 : $n_1=n\times\dfrac{N_1\sigma_1}{\Sigma N_i\sigma_i}=400\times\dfrac{40\text{만}\times 20}{40\text{만}\times20+20\text{만}\times12+30\text{만}\times14}$

$$=400\times\frac{800}{1{,}460}=219.18\rightarrow 219\text{명}$$

② N_2 의 경우 : $n_2=n\times\dfrac{N_2\sigma_2}{\Sigma N_i\sigma_i}=400\times\dfrac{20\text{만}\times12}{1{,}460\text{만}}=65.75\rightarrow 66\text{명}$

③ N_3 의 경우 : $n_3=n\times\dfrac{N_3\sigma_3}{\Sigma N_i\sigma_i}=400\times\dfrac{30\text{만}\times14}{1{,}460\text{만}}=115.07\rightarrow 115\text{명}$

[11] 가능한 한 합격시키고 싶은 로트의 품질수준 $P_A=1\%$, 되도록 불합격시키고 싶은 로트의 품질수준 $P_R=8\%$로 합의한 KS Q ISO 28591의 부적합품률 검사를 위한 계수 축차 샘플링검사이다. 다음 물음에 답하시오. (단, $\alpha=0.05$, $\beta=0.10$이다.)

가. 연속적으로 70개를 검사한 결과 23번째, 50번째에서 부적합품이 발생하였다. 합격 판정개수와 불합격 판정개수의 값을 구하고 판정하시오.

나. 누계검사개수 중지치(n_t) 86개까지 계속 검사를 실시하여 더 이상 부적합품이 발생하지 않은 상태에서 검사를 종료하였다. 이 로트는 어떻게 판정되는가?

해설 가. $n_{cum}=70$에서 합부판정개수

① KS Q 28591 부표 1−A에서
$h_A=1.046$, $h_R=1.343$, $g=0.0341$을 구한다.

② 합부판정개수
$A=-h_A+gn_{cum}=-1.046+0.0341\times70=1.341\rightarrow 1$개
$R=h_R+gn_{cum}=1.343+0.0341\times70=3.73\rightarrow 4$개

③ 판정(누계부적합품수 $D=2$개)
$1<D<4$이므로 검사속행

나. 누계검사개수 중지치(n_t)에서 로트 판정

① $A_t=gn_t=0.0341\times86=2.9326\rightarrow 2$개

② $R_t=A_t+1=3$개

③ 판정 : 86개의 검사가 진행될 때까지 누계부적합품수가 2개 이하이므로 로트를 합격시킨다.

참고 $n_t=\dfrac{2h_Ah_R}{g(1-g)}=\dfrac{2\times1.046\times1.343}{0.0341\times(1-0.0341)}=85.30042\rightarrow 86$개

[12] 공급자 자격인정을 취득한 생산자가 AQL=0.65% 보통검사 검사수준 G-2로 실시된 스킵로트 검사를 고려한 KSQ ISO 2859-3의 검사방식에서 아래와 같이 연속 13로트를 검사하였다. 검사개수(n)와 검사결과 발견된 부적합품수(d)는 아래의 표와 같다. 다음 물음에 답하시오.

로트 번호	1	2	3	4	5	6	7	8	9	10	11	12	13
n	80	125	125	80	80	80	125	125	200	200	200	200	200
Ac	1	2	2	1	1	1	2	2	3	3	3	3	3
d	0	2	0	0	1	0	0	0	1	1	0	1	0
로트 판정													
누계인정점수													

가. 검사결과를 토대로 스킵로트 검사에 대한 자격인정을 획득할 수 있는지 검토하시오.

나. 자격인정이 획득되었다면 최초 적용되는 스킵로트 검사의 최초 검사빈도를 결정하시오.

해설 가. 스킵로트 검사에 대한 자격인정 획득의 검토

- 이전에 연속 10회 이상 로트가 최초검사에서 합격되었다.
- 20로트 이내에서 자격인정점수가 50점 이상이면 스킵로트 검사 자격인정이 획득된다.

① 보통검사 샘플링검사 부표 2-A에서 AQL=0.65%일 때, $n=80$이면 $Ac=1$, $n=125$이면 $Ac=2$이고, $n=200$이면 $Ac=3$ 검사가 진행된다.

② 13번째 로트에서 자격인정점수의 누계가 51점으로 50점 이상이 되므로, 스킵로트 검사에 대한 자격인정을 획득할 수 있다.

로트 번호	1	2	3	4	5	6	7	8	9	10	11	12	13
n	80	125	125	80	80	80	125	125	200	200	200	200	200
Ac	1	2	2	1	1	1	2	2	3	3	3	3	3
d	0	2	0	0	1	0	0	0	1	1	0	1	0
로트 판정	합격	합격	합격	합격	합격	합격	합격	합격	합격	합격	합격	합격	합격
누계인정점수	5	0	5	10	11	16	21	26	31	36	41	46	51

참고 [자격인정점수의 계산]

- $Ac=0$인 검사 : 부적합품이 0개인 경우 3점 가산
- $Ac=1$인 검사 : 부적합품이 0개인 경우 5점 가산, 부적합품이 1개인 경우 1점 가산
- $Ac=2$인 검사 : 부적합품이 0개인 경우 5점 가산, 부적합품이 1개인 경우 3점 가산
- $Ac \geq 3$인 검사 : 2단계 엄격한 검사 합격 시 5점 가산,
  1단계 엄격한 검사 합격 시 3점 가산
- 그 외에는 자격인정점수를 0점으로 재설정한다.

[최초 검사빈도의 적용]

- 10~11번째 로트에서 자격취득 : 1/4 스킵검사 적용
- 12~14번째 로트에서 자격취득 : 1/3 스킵검사 적용
- 15~20번째 로트에서 자격취득 : 1/2 스킵검사 적용

나. 스킵로트 검사의 최초 검사빈도 적용

자격인정 획득에 소요된 로트의 수는 13개이다. 따라서 최초 검사빈도는 1/3스킵로트 검사이다.

참고 로트번호 2 다음에 재설정한 후 품질수준의 향상을 위해 효과적인 조치를 취했다면, 자격인정에 소요된 로트 수는 11개로 볼 수 있으며, 소관권한자는 최초 검사빈도가 1/4이라고 지정할 수 있다.

[13] 어떤 반응공정의 수율을 올릴 목적으로 반응시간(A), 반응온도(B), 성분(C)의 3가지 인자를 택해 4×4 라틴방격의 실험을 실시한 결과가 다음과 같다. 유의수준 5%로 분산분석표를 작성하시오.

	A_1	A_2	A_3	A_4	합계
B_1	C_1 (92)	C_2 (92)	C_3 (98)	C_4 (99)	381
B_2	C_2 (94)	C_3 (97)	C_4 (99)	C_1 (98)	388
B_3	C_3 (93)	C_4 (99)	C_1 (95)	C_2 (96)	383
B_4	C_4 (96)	C_1 (95)	C_2 (97)	C_3 (99)	387
합계	375	383	389	392	1,539

해설 ① 제곱합 분해

$$S_T = \Sigma\Sigma\Sigma x_{ijk}^2 - CT = 92.4375$$

$$S_A = \Sigma \frac{T_{i\cdot\cdot}^2}{k} - CT = 42.1875$$

$$S_B = \Sigma \frac{T_{\cdot j \cdot}^2}{k} - CT = 8.1875$$

$$S_C = \Sigma \frac{T_{\cdot\cdot k}^2}{k} - CT = 32.1875$$

$$S_e = S_T - S_A - S_B - S_C = 9.875$$

② 자유도 분해

$$\nu_T = k^2 - 1 = 15$$

$$\nu_A = \nu_B = \nu_C = k - 1 = 3$$

$$\nu_e = (k-1)(k-2) = 6$$

③ 분산분석표

요 인	SS	DF	MS	F_0	$F_{0.95}$
A	42.1875	3	14.06250	8.54432*	4.76
B	8.1875	3	2.72917	1.65823	4.76
C	32.1875	3	10.72917	6.51900*	4.76
e	9.875	6	1.64583		
T	92.4375	15			

[14] 어떤 제품의 특정 성분은 75mg 이하로 규정되어 있다. 부적합품률이 0.25% 이하인 로트는 합격시키고, 부적합품률이 12.5%인 로트는 불합격시키는 KS Q 0001(σ미지)의 계량규준형 1회 샘플링검사를 적용하기로 합의하였다. 랜덤하게 샘플링하여 측정한 다음의 데이터로부터 로트의 합격·불합격을 판정하시오. (단, 특성치는 정규분포를 하며, 계량규준형 수치표로부터 $n=10$, $k=1.93$임을 알고 있다.)

[데이터] 73.2, 74.5, 73.8, 76.0, 74.0, 72.8, 73.5, 75.2, 72.4, 74.1 (mg)

해설

① $\bar{x}=\dfrac{\Sigma x_i}{n}=\dfrac{1}{8}(73.2+74.5+\cdots+74.1)=73.95\text{mg}$

② $\overline{X}_U=S_U-ks=75-1.93\times 1.08551=72.90497\text{g/cm}$

③ $\bar{x}>\overline{X}_U$이므로 로트를 불합격시킨다.

2024 제3회 품질경영기사

[01] 다음은 계측기 관리에서 Gage R&R에 관한 내용이다. 괄호 안에 맞는 용어를 쓰시오.

> Gage R&R은 계측기의 (①)과 (②)을 의미하는 용어로 이들의 오차 발생 원인에는 전자는 (③), 후자는 (④)가 있는데, 이는 모두 랜덤 변수이므로 (⑤)요인에 해당된다.

해설 ① 반복성　② 재현성　③ 계측기　④ 측정자　⑤ 변량

[02] 4개 엔진의 신뢰도가 각각 0.9인 비행기가 있다. 이 비행기는 엔진 4개 중 3개만 작동하면 정상 작동이 가능하다고 한다. 이 비행기의 신뢰도를 계산하시오.

해설

$$R_S = \sum_{m=3}^{4} {}_nC_m\, r^m (1-r)^{n-m} = {}_4C_3(0.9)^3(0.1)^1 + {}_4C_4(0.9)^4(0.1)^0 = 0.9477$$

참고 $R_S = 4R^3 - 3R^4 = 0.9477$로 풀이할 수도 있다.

[03] 부선으로 석탄이 입하되었다. 부선은 5척이며, 각각 500톤, 700톤, 1,500톤, 1,800톤, 1,000톤씩 싣고 있다. 각 부선으로부터 석탄을 하역할 때 100톤 간격으로 1인크리멘트를 취해 이것을 대량 시료로 혼합한 경우 샘플링의 정도는 얼마인가? (단, 석탄 로트에 대하여 100톤 간격으로 채취한 인크리멘트의 산포 $\sigma_w = 0.8\%$, 인크리멘트 간의 산포 $\sigma_b = 0.2\%$이며, 측정오차는 고려하지 않는다.)

해설

$$\sigma_{\bar{\bar{x}}}^{\ 2} = \frac{\sigma_w^{\ 2}}{\Sigma n_i} = \frac{0.8^2}{(5+7+15+18+10)} = 0.01164\%$$

[04] 제품은 활동 또는 공정의 결과이며, 유형이거나 무형이거나 이들의 조합일 수 있다. 제품은 일반적인 속성 분류에 입각하여 4가지 범주로 구분하는데, 이 4가지를 쓰시오.

해설 ① 하드웨어　② 소프트웨어　③ 소재(가공물질)　④ 서비스

[05] 다음은 설계를 변경한 후 만든 어떤 제품에서 표본 10개 중 7개가 고장이 날 때까지 수명 시험을 행한 결과이다. 이 제품은 형상모수가 1인 와이블분포를 따르며, 수명 데이터는 아래와 같다. 다음 물음에 답하시오.

[데이터] 3, 9, 12, 18, 27, 31, 43 (시간)

가. 평균수명의 점추정치를 구하시오.

나. 신뢰수준 90%에서의 평균수명의 신뢰구간을 구하시오.

해설 가. 평균수명의 점추정치

$$\widehat{MTBF} = \frac{T}{r} = \frac{\Sigma t_i + (n-r)t_r}{r}$$

$$= \frac{3+\cdots+43+3\times 43}{7} = 38.85714\text{hr}$$

나. 평균수명의 추정

① 신뢰하한값

$$MTBF_L = \frac{2\,r\,\hat{\theta}}{\chi^2_{1-\alpha/2}(2r)}$$

$$= \frac{2\times 7\times 38.85714}{\chi^2_{0.95}(14)} = 22.97297$$

② 신뢰상한값

$$MTBF_U = \frac{2\,r\,\hat{\theta}}{\chi^2_{\alpha/2}(2r)}$$

$$= \frac{2\times 7\times 38.85714}{\chi^2_{0.05}(14)} = 82.80061$$

따라서 평균수명의 신뢰구간은 22.97297시간 $\le MTBF \le$ 82.80061시간이다.

[06] 어떤 윤활유 정제공정에 있어서 장치(A)를 4대, 원료(B)를 4종류, 부원료(C)를 4종류, 혼합시간(D)을 4개의 조건으로 택하여 4×4 그레코 라틴방격법으로 실험하였다. 유의수준 10%로 분산분석표를 작성하시오. (단, $CT = \frac{T^2}{k^2} = \frac{(710)^2}{16} = 31506.25$, $S_T = \Sigma\Sigma\Sigma\Sigma\, x^2_{ijkp} - CT = 695.75$이다.)

	A_1	A_2	A_3	A_4	계
B_1	$C_1D_1=49$	$C_2D_3=38$	$C_3D_4=48$	$C_4D_2=38$	173
B_2	$C_2D_2=40$	$C_1D_4=53$	$C_4D_3=33$	$C_3D_1=54$	180
B_3	$C_3D_3=42$	$C_4D_1=45$	$C_1D_2=53$	$C_2D_4=54$	194
B_4	$C_4D_4=42$	$C_3D_2=40$	$C_2D_1=41$	$C_1D_3=40$	163
계	173	176	175	186	710

해설 분산분석표의 작성

① 제곱합 분해

$$S_A = \Sigma \frac{T_{i\cdots}^2}{k} - CT$$
$$= \frac{1}{4}[(173)^2 + (176)^2 + (175)^2 + (186)^2] - 31506.25 = 25.25$$

$$S_B = \Sigma \frac{T_{\cdot j \cdot\cdot}^2}{k} - CT$$
$$= \frac{1}{4}[(173)^2 + (180)^2 + (194)^2 + (163)^2] - 31506.25 = 127.25$$

$$S_C = \Sigma \frac{T_{\cdot\cdot k \cdot}^2}{k} - CT$$
$$= \frac{1}{4}[(195)^2 + (173)^2 + (184)^2 + (158)^2] - 31506.25 = 187.25$$

$$S_D = \Sigma \frac{T_{\cdots p}^2}{k} - CT$$
$$= \frac{1}{4}[(189)^2 + (171)^2 + (153)^2 + (197)^2] - 31506.25 = 288.75$$

$$S_e = S_T - (S_A + S_B + S_C + S_D)$$
$$= 659.75 - (25.25 + 127.25 + 187.25 + 288.75) = 31.25$$

② 분산분석표

요 인	SS	DF	MS	F_0	$F_{0.90}$
A	25.25	3	8.41667	0.80800	6.39
B	127.25	3	42.41667	4.07200	6.39
C	187.25	3	62.41667	5.99200	6.39
D	288.75	3	96.25000	9.24000*	6.39
e	31.25	3	10.41667		
T	659.75	15			

참고 오차항의 풀링

위의 문제를 살펴보면 분산분석표의 작성 후 유의하지 않은 요인 중 B와 C와 D의 F_0값은 기각치에 근접하는 큰 값을 갖고 있으나, 요인 A의 F_0값이 1보다 작은 값으로 충분히 무시할 수 있다. 따라서 이를 오차항에 풀링하여 분산분석표를 재작성하여 해석을 행한다.

요 인	SS	DF	MS	F_0	$F_{0.90}$
B	127.25	3	42.41667	4.50442*	3.29
C	187.25	3	62.41667	6.62831*	3.29
D	288.75	3	96.25000	10.22126*	3.29
e^*	56.50	6	9.41667		
T	659.75	15			

위의 결과를 유의수준 10%에서 해석하면 실험결과에 영향을 미치는 유의한 인자는 B, C, D가 된다.

[07] 100개의 샘플에 대한 수명시험을 500시간 실시한 후 와이블 확률지를 이용하여 형상모수는 1.5, 척도모수는 2,000, 위치모수는 0으로 추정하였다. 평균수명을 구하시오.

해설

$$E(t) = \eta\Gamma\left(1+\frac{1}{m}\right)$$
$$= 2{,}000\,\Gamma\left(1+\frac{1}{1.5}\right) = 2{,}000\,\Gamma(1.67)$$
$$= 2{,}000 \times 0.90330 = 1806.6\text{hr}$$

[08] 어느 공상에서 종래에 생산되는 탄소강의 시험편의 지름과 항장력 사이의 상관계수 $\rho_0 = 0.749$였다. 최초 재료 중 일부가 변경되어 혹시 모상관계수가 달라지지 않았는가를 조사하기 위해 크기 60인 시험편에 대하여 지름과 항장력을 추정하여 상관계수를 계산하였더니 $r = 0.848$이었다. 다음 물음에 답하시오.

가. 재료가 바뀜으로서 모상관계수가 달라졌다고 할 수 있는지 유의수준 5%로 검정하시오.

나. 모상관계수의 95% 신뢰한계를 구하시오.

해설 가. 모상관계수 변화 유무의 검정

① 가설 : $H_0 : \rho = 0.749$, $H_1 : \rho \neq 0.749$

② 유의수준 : $\alpha = 0.05$

③ 검정통계량

$$u_0 = \frac{\tanh^{-1}r - \tanh^{-1}\rho}{\sqrt{\dfrac{1}{n-3}}} = \frac{\tanh^{-1}0.848 - \tanh^{-1}0.749}{\sqrt{\dfrac{1}{60-3}}} = 2.10124$$

④ 기각치 : $-u_{0.975} = -1.96$, $u_{0.975} = 1.96$

⑤ 판정 : $u_0 > 1.96 \rightarrow H_0$ 기각

즉, 모상관계수가 달라졌다고 할 수 있다.

나. 모상관계수의 신뢰한계 추정

$z = \tanh^{-1}0.848 = 1.24899$

$$E(z)_L = z - u_{1-\alpha/2}\sqrt{\frac{1}{n-3}} = 1.24899 - 1.96 \times \sqrt{\frac{1}{57}} = 0.98938$$

$$E(z)_U = z + u_{1-\alpha/2}\sqrt{\frac{1}{n-3}} = 1.24899 + 1.96 \times \sqrt{\frac{1}{57}} = 1.50860$$

$\rho_L = \tanh E(z)_L = \tanh 0.98938 = 0.75710$

$\rho_U = \tanh E(z)_U = \tanh 1.50860 = 0.90669$

따라서, 모상관계수의 신뢰구간은 $0.75710 \leq \rho \leq 0.90669$이다.

[09] A회사의 특정 재료는 온도 700℃와 800℃의 두 가지 방식에서 생산되고 있다. 이 중에서 각각 15개, 12개를 추출하여 재료의 강도를 측정하여 아래와 같은 결과를 얻었다. 다음 물음에 답하시오.

온 도	표본의 크기	표본 평균	표본 표준편차
700℃(x)	$n_x = 15$	$\bar{x} = 10.910$	$s_x = 0.090$
800℃(y)	$n_y = 12$	$\bar{y} = 10.824$	$s_y = 0.085$

가. 두 재료의 분산의 차이가 있는지를 유의수준 5%로 검정하시오.

나. 700℃에서 만들어진 재료의 강도가 800℃에서 만들어진 재료의 강도보다 크다고 할 수 있는가를 유의수준 5%로 검정하시오.

다. 신뢰율 95%의 신뢰한계값을 추정하시오.

해설 가. 모분산비의 검정

① 가설 : $H_0 : \sigma_x{}^2 = \sigma_y{}^2$, $H_1 : \sigma_x{}^2 \neq \sigma_y{}^2$

② 유의수준 : $\alpha = 0.05$

③ 검정통계량 : $F_0 = \dfrac{V_x}{V_y} = \dfrac{0.090^2}{0.085^2} = 1.12111$

④ 기각치 : $F_{0.025}(14, 11) = \dfrac{1}{F_{0.975}(11, 14)} = \dfrac{1}{3.09} = 0.32362$

$F_{0.975}(14, 11) = 3.33$

⑤ 판정 : $0.32362 < F_0 < 3.33 \rightarrow H_0$ 채택(등분산성이 성립한다.)

나. 모평균 차의 검정

① 가설 : $H_0 : \mu_x \leq \mu_y$, $H_1 : \mu_x > \mu_y$

② 유의수준 : $\alpha = 0.05$

③ 검정통계량 : $t_0 = \dfrac{(\bar{x} - \bar{y}) - \delta}{\sqrt{\hat{\sigma}^2\left(\dfrac{1}{n_x} + \dfrac{1}{n_y}\right)}} = \dfrac{(10.910 - 10.824) - 0}{\sqrt{0.00772\left(\dfrac{1}{15} + \dfrac{1}{12}\right)}} = 2.52723$

$\left(\text{단, } \hat{\sigma}^2 = \dfrac{(n_x - 1)s_x^2 + (n_y - 1)s_y^2}{n_x + n_y - 2} = 0.00772\right)$

④ 기각치 : $t_{0.95}(25) = 1.708$

⑤ 판정 : $t_0 > 1.708 \rightarrow H_0$ 기각

따라서, 700℃에서 만들어진 재료의 강도가 크다고 할 수 있다.

다. 모평균차의 95% 신뢰한계(신뢰하한값)

$$\mu_x - \mu_y = (\bar{x} - \bar{y}) - t_{0.95}(25)\sqrt{\hat{\sigma}^2\left(\frac{1}{n_x} + \frac{1}{n_y}\right)}$$

$$= (10.910 - 10.824) - 1.708 \times \sqrt{0.00772\left(\frac{1}{15} + \frac{1}{12}\right)}$$

$$= 0.02788$$

[10] 어떤 재료의 인장강도는 상한규격이 85.01kg/mm^{2}이다. 이 규격 내에 들지 못하는 부적합품률(p_0)이 1% 이하인 로트는 합격시키고, 부적합품률(p_1)이 10%를 초과한 로트는 불합격시키는 계량규준형 1회 샘플링검사를 설계하시오. (단, 이 재료의 인장강도는 정규분포를 하며, $\sigma=0.003$kg/mm^{2}로 규정되어 있다.)

해설 ① 샘플의 크기와 합부판정계수

㉠ $n=\left(\dfrac{k_\alpha+k_\beta}{k_{p_0}-k_{p_1}}\right)^2=\left(\dfrac{k_{0.05}+k_{0.10}}{k_{0.01}-k_{0.10}}\right)^2$

$=\left(\dfrac{1.654+1.282}{2.326-1.282}\right)^2=7.86040 \rightarrow$ 8개

㉡ $k=\dfrac{k_{p_0}k_\beta+k_{p_1}k_\alpha}{k_\alpha+k_\beta}=\dfrac{k_{0.01}k_{0.10}+k_{0.10}k_{0.05}}{k_{0.05}+k_{0.10}}$

$=\dfrac{2.326\times1.282+1.282\times1.645}{1.645+1.282}=1.73926$

② 합격판정치

$\overline{X}_U=S_U-k\sigma=85.01-1.73926\times0.003=85.00478\text{kg/mm}^2$

③ 판정

$\overline{x}\leq 85.00478\text{kg/mm}^2$이면 로트를 합격시킨다.

참고 규준형 샘플링검사는 $\alpha=0.05$, $\beta=0.10$을 보증하는 샘플링검사 방식이다.

[11] 열처리 온도에 따른 인장강도의 변화를 조사하기 위해 $A_1=250$℃, $A_2=255$℃, $A_3=260$℃, $A_4=265$℃의 4조건에서 각각 5개의 시험편에 대하여 측정한 결과가 다음과 같으며, A의 주효과를 1차, 2차, 3차의 회귀성분으로 분해하여 검정하고자 한다. 다음 물음에 답하시오. (단, 수치표의 직교다항식표를 참고하시오.)

가. 선형식 1차, 2차, 3차 식을 구하시오.

나. 각 선형식의 제곱합을 구하시오.

다. 유의수준 5%로 분산분석표를 작성하고 검정하시오.

[인장강도의 데이터]

(단위 : kg/mm)

A의 수준	데이터	계
A_1	43 50 45 45 47	230
A_2	41 42 45 45 47	220
A_3	32 38 40 40 40	190
A_4	32 34 34 35 35	170

 가. 선형식

직교다항식 계수표의 b_1, b_2, b_3를 적용한다.

$L_1 = \Sigma W_i T_i = (-3)\times 230 + (-1)\times 220 + (1)\times 190 + (3)\times 170 = -210$

$L_2 = \Sigma W_i T_i = (1)\times 230 + (-1)\times 220 + (-1)\times 190 + (1)\times 170 = -10$

$L_3 = \Sigma W_i T_i = (-1)\times 230 + (3)\times 220 + (-3)\times 190 + (1)\times 170 = 30$

나. 제곱합 분해

$S_T = \Sigma\Sigma x_{ij}^2 - CT$

$= 33{,}366 - 810^2/20 = 561$

$S_A = \dfrac{\Sigma T_{i\cdot}^2}{r} - CT$

$= \dfrac{230^2 + 220^2 + 190^2 + 170^2}{5} - \dfrac{810^2}{20} = 455$

$S_{AL_1} = \dfrac{(\Sigma W_i T_{i\cdot})^2}{(\lambda^2 S)\times r}$

$= \dfrac{((-3)\times 230 + (-1)\times 220 + 1\times 190 + 3\times 170)^2}{20\times 5} = 441$

$S_{AL_2} = \dfrac{(\Sigma W_i T_{i\cdot})^2}{(\lambda^2 S)\times r}$

$= \dfrac{((1)\times 230 + (-1)\times 220 + (-1)\times 190 + 1\times 170)^2}{4\times 5} = 5$

$S_{AL_3} = S_A - S_{AL_1} - S_{AL_2} = 9$

$S_e = S_T - S_A = 106$

다. 분산분석표

요 인	SS	DF	MS	F_0	$F_{0.95}$
A	455	3	151.66667	22.89308*	3.10
A_{L_1}	441	1	441	66.56604*	4.35
A_{L_2}	5	1	5	0.75472	4.35
A_{L_3}	9	1	9	1.35849	4.35
e	106	16	6.625		
T	561	19			

분산분석 결과, 요인 A의 1차 회귀만이 유의하고 2차 및 3차의 회귀는 유의하지 않다. 따라서 인장강도와 온도의 관계가 직선회귀로서 설명되고 있다.

[12] 어떤 제품에 대하여 공정관리를 목적으로 부분군의 크기(n)를 5개, 군의 수(k)를 15개로 하여 다음과 같은 예비 데이터를 얻었으며, 이 제품의 규격공차는 8~12이다. 다음 물음에 답하시오.

시료군의 번호	측정값						
	x_1	x_2	x_3	x_4	x_5	$\overline{x}_i$	R_i
1	9.3	10.6	9.6	10.1	9.5	9.82	1.3
2	10.8	9.8	9.3	10.3	10.0	10.04	1.5
3	9.7	9.5	10.0	10.5	10.2	9.98	1.0
4	10.4	8.6	9.6	10.2	11.4	10.04	2.8
5	10.6	10.8	8.4	9.1	8.9	9.56	2.4
6	9.9	10.8	11.7	10.1	10.6	10.62	1.8
7	9.2	10.2	10.2	8.4	10.0	9.60	1.8
8	10.4	10.2	9.5	10.4	10.8	10.26	1.3
9	9.5	10.6	9.2	8.8	10.6	9.74	1.8
10	8.3	10.0	11.2	9.0	9.2	9.54	2.9
11	6.3	7.5	8.6	10.5	9.1	8.40	4.2
12	10.5	10.3	10.1	8.5	9.2	9.72	2.0
13	10.1	10.3	9.8	10.8	10.6	10.32	1.0
14	9.9	10.8	9.3	10.1	9.5	9.92	1.5
15	9.6	10.2	10.3	10.3	8.5	9.78	1.8
합계						147.34	29.1

가. 위 관리도를 관리하기 위한 적합한 관리도를 쓰시오.

나. 정확도를 관리하기 위한 관리도의 관리한계를 구하시오.

다. 정확도를 관리하기 위한 관리도를 작성하고 관리상태를 판정하시오.

라. 이상치를 제거한 후, 정확도 관리도의 기준값을 구하고 관리선을 계산하시오.

마. 공정능력지수를 구하고 판정하시오.

해설 가. $\overline{x}-R$ 관리도

나. $\overline{x}$관리도의 관리한계선

- $C_L = \dfrac{\Sigma\overline{x}}{k} = \dfrac{147.34}{15} = 9.82267$
- $U_{CL} = \overline{\overline{x}} + A_2\overline{R} = 9.82267 + 0.577 \times 1.94 = 10.94205$
- $L_{CL} = \overline{\overline{x}} - A_2\overline{R} = 9.82267 - 0.577 \times 1.94 = 8.70329$

(단, $\overline{R} = \dfrac{\Sigma R}{k} = \dfrac{29.1}{15} = 1.94$이다.)

다. $\overline{x}$ 관리도의 작성

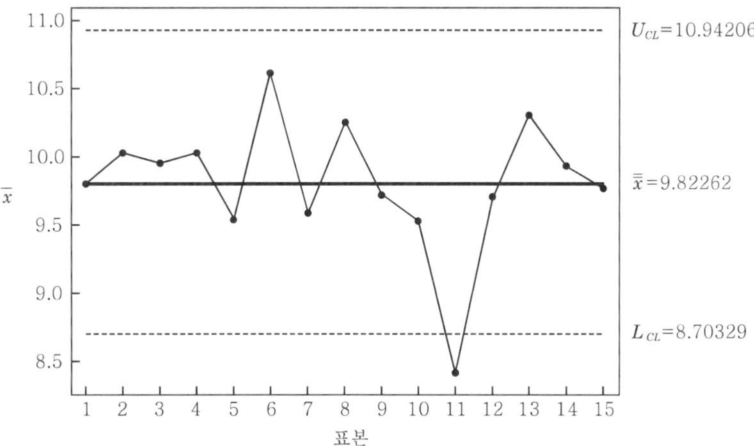

판정 : 관리도는 비관리상태이다.

라. $\overline{x}$ 관리도의 재작성

11번째 군을 제거 후 관리도를 재작성한다.

① 기준값의 설정

- $\mu_0 = \overline{\overline{x}}' = \dfrac{\Sigma \overline{x}_i - \overline{x}_{11}}{k-1} = \dfrac{147.34 - 8.40}{15-1} = 9.92429$
- $\sigma_0 = \dfrac{\overline{R}'}{d_2} = \dfrac{1.77857}{2.326} = 0.76465$

  (단, $\overline{R}' = \dfrac{\Sigma R_i - R_{11}}{k-1} = \dfrac{29.1 - 4.2}{15-1} = 1.77857$이다.)

② 관리선의 계산

- $\mu_o = \overline{\overline{x}}' = 9.92429$
- $U_{CL} = \mu_0 + A\sigma_0 = 9.92429 + 1.342 \times 0.76465 = 10.95045$
- $L_{CL} = \mu_0 - A\sigma_0 = 9.92429 - 1.342 \times 0.76465 = 8.89813$

참고 위의 관리도는 정확도를 감시하는 $\overline{x}$ 관리도와 정밀도를 감시하는 R관리도 모두 비관리상태이다. 이는 정밀도가 깨져서 정확도에 문제가 발생한 경우이므로, 이상원인의 조치는 정밀도를 저하시키는 요인을 조사하여 원인을 규명하고 조치를 취한다.

마. 공정능력지수

$$C_P = \frac{S_U - S_L}{6\,\sigma_0} = \frac{12-8}{6 \times 0.76465} = 0.87186$$

〈판정〉 공정능력은 3등급으로 공정능력이 부족하다.

[13] 크기 N=5,000의 로트에서 샘플의 크기 n=120의 시료를 샘플링하여 합격판정개수 C=3인 1회 샘플링검사를 행할 때 다음 물음에 답하시오. (단, $P \leq 0.10$이므로 푸아송분포에 근사시킨다.)

가. 부적합품률 0%, 1%, 5%인 로트가 합격하는 확률은 얼마인가?

나. OC곡선을 그리시오.

해설 가. 로트 합격 확률

$P(\%)$	$m=nP$	$L(P)=P(x\leq 3)=\sum_{x=0}^{3}\frac{e^{-m}\,m^x}{x!}$
0	0	$e^{-0}\times\left(1+0+\frac{0^2}{2!}+\frac{0^3}{3!}\right)=1$
1	1.2	$e^{-1.2}\times\left(1+1.2+\frac{1.2^2}{2!}+\frac{1.2^3}{3!}\right)=0.96623$
5	6	$e^{-6}\times\left(1+6+\frac{6^2}{2!}+\frac{6^3}{3!}\right)=0.15120$

나. OC곡선

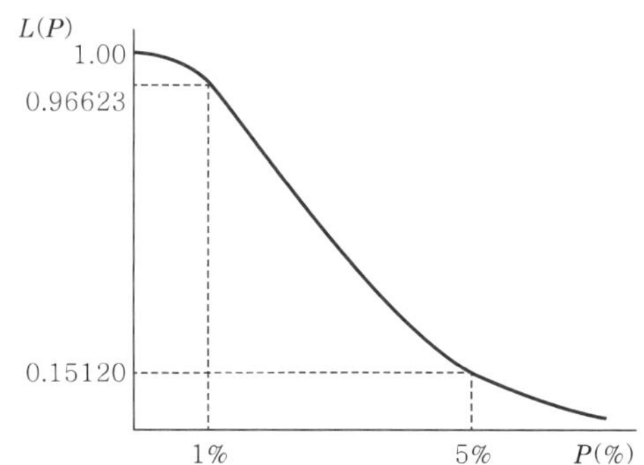

[14] $Q_{PR}(P_A)$=1%, $Q_{CR}(P_R)$=8%를 만족하는 부적합품률 검사를 위한 계수값 축차 샘플링검사를 설계하려고 한다. 다음 물음에 답하시오.

가. 누계검사 중지치(n_t)를 계산하고, 검사 중지치에서 합부판정기준을 정하시오.

나. $n_{cum}=70$에서 합격판정개수와 불합격판정개수를 구하시오.

해설 가. 누계검사개수 중지치(n_t) 및 합격판정기준

KS Q 28591 부표 1－A에서 $h_A=1.046$, $h_R=1.343$, $g=0.0341$을 구한다.

① $n_t=\frac{2h_A h_R}{g(1-g)}$

$=\frac{2\times 1.046\times 1.343}{0.0341\times(1-0.0341)}=85.30042 \rightarrow 86$개

② $A_t = g n_t$

$= 0.0341 \times 86 = 2.9326 \rightarrow 2$개

③ $R_t = A_t + 1 = 3$개

④ 86개의 검사가 진행될 때까지 합격, 불합격의 결과가 나오지 않는 경우, 누계 부적합품수가 2개 이하이면 합격시키고, 3개 이상이면 불합격 처리한다.

나. $n_{cum} = 70$인 경우 합부판정개수

① $A = -h_A + g n_{cum}$

$= -1.046 + 0.0341 \times 70 = 1.341 \rightarrow 1$개

② $R = h_R + g n_{cum}$

$= 1.343 + 0.0341 \times 70 = 3.73 \rightarrow 4$개

M · E · M · O

M · E · M · O

M · E · M · O

M · E · M · O

저자 소개

염경철

- 현. 한국품질아카데미(주) 원장
- 현. 청운대학교 품질관리 초빙교수
- 전. 한국품질관리학원장
- 전. 경기과학기술대학교 품질담당 겸임교수
- 전. KTL(한국산업기술시험원) 품질담당 수석교수

〈저서〉

- 「실전 품질관리기사」 지구문화사, 1994
- 「품질관리론」 지구문화사, 1996
- 「개정 품질관리기사 총정리」 지구문화사, 2002
- 「품질경영」 한국품질관리학원, 2002
- 「품질경영론」(공저) 형설출판사, 2002
- 「ISO 2859 규격에 맞춘 샘플링 검사 실무」(공저) 이레테크, 2006
- 「적중 품질경영기사」 성안당, 2006
- 「적중 품질경영산업기사」 성안당, 2007
- 「적중 품질경영기사·산업기사 실기」 성안당, 2007
- 「과년도 품질경영기사·산업기사」 성안당, 2007
- 「통계적 품질관리」 성안당, 2008
- 「품질경영기사」 이나무, 2019
- 「품질경영산업기사」 성안당, 2019
- 「품질경영기사·산업기사 실기」 성안당, 2019
- 「과년도 품질경영기사·산업기사」 성안당, 2019

품질경영기사 실기

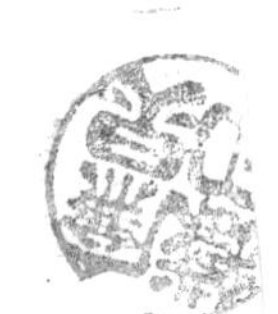

2007. 7. 6. 초 판 1쇄 발행
2025. 1. 8. 개 정 12판 1쇄(통산 16쇄) 발행

지은이 | 염경철
펴낸이 | 이종춘
펴낸곳 | BM (주)도서출판 성안당
주소 | 04032 서울시 마포구 양화로 127 첨단빌딩 3층(출판기획 R&D 센터)
10881 경기도 파주시 문발로 112 파주 출판 문화도시(제작 및 물류)
전화 | 02) 3142-0036
031) 950-6300
팩스 | 031) 955-0510
등록 | 1973. 2. 1. 제406-2005-000046호
출판사 홈페이지 | **www.cyber.co.kr**
ISBN | 978-89-315-8443-1 (13500)
정가 | 37,000원

이 책을 만든 사람들
책임 | 최옥현
진행 | 이용화
전산편집 | 이다혜, 이지연
표지 디자인 | 임흥순
홍보 | 김계향, 임진성, 김주승, 최정민
국제부 | 이선민, 조혜란
마케팅 | 구본철, 차정욱, 오영일, 나진호, 강호묵
마케팅 지원 | 장상범
제작 | 김유석